Schmiegel

Elektrische Energiespeichersysteme

Armin U. Schmiegel

Elektrische Energiespeichersysteme

HANSER

Über den Autor:
Dr. Armin U. Schmiegel, Hochschule Reutlingen, REFUDrive GmbH

Print-ISBN: 978-3-446-47681-3
E-Book-ISBN: 978-3-446-47932-6

Alle in diesem Werk enthaltenen Informationen, Verfahren und Darstellungen wurden zum Zeitpunkt der Veröffentlichung nach bestem Wissen zusammengestellt. Dennoch sind Fehler nicht ganz auszuschließen. Aus diesem Grund sind die im vorliegenden Werk enthaltenen Informationen für Autor:innen, Herausgeber:innen und Verlag mit keiner Verpflichtung oder Garantie irgendeiner Art verbunden. Autor:innen, Herausgeber:innen und Verlag übernehmen infolgedessen keine Verantwortung und werden keine daraus folgende oder sonstige Haftung übernehmen, die auf irgendeine Weise aus der Benutzung dieser Informationen – oder Teilen davon – entsteht. Ebenso wenig übernehmen Autor:innen, Herausgeber:innen und Verlag die Gewähr dafür, dass die beschriebenen Verfahren usw. frei von Schutzrechten Dritter sind. Die Wiedergabe von Gebrauchsnamen, Handelsnamen, Warenbezeichnungen usw. in diesem Werk berechtigt also auch ohne besondere Kennzeichnung nicht zu der Annahme, dass solche Namen im Sinne der Warenzeichen- und Markenschutz-Gesetzgebung als frei zu betrachten wären und daher von jedermann benützt werden dürften.

Die endgültige Entscheidung über die Eignung der Informationen für die vorgesehene Verwendung in einer bestimmten Anwendung liegt in der alleinigen Verantwortung des Nutzers.

Bibliografische Information der Deutschen Nationalbibliothek:
Die Deutsche Nationalbibliothek verzeichnet diese Publikation in der Deutschen Nationalbibliografie; detaillierte bibliografische Daten sind im Internet unter http://dnb.d-nb.de abrufbar.

www.hanser-fachbuch.de
Lektorat: Dipl.-Ing. Natalia Silakova-Herzberg
Herstellung: Frauke Schafft
Coverkonzept: Marc Müller-Bremer, www.rebranding.de, München
Covergestaltung: Max Kostopoulos
Titelmotiv: © Adobestock / frank peters
Satz: le-tex publishing services, Leipzig
Druck: CPI Books GmbH, Leck
Printed in Germany

Vorwort

Die Idee zu diesem Buch ist aus meinen Vorlesungen „Energiespeichersysteme" und „Elektrische Speichersysteme" hervorgegangen. Diese Vorlesungen werden im Rahmen des Masterstudiengangs „Dezentrale Energieerzeugung und Energiemanagement" an der Hochschule Reutlingen angeboten. Es ist eine Erweiterung zu dem ebenfalls im Hanser Verlag erschienenen Buch „Energiespeicher für die Energiewende" und nah an meinem englischsprachigen Werk „Energy Storage Systems", erschienen bei Oxford University Press. Beides, Vorlesung und Bücher, sind geprägt durch meine langjährige Berufserfahrung: zunächst als Projektleiter und Entwicklungsingenieur für solare Heimspeicher, später als Entwicklungsleiter bei der REFU Elektronik, später REFUdrive. Hier entwickeln wir Batteriesysteme, Solar- und Batteriewechselrichter und Antriebsumrichter. Die Anwendungen reichen von stationären Batteriekraftwerken für den Regelenergiemarkt bis zur Elektrifizierung von mobilen Arbeitsmaschinen.

Als ich mit der Arbeit an diesem Buch begann, war es mir zunächst nur ein Anliegen, die verschiedenen Speichertechnologien vorzustellen. Es zeigte sich aber, dass es nicht ausreicht zu erklären, was eine Bleibatterie von einer Lithium-Ionen-Batterie unterscheidet. Meine berufliche Erfahrung hatte gezeigt, dass die Auslegung von elektrischen Speichersystemen eine komplexe Aufgabe darstellt. Viele Designwidersprüche müssen erkannt und aufgelöst werden. So habe ich in der Ausarbeitung meiner Vorlesung einen Werkzeugkasten erarbeitet, der es erlaubt, die Designaufgabe strukturiert zu lösen. Manch Leser mag einwenden, dass Kochrezepte der Kreativität nicht förderlich sind. Dem widerspreche ich. Ein guter Koch, der sein Handwerk gelernt hat, arbeitet die einzelnen Schritte eines Rezeptes strukturiert ab und kann dennoch kreativ in der Gestaltung der Mahlzeit sein. Die Struktur schafft Freiräume für die Kreativität.

Es gibt eine Reihe sehr guter Lehrbücher über Energiespeicher. Die meisten von ihnen konzentrieren sich auf die zugrunde liegende Technologie. Je nach Vorliebe setzen die Autoren unterschiedliche Schwerpunkte bei der Diskussion der Technologie und ihrer physikalischen und chemischen Funktionsprinzipien. Diese Lehrbücher sind sehr wichtig, und ich habe hohen Respekt vor den vielen Details, die sich beim Studium dieser Werke eröffnen.

Ich habe daher versucht, wo immer ich dies konnte, auf diese Werke in der Literatur hinzuweisen. Bitte nutzen Sie diese wertvollen Ressourcen. Das Thema „Speicher" entwickelt sich extrem schnell.

Was jedoch in den meisten Büchern als Randthema behandelt wird, ist die Herausforderung, die verschiedenen Technologien in Systeme zu integrieren. Die einfache Frage: „Was muss ich tun, um die Speichertechnologie X in mein System Y zu integrieren, damit es funktioniert?", wird selten beantwortet. Unzählige, sehr schöne Diskussionen mit Studenten, Forschern, Mitarbeitern und Kunden zeigen, dass die Herausforderungen oftmals gerade in dieser Fragestellung liegen. Daher versuche ich in diesem Buch, dem Leser Werkzeuge an die Hand zu geben, um auf diese Fragen Antworten zu finden.

Das Rezept für die Auslegung von elektrischen Speichersystemen besteht aus drei Schritten. Zunächst werden die Anforderungen an das Energiespeichersystem gesammelt. In diesem Buch formuliere ich Anforderungen als User-Stories. Diese aus dem SCRUM entwickelte Form ist nicht jedem geläufig, doch sie hat sich in meiner beruflichen Praxis bewährt. Sie verschafft Klarheit darüber, wer was wofür möchte. Zusätzlich unterstützt sie den Autor, Anforderungen bessern von Spezifikationen zu unterscheiden. Eine Aufgabe, die auch mir im Alltag immer wieder schwer fällt, da wir als Entwickler dazu ausgebildet wurden, möglichst schnell in Lösungen zu denken.

Nachdem die Anforderungen bekannt sind, befasse ich mich mit der Fragestellung, wie die Leistung im Energiespeichersystem verteilt wird. Hierzu werden die Leistungsflüsse des Energiespeichersystems in einem Leistungsflussdiagramm beschrieben. Diese einfache Darstellung ist unabhängig von der technischen Realisierung und lässt sich so anpassen, dass jede technische Realisierung darin enthalten ist. Diese abstrakte mathematische Methode hat sich vor allem bei der Bestimmung von optimalen Systemkonfigurationen bewährt. Ingenieure – mich eingeschlossen – neigen dazu, sich manchmal auch zu früh auf eine technische Realisierung festzulegen. Es liegt vielleicht in unserer Persönlichkeit oder in unserer Ausbildung, dass wir, haben wir uns erst einmal festgelegt, diese Idee verteidigen. Aber der Weg in die Hölle ist gepflastert mit guten Absichten. Oftmals musste ich feststellen, dass im Nachhinein eine andere Realisierung besser gewesen wäre. Daher entwickelte ich diese Technik, die es erlaubt, erst dann eine Entscheidung zu treffen, wenn die Fakten ermittelt worden sind.

Der letzte Schritt ist das konkrete Systemdesign, das dann auch mit den Anforderungen abgeglichen wird. In der Systemarchitektur gibt es in der Regel kein „Falsch", es gibt immer nur ein „Anders". Es gibt sehr viele Möglichkeiten, dieselbe Entwicklungsaufgabe zu lösen. Fokussieren wir uns nur auf die Technik – was wir in diesem Buch auch tun –, vergessen wir andere Randbedingungen wie Preis, Effizienz, Produktstrategie, Marktzugänge, die ebenfalls die Auslegung beeinflussen. Die hier gezeigten Werkzeuge helfen auch hier, reduzieren die Zahl der Möglichkeiten und geben Hinweise, was eine gute Auslegung darstellt.

Dieses Rezept findet sich in jedem Kapitel wieder. Ich habe versucht, sehr viele Anwendungsbeispiele einzubringen. Die Erfahrung in meiner Vorlesung zeigt, dass das gemeinsame Gestalten den Studenten und mir Freude bereitet. Es ist eine Entschädigung für das mühsame Erlernen der neuen Werkzeuge. Ich hoffe, den Lesern dieses Buches machen diese Anwendungsbeispiele ebenfalls Spaß.

Ich möchte die Einleitung mit einigen Hinweisen für verschiedene Leser abschließen. Ich habe mich bei diesem Buch an meiner eigene Vorlesung orientiert. Die zwei wichtigsten Kapitel sind Kapitel 2 und 3. Hier werden die Werkzeuge vorgestellt. Wenn man als Leser bereits solide Kenntnisse über Leistungselektronik hat, wird Kapitel 4 keine neuen Erkenntnisse geben. Allerdings sollte man sich mit der Beschreibung von leistungselektronischen Komponenten aus der Sicht eines Systemingenieurs in Abschnitt 4.3 vertraut machen. Nachdem der Werkzeugkasten zusammengestellt ist, beginnen wir in Kapitel 5 mit den mechanischen Speichern und lernen danach Schritt für Schritt weitere Speichertechnologien kennen.

Ich habe mich entschieden, Übungsaufgaben direkt in den Text einzuarbeiten und die Lösungen auch sogleich vorzurechnen. Wer mag und wer die nötige Selbstdisziplin besitzt, kann nach dem Lesen der Aufgabe die Lösung verdecken und die Aufgabe selber lösen. Man kann die Aufgaben aber auch als Beispiele sehen und verstehen. Beide Wege sind gangbar. Ich rate dazu, die Lösung erst nach eigener Aktivität zu lesen. Ansonsten könnte beim Leser der Eindruck von Leichtigkeit entstehen, die sich aber erst nach vielen Übungsstunden und nicht nach einmaligen Lesen einstellt.

Ich wünsche allen Leserinnen und Lesern viel Freude und viele neue Erkenntnisse. Dieses Buch ist eine gemeinsame Reise, und so sollten wir uns nun auf den Weg machen, Staunen und Lernen.

Reutlingen, im Oktober 2023 *Dr. Armin Schmiegel*

Inhalt

1 Verwendung von Energiespeichern

1.1 Einleitung

Bevor wir uns mit der mathematischen Beschreibung und Modellierung von Speichersystemen befassen, wollen wir uns in diesem Kapitel zunächst anschauen, wie und wo überall Speicher verwendet werden. Es gibt kaum einen Bereich in unserem Leben, wo keine Energiespeicher genutzt werden.

Wir beginnen mit den Anwendungen von Speichern und deren Funktionsweise im Allgemeinen. Wir können Energiespeicher nicht beschreiben, ohne die Begriffe „Energie" und „Leistung" verwenden zu müssen. Daher gehen wir zunächst auf diese Begriffe ein. Danach betrachten wir verschiedene Anwendungen von Speichersystemen. Wir beginnen bei kleineren Speichersystemen, die in mobilen Geräten verwendet werden. Dann betrachten wir Mobilitätsanwendungen wie elektrifizierte oder hybridisierte Fahrzeuge, mobile Nutzfahrzeuge und Arbeitsmaschinen.

Bei Mobilitätsanwendungen geht es in der Regel darum, Energie vor dem Fahrtantritt zu speichern, um diese Energie während der Fahrt zu nutzen. Der Energiespeicher wird als Wegzehrung verwendet, damit wir die Reise durchstehen können. Eine weitere Anwendung von Speichersystemen sind die stationären Speichersysteme. Deren Nutzung ist mit unserem Stromnetz und seinen Eigenschaften verbunden. Daher befassen wir uns mit der Struktur des Stromnetzes und den unterschiedlichen Arten, wie Energiespeicher hier genutzt werden können.

1.2 Wofür Speicher genutzt werden

Das Speichern ist ein allgemeines Prinzip in der Natur. Pflanzen speichern Wasser, um Trockenzeiten zu überstehen. Eichhörnchen und andere Nagetiere sammeln Nahrung, um im Winter auf diese Vorräte zurückzugreifen. Andere Tiere verstecken nicht ihre Nahrung oder vergraben die Wintervorräte, sondern tragen ihren Wintervorrat als Winterspeck direkt im Körper. Und stellen so sicher, dass ihr Körper im Winter nahrungsarme Zeiten überstehen kann.

Wir Menschen „speichern“ oder horten Geld, das wir jetzt nicht brauchen, um es später auszugeben. Wir füllen den Tank unseres Autos, bevor wir eine lange Reise antreten, und setzen leider auch etwas Körperfett an, wenn wir zu viel essen, damit wir auch in schlechten Zeiten noch genug Kraftreserven haben.

Den Beispielen ist gemeinsam, dass der Vorgang des Speicherns stets mit dem Ziel verbunden ist, einen Überschuss in der Gegenwart zu nutzen, um einen Mangel in der Zukunft zu decken. Mit Speichern kann man die Produktion und den Verbrauch von etwas zeitlich trennen. Dabei kann auch die räumliche Trennung von Produktion bzw. Bezug und Verbrauch durch Speicher realisiert werden. Das gesunde Frühstück am Morgen zu Hause deckt den Energiebedarf während meiner Arbeit. Das Auto wird an der Tankstelle betankt und verbraucht die Energie des Treibstoffes während der Fahrt übers Land.

Es gibt noch eine dritte Anwendung. Wenn der Transport die gesamte Menge von etwas nicht sofort und vollständig ermöglicht, kann die Differenzmenge zunächst zwischengespeichert werden, sodass der eigentliche Transportvorgang in mehreren Schritten erfolgen kann.

1.2.1 Energie und Leistung

In diesem Buch betrachten wir Speichersysteme, die Energie speichern sollen. Mit dem Begriff Energie bezeichnen wir eine physikalische Größe, die Auskunft darüber gibt, wie viel Leistung über einen Zeitraum einem physikalischen System entnommen oder hinzugefügt werden kann. Betrachten wir ein System, das bei $t = 0\,\text{s}$ den Energiegehalt E_0 hat. Während einer Zeitspanne von $t = 0\,\text{s}$ bis $t = T\,\text{s}$ wird diesem System Energie zugeführt oder entzogen. Die Zeitreihe, die diesen Vorgang beschreibt, heißt $P(t)$. $P(t)$ ist die Leistung die einem System entnommen oder zugeführt wird. Zum Zeitpunkt $t = T\,\text{s}$ kann die Energiemenge des Systems berechnet werden, indem über die entnommene und hinzugeführte Energie integriert wird:

$$E(T) = E_0 + \int_{t=0}^{t=T} P(s)\,\mathrm{d}s \qquad (1.1)$$

Übung 1.1 Laden eines Smartphones

Wir betrachten ein Smartphone, das einen Ladezustand von 24 Wh hat. Das Handy wird während der Nacht (8 h) mit 15 W geladen und über den Arbeitstag (12 h) mit 10 W entladen. Wie hoch ist der Energiegehalt am Ende des Arbeitstages?

Lösung: Unter Verwendung von Gleichung 1.1 ist der Energiegehalt:

$$E(T) = 24\,\text{Wh} + 8\,\text{h} \cdot 15\,\text{W} - 12\,\text{h} \cdot 10\,\text{W} = 24\,\text{Wh} + 120\,\text{Wh} - 120\,\text{Wh} = 24\,\text{Wh}$$

Die in Gleichung 1.1 dargestellte Definition von Energie zeigt uns, dass im Prinzip jedes physikalische System, dem eine Energie zugeordnet werden kann, auch eine Art Energiespeicher ist. Wir müssen nur in der Lage sein, dem System zu einem bestimmten Zeitpunkt Energie zuzuführen und zu einem anderen Zeitpunkt Energie zu entnehmen.

Tabelle 1.1 Verschiedene Arten von Energie, die in diesem Buch behandelt werden, und deren Definition

Energie	math. Definition	Beschreibung
potenzielle Energie	$E_{pot} = mg\Delta h$	Die Energie, die benötigt wird, um eine Masse m von der Höhe h_1 auf h_2 zu heben. g ist die Erdbeschleunigung, die vom Ort abhängt. $\Delta h = h_2 - h_1$ ist der Höhenunterschied.
Translationsenergie	$E_{kin} = \frac{1}{2}\,mv^2$	Die Energie, die in einer Masse m gespeicherte Energie, die sich eine Geschwindigkeit v bewegt.
Rotationsenergie	$E_{rot} = \frac{1}{2}\,J\omega^2$	Die in einem rotierenden Körper gespeicherte Energie. J ist das Trägheitsmoment, das die Massenverteilung um die Drehachse widerspiegelt. ω ist die Winkelgeschwindigkeit des rotierenden Körpers.
elektrische Energie	$E_{el} = UIt$	Energie, die benötigt wird, um einen Stromfluss I auf einem bestimmten Spannungsniveau U über eine Zeitspanne t bereitzustellen.
Energie eines Kondensators	$E_C = \frac{1}{2}CU^2$	Die in einem Kondensator mit der Kapazität C und der Spannungshöhe U gespeicherte Energie.
Energie einer Induktivität	$E_L = \frac{1}{2}\,LI^2$	Die elektrische Energie, die in einer Spule mit der Induktivität L gespeichert ist, während ein Strom I durch die Spule fließt.

Leider können nicht alle physikalischen Systeme als Energiespeicher dienen. Denn es ist notwendig, dass Energie über einen ausreichend langen Zeitraum gespeichert werden kann, wie das folgende Beispiel verdeutlicht.

Übung 1.2 Translationsenergie als Energiespeicher

Wir wollen 3 Wh in Form von kinetischer Energie in einem Objekt mit einer Masse von 12 kg speichern. Nach einem Tag soll die gespeicherte Energie entnommen werden. Welche Strecke hat das Objekt in dieser Zeit zurückgelegt?

Lösung: Die kinetische Energie ergibt sich aus

$$E_{kin} = \frac{1}{2}mv^2 = 3\,\text{Wh} = 3 \cdot 3{,}6\,\text{kJ} = 10{,}8\,\text{kJ}$$

Das Objekt hat also eine Geschwindigkeit von

$$v = \sqrt{\frac{2 \cdot E_{kin}}{\text{m}}} = \sqrt{\frac{2 \cdot 10{,}8\,\text{kJ}}{12\,\text{kg}}} = 42\,\frac{\text{m}}{\text{s}} = 151{,}2\,\frac{\text{km}}{\text{h}}$$

Je länger diese Energie in dem Objekt gespeichert ist, desto länger bewegt sich das Objekt mit einer Geschwindigkeit von 151,2 $\frac{\text{km}}{\text{h}}$. Wenn die Energie nach einem Tag abgerufen werden soll, hat das Objekt bereits eine Strecke von 3.628,8 km zurückgelegt. Die Translationsenergie ist daher eigentlich nur geeignet, Energie über eine kurze Zeit zu speichern. ■

1.2.2 Effizienz – Die Kosten der Umwandlung

Wie Übung 1.2 zeigt, ist nicht jede Energieform für jede Speicheranwendung gleichermaßen geeignet. Daher besteht die Notwendigkeit, Energie von einer Energieform in eine andere, besser geeignete Energieform zu transformieren. In diesem Buch sind die wichtigsten Energieformen die mechanischen, elektrischen und die thermischen Energieformen. Diese können ineinander umgewandelt werden (Bild 1.1).

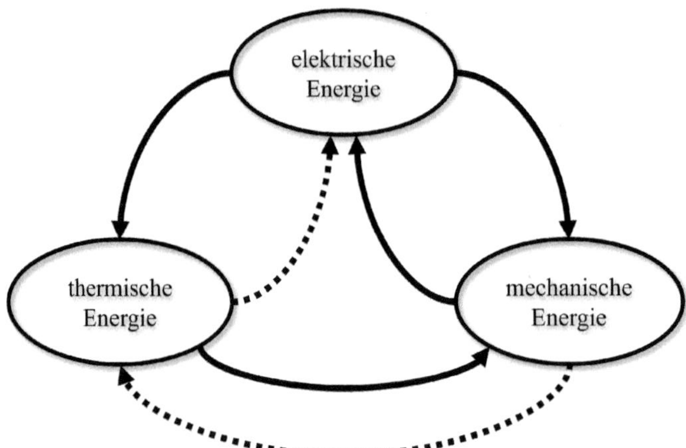

Bild 1.1 Speichersysteme befassen sich mit der Speicherung von mechanischer, elektrischer und thermischer Energie. Diese Energien können ineinander umgewandelt werden. Einige Transformationen sind recht effizient, d. h. es geht nur ein kleiner Teil der übertragenen Energie verloren. Die durchgezogenen Linien markieren diese effizienten Umwandlungen. Die gestrichelten Linien markieren Umwandlungen, die höhere Wandlungsverluste aufweisen und in Energiespeichersystemen üblicherweise nicht verwendet werden.

Nicht jede Energieform lässt sich gut in eine andere Energieform transformieren. Elektrische und mechanische Energie sind beispielsweise sehr gut in einander transformierbar, da die Bewegung eines Magneten über die Lorentzkraft einen elektrischen Strom erzeugt. Mithilfe eines Elektromotors lässt sich aus einem elektrischen Strom Bewegung und aus einer Bewegung elektrischer Strom erzeugen.

Elektrische Energie lässt sich auch einfach in thermische Energie umwandeln, da jeder elektrische Strom über den Widerstand eines Leiters stets auch Wärme erzeugt. Strom kann aber auch dafür genutzt werden, Wärmestrahlung zu erzeugen, die von einem anderen Körper aufgenommen werden kann. Dies nutzt man bei Infrarotheizungen und elektrischen Grills aus.

Für die Umwandlung von thermischer Energie in elektrische Energie kann der thermoelektrische Effekt genutzt werden. Hier führt die Erwärmung eines Leiters dazu, dass Strom fließt. Allerdings ist dieser Effekt sehr schwach, daher erfolgt in der Regel die Umwandlung über den Zwischenschritt einer Wandlung von thermischer Energie in mechanische Energie. Ein Beispiel hierfür ist die Verbrennung von fossilen Energieträgern, deren Wärme Wasser zum Verdampfen bringt und mit diesem Dampf eine Dampfturbine angetrieben wird. Die Rotation der Turbine treibt wiederum einen Generator an und erzeugt so elektrischen Strom.

Die Qualität dieser verschiedenen Umwandlungen wird über den Wirkungsgrad beschrieben. Vereinfacht ist der Wirkungsgrad das Verhältnis zwischen der Energie E_{in}, die wir wandeln oder übertragen wollen, und der Energie, die danach wirklich zur Verfügung steht, E_{out}.

$$\eta = \frac{E_{\text{out}}}{E_{\text{in}}} \tag{1.2}$$

Im nächsten Kapitel werden wir uns mit dem Wirkungsgrad η genauer befassen. Der Wirkungsgrad η ist eine wichtige Kennzahl, die wir benötigen, um Speichersysteme zu beschreiben und auszulegen. Denn um ein Energiespeichersystem zu beschreiben, müssen wir uns im Klaren werden, welche Energieformen auftreten und wie diese ineinander überführt werden. Für die Entscheidung, welche Form dann die richtige Wahl ist, ist die Effizienz ein wichtiges Kriterium. In der Praxis bestimmt die Anwendung oftmals, welche Energieformen vorhanden sind. Wenn wir ein Fahrzeug mit Verbrennungs- oder Hybridantrieb betrachten, stehen die verwendeten Energieformen bereits fest: Der Verbrennungsantrieb wird dazu genutzt, Wärme in mechanische Energie umzuwandeln. Die mechanische Energie wird dann dafür genutzt, die Achse in Rotation zu versetzen und so das Auto in Bewegung zu versetzen, was einer Transformation von thermischer Energie in mechanische Energie entspricht. Der Verbrennungsmotor kann allerdings auch die Achse eines Generators antreiben, der aus der Bewegung Strom erzeugt, der die Batterie lädt. In diesem Fall wird also thermische Energie in Bewegungsenergie und dann in elektrische Energie umgewandelt. Wird der Verbrennungsmotor nicht genutzt, sondern lediglich die Batterie und der Elektromotor, wird gespeicherte elektrische Energie in Bewegungsenergie gewandelt.

Für die Auslegung der Systemkomponenten des Fahrzeuges stellt sich die Frage, welche Verluste bei diesen Wandlungen auftreten. Diese werden durch die technische Realisierung beeinflusst.

Tabelle 1.2 Wirkungsgrade der zur Verfügung stehenden Fahrzeugkomponenten

Komponente	Wirkungsgrad
Verbrennungsmotor *A*	$\eta_{\text{Verb.}} = 43\,\%$
Verbrennungsmotor *B*	$\eta_{\text{Verb.}} = 39\,\%$
Elektromotor *A*	$\eta_{\text{Antrieb}} = 74\,\%$
Elektromotor *B*	$\eta_{\text{Antrieb}} = 81\,\%$

Übung 1.3 Design eines hybriden Antriebsstrangs

Es stehen für den Verbrennungsmotor, den Elektromotor und die Batterie zwei unterschiedliche Typen *A*, *B* zur Verfügung, die einen unterschiedlichen Wirkungsgrad haben. In Tabelle 1.2 sind die Wirkungsgrade dargestellt. Für die Auslegung soll nun die effizienteste Systemkonfiguration verwendet werden. Dabei soll berücksichtigt werden, dass der Anteil der Nutzung des Verbrennungsmotors und des elektrischen Antriebs unterschiedlich sein kann. Hierfür wird der Gewichtungsfaktor α herangezogen, dessen Wertebereich zwischen 0 und 1 liegt. $\alpha = 1$ entspricht der alleinigen Nutzung des Verbrennungsmotors. Bei $\alpha = 0$ wird ausschließlich elektrisch gefahren.

Lösung: Fährt das Fahrzeug rein elektrisch, d. h. $\alpha = 0$, ist der Wirkungsgrad das Produkt aus dem Wirkungsgrad des Elektroantriebs und der der Batterie $\eta_{\text{Antrieb}_i}\eta_{\text{Bat}_i}$. Für den Fall, dass wir nur mit dem Verbrennungsmotor fahren, ergibt sich der Wirkungsgrad zu $\eta_{\text{Verb.}_i}$. Bei einer Kombination von beiden Antrieben müssen wir die gewichtete Summe betrachten:

$$\eta_i = \alpha\, \eta_{\text{Verb.}_i} + (1-\alpha)\, \eta_{\text{Antrieb}_i} \eta_{\text{Bat}_i}$$

Dabei ist $i = (A, B)$ die jeweilige Konfiguration. In Bild 1.2 ist der Verlauf der Effizienz für die beiden Konfigurationen bei unterschiedlicher Gewichtung dargestellt. Konfiguration *A* ist bei $\alpha = 1$ besser als Konfiguration *B*. Dies ist nicht überraschend, denn bei hohen α überwiegt die Nutzung des Verbrennungsmotors, und der Verbrennungsmotor *A* ist effizienter als Motor *B*. Bei $\alpha = 0$ hingegen ist *B* besser, hier dominiert die Nutzung des elektrischen Antriebsstrangs, und dieser ist bei *B* effizienter, als *A*. ■

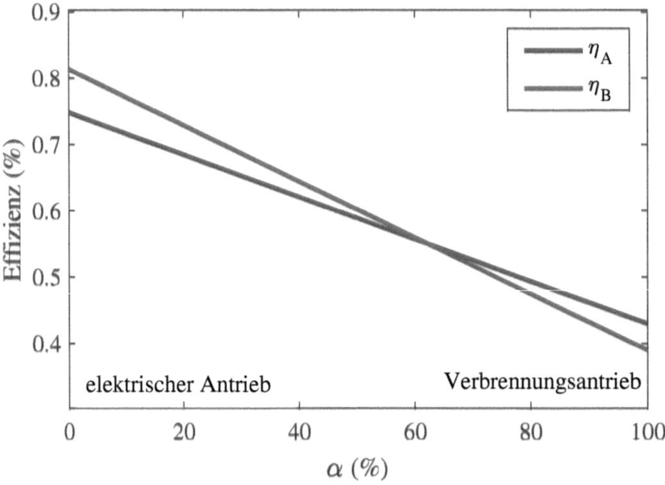

Bild 1.2 Wirkungsgrad der Konfiguration *A* und *B* als Funktion von α

1.2.3 Lade- und Entladeleistung

Die Berechnungen in Übung 1.3 zeigen, dass für die Auslegung wichtig ist, wie das Fahrzeug genutzt wird. Soll es primär durch den Verbrennungsmotor angetrieben werden, ist eine andere Konfiguration besser als für den Fall, dass das Fahrzeug komplett elektrisch betrieben werden kann. Bei einem Fahrzeug, das beide Systemkomponenten, d. h. den elektrischen Antriebsstrang und einen Verbrennungsmotor integriert hat, bestimmen zwei Größen, wie stark elektrisch und wie stark mit einem Verbrennungsmotor gefahren wird: der Energieinhalt der Fahrzeugbatterie und ihre Be- und Entladeleistung.

Die Be- und Entladeleistung gibt an, wie viel Energie pro Zeit dem Speicher zugeführt oder entnommen werden kann. Auch diese Größe hat einen Einfluss die Frage, wie groß der Anteil der Nutzung des Verbrennungsmotors und des elektrischen Antriebes ist. Ist die Batterie so ausgelegt, dass sie nur mit geringer Entladeleistung betrieben werden kann, muss der Verbrennungsmotor zur Unterstützung genutzt werden, wenn höhere Beschleunigungen benötigt werden. Wann immer der Fahrer „Gas gibt", würde dann neben dem Elektromotor auch der Verbrennungsmotor genutzt. Dies hat natürlich einen Einfluss auf α, dessen Wert sich in Richtung eins verschieben würde. Es gibt aber noch einen weiteren Effekt. Ein Elektromotor arbeitet sowohl als Antrieb und als Generator, d. h. er kann dazu genutzt werden, die Batterie zu laden, indem Bewegungsenergie in elektrische Energie umgewandelt wird. Ist die Ladeleistung der Batterie eingeschränkt, bedeutet dies, dass nicht die gesamte Leistung, die bei einem Bremsvorgang zum Laden der Batterie genutzt werden könnte, auch genutzt werden kann. Der nicht speicherbare Anteil wird je nach Aufbau des Fahrzeuges durch eine mechanische Bremse in Reibung und Wärme umgewandelt oder mithilfe eines Bremswiderstandes in Wärme umgewandelt. Die Ladeleistung hat somit einen Einfluss auf den Wert von α. Ist die Ladeleistung klein, wird weniger Bremsenergie zurück in die Batterie überführt und muss verbrannt werden. Dies reduziert den Anteil am reinen elektrischen Fahren und verschiebt den Wert für α in Richtung eins.

Speichersysteme und deren Anwendungen lassen sich also durch drei Aspekte beschreiben: Welche Energieformen treten auf und werden gespeichert? Wie groß ist der Energieinhalt, den der Speicher zur Verfügung stellen muss, um die Anforderung der Anwendung zu erfüllen? Welche Be- und Entladeleistung wird für die Anwendung benötigt?

1.3 Energiespeichersysteme in der Anwendung

Energiespeichersysteme finden ein sehr breites Feld an Anwendungen. In diesem Abschnitt betrachten wir einige der Anwendungen und beschreiben diese anhand dreier Kriterien: Energieinhalt, Be- und Entladeleistung und welche Energieformen verwendet werden. Wir beginnen mit mobilen Geräten, danach betrachten wie die Elektrifizierung von Fahrzeugen und mobilen Maschinen. Beide Anwendungsfelder zeichnen sich dadurch aus, dass das Speichersystem bewegt wird. Abschließend betrachten wir stationäre Anwendungsfelder. Hier wird der Speicher nicht bewegt und kann daher auch erheblich größer sein.

1.3.1 Mobile Geräte – Vom Smartphone bis zum Rasenmäher

In diesem Abschnitt betrachten wir die Verwendung von Speichern für mobile Geräte. Genauer gesagt Unterhaltungselektronik, Werkzeuge und Gartengeräte. Ende des 20. Jahrhunderts wurden die Energie- und Leistungsdichten von primären und sekundären Energiespeichern so hoch, dass es möglich war, Geräte, die an ein Stromnetz angeschlossen wurde, auch mit Batterien auszustatten. Werkzeuge, die bisher mit einem Kabel genutzt werden mussten, wurden kabellos. Ein Beispiel hierfür sind batteriebetriebene Akkuschrauber oder Akkubohrer. Gleichzeitig entwickelte sich der Markt an mobiler Unterhaltungselektronik. Laptops und Smartphones wurden zu Technologietreibern für Energie- und Leistungsdichte von Energiespeichern. Der Anwendungsfall ist stets eine räumlich und zeitliche Verschiebung der Nutzung von Energie.

Ich lade mein Smartphone über Nacht zu Hause, um während des Tages überall und jederzeit über E-Mail, Telefon, Online-Messenger erreichbar zu sein, um jederzeit und überall Katzenvideos schauen oder um meinen Lieblingssong aus meiner Schallplattensammlung oder Playlist hören zu können. Der Speicher im Laptop wird in der Bibliothek oder in der Docking-Station geladen, um in der Vorlesung oder im Transit von einem Arbeitsort zum anderen genutzt zu werden.

Dank des Akkuschraubers ist es nun möglich, ihn an Orten ohne Steckdose zu nutzen. Und wer einen Rasen mähen muss, auf dem viele Bäume und Sträucher plus Tische und Planschbecken stehen, weiß es einfach zu schätzen, wenn er sich nicht mehr mit einem Kabel herumschlagen und auch nicht ständig Benzin nachfüllen muss.

Wollen wir einen Energiespeicher für ein mobiles Gerät entwickeln, so müssen wir eine Lösung für die widersprüchlichen Produktanforderungen Tragbarkeit, Preis, Betriebs- und Lebensdauer finden. Je kleiner der Energiespeicher, desto höher ist die Tragbarkeit des Gerätes, denn Volumen und Gewicht erhöhen sich, wenn sich der Energieinhalt erhöht. Eine Erhöhung der abrufbaren Leistung erhöht ebenfalls das Volumen und Gewicht. Gleiches gilt auch für den Preis: Je mehr Energie in dem Speicher zur Verfügung steht oder je mehr Leistung abrufbar wird, desto höher wird der Preis.

Betriebs- und Lebensdauer werden zum einen durch die Wahl der Speichertechnologie beeinflusst. Bei gleicher Speichertechnologie reduzieren sich die Einflussgrößen allerdings im Wesentlichen auf die Kapazität des Energiespeichers. Je größer diese ist, desto länger kann das Gerät betrieben werden, bevor eine Neuladung notwendig ist. Auch die Lebensdauer verlängert sich, da eine altersbedingte Reduzierung der Speicherkapazität dem Nutzer nicht so schnell bewusst wird. Leider bedeutet aber die Erhöhung der Speicherkapazität eine Erhöhung der Kosten und des Volumens. Dies bedeutet, dass wir zwei widersprüchliche Anforderung haben, die gegeneinander abgewogen werden müssen.

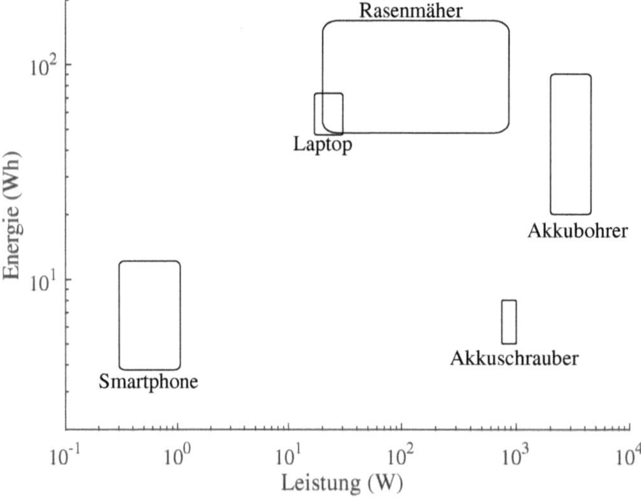

Bild 1.3 Energie- und Leistungsbedarf von verschiedenen mobilen Anwendungen [MV04, CH⁺10, APTM13, TE⁺16]

So vielfältig die Anwendungen sind, so unterschiedlich sind auch die Anforderungen an Energieinhalt und Leistungsbedarf. In Bild 1.3 sind diese für die oben genannten Anwendungen dargestellt. Während der Energieinhalt nur über zwei Zehnerpotenzen reicht, reicht die Spanne des Leistungsbedarfs über ganze 10 Zehnerpotenzen. Anwendungen mit hohem Leistungsbedarf sind mobile Werkzeuge. Akkuschrauber und Akkubohrer benötigen eine Leistung, die zwischen 750W und 2.000W liegt. Diese Leistung liegt allerdings nicht dauerhaft an. Ein Akkuschrauber benötigt die Leistung nur kurzzeitig, während des Ein- oder Rausdrehens der Schraube. Dieser Vorgang kann je nach Länge der Schraube, Beschaffenheit des Werkstückes, Geschicklichkeit des Nutzer zwischen 2 und 30s liegen.

Übung 1.4 Arbeiten mit einem Akkuschrauber

Ein Akkuschrauber hat einen Speicher mit einem Energieinhalt von 5,4Wh. Beim Einbzw. Ausdrehen von Schrauben wird für 2s eine Leistung von 100W benötigt. Wir wollen mehrere Wandregale zusammenbauen. Der Bausatz eines Wandregals hat 25 Schrauben. Wie viele Wandregale können mit dem Akkuschrauber gebaut werden, bevor der Akkuschrauber wieder geladen werden muss, wenn beim Zusammenbau keine Fehler gemacht werden?

Lösung: Der Energieinhalt eines Schraubvorgangs liegt bei

$$100\,\mathrm{W}\cdot 2\,\mathrm{s} = 200\,\mathrm{Ws} = \frac{200\,\mathrm{Ws}\cdot 1\,\mathrm{h}}{3.600\,\mathrm{s}} = 0{,}05\,\mathrm{Wh}$$

Somit kann der vollgeladene Akkuschrauber ohne Nachladung ca.

$$N = \frac{5{,}4\,\mathrm{Wh}}{0{,}05\,\mathrm{Wh}} = 108$$

Schrauben eindrehen. Dies würde für ca. 4 Schränke in Folge ausreichen. ■

Beim Akkuschrauber und Akkubohrer hängt der Leistungsbedarf von der konkreten Anwendung ab. Das Eindrehen einer 10cm langen Schraube benötigt länger. Handelt es sich um weiches oder hartes Material, wirkt sich dies auf den Leistungsbedarf aus. Wesentlich ist bei dieser Anwendung, dass die Belastung nicht dauerhaft anliegt.

Beim batteriebetriebenen Rasenmäher liegt der Leistungsbereich des Energiespeichers zwischen 20 und 1.600W und der zur Verfügung stehende Speicher bei 20–160W. Beim Rasenmäher handelt es sich um eine Anwendung, bei der ein kontinuierlicher Betrieb mit einer gleichmäßigen Entladung stattfindet. Der Leistungsbedarf hängt von den Umweltbedingungen ab. Nasses, hochstehendes Gras fordert dem Rasenmäher mehr ab als kurzes, trockenes Gras. Dies ist auch ein Grund, warum Rasenmäherroboter täglich den Rasen mähen und nicht nur einmal in der Woche den Garten abfahren. Kurzes Gras zu schneiden verbraucht weniger Energie. Die Spitzenleistung wird bei einem Rasenmäher selten abgerufen.

Der Energie- und der Leistungsbedarf von Laptops überlappt sich mit dem Bereich des Rasenmähers. Dies ist nicht überraschend, denn hier kommt oftmals nicht nur dieselbe Speichertechnologie, sondern auch dieselben Komponenten zum Einsatz: Lithium-Ionen-Batterien unter Verwendung von Rundzellen der Bauform 16850. Der Elektronikmarkt setzt sehr stark auf die Verwendung von Komponenten, die in hohen Stückzahlen in unterschiedliche Geräte verbaut werden. Das hat zur Folge, dass die Energiespeicher für

Laptops in ihren technischen Eigenschaften sehr ähnlich sind. Das Gleiche können wir auch bei Smartphones beobachten. Die Datenblätter der Laptopbatterien weisen den gleichen Spannungsbereich und die gleiche Elektrochemie auf. Der Vorteil ist, dass sich durch die höhere Stückzahl und geringere Produktvielfalt die Kosten für einen Energiespeicher verringern.

Beim Laptop liegt der Energieinhalt zwischen 45 Wh und 75 Wh. Auch hier gilt es, einen Kompromiss zwischen Volumen, Gewicht, Entladedauer und Preis zu finden. Die benötigte Entladeleistung hängt von der Verwendung des Laptops ab. Das Abspielen einer CD oder das kontinuierliche Herunterladen von Dateien benötigt ca 18 W. Wird der Laptop für 3D-Spiele oder numerische Simulationen verwendet, so schwankt der Leistungsbedarf zwischen 21 W bis 30 W [MV04].

Bei Smartphones ist der Energieinhalt und der Leistungsbedarf geringer. Die zur Verfügung stehende Kapazität liegt bei 4 Wh bis 13 Wh. Der Leistungsbedarf liegt bei 0,4 W bis 1 W [CH+10, APTM13, TE+16]. Der Anwendungsfall für ein Smartphone besteht darin, dass es die ganze Zeit empfangsbereit ist, damit der Nutzer angerufen werden kann, bzw. damit der Nutzer über aktuellste Informationen aus dem Internet jederzeit an jedem Ort informiert wird. Dies bedeutet, dass eine dauerhafte Entladung des Energiespeichers erfolgt. Da die Größe und das Volumen eines Smartphones beschränkt bleiben, wird sehr viel Entwicklungsarbeit in die Reduzierung des Leistungsbedarfes gesteckt.

Energiespeicheranwendungen lassen sich in zwei Kategorien einteilen: Energieanwendungen und Leistungsanwendungen. Das Smartphone und der Laptop sind Energieanwendungen, d. h. der Speicher wird dafür genutzt, über einen langen Zeitraum Energie bereitzustellen. Der Schraubendreher ist eine Leistungsanwendung. Der Speicher wird genutzt, um kurzfristig eine hohe Leistung abzurufen. Es geht hier nicht um eine dauerhafte, niedrige Leistungsentnahme, sondern um punktuelle, hohe Leistungsentnahmen. Die zweidimensionale Einteilung von Anwendungen in Energiebedarf und Leistungsbedarf in Bild 1.3 erlaubt es leider nicht, zwischen diesen beiden Anwendungsarten zu unterscheiden.

Die E-Rate ist das Verhältnis aus dem Leistungsbedarf P_L und der zur Verfügung stehenden Speicherkapazität κ einer Anwendung bezogen auf eine Stunde.

$$E = \frac{P_L \cdot 1\,\mathrm{h}}{\kappa} \tag{1.3}$$

Bei E-Raten oberhalb von 1 spricht man von Leistungsanwendungen, d. h. hier wird der Energiespeicher für die Bereitstellung von Leistung genutzt. Bei E-Raten unterhalb von 1 spricht man hingegen von Energieanwendungen, d. h. hier wird der Speicher für die Bereitstellung von möglichst viel Energie über einen langen Zeitraum genutzt. Diese Unterscheidung hat direkte Konsequenzen für den Aufbau eines Speichersystems. Nicht alle Speichertechnologien sind in der Lage, hohe Be- und Entladeleistungen zur Verfügung zu stellen.

Übung 1.5 Berechnung von E-Raten

Wir haben einen Speicher mit einer Speicherkapazität von $\kappa = 14\,\mathrm{kWh}$. Wie sieht die E-Rate der Anwendung aus, wenn wir den Speicher mit $P_L = 480\,\mathrm{kW}$ entladen und mit 18 W laden?

Lösung: Die E-Rate für den Ladevorgang ergibt sich zu:

$$E_{\mathrm{Laden}} = \frac{0{,}018\,\mathrm{kW} \cdot 1\,\mathrm{h}}{14\,\mathrm{kWh}} = 1{,}28 \cdot 10^{-3}\,\mathrm{E}$$

Im Verhältnis zur Speicherkapazität ist die Ladeleistung sehr gering, was sich auch in der ermittelten E-Rate widerspiegelt.

Beim Entladen haben wir eine E-Rate von:

$$E_{\text{Entladen}} = \frac{480\,\text{kW} \cdot 1\,\text{h}}{14\,\text{kWh}} = 34{,}28\,\text{E}$$

Im Verhältnis zur Speicherkapazität ist die Entladeleistung sehr hoch.

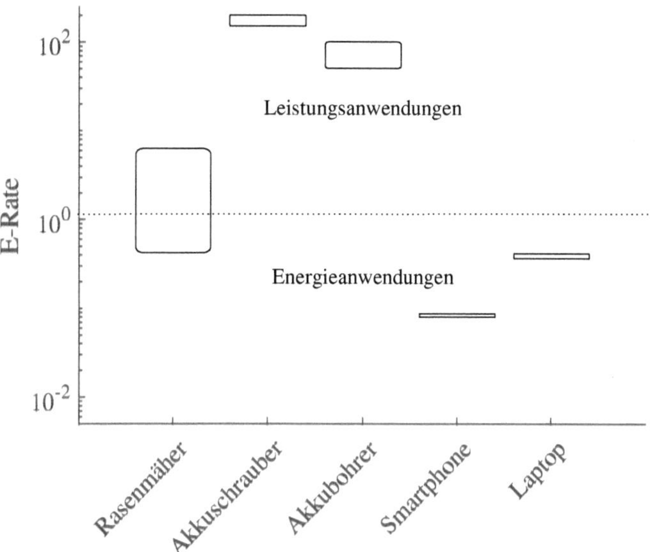

Bild 1.4 E-Raten für verschiedene mobile Anwendungen

In Bild 1.4 sind die E-Raten für mobile Geräte dargestellt. Die E-Raten bestätigen hier die bisherigen Beobachtungen. Mobiltelefone und Laptops stellen im Wesentlichen Energieanwendungen dar. Der Leistungsbedarf ist reduziert, damit der Energiespeicher seine Energie über einen langen Zeitraum bereitstellen kann. Akkuschrauber und Akkubohrer sind Leistungsanwendungen. Über einen kurzen Zeitraum wird bezogen auf den Energieinhalt eine hohe Leistung abgerufen. Rasenmäher stellen eine Anwendung dar, die zwischen diesen beiden Bereichen liegt. Es gibt Rasenmäher, die für eine geringe Leistung über einen langen Zeitraum ausgelegt sind, und es gibt Produkte, die punktuell auch Spitzenleistung bereitstellen können. Überraschend ist hier die Größe des Wertebereichs der E-Raten. Sollte man einen Rasenmäher anschaffen wollen, so lehrt uns dieses Diagramm, dass wir sehr genau hinschauen müssen, welche E-Rate der uns angebotene Rasenmäher hat. Ansonsten kann es sein, dass wir einen Rasenmäher für eine Leistungsanwendung kaufen, obgleich wir doch eine Energieanwendung haben. In diesem Fall sind viele Ladepausen beim Rasenmähen einzuplanen.

1.3.2 Elektromobilität und mobile Maschinen

In diesem Abschnitt betrachten wir die Anwendung von Energiespeicher für die Mobilität bzw. für mobile Maschinen. Ähnlich wie bei den mobilen Geräten wird Energie in den Speicher geladen, um an einem anderen Ort verbraucht zu werden. Bei der Mobilität geht es darum, die Energie zu nutzen, um von einem Ort zum anderen zu kommen. Bei mobilen Maschinen kommt noch der Aspekt der Arbeit hinzu. Mobile Maschinen nutzen die Energie nicht nur, um von einem Ort zum anderen zu kommen, sondern auch, um vor Ort eine Arbeit zu verrichten.

Wir beginnen mit der Elektromobilität, d. h. mit Fahrzeugen, deren Anwendung darin besteht, Personen oder Waren von einem Ort zum anderen zu transportieren.

Um ein Fahrzeug anzutreiben, bieten sich verschiedene Möglichkeiten an. Sie leiten sich aus den Energieformen und deren Übertragung ab, die wir in Bild 1.1 dargestellt haben. Um ein Fahrzeug anzutreiben, wird elektrische Energie oder thermische Energie in Bewegungsenergie umgewandelt. Wollen wir elektrische Energie nutzen, verwenden wir einen Elektromotor, der seine Energie beispielsweise aus einer Batterie oder einer Brennstoffzelle bezieht. Soll thermische Energie genutzt werden, verwendet man einen Verbrennungsmotor. In beiden Fällen wird die Energie auf einen Antriebsstrang übertragen. Es gibt vier Möglichkeiten, diese Technologien miteinander zu kombinieren. In Bild 1.5 haben wir diese dargestellt. Historisch gesehen war A), die Umwandlung von thermischer Energie in Be-

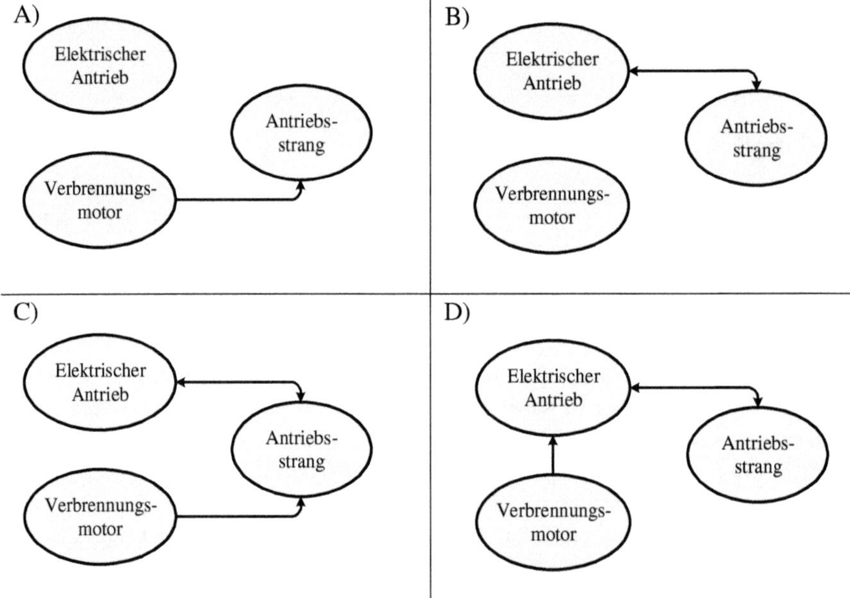

Bild 1.5 Überblick über verschiedene Antriebskonzepte von Fahrzeugen. A) entspricht dem Antrieb mithilfe eines Verbrennungsmotors. B) ist ein vollständiger Elektroantrieb. C) und D) stellen hybride Antriebskonzepte dar. In C) können beide Antriebe getrennt das Fahrzeug antreiben. In D) erzeugt der Verbrennungsmotor die elektrische Energie, die dann von einem Elektromotor zum Antrieb genutzt wird.

wegungsenergie, die erste Realisierung. Ursprünglich wurden hier Dampfmaschinen eingesetzt. Heute sind Verbrennungsmotoren die verbreitete Realisierung. Der Nachteil dieser Technologie ist, dass Bewegungsenergie nicht wieder in thermische Energie zurückgewandelt werden kann. Der Energiefluss geht immer nur in eine Richtung. Soll die Bewegungsenergie reduziert werden, dann muss mechanisch gebremst werden. Dabei wird zwar auch thermische Energie frei, allerdings geht diese Energie verloren, sie wird nicht gespeichert oder anders genutzt.

Eine Verbesserung stellt der Ansatz B) dar. Hier wird ein elektrischer Antriebsstrang verwendet. Bei einem rein elektrischen Antrieb besteht dieser aus einer elektrischen Energiequelle, einem Energiespeicher und einem Elektromotor. Der Vorteil dieses Ansatzes ist, dass mechanische Energie wieder in elektrische Energie zurückgewandelt werden kann. Ist ein Speicher vorhanden, so wird dieser in der Beschleunigungsphase entladen und in der Bremsphase geladen. Diesen Vorgang nennt man Rekuperation.

Leider ist die Energiedichte von elektrischen und elektrochemischen Energiespeichern bisher noch nicht so hoch wie die von fossilen Energieträgern. Benzin hat eine Energiedichte von 8,8 kWh/l, eine Lithium-Ionen-Batterie hingegen eine Energiedichte von 0,4 kWh/l. Allerdings sind die Wirkungsgrade auch unterschiedlich. Die Umwandlung von Benzin in kinetische Energie über einen Verbrennungsmotor hat einen Wirkungsgrad von ca. $\eta = 30\,\%$. Ein rein elektrischer Antriebsstrang hat hingegen einen Wirkungsgrad von $\eta = 85\,\%$.

Übung 1.6 Wie viel Platz wird in einem Fahrzeug für einen Speicher benötigt?

Der Speicher eines Fahrzeuges soll so ausgelegt werden, dass er $\kappa = 400\,\text{kWh}$ Bewegungsenergie umsetzen kann. Wie viel Volumen wird für den Energiespeicher benötigt, wenn Benzin mit einer Energiedichte von $\rho_V = 8{,}8\,\text{kWh/l}$ oder eine Lithium-Ionen-Batterie mit einer Energiedichte von $\rho_V = 0{,}4\,\text{kWh/l}$ verwendet wird? Die Effizienz des Verbrennungsmotors liegt bei $\eta = 30\,\%$, die des Elektroantriebs bei $\eta = 85\,\%$. Rekuperation, also die Möglichkeit, Bewegungsenergie wieder zu speichern, soll in dieser Aufgabe nicht betrachtet werden.

Lösung: Das Volumen ergibt sich aus der Formel:

$$V = \frac{\kappa}{\eta \cdot \rho_V}$$

Dabei wird die Zielkapazität κ um die Effizienz korrigiert. Bei einem ineffizienten Antrieb muss der Speicher größer ausgelegt werden als bei einem effizienten Antrieb.

Wird Benzin als Energieträger genutzt, ergibt sich ein Volumen von:

$$V = \frac{400\,\text{kWh}}{0{,}3 \cdot 8{,}8\,\text{kWh/l}} = 151\,\text{l}$$

Bei der Lithium-Ionen-Batterie liegt das Volumen bei:

$$V = \frac{400\,\text{kWh}}{0{,}85 \cdot 0{,}4\,\text{kWh/l}} = 1.176\,\text{l}$$

Die Lithium-Ionen-Batterie benötigt fast zehnmal so viel an Volumen für den gleichen Energieinhalt.

Aber Vorsicht! Im Gegensatz zum Verbrennungsmotor kann eine Lithium-Ionen-Batterie die Bremsenergie zurückspeichern, d. h. die Reichweite des Fahrzeuges wäre erheblich größer, da der Speicher nur die Brems- und Reibungsverluste, die während der Fahrt auftreten, kompensieren müsste. ■

Die Berechnung in Übung 1.6 zeigt, dass der Energiespeicher mit fossilen Energieträgern deutlich weniger Volumen einnimmt als ein elektrischer Energiespeicher. Aus diesem Grund haben sich in der Praxis auch Mischformen etabliert, die eine hohe Reichweite durch die Verwendung des Verbrennungsmotors sicherstellen wollen, gleichzeitig aber den Vorteil der Rekuperation durch die Integration eines elektrischen Antriebes nutzen. Konzept C) in Bild 1.5 stellt einen hybriden Antrieb dar, bei dem sowohl elektrische Energie als auch thermische Energie für den Antrieb genutzt wird.

Im Konzept D) wird hingegen der Verbrennungsmotor dazu genutzt, elektrische Energie zu erzeugen. Der Grundgedanke dabei ist, dass der Verbrennungsmotor im optimalen Arbeitspunkt betrieben wird, sodass der Wirkungsgrad verbessert wird. Dieselbetriebene Lokomotiven arbeiten mit diesem Konzept. Eine Rekuperation ist in diesem Konzept nicht vorgesehen, es sei denn, auf dem elektrischen Antriebsstrang ist noch ein Speicher vorhanden.

Beim Energiebedarf eines Fahrzeuges muss berücksichtigt werden, dass die Entladung für die Beschleunigungsphase benötigt wird. Während der Fahrt muss hingegen nur die Reibung kompensiert werden. Besteht die Möglichkeit, bei einem Bremsvorgang die Bewegungsenergie zu speichern, so kann dies zu einer erheblichen Reichweitenerhöhung führen.

Übung 1.7 Wie unterscheiden sich die Reichweiten von einem Elektrofahrzeug und einem Fahrzeug mit Verbrennungsmotor?

Ein Fahrzeug wird mit einem Verbrennungsmotor und einem reinen Elektroantrieb angeboten. Das Elektrofahrzeug hat eine Speicherkapazität von $\kappa = 40\,\text{kWh}$. Das Fahrzeug mit dem Verbrennungsmotor hat einen Tank mit einem Fassungsvermögen von 30 l. Als Treibstoff wird Benzin mit einer Energiedichte von $\rho_V = 8{,}8\,\text{kWh/l}$ verwendet. Beide Fahrzeuge haben dieselbe Masse von $m = 1.500\,\text{kg}$.

Das Fahrzeug soll innerhalb von einer Minute auf 50 km/h beschleunigt werden, 10 min geradeaus fahren, wobei die Kompensation der Reibungsverluste eine mittlere Leistung von 500 W benötigen. Es folgt eine Vollbremsung, die eine halbe Minute andauert.

Wie viele dieser Fahrzyklen können mit dem Verbrennungsmotor und wie viele mit dem Elektroantrieb gefahren werden? Wir gehen vereinfachend davon aus, dass die Masse des Fahrzeugs unabhängig vom Füllstand des Tanks ist. Des Weiteren wird angenommen, dass die Rekuperation einen Wirkungsgrad von $\eta_{EV} = 90\,\%$ hat. Der Verbrennungsmotor hat einen Wirkungsgrad von $\eta_{ICE} = 30\,\%$.

Lösung: Bei einer Geschwindigkeit von $v = 50\,\frac{\text{km}}{\text{h}}$ liegt die kinetische Energie bei:

$$
\begin{aligned}
E_{kin} &= \frac{1}{2} m v^2 \\
&= \frac{1}{2} 1.500\,\text{kg} \left(50\,\frac{\text{km}}{\text{h}}\right)^2 \\
&= \frac{1}{2} 1.500\,\text{kg} \left(\frac{50.000}{3.600}\,\frac{\text{m}}{\text{h}}\right)^2 \\
&= 144.699{,}1\,\text{J} = 40{,}18\,\text{Wh} = 0{,}0402\,\text{kWh}
\end{aligned}
$$

Während der Fahrt müssen die Reibungsverluste in Höhe von $P_{\text{loss}} = 500\,\text{W}$ kompensiert werden. Die hierfür benötigte Energie ergibt sich zu:

$$E_{\text{loss}} = \int_{t=0}^{t=T} P_{\text{loss}}\,\mathrm{d}t = P_{\text{loss}} \cdot T = 500\,\text{W} \cdot 10\,\text{min} = 5.000\,\text{Wmin} = 0{,}083\,\text{kWh}$$

Da das Fahrzeug mit Verbrennungsmotor beim Bremsen keine Energie rückgewinnen kann, können wir auf Basis dieser Daten die Zahl der möglichen Fahrzyklen ermitteln. Der Energieinhalt des Tanks beläuft sich auf:

$$\kappa_{\text{ICE}} = V \cdot \rho_{\text{V}} \cdot \eta_{\text{ICE}} = 30\,\text{l} \cdot 8{,}8\,\text{kWh/l} \cdot 0{,}3 = 79\,\text{kWh}$$

Die Zahl der Fahrzyklen ergibt dann zu:

$$N_{\text{Verb.}} = \frac{\kappa_{\text{ICE}}}{E_{\text{kin}} + E_{\text{loss}}} = \frac{79\,\text{kWh}}{0{,}0402\,\text{kWh} + 0{,}083\,\text{kWh}} = 641{,}23 \approx 641$$

Beim Elektrofahrzeug wird beim Bremsvorgang Energie zurückgewonnen. Diese Energie beträgt:

$$E_{\text{rekub}} = E_{\text{kin}} \cdot \eta_{\text{EV}} = 0{,}0402\,\text{kWh} \cdot 0{,}9 = 0{,}036\,\text{kWh}$$

Der Energiebedarf bei N-Zyklen liegt bei

$$E_{\text{N}} = E_{\text{kin}} + (N-1)\,E_{\text{kin}}\left(1 - \eta_{\text{EV}}\right) + N E_{\text{loss}}$$

Die Zahl der Zyklen ergibt sich (mit $E_{\text{N}} = \kappa_{\text{EV}}$) aus:

$$\begin{aligned} N_{El.} &= \frac{\kappa_{\text{EV}} - \eta_{\text{EV}} \cdot E_{\text{kin}}}{\left(E_{\text{kin}} \cdot \left(1 - \eta_{\text{EV}}\right) + E_{\text{loss}}\right)} \\ &= \frac{20\,\text{kWh} - 0{,}9 \cdot 0{,}0402\,\text{kWh}}{(0{,}0402\,\text{kWh} \cdot 0{,}1 + 0{,}083\,\text{kWh})} \\ &= 459{,}249 \approx 459 \end{aligned}$$

Obwohl das Elektrofahrzeug ca. 50 % weniger Speicherkapazität hat, entspricht seine Reichweite ca. 71 % der Reichweite des Verbrennungsmotors. ■

Die Größe des Energiespeichers und die Be- und Entladeleistung variiert stark von der Art des Fahrzeugs. In Bild 1.6 sind für verschiedene Fahrzeuge die Energiemengen und die Be- und Entladeleistungen eingetragen. Bei den Leistungen wurde jeweils die Peak-Leistung verwendet. Mit Peak-Leistung ist die maximale Leistungsentnahme bezeichnet. Diese Leistung kann aber in der Regel nicht dauerhaft entnommen werden, da die Komponenten der Speicher oder der Antriebsstrang nicht für eine Dauerbelastung in dieser Höhe ausgelegt ist.

Wie man in Bild 1.6 erkennen kann, zerfällt das Diagramm in zwei Bereiche. Unterhalb einer Leistung von 5.000 W liegen Anwendungen mit kleinen oder leichten Fahrzeugen: Roller, Scooter und Fahrräder mit elektrischem Hilfsantrieb. Oberhalb dieser Grenze kommen Autos.

Der Leistungs- und Energiebereich von E-Scooter, E-Bike und E-Roller liegt in demselben Bereich wie der des Rasenmähers. Dies liegt daran, dass die technische Lösung in beiden

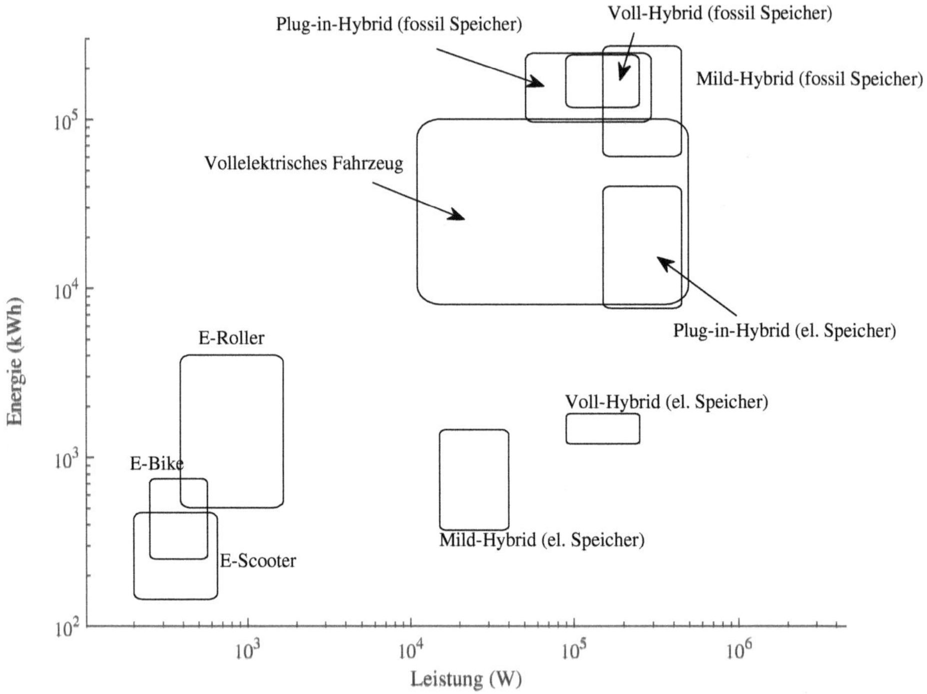

Bild 1.6 Energieinhalte und Be- und Entladeraten von Mobilitätsanwendungen. Bei Anwendungen, in denen sowohl fossile, als auch elektrische Energiespeicher zu Anwendung kommen, wurde der elektrische Energiespeicher auch getrennt eintragen.

Fällen ähnlich aussieht. Es werden dieselben Batteriezellen verwendet. Dies bietet sich an, denn die Anforderungen an Volumen, Preis und Gewicht sind vergleichbar.

E-Scooter und E-Bikes werden nicht für Langstrecken verwendet. Die Fahrzeit liegt – wenn keine Trackingtouren gefahren werden – im Bereich von Minuten oder Stunden. Beide Fahrzeuge sind strenggenommen hybride Antriebssysteme. Sie nutzen zwar keinen Verbrennungsmotor, der fossile Energiequellen nutzt, aber sie nutzen die menschliche Muskelkraft. Der höchste Leistungsbedarf tritt bei einem Fahrzeug beim Anfahren auf. Hier muss neben der Roll- auch die Haftreibung überwunden und die Masse von Fahrzeug plus Last auf eine Zielgeschwindigkeit beschleunigt werden. Bei E-Scooter und E-Bikes hilft der Fahrer mit seiner Muskelkraft. Während der Fahrt wird die gespeicherte Energie lediglich zur Kompensation von Reibungsverlusten genutzt. Die Entladerate ist erheblich geringer und wird durch die Unterstützung durch den Fahrer zusätzlich kompensiert. Daher sind E-Scooter und E-Bike eher eine Energieanwendung.

Bei einem E-Roller entfällt der zweite Antrieb. E-Roller sind keine hybriden Antriebsanwendungen. Hier wird die gesamte Leistung über den elektrischen Speicher bezogen. Wie man in Bild 1.6 erkennen kann, ist der Energieinhalt, aber auch der Leistungsbedarf dieser Fahrzeuge größer als der von E-Bikes.

Oberhalb einer Leistung von 10 kW befinden sich die PKWs. Sieht man von den Fahrzeugen ab, die allein mit einem Verbrennungsmotor betrieben werden, gibt es vier Kategorien, in denen Autos mit alternativen Antrieben unterteilt werden: das vollelektrische Fahrzeug, der Mild-Hybrid, der Plug-in-Hybrid und der Voll-Hybrid.

Das vollelektrische Fahrzeug entspricht dem Ansatz B) in Bild 1.5. Ein Energiespeicher speichert elektrische Energie, die dann einen Elektromotor versorgt. Wie in Bild 1.6 zu erkennen ist, decken die verschiedenen Leistungsklassen von Elektroautos einen relativ großen Energie- und Leistungsbedarf ab. Die Verwendung eines elektrischen Antriebsstrangs mit einem elektrischen Speicher erlaubt Rekuperation, d. h. die Rückführung von Bewegungsenergie in elektrische Energie zum Bremsen des Fahrzeuges. Dieser Mechanismus wirkt sich positiv auf die Reichweite dieser Fahrzeuge aus.

Der Mild-Hybrid realisiert das Konzept C) in Bild 1.5. Der Antriebsstrang kann sowohl vom Verbrennungsmotor als auch vom elektrischen Speicher angetrieben werden. Bei einem Mild-Hybrid ist die elektrochemisch gespeicherte Energie gering (Bild 1.6 „Mild-Hybrid (elektrischer Speicher)“. Die Speicherkapazität liegt bei 300 Wh bis 1.500 Wh, was im Vergleich zu einem vollelektrischen Fahrzeug mit einer Speicherkapazität von 10 Wh bis 100 kWh gering ist. Die zur Verfügung stehende Leistung von 10 kW bis 20 kW liegt aber im unteren Leistungsbereich eines vollelektrischen Fahrzeugs. Es handelt sich also um eine Leistungsanwendung. Der kleine Speicher des Mild-Hybrids wird dazu genutzt, kurzfristig be- und entladen zu werden. Hier ist der Anwendungsfall die Unterstützung des Verbrennungsmotors beim Anfahren und die Rekuperation von Bewegungsenergie beim Bremsen.

Wie alle Fahrzeuge mit einem Verbrennungsmotor führen auch Mild-Hybrid noch einen weiteren Energiespeicher mit sich: den Tank für ihren fossilen Brennstoff. Sein Energieinhalt und die Leistung des Verbrennungsmotors ist ebenfalls in Bild 1.6 eingetragen „Mild-Hybrid (fossiler Speicher)“. Da bei einem Mild-Hybrid der Großteil der Antriebsleistung und des Energieverbrauchs über den Verbrennungsmotor erfolgt, liegt die Speicherkapazität und die abrufbare Leistung im oberen Bereich.

Plug-in- und Voll-Hybride realisieren ebenfalls das Konzept C), allerdings verfügen beide über eine höhere elektrische Speicherkapazität und Leistung. Sie liegt mit 100 kW bis 250 kW in einem ähnlichen Leistungsbereich wie der des vollelektrischen Fahrzeugs. Allerdings ist die Speicherkapazität eines Voll-Hybriden mit 1 kWh bis 2 kWh deutlich geringer. Der Speicher beider Fahrzeuge ist groß genug, dass ein rein elektrischer Fahrbetrieb möglich ist. Bedingt durch den größeren Speicher fällt dieser Fahrbetrieb bei einem Plug-in-Hybriden länger aus als bei einem Voll-Hybriden. In beiden Fahrzeugarten wird der elektrische Speicher auch noch dafür genutzt, den Verbrennungsmotor in Fahrzuständen, in denen dieser nicht effizient arbeitet, zu entlasten.

Bild 1.7 zeigt die E-Raten im Bereich Mobilität. E-Scooter und E-Bikes liegen im Grenzbereich zwischen Energie- und Leistungsanwendung. Dies lässt sich nicht durch die Art der Nutzung erklären, denn größere Leistungen werden allenfalls beim Anfahren benötigt. Hier kommt eher der Kostendruck zum Tragen. Der Speicher wird knapp ausgelegt.

Beim Auto fallen sowohl das vollelektrische Fahrzeug, als auch der Mild-Hybrid und Plug-in-Hybrid in die Kategorie Leistungsanwendung, wenn man den elektrischen Speicher betrachtet. Der fossile Antriebsstrang ist hingegen als Energieanwendung anzusehen. Fossile Brennstoffe haben eine höhere Energiedichte, d. h. es kann in einem Fahrzeugtank mehr Energie transportiert werden. Der Effekt ist, dass bezogen auf die benötigte Leistung der Speicher größer ausgelegt wird. Dieser Effekt wird deutlich beim Mild-Hybrid und beim Voll-Hybrid. Beide Fahrzeuge zeichnen sich durch eine kleinere Batterie aus, d. h. der Tank

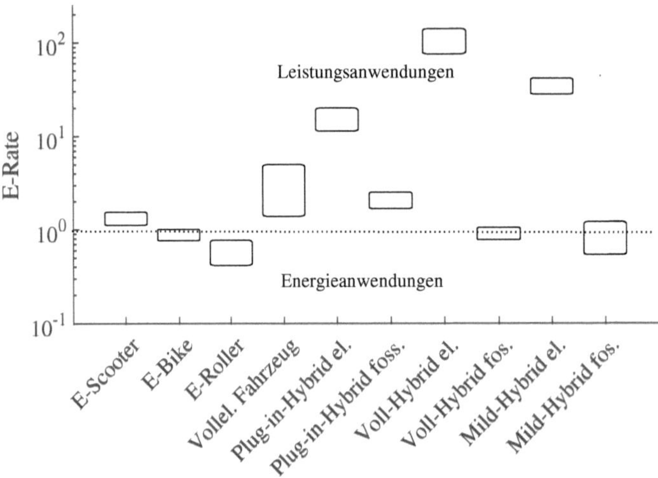

Bild 1.7 E-Raten für verschiedene Mobilitätsanwendungen

wird entsprechend größer ausgelegt. Beim Plug-in-Hybriden ist eine größere Batterie verbaut, der Tank ist etwas kleiner, und die E-Rate verschiebt sich in Richtung Leistungsanwendung.

1.3.3 Mobile Arbeitsmaschinen

Bisher haben wir Fahrzeuge betrachtet, die im Wesentlichen Menschen transportieren. Keines der in Bild 1.7 beschriebenen Fahrzeuge ist als Arbeitsmaschine gedacht. Allenfalls der Transport des wöchentlichen Einkaufs oder des Urlaubgepäcks könnte als Arbeit angesehen werden. Weiterhin sind diese Fahrzeuge nicht für einen Dauerbetrieb konzipiert. Ein PKW wird für eine Lebensdauer von 10 bis 20 Jahren ausgelegt. Dabei wird angenommen, dass er die meiste Zeit einfach nur steht und weder sein Speicher noch der Antriebsstrang genutzt werden. Diese Annahme kann leicht nachvollzogen werden: Berufstätige Pendler fahren morgens zur Arbeit, arbeiten dann vor Ort, ohne das Auto zu benutzen, und fahren danach wieder nach Hause. Das Auto wird nicht länger als zwei bis vier Stunden genutzt.

Vollkommen anders sieht es aus, wenn Fahrzeuge genutzt werden, um Arbeit zu verrichten. Die Fahrzeuge und ihre Komponenten werden intensiver und durchgehender genutzt.

Mobile Maschinen unterscheiden sich von den bisher angesprochenen Mobilitätsanwendungen auch dadurch, dass die Fahrzeuge nicht nur für die Fortbewegung, sondern für die Verrichtung von Arbeit verwendet werden. In Bild 1.8 sind zwei Beispiele dargestellt. Es handelt sich zum einen um einen Reachstacker und einen Straddle Carrier. Beide Fahrzeuge werden in Häfen dazu genutzt, um Container von einem Ort zu einem anderen Ort zu transportieren. Beide Fahrzeuge haben Motoren, die für deren Fortbewegung genutzt werden, und sie haben Komponenten, die zum Heben der Lasten genutzt werden. Beim Hebevorgang wird kinetische Energie in potenzielle Energie gewandelt.

Ein Reachstacker kann für die Traktion, d. h. die Bewegung von A nach B dieselben Antriebe verwenden, wie sie in der Mobilität genutzt werden. Wie auch bei Autos dominieren

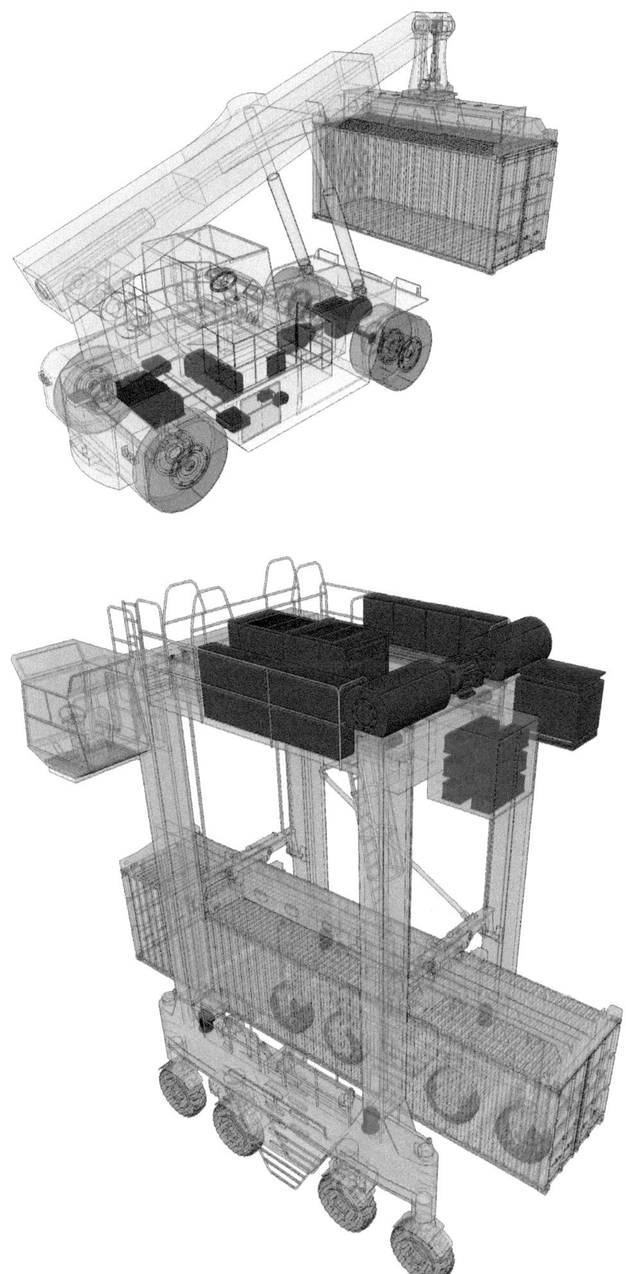

Bild 1.8 Zwei Beispiele für elektrifizierte mobile Arbeitsmaschinen: Ein Reachstacker (oben) und ein Straddle Carrier (unten). Beide Fahrzeuge werden für den Transport von Containern eingesetzt. Sie verfügen über einen elektrischen Antriebsstrang (dunkel markiert), mit dem das Fahrzeug von A nach B bewegt wird. Der Reachstacker verwendet ein hydraulisches System zum Heben der Lasten, während der Straddle Carrier einen Elektromotor zum Anheben des Containers verwendet (Quelle: REFUdrive).

hier noch die Verbrennungsmotoren. Für das Heben, Senken und Aufnehmen der Lasten kommt häufig ein hydraulischer Antriebsstrang zur Anwendung. Eine Hydraulik besteht aus einer Pumpe, die in einer Flüssigkeit einen sehr hohen Druck aufbaut. Hierfür werden Öle verwendet, die diesen Druck gut aufnehmen können. Diese unter Druck stehende Flüssigkeit wird in einem Behälter gespeichert. Wir haben hier also eine Umwandlung von Bewegungsenergie (die Pumpe) in potenzielle Energie (die zusammengedrückte Flüssigkeit, die sich wieder Ausdehnen möchte). Zum Heben und Senken öffnet man ein Ventil und nutzt den Druck der Flüssigkeit dazu, einen Zylinder zu bewegen. Es wird die gespeicherte potenzielle Energie in Bewegungsenergie gewandelt.

Genau wie bei der Traktion kann die Pumpe rein elektrisch oder durch einen Verbrennungsmotor betrieben werden [ZHGQ19, IPÅ+16, I+13]. Für die Effizienzbetrachtung dieses Antriebsstranges müssen dabei verschiedene Wirkungsgrade betrachtet werden: Zum einen ist die Effizienz des Pumpenantriebs zu betrachten. Diese ist vergleichbar mit der Effizienz eines Antriebsstranges. Zusätzlich kommt noch die Effizienz der Pumpe hinzu, die aus Bewegungsenergie kinetische Energie macht. Diese liegt bei $\eta_{\text{Pumpe}} = 80\,\%$. Ventil- und Schlauchsystem erzeugen ebenfalls Verluste. Der Wirkungsgrad hier liegt bei $\eta_{\text{Ventil}} = 55\,\%$ [IPÅ+16].

Übung 1.8 Hydraulischer vs. elektrischer Antriebsstrang

Ein Nutzfahrzeug soll entweder mit einem hydraulischen oder einem rein elektrischen Antriebsstrang versehen werden. Der hydraulische Antriebsstrang wird über einen Verbrennungsmotor mit einem 100 l fassenden Tank betrieben. Der elektrische Antriebsstrang ist mit einer Speicherkapazität von 250 kWh ausgestattet. Der Wirkungsgrad des Antriebsumrichters und des Elektromotors liegen bei $\eta_{\text{Umrichter}} = 96\,\%$ und $\eta_{\text{Motor}} = 86\,\%$.

Wie hoch ist die nutzbare kinetische Energie, die beiden Antriebssträngen jeweils entnommen werden kann?

Lösung: Der elektrische Antriebsstrang hat eine Gesamteffizienz von

$$\eta_{\text{el. Antr.}} = \eta_{\text{Umrichter}} \cdot \eta_{\text{Motor}} = 0{,}96 \cdot 0{,}86 = 0{,}825$$

Hieraus ergibt sich eine nutzbare kinetische Energie von:

$$E_{\text{kin}} = \eta_{\text{el. Antr.}} \cdot 250\,\text{kWh} = 206{,}25\,\text{kWh}$$

Beim hydraulischen Antriebsstrang beläuft sich die Gesamteffizienz bei:

$$\eta_{\text{hydr. Antr.}} = \eta_{\text{ICE}} \cdot \eta_{\text{pump}} \cdot \eta_{\text{Ventil}} = 0{,}3 \cdot 0{,}80 \cdot 0{,}55 = 0{,}132$$

Die nutzbare kinetische Energie beläuft sich somit auf:

$$E_{\text{kin}} = \eta_{\text{hydr. Antr.}} \cdot 100\,\text{l} \cdot 8{,}8\,\frac{\text{kWh}}{\text{l}} = 116{,}16\,\text{kWh}$$

■

Übung 1.8 zeigt, dass hydraulische Antriebsstränge im Vergleich zu elektrischen Antriebssträngen eine erheblich geringere Gesamteffizienz haben. Daher gibt es Bestrebungen, diese Antriebsstränge teilweise oder ganz zu elektrifizieren [ZHGQ19, I+13, PMAL15].

Obwohl hydraulische Antriebe einen geringen Wirkungsgrad haben, sind vollständig elektrifizierte mobile Maschinen noch nicht sehr verbreitet. Da mobile Maschinen über einen

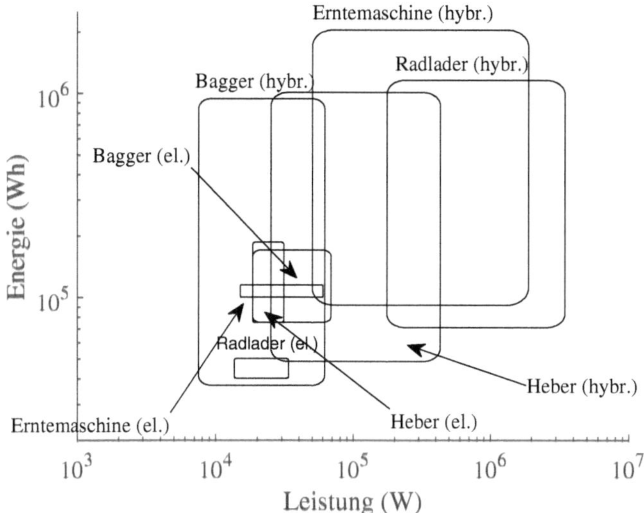

Bild 1.9 Übersicht über die gespeicherte Energie und die benötigte Leistung von mobilen Maschinen. Anders als hybride Autos werden hybride mobile Maschinen dieselelektrisch betrieben. Bei den hier dargestellten Energiewerten handelt es sich um die nutzbare Energie. Der Energieinhalt des gespeicherten Diesels ist bereits um die Wirkungsgrade $\eta = \eta_{\text{ICE}} \cdot \eta_{\text{pump}} \cdot \eta_{\text{Valve, Hose}} = 40\,\% \cdot 80\,\% \cdot 55\,\% = 17{,}6\,\%$ korrigiert worden. In dieser Darstellung sind keine Fahrzeuge aufgeführt, die als reine Verbrenner betrieben werden. Ihre Leistungs- und Energiewerte entsprechen allerdings denen der Dieselhybridfahrzeuge, wobei der nutzbare Energieinhalt 10–20 % geringer ist.

langen Zeitraum sehr viel Leistung und Energie benötigen, brauchen sie entweder einen großen Speicher oder müssen schnell aufgeladen werden können. Elektrochemische Speicher sind nur bedingt hierfür geeignet, daher dominieren die reinen dieselbetriebenen und dieselelektrisch betriebenen Fahrzeuge.

In Bild 1.9 sind die gespeicherten Energien und die benötigten Leistungen von mobilen Maschinen dargestellt. Bei hybriden Maschinen wurde die nutzbare Energie dargestellt, d. h. wir haben hier nicht den Energieinhalt des Diesels abgebildet, sondern bereits die Wirkungsgrade von Antriebsmotor, Pumpe und Ventilsystem mit eingerechnet.

$$\eta = \eta_{\text{ICE}} \cdot \eta_{\text{Pumpe}} \cdot \eta_{\text{Ventil}} = 40\,\% \cdot 80\,\% \cdot 55\,\% = 17{,}6\,\% \tag{1.4}$$

Maschinen mit reinen Verbrennungsmotoren sind in Bild 1.9 nicht aufgeführt. Da die Maschinen dieser Fahrzeuge sich im Aufbau nicht von denen der dieselelektrischen Maschinen unterscheiden, bleiben die Leistungsdaten identisch, die mitgeführte, nutzbare Energie liegt aber 10 %–20 % unterhalb der Werte der dieselelektrischen Lösung [WWH17, IPÅ+16].

Die gespeicherte Energie von mobilen Maschinen reichen von 10 kWh bis 250 kWh. Dies ist der Breite der Anwendung geschuldet. Kleine Bagger oder Radlader, die nur wenige Stunden am Tag gebraucht werden, müssen weniger Energie mittransportieren als große Erntemaschinen, die einen vollen Arbeitstag auf den Feldern ernten.

Entsprechend der Anwendung sind auch die Leistungsbereiche breit gestreut. Sie reicht von 50 kW bis 500 kW. Bisher erreichen nur große Erntemaschinen und Radlader, ausgerüstet mit dieselelektrischem Antrieb, diese Leistungsbereiche. Rein elektrische Maschinen haben eine Leistungsbegrenzung, die bei 100 kW liegt. Dies ist keine technische Leistungsgrenze. Elektromotoren für mobile Anwendungen können bis zu 350 kW erreichen. Durch Kombination von mehreren Antriebsmaschinen wären aber noch höhere Leistungen möglich.

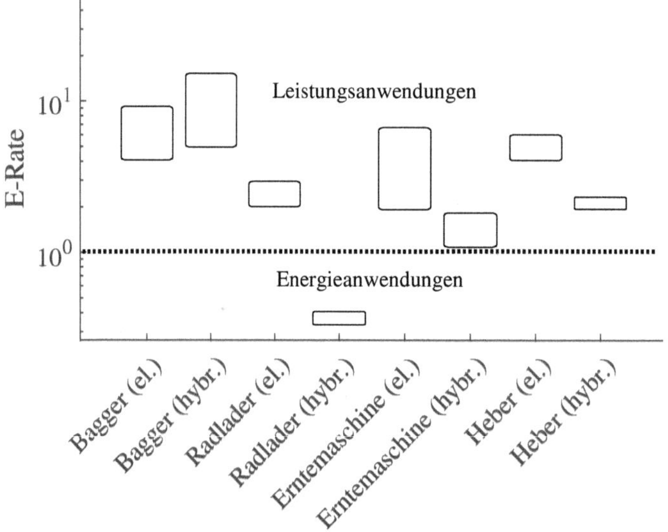

Bild 1.10 Übersicht über die E-Raten, die bei mobilen Maschinen zu beobachten sind. Der Energieinhalt des gespeicherten Diesels ist bereits um den Wirkungsgrad eines dieselelektrischen hybriden Antriebsstranges korrigiert worden. Rein dieselbetriebene Fahrzeuge sind hier nicht dargestellt. Ihre E-Raten liegen 10–20 % niedriger als die von dieselelektrisch betriebenen Maschinen.

Die Herausforderung bei der Elektrifizierung und Hybridisierung von mobilen Maschinen besteht in dem Umstand, dass es sich hier in der Regel um Leistungsanwendungen und weniger um Energieanwendungen handelt. Dies kann man anhand der E-Raten in Bild 1.10 ablesen. Eine Ausnahme ist hier zu beobachten. Bei hybriden Radladern handelt es sich bereits um Energieanwendungen. Radlader verbrauchen einen Großteil ihrer Energie zum Transportieren von Waren. Sie benötigen eine hohe Leistung nur beim Anheben der Last und in den Beschleunigungsphasen. Dies wirkt sich positiv auf das Verhältnis zwischen Leistung und mitgeführter Energie aus.

Mobile Maschinen werden dafür genutzt, Arbeit zu leisten. Sie bewegen große Mengen an Erde, heben schwere Container oder leisten Erntearbeit. Zumeist tun sie dies an Orten, wo keine Tankstelle oder Ladestation vorhanden ist. Maschinen mit hybriden Antrieben haben eine niedrigere E-Rate als elektrische Maschinen. Dies liegt an der hohen Energiedichte von fossilen Brennstoffen. Würde der Wirkungsgrad dieser Antriebe verbessert werden können, würde die E-Rate weiter sinken, sodass hier ein Übergang zu Energieanwendungen zu beobachten wäre [IPÅ+16, WWH17, Sal17, ILRP09].

1.3.4 Stationäre Speicheranwendungen

Bisher haben wir uns mit mobilen Anwendungen befasst. Wir haben Energie gespeichert, um sie an einem anderen Ort oder unterwegs zu nutzen. Wie eine Tasse heißen Kaffee, die wir uns morgens in die Thermoskanne einschenken, bevor wir auf den Weg zur Arbeit gehen. In diesem Abschnitt befassen wir uns nun mit stationären Anwendungen. Dabei wird Energie gespeichert, um diese später am selben Ort zu nutzen.

Wenn wir nicht mobil sind, dann sind wir entweder bei der Arbeit, üben Freizeitaktivitäten aus oder sitzen, leben, arbeiten zu Hause. An diesen verschiedenen Orten wird Energie verwendet: zum Kochen, Fernsehen schauen, Musik hören, eine Leselampe betreiben, aber auch zum Betrieb von Maschinen, Computern oder Freizeitgeräten. Die Energie wird über das Stromnetz bereitgestellt. Seit der Einführung des elektrischen Lichts durch Edison und Westinghouse Ende des 19. Jahrhunderts ist die Zahl der Geräte und Maschinen, die durch elektrischen Strom betrieben werden, immer größer geworden. Heutzutage gibt es kaum noch Haushaltsgeräte oder industrielle Maschinen, die mit Muskelkraft oder Verbrennungsmotor betrieben werden.

Betrachten wir zunächst die Geräte und deren Stromverbrauch, die in einem Haushalt zu finden sind (Tabelle 1.3). Die Geräte lassen sich grob in drei Bereiche unterteilen: Geräte für die Erzeugung von Wärme oder Kälte wie die Mikrowelle, der Kühlschrank, aber auch das Bügeleisen. Geräte, die Arbeit verrichten wie die Waschmaschine oder der Geschirrspüler, und Geräte für die Erzeugung von Licht und Unterhaltungselektronik.

Natürlich gibt es länderspezifische und kulturelle Unterschiede. So gibt es Länder, in denen eher mit Gas als mit Elektrizität gekocht wird, und in warmen Ländern verfügen Haushalte über Ventilatoren oder Klimaanlagen. Tabelle 1.3 erhebt nicht den Anspruch, vollständig oder repräsentativ zu sein.

Tabelle 1.3 Verbraucher in einem privaten Haushalt [OAM15, SXZ14]

Heizen oder Kühlen	W	Arbeit	W	Licht und Unterhaltung	W
Herd	3.000	Staubsauger	1.200	Beleuchtung	15
Mikrowelle	1.230	Geschirrspülmaschine	2.500	Fernseher	150
Wasserkocher	1.900	Waschmaschine	3.000	DVD-Spieler	35
Toaster	1.010	Wäschetrockner	3.300	Satellitendecoder	30
Bügeleisen	1.235	Wasserpumpe	750	Antennenmodule	25
Elektrischer Warmwasserbereiter	2.600	Elektromixer	300	Desktop PC	150
Deckenventilator	100			Mobiltelefon	15
Tischventilator	35			Laptop	65
Kühlschrank	400				

Übung 1.9 Stromverbrauch in einem Haushalt

An einem normalen Arbeitstag werden die in Tabelle 1.3 aufgelisteten Geräte unterschiedlich lang oder auch gar nicht verwendet. In Tabelle 1.4 sind die Nutzungsdauern eingetragen. Wie hoch ist der Verbrauch für den gesamten Tag?

Lösung: Es muss der Leistungsbedarf der verschiedenen Verbraucher mit der Einschaltzeit multipliziert werden. Diese werden dann aufsummiert. Für die Erzeugung von Wärme oder Kälte ergibt sich ein Energiebedarf von

$$E_{\text{Wärme}} = 3.000\,\text{W} \cdot 1\,\text{h} + 1.230\,\text{W} \cdot 0{,}25\,\text{h} + 1.010\,\text{W} \cdot 0{,}05\,\text{h} + 400\,\text{W} \cdot 24\,\text{h} = 12.958\,\text{Wh}$$

Der Energiebedarf für das Verrichten von Arbeit beläuft sich auf:

$$E_{\text{Arbeit}} = 1.200\,\text{W} \cdot 0{,}25\,\text{h} + 3.000\,\text{W} \cdot 1\,\text{h} = 3.300\,\text{Wh}$$

Und für Licht und Unterhaltungselektronik gilt

$$E_{\text{Licht}} = 15\,\text{W} \cdot 8\,\text{h} + 150\,\text{W} \cdot 4\,\text{h} + 35\,\text{W} \cdot 2\,\text{h} + 30\,\text{W} \cdot 4\,\text{h} + 25\,\text{W} \cdot 4\,\text{h} + 150\,\text{W} \cdot 1\,\text{h} = 1.160\,\text{Wh}$$

Der Tagesverbauch beläuft sich somit auf

$$E_{\text{Tag}} = 12{,}9\,\text{kWh} + 3{,}3\,\text{kWh} + 1{,}2\,\text{kWh} = 17{,}4\,\text{kWh}$$

davon entfallen 75% auf die Erzeugung von Wärme oder Kälte und 19% auf die Verrichtung von Arbeit. ■

Tabelle 1.4 Nutzung der Geräte an einem Arbeitstag

Heizen oder Kühlen	h	Arbeit	h	Licht und Unterhaltung	h
Herd	1	Staubsauger	0,25	Beleuchtung	8
Mikrowelle	0,25	Geschirrspülmaschine		Fernseher	4
Kessel	0	Waschmaschine	1	DVD-Spieler	2
Toaster	0,05	Wäschetrockner		Satellitendecoder	4
Bügeleisen		Wasserpumpe		Antennenmodule	4
Elektrischer Warmwasserbereiter		Elektromixer		Desktop-PC	1
Deckenventilator				Mobiltelefon	
Tischventilator				Laptop	
Kühlschrank	24				

Rein rechnerisch würde sich aus dem in Übung 1.9 ermittelten Verbrauch ein Jahresverbrauch von $17{,}4\,\text{kWh} \cdot 365\,\text{a/d} = 6.351\,\text{kWh}$ ergeben. Der so berechnete Wert ist aber zu hoch. Er berücksichtigt nämlich nicht, dass der Verbrauch eines Haushaltes zwischen den verschiedenen Wochentagen deutlich variiert. An einem Arbeitstag sind viele Menschen nicht zu Hause oder sie arbeiten zu Hause und tun daher andere Dinge, als sie dies am Wochenende tun. Man schläft vielleicht länger, liest abends länger ein gutes Buch über Speichertechnologie oder kocht unter der Woche Convenience Food und am Wochenende ein Drei-Gänge-Menü. Diese Schwankungen machen sich im Lastprofil bemerkbar. Außerdem gibt es jahreszeitliche Schwankungen. In den dunklen und kalten Jahreszeiten wird mehr Licht und Wärme benötigt. In den heißen Jahreszeiten muss hingegen die Klimaanlage häufiger eingeschaltet werden.

In privaten Haushalten werden Energiespeicher für die Speicherung von elektrischer Energie und Wärme genutzt. Die Wärmespeicher dienen als Bufferspeicher im Warmwasserkreislauf oder speichern solarthermisch erwärmtes Wasser. Diese Art der Energiespeicher ist sehr verbreitet, und es gibt sie seit vielen Jahrhunderten. Als es noch keinen elektrischen Strom gab und Heizungsanlagen in Wohnungen aus einem Herd, Kachelofen oder einem offenem Feuer bestanden, befand sich oftmals ein Topf mit heißem Wasser auf der Wärmequelle, sodass bei Bedarf Warmwasser schnell genutzt werden konnte.

Elektrische Speichersysteme sind eine relativ neue Technologie. Sie wurden zunächst für Haushalte genutzt, die keinen Anschluss ans elektrische Netz haben. Damit diese Haushalte Zugang zu elektrischem Strom haben, wurden diese mit Photovoltaikanlagen oder kleinen Windanlagen mit Energie versorgt [BWS13, CAG+15, HAB11, BGH+09]. Der Speicher diente bei diesen Anwendungen in der Nacht, wenn keine Sonne schien, oder einer Flaute, wenn kein Wind wehte, um den Haushalt mit Energie zu versorgen.

Bis zur Einführung dieser Systeme wurden Dieselgeneratoren verwendet. Dabei wird mithilfe eines Verbrennungsmotors elektrischer Strom erzeugt. Dieselgeneratoren finden auch heute noch ihre Anwendungen, wenn sehr große Leistungen oder Energiemengen benötigt werden. Auf Baustellen oder Minen, aber auch große Wohnanlage werden Dieselgeneratoren für die Stromversorgung verwendet. Da die Preise für Photovoltaikanlagen in den letzten Jahren immer weiter gefallen sind [BGSS10], werden auch immer mehr hybride Anlagen realisiert [WRP+03, SOR05]. In diesen hybriden Anlagen werden Dieselgeneratoren, Photovoltaik- oder Windanlagen gemeinsam betrieben, um so die Energiekosten zu optimieren. Speicher werden in diesen Anlagen genutzt, um die Energieversorgung auch in wind- oder sonnenlosen Phasen zu realisieren, oder um Leistungsspitzen abzufedern.

Das Abfedern von Leistungsspitzen ist bei hybriden Anlagen ein wichtiger Anwendungsfall. Dieselgeneratoren arbeiten nicht bei allen Leistungen optimal und benötigen eine gewisse Zeit, bis sie die volle Leistung bereitstellen können. Damit bei Baustellen, Minen und großen Wohn- und Fabrikanlagen keine Spannungsschwankungen auftreten, wird die Leistung der Dieselgeneratoren größer ausgelegt, sodass eine Verbrauchsspitze kurzfristig von einem Generator versorgt werden kann, während parallel andere Generatoren anlaufen. Dies ist nicht nur ineffektiv, da der große Motor nicht immer im optimalen Arbeitspunkt arbeitet, sondern teuer. Daher geht man dazu über, für solche Anlagen Speicher zu installieren. Der Speicher braucht nicht unbedingt eine hohe Speicherkapazität, ist aber in der Lage, kurzfristig die Leistung bereitzustellen, die in der Spitze benötigt wird.

In Bild 1.11 sind für stationäre Anwendungen die Energie- und Leistungsbedarfe dargestellt. Betrachtet man Off-Grid-Anlagen für Haushalte, so erkennt man, dass diese einen Leistungsbedarf zwischen 5 kW und 20 kW und einen maximalen Energiebedarf von 25 kWh haben. Die Speicherkapazität ist also so gewählt, dass mehrere Tage ohne Sonne oder Wind Strom genutzt werden kann.

Mit der Verbreitung von Solaranlagen in privaten Haushalten und dem Preisverfall von Batteriesystemen entstand auch die Möglichkeit, Speichersysteme für netzbetriebene Solaranlagen zu nutzen. Diese Heimspeichersysteme grenzen sich von Off-Grid-Systemen dadurch ab, dass sie am Netz angeschlossen sind. Ist der Speicher voll und die Solarproduktion hoch, kann der überschüssige Solarstrom ins Netz eingespeist werden. Umgekehrt kann der Haushalt stets auf den Strom aus dem Netz zugreifen. Der Speicher dient hier zur Speicherung von Energie für die Nacht oder als Leistungsbuffer, um den Netzanschluss zu entlasten [Erd14, MBS07, YPA+12, SK14].

Die Speicherkapazitäten, die für elektrische Speicher in Haushalten realisiert werden, liegen zwischen 2,4 kWh und 16 kWh (Bild 1.11), die Systeme haben eine Leistung von 1,2 kW

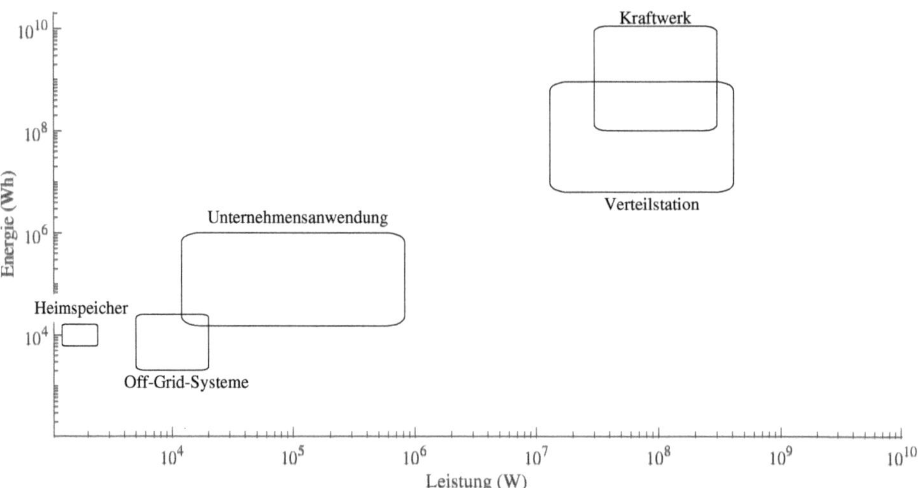

Bild 1.11 Ladeleistung und Speicherkapazitäten für stationäre Energiespeicheranwendungen

bis 16 kW. Im Vergleich zu Off-Grid-Systemen sind ihre Leistungen und der Speicherinhalt geringer. Es besteht für diese Systeme keine Notwendigkeit, immer alle Verbraucher über die Solaranlage oder den Speicher zu versorgen, denn das Netz ist in der Regel verfügbar. Daher werden bei diesen Anlagen Leistung und Energieinhalt kleiner dimensioniert.

Für Betriebe und Fabriken können dieselben Anwendungsfelder wie für Haushalte angewendet werden. Verfügen Betriebe über eine eigene Solarstromanlage, so kann der Speicher für die Zwischenspeicher von überschüssiger Energie genutzt werden. Auch die Absicherung der Produktion vor einem Stromausfall ist ein Anwendungsfall. Dabei ist der Speicher Teil eines Notstromversorgungskonzeptes. Je nach Energie- und Leistungsbedarf des Betriebes wird hier der Speicher mit einem Dieselgenerator kombiniert. Wie in Bild 1.11 zu sehen ist, liegt der Energie- und Leistungsbedarf deutlich höher als bei Off-Grid-Systemen oder Heimspeichern.

Ein weiteres Anwendungsfeld von stationären Speichern sind Netzdienstleistungen. Hier wird das Stromnetz in seiner Funktion und Stabilität vom Speicher unterstützt.

Das elektrische Netz hat sich in seinem Grundprinzip seit Westinghouse und Siemens kaum geändert. Im Grunde kann man sich das Netz als ein Schaltkreis vorstellen, an dem viele kleine Verbraucher parallel mit einem Dynamo verbunden sind. Dieser Dynamo befindet sich in einem Kraftwerk und wird durch eine Dampfturbine oder ein Wasserrad angetrieben. Der Dynamo dreht sich mit einer Frequenz von 50 Hz bzw. 60 Hz und erzeugt dabei eine Spannung zwischen 400 V und 440 V. Werden Verbraucher ein- oder abgeschaltet, verändert sich die Frequenz, da die Leistung P_{rot}, die die Turbine oder das Wasserrad erzeugt, von dem Trägheitsmoment T und der Drehgeschwindigkeit ω abhängt.

$$P_{\text{rot}} = T\omega$$

Werden Verbraucher zugeschaltet, steigt die benötigte elektrische Leistung, und dies bedeutet, dass der Generator die gleiche Menge an Bewegungsleistung bereitstellen muss. Da sich das Trägheitsmoment nicht ändern kann, denn dies besteht aus der rotierenden Masse und der Verteilung dieser Masse entlang der Drehachse, muss sich die Drehgeschwindigkeit ändern. Der Generator dreht sich langsamer, und dies führt dazu, dass die Frequenz sich verringert. Gleiches gilt, wenn Verbraucher abgeschaltet werden oder die benötigte Leistung sich verringert. In diesem Fall erhöht sich die Drehgeschwindigkeit und damit die Frequenz.

Eine Variation der Frequenz stellt für viele Verbraucher kein Problem dar. Eine Glühlampe leuchtet unabhängig von der Netzfrequenz. Das Gleiche gilt für die Heizspule in einem Elektroherd. Allerdings gibt es Verbraucher, deren Funktion frequenzabhängig ist. Frequenzschwankungen erzeugen beispielsweise bei Elektromotoren ohne Frequenzumformer Schwankungen in den von ihnen erzeugten Drehgeschwindigkeiten. Dies kann Fertigungsprozesse stören.

Auch im Netz sind diese Schwankungen zu beobachten. Damit es nicht zu einer Beschädigung von Verbrauchern oder Erzeugern kommt, hat man sich auf Netzregeln, sogenannte Grid Codes, geeinigt. Diese Grid Codes legen fest, welche Frequenzen und welche Spannungen erlaubt sind. Doch wie reagiert das Netz bzw. die Kraftwerke, wenn eine Frequenzschwankung zu beobachten ist?

Stellen wir uns vor, dass wir den Strom in unserem Haus mithilfe eines Ergometers herstellen. Ein Familienmitglied sitzt auf dem Ergometer und treibt mit seiner Muskelkraft einen Dynamo an, der alle Lasten im Haus mit Strom versorgt. Wir können so zwar nicht viel Leistung erzeugen – selbst durchtrainierte Radsportler schaffen über eine längere Zeit nur wenige hundert Watt –, aber unser Haushalt ist sehr sparsam. Und so können wir problemlos die Grundlast im Haus bedienen. Noch sind wir allein im Haus, weil der Rest der Familie in der Schule ist oder arbeitet. Doch nun kommen die Familienmitglieder nach Hause und schalten einen Verbraucher nach dem anderen ein. Jedes Mal, wenn ein Verbraucher eingeschaltet wird, spüren wir, wie das Treten immer schwerer wird. Denn wir müssen genau soviel Bewegungsleistung erzeugen, wie elektrische Leistung verbraucht wird. Je mehr Verbraucher nun hinzu geschaltet werden, desto schwerer wird das Treten, und wir merken, dass wir an unsere Grenzen kommen. Die Lichter fangen an zu flackern, die Fahrgeschwindigkeit nimmt ab, und so nimmt auch die Frequenz des Wechselstroms ab. Zum Glück haben wir aber noch weitere Ergometer im Haus, und sobald die Frequenz unterhalb eines Wertes fällt, den wir mit den Familienmitgliedern abgesprochen haben, steigt jemand auf ein freies Ergometer und erzeugt ebenfalls Energie.

Was hier im Kleinen beschrieben ist, findet auch in unserem Stromnetz statt. Sobald die Frequenz im Netz abnimmt, springen – nach vorheriger Absprache – andere Kraftwerke ein und speisen soviel Leistung ein, dass die Frequenz stabilisiert wird. Die Abstimmung erfolgt über Energie- und Leistungsmärkte, den *primary, secondary* and *tertiary reserve markets.* Primary and secondary reserve markets sind Leistungsreserven, die von Kraftwerken bereitgestellt werden. Für den Tertiary market stellen Kraftwerke Energiereserven bereit. Auf diesen Märkten versteigern Kraftwerksbetreiber die Bereitstellung von Leistung oder Energie. Ob diese dann auch abgerufen wird, hängt von der Erzeugung und dem Verbrauch im Netz ab [LMP+10, Bau19].

Neben Kraftwerksbetreibern, die einen Teil ihrer zur Verfügung stehenden Leistung und Energie verkaufen, werden auch Energiespeicher verwendet. Für die tertiären Märkte werden Pumpspeicher genutzt. In Zeiten, wo zu viel Leistung ins Netz eingespeist wird, wird das Pumpspeicherkraftwerk geladen, und in Zeiten, in denen Energie benötigt wird, wird der Pumpspeicher entladen.

Primary and secondary reserve markets benötigen Speichersysteme, die in der Lage sind, in einem sehr kurzen Zeitraum die benötigte Leistung bereitzustellen. Hier kommen Batteriespeicher und Schwungradspeicher, aber auch gasbetriebene Kraftwerke zum Einsatz [BG04]. In Bild 1.11 sieht man, dass Leistung- und Energiebedarf dieser Kraftwerke sehr hoch ist.

Energiespeicher können natürlich auch dafür genutzt werden, um Preisarbitragen zu nutzen [XSM14, HSKJ17, MS+06]. Das heißt, man kauft elektrische Energie, wenn der Strompreis an den Strombörsen niedrig ist und lädt damit seinen Speicher auf. Steigt der Preis an den Energiebörsen, so kann man die gespeicherte Energie mit einem Gewinn verkaufen. Natürlich funktioniert dies nur, wenn die Speicherverluste gering und die Margen groß genug sind.

Wieso schwanken die Energiepreise an den Strombörsen? Es gibt hierfür zwei wesentliche Gründe. Konventionelle Großkraftwerke arbeiten mit langfristigen Fahrplänen, d. h. über einen langen Zeitraum wird festgelegt, wie viel Energie diese Kraftwerke produzieren sollen. Diese Energiemengen werden auch teilweise im Voraus verkauft. Beide, Großverbraucher und Kraftwerksbetreiber, profitieren hiervon. Der Großverbraucher bekommt langfristig günstigere Energie. Der Kraftwerksbetreiber kann die Zufuhr von Brennstoff – Kohle, Öl, Gas oder nukleare Brennstäbe – besser einplanen.

Nun kann es aber vorkommen, dass zu wenig Energieerzeugung geplant wurde. In diesem Fall steigen die Energiepreise, da das Angebot kleiner als die Nachfrage ist. Es gibt aber auch den anderen Fall, dass zu viel Energie erzeugt wird. Gerade in Energienetzen, in denen der Anteil an erneuerbaren Energien hoch ist, ist bei guten Wetterlagen (viel Sonne und gleichzeitig ein kräftiger Wind) die Produktion von Solar- und Windstrom erheblich höher als der geplante Verbrauch. Die Energiepreise fallen also.

Sind Wind- und Solarstrom für negative Strompreise verantwortlich?

Wieso kann eine für Wind- und Solarstrom gute Wetterlage zu negativen Strompreisen führen? Hierfür sind die Mechanismen des Energiemarktes verantwortlich. Betreiber konventioneller Kraftwerke arbeiten mit langfristigen Energielieferverträgen, um so den Betrieb und den Energieträgerverbrauch besser planen zu können. Gleichzeitig gilt an den Energiemärkten die Merrit Order. Die Merrit Order sortiert die Energielieferanten nach den reinen Stromgestehungskosten, d. h. den Kosten, die direkt durch die Energieerzeugung entstehen. Da Wind- und Solarstrom keine direkten Energieerzeugungskosten haben – man bezahlt weder für den Wind noch für den Sonnenschein –, wird dieser Strom im Energiehandel bevorzugt behandelt. Wenn genau so viel Energie benötigt wird, wie Solar- und Windanlagen produzieren, finden konventionelle Kraftwerke keine Abnehmer mehr, denn die ursprünglich vereinbarte Abnahme wird durch den Solar- oder Windstrom gedeckt.

Die Kraftwerksbetreiber können ihre Energie nicht mehr verkaufen. Da sie die Anlagen aber auch nicht so schnell drosseln können, versuchen sie die erzeugte Energie irgendwie noch zu verkaufen. Zur Not verschenken sie diese sogar oder zahlen für deren Abnahme, da dies oftmals billiger als die Drosselung der Kraftwerke ist. ■

Das elektrische Netz besteht aus Teilnetzen (Bild 1.12), die miteinander verbunden sind. Es ist hierarchisch aufgebaut worden. Zentrale, große Kraftwerke speisen ihre elektrische Energie in das Übertragungsnetz ein. Die Leitungen des Übertragungsnetzes verteilen die

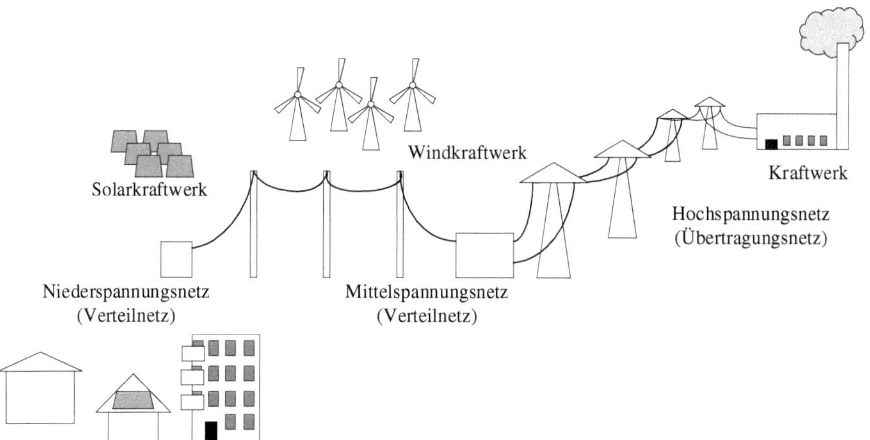

Bild 1.12 Schematische Darstellung des Stromnetzes. Es ist in hierarchische Ebenen angeordnet, die unterschiedliche Spannungen haben. Auf der obersten Ebene, der Hochspannung, erfolgt die Produktion von elektrischer Energie durch Großkraftwerke. Über diese Ebene wird der Strom auf verschiedene weitere Hochspannungsnetze verteilt. An diesen Hochspannungsnetzen zweigen Mittelspannungsnetze ab, die verschiedene Ortschaften oder Ortsteile miteinander verbinden. Davon zweigen Niederspannungsnetze ab, die die Stromverteilung bis zum Endverbraucher übernehmen.

Energie auf das Mittelspannungsnetz, das kleinere Orte und Stadtteile miteinander verbindet. Die Energie im Mittelspannungsnetz wird dann im Niederspannungsnetz bis zu dem einzelnen Haushalt verteilt.

Die Verbindungen zwischen den Netzen können nicht beliebig viel Leistung übertragen. Jede Verbindung ist letztendlich ein Stück Kabel, d. h. ein Stück isoliertes Metall, dessen Temperatur mit der Menge an elektrischen Strom zunimmt, bis es schmilzt und kaputt geht. Da die Netze in der Vergangenheit hierarchisch organisiert waren, stellte dies kein großes Problem dar. Dem Großkraftwerk als Erzeuger war die aktuelle Leistung bekannt, und die Netzbetreiber kannten die Verbrauchsgewohnheiten in ihren Netzen. Wenn es Verbraucher gab, die mehr Strom benötigten, wurden Leitungen verstärkt, und das Netz blieb stabil.

Dezentrale Energieerzeuger wie Solar-, Wind- und Biogasanlagen sind aber an der Nieder- oder Mittelspannung angeschlossen. Sie speisen Leistung „von unten" ins Netz, und Netzbetreiber sind nicht immer in der Lage, diese Erzeugung und seinen Einfluss auf das Netz zu verfolgen. Die Organisation des Netzes wird komplexer. Im Netz sind nun zwei Dinge zu beobachten. Da weniger elektrische Leistung vom Kraftwerk abgenommen, aber die Produktion nicht gedrosselt wird, wird die überschüssige Bewegungsenergie in eine höhere Drehgeschwindigkeit gewandelt. Es kommt im Netz zu einer Steigerung der Frequenz. Im Nieder- und Mittelspannungsnetz hingegen steigt die Spannung, da die vorhandene eingespeiste Leistung nicht sofort dort verbraucht wird, wo sie erzeugt wird.

Damit die dezentrale Einspeisung nicht zu einer Destabilisierung der Netze führt, werden in den Grid Codes Vorgaben für die dezentrale Einspeisung gemacht. Hinzu kommen technische Lösungen, die eine aktive Spannungskontrolle erlauben [Ste13, SAN+15]. Zu diesen technischen Lösungen zählen auch Energiespeicher. Sie erlauben beispielsweise die zeitliche Verschiebung der Einspeisung oder die Begrenzung der Einspeisung der Leistung, das sogenannte Peak shaving [VSBS14, App18]. Das kann so weit gehen, dass notwendige Netzausbaumaßnahmen beim Aufbau von größeren Solar- und Windanlagen verschoben werden können [GGML04].

In Bild 1.11 sind diese Anwendungen im Bereich Verteilstation zusammengefasst. Die beschriebenen Netzstützungsanwendungen sind Leistungsanwendungen, daher ist der Energiespeicherbedarf geringer als der Leistungsbedarf. Der Anwendungsbereich ist jedoch größer. Dies wird auch anhand der E-Raten in Bild 1.13 deutlich.

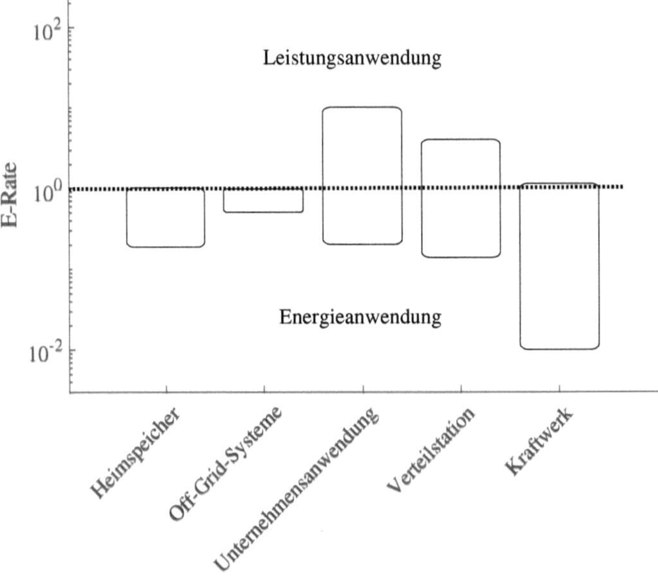

Bild 1.13 E-Raten der verschiedenen stationären Anwendungen

Der Energiehandel braucht weniger Leistung als viel mehr große Mengen an Energie, mit denen gehandelt werden kann. Die Netzstützung benötigt für viele Anwendungen nur Leistung oder einen geringeren Anteil an Energie. Daher ist hier ein Übergang zwischen Energieanwendungen und Leistungsanwendungen zu erkennen.

Betrachten wir die E-Raten der verschiedenen stationären Anwendungen (Bild 1.13) so sehen wir, dass hier Energieanwendungen dominieren. Die E-Raten sind teilweise kleiner als die, die wir in anderen Anwendungen beobachtet haben. So haben Kraftwerke E-Raten, die im Mittel nur bei 0,01 liegen. Da bei stationären Anwendungen Gewicht und Volumen keine Rolle spielen, können Speichersysteme großzügiger ausgelegt werden. Anwendungen wie zum Beispiel der Energiehandel basieren zudem darauf, dass große Mengen an Energie gehandelt werden.

1.4 Zusammenfassung

In diesem Kapitel haben wir verschiedene Anwendungen von Energiespeichern betrachtet. Wir haben gesehen, dass Speicher immer dann genutzt werden, wenn die Produktion und der Verbrauch von Energie nicht gleichzeitig erfolgen soll. Bei mobilen Anwendungen bedeutet das, dass ich Energie speichere, um während der Fahrt die benötigte Bewegungsenergie mitzutransportieren. Bei stationären Anwendungen erreiche ich eine zeitliche Verschiebung von Produktion und Verbrauch. Ein weiterer Anwendungsfall war das Buffern von Energieverbrauch, d. h. eine zeitliche oder räumliche Verzögerung der Nutzung.

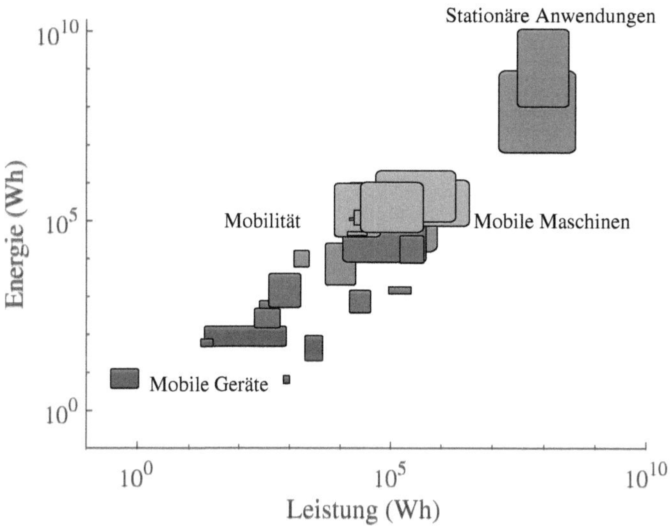

Bild 1.14 Leistungs- und Energiebedarf der vorgestellten Anwendungen von Energiespeichern

Die verschiedenen Anwendungen von Speicher lassen sich durch die Größen Energie- und Leistungsbedarf gut charakterisieren. Der Energiebedarf sagt uns, wie viel Speicherkapazität benötigt wird. Der Leistungsbedarf sagt uns, wie viel Energie pro Zeit benötigt wird. Das Verhältnis aus Leistungsbedarf und Energiebedarf wird als E-Rate bezeichnet und kann als einfache Orientierung dienen. In Bild 1.14 sind für verschiedene Anwendungen der Energie- und der Leistungsbedarf dargestellt. Die Anwendungen liegen in einem diagonalen Band, d. h. wir sehen keine Anwendungen, die einen Leistungsbedarf von wenigen Watt und einen Speicherbedarf von Megawattstunden haben. Umgekehrt sehen wir keine Anwendungen, die einen Speicherbedarf von wenigen Wattstunden, aber einen Leistungsbedarf im Megawattbereich haben. Wir werden in späteren Kapiteln sehen, dass die verschiedenen Speichertechnologien unterschiedliche Beschränkungen in den E-Raten haben.

Energiespeichersysteme wandeln für die Speicherung und für die Benutzung unterschiedliche Energieformen ineinander um. Bei Fahrzeugen und mobilen Maschinen wird thermische Energie oder elektrische Energie in kinetische Energie umgewandelt. Bei diesen Wandlungen treten Verluste auf, die durch den Wirkungsgrad beschrieben werden können. Während die Aufgabenstellung gleich bleibt, unterscheiden sich die technischen Realisierungen in den Wirkungsgraden. Ein Fahrzeug entlädt seinen Speicher, um sich zu bewegen. Der Unterschied zwischen einem rein elektrisch betriebenen Fahrzeug und einem

Fahrzeug mit einem Verbrennungsmotor ist – vernachlässigen wir die Möglichkeit zur Rekuperation – lediglich der Wirkungsgrad.

Im nächsten Kapitel wollen wir diesen Gedanken weiter ausformulieren. Wir werden eine Beschreibung entwickeln, die es uns erlaubt, Energiespeichersysteme technologieunabhängig zu beschreiben, um danach in einem zweiten Schritt verschiedene Technologien und Realisierungen bewerten zu können.

2 Allgemeine Beschreibung von Energiespeichersystemen

2.1 Einleitung

In Kapitel 1 haben wir gesehen, wie vielfältig Energiespeichersysteme sind. Trotz dieser Vielfalt beschränkte sich der Anwendung auf zwei wesentliche Aufgaben: Produktion und Verbrauch von Energie soll räumlich oder zeitlich getrennt werden. Die konkrete technologische Realisierung, die Höhe von Energieinhalt und bereitzustellende Be- und Entladeleistung mochte sich erheblich unterscheiden, die Aufgabe blieb dabei stets vergleichbar.

In diesem Kapitel wollen wir diesen Gedanken fortführen: Er wird uns helfen, eine allgemeingültige, technologieunabhängige Beschreibung von Energiespeichersystemen zu entwickeln. Diese Beschreibung wird helfen, Energiesysteme zu planen, auszulegen und zu entscheiden, welcher Aufbau und welche Technologie verwendet werden soll.

Es gibt eine Reihe von Überlegungen, die bei der Konzeption eines Energiespeichersystems berücksichtigt werden müssen. Betrachten wir den Entwurf einer Gleichstrom-Schnellladestation für Elektrobusse (Bild 2.1). Sie wird als „Opportunity Charger“ bezeichnet, weil der Bus immer dann geladen werden soll, wenn der Nutzer die Möglichkeit zum Laden hat. Daher soll diese Station an Bushaltestellen aufgestellt werden. Immer wenn der Bus hält, soll die Batterie des Busses während der kurzen Zeit, in der die Leute ein- oder aussteigen, mit bis zu 400 kW geladen werden. Es gibt jedoch eine technische Herausforderung: Die Stromanschlüsse an den Bushaltestellen sind nicht immer stark genug, um 400 kW zu

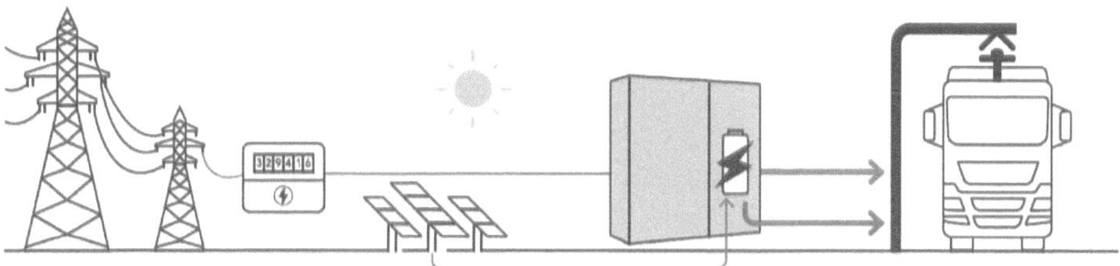

Bild 2.1 Ein Opportunity Charger wird zum Aufladen eines Elektrobusses während der Bushalte verwendet. Ein Energiespeichersystem soll Laderaten ermöglichen, die größer sind als die verfügbare elektrische Leistung des Netzanschlusses. Um die Energiekosten weiter zu senken, wird auch eine Solarstromanlage an den Energiespeicher angeschlossen (Quelle: Heliox).

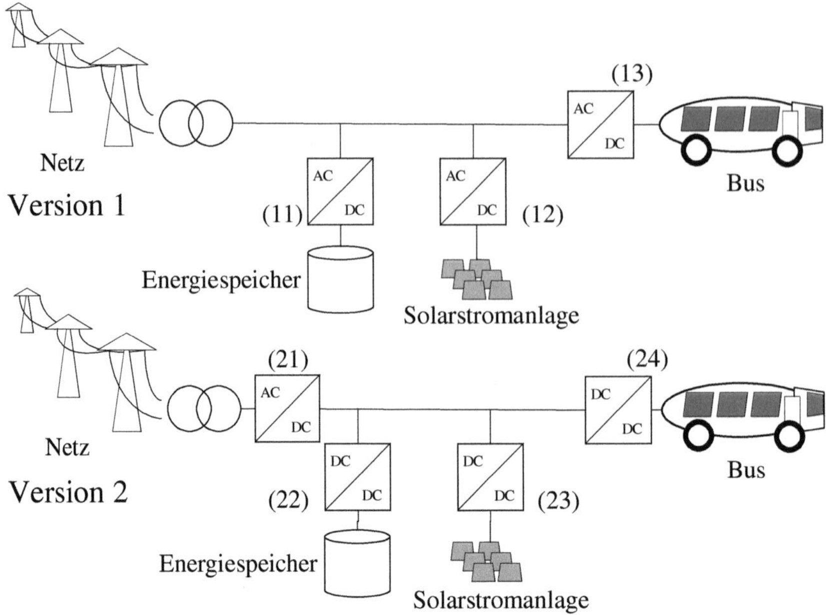

Bild 2.2 Zwei mögliche Realisierungen der in Bild 2.1 dargestellten Ladestation. Bei Variante 1 sind Speicher (11), Solarstromanlage (12) und Ladegerät (13) direkt an das Wechselstromnetz angeschlossen. Bei der Variante 2 wird der Strom aus dem Netz zunächst gleichgerichtet (21). Speicher (22), Solarstromanlage (23) und Ladegerät (24) werden an den Gleichstrombus angeschlossen.

liefern. Aus diesem Grund soll die Ladestation mit einem Energiespeicher ausgestattet werden. Dieser wird mit der verfügbaren Leistung des Stromanschlusses aufgeladen, kann aber mit 400 kW entladen werden. Um den Stromanschluss weiter zu entlasten, soll auch eine Solarstromanlage an den Speicher angeschlossen werden.

Es gibt eine Reihe von Möglichkeiten, diese Station zu realisieren. Zwei mögliche Realisierungen sind in Bild 2.2 dargestellt. Beide lösen die Aufgabe. Sie unterscheiden sich jedoch in ihrer technischen Umsetzung. Die erste Variante besteht aus drei AC/DC-Wandlern oder Wechselrichtern. Das sind Geräte, die in der Lage sind, Gleichstrom in Wechselstrom umzuwandeln. Bei dieser Variante sind sowohl der Speicher (11) als auch die Solarstromanlage (12) an das Wechselstromnetz angeschlossen, und der Ladevorgang erfolgt über eine Ladeeinheit (13).

Bei der zweiten Variante werden ein AC/DC-Wandler und drei DC/DC-Wandler verwendet. Ein DC/DC-Wandler wandelt Gleichstrom einer Spannungsebene, z. B. 850 V_{DC} in Gleichstrom einer anderen Spannungsebene 250 V_{DC} um. In Kapitel 4 werden wir seine Eigenschaften ausführlicher besprechen. Die verschiedenen Komponenten Gleichrichter (21), Speicher (22), PV-System (23) und Ladegerät (24) sind über ein Gleichstromnetz (DC-Bus) miteinander verbunden. Der Gleichrichter speist Energie in diesen Gleichstrombus ein, ebenso wie die Solarstromanlage. Das Ladegerät entnimmt die Energie aus dem Speicher oder dem Netz über den Gleichstrombus und lädt das Fahrzeug auf.

Wie können wir nun zwischen diesen beiden Lösungen entscheiden? Es müssen verschiedene Aspekte berücksichtigt werden:

- Wieviel Leistung kann die Solarstromanlage und das Netz bereitstellen? Die Beschreibung des Netzes ist sehr einfach. Wir müssen nur die maximale Strommenge und den damit verbundenen Preis kennen, der sich im Laufe der Zeit ändern kann. Ist der Preis leistungsabhängig, so interessiert uns nicht nur die Menge, sondern auch die Höhe der bezogenen Leistung. Um die Solaranlage zu beschreiben, benötigen wir Informationen über die erwartete Solarproduktion pro Zeit. Da eine Solaranlage nur dann Strom produziert, wenn die Sonne scheint, hängt ihre Leistung von der Jahreszeit, dem Standort und ihrer Ausrichtung ab.
- Wie hoch ist der Energiebedarf für das Aufladen? Wie groß sind die Ladeintervalle? Dazu muss man ermitteln, wann welcher Bus die Station passiert und wie viel Energie er mindestens benötigt, um zur nächsten Station fahren zu können.
- Welche Gleichrichter und Wechselrichter sollen verwendet werden? In beiden Ausführungen werden verschiedene Gleich- und Wechselstromnetze miteinander gekoppelt. Um den Energietransport zu ermöglichen, werden leistungselektronische Komponenten eingesetzt. Jede kostet Geld, und jede Umwandlung verbraucht Energie. Auch sind die Wandler nicht für alle Strom- und Spannungsbereiche gleichermaßen geeignet (mehr dazu in Kapitel 4).
- Welche Speichertechnologie sollte man verwenden und wie viel Energie muss gespeichert werden? Verschiedene Speichertechnologien können in dieser Anwendung genutzt werden. In den kommenden Abschnitten werden wir die wichtigsten Technologien kennenlernen. Jede Technologie hat ihre eigenen Merkmale und Anforderungen, die bei der Gesamtkonzeption berücksichtigt werden müssen.
- Wie soll das Energiemanagement aussehen? Das Energiemanagement bestimmt, ob das Speichersystem aus dem Netz oder über die Solaranlage geladen werden soll. Es gibt viele verschiedene Ansätze und Strategien zur Steuerung der Energieflüsse. Soll der Energiefluss optimiert werden, um ein Maximum an Gewinn zu erzielen? Soll der Energiefluss optimiert werden, um sicherzustellen, dass die Busse immer mehr als genug Energie erhalten? Wird die Station am Energiemarkt teilnehmen?

Die Analyse dieser Fragen ist eine sehr komplexe Aufgabe. Selbst wenn die Eingangsdaten, d. h. das solare Erzeugungsprofil, die zu erwartende Ladeleistung und die Energiepreise bekannt sind, gibt es eine Menge Aufgaben, um ein System zu entwerfen, eine optimale Energiemanagementstrategie abzuleiten und verschiedene Designs zu vergleichen. Glücklicherweise können wir diese Aufgaben so strukturieren, dass die Komplexität reduziert werden kann. In diesem Kapitel werden wir zeigen, wie all diese verschiedenen Aspekte in einem einheitlichen mathematischen Rahmen beschrieben werden können.

Obwohl in diesem Buch viele verschiedene Speichersystemtechnologien behandelt werden, ist ihre formale Beschreibung vergleichbar. Ob Elektrofahrzeuge, Pumpspeicherkraftwerke oder private Solarstromspeichersysteme – all diese Systeme können mit denselben Werkzeugen beschrieben werden. Das macht es einfacher, einzelne Systeme zu entwerfen und Technologien zu komplexeren, hybriden Speichersystemen zu kombinieren. Die Beschreibung ist unabhängig von der Speichertechnologie und erlaubt es, verschiedene Realisierungen zu vergleichen und die optimale Energiemanagementstrategie zu berechnen.

2.2 Mathematische Beschreibung des Aufbaus und der Funktion von Speichersystemen

Der Aufbau und die Funktion eines Speichersystems lassen sich mithilfe des Leistungsflussdiagramms (Bild 2.3) beschreiben. Diese Beschreibung ist unabhängig von der angewandten Technologie. Während des Entwurfsprozesses kann die Architektur des Speichersystems entworfen werden, ohne dass in diesem Stadium des Entwicklungsprozesses eine Entscheidung für die angewandte Technologie getroffen werden muss. Dies ermöglicht es, später verschiedene Speichersystemlösungen quantitativ zu vergleichen.

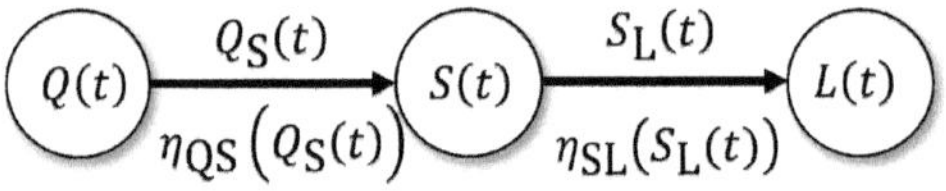

Bild 2.3 Beschreibung eines Speichersystems: Der Speicher $S(t)$ wird durch eine Stromquelle $Q(t)$ mit einer Ladeleistung von $Q_S(t)$ geladen. Während des Entladevorgangs fließt die Leistung $S_L(t)$ zur Last $L(t)$. Da beide Prozesse nicht ideal sind, haben beide Leistungsflüsse Verluste, die durch die Wirkungsgrade η_{QS} und η_{SL} beschrieben werden. Beide Wirkungsgrade hängen von der Menge der übertragenen Leistung ab.

Ein Leistungsfluss wird durch Pfeile gekennzeichnet. In Bild 2.3 steht ein Pfeil mit der Bezeichnung $Q_S(t)$ für die Leistungsübertragung von Q nach S, ein anderer Pfeil mit der Bezeichnung $S_L(t)$ für die Leistungsübertragung von S nach L. Die Quelle des Leistungsflusses ist immer der große Buchstabe, und die Senke ist der Index.

In diesem Buch arbeiten wir mit diskreten Zeitschritten. Dabei ist Δt das Zeitinkrement zwischen zwei Zeitpunkten. Dieser Ansatz ist für die numerische Modellierung von Speichersystemen gut geeignet.

Arbeiten mit zeitdiskreten Schritten

Was bedeutet das Arbeiten mit zeitdiskreten Schritten? Angenommen, wir möchten beschreiben, wie ein Haushalt durch das Netz $G(t)$ und die Solarstromanlage $P(t)$ den Hausverbrauch deckt $L(t)$. Wir haben Daten von einer Solarstromanlage und dem Stromzähler mit einer Auflösung von 1/4 h. Um jetzt zu bestimmen, wie viel Netzstrom genutzt wird, können wir eine Tabelle erstellen:

Uhrzeit	G_L (kW)	P_L (kW)	$\tilde{L}$ (kW)
0:00	0,2	0	0,2
...	...	...	...
7:00	0	1	1
7:15	1	1	2
7:30	0	2	2
7:45	8	2	10
8:00	2	2	4
...	...	...	...

Diese Tabelle gibt uns zu den jeweiligen Zeitpunkten die Information, wie der Haushalt aus dem Netz oder der Solarstromanlage versorgt ist. Kennen wir den Verbrauch und die Produktion der Solarstromanlage, können wir den Netzbedarf oder die Netzeinspeisung direkt ausrechnen. ■

In Übung 2.1 zeigen wir ein Beispiel, wie der Leistungsübergang zur Beschreibung des Lade- und Entladevorgangs eines Energiespeichersystems verwendet werden kann. Die Physik ist im Vergleich zu der in Bild 2.1 gezeigten Ladestation anders, aber die formale Beschreibung ist die gleiche.

Übung 2.1 Leistungsflussbeschreibung eines Tankvorgangs

Betrachten wir das Tanken eines Autos. Hier ist die Energiequelle $Q(t)$ die Tankstelle. Wir pumpen Benzin in einen Kraftstofftank, der unser Speicher $S(t)$ ist. Die von der Quelle in den Speicher transportierte Energiemenge ist $Q_S(t)$. Wir wollen nun zwei verschiedene Ladetechnologien vergleichen: Die Tankstelle, die das Benzin direkt in den Tank pumpt, und eine Person, die nur einen Eimer mit einigen Löchern hat und zwischen Fahrzeug und Zapfsäule hin- und herlaufen muss.

Die Energiedichte von Benzin liegt bei 10 $\frac{\text{kWh}}{\text{l}}$. Die Tankstelle kann 60 l pro 5 Minuten pumpen. Der Mann kann in dieser Zeit 5 l transportieren. Wie hoch ist die Ladeleistung dieser beiden Ladevorgänge?

Lösung: Wir berechnen zunächst die Ladeleistung der Tankstelle:

$$Q_S(t) = \frac{60\,\text{l} \cdot 10\,\frac{\text{kWh}}{\text{l}}}{\frac{1}{12}\,\text{h}} = 7.200\,\text{kW}$$

Natürlich ist der Mann mit dem Eimer nicht so schnell. Er ist nur in der Lage, 5 l pro 5 Minuten zu transportieren. Er hat eine Ladeleistung von:

$$Q_S(t) = \frac{5\,\text{l} \cdot 10\,\frac{\text{kWh}}{\text{l}}}{\frac{1}{12}\,\text{h}} = 600\,\text{kW}$$

■

Unabhängig von der verwendeten Technologie: Jedes Speichersystem hat eine begrenzte Kapazität. Um zu wissen, wie viel Energie ein Speicher zu einem bestimmten Zeitpunkt bereitstellen kann, ist es notwendig, seinen Energieinhalt $\kappa(t)$ [kWh] zu bestimmen. Für das in Bild 2.3 gezeigte Beispiel ergibt sich der Energiegehalt $\kappa(t)$ durch Integration über alle Leistungszu- und -abflüsse:

$$\kappa(t) = \kappa(0) + \int_0^t Q_S(\tau) \cdot \eta_{QS}(Q_S(\tau)) - S_L(\tau)\,\mathrm{d}\tau \tag{2.1}$$

2.2.1 Der Wirkungsgrad eines Leistungstransfers

Jede Energieübertragung ist nicht ideal. Es gibt Verluste aufgrund des Transports oder der Umwandlung von Energie von einer Energieform in eine andere. Betrachten wir die verschiedenen Arten der Übertragung des Solarstroms in den beiden Realisierungen in Bild 2.2. In der ersten Variante wird der in (12) erzeugte Solarstrom von Gleichstrom in

Wechselstrom umgewandelt und anschließend von Wechselstrom in Gleichstrom zurückgewandelt, um entweder den Speicher oder die Batterie des Busses zu laden.

In der zweiten Variante wird der Solarstrom von einer Gleichspannungsebene auf eine andere Gleichspannungsebene umgewandelt. Es findet keine Wandlung in Wechselstrom statt.

Die beiden Varianten unterscheiden sich dabei nicht nur in der Art der Wandlung, sondern auch darin, wie viel Leistung bei den Wandlungen verloren geht. Ohne eine genauere Analyse der verwendeten Leistungselektronik ist es schwierig zu beurteilen, welcher dieser beiden Ansätze der bessere ist. Hierzu müssen wir die Verluste der Leistungselektronik kennen.

Im Allgemeinen werden diese Verluste durch den Wirkungsgrad η beschrieben. Der Subindex von η kennzeichnet die Quelle und die Senke. η_{QS} ist der Wirkungsgrad der Leistungsübertragung von der Quelle $Q(t)$ zum Speicher $S(t)$. Der Wirkungsgrad ist definiert als das Verhältnis zwischen der in der Senke Q'_{S} ankommenden Energiemenge und der ursprünglich von der Quelle Q_{S} gesendeten Energie. Der Wirkungsgrad kann von der Menge der übertragenen Leistung abhängen, daher müssen wir die übertragene Leistung als Argument für den Wirkungsgrad $\eta_{\text{QS}}(Q_{\text{S}})$ hinzufügen.

$$\eta_{\text{QS}}(Q_{\text{S}}) = \frac{Q'_{\text{S}}}{Q_{\text{S}}} \tag{2.2}$$

Die durchgezogene Linie in Bild 2.4 zeigt den Wirkungsgrad $\eta_{\text{QS}}(Q_{\text{S}})$, der eine nichtlineare Funktion von Q_{S} ist. Vergleicht man verschiedene Energiewandlungstechnologien, wird man feststellen, dass die Kurven immer sehr ähnlich aussehen. Bei geringer Leistung nimmt der Wirkungsgrad sehr stark ab. Bei höheren Leistungen kommt es ebenfalls zu einem leichten Rückgang. Dazwischen gibt es ein mehr oder weniger ausgeprägtes Maximum.

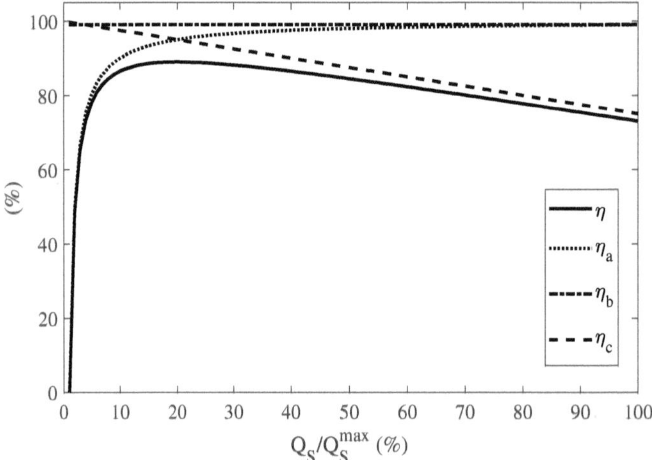

Bild 2.4 Beispiel einer Effizienzkurve, die sich aus dem in Gleichung 2.3 gezeigten Ansatz ergibt: η steht für die Gesamteffizienz, $\eta_{\{a,b,c\}}$ für die Effizienz, die sich aus den einzelnen Termen ergibt.

Diese allgemeine Form der Wirkungsgradkurve lässt sich leicht verstehen, wenn man die Leistungsumwandlungsverluste betrachtet und sie in einen konstanten a_{QS}-, einen linearen b_{QS}- und einen quadratischen c_{QS}-Anteil aufteilt.

$$Q_S' = Q_S - \left(a_{QS} + b_{QS} \cdot Q_S(t) + c_{QS} \cdot Q_S(t)^2\right) \tag{2.3}$$

Übung 2.2 Berechnung eines Wirkungsgrads aus Verlusten

Eine Energieübertragungstechnik hat folgende Verlustkoeffizienten: (a = 1 kW, b = 0,07, $c = 10^{-6}\frac{1}{\text{kW}}$). Wie groß ist der Verlust, wenn P_{QS} = 54 kW von Q nach S übertragen werden soll? Wie hoch ist der Wirkungsgrad dieser Übertragung?

Lösung: Zunächst berechnen wir die Verluste und ermitteln Q_S':

$$\begin{aligned} Q_S' &= Q_S - (a + b \cdot Q_S + c \cdot Q_S^2) \\ &= 54\,\text{kW} - \left(1\,\text{kW} + 0{,}07 \cdot 54\,\text{kW} + 10^{-6}\frac{1}{\text{kW}} \cdot 54^2\,\text{kW}^2\right) \\ &= 54\,\text{kW} - 4{,}78\,\text{kW} = 49{,}22\,\text{kW} \end{aligned}$$

Nun können wir η_{QS} berechnen, indem wir die Ausgangsleistung Q_S' durch die Eingangsleistung Q_S dividieren:

$$\begin{aligned} \eta_{QS} &= \frac{Q_S'}{Q_S} \\ &= \frac{49{,}22\,\text{kW}}{54\,\text{kW}} = 91{,}15\,\% \end{aligned}$$

■

Wenn diese Verluste in die Definition des Wirkungsgrads (Gl. 2.3) einbezogen werden, ist der Wirkungsgrad gegeben durch:

$$\eta_{QS}(Q_S(t)) = 1 - \left(b_{QS} + \frac{a_{QS}}{Q_S(t)} + c_{QS} Q_S(t)\right) \tag{2.4}$$

Um den Einfluss der einzelnen Terme in Gl. 2.4 auf die Form der Effizienzkurve besser zu verstehen, wurden die einzelnen Terme in Bild 2.4 ebenfalls abgebildet. η_a entspricht dem Verlauf der Effizienzkurve, wenn b_{QS} und c_{QS} gleich Null gesetzt werden. η_b, wenn a_{QS} und c_{QS} entsprechend gleich Null gesetzt werden. Das Gleiche gilt für η_c. Der konstante Anteil a_{QS} sorgt für die charakteristische $\frac{1}{x}$-Form bei geringer Leistung. Diese Verluste sind für den niedrigen Wirkungsgrad bei geringen Leistungen verantwortlich. Der b_{QS}, der linear zur übertragenen Leistung ist, bleibt über den gesamten Bereich konstant und begrenzt das Maximum. c_{QS}, der quadratisch zur Leistung ist, dominiert den Wirkungsgrad bei hohen Leistungen.

Übung 2.3 Bestimmung eines Wirkungsgrads

Abgesehen davon, dass die Person, die den Eimer in Übung 2.1 benutzt, das Auto nur mit einer Ladeleistung von 600 kW auftanken kann, ist der Ladevorgang auch nicht sehr effizient: Der Eimer hat einige Löcher. Wenn wir davon ausgehen, dass die Zeit für das Auffüllen des Eimers, den Weg zum Auto und das Betanken des Autos immer gleich ist, führen diese Löcher zu einem linearen Verlust an Benzin von 5 %. Während des Tankvorgangs tropft ein Teil des Benzins auf den Boden. Diese Menge an Benzin scheint etwa 100 ml zu betragen und ist konstant. Wie hoch ist der Gesamtwirkungsgrad dieses Tankvorgangs?

Lösung: Um den Wirkungsgrad zu ermitteln, brauchen wir nicht von Volumen auf die Energie umzurechnen, da diese proportional zum Volumen ist und der Wirkungsgrad durch das Verhältnis der Energien ermittelt wird. Der Wirkungsgrad des Füllvorgangs ergibt sich dann zu:

$$\eta = \frac{5\,\text{l} - (5\,\text{l} \cdot 5\,\% + 0{,}1\,\text{l})}{5\,\text{l}} = \frac{4{,}65\,\text{l}}{5\,\text{l}} = 93\,\%$$

■

Die in Bild 2.4 dargestellte Kurve ist typisch für viele Transport- und Umwandlungstechnologien. Jede Technologie hat konstante Verluste, ob es sich um Wärmeverluste oder einfach um den Energieverbrauch einiger Hilfsantriebe handelt. Die linearen Komponenten haben ihren Ursprung im Normalbetrieb. Die quadratischen Komponenten hingegen werden durch Wärmeverluste verursacht, die quadratisch mit der Leistung zunehmen. Bei einem elektronischen Bauteil entspricht a_{QS} der Summe der konstanten Verluste, die durch die Aufrechterhaltung der Betriebsspannung (Netzteil), die Versorgung der Steuerelektronik, den Betrieb des Lüfters usw. entstehen. Die linearen Verluste b_{QS} werden durch den elektrischen Widerstand der Leitungen und durch den von Kondensatoren oder Drosseln erzeugten Widerstand verursacht. Quadratische Verluste c_{QS} resultieren aus nichtlinearen Effekten in den beteiligten Induktivitäten und Kapazitäten. Man sieht, dass der in Gl. 2.3 dargestellte Ansatz die verschiedenen physikalischen Prozesse beschreiben kann.

Übung 2.4 Rechnen mit leistungsabhängigen Wirkungsgraden

Ein leerer Speicher wird mit 15 kW für eine Stunde und mit 5 kW für eine halbe Stunde geladen. Der Wirkungsgrad des Ladevorgangs beträgt 80 % für eine 15 kW-Ladung und 10 % für eine 5 kW-Ladung.

Wie hoch ist der Energiegehalt am Ende des Ladevorgangs?

Lösung: Die Leistung der Energiequelle lautet wie folgt:

$$Q_S(t) = \begin{cases} 15\,\text{kW}; & t \in [0\,\text{h}, 1\,\text{h}] \\ 5\,\text{kW}; & t \in]1\,\text{h}, 1{,}5\,\text{h}] \end{cases}$$

Der Wirkungsgrad hängt vom Leistungsfluss ab:

$$\eta_{QS}(Q_S(t)) = \begin{cases} 80\,\%; & Q_S(t) \geq 10\,\text{kW} \\ 10\,\%; & Q_S(t) < 10\,\text{kW} \end{cases}$$

Um den Energiegehalt des Speichers zu erhalten, müssen wir den Leistungsfluss, korrigiert um den Wirkungsgrad, über die Zeit integrieren:

$$\begin{aligned} \kappa(T) &= \int_0^T Q_S(t) \cdot \eta_{QS}(Q_S(t))\,\text{d}t \\ &= \int_0^{1\,\text{h}} 15\,\text{kW} \cdot 0{,}8\,\text{d}t + \int_{1\,\text{h}}^{1{,}5\,\text{h}} 5\,\text{kW} \cdot 0{,}1\,\text{d}t \\ &= 12\,\text{kWh} + 0{,}25\,\text{kWh} = 12{,}25\,\text{kWh} \end{aligned}$$

■

Die Definition der Effizienz in Gleichung 2.2 hat zwei Einschränkungen: Wie Bild 2.4 zeigt, ist ihre Form nichtlinear. Das macht ihre Verwendung für weitere Berechnungen unpraktisch. Es daher sinnvoller, die Verluste direkt in den Gleichungen der Leistungsflüsse zu verwenden. Eine Alternative besteht darin, einen gewichteten Wirkungsgrad zu definieren. Sein Wert ergibt sich aus der Mittelung von Wirkungsgraden an verschiedenen repräsentativen Leistungswerten.

Der gewichtete Mittelwert kann dann in den Berechnungen als Zahlenwert verwendet werden. Die Verlustberechnung ergibt sich dann durch die Multiplikation der Eingangsleistung mit einer Zahl. Diese Methode wird zur Bewertung des Wirkungsgrades von Solarwechselrichtern nach der europäischen Wirkungsgradnorm [Häb07, SJI+15] oder zur Bestimmung des Wirkungsgrades von privaten Solarspeichern [MSB17a, MSB17b] verwendet.

Der in Gleichung 2.3 dargestellte Ansatz funktioniert gut, wenn der Wirkungsgrad von nur einer Variable abhängt. Bei manchen Energiewandlungstechnologien ist dies nur bedingt der Fall. Der Wirkungsgrad von einem Motor hängt von der Drehzahl ω und dem Drehmoment T ab. Der Wirkungsgrad von einem Wechselrichter von Strom und Spannung. Will man diese Effekte auch berücksichtigen, kann der hier vorgestellte Ansatz auf zwei Dimensionen verallgemeinert werden.

Angenommen, die Verluste P_L hängen von den zwei Größen x und y ab, dann würde unser Ansatz so aussehen:

$$P_L = a + b_x x + b_y y + b_{xy} xy + c_x x^2 + c_y y^2$$

Für einen konstanten Wert von y entspricht diese Formel dem eindimensionalen Ansatz. Eine Besonderheit ist hier noch die Kopplungsterm $b_{xy}xy$, der die Verluste durch x und y miteinander verbindet. ■

Um den Wirkungsgrad eines Wandlers zu bestimmen, müssen wir lediglich die Verluste ermitteln. Dabei messen wir, wie viel Leistung in den Wandler eingebracht wird und wie viel Leistung wir herausbekommen.

Wenn wir beispielsweise den Wirkungsgrad eines elektrischen Antriebsstrangs vermessen wollen, stellen wir den Motor auf eine Geschwindigkeit ω und ein Drehmoment T ein, dies ist die Ausgangsleistung des Antriebsstranges P_{out}. Um die Eingangsleistung zu bestimmen, messen wir dann die elektrische Eingangsspannung am Wechselrichter U_{DC} und den Strombezug I_{DC}. Diese Größen ergeben dann die Eingangsleistung P_{in}. Der Wirkungsgrad ist dann:

$$\eta = \frac{P_{out}}{P_{in}}$$

Für die Bestimmung des Wirkungsgrades eines Speichers ist dieser einfache Ansatz nicht immer möglich, da nicht bei jeder Speichertechnologie der Speicherinhalt direkt gemessen werden kann. Bei einem Pumpspeicherkraftwert könnten wir noch problemlos den Wasserstand ermitteln. Wenn wir dann noch gemessen haben, wie viel elektrische Leistung die Pumpen verbraucht haben, um diesen Wasserstand zu erreichen, hätten wir den Ladewirkungsgrad ermittelt.

Bei einer Lithium-Ionen-Batterie können wir nicht unbedingt so vorgehen. Hier kann der Wirkungsgrad durch definiertes Laden und Entladen des Speichers bewertet werden. Wir Laden den Speicher über einen Zeitraum $t = 0$ bis $t = T_1$ mit einer Leistung $Q_S(t)$ und entladen den Speicher über einen Zeitraum $t = T_2$ bis T_3 mit einer konstanten Leistung $S_L(t)$ und ermitteln auf diese Weise η_{QS}

$$\eta_{QS} = \frac{\int_{T_2}^{T_3} S_L(t)\,\mathrm{d}t}{\int_0^{T_1} Q_S(t)\,\mathrm{d}t} \tag{2.5}$$

Dieses Messverfahren hat den Nachteil, dass das Ergebnis von der Historie des Lade- und Entladevorgangs abhängt. Wenn Q_S oder S_L sich zeitlich ändern und wir das Experiment wiederholen und zulassen, dass sich diese Größen wieder ändern, werden wir mit Sicherheit unterschiedliche Wirkungsgrade erhalten. In Übung 2.4 ist der gemessene Wirkungsgrad gleich $\eta_{QS} = \frac{12{,}5\,\mathrm{kWh}}{17{,}5\,\mathrm{kWh}} = 71{,}4\,\%$. Wenn die Laderate durchgängig bei 15 kW bliebe, würde der Wirkungsgrad 80 % betragen. Wenn wir also die Effizienz verschiedener Speichersysteme vergleichen wollen, ist es notwendig, den Lade- und Entladevorgang zu definieren.

Das Leistungsflussdiagramm ist eine technologieunabhängige Beschreibung des Speichersystems. Die Information, welche Technologie zur Realisierung eines Leistungsflusses von A nach B, A_B, verwendet wird, ist im Wirkungsgrad η_{AB} enthalten. Wir haben somit eine Beschreibung, die allgemeingültig ist, aber mit einfachen Anpassungen spezifisch wird.

Betrachten wir den Leistungsfluss in Bild 2.2 vom Netz zur Ladestation. Wir sehen, dass in den beiden Realisierungen in Bild 2.2 die Übertragungswege unterschiedlich sind. In Variante eins wird der Netzstrom direkt in einen Gleichstrom umgewandelt (13). In diesem Fall genügt es, den Wirkungsgrad bzw. die Verluste der Ladestation zu betrachten. Bei der zweiten Variante wird der Strom zweimal umgewandelt: Zuerst wird der Wechselstrom in Gleichstrom umgewandelt (21), dann wird die Fahrzeugbatterie geladen (24). Hier müssen die Verluste von zwei Umwandlungsstufen berücksichtigt werden. Dennoch betrachten wir in beiden Fällen immer nur einen Leistungstransfer und einen Wirkungsgrad. Zwei Varianten, eine mathematische Beschreibung.

2.2.2 Selbstentladung von Speichersystemen

Schon die Bibel beschreibt die Hauptaufgabe eines Speichersystems: in den sieben guten Jahren Getreide zu sammeln und in den nächsten sieben schlechten Jahren auszugeben. Im Leistungsflussdiagramm entspricht dieser Vorgang einem Leistungsfluss von der Vergangenheit in die Gegenwart $S_S(t-\Delta t)$ und einem Leistungsfluss in die Zukunft $S_S(t)$ nach $S(t+\Delta t)$ (Bild 2.5).

Auch bei der Übertragung von Energie aus der Vergangenheit in die Gegenwart oder in die Zukunft treten Verluste auf. Im Leistungsflussdiagramm haben die Knoten, die einen Speicher $S(t)$ darstellen, zwei zusätzliche Verbindungen: eine, die den Speicherknoten von der Vergangenheit zur Gegenwart $S(t-\Delta t)$ mit dem Transfer $S_S(t-\Delta t)$ verbindet, und eine, die von der Gegenwart in die Zukunft $S(t+\Delta t)$ führt. Der Transfer wird hier als $S_S(t)$ bezeichnet. Während beide mit einem Leistungsfluss gekennzeichnet sind, hat nur der Knoten aus der Vergangenheit auch einen Wert für seinen Wirkungsgrad $\eta_{SS}(S(t-\Delta t))$, da wir die Verluste nicht zweimal pro Zeitinkrement berechnen wollen. Ein Beispiel für diese Beschreibung ist in Bild 2.5 dargestellt.

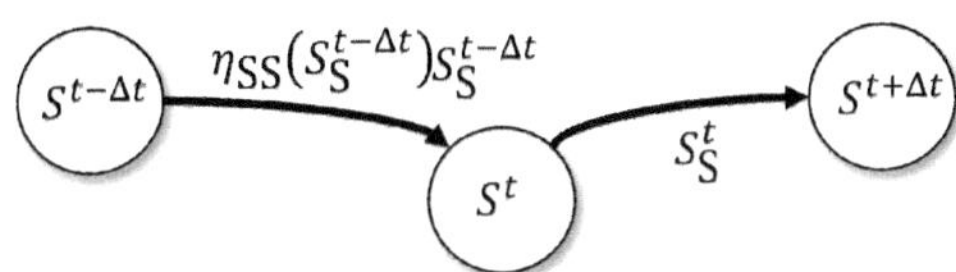

Bild 2.5 Beschreibung der Selbstentladung eines Speichers: Der Energieinhalt des Speichers zum Zeitpunkt $t - \Delta t$ fließt in den Speicher zum Zeitpunkt t. Ist der Speicher zum Zeitpunkt t nicht vollständig entladen, fließt sein Energieinhalt in den Speicher zum Zeitpunkt $t + \Delta t$. η_{SS} ist der Wirkungsgrad des Speichervorgangs und wird Selbstentladung genannt.

Da wir Verluste dem Energietransport aus der Vergangenheit zuordnen können, sind wir auch in der Lage, das Phänomen der Selbstentladung eines Speichers zu beschreiben (siehe Kasten). Die Selbstentladung beschreibt das Phänomen, dass ein Speicher einen Teil seines Energieinhalts verliert, auch wenn er nicht benutzt wird. Auch hier ist es ausreichend, den in Gleichung 2.3 beschriebenen Ansatz zu verwenden. Konstante Verluste treten eher bei Technologien auf, die zusätzliche Hilfssysteme erfordern. Dies ist zum Beispiel bei Schwungradspeichern (Kapitel 5) oder Redox-Flow-Batterien (Abschnitt 7.6) der Fall. Bei Batterien hingegen ist ein linearer Verlust zu beobachten. Dies ist darauf zurückzuführen, dass die Wahrscheinlichkeit einer unerwünschten chemischen Reaktion proportional zum Speicherinhalt zunimmt.

Selbstentladung in der zeitdiskreten Darstellung

Wir wollen die Eigenschaft des Speichers und die Selbstentladung in einer einfachen Tabelle darstellen. Der Speicher wird um 8:00 und um 9:00 von einer Quelle geladen und um 10:00 zur Hälfte entladen. Zur besseren Veranschaulichung hat der Speicher eine hohe Selbstentladung von 80 %/h:

Uhrzeit	Q_S (kW)	S_L (kW)	S_S (kW)
…	…	…	…
8:00	10	0	10
9:00	5	0	$10 \cdot 0{,}8 + 5 = 13$
10:00	0	5	$13 \cdot 0{,}8 - 5 = 5{,}4$
11:00	0	0	$5{,}4 \cdot 0{,}8 = 4{,}32$
12:00	0	0	$4{,}32 \cdot 0{,}8 = 3{,}45$
13:00	0	0	$3{,}45 \cdot 0{,}8 = 2{,}76$
…	…	…	…

In der Spalte S_S(kW) wird immer die Restleistung übertragen. Wenn wir uns die Zeile um 9:00 anschauen, dann sind vom Speichervorgang um 8:00 nur noch

$$10 \cdot 0{,}8 = 8\,\text{kW}$$

übrig geblieben. Zu dieser Leistung kommt die neue Ladung von 5 kW hinzu.

Ab 11:00 wird der Speicher nicht mehr geladen. Wir sehen, wie sich nun zu jeder vollen Stunde der Speicher auf 80 % des vorherigen Wertes reduziert. Im Laufe der Zeit wird der Speicher komplett entladen sein.

Das Leistungsflussdiagramm ermöglicht es uns, verschiedene Elemente zu kombinieren, um komplexe Speichersysteme zu beschreiben, die verschiedene Energiequellen, Speichertechnologien und Lasten kombinieren. Es ist eine grafische Darstellung des Speichersystems. Alle technischen Details sind in den Eigenschaften der Leistungsübertragungspfade lokalisiert. Um dieses Diagramm in eine mathematische Beschreibung zu übertragen, sind die folgenden Schritte erforderlich:

- Für jeden Knoten im Leistungsflussdiagramm wird eine Bilanzgleichung erstellt, die die Zu- und Abflüsse gegeneinander verrechnet.
- Die Eigenschaften und Randbedingungen der verschiedenen Leistungsflüsse werden festgelegt.
- Eine Zielfunktion für eine sinnvolle Bestimmung der Leistungsflüsse wird festgelegt.

Im nächsten Abschnitt wollen wir die einzelnen Schritte am Beispiel der Ladestation durchführen.

2.3 Beschreibung eines Speichersystems durch das Leistungsflussdiagramm

Wir haben nun das mathematische Werkzeug beschrieben, mit dessen Hilfe wir in der Lage sind, beliebige Realisierungen eines Speichersystems miteinander zu vergleichen. Die Grundidee ist, das Speichersystem als ein Netzwerk zu betrachten, in dem Leistung von verschiedenen Knotenpunkten aus verteilt wird. Die technischen Randbedingungen und Eigenschaften bestimmter Realisierungen werden durch Randbedingungen und Wirkungsgrade für die verschiedenen Leistungsflüsse dargestellt. Das Netz bleibt gleich, nur die Eigenschaften der Transportwege ändern sich. Der Speicher zeichnet sich dadurch aus, dass er Leistung von einem früheren Zeitpunkt aufnehmen und an einem zeitlich späteren Zeitpunkt abgeben kann.

Das Ergebnis dieser Systembeschreibung ist ein Ungleichungssystem. Um die verschiedenen Möglichkeiten der Verteilung der Leistungsflüsse zu bewerten, wird eine Zielfunktion verwendet. Es gibt verschiedene Möglichkeiten, diese mathematische Aufgabe zu lösen. Man kann die Ungleichungen entweder numerisch, in seltenen Fällen auch analytisch oder durch heuristisch bestimmte Strategien lösen. Die Aufgabe, eine geeignete Lösungsstrategie zu implementieren, wird in der Regel an ein Energiemanagementsystem (EMS) übertragen. Die verwendete Methodik ist vielseitig [ARP+15, SKM+10, NMSN10, Koo06].

Wir wollen diese einzelnen Schritte am Beispiel der Ladestation (Bild 2.1) durchführen. Wir haben vier Knotenpunkte: das Netz G, den Speicher S, die Solarstromanlage P und den Ladepunkt L (wir lassen das Zeitargument weg, um die Formel übersichtlich zu gestalten). Bild 2.6 zeigt diese Knotenpunkte und die möglichen Leistungsflüsse.

Um die Bilanzgleichung des Speichers zu formulieren, müssen wir nur über alle Leistungsflüsse summieren. Ihre Summe ist gleich Null, d. h. wir akzeptieren nur Leistungsverluste über die Übertragung:

$$0 = \underbrace{\eta_{\mathrm{SS}}\, S_{\mathrm{S}}(-\Delta) + \eta_{\mathrm{GS}}\, G_{\mathrm{S}} + \eta_{\mathrm{PS}}\, P_{\mathrm{S}}}_{\text{Leistungszuflüsse}} - \underbrace{(S_{\mathrm{S}} + S_{\mathrm{L}} + S_{\mathrm{G}})}_{\text{Leistungsabflüsse}} \tag{2.6}$$

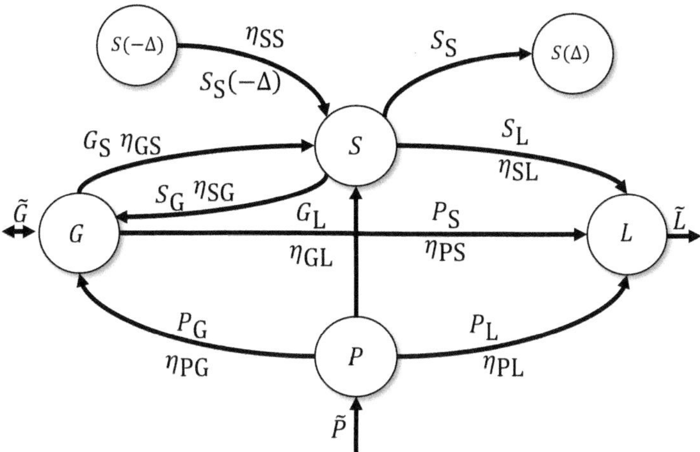

Bild 2.6 Leistungsflussdiagramm der Ladestation in Bild 2.1. Es gibt vier Knotenpunkte: das Netz G, den Speicher S, die Solaranlage P und den Ladepunkt L. Das Lastprofil, d. h. die Information, wie viel Strom von der Station abgenommen wird, wird als Leistungsfluss $\tilde{L}$ vom Lastknoten L dargestellt. Die Information, wie viel Solarstrom zur Verfügung steht, wird durch den Leistungsfluss $\tilde{P}$ beschrieben, der die Solarstromproduktionsknoten dargestellt. Der Leistungsfluss $\tilde{G}$ beschreibt die Menge an Strom, die aus dem Netz benötigt oder in das Netz eingespeist wird (zur besseren Lesbarkeit des Diagramms vernachlässigen wir die Argumente und Zeitabhängigkeiten der Variablen).

Man beachte, dass wir die Argumente von $\eta_{AB}(A_B)$ weglassen. Zur besseren Lesbarkeit haben wir auch $S_S(t-\Delta t)$ auf $S_S(-\Delta)$ reduziert.

Um die Bilanzgleichungen für die Solarstromanlage zu formulieren, gehen wir analog vor. Allerdings müssen wir die mögliche Menge an Solarleistung beschreiben, die zu einem bestimmten Zeitpunkt zur Verfügung steht. Dazu verwenden wir eine Zeitreihe $\tilde{P}(t)$, die beschreibt, welche Leistungsmenge dem Knoten zu welchem Zeitpunkt entnommen werden kann.

Die Produktion von Solarstrom $\tilde{P}(t)$ ist ein Leistungszufluss für diesen Knoten, wohingegen die Leistungsflüsse P_G, P_S und P_L Leistungsabflüsse darstellen. Allerdings ist diese Gleichung eine Ungleichung, denn es kann durchaus sein, dass mehr Solarleistung zur Verfügung steht, als von den drei Leistungsflüssen verbraucht wird. Die Leistungsflussungleichung lautet somit:

$$\tilde{P} \geq P_G + P_S + P_L \tag{2.7}$$

Auch hier haben wir zur besseren Lesbarkeit der Formel das Zeitargument weggelassen.

Als Nächstes betrachten wir die Ladestation L. Ähnlich wie beim Solarstromerzeugungsprofil $\tilde{P}$ können wir hier ein Lastprofil $\tilde{L}(t)$ definieren. Dieses enthält die Information, zu welchem Zeitpunkt welche Mengen an Strom aus dem Bus bezogen werden.

$$\tilde{L} \leq \eta_{SL}\, S_L + \eta_{PL}\, P_L + \eta_{GL}\, G_L \tag{2.8}$$

Hier haben wir S_L, P_L und G_L als Zuflüsse und $\tilde{L}(t)$ als Abfluss. Gleichung 2.8 ist als Ungleichung formuliert. Dies ist sinnvoll, da nicht erwartet werden kann, dass die Ladestation immer ausreichend Leistung zum Laden des Busses bereitstellen kann.

Für die Bilanzgleichung des Netzes führen wir zusätzlich eine Hilfsvariable $\tilde{G}(t)$ ein. Diese summiert die Zuflüsse und Abflüsse vom Netzanschlusspunkt auf.

$$\tilde{G} = \eta_{SG}\, S_G + \eta_{PG}\, P_G - (G_L + G_S) \tag{2.9}$$

Nun werden die Randbedingungen für die verschiedenen Leistungsflüsse festgelegt. Alle Leistungsübertragungen werden als positive Größen betrachtet, sodass die Ausrichtung der Pfeile erhalten bleibt. Für jeden Leistungsfluss kann ein Maximal- und ein Minimalwert angegeben werden.

Bei einem Speichersystem S können wir nicht annehmen, dass die maximale Ladeleistung gleich der maximalen Entladeleistung ist. Viele Speichertechnologien haben unterschiedliche Be- und Entladeleistungen. Wir müssen außerdem einen Blick auf die Leistungsfähigkeiten der in der spezifischen Realisierung verwendeten Stromrichter werfen. Um beispielsweise die maximale Ladeleistung des Speichers in Version 1 (Bild 2.2) zu bestimmen, müssen wir die drei Umwandlungsstufen und ihre Leistungsfähigkeiten betrachten, d. h. wie hoch ist die minimale maximale Leistung des AC/DC-Wandlers und des Speichers (11)? Bei der zweiten Variante hingegen müsste man die minimale Höchstleistung des Gleichrichters (21), des Gleichspannungswandlers und des Speichers (22) betrachten. Die Information über die verwendete Technologie ist also in der Definition der Randbedingungen für den Leistungsfluss enthalten.

$$S_S \in \left[0, S_{S_{max}}\right] \tag{2.10}$$

$$S_L \in \left[0, S_{L_{max}}\right] \tag{2.11}$$

$$S_S \in \left[0, \frac{\kappa_{max}}{\Delta}\right] \tag{2.12}$$

Gleichung 2.12 spiegelt die Begrenzung der Speicherkapazität wider. κ ist die Speicherkapazität in Wh. Dieser Wert wird durch das Zeitinkrement Δ geteilt, um eine virtuelle Leistungsübertragung zu erhalten (siehe Kasten).

Für die Leistungsübertragungen aus dem Netz lauten die Randbedingungen wie folgt:

$$G_S \in \left[0, G_{S_{max}}\right] \tag{2.13}$$

$$G_L \in \left[0, G_{L_{max}}\right] \tag{2.14}$$

$$G_S + G_L - (P_S + S_G) \in [-G_{max}, G_{max}] \tag{2.15}$$

Die ersten beiden Bedingungen berücksichtigen die maximale Leistung des Netzanschlusses und die des Wandlers, der an der Leistungsübertragung vom Netz zum Speicher und zur Ladestation beteiligt ist. Die dritte Bedingung spiegelt die maximale Leistung des Netzanschlusses wider.

Die Solarstromanlage hat drei Leistungspfade, die durch die maximale Leistung der Leistungselektronik begrenzt sind:

$$P_S \in \left[0, P_{S_{max}}\right] \tag{2.16}$$

$$P_L \in \left[0, P_{L_{max}}\right] \tag{2.17}$$

$$P_G \in \left[0, P_{G_{max}}\right] \tag{2.18}$$

Mit den Gleichungen 2.6 bis 2.18 können wir nun das Verhalten des Systems beschreiben. Zu jedem Zeitpunkt sind der Lastbedarf der Ladestation $\tilde{L}$ und die Produktion der Solaranlage $\tilde{P}$ gegeben. Die Aufgabe besteht darin, die verschiedenen Leistungsflüsse passend zu wählen. Die Gleichungen 2.6 bis 2.18 müssen erfüllt sein. Wir haben sieben mögliche Leistungsflüsse und vier Gleichungen, d. h. das Gleichungssystem ist unterbestimmt. Es gibt also immer mehre mögliche Leistungsflüsse. Um diese gegeneinander zu bewerten, ist ein geeignetes Kriterium notwendig: die Zielfunktion. Im Fall der Ladestation (Bild 2.1) fordern wir z. B., dass der Strombezug aus dem Netz über einen Zeitraum T minimiert werden soll:

$$\min Y(T) = \int_{t=0}^{t=T} G_\mathrm{S} + G_\mathrm{L} \,\mathrm{d}t \tag{2.19}$$

Eine alternative Zielfunktion wäre, dass die Energiekosten über einen Zeitraum T minimiert werden:

$$\min Y(T) = \int_{t=0}^{t=T} c_\mathrm{gc} G_\mathrm{S} + G_\mathrm{L} - c_\mathrm{fi}\,(P_\mathrm{G} + S_\mathrm{G}) \,\mathrm{d}t \tag{2.20}$$

Dabei ist c_gc der Stromtarif und c_fi die Einspeisevergütung.

Müssen Leistungsflussdiagramme wirklich immer gezeichnet werden?

Die Leistungsflussdiagramme, die wir in diesem Buch zeigen, sehen sich oftmals sehr ähnlich. Gleiches gilt auch für die Leistungsflussgleichungen. Kann man dann nicht einfach den „Malvorgang" überspringen und gleich die Gleichungen aufstellen?

Dies ist im Prinzip möglich. Tatsächlich werden wir in den späteren Kapiteln Leistungsflussdiagramme vorfinden, die nicht mehr alle Pfade enthalten. Ist die Zahl der Leistungspfade oder der Leistungsknoten zu groß, ist es sinnvoller, das Diagramm nicht mehr zu zeichnen und gleich die Gleichungen aufzustellen.

Die Leistungsflussdiagramme geben uns eine Hilfestellung für die Erstellung der Gleichungen.

Wir wollen nun das Systemdesign der Ladestation bestimmen. Wir können bewerten, welche der beiden in Bild 2.2 gezeigten technischen Lösungen die sinnvollste ist. Für die Systemauslegung müssen aber vorher Entscheidungskriterien definiert werden. Wir bewerten die Lösungen im Hinblick auf die Verlustleistung und Energiekosten. In Abschnitt 2.4 führen wir dann nach Einführung der finanzmathematischen Werkzeuge eine Bewertung hinsichtlich der Betriebskosten durch.

In dieser Analyse beschränken wir uns auf die Betrachtung der beiden in Bild 2.2 dargestellten Realisierungen. Natürlich gibt es eine Reihe von alternativen Möglichkeiten, die gleiche technische Aufgabe zu lösen. Beispielsweise könnten die Batterie und die Solarstromanlage an einen gemeinsamen Gleichstrombus angeschlossen werden, sodass nur ein DC/DC-Regler oder ein AC/DC-Wechselrichter benötigt würde. Auch kaskadierte Lösungen, bei denen kleinere Einheiten zusammengeschaltet werden, sind denkbar. Die Analyse dieser Variante würde jedoch den Rahmen dieses Abschnitts sprengen. Solche Analysen wurden für andere Anwendungen in [SBL+18] und [Bau19] durchgeführt. Wir vernachlässigen in dieser Analyse auch die Speichertechnologie selbst. Daher untersuchen wir nicht die Selbstentladungseffizienz des Speichersystems. Wir tun dies, um uns auf die Leistungsübertragung und die Topologiediskussion zu konzentrieren und nicht mit der Analyse von Speichertechnologien zu beginnen, die wir noch nicht vorgestellt haben.

Im Allgemeinen ist die Analyse verschiedener Realisierungen in vier Schritte unterteilt:

- Bestimmung der technischen Rahmenbedingungen,
- Bestimmung der Verlustleistungen,
- Definition einer geeigneten Betriebsführung und
- der quantitative Vergleich der verschiedenen technischen Lösungen.

Diese Schritte wollen wir nun durchführen.

2.3.1 Bestimmung der technischen Rahmenbedingungen

Der erste Schritt ist die Festlegung der technischen Randbedingungen. Es ist sehr wichtig zu wissen, welche Randbedingungen und Anforderungen vom Nutzer gewünscht werden. Es macht einen erheblichen Unterschied in der Auslegung, ob unsere Ladestation z. B. an einer Autobahnraststätte zum Betanken von Reisebussen installiert werden soll oder ob die Ladestation Oberleitungsbusse im innerstädtischen Bereich laden soll, die über eine sehr kurze Strecke keinen Kontakt zur Oberleitung haben. Daher sollte die Definition der technischen Randbedingungen immer am Anfang einer Betrachtung stehen (man sollte immer die Spielregeln kennen, bevor man zu spielen beginnt).

In Kapitel 3 werden wir eine Methodik kennenlernen, die diesen Schritt strukturiert. In diesem Abschnitt beschränken wir uns auf die Randbedingungen oder Anforderungen, die für den Entwurf erforderlich sind. Dies sind die Leistungsspezifikationen für Netz, Batterie, Solarstromanlage und Busse sowie die Energieinhalte von Busbatterie und Batterie und einige kommerzielle Aspekte:

- Die Ladestation wird in ländlichen Gebieten eingesetzt, d. h. die Busse kommen in zeitlich größeren Abständen. Der Abstand zwischen zwei Ladevorgängen beträgt 10–15 Minuten von 7:00 bis 18:00 Uhr, 25–30 Minuten von 18:00 bis 22:00 Uhr und 55–60 Minuten von 22:00 bis 7:00 Uhr.
- Das Anschließen und Trennen von der Ladestation dauert insgesamt 30 Sekunden, daher beträgt die Gesamtladezeit etwa 2 1/2 Minuten.
- Die Busbatterie hat eine maximale Ladeleistung von 500 kW.
- Um Kosten zu sparen, wird es keine Verstärkung des Verteilungsnetzes geben. Die Ladestation wird an das Niederspannungsnetz angeschlossen, die Verteilerstationen liefern eine maximale Leistung von 90 kW.
- Die Solarstromanlage sollte so dimensioniert sein, dass sie ihre gesamte Leistung auch in das Netz einspeisen kann. Damit wird sichergestellt, dass der Solarstrom auch dann genutzt wird, wenn z. B. die Batterie bereits voll ist. Die Leistung der Solarstromanlage ist daher auf 90 kW begrenzt.
- Zusammen mit dem Netz und der Batterie sollte die Ladeleistung von ca. 500 kW bereitgestellt werden können. Die maximale Entladeleistung der Batterie beträgt somit ca. 410 kW.
- Die in der Ladestation verwendete Batterie kann nicht mit der gleichen Leistung aufgeladen werden wie die Busbatterie. Dies ist auf die verwendete Elektrochemie zurückzuführen. Die Ladeleistung der Batterie ist auf 200 kW begrenzt.

- Die Einspeisevergütung für die Solarstromanlage beträgt $0{,}25\,\frac{€}{\mathrm{kWh}}$.
- Der Stromtarif beträgt $0{,}31\,\frac{€}{\mathrm{kWh}}$.

Tabelle 2.1 fasst diese Anforderungen zusammen.

Tabelle 2.1 Zusammenfassung der technischen Anforderungen an die Ladestation

Anforderung	Wertebereich
Mindestintervall zwischen den Ladevorgängen:	10–15 min
Ladezeit:	2,5 min
max. Ladeleistung:	500 kW
max. Leistung am Netzanschlusspunkt:	90 kW
max. Leistung der Solarstromanlage:	90 kW
max. Ladeleistung der Batterie:	200 kW
max. Entladeleistung der Batterie:	410 kW
Einspeisetarif:	$0{,}25\,\frac{€}{\mathrm{kWh}}$
Stromtarif:	$0{,}31\,\frac{€}{\mathrm{kWh}}$

2.3.2 Bestimmung der Verlustleistungen

Um die Übertragungsverluste zu bestimmen, müssen wir zunächst die Verluste der verschiedenen elektrometallurgischen Komponenten berücksichtigen. Die Version 1 enthält drei Komponenten: den Batteriewechselrichter (11), den Solarwechselrichter (12) und die Ladestation (13).

In Tabelle 2.2 haben wir die Verlustkoeffizienten der drei Komponenten aufgelistet. Der resultierende Wirkungsgrad ist in Bild 2.7 dargestellt: auf der linken Seite der Wirkungsgrad der Version 1 und auf der rechten Seite der Wirkungsgrad der Version 2. Um die Wirkungsgrade besser vergleichen zu können, wurde die Eingangsleistung auf die maximale

Tabelle 2.2 Die Verluste der leistungselektronischen Komponenten der beiden in Bild 2.2 gezeigten technischen Realisierungen

Device-ID	a(W)	$b(\cdot)$	$c(\frac{1}{\mathrm{W}})$
Version 1			
(11)	450	$9\cdot10^{-3}$	$8\cdot10^{-8}$
(12)	250	$2\cdot10^{-3}$	$6\cdot10^{-7}$
(13)	1.800	$8\cdot10^{-3}$	$1\cdot10^{-8}$
Version 2			
(21)	450	$3\cdot10^{-3}$	$4\cdot10^{-8}$
(22)	300	$5\cdot10^{-3}$	$5\cdot10^{-8}$
(23)	250	$1\cdot10^{-3}$	$3\cdot10^{-7}$
(24)	1.200	$8\cdot10^{-3}$	$2\cdot10^{-8}$

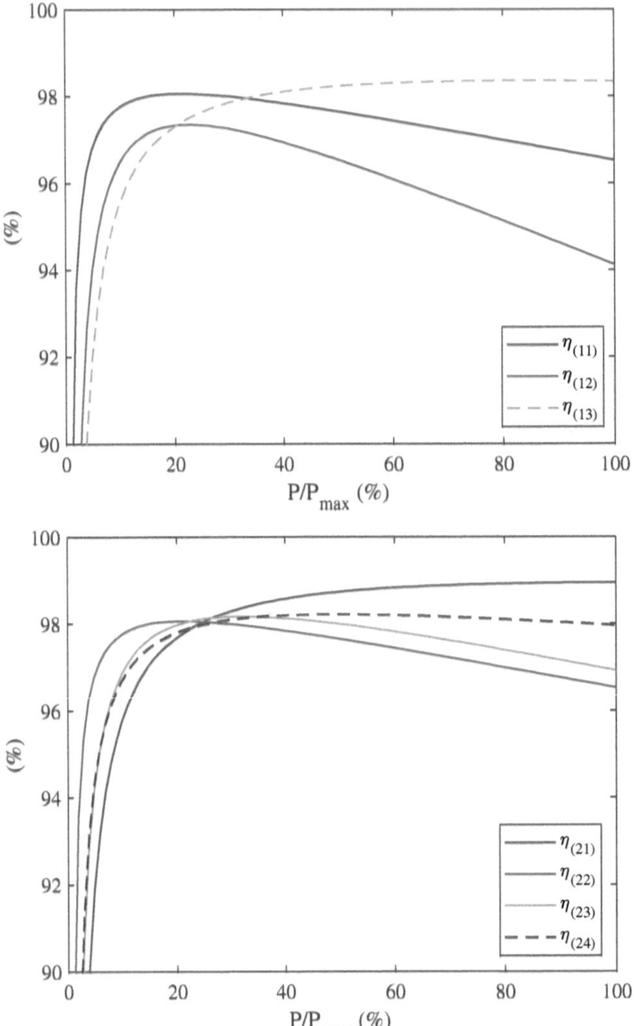

Bild 2.7 Wirkungsgrade der verschiedenen leistungselektronischen Komponenten aus Bild 2.2. *Oben:* Version 1, bei der alle Komponenten über einen AC-Bus verbunden sind: Batteriewechselrichter $\eta_{(11)}$, Solarwechselrichter $\eta_{(12)}$ und die Ladestation $\eta_{(13)}$. *Unten:* die Komponenten der Version 2, die einen DC-Bus verwendet: Gleichrichter $\eta_{(21)}$, Batteriewechselrichter $\eta_{(22)}$, Solarwechselrichter $\eta_{(23)}$ und Ladestation $\eta_{(24)}$.

Leistung normiert. Betrachten wir zunächst die Wirkungsgrade der Variante 1: Der Batteriewechselrichter (11) hat über einen großen Leistungsbereich einen hohen Wirkungsgrad. Dies ist für die Anwendung sehr nützlich. Die Batterie kann mit maximal 50 % der Nennleistung geladen werden, sollte aber idealerweise mit 100 % entladen werden. Der Solarwechselrichter (12) hat bei höheren Leistungen einen geringeren Wirkungsgrad als bei niedrigeren Leistungen. Die Ladestation (13) hingegen ist auf die maximale Ladeleistung optimiert.

In der zweiten Version haben wir zunächst einen Gleichrichter (21). Er ist bei einer Ladeleistung von 90 kW am effizientesten. Der Batteriewechselrichter (22) ist über einen größeren Leistungsbereich effizient, ebenso wie der Solarwechselrichter (23). Die Dämpfung bei (23) ist bei höheren Leistungen geringer. Die Ladestation selbst (24) ist für hohe Leistungen optimiert.

Als Nächstes bestimmen wir die Übertragungseffizienz der Leistungsflüsse im Leistungsflussdiagramm (Bild 2.6). Dazu überlegen wir, über welche leistungselektronischen Komponenten die Leistung geführt werden muss. Für eine erste vereinfachte Darstellung addieren wir nur die Konfigurationen, d. h. wir beschreiben den Leistungsfluss von der Batterie zum Bus η_{SL} durch (11) + (13). Das bedeutet, dass die Leistung von der Batterie auf den AC-Bus und dann über die Ladestation auf die Batterie des Busses übertragen werden muss. Wir beginnen mit Version 1:

- $\eta_{GS} = (11)$
- $\eta_{GL} = (13)$
- $\eta_{SG} = (11)$
- $\eta_{SL} = (11) + (13)$
- $\eta_{PG} = (12)$
- $\eta_{PS} = (12) + (11)$
- $\eta_{PL} = (12) + (13)$

Um die Übertragungseffizienz der Leistungsflüsse in Version 2 zu bestimmen, müssen wir uns genauer ansehen, wie wir die Leistungsverluste bei einer zweistufigen Übertragung berechnen.

Übung 2.5 Kombination von Übertragungsverlusten

Der Wirkungsgrad η_{SL} hängt vom Wirkungsgrad des Batteriewechselrichters (11) und dem Wirkungsgrad der Ladestation (13) ab. Wie aus Bild 2.7 zu erkennen ist, sind beide Wirkungsgradkurven nichtlineare Funktionen der Eingangsleistung, d. h. für den Wirkungsgrad η_{SL} muss berücksichtigt werden, welche Leistung vom Netz und von der Solaranlage übertragen wird. Wie sieht die Formel für die Verlustleistung S_L' und den kombinierten Wirkungsgrad η_{SL} aus, wenn wir für die Leistung aus Netz und Solaranlage einen kombinierten Wert P_{RdW} (RdW = Rest der Welt) festlegen?

Lösung: Die vom Speicher zu übertragende Leistung ist S_L. Die Verluste des Wechselrichters sind gegeben durch:

$$\hat{S}_L^{(11)} = a_{(11)} + b_{(11)}\, S_L + c_{(11)}\, S_L^2$$

$a_{(11)}$, $b_{(11)}$ und $c_{(11)}$ sind die Verlustkoeffizienten der Stufe (11). Die auf den AC-Bus übertragene Leistung ist die um die Verluste reduzierte ursprüngliche Leistung S_L und beträgt somit:

$$\begin{aligned} S_L^{(11)} &= S_L - \hat{S}_L^{(11)} \\ &= S_L - \left(a_{(11)} + b_{(11)}\, S_L + c_{(11)}\, S_L^2\right) \end{aligned}$$

Um die Verluste bei der Leistungsübertragung der Ladestation (13) zu berücksichtigen, muss die Summe aus $S_L^{(11)}$ und P_{RdW} als Eingangsgröße verwendet werden. Die

Gesamtverluste sind dann gegeben durch:

$$\hat{S}_{\mathrm{L}}^{(13)}(P_{\mathrm{RdW}}) = a_{(13)} + b_{(13)} \left(S_{\mathrm{L}}^{(11)} + P_{\mathrm{RdW}}\right) + c_{(11)} \left(S_{\mathrm{L}}^{(11)} + P_{\mathrm{RdW}}\right)^2$$
$$= a_{(13)} + b_{(13)} \left(S_{\mathrm{L}} - \left(a_{(11)} + b_{(11)}\, S_{\mathrm{L}} + c_{(11)}\, S_{\mathrm{L}}^2\right) + P_{\mathrm{RdW}}\right)$$
$$+ c_{(11)} \left(S_{\mathrm{L}} - \left(a_{(11)} + b_{(11)}\, S_{\mathrm{L}} + c_{(11)}\, S_{\mathrm{L}}^2\right) + P_{\mathrm{RdW}}\right)^2$$

Der Wirkungsgrad ist gegeben durch:

$$\eta_{\mathrm{SL}}(S_{\mathrm{L}}, P_{\mathrm{RdW}}) = \frac{\left(S_{\mathrm{L}} - \hat{S}_{\mathrm{L}}^{(13)}(P_{\mathrm{RdW}})\right)}{S_{\mathrm{L}}}$$

In Bild 2.8 ist der Gesamtwirkungsgrad $\eta_{\mathrm{SL}}(S_{\mathrm{L}}, P_{\mathrm{RdW}})$ der Stromübertragung von der Batterie (11) bis zur Ladestation (13) in Abhängigkeit von Überschussstrom aus dem Netz und der Solaranlage dargestellt. Man kann ablesen, dass in dieser Konfiguration die η_{SL} zwischen 90% und 95% liegt. Oberhalb einer Batterieentladeleistung von $S_{\mathrm{L}} > 50$ kW ist der Wirkungsgrad ziemlich konstant. Bild 2.8 zeigt auch, dass die nichtlinearen Terme $c_{(xx)}$, die für die Verluste bei höheren Leistungsübertragungen relevant sind, keine große Rolle für den Gesamtwirkungsgrad spielen. Für die weitere Untersuchung vernachlässigen wir daher die nichtlinearen Terme.

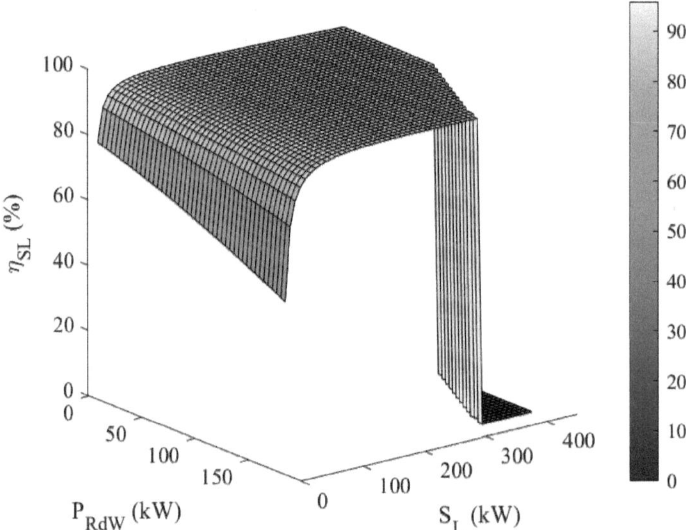

Bild 2.8 Der Gesamtwirkungsgrad $\eta_{\mathrm{SL}}(S_{\mathrm{L}}, P_{\mathrm{RdW}})$ der Leistungsübertragung von der Batterie (11) bis zur Ladestation (13) in Abhängigkeit von der Überschussleistung aus dem Netz und der Solaranlage. Dabei ist zu beachten, dass die Ladeleistung S_{L} der Ladestation auf 500 kW begrenzt ist. Leistungsflüsse, die diese Randbedingung verletzen, sind mit $\eta = 0$ gekennzeichnet.

Übung 2.6 Kombination von Verlusten in linearer Näherung

Der Wirkungsgrad η_{SL} hängt vom Wirkungsgrad des Batteriewechselrichters (11) und dem Wirkungsgrad der Ladestation (13) ab. In dieser Übung wollen wir die gleichen Untersuchungen durchführen wie in Übung 2.5, aber wir wollen die quadratischen Terme vernachlässigen, d. h. $c_{xx} \to 0$. Wir wollen die Formel für die Verlustleistung S'_L und den kombinierten Wirkungsgrad η_{SL} bestimmen. Für die Leistung aus dem Netz und der Solarstromanlage wird ein kombinierter Wert P_{RdW} (RdW = Rest der Welt) festgelegt.

Lösung: Die vom Speicher zu übertragende Leistung ist S_L. Die Verluste des Wechselrichters sind gegeben durch:

$$\hat{S}_L^{(11)} = a_{(11)} + b_{(11)}\ S_L$$

$a_{(11)}$ und $b_{(11)}$ sind die Verlustkoeffizienten der Stufe (11). Die auf den AC-Bus übertragene Leistung ist die um die Verluste reduzierte ursprüngliche Leistung S_L und beträgt somit:

$$\begin{aligned} S_L^{(11)} &= S_L - \hat{S}_L^{(11)} \\ &= S_L - \left(a_{(11)} + b_{(11)}\ S_L\right) \\ &= S_L\left(1 - b_{(11)}\right) - a_{(11)} \end{aligned}$$

Um die Verluste bei der Leistungsübertragung der Ladestation (13) zu berücksichtigen, muss die Summe aus $S_L^{(11)}$ und P_{RdW} als Eingangsgröße verwendet werden. Die Gesamtverluste sind dann gegeben durch:

$$\begin{aligned} \hat{S}_L^{(13)}(P_{RdW}) &= a_{(13)} + b_{(13)}\ \left(S_L^{(11)} + P_{RdW}\right) \\ &= a_{(13)} + b_{(13)}\ \left(S_L\left(1 - b_{(11)}\right) - a_{(11)} + P_{RdW}\right) \\ &= S_L\ b_{(13)}\left(1 - b_{(11)}\right) + a_{(13)} + b_{(13)}\left(P_{RdW} - a_{(11)}\right) \end{aligned}$$

Der Wirkungsgrad ist gegeben durch:

$$\begin{aligned} \eta_{SL}(S_L, P_{RdW}) &= \frac{\left(S_L - \hat{S}_L^{(13)}(P_{RdW})\right)}{S_L} \\ &= \frac{S_L\left(1 - b_{(13)}\left(1 - b_{(11)}\right)\right) - \left(a_{(13)} + b_{(13)}\left(P_{RdW} - a_{(11)}\right)\right)}{S_L} \\ &= \left(1 - b_{(13)}\left(1 - b_{(11)}\right)\right) - \frac{\left(a_{(13)} + b_{(13)}\left(P_{RdW} - a_{(11)}\right)\right)}{S_L} \\ &= \hat{b} - \frac{\hat{a}}{S_L} \end{aligned}$$

Lässt man die nichtlinearen Terme weg, so bleibt die mathematische Struktur der Verlustgleichung gleich. Die Verluste zerfallen in einen konstanten Teil, der einen von der Leistung unabhängigen Einfluss auf den Wirkungsgrad hat, und einen reziproken Teil, dessen Einfluss bei hohen Leistungen verschwindet. ■

Der Einfluss dieser Vereinfachung lässt sich in Bild 2.9 erkennen. Wir betrachten hier nicht den Fehler im Wirkungsgrad, d. h. die Abweichung zwischen dem Wirkungsgrad mit nichtlinearen Verlusten und der linearen Näherung, sondern betrachten die absolute Verlustleistung. Dies ist aussagekräftiger, da eine hohe relative Abweichung bei niedrigen Leis-

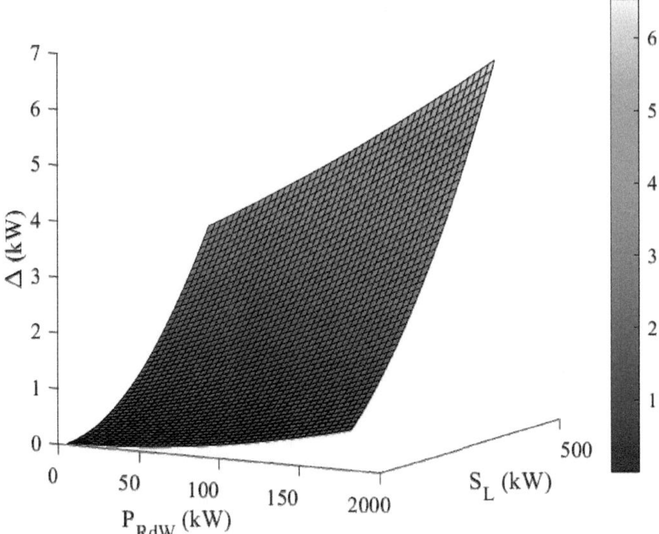

Bild 2.9 Der Unterschied bei der Berechnung der Übertragungsverluste unter Berücksichtigung der nichtlinearen Terme und der linearen Näherung Δ. Die Ladeleistung S_L der Ladestation ist auf 500 kW begrenzt.

tungswerten eine geringe Auswirkung auf die absoluten Leistungswerte hat. Wie in Bild 2.9 zu sehen ist, steigt der Fehler mit der zu übertragenden Leistung schnell an. Da die nichtlinearen Komponenten bei hohen Leistungen stärker zu den Verlusten beitragen, entspricht dies unseren Erwartungen. Wir stellen jedoch fest, dass die Näherung in absoluten Werten durchaus akzeptabel ist. Bei einer Ladeleistung von 410 kW beträgt die Differenz 4 kW. Dies entspricht der Wärmeleistung von ca. 4 Wasserkochern. Aber im Verhältnis zur Ladeleistung ist dieser Fehler in diesem Fall vernachlässigbar.

Lineare vs. nichtlineare Approximation

Natürlich ist die Vereinfachung mit Vorsicht zu genießen. Für eine analytische Betrachtung vereinfachen sich die Terme erheblich, wie wir gesehen haben. Sobald die betrachteten Systeme jedoch einen Grad an Komplexität erreicht haben, dass sie nur noch numerisch analysiert werden können, sollten die nichtlinearen Terme mitgenommen werden, da sie die Komplexität der numerischen Analyse nur geringfügig erhöhen [RSM20].

Die lineare Approximation ist für eine erste Systemanalyse sehr hilfreich, da sie die mathematische Komplexität erheblich reduziert. Wie groß der Einfluss der quadratischen Verlustterme sind, lässt sich dadurch abschätzen, dass man die Verluste bei maximaler Leistung mit und ohne quadratische Terme miteinander vergleicht. Alternativ kann man diesen Vergleich auch bei typischen Arbeitspunkten durchführen. Die Differenz gibt dann einen Überblick darüber, wie gut die lineare Näherung ist.

Wir wollen nun die Übertragungsverluste für die Leistungsflüsse in Version 1 zusammenfassen. Die Leistungsflüsse, die nur eine leistungselektronische Komponente haben, können direkt aus Tabelle 2.2 ersehen werden. Für Leistungsflüsse mit mehreren Stufen, an denen auch andere Leistungsflüsse beteiligt sind, ist die Berechnung komplexer. Wir wollen zunächst eine allgemeine Gleichung aufstellen.

Übung 2.7 Berechnung der kombinierten Verlustleistungskoeffizienten

Wir haben gesehen, dass die lineare Näherung für eine erste Betrachtung der Verlustleistung ausreicht. Wie wollen eine allgemeine Gleichung für eine Leistungsübertragung über zwei Stufen (1) und (2) bestimmen. In beiden Stufen besteht die Möglichkeit, dass ein zusätzlicher Leistungsfluss $P_{(1),(2)}$ den Arbeitspunkt beeinflusst.

Wie sieht die Verlustgleichung für S über zwei Stufen aus, wenn beim ersten Transfer P_1 und beim zweiten P_2 mit übertragen wird?

Lösung: Wir wollen die Leistung S übertragen. Die Verluste in der ersten Stufe $\hat{S}_{(1)}$ sind gegeben durch:

$$\hat{S}_{(1)} = a_{(1)} + b_{(1)} \left(S + P_{(1)}\right)$$

Die an der 2. Stufe ankommende Leistung ist also gleich:

$$\begin{aligned} S_{(1)} &= S - \left(a_{(1)} + b_{(1)} \left(S + P_{(1)}\right)\right) \\ &= S\left(1 - b_{(1)}\right) - \left(a_{(1)} + b_{(1)}\, P_{(1)}\right) \end{aligned}$$

Die Verluste in der zweiten Stufe $\hat{S}_{(2)}$ sind gegeben durch:

$$\begin{aligned} \hat{S}_{(2)} &= a_{(2)} + b_{(2)} \left(S\left(1 - b_{(1)}\right) - \left(a_{(1)} + b_{(1)}\, P_{(1)}\right) + P_{(2)}\right) \\ &= Sb_{(2)}\,(1 - b(1)) + a_{(2)} + b_{(2)} \left(P_{(2)} - \left(a_{(1)} + b_{(1)}\, P_{(1)}\right)\right) \end{aligned}$$

Die von (1) auf (2) übertragene Leistung ist also:

$$S_{(2)} = S\left(1 - b_{(2)}\left(1 - b_{(1)}\right)\right) - \left(a_{(2)} + b_{(2)}\left(P_{(2)} - \left(a_{(1)} + b_{(1)}\, P_{(1)}\right)\right)\right)$$

Wir fassen die Koeffizienten zusammen:

$$\begin{aligned} \tilde{a} &= a_{(2)} - a_{(1)}\, b_{(2)} \\ \tilde{b} &= \left(b_{(2)}\left(1 - b_{(1)}\right)\right) \\ \tilde{c} &= b_{(1)}\, b_{(2)} \end{aligned}$$

Die Gleichung vereinfacht sich also zu:

$$S_{(2)} = \left(1 - \tilde{b}\right) S - \left(\tilde{a} + \tilde{c}\, P_{(1)} + b_{(2)}\, P_{(1)}\right)$$

■

In Tabelle 2.3 haben wir die Verlustkoeffizienten für die Leistungsübertragungen der Version 1 und der Version 2 dargestellt, an denen zwei Stufen beteiligt sind. In Variante 2 wird die gesamte Leistung über einen Gleichstrombus verteilt, d. h. an jeder Leistungsübertragung sind immer zwei leistungselektronische Komponenten beteiligt. Die Wirkungsgrade ergeben sich demnach aus den folgenden Kombinationen:

- $\eta_{GS} = (21) + (22)$
- $\eta_{GL} = (21) + (24)$

- $\eta_{SG} = (21) + (22)$
- $\eta_{SL} = (22) + (24)$
- $\eta_{PG} = (23) + (21)$
- $\eta_{PS} = (23) + (22)$
- $\eta_{PL} = (23) + (24)$

Weder in Version 1 noch in Version 2 gibt es einen Leistungsfluss, dessen Verluste durch einen Leistungsfluss zum Quellknoten $P_{(1)}$ beeinflusst wird. Daher ist in Tabelle 2.3 $P_{(1)}$ und $\tilde{c}$ weggelassen worden. Für Leistungsübertragungen, die auch keinen Beitrag von $P_{(2)}$ haben, wurden $b_{(2)}$ und $P_{(2)}$ ebenfalls aus der Tabelle gestrichen.

Tabelle 2.3 Verlustkoeffizienten für Leistungsübertragungen mit zwei leistungselektronischen Komponenten für die beiden technischen Realisierungen aus Bild 2.2. Die Nomenklatur entspricht derjenigen in Übung 2.7. Da bei allen Leistungsflüssen der Arbeitspunkt der ersten Stufe durch einen anderen Leistungsfluss nicht beeinflusst wird, sind ($P_{(1)}$ und $\tilde{c}$ nicht dargestellt. $b_{(2)}$ und $P_{(2)}$ sind bei Leistungsübertragungen, die ebenfalls keinen Eintrag durch $P_{(2)}$ haben, in der Tabelle weggelassen worden.

Power flow	$\tilde{a}$(W)	$\tilde{b}(\cdot)$	$b_{(2)}$	$P_{(2)}$
Version 1				
S_L	1.796,00	0,0079	0,008	$G_L + P_L$
P_S	447,75	0,009	0,009	G_S
P_L	1.798,00	0,008	0,008	$G_L + S_L$
Version 2				
G_S	446,85	0,009	0,009	P_S
G_L	1.197,00	0,008	0,008	$S_L + P_L$
S_L	1.196,00	0,0079	0,008	$G_L + P_L$
S_G	348,65	0,003	0,003	P_G
P_G	349,25	0,003	0,003	S_G
P_S	447,75	0,009	0,009	G_S
P_L	1.198,00	0,008	0,008	$G_L + S_L$

2.3.3 Definition der Zielfunktion

Mit der Bestimmung des Verlustkoeffizienten haben wir nun alle Elemente zusammen, um die Leistungsflussgleichungen zu berechnen. Es stellt sich die Frage, nach welchen Kriterien die Leistungsflüsse ausgewählt werden sollen. Bei der Auslegung von Energiespeichersysteme sind zwei Strategien am häufigsten zu beobachten: die Minimierung der Verluste oder der Energiekosten.

Betrachten wir zunächst die Minimierung der Verluste in Bild 2.10. Der Knoten C soll eine Leistung von $\tilde{C}$ abgeben. Diese Leistung kann durch eine Mischung der beiden Leistungsflüsse aus A oder B nach C erreicht werden:

$$L = a_{AC}\gamma_A + b_{AC}A_C + a_{BC}\gamma_B + b_{BC}B_C \tag{2.21}$$

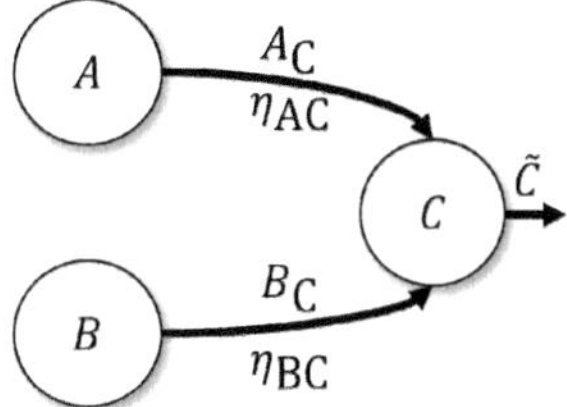

Bild 2.10 Beispiel für einen Leistungsfluss, der aus zwei Leistungsflüssen gemischt wird. *C* erhält von den beiden Knoten *A* und *B* jeweils einen Teil der benötigten Leistung von $\tilde{C}$, die der Knoten zu liefern hat.

Dabei haben wir die beiden Hilfsvariablen γ_A, γ_B eingeführt. Für γ_A gilt:

$$\gamma_A = \begin{cases} 1 & A_C > 0 \\ 0 & A_C = 0 \end{cases} \tag{2.22}$$

γ_B wird analog definiert:

$$\gamma_B = \begin{cases} 1 & B_C > 0 \\ 0 & B_C = 0 \end{cases} \tag{2.23}$$

Dass wir diese Hilfsvariable benötigen, wird deutlich, wenn wir die Gleichung 2.21 betrachten. Angenommen, A_C wäre gleich Null, d. h. der Knoten *A* wird gar nicht benutzt. Eigentlich sollten es auch keine Verluste durch *A* geben. Doch es ergibt sich immer noch ein Leistungsverlust von a_{AC}. Wenn wir sicherstellen können, dass der Knoten keine Verluste erzeugt, wenn er nicht benutzt wird, dann sollte der konstante Verlust auch nicht beobachtet werden können.

Da wir die Leistung $\tilde{C}$ immer erfüllen müssen, gilt:

$$\tilde{C} = A_C + B_C \tag{2.24}$$

Wir konnen den Leistungsfluss B_C aus der Gleichung 2.21 ersetzen:

$$B_C = \tilde{C} - A_C \tag{2.25}$$

Wir erhalten eine Verlustgleichung, die nur von A_C abhängt:

$$L = \left(a_{AC}\,\gamma_A + a_{BC}\,\gamma_B\right) + b_{AC}A_C + b_{BC}\left(\tilde{C} - A_C\right) \tag{2.26}$$

$$= \left(a_{AC}\,\gamma_A + a_{BC}\,\gamma_B\right) + b_{BC}\tilde{C} + (b_{AC} - b_{BC})\,A_C \tag{2.27}$$

Ob Strom von *A* oder von *B* übertragen werden soll, hängt vom Vorzeichen des Faktors $(b_{AC} - b_{BC})$ ab. Ist $(b_{AC} - b_{BC}) < 0$, nehmen die Verluste ab, wenn A_C einen höheren Anteil in der Mischung hat. Wenn andererseits $(b_{AC} - b_{BC}) > 0$ ist, sollte die Leistung von B_C bevorzugt genutzt werden. Eine Mischung aus zwei Leistungsknoten sollte nur verwendet werden, wenn ein Knoten allein die Leistung nicht erbringen kann. Dies liegt daran, dass eine Mischung der beiden Knoten immer zu höheren konstanten Leistungsverlusten führt.

Übung 2.8 Verlustoptimierte Kombination von Leistungsflüssen

Wir nehmen an, dass für den Leistungsfluss A_C der konstante Verlust $a_{AC} = 10\,W$, und die lineare Komponente $b_{AC} = 0{,}002$ ist. Für den Leistungsfluss B_C ist der konstante Verlust $a_{BC} = 12\,W$ und die lineare Komponente ist $b_{BC} = 0{,}0025$. Es soll eine Leistung von 1.000 W an C übertragen werden. A_C ist auf 1.000 W begrenzt. Wie hoch sind die Verluste bei:

a) $A_C = 1.000\,W,\ B_C = 0\,W$
b) $A_C = 0\,W,\ B_C = 1.000\,W$
c) $A_C = 500\,W,\ B_C = 500\,W$

Lösung: In allen drei Fällen können wir die Gleichung 2.27 nutzen:

a) $L = a_{AC} + b_{AC}A_C = 10\,W + 0{,}002 \cdot 1.000\,W = 12\,W$
b) $L = a_{BC} + b_{BC}B_C = 12\,W + 0{,}0025 \cdot 1.000\,W = 14{,}5\,W$
c) $$\begin{aligned} L &= \left(a_{AC}\ \gamma_A + a_{BC}\ \gamma_B\right) + b_{BC}\ \tilde{C} + (b_{AC} - b_{BC})A_C \\ &= (10\,W + 12\,W) + 0{,}0025 \cdot 1.000\,W + (0{,}002 - 0{,}0025)\ 500\,W \\ &= 24{,}25\,W \end{aligned}$$

Wir sehen, dass die Lösung a) die geringsten Verluste hat. Die Lösung b) hat etwas höhere Verluste. Bei c) sind die Verluste fast doppelt so hoch. Das liegt daran, dass beide Quellen einen hohen konstanten Verlust erzeugen.

Als Nächstes betrachten wir eine kostenoptimierte Auswahl von Leistungsflüssen. Eine Leistungsübertragung A_C hat Kosten von c_{AC}, und eine Leistungsübertragung B_C hat Kosten von c_{BC}. Die Randbedingung, dass $\tilde{C} = A_C + B_C$ immer erfüllt sein soll, gilt weiterhin. Für die Gesamtkosten c_{sum} gilt also Folgendes:

$$\begin{aligned} c_{sum} &= c_{AC}\ A_C + c_{BC}\ B_C \\ &= c_{AC}\ A_C + c_{BC}\left(\tilde{C} - A_C\right) \\ &= A_C\left(c_{AC} - c_{BC}\right) + c_{BC}\ \tilde{C} \end{aligned} \tag{2.28}$$

Hier lässt sich ein ähnliches Kriterium wie zuvor für die Verluste ableiten: Ist $(c_{AC} - c_{BC}) < 0$, ist der Leistungsfluss über B_C zu bevorzugen, andernfalls sollte A_C verwendet werden.

Übung 2.9 Ertragsoptimierte Kombination von Leistungsflüssen

Für den Leistungsfluss A_C betragen die Kosten $c_{AC} = 0{,}1\,\frac{€}{W}$. Für den Leistungsfluss B_C betragen die Kosten $c_{BC} = 0{,}05\,\frac{€}{W}$. Es soll eine Leistung von 1.000 W an C übertragen werden. A_C ist auf 1.000 W begrenzt. Wie hoch sind die Kosten bei:

a) $A_C = 1.000\,W,\ B_C = 0\,W$
b) $A_C = 0\,W,\ B_C = 1.000\,W$
c) $A_C = 500\,W,\ B_C = 500\,W$

Lösung: Die Kosten können durch Gleichung 2.28 bestimmt werden:

a) $c_{sum} = A_C c_{AC} = 0{,}1 \frac{€}{W}\ 1.000\,W = 100\,€$

b) $c_{sum} = B_C c_{BC} = 0{,}05 \frac{€}{W}\ 1.000\,W = 50\,€$

c) $c_{sum} = A_C\,(c_{AC} - c_{BC}) + c_{BC}\ \tilde{C}$

$$= 500\,W \left(0{,}1 \frac{€}{W} - 0{,}05 \frac{€}{W}\right) + 0{,}05 \frac{€}{W}\ 1.000\,W$$

$$= 75\,€$$

Wir sehen, dass die Lösung a) die höchsten Kosten verursacht. Die Lösung b) hat die niedrigsten Kosten. Bei c) liegen die Kosten dazwischen.

Die Frage nach der Auswahl des Leistungspfades zur Versorgung eines Knotens C reduziert sich auf zwei Gleichungen. Will man die Verlustleistung reduzieren, vergleicht man die Größen b_{AC} und b_{BC} und wählt den Leistungsfluss, der eine kleinere b-Komponente hat.

Wenn wir die Kosten minimieren wollen, betrachten wir die beiden Größen c_{AC} und c_{BC} und wählen den Knoten, der die geringsten Kosten verursacht.

2.3.4 Bestimmung der optimalen Betriebsführung

Wir wollen uns nun mit der Frage beschäftigen, wie die Leistungsflüsse für die Ladestation gewählt werden. Der Betrieb der Ladestation wird von drei Variablen beeinflusst: der aktuellen Solarstromproduktion $\tilde{P}$, dem Leistungsbedarf an der Ladestation $\tilde{L}$ und dem Ladezustand des Speichers κ. Der Zustand des Systems lässt sich durch diese drei Größen $\{\tilde{P}, \tilde{L}, \kappa\}$ vollständig beschreiben. Daher wollen wir für verschiedene Systemzustände eine sinnvolle Kombination von Leistungsflüssen herleiten. Wir werden sowohl die verlustoptimierte als auch die kostenoptimierte Steuerung betrachten.

$\tilde{P}$ – 0kW, $\tilde{L}$ – 0kW, $\kappa <= \kappa_{min}$: In diesem Systemzustand ist der Energieinhalt der Batterie zu klein, um einen Bus vollständig zu laden, da $\kappa <= \kappa_{min}$. Die Solaranlage produziert keinen Strom $\tilde{P} = 0$. Aber es befindet sich auch kein Bus an der Ladestation, der geladen werden möchte, $\tilde{L} = 0\,kW$. Aus Tabelle 2.1 wissen wir, dass zum Laden der Batterie mindestens 10 min bis 15 min Zeit zur Verfügung steht. Dabei beträgt die maximale Ladeleistung $P_S + G_S <= 180\,kW$. Wir wollen nun ermitteln, wie groß κ_{min} ist.

Übung 2.10 Bestimmung des minimalen Batterieladezustands der Ladestation

Laut Spezifikation dauert der Ladevorgang des Busses 2,5 min. Wir nehmen an, dass durchgehend eine maximale Ladeleistung von 500 kW erforderlich ist. Wie viel Kapazität muss in der Batterie enthalten sein, wenn wir davon ausgehen, dass kein Solarstrom zum Laden des Busses zur Verfügung steht? Hierzu sollen die Daten aus Tabelle 2.1.

Lösung: Aus Tabelle 2.1 wissen wir, dass die Entladeleistung der Batterie 410 kW beträgt. Die Batterie sollte diese Leistung für 2,5 min bereitstellen. In diesem Beispiel sind wir nicht an der Energiemenge interessiert, die am Fahrzeug ankommt. Die Batterie ist in dieser Betrachtung die Quelle, und daher werden keine Leistungsverluste berücksichtigt. Die erforderliche Kapazität errechnet sich also aus:

$$\begin{aligned}\kappa_{\min} &= \int_{t=0}^{t=2{,}5\,\text{min}} G_L\,dt \\ &= [G_L]_{t=0}^{t=2{,}5\,\text{min}} = 410\,\text{kW}\cdot 2{,}5\,\text{min} \\ &= 1.025\,\text{kWmin} = 17{,}08\,\text{kWh}\end{aligned}$$

17,08 kWh ist die minimale Speicherkapazität, die wir benötigen, wenn wir einen Bus mit maximaler Leistung innerhalb der vollen 2,5 min aufladen wollen. In diesem Systemzustand ist nur das Netz als Quelle verfügbar. Wir haben also keine Wahl und müssen uns nur die Frage stellen, wie weit wir die Batterie zwischen zwei Busstops aufladen können.

Übung 2.11 Berechnung der Energiemenge, die aus dem Netz in die Batterie übertragen werden kann

Es steht eine Ladezeit von 10 min zur Verfügung. Sie kann nur über das Netz geladen werden, d. h. $P_S = 0$. Wie viel Energie kann in dieser Zeit in die Batterie geladen werden? Wie viele Verluste treten bei diesem Vorgang auf? Berechnen Sie dies für Variante 1 und Variante 2 aus Bild 2.2.

Lösung: Nur der Leistungsfluss vom Netz zum Speicher muss integriert werden. Da wir uns für den Ladezustand der Batterie interessieren, d. h. für die Leistung, die im Speicher ankommt, müssen die Verluste noch berücksichtigt werden.

$$\begin{aligned}\kappa &= \int_{t=0}^{t=10\,\text{min}} G_S - (a + bG_S)\,dt \\ &= \int_{t=0}^{t=10\,\text{min}} ((1-b)G_S - a)\,dt \\ &= \int_{t=0}^{t=10\,\text{min}} (1-b)G_S\,dt - \int_{t=0}^{t=10\,\text{min}} a\,dt \\ &= (1-b)G_S\;10\,\text{min} - a\;10\,\text{min}\end{aligned}$$

Bei einer Realisierung mit Version 1 ergibt sich eine maximale Speicherkapazität von:

$$\begin{aligned}\kappa &= \left((1 - 9\cdot 10^{-3})\;80\,\text{kW} - 0{,}45\,\text{kW}\right)\;10\,\text{min} \\ &= (79{,}28\,\text{kW} - 0{,}45\,\text{kW})\;10\,\text{min} \\ &= 788{,}3\,\text{kWmin} = 13{,}13\,\text{kWh}\end{aligned}$$

Bei einer Realisierung mit Version 2 ergibt sich ein ähnliches Bild:

$$\begin{aligned}\kappa &= \left((1 - 9\cdot 10^{-3})\;80\,\text{kW} - 0.446\,\text{kW}\right)\;10\,\text{min} \\ &= (79{,}28\,\text{kW} - 0{,}446\,\text{kW})\;10\,\text{min} \\ &= 788{,}34\,\text{kWmin} = 13{,}14\,\text{kWh}\end{aligned}$$

Der Unterschied zwischen den beiden Versionen ist gering, aber wir können auch sehen, dass die Batterie ohne Solarstromunterstützung nicht die maximal erforderliche Speicherkapazität von 17,08 kWh erreichen würde.

$\tilde{\boldsymbol{P}} = \tilde{\boldsymbol{P}}, \tilde{\boldsymbol{L}} = \mathbf{0\,kW}, \boldsymbol{\kappa} <= \boldsymbol{\kappa}_{\mathbf{min}}$: Wir betrachten nun die Situation, dass die Solarstromanlage Strom produziert, $\tilde{P} = \tilde{P}$. Ein Bus ist noch nicht an der Ladestation angekommen, und die Speicherkapazität ist zu gering. Wir müssen die Batterie weiter laden, bevor der nächste Bus vorbeikommt. Wir haben zwei Leistungsquellen und müssen entscheiden, welcher der Leistungspfade P_S, P_G, G_S verwendet werden soll.

Betrachten wir zunächst die Frage, ob Solarstrom verkauft werden soll. Da die Einspeisevergütung $c_{PS} = 0{,}25\,\frac{€}{\mathrm{kWh}}$ kleiner ist als der Strompreis $c_{GS} = c_{GL} = 0{,}31\,\frac{€}{\mathrm{kWh}}$, ist der Verkauf nur sinnvoll, wenn in Zukunft keine zusätzliche Leistung aus dem Netz bezogen werden soll. Solange also $\kappa <= \kappa_{min}$, ist es aus Kostengründen sinnvoll, die Batterie zu laden.

Wenn wir hingegen die Verluste minimieren wollen, müssen wir die Verlustkoeffizienten der beiden Strompfade P_S und G_S miteinander vergleichen.

Übung 2.12 Verlustoptimierte Wahl der Leistungsflüsse, wenn die Solaranlage Strom produziert, kein Bus geladen werden muss und der Batterieladezustand zu gering ist

Zum Laden der Batterie stehen sowohl Solarstrom P_S als auch Netzstrom G_S zur Verfügung. Welchen Leistungsfluss müssen wir wählen, damit in Version 1 und Version 2 (Bild 2.2) die Verluste minimal sind?

Lösung: Wir vergleichen zunächst die Verlustkoeffizienten b_{PS} und b_{GS} miteinander:

Version 1: $b_{PS} = 0{,}009$; $b_{GS} = 0{,}009$

Version 2: $b_{PS} = 0{,}009$; $b_{GS} = 0{,}009$

Wir sehen, dass die linearen Koeffizienten gleich sind und somit kein Entscheidungskriterium darstellen. Wir müssen uns die konstanten Verluste ansehen:

Version 1: $a_{PS} = 447{,}75\,\mathrm{W}$; $a_{GS} = 450\,\mathrm{W}$

Version 2: $a_{PS} = 447{,}75\,\mathrm{W}$; $a_{GS} = 446{,}85\,\mathrm{W}$

In Variante 1 wäre die Verwendung von P_S zu bevorzugen, da hier die Verluste geringer sind. In Variante 2 hingegen wäre G_S zu bevorzugen. ■

$\tilde{\boldsymbol{P}} = \tilde{\boldsymbol{P}}, \tilde{\boldsymbol{L}} = \mathbf{0\,kW}, \boldsymbol{\kappa} > \boldsymbol{\kappa}_{\mathbf{min}}$: Bei diesem Systemzustand scheint die Sonne, und die Solaranlage produziert Strom. Ein Bus hat die Ladestation noch immer nicht erreicht, aber der minimale Batterieladezustand ist erreicht, er ist sogar größer als die Mindestkapazität.

Wir haben nun drei Leistungsquellen und müssen entscheiden, welcher der Leistungspfade P_S, P_G, G_S, S_G wie verwendet werden soll.

Wir betrachten zunächst S_G, also den Leistungsfluss von der Batterie ins Netz. Da $\kappa > \kappa_{min}$ ist, befindet sich in der Batterie überschüssige Energie. Ist es sinnvoll, diese mit einer Einspeisevergütung von $c_{SG} = c_{PG} = 0{,}25\,\frac{€}{\mathrm{kWh}}$ ins Netz einzuspeisen?

Angenommen, wir haben zu wenig gespeicherte Energie, um den Bus aufzuladen. Dann müssten wir Strom aus dem Netz zu einem Preis von $c_{GL} = 0{,}31\,\frac{€}{\mathrm{kWh}}$ kaufen. Wir hätten also einen Verlust von $0{,}06\,\frac{€}{\mathrm{kWh}}$ gemacht. Es ist also sinnvoll, den gespeicherten Strom nicht ins Netz einzuspeisen, um diesen Verlust zu vermeiden. Das gilt aber nur, wenn auch sichergestellt ist, dass wir den Speicher auch entladen. Gespeicherter Strom, der nie verbraucht wird, ist monetär nichts wert. Im Gegenteil: Die Selbstentladung des Speichers verursacht einen monetären Verlust.

Übung 2.13 Betrachtungen zur Speicherkapazität der Ladestation

Wir wollen abschätzen, wie viel Speicherkapazität wir benötigen, wenn wir den Solarstrom nicht ins Netz einspeisen wollen. Der Einfachheit halber nehmen wir an, dass die Solaranlage eine jährliche Energiemenge von 90.000 kWh erzeugt. Wir nehmen außerdem an, dass die täglich erzeugte Energiemenge $\frac{90.000\,\text{kWh}}{365\,\text{Tag}} = 246{,}58\,\text{kWh}$ beträgt. Ist es möglich, die Ladestation allein mit der Solaranlage zu betreiben? Wie groß müsste der Speicher sein, wenn die Solarstromanlage nur zum Ausgleich des Netzanschlusspunktes genutzt werden soll? Betrachten Sie die drei Betriebsphasen des Busverkehrs (Tabelle 2.1). Nehmen Sie jeweils das kleinste Mögliche Intervall.

Lösung: In den Anforderungen sind drei Betriebsphasen mit unterschiedlichen Intervallen angegeben. Wir nehmen jeweils das kleinste Intervall. Der gesamte Lade- und Entladezyklus setzt sich zusammen aus der Wartezeit von 10, 25 bzw. 55 Minuten und dem Ladevorgang, der insgesamt 3,5 Minuten dauert. Daraus ergibt sich die Anzahl der Zyklen:

$$\text{7:00–18:00:} \quad \frac{11\,\text{h}}{0{,}225\,\text{h}} = 48{,}8 \approx 49$$

$$\text{18:00–22:00:} \quad \frac{4\,\text{h}}{0{,}475\,\text{h}} = 8{,}42 \approx 9$$

$$\text{22:00–7:00:} \quad \frac{9\,\text{h}}{0{,}975\,\text{h}} = 9{,}23 \approx 10$$

Aus der Übung 2.10 wissen wir, dass wir eine Energiemenge von 17,08 kWh benötigen. Der Solarstrom reicht also nur für $\frac{246{,}58\,\text{kWh}}{17{,}08\,\text{kWh}} = 14{,}84 \approx 15$ Ladezyklen. Bei einer Leistung von 90 kW ist ein Betrieb allein mit der Solarstromanlage nicht möglich.

Aus der Übung 2.11 wissen wir auch, dass wir den Speicher nur bis 13,13 kWh oder 13,14 kWh aus dem Netz laden können, da die Leistung des Netzanschlusspunktes nicht ausreichen würde, um den Speicher rechtzeitig zu füllen. Wir müssten also nur die fehlenden 3,95 kWh mit der Solarstromanlage kompensieren. Dies würde noch für

$$\frac{246{,}58\,\text{kWh}}{3{,}95\,\text{kWh}} = 62{,}42 \approx 62$$

Ladezyklen funktionieren.

Nur in der Zeit von 7:00 bis 18:00 ist eine Unterstützung durch Solarstrom notwendig. In allen anderen Betriebsphasen haben wir genügend Zeit, um den Strom aus dem Netz in die Batterie zu laden. Die tatsächlich benötigte Speicherkapazität beträgt daher $49 \cdot 3{,}95\,\text{kWh} = 193{,}55\,\text{kWh}$. ■

Betrachten wir nun die verlustoptimierte Steuerung. Wenn wir die Verluste minimieren wollen, ist die Wahl $S_G = 0$ eine gute Wahl, denn ein Leistungsfluss, der nicht aktiv ist, kann keine Verluste erzeugen. Da es keinen Grund mehr gibt, die Batterie zu laden, ist $G_S = 0$. Dies ist sowohl die kostenoptimale als auch die verlustoptimale Lösung.

Was ist mit P_S und P_G? Soll Solarstrom verkauft oder soll der Speicher geladen werden? Da die Einspeisevergütung kleiner ist als die Stromkosten, ist die Einspeisung von Solarstrom in das Netz unter Kostengesichtspunkten nicht sinnvoll. Daher gilt $P_G = 0$. Doch wie sieht es mit der Verlustoptimierung aus?

Übung 2.14 Verlustoptimierter Leistungsfluss bei solarer Überschussproduktion

Der Solarstrom kann sowohl an den Speicher als auch an das Netz übertragen werden. Welcher Leistungsfluss würde bei Variante 1 und Variante 2 (Bild 2.2) den geringeren Verlust aufweisen?

Lösung: Wir vergleichen zunächst die Verlustkoeffizienten b_{PS} und b_{PG} miteinander:

Version 1: $b_{PS} = 0{,}009$; $b_{PG} = 0{,}002$
Version 2: $b_{PS} = 0{,}009$; $b_{PG} = 0{,}003$

Bei beiden Varianten wäre die direkte Einspeisung von Solarstrom in das Netz die verlustoptimierte Option. ■

Die vorherigen Systemzustände waren alles Situationen, in denen kein Bus geladen werden sollte. Diese Zeit wurde genutzt, um die Batterie zu laden, sodass genügend Energie zum Laden des Busses zur Verfügung steht. Im Folgenden betrachten wir nun Systemzustände, bei denen der Bus geladen werden soll.

$\tilde{\boldsymbol{P}} = \mathbf{0}, \tilde{\boldsymbol{L}} = \tilde{\boldsymbol{L}}, \boldsymbol{\kappa} > \mathbf{0}$**:** Wir haben keine Sonneneinstrahlung, aber die Batterie ist auch nicht leer. Zwei Leistungspfade sind relevant: G_L und S_L. Da wir die benötigten 500 kW bereitstellen müssen und G_L die benötigte Leistung allein nicht bereitstellen kann, ist die Zuordnung der Leistungsflüsse klar. Beide liefern die maximale Leistung, so lange sie können, und laden die Busbatterie.

$\tilde{\boldsymbol{P}} = \tilde{\boldsymbol{P}}, \tilde{\boldsymbol{L}} = \tilde{\boldsymbol{L}}, \boldsymbol{\kappa} > \mathbf{0}$**:** In diesem Fall steht auch Solarstrom für den Ladevorgang zur Verfügung, sodass die Last durch drei Leistungspfade P_L, G_L und S_L gedeckt werden kann. Die Pfade mit den geringsten Kosten sind P_L und S_L. Solange Solarstrom und Batteriestrom ausreichen, um die benötigten 500 kW zu liefern, sollte die Nutzung von Netzstrom vermieden werden. Wie sieht es aber mit einem verlustoptimierten Ansatz aus?

Übung 2.15 Verlustoptimierte Wahl der Leistungsflüsse im Ladevorgang bei voller Batterie und Solareinstrahlung

S_L speist die Batterie des Busses. Es fehlen aber noch 90 kW, die aus der Solaranlage oder dem Netz bezogen werden können. Welchen Leistungsfluss müssen wir wählen, damit in Variante 1 und in Variante 2 (Bild 2.2) die Verluste minimal sind?

Lösung: Wir vergleichen zunächst die Verlustkoeffizienten b_{PL} und b_{GL} miteinander:

Version 1: $b_{PL} = 0{,}008$; $b_{GL} = 0{,}008$
Version 2: $b_{PL} = 0{,}008$; $b_{GL} = 0{,}008$

Wir sehen, dass die linearen Koeffizienten kein Entscheidungsmerkmal liefern. Daher müssen wir uns die konstanten Verluste ansehen:

Version 1: $a_{PL} = 1.798\,\text{W}$; $a_{GL} = 1.800\,\text{W}$
Version 2: $a_{PL} = 1.198\,\text{W}$; $a_{GL} = 1.197\,\text{W}$

Dementsprechend ist in Variante 1 die Verwendung von P_L vorzuziehen, da die Verluste geringer sind. In Version 2 hingegen wird G_L bevorzugt. ■

Für die wichtigsten Systemzustände haben wir Entscheidungsempfehlungen ausgearbeitet, die für die Betriebsführung genutzt werden können. In Tabelle 2.4 sind diese zusammengefasst.

Tabelle 2.4 Zusammenfassung der kosten- oder verlustoptimierten Wahl der Leistungsflüsse für verschiedene Systemzustände

Systemzustand	Kostenoptimierte Regelung	Verlustoptimierte Regelung Version 1	Verlustoptimierte Regelung Version 2
$\tilde{P}=0, \tilde{L}=0\,\text{kW}, \kappa <= \kappa_{min}$	$G_S > 0$	$G_S > 0$	$G_S > 0$
$\tilde{P}=\tilde{P}, \tilde{L}=0, \kappa <= \kappa_{min}$	$P_S > 0, G_S = 90\,\text{kW} - P_S$	$P_S > 0, P_G = 0, G_S = 90\,\text{kW} - P_S$	$P_G > 0, G_S > 0$
$\tilde{P}=\tilde{P}, \tilde{L}=0, \kappa > \kappa_{min}$	$P_S > 0$	$P_S = 0, P_G > 0, G_S, S_G = 0$	$P_S = 0, P_G > 0, G_S, S_G = 0$
$\tilde{P}=0, \tilde{L}=\tilde{L}, \kappa > 0$	$G_L > 0, S_L > 0$	$G_L > 0, S_L > 0$	$G_L > 0, S_L > 0$
$\tilde{P}=\tilde{P}, \tilde{L}=\tilde{L}, \kappa > 0$	$P_L > 0, S_L > 0$	$P_L > 0, G_L = 0, S_L > 0$	$P_L = 0, G_L > 0, S_L > 0$

2.3.5 Vergleich der technischen Lösungsvarianten

Wir haben die Verlustleistungen der zwei Realisierungen Version 1 und Version 2 ermittelt und haben nun die Wahl zwischen zwei technischen Realisierungen. Außerdem stehen zwei Betriebsführungen zur Auswahl: die kostenoptimierte und die verlustoptimierte. Unser Ziel ist es, eine quantitative Aussage treffen zu können. Daher wollen wir die Performance über ein ganzes Jahr der vier Kombinationen miteinander vergleichen. Der Vergleich soll die Kosten und Verluste über ein ganzes Jahr betrachten, da wir auch saisonale Schwankungen berücksichtigen wollen.

Zunächst benötigen wir Zeitreihen für $\tilde{P}$ und $\tilde{L}$. Für die Produktion von Solarstrom $\tilde{P}$ können wir Zeitreihen von Solaranlagen verwenden. Diese Zeitreihen decken ein ganzes Jahr ab. Die Solarstromerzeugung hängt von der Einstrahlung, der Orientierung der Anlage und Verschaltung und der Umgebung ab. Da wir aber die genaue Realisierung der Solarstromanlage für unsere Ladestation nicht kennen, greifen wir auf das Profil einer Solaranlage zurück, die eine gute Südausrichtung hat. Wir skalieren dann die Leistung auf die erwartete Leistung der Solarstromanlage.

Wie „realistisch" ist „realistisch genug"?

Wenn wir bei der Solarstromanlage die vielen Einflussfaktoren, die die Produktion der Anlage bestimmen, ignorieren, wie stark können wir dann den Aussagen der Simulation vertrauen? Schließlich haben wir ja bereits bei den Verlustkoeffizienten eine Linearisierung vorgenommen und allein die konstanten und linearen Verlustkoeffizienten gewählt.

Wir müssen uns im Klaren sein, welche Fragestellung wir mit diesen Berechnungen beantworten wollen. Das Ziel unserer Betrachtung ist nicht, eine exakte Prognose der Kosten und Erträge der verschiedenen Anlagen zu ermitteln, sondern die verschiedenen Versionen quantitativ miteinander vergleichen zu können. Wenn wir dieselben Vereinfachungen im Verbrauch und der solaren Produktion für alle vier Ansätze machen, so ist zu erwarten, dass wir immer noch die Ansätze selber gut miteinander vergleichen können.

Wenn der Wunsch besteht, realistischer zu simulieren, so kann man – sobald mehr Systemwissen zur Verfügung steht – diese Berechnungen immer weiter verbessern und sollte auf jeden Fall einen Abgleich mit der realen Anlage durchführen. ■

Bei der Bestimmung des Lastprofils $\tilde{L}$ stehen wir vor der Herausforderung, dass das System ja noch nicht existiert. Wir können also zum Zeitpunkt der Analyse noch nicht auf historische Daten zurückgreifen. Daher müssen wir uns ein synthetisches Lastprofil erzeugen.

Dazu wählen wir zunächst ein Zeitintervall Δt. Das Zeitintervall ermöglicht es uns, die Leistungsflüsse über die Zeit in einer Tabelle zu notieren. Die Wahl von Δt orientiert sich an der Zeitskala, auf der die Dynamik, die wir beobachten wollen, stattfindet. Dies ist vergleichbar mit der Frage, ob wir ein Porträt mit einer Auflösung von Zentimetern, Millimetern oder Mikrometern malen wollen. Wenn wir nur das Gesicht erkennen wollen, reicht in der Regel eine Auflösung von einem Zentimeter aus, weil das menschliche Gehirn Gesichter sehr gut erkennen kann. Will man hingegen das Porträt nutzen, um Nuancen der Haut zu analysieren, sollte man eine Auflösung im Mikrometerbereich wählen. Bei der Wahl der Auflösung müssen wir uns von der Struktur der Dinge, die wir beobachten wollen, leiten lassen. Für die Solarenergie ist eine Auflösung zwischen einer Minute und einer Viertelstunde ausreichend genau, um die Erträge im Laufe eines Jahres zu analysieren. Für das Lastprofil ist eine Auflösung von einer Viertelstunde zu gering, weil wir wissen, dass der Ladevorgang etwa zwei Minuten dauert. Eine Auflösung von einer Minute sollte ausreichen und ist bei Analysen von Energiespeichersystemen durchaus üblich [Bau19].

Die Entwurfsregel für die Erstellung eines synthetischen Lastprofils ist relativ einfach. Sobald die Zeitskala definiert ist, müssen wir zu jedem Zeitpunkt sehen, welche Lasten zum Zeitpunkt t anliegen, und deren Verbrauch aufsummieren [ASR+09]. In unserem Fall verwenden wir den Fahrplan und die Anforderungen aus Tabelle 2.1. Wir müssen nur noch schauen, wann ein Bus jeweils ankommt, und dann den Ladevorgang als Zeitreihe in die Tabelle $\tilde{L}$ eintragen.

Aus den Anforderungen haben wir nur Intervallinformationen erhalten. Daraus können wir schließen, dass es gewisse statistische Schwankungen gibt. Manchmal kommt ein Bus etwas schneller, manchmal etwas später an. Es ist anzunehmen, dass dies auch bei der benötigten Ladeleistung der Fall ist. Deshalb variieren wir die Ankunftszeit des Busses zufällig innerhalb eines Intervalls t_1, t_2. Die Zeiten t_1 und t_2 stellen die vorgegebenen Grenzen aus dem Fahrplan dar. Wir verwenden einen Zufallsgenerator, der einen Zufallswert im Intervall t_1 bis t_2 ermittelt. Die Zufallswerte sind gleichverteilt, d. h. das Auftreten eines bestimmten Wertes innerhalb des Intervalls ist genauso wahrscheinlich wie jeder andere Wert. Im Lastprofil $\tilde{L}$ sind also die Intervalle zwischen verschiedenen Ladevorgängen leicht unterschiedlich.

Analog verfahren wir mit der Ladeleistung. Wir wissen, dass die Ladeleistung nicht größer als 500 kW sein soll, aber wir haben keine Information darüber, wie viel kleiner die Leistung sein kann. Wir legen das Intervall der möglichen Leistungen auf 300 kW bis 500 kW fest und verwenden einen Zufallsgenerator, um für jeden Ladevorgang einen Leistungswert zwischen 300 kW und 500 kW zu bestimmen. Auch hier sind die Werte gleichverteilt. Mit diesen Annahmen kann nun das Lastprofil erstellt werden.

Übung 2.16 Algorithmus zur Berechnung eines Lastprofils

Wir wollen die Funktion der Ladestation für ein ganzes Jahr simulieren. Die erforderliche Ladeleistung an einer Haltestelle liegt zwischen 300 kW und 500 kW. Die Ladedauer beträgt 2,5 min. Der Abstand zwischen zwei Ladevorgängen beträgt 10–15 Minuten von 7:00 bis 18:00, 25–30 Minuten von 18:00 bis 22:00 und 55–60 Minuten von 22:00 bis 7:00. Die Zeitreihe soll eine Auflösung von $\Delta t = 1$ min haben. Wie sieht ein Algorithmus aus, der eine solche Zeitreihe erzeugt?

Lösung: Wir beginnen die Zeitreihe an Tag 1 um 0:00 Uhr. Wir bestimmen die Ankunftszeit mit einer Zufallsvariablen, die zwischen 55 und 60 liegt. Solange der Ankunftszeitpunkt noch nicht erreicht ist, setzen wir $\tilde{L}(t) = 0$. Sobald die Ankunftszeit erreicht ist, wird die Ladeleistung bestimmt. Hier verwenden wir eine Zufallsvariable, die zwischen 300 kW und 500 kW liegt, d. h. $\hat{L} = \texttt{random}(300, 500)$. Da mit dem Zuschalten des Busses 1/2 Minute vergeht, wird der Lastgang zunächst auf $\tilde{L}(t) = \frac{\hat{L}}{2}$ gesetzt, die beiden folgenden Einträge im Lastgang erhalten den Wert $\hat{L}$, dann erfolgt die Abkopplung von der Ladestation, die 1/2 Minute dauert, also wieder $\tilde{L}(t) = \frac{\hat{L}}{2}$. Anschließend wird die neue Wartezeit $\hat{t}$ bestimmt. $\hat{t} = \text{random}(t_1, t_2)$, wobei sich die beiden Zeiten t_1 und t_2 aus dem Fahrplan ergeben, der von der Zeit abhängig ist. Der beschriebene Algorithmus ist in Algorithmus 1 dargestellt. ■

Algorithmus 1 Erstellung eines Lastprofils $\tilde{L}$

```
t̂ ← random(t1, t2)
t ← 1
for day < 365 do
  for hour < 24 do
    t ← t + 1
    if t >= t̂ then
      L̂ ← random(300, 500)
      L̃(t) ← L̂/2
      L̃(t + 1) ← L̂
      L̃(t + 2) ← L̂
      L̃(t + 3) ← L̂/2
      t ← t + 4
      t̂ ← random(t1, t2)
    else
      L̃(t) ← 0
    end if
  end for
end for
```

In Bild 2.11 sind das Lastprofil $\tilde{L}$ und das Produktionsprofil der Solaranlage $\tilde{P}$ für den Tag 100 dargestellt. Zum besseren visuellen Vergleich wurde die Last durch 10 geteilt. $\tilde{P}$ beginnt mit dem Sonnenaufgang gegen 5:00 Uhr zu steigen. Gegen 12:00 Uhr erreicht die Solarproduktion mit einer Leistung von 78 kW ihr Maximum, gegen 19:00 Uhr ist die Sonne untergegangen. Die Kurve von $\tilde{P}$ ist nicht glatt, sondern hat kleine Spitzen. Das liegt daran, dass Wolken die Einstrahlung kurzzeitig beeinflussen.

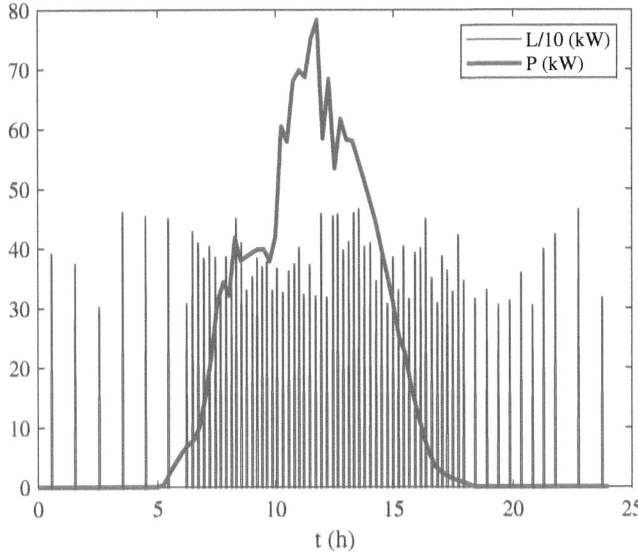

Bild 2.11 Beispiel eines Tagesprofils der Solarleistung $\tilde{P}$ und der Last $\tilde{L}$, zur besseren Vergleichbarkeit wurde die Last durch 10 geteilt.

Das mit dem Algorithmus 1 erzeugte Lastprofil $\tilde{L}$ zeigt zum einen die unterschiedlichen Ladeleistungen. Da der Ladevorgang nur 2 1/2 Minuten dauert, erkennen wir nur eine Reihe von kleinen Spitzen, deren Höhe variiert. Die unterschiedlichen Fahrpläne erkennen wir an den unterschiedlichen Abstände. In der Zeit von 7:00 bis 18:00 Uhr sind die Abstände klein. In der Zeit von 22:00 Uhr bis 7:00 Uhr sind die Abstände groß.

Mit dem Lastprofil $\tilde{L}$ und dem Produktionsprofil $\tilde{P}$ haben wir nun alle Elemente, um einen Jahreszyklus der Ladestation zu simulieren. Das Verfahren ist sehr einfach und im Algorithmus 2 dargestellt. Für jede Minute des Jahres wird aus den Profilen die aktuelle Erzeu-

---

Algorithmus 2 Simulation des Betriebs der Ladestation

Ensure: $0 = \eta_{SS}\, S_S(-\Delta) + \eta_{GS}\, G_S + \eta_{PS}\, P_S - (S_S + S_L + S_G)$
Ensure: $\tilde{P} \le P_G + P_S + P_L$
Ensure: $\tilde{L} \le \eta_{SL}\, S_L + \eta_{PL}\, P_L + \eta_{GL}\, G_L$
Ensure: Begrenzung der Leistungsübertragung für alle Leistungsflüsse
Ensure: Kapazitätsgrenzen $\kappa \in [0, \kappa_{max}]$
  for day < 365 **do**
    for hour < 24 **do**
      for minute < 60 **do**
        $t \leftarrow t+1$
        $P \leftarrow \tilde{P}(t)$
        $L \leftarrow \tilde{L}(t)$
        Bestimme die Leistungsflüsse für $P_L(t), P_S(t), P_G(t), S_G(t), S_L(t), G_L(t), G_S(t), S_S(t)$
      end for
    end for
  end for

---

gung und der Verbrauch ermittelt. Dann wird bestimmt, wie die Leistungsflüsse zu verteilen sind.

Bild 2.12 zeigt ein Beispiel der auf diese Weise berechneten Leistungsflüsse für einen Tag. Für den Betrieb wurde ein kostenoptimiertes Verfahren gewählt, sodass der Leistungsfluss P_G nicht verwendet wird. Die Solarproduktion wird entweder zur Ladung des Speichers $P_S > 0$ oder zur Bedienung der Last $P_L > 0$ verwendet.

In den Zeiten, in denen die Sonne nicht scheint, sehen wir, dass der Speicher zunächst aus dem Netz $G_S > 0$ geladen wird. Tritt eine Last auf, wird der Speicher entladen $S_L > 0$. Wenn

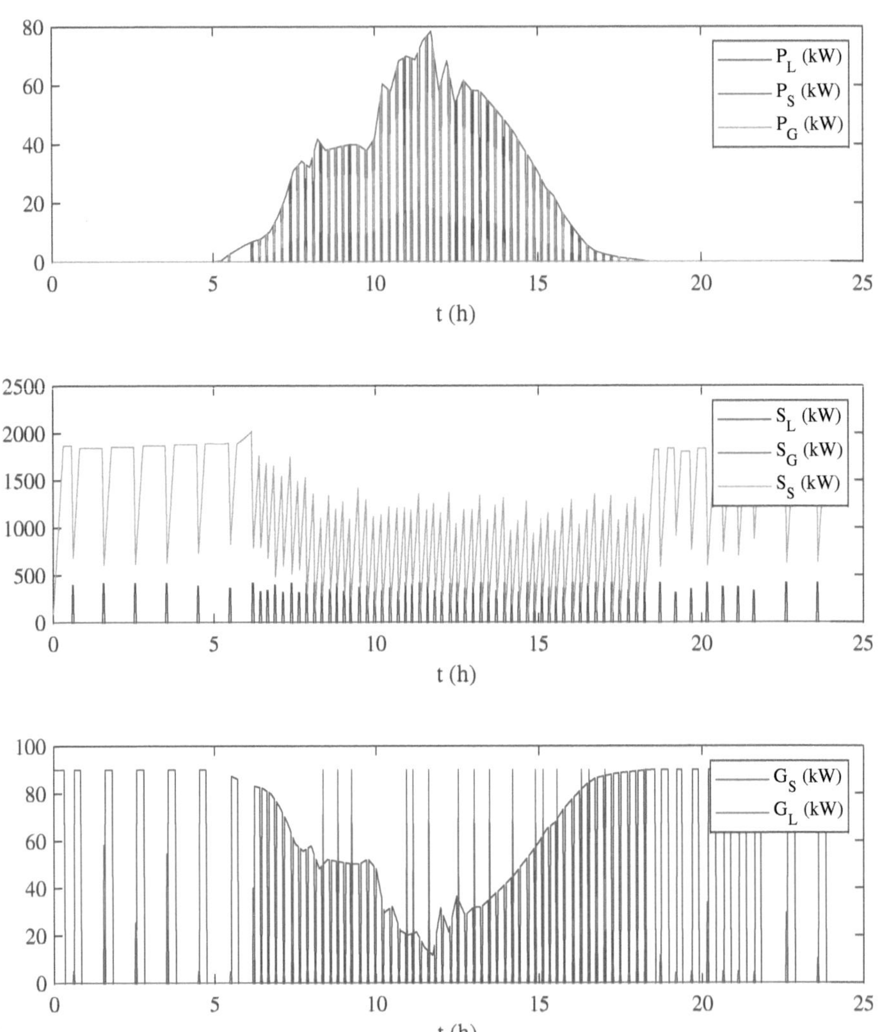

Bild 2.12 Leistungsflüsse für einen ganzen Tag. Es wurde eine kostenoptimierte Betriebsführung mit der Variante 1 als technische Umsetzung berechnet. In diesem Beispiel wurde κ_{min} auf 10 kWh gesetzt.

die Leistung des Speichers nicht ausreicht, unterstützt entweder die Solaranlage P_L oder das Netz G_L den Ladevorgang.

Betrachten wir nun den Leistungsfluss S_S, der mit dem aktuellen Ladezustand des Speichers korreliert. Wie in Bild 2.12 zu sehen ist, wird der Speicher in der Nacht aus dem Netz auf einen Wert von $\kappa_{min} = 10\,\text{kWh}$ geladen. Der Speicher wird jedoch abends nicht entladen. Es wäre daher sinnvoll, den Speicher hier kleiner zu dimensionieren. Wir sehen auch, dass es tagsüber, wenn die Ladeintervalle viel kleiner werden, Situationen gibt, in denen der Speicher leer ist. Das bedeutet aber, dass der Bus nur aus der Solaranlage und dem Netz geladen werden kann, d. h. mit einer maximalen Leistung von $P_L + S_L = 180\,\text{kW}$.

Wir können messen, wie dies geschieht. Dazu müssen wir die für die Ladung aus dem Netz, der Solaranlage und dem Speicher verbrauchte Energiemenge im Verhältnis zum Gesamtbedarf sehen:

$$R = \frac{\int_{t=0}^{t=T} (G_L + S_L + P_L)\,dt}{\int_{t=0}^{t=T} \tilde{L}\,dt} \tag{2.29}$$

Es stellt sich nun die Frage, welche Auswirkung eine Erhöhung von κ_{min} auf R hat. In Bild 2.13 ist R als Funktion von κ_{min} dargestellt. Es wurden sowohl technische Realisierungen als auch Betriebsarten getestet. Die Unterschiede in Bezug auf R sind minimal und treten nur bei kleinen Speichermengen auf.

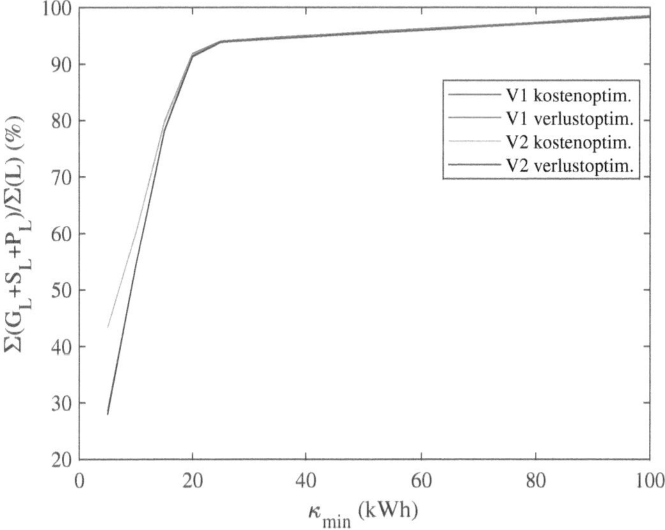

Bild 2.13 Verhältnis zwischen der Energiemenge, die aus dem Netz, der Solaranlage und dem Speicher zum Laden verwendet wird, und der Gesamtenergiemenge, die die Busse insgesamt in Abhängigkeit von κ_{min}, der minimal angeforderten Kapazität, erwarten würden. Das Verhältnis R wurde für beide technische Realisierungen und beide Betriebsführungsmodi ermittelt.

Bis zu einer Speicherkapazität von 25 kWh ändert sich R. Je größer die Speicherkapazität ist, desto größer ist auch R. Wir sehen, dass bereits bei 30 kWh ein R von 95 % erreicht wird. Ein R von 95 % bedeutet, dass im Laufe des Jahres bei 5 % der Ladevorgänge die Batterie des Busses nicht vollständig geladen werden kann. Ab 30 kWh steigt R weiter linear an und erreicht bei 100 kWh ungefähr 98 %.

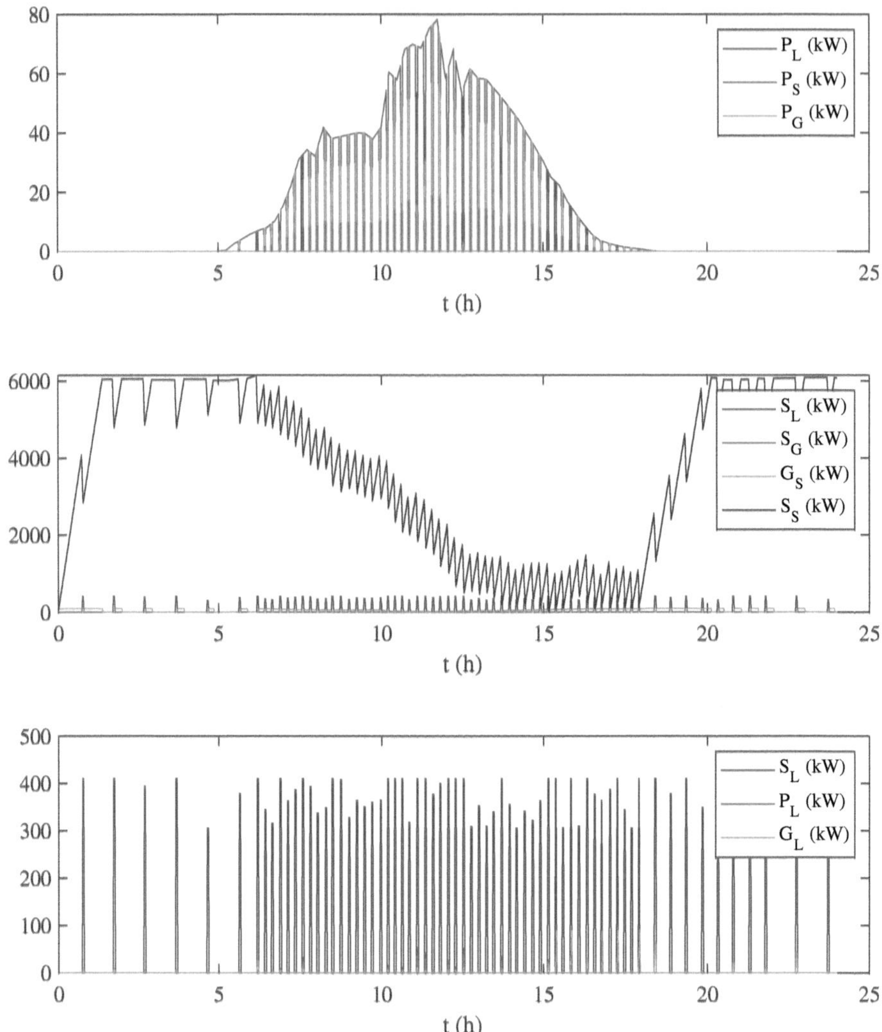

Bild 2.14 Leistungsflüsse für einen ganzen Tag. Es wurde eine kostenoptimierte Betriebsführung mit der Variante 1 als technische Realisierung berechnet. In diesem Beispiel wurde $\kappa_{\min}$ auf 100 kWh gesetzt.

Betrachten wir die Zeitreihe eines Tages bei einem Wert von $\kappa_{\min} = 100\,\text{kWh}$ (Bild 2.14). Unsere Betriebsführung arbeitet so, dass sie zunächst versucht, den Speicher auf einen Wert von $\kappa_{\min}$ zu laden. Leider ist dies nur zu Beginn des Tages oder am Abend möglich, da dann zwischen den Ladeintervallen genügend Zeit zum Laden bleibt. Ab 7:00 Uhr wird der Speicher bei jeder Belastung des Busses weiter entladen, bis der Vorrat gegen 12:00 Uhr erschöpft ist und der Speicher in den kurzen Intervallen nur noch kurzzeitig geladen werden kann. Ab 18:00 Uhr werden die Intervalle wieder länger, und der Speicher schafft es, bis 20:00 Uhr wieder einen Wert von $\kappa_{\min}$ zu erreichen.

Übung 2.17 Der Umgang mit Designwidersprüchen

Wir sind mit einem Designwiderspruch konfrontiert. Die Betriebs- und Investitionskosten hängen von κ_{min} ab. Ein kleiner Speicher wäre billiger als ein großer. Wenn wir jedoch sicherstellen wollen, dass jeder Bus die erforderliche Energiemenge erhält, müssen wir den Speicher sehr groß dimensionieren. Wir zahlen viel Geld, um für ein paar Ladevorgänge gerüstet zu sein. Welche Möglichkeiten gibt es, diesen Widerspruch aufzulösen?

Lösung: Es gibt verschiedene Möglichkeiten, diesen Widerspruch aufzulösen. Ein technisches Problem muss nicht immer durch einen technischen Ansatz gelöst werden. Hier sind einige Ideen:

- Es ist wahrscheinlich, dass der Mangel an Ladeleistung hauptsächlich in den Wintermonaten auftritt. Wir könnten also κ_{min} so konfigurieren, dass in den Wintermonaten mehr aus dem Netz geladen wird.
- Die Solarstromanlage ist für 90 kW Spitzenleistung ausgelegt. Wir könnten die Leistung der Solaranlage vergrößern, sodass tagsüber mehr Solarstrom zur Verfügung steht. Dies hätte den Vorteil, dass Überschüsse in das Netz eingespeist und verkauft werden könnten.
- Ohne Batteriespeicher beträgt die Ladeleistung immer noch $G_L + P_L = 180\,\text{kW}$. Um die gleiche Energiemenge wie mit dem Speicher zu übertragen, benötigen wir 8 Minuten. Wir könnten mit dem Busbetreiber sprechen, ob eine etwas längere Wartezeit oder nur eine Teilaufladung des Busses akzeptiert werden kann. ■

Unabhängig von der Wahl von κ_{min} sind im nächsten Schritt die laufenden Kosten bzw. die auftretenden Verluste zu ermitteln. Wie in Bild 2.13 zu sehen ist, ist R unabhängig von der technischen Realisierung oder der Betriebsführung, d. h. die Technologiewahl kann getroffen werden, ohne eine endgültige Entscheidung über κ_{min} getroffen zu haben.

Zur Ermittlung der Kosten benötigen wir eine Einspeisevergütung $c_{fi} = 0{,}25\,€/\text{kWh}$ und einen Strompreis $c_{gc} = 0{,}31\,€/\text{kWh}$. Die Kosten errechnen sich dann mit:

$$C = \int_{t=0}^{t=T} c_{gc}\,(G_S + G_L) - c_{fi}\,[P_G - (a_{PG} + b_{PG}\,P_G) + (S_G - (a_{SG} + b_{SG}\,S_G))]\,\mathrm{d}t \qquad (2.30)$$

Wir summieren die Leistungsflüsse über die Zeit und gewichten sie mit den Tarifen. Zur besseren Vergleichbarkeit normalisieren wir die Kosten und die Verluste. Die Verluste werden auf die gesamte Ladeleistung bezogen. Die Kosten beziehen sich auf den Referenzfall, bei dem die gesamte Ladeleistung aus dem Netz entnommen und bezahlt werden müsste.

Tabelle 2.5 zeigt die verschiedenen Verluste und Kosten. Vergleicht man die Unterschiede zwischen kostenoptimierter und verlustoptimierter Steuerung, zeigt sich, dass die Unterschiede zwischen kostenoptimierter und verlustoptimierter Steuerung bei Variante 1 gering sind. In Variante 2 sind die Unterschiede deutlich größer. Während in Variante 1 die

Tabelle 2.5 Relative Verluste und relative Kosten für die beiden technischen Varianten und die beiden Betriebsarten (Modus 1 = kostenoptimiert, Modus 2 = verlustoptimiert)

Realisierung	Rel. Verluste Modus 1	Rel. Kosten Modus 1	Rel. Verluste Modus 2	Rel. Kosten Modus 2
Version 1	1,48 %	83,09 %	1,47 %	83,08 %
Version 2	1,35 %	82,93 %	1,21 %	85,74 %

Kostendifferenz 0,01 %-Punkte beträgt, haben wir in Variante 2 eine Differenz von 2,81 %-Punkten. Insgesamt scheint hier die Variante 2 mit kostenoptimierter Betriebsführung die bevorzugte Lösung zu sein. Die Kosten und Verluste sind geringer als bei Variante 1, und die verlustoptimierte Lösung hat deutlich höhere Kosten als die kostenoptimierte Lösung.

In diesem Abschnitt konnten wir zeigen, wie wir mithilfe des Leistungsflussdiagramms und der Berücksichtigung der Verluste zwei verschiedene Realisierungen und Betriebsführungen vergleichen können. Dazu war es notwendig, ein Lastprofil und ein Solarstromprofil zu verwenden und diese in eine numerische Lösung zu integrieren. Die Ergebnisse zeigten uns, dass die Variante 2 mit einer kostenoptimierten Betriebsführung die bevorzugte Realisierung ist. Die Frage, wie groß der Speicher bzw. wie groß κ_{min} gewählt werden muss, ist noch offen. Ein Entscheidungskriterium dafür haben wir leider nicht.

Die bisherige Betrachtung war eine technische. Im nächsten Abschnitt wollen wir uns mit der Frage befassen, wie das Systemdesign aus finanzieller Sicht zu wählen ist. Hierfür benötigen wir die Daten, die wir in diesem Abschnitt ermittelt haben.

2.4 Bewertung von Systemkonzepten unter finanziellen Gesichtspunkten

Energiespeichersysteme sind teuer. Wir brauchen eine Speichertechnologie wie Batterien oder einen Wasserstofftank für eine Brennstoffzelle. Wir brauchen Leistungselektronik und andere elektronische Komponenten. All das kostet. Wir kommen daher nicht umhin, uns Gedanken darüber zu machen, ob die Investition in ein Energiespeichersystem sinnvoll ist.

Die einfachste Art, diese Frage zu beantworten, besteht darin, die Investitionskosten bzw. die Anschaffungskosten mit dem erzielten Mehrwert zu vergleichen. Diese Betrachtung ist uns bei der Anschaffung eines Akkuschraubers oder eines Akkurasenmähers geläufig. Als Kunde betrachten wir den Kaufpreis und setzen ihn in Relation mit dem Nutzen. Wollen wir als Entwickler ein solches System auslegen und danach verkaufen, müssen wir darauf achten, dass der am Markt erzielbare Preis hoch genug ist, um die Herstellungskosten zu decken. Dabei bestehen die Herstellungskosten aus den Materialkosten, den Produktionskosten und den Vertriebskosten.

Eine alternative Form der Wirtschaftlichkeitsbetrachtung ist die Investitionsrechnung. Wir stellen die Anschaffungskosten für das Energiespeichersystem nicht einem qualitativen Nutzen gegenüber, sondern quantifizieren diesen in Form von Geld. Wir betrachten die Anschaffung des Energiespeichersystems also als eine Investition, bei der wir zunächst Geld ausgeben, um ein Energiespeichersystem zu erhalten, und verrechnen diese Ausgaben mit den Einnahmen, die wir mithilfe dieses Systems danach erzielen. Dabei werden alle Zahlungsströme, die während des Lebenszyklus des Systems anfallen, beginnend mit der Anschaffung bis hin zur Wartung und möglichen Rückflüssen, bewertet. In der Energiewirtschaft sind solche Betrachtungen meist obligatorisch, sei es bei der Investitionsentscheidung für ein Pumpspeicherkraftwerk oder bei der Anschaffung eines Batteriespeichersystems für den Primär- und Sekundärregelenergiemarkt [FSK⁺20, AHC⁺13, KB15].

2.4.1 Materialkosten, Produktions- und Produktkosten – Wie die Kosten eines Energiespeichersystems ermittelt werden

Beide Wirtschaftlichkeitsbetrachtungen beginnen damit, dass die Kosten für das Energiespeichersystem ermittelt werden. Hierzu wird eine grobe Einteilung in vier Kostenkategorien vorgenommen: Materialkosten, Herstellungskosten, Produktkosten und Verkaufspreis [Ulr03]. Wir werden die vier Kategorien anhand unserer Ladestation im Detail ermitteln. Dabei werden wir auch sehen, welche Möglichkeiten bestehen, diese Größen zu beeinflussen.

Die gewichtete Stückliste (oder im Englischen costed Bill of Material, BOM) beschreibt die Kosten der Komponenten eines Produktes. Jede Komponente des Energiespeichersystems, jedes Kabel, jede Schraube, jedes Stück Blech, das in dem Gerät verbaut wird, wird aufgelistet und mit einem Preis versehen. In Tabelle 2.6 und Tabelle 2.7 haben wir die verschiedenen Systemkomponenten und ihre Preise zusammengefasst. (Achtung! Die Preise sind grobe Schätzungen und dienen der Veranschaulichung des Verfahrens. Bitte gründen Sie kein Start-up auf Grundlage dieser Preise!) Schauen wir uns nun die Stückliste für die beiden Ausführungen der Ladestation an. Die Ladestation besteht aus einer Reihe von DC/DC- und AC/DC-Wandlereinheiten. Die Anzahl und Dimensionierung hängt von der jeweiligen Ausführung ab. Es gibt eine Vielzahl von technischen Umsetzungen und Modifikationen, wie Version 1 und Version 2 realisiert werden können. In einer ersten Näherung gehen wir davon aus, dass die Kosten mit der Leistung skalieren. So würde ein Wechselrichter, der doppelt so viel Leistung wie ein anderer liefert, die doppelten Materialkosten haben. Dies ist eine berechtigte Annahme, da eine Verdoppelung der Leistung mit einer Verdoppelung des Stroms einhergeht und durch höhere Ströme durch mehr Kupfer und mehr Material übertragen werden muss.

Tabelle 2.6 Stückliste für die Version 1 der beiden Ausführungen der Ladestation. Die Preise sind grobe Schätzungen.

Systemkomponente	Komponente	Preis
Leistungselektronik	Batterieladeregler (11)	24.500 €
	Solarwechselrichter (12)	5.400 €
	Ladestation (13)	30.000 €
Kabel, Stecker undVerbindungselemente	Leistungsverbindungen	2.000 €
	Signalverbindungen	1.000 €
Sicherheitssystem	Batterieschutzschalter	1.200 €
	Sicherungen, Interlock etc.	800 €
Systemsteuerung	Batteriemanagementsystem	200 €
	Energiemanagementsystem	100 €
Mechanische Komponenten	Kühlung	4.000 €
	Gehäuse	2.500 €
Batteriespeicher	Lithium-Ionen-Batterie	9.500 €
Gesamtkosten		81.300 €

Tabelle 2.7 Stückliste für die Version 2 der beiden Ausführungen der Ladestation. Die Preise sind grobe Schätzungen.

Systemkomponente	Komponente	Preis
Leistungselektronik	Gleichrichter (21)	5.400€
	Batterieladeregler (22)	16.400€
	Solarwechselrichter (23)	3.600€
	Ladestation (24)	20.000€
Kabel, Stecker undVerbindungselemente	Leistungsverbindungen	3.000€
	Signalverbindungen	1.540€
Sicherheitssystem	Batterieschutzschalter	1.200€
	Sicherungen, Interlock etc.	1.000€
Systemsteuerung	Batteriemanagementsystem	200€
	Energiemanagementsystem	250€
Mechanische Komponenten	Kühlung	5.000€
	Gehäuse	2.500€
Batteriespeicher	Lithium-Ionen-Batterie	9.500€
Gesamtkosten		69.590€

Für Wechselrichter gehen wir von Kosten in Höhe von 6 ct€/W aus. Für die DC/DC-Wandler betragen die Stücklistenkosten 4 ct€/W. Der Preisunterschied ist darauf zurückzuführen, dass die Wechselrichter mehr Leistungshalbleiter und Filterelemente (Spulen und Kondensatoren) enthalten. Diese sind erforderlich, um die Netzanschlussbedingungen zu erfüllen.

Die Leistungselektronik dient dazu zwischen Gleichstrom und Wechselstrom zu wandeln und den Leistungsfluss zu regeln. Dies ist nur mit der zweiten Gruppe von Systemkomponenten möglich: Kabel, Stecker und Verbindungen. Wir unterscheiden zwischen Leistungsverbindungen, das sind alle Kabel und Verbindungselemente, die eine hohe Leistung transportieren müssen, und Signalverbindungen. Diese Verbindungen werden für den Transport von analogen oder digitalen Signalen verwendet. In Version 1 belaufen sich die Kosten für diese Systemkomponenten auf 3.000€. In Version 2 betragen die Kosten 4.540€. Die Kosten sind in Version 2 höher, da hier insgesamt 4 Komponenten angeschlossen und ihr Zusammenspiel koordiniert werden muss. Daher sind auch mehr Signal- und Stromverbindungen erforderlich.

Da das System große Energiemengen transportieren und speichern soll, ist ein Sicherheitssystem erforderlich, das verschiedene Überwachungs- und Sicherheitsfunktionen umfasst. In Version 1 wird dies weniger komplex sein, da nur 3 Komponenten verwendet werden, die über einen AC-Bus verbunden sind. Die Komponenten sind billiger, da die hier benötigten Sicherheitskomponenten verbreitet sind und in vielen Anwendungen eingesetzt werden. Für die Version 2 sind etwas höhere Kosten zu erwarten, da Hochvolt-Gleichstrombusse nicht so verbreitet sind und mehr Komponenten im System vorhanden sind. Wir nehmen hier an, dass der Preis für diese Komponenten 2.000€ bzw. 2.200€ beträgt.

Die Systemsteuerung ist in zwei Einheiten unterteilt: das Batteriemanagementsystem und das Energiemanagementsystem. Die Aufgabe des Batteriemanagementsystems ist es, den sicheren Betrieb des Speichers zu gewährleisten. Das Energiemanagementsystem hingegen hat die Aufgabe, die Leistungsflüsse zu regeln und mit der Außenwelt zu kommunizieren. Preislich gesehen wird die Systemsteuerung für die beiden Versionen vergleichbar sein. Wir gehen von Kosten in Höhe von 300€ für Version 1 und 450€ für Version 2 aus. Version 2 wird etwas teurer sein, weil mehr Komponenten gesteuert werden müssen und daher mehr Verbindungen und Signale erforderlich sind.

Die Mechanik besteht aus zwei Elementen: dem Kühlsystem und dem Gehäuse. Das Kühlsystem sorgt dafür, dass die Komponenten nicht überhitzen. Das Gehäuse ist für den gesamten mechanischen Aufbau verantwortlich: die Montage der Wechselrichter, die Befestigung der Kabel, die Installation von Berührungsschutz und die mechanischen Schutzmaßnahmen. Für Version 1 betragen die Kosten 6.500€. Für die Version 2 liegen die Kosten mit 7.500€ etwas höher.

Der letzte Punkt ist der Energiespeicher. Unsere Ladestation soll mit einer Lithium-Ionen-Batterie ausgestattet werden. Die Kosten für Lithium-Ionen-Batterien werden in €/kWh gemessen. Wir gehen hier von einem Preis von 95€/kWh aus. Die Speicherkapazität sollte 100kWh betragen. Daraus ergibt sich ein Preis von 9.500€.

Die gesamten Materialkosten betragen somit 81.300€ für Variante 1 und 69.590€ für Variante 2.

Betrachten wir nun die Anteile der verschiedenen Komponenten auf die Gesamtkosten (Bild 2.15). Der größte Anteil der Kosten entfällt auf die Leistungselektronik. In Version 1 machen diese Kosten fast drei Viertel der Materialkosten aus. Die Hauptursache dafür ist, dass jede Komponente der Leistungselektronik mit Filtern ausgestattet ist, die sicherstellen, dass die Netzanschlussbedingungen von jeder Komponente eingehalten werden. In der Version 2 gibt es nur eine Schnittstelle zum Netz. Im Vergleich zu Version 1, die eine Leistung von 500kW hat, ist die Leistung von Version 2 relativ gering, nur 90kW. Da die Netzfilter mit der Leistung skalieren, führt diese Reduzierung der Leistung auch zu einer Senkung des Preises.

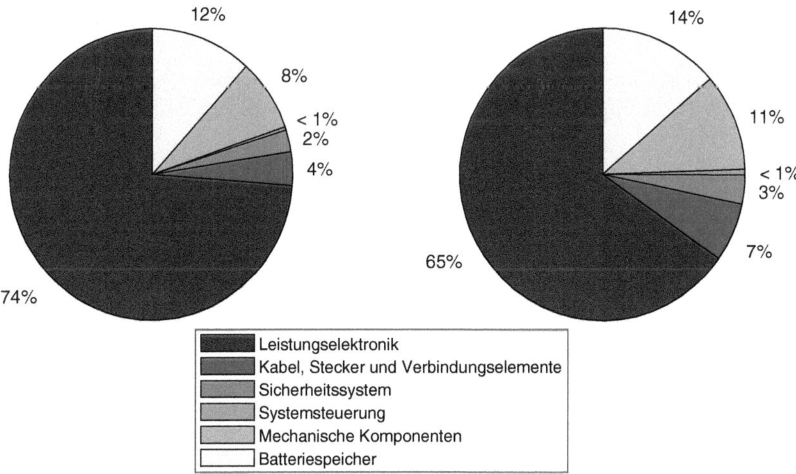

Bild 2.15 Anteil der verschiedenen Komponenten auf die Gesamtkosten für Realisierung Version 1 und Version 2

Die nächste Systemkomponente ist der Speicher. Aber im Vergleich zur Leistungselektronik sind die Kosten für diese Komponente gering. Diese Verteilung ist nicht überraschend. Wir haben ein System gebaut, das eine Leistungsanwendung ist. Der Speicher wird langsam aufgeladen, muss aber in relativ kurzer Zeit eine große Menge an Energie liefern. Die Gesamtmenge der gespeicherten Energie ist im Vergleich zur Leistung gering.

Während die Stücklistenkosten die Kosten für das Material zusammenfassen, fassen die Herstellungskosten die Kosten für den Herstellungsprozess zusammen. Hier werden alle Tätigkeiten für den Bau des Energiespeichersystems zusammengefasst: der Aufbau des Gehäuses, die Montage der einzelnen Komponenten in das Gehäuse, Verbindung der Komponenten usw. Nachdem das Gerät zusammengebaut wurde, müssen Tests durchgeführt werden, damit sichergestellt ist, dass kein fehlerhaftes Gerät zum Kunden geht. Die Kosten für diese und andere Prüfungen, die einzelne Fertigungsschritte überprüfen, gehören ebenfalls zu den Herstellungskosten.

Zu diesen Kosten kommen noch die Materialgemeinkosten und die allgemeinen Gemeinkosten hinzu. Während die oben beschriebenen Kosten direkt bei der Herstellung eines Produktes gemessen und so dem Produkt auch zugeordnet werden können, gibt es im Herstellungsprozess Kosten, die nur schwer direkt dem Produkt zugeordnet werden können. Dies sind zum Beispiel die anteilige Miete der Produktionshalle oder die Kosten für die Lagerhaltung. Natürlich arbeiten die Mitarbeiter im Lager teilweise für die Produktion des Gerätes, denn sie nehmen Komponentenlieferungen an, transportieren diese Komponenten in die definierten Lagerplätze und geben die Komponenten an die Produktion weiter. Diese Aufgaben sind nur schwer zu erfassen. Man fasst sie unter den Begriff Materialgemeinkosten zusammen. Sie werden anteilig zu den Materialkosten, den BOM-Kosten, ermittelt. In unserem Beispiel sind dies 15 % der BOM-Kosten.

Neben den Kosten für das Produkt, die in der Produktionshalle entstehen, entstehen weitere Kosten, die nur schwer jedem einzelnen Herstellungsprozess zugeordnet werden können. Die Kosten für die Erstellung der Rechnungen, die Aktualisierung der Webseite, die Organisation des Zuflusses von Komponenten, die Steuerung der Produktion oder die Suche von neuen Mitarbeitern. Diese Kosten werden als Gemeinkosten bezeichnet und ebenfalls anteilig ermittelt. In unserem Beispiel 10 % zu den Fertigungskosten.

In Tabelle 2.8 sind die Herstellungskosten für beide Varianten aufgelistet. Damit wissen wir ungefähr, was uns die Herstellung unseres Produkts kostet. Als Nächstes müssen wir noch eine Vorstellung bekommen, welchen Preis wir am Markt erzielen können. Die Preisgestaltung des Produkts hängt von verschiedenen Aspekten ab:

- **Was ist der Kunde bereit zu zahlen?** Natürlich muss der Produktpreis so gestaltet werden, dass die Kunden bereit sind, diesen Preis zu zahlen.
- **Wie sollte das Produkt auf dem Markt platziert werden?** Wenn wir unser Produkt im Low-Budget-Segment positionieren, ist es automatisch mit einem Preissegment verbunden. Das Gleiche gilt für Luxusgüter.
- **Wie hoch sind die Ertragserwartungen des Unternehmens?** Ein Unternehmen hat natürlich Erwartungen hinsichtlich des Gewinns, den es mit einem Produkt erzielen möchte. Zum Beispiel möchte das Unternehmen einen Teil seiner Entwicklungskosten durch den Verkauf des Produkts zurückerstattet sehen. Oder es soll ein bestimmter Jahresgewinn erzielt werden. Diese Überlegungen spiegeln sich in den Preisvorgaben für das Verkaufspersonal wider.

Tabelle 2.8 Berechnung der Produktionskosten

Kategorie		Version 1		Version 2	
Montagezeit					
	Gehäusemontage	2h	160€	2h	160€
	Kühlsystem	0,5h	40€	0,75h	60€
	Leistungselektronik	0,5h	40€	0,75h	60€
	Sicherheitssystem	0,25h	20€	0,5h	40€
	Kabel und Verbindungen	1h	80€	1,5h	120€
	Systemsteuerung	0,1h	8€	0,2h	16€
	Einbau der Komponenten	4h	320€	5h	400€
Geräteprüfung					
	Kommunikationstests	0,1h	8€	0,2h	16€
	Leistungstests	0,25h	20€	0,45h	36€
	Funktionstests	0,25h	20€	0,4h	32€
Verpackung					
		0,05h	4€	0,05h	4€
Kosten Gesamtmontage		9h	720€	11,8h	944€
Material-gemeinkosten	15% der BOM-Kosten		12.195€		10.438€
Allgemeine Gemeinkosten	10% der BOM-Kosten inklusive Material-gemeinkosten		10.234,50€		8.793,15€

- **Müssen strategische Zwänge berücksichtigt werden?** Möchte das Unternehmen mit dem neuen Produkt in ein neues Marktsegment eindringen? Möchte das Unternehmen einige Schlüsselkunden gewinnen? Will das Unternehmen einem Konkurrenten einen Marktanteil abnehmen?
- **Soll die Verkaufsabteilung Verhandlungsspielraum haben?** Oft legt das Unternehmen eine Preisspanne fest, die unter dem Listenpreis liegt. Diese Preisdifferenz soll es dem Vertrieb ermöglichen, seinem Verhandlungspartner bei Preisverhandlungen innerhalb eines definierten Rahmens entgegenzukommen.
- **Wie sieht die Vertriebsorganisation aus?** Sind verschiedene Vertriebskanäle am Verkaufsprozess beteiligt, z. B. ein Großhändler und ein Zwischenhändler, haben auch deren Margen Einfluss auf den Verkaufspreis.
- **Wie sicher sind die Lieferantenpreise und damit die Stücklistenkosten?** Es muss natürlich sichergestellt sein, dass Schwankungen bei den Beschaffungspreisen die Rentabilität des Unternehmens nicht gefährden.

- **Gibt es externe Rahmenbedingungen wie z. B. staatliche Vorschriften oder eine besondere wirtschaftliche Situation?** In einigen Ländern gibt es beispielsweise eine Forderung nach *local content*, d. h. ein Teil des Herstellungsprozesses muss in dem Land stattfinden. Andere Länder haben andere oder zusätzliche Normen, die erfüllt werden müssen. Die hierdurch entstehenden Kosten müssen ebenfalls berücksichtigt werden.

Bei einem Produkt wie einem elektrischen Rasenmäher oder einem Laptop basiert die Preisbildung auf den oben dargelegten Überlegungen. Bei Investitionsgütern, d. h. Gütern, die als Investition betrachtet werden, spielen zusätzlich noch die Investitionskosten eine Rolle. In den Investitionskosten sind sowohl die Kosten für das Gut und seine Installation als auch die Betriebskosten enthalten. Im folgenden Abschnitt geben wir eine Einführung in die Investitionskostenrechnung und den Begriff der „Levelised Cost of Energy". Da die Kunden unserer Ladestation Kommunen und Busunternehmen sind, ist es wichtig, die Wirtschaftlichkeit auch unter diesen Gesichtspunkten zu betrachten.

2.4.2 Einführung in die Investitionskostenrechnung

Die Wirtschaftlichkeitsberechnung analysiert die Zahlungsströme einer Investition über den gesamten Lebenszyklus des Produktes, sowohl die Anschaffung als auch die Einnahmen und laufenden Kosten. Unsere Ladestation soll einen Lebenszyklus von zehn Jahren haben. Nach zehn Jahren muss sie demontiert und verschrottet werden. Die Zahlungsströme bestehen in diesem Fall aus drei Gruppen: die Investitionskosten zu Beginn der Beschaffung. Dazu gehören die Produktkosten und die Installationskosten. Dann gibt es die Betriebskosten, denn während der zehn Jahre des aktiven Betriebs fallen Wartungs- und Reparaturkosten an. Die letzte Gruppe sind die Verschrottungskosten, die den Abbau und die Verschrottung der Station beinhalten. Diese Kosten werden mit den Einnahmen verrechnet.

Ausgaben und Einnahmen werden in jedem Jahr addiert, und diese Jahressummen werden entweder zum Zeitpunkt der Investition abgezinst oder am Ende des Lebenszyklus der Investition kumuliert. Bei der Diskontierung wird der Wert des Geldes in den Wert des Geldes zum Zeitpunkt der Investition umgerechnet. Man betrachtet also den Wert der Investition zu Beginn der Investition. Dieser Wert ist der Anfangswert. Bei der Verzinsung wird der Wert des Geldes auf den Wert am Ende der Investition umgerechnet. Dieser Wert ist der Endwert.

Übung 2.18 Berechnung des Anfangswertes und des Endwertes einer Investition

Wir betrachten die folgende Investition: $K = (1.000€, -100€, 10€)$. Der Zinssatz ist $r = 2\%$. Was ist der Anfangswert und was ist der Endwert?

Lösung: Der Ausgangswert N_A ergibt sich:

$$N_A = 1.000€ - 100€ \cdot 1{,}02^{-1} + 10€ \cdot 1{,}02^{-2} = 911{,}57€$$

Der Endwert N_E ergibt sich zu:

$$N_E = 1.000€ \cdot 1{,}02^2 - 100€ \cdot 1{,}02^{-1} + 10€ = 948{,}4€$$

■

Die Betrachtung des Anfangswertes oder des Endwertes wird verwendet, um zwei verschiedene Investitionen miteinander zu vergleichen. Doch welche zwei Investitionen sollen verglichen werden? Dazu muss man sich im Klaren sein, was die jeweilige Nullhypothese ist. Das heißt, zwischen welchen Alternativen der Investor wählen kann. In den meisten Überlegungen ist die Nullhypothese die Investition auf dem Finanzmarkt. Wir vergleichen, wie groß der Wert unserer Investition ist, mit der Frage, wie groß der Wert des Geldes wäre, wenn wir nicht in eine Ladestation investieren, sondern das Geld auf der Bank lassen würden.

Für die Ladestation ist die Nullhypothese nicht die Investition auf dem Finanzmarkt. Als Kommune oder Flottenbetreiber, der den Busverkehr elektrifizieren will, können wir das Geld nicht einfach auf dem Finanzmarkt anlegen und die Busse weiter mit Diesel betreiben. Damit würden wir unseren Auftrag nicht erfüllen. Die Nullhypothese ist die Elektrifizierung der Busflotte mit Ladestationen, die die volle Leistung am Netzanschlusspunkt benötigen und keinen Buffer haben.

Die richtige Nullhypothese finden

Die Wahl der Nullhypothese kann entscheidend sein. Dabei kann die Nullhypothese für denselben Geschäftsvorfall unterschiedlich sein. Nehmen wir an, in einem Geschäft gibt es zwei Fernseher zum Preis von einem („Kaufe einen, bekomme einen gratis“). Wenn wir derzeit keinen Fernseher brauchen, lautet die Nullhypothese, keinen Fernseher zu kaufen. In diesem Fall werden wir nicht zwei Fernsehgeräte kaufen, um den Preis für ein Gerät zu sparen. Die Nullhypothese lautet hier, das Geld auf dem Bankkonto zu lassen.

Aber wenn unser Fernseher gerade kaputt gegangen ist, ändert sich die Nullhypothese. Jetzt stehen wir vor der Alternative, einen Fernseher oder zwei zum Preis von einem zu kaufen und den zweiten Fernseher weiterzuverkaufen. In diesem Fall ist es für uns natürlich vorteilhafter, das Angebot anzunehmen.

Und wenn wir wirklich dringend zwei Fernseher brauchen, wäre die Nullhypothese der Kauf von zwei Geräten. Auch in diesem Fall muss der Angebotspreis mit dem Preis für zwei einzelne Geräte verglichen werden. ■

Um die Investitionen vergleichen zu können, müssen wir diesen einen Wert zuordnen. Der Wert einer Investition über N Perioden wird durch den Net Present Value (NPV) oder Kapitalwert bestimmt:

$$\mathrm{NPV} = \sum_{i=0}^{N} (1+r)^{-i} K_i \tag{2.31}$$

r ist der Zinssatz und K_i ist der Cashflow oder Geldfluss in der Periode i. Es wird ein konstanter Zinssatz angenommen. Der Kapitalwert entspricht der Summe der Zahlungsströme, abgezinst auf die Periode 0. Es handelt sich um eine Anfangswertbetrachtung. Wir können den Anfangswert auch als den Wert einer Investition interpretieren.

Übung 2.19 Vergleich zweier Investitionen mithilfe des NPVs

Es stehen zwei Investitionen zur Auswahl:

$$K_1 = (-1.000\,€, 100\,€, 400\,€, 800\,€)$$

mit $r_1 = 8\,\%$ und

$$K_2 = (-500\,€, 400\,€, 200\,€, 100\,€)$$

mit $r_2 = 10\,\%$. Welche Investition hat einen höheren Nettogegenwartswert?

Lösung: Wir berechnen den Nettogegenwartswert der beiden Investitionen gemäß Gleichung 2.31:

$$\text{NPV}_1 = -1.000\,€ + 1{,}08^{-1} \cdot 100\,€ + 1{,}08^{-2} \cdot 400\,€ + 1{,}08^{-3} \cdot 800\,€ = 70{,}59\,€$$

$$\text{NPV}_2 = -500\,€ + 1{,}1^{-1} \cdot 400\,€ + 1{,}1^{-2} \cdot 200\,€ + 1{,}1^{-3} \cdot 100\,€ = 104{,}06\,€$$

Bei der ersten Investition zahlen wir zu Beginn 1.000 € und erhalten in den darauf folgenden Perioden in Summe 1.300 € zurück. Da die Beträge der späteren Perioden auf den Zeitpunkt der Investition abgezinst werden, entspricht dies einem Betrag von 1.070 €. Die Investition hat einen Anfangswert von 70,59 €.

Bei der zweiten Invesition zahlen wir zu Beginn 500 € und erhalten 700 € zurück. Diese Zuflüsse machen abgezinst einen Betrag von 604 € aus. Die Investition hat einen Anfangswert von 104,60 €.

Der Vergleich von NPV_1 und NPV_2 zeigt, dass die zweite Investition einen höheren Wert hat. Daher sollten wir die zweite Investition wählen. ■

Der Kapitalwert stellt den finanziellen Wert einer Investition zum Zeitpunkt des Investitionsbeginns dar. Dabei werden die zukünftigen Zahlungsströme auf ihren gegenwärtigen Wert abgezinst. Um zwei Investitionen zu vergleichen, genügt es daher, die Werte der Kapitalwerte zu vergleichen. Die Investition mit dem höheren Wert wird als die günstigere Investition angesehen.

Wenn der Cashflow K_i der verschiedenen Perioden ebenfalls konstant ist, vereinfacht sich Gleichung 2.31 zu:

$$\text{NPV} = K_0 \sum_{i=1}^{N} (1+r)^{-i} K_i = K_0 + K_i \frac{(1+r)^N - 1}{(1+r)^N r} = K_0 + \text{AV}(r, N) K_i \qquad (2.32)$$

$\text{AV}(r, N)$ wird als Annuitätswert bezeichnet. Gleichung 2.32 ermöglicht eine analytische Berechnung des Kapitalwerts, hat aber die Anforderung, dass sowohl der Zinssatz als auch der Kapitalfluss konstant gehalten werden müssen.

Übung 2.20 Investition in einen Solarstromspeicher

10.000 € werden für den Kauf eines Solarstromspeichersystems investiert. Die Rendite beträgt 540 €/a über 20 Jahre. Der Zinssatz ist konstant bei 3 %. Wie hoch ist der Annuitätenwert AV gemäß der Gleichung 2.32? Wie hoch ist der Kapitalwert?

Lösung: Wir berechnen zunächst den Annuitätswert für diese Investition:

$$\text{AV}(r, N) = \frac{(1+r)^N - 1}{(1+r)^N r} = \frac{1{,}03^{20} - 1}{0{,}03 \cdot 1{,}03^{20}} = 14{,}877$$

Mit diesem Wert können wir nun den Kapitalwert berechnen:

$$\begin{aligned}\text{NPV} &= K_0 + \text{AV}(r, N) \cdot K_i = -10.000\,€ + 14{,}877 \cdot 540\,€ = -10.000\,€ + 8.033{,}86\,€ \\ &= -1.966{,}16\,€\end{aligned}$$

Wir sehen, dass diese Investition nicht vorteilhaft ist. Wie können wir die Investition anpassen, um dies zu korrigieren? Damit die Investition rentabel ist, muss entweder

- die Investition mindestens 1.966€ billiger werden oder
- der Zinssatz auf etwa 1% fallen oder
- die Rendite auf 672€/a steigen.

Wir wollen nun die Wirtschaftlichkeit unserer Ladestation bestimmen. Die Nullhypothese sei der Ausbau der Netzkapazität, sodass die Ladestation ohne Speicher und ohne Solarstromanlage ausgestattet und der Bus direkt aus dem Netz mit 500kW geladen werden kann.

Übung 2.21 Investitionskosten des Ausbaus der Netzanschlüsse

Wir wollen die Investitionskosten für die Nullhypothese berechnen. Tabelle 2.9 zeigt die Kosten der Systemkomponenten. Die Montagekosten betragen 500€. Die Materialgemeinkosten betragen 15% der Stücklistenkosten. Die allgemeinen Gemeinkosten betragen 10% der Stücklistenkosten plus Montagekosten. Um den Verkaufspreis zu ermitteln, muss zu den Produktionskosten eine Marge von 32% addiert werden. Dies ist der Preis, der für die Investitionsrechnung verwendet wird.

Darüber hinaus müssen die Kosten für den Netzausbau berücksichtigt werden. Diese richten sich nach der Anschlussleistung 15€/kW und der Entfernung zum Netzanschlusspunkt 75€/m.

Wie hoch sind die Investitionskosten für unsere Nullhypothese? Wir gehen von einer durchschnittlichen Entfernung zum Netzanschlusspunkt von 250m aus.

Lösung: Wir summieren die Kosten für die Systemkomponenten aus Tabelle 2.9 und erhalten einen Wert von 35.150€. Somit ergibt sich für die drei abgeleiteten Kostenarten und die Marge:

$$\begin{aligned} \text{Produktionskosten } & 5.273€ \\ \text{Allgemeine Gemeinkosten } & 3.565€ \\ \text{Marge } & 14.076€ \end{aligned}$$

Die Kosten für den Netzausbau belaufen sich auf 75€/m · 250m = 18.750€. Die Gesamtinvestitionskosten betragen somit 76.813€.

Tabelle 2.9 Stücklistenkosten der einfachen Ladestation ohne Energiespeicher

Systemkomponente	Kosten
Leistungselektronik	30.000€
Kabel, Stecker und Verbindungselemente	1.500€
Sicherheitssystem	500€
Systemsteuerung	150€
Mechanische Komponenten	3.000€

Die Erträge Y eines Speichersystems ergeben sich im Allgemeinen aus zwei Teilen: einem Teil, der von den Leistungsflüssen k_i abhängt, und einem, der von den Zuständen der Systemkomponenten k abhängt:

$$Y = \sum_{k=0}^{N} \left(\underbrace{c_k k}_{\substack{\text{Zustandsabhängige} \\ \text{Kosten und Einnahmen}}} + \sum_{i=0}^{N} \underbrace{c_{k_i} \eta_{k_i} k_i}_{\substack{\text{Leistungsflussabhängige} \\ \text{Kosten und Einnahmen}}} \right) \tag{2.33}$$

In Gl. 2.33 werden N Leistungsknoten angenommen. c_k sind die Kosten-/Ertragsfaktoren für die Komponente k. c_{k_i} sind die Kosten-/Ertragsfaktoren für den Leistungsfluss von k zur Komponente i. Wir haben den Zeitindex weggelassen, da wir wissen, dass alle Leistungsflüsse zeitabhängige Eigenschaften haben. Natürlich können auch Tarife zeitabhängig sein.

In unserem Beispiel der Ladestation haben wir bereits Kosten vom Typ c_{k_i} kennengelernt. Dies sind die Stromkosten c_{gc} und der Einspeisetarif c_{fi}. Beide hängen vom Leistungsfluss ab. Die Kosten vom Typ c_k kommen in unserem Beispiel nicht vor. Wir wollen sie aber einführen, um auch den Fall zu berücksichtigen, dass die Speicherkapazität manchmal nicht ausreicht, um den Bus vollständig zu laden (Bild 2.13).

Nach langen Verhandlungen mit dem Verteilnetzbetreiber und der Gemeinde haben wir folgende Lösung für den Betrieb der Ladestation gefunden: Es ist möglich, die Leistung für eine kurze Zeit sehr stark zu erhöhen. Dieser erhöhte Stromverbrauch kostet aber extra. Wir haben somit einen leistungsflussabhängigen Tarif c_{G}:

$$c_{\text{G}} = \begin{cases} 0 & G_{\text{S}} + G_{\text{L}} - (S_{\text{G}} + P_{\text{G}}) <= 90\,\text{kW} \\ 0{,}95\,€/\text{kWh} & G_{\text{S}} + G_{\text{L}} - (S_{\text{G}} + P_{\text{G}}) > 90\,\text{kW} \end{cases} \tag{2.34}$$

Um die Wirtschaftlichkeit der Nullhypothese mit der Realisierung der Ladestation zu vergleichen, müssen wir neben den Investitionskosten auch die Betriebskosten ermitteln. Tabelle 2.10 zeigt die kumulierten Energiemengen für die Nullhypothese und die verschiedenen Realisierungen und Betriebsarten, die sich im Laufe eines Jahres ergeben. Aus diesen Daten können die Betriebskosten berechnet werden.

Tabelle 2.10 Jährliche Energiemengen, die über die verschiedenen Leistungsflüsse transportiert werden. Darüber hinaus wurde in cum. $G > 90\,\text{kW}$ die jährliche Energiemenge ermittelt, bei der die Leistungsübertragung den Netzknoten mit mehr als 90 kW belastet hat.

Version	kum. P_{L} (kWh)	kum. P_{G} (kWh)	kum. P_{S} (kWh)	kum. S_{G} (kWh)	kum. S_{L} (kWh)	kum. G_{S} (kWh)	kum. G_{L} (kWh)	kum $G > 90\,\text{kW}$ (kWh)
Nullhypothese	0	0	0	0	0	0	469.604	469.604
Version 1 Mode 1	3.785	13.953	65.669	0	457.451	397.985	14.331	397.985
Version 1 Mode 2	3.785	79.622	0	0	457.451	462.220	14.331	445.879
Version 2 Mode 1	3.785	13.953	65.669	0	457.451	397.968	13.430	397.968
Version 2 Mode 2	3.785	79.622	0	0	457.451	462.206	13.430	445.868

Übung 2.22 Bestimmung der Betriebskosten der Ladestation

Auf der Grundlage der Daten aus Tabelle 2.10 wollen wir die Betriebskosten berechnen. Dabei wird der in Gl. 2.34 angegebene Preis und der ausgehandelte Preis für kurzfristige Spitzenlast berücksichtigt. Der Einspeisetarif beträgt $c_{\text{fi}} = 0{,}25\,€/\text{kWh}$ und der Netzbezug $c_{\text{gc}} = 0{,}31\,€/\text{kWh}$. Es ist zu beachten, dass im Fall einer Spitzenlast der Strom zweimal abgerechnet wird: einmal über den Strompreis und einmal über die Zusatzkosten für den Bezug einer Spitzenlast.

Lösung: Die Erträge und Aufwendungen ergeben sich aus:

$$Y_{\text{fi}} = c_{\text{fi}} \cdot \int_{t=0}^{T} (P_{\text{G}} + S_{\text{G}})\,\text{d}t$$

$$Y_{\text{gc}} = c_{\text{fi}} \cdot \int_{t=0}^{T} (G_{\text{L}} + G_{\text{S}})\,\text{d}t$$

$$Y_{\text{Peak}} = c_{\text{fi}} \cdot \int_{t=0}^{T} F_{\text{Peak}}\,\text{d}t$$

Für die Spitzenlast gilt:

$$F_{\text{Peak}} = \begin{cases} 0 & G_{\text{S}} + G_{\text{L}} - (S_{\text{G}} + P_{\text{G}}) <= 90\,\text{kW} \\ 0{,}95\,€/\text{kWh} & G_{\text{S}} + G_{\text{L}} - (S_{\text{G}} + P_{\text{G}}) > 90\,\text{kW} \end{cases}$$

Tabelle 2.11 zeigt Ein- und Ausgaben. Das resultierende Einkommen ergibt sich dann zu:

$$Y = Y_{\text{fi}} - \left(Y_{\text{gc}} + Y_{\text{Peak}}\right)$$

■

Tabelle 2.11 Betriebskosten der verschiedenen Realisierungen

Realisierung	Y_{fi} (€)	Y_{gc} (€)	Y_{Peak} (€)	Y (€)
Nullhypothese	0€	117.401€	466.123€	−563.524€
Version 1 Mode 1	3.488€	103.079€	378.085€	−477.676€
Version 1 Mode 2	19.905€	199.138€	433.085€	−532.318€
Version 2 Mode 1	3.488€	102.849€	378.069€	−477.431€
Version 2 Mode 2	19.905€	118.909€	423.575€	−522.579€

Betrachtet man die Betriebskosten, die wir in Tabelle 2.11 ermittelt haben, sehen wir, dass der kostenoptimierte Betrieb einen deutlichen Vorteil gegenüber dem verlustoptimierten Betrieb hat. Im Vergleich zur Nullhypothese sind beide Betriebsarten günstiger, aber der Kostenvorteil ist bei der kostenoptimierten Betriebsart größer.

Wir wollen nun den Levelised Cost of Energy (LCOE) für die verschiedenen Realisierungen ermitteln. Der LCOE ergibt sich aus dem Kapitalwert und der benötigten Energiemenge:

$$\text{LCOE} = \frac{\text{Gesamtenergiemenge}}{\text{Kapitalwert}} \tag{2.35}$$

$$= \frac{\int_{t=0}^{T} \tilde{L}_i\,\text{d}t}{\sum_{i=0}^{T} (1+r)^{-i}\, Y_i} \tag{2.36}$$

Tabelle 2.12 NPV für die verschiedenen Realisierungen und die Nullhypothese. Die Tabelle zeigt auch die Abzinsungsfaktoren, die für die verschiedenen Jahre gelten, sowie die abgezinsten Kosten des jeweiligen Jahres.

	Jahr	0	1	2	3	4	5	6	7	8	9
	$(1+r)^i$; $r = 1\,\%$	1	0,99	0,98	0,97	0,96	0,95	0,94	0,93	0,92	0,91
	$(1+r_{gc})^i$; $r_{gc} = 2\,\%$	1	1,02	1,04	1,06	1,08	1,10	1,12	1,14	1,17	1,19
NPV											
Null-hypothese	5.893 €	563.525 €	569.104 €	574.739 €	580.429 €	586.176 €	591.980 €	597.841 €	603.760 €	609.738 €	615.775 €
Version 1 Mode 1	4.998 €	477.677 €	482.475 €	487.321 €	492.213 €	497.154 €	502.142 €	507.180 €	512.266 €	517.403 €	522.589 €
Version 1 Mode 2	5.584 €	532.318 €	537.983 €	543.700 €	549.469 €	555.292 €	561.169 €	567.100 €	573.086 €	579.128 €	585.226 €
Version 2 Mode 1	4.995 €	477.431 €	482.227 €	487.070 €	491.961 €	496.898 €	501.885 €	506.919 €	512.004 €	517.137 €	522.321 €
Version 2 Mode 2	5.482 €	522.579 €	528.147 €	533.767 €	539.438 €	545.162 €	550.938 €	556.768 €	562.652 €	568.590 €	574.584 €

Dabei entspricht $\tilde{L}_i$ dem Lastprofil im Jahr i und Y_i der Ertrag bzw. die Kosten in der Periode i. r ist der Marktzinssatz. Um den LCOE für unsere Ladestation zu berechnen, müssen wir noch zwei Aspekte berücksichtigen. Erstens haben wir die Kosten für die Solaranlage noch nicht berücksichtigt. Diese betragen 90.000 €. Außerdem haben wir die Stromkosten bisher als festen Betrag betrachtet. Es ist jedoch davon auszugehen, dass die Stromkosten im Laufe der Zeit steigen werden. Wir nehmen daher an, dass die Stromkosten in jeder Periode um r_{gc} ansteigen.

Der Kapitalwert der Ladestation ist somit gegeben durch:

$$\mathrm{NPV} = \sum_{i=0}^{T} (1+r)^{-i} \left(Y_{\mathrm{fi}} - (1+r_{\mathrm{gc}})(Y_{\mathrm{gc}} + Y_{\mathrm{Peak}}\right) \tag{2.37}$$

In Tabelle 2.12 wurde der NPV für die verschiedenen Realisierungen und die Nullhypothese ermittelt. Zusätzlich sind die diskontierten Kosten für die verschiedenen Perioden dargestellt. Die Diskontierungsfaktoren $(1+r)^i$ und $(1+r_{gc})^i$ sind ebenfalls angegeben. Um zwei Investitionen miteinander vergleichen zu können, muss nur der Kapitalwert verglichen werden. Der Kapitalwert stellt den Wert einer Investition zum Zeitpunkt der Investition, d. h. im Jahr 0, dar. Wir bewerten die verschiedenen Realisierungen und Betriebsarten der Differenz zur Nullhypothese, ΔNPV. Die Werte sind in Tabelle 2.13 abgebildet. Je höher der Wert von ΔNPV ist, desto günstiger ist die Investition. Wir sehen, dass Betriebsart 1, die kostenoptimierte Betriebsart, in der Tat erhebliche Vorteile gegenüber der verlustoptimierten Betriebsart hat. Es ist auch zu erkennen, dass die Variante 2, die Realisierung mithilfe eines Gleichstrombussystems, im Vergleich zur Wechselstrombusvariante vorteilhafter ist.

Tabelle 2.13 LOCE und NPV der verschiedenen Realisierungen und der Nullhypothese. Es wurde ein Marktzinssatz von $r = 1\,\%$ und eine jährliche Preissteigerung der Stromkosten von $r_{gc} = 2\,\%$ über einen Zeitraum von 10 Jahren angenommen.

Realisierung	ΔNPV (€)	LCOE (€/kWh)
Nullhypothese		1,27
Version 1 Mode 1	672.536	1,11
Version 1 Mode 2	86.486	1,23
Version 2 Mode 1	694.130	1,10
Version 2 Mode 2	207.359	1,21

In Tabelle 2.13 sind auch Werte für die LOCE angegeben. Wir können die LCOE als den durchschnittlichen Strompreis interpretieren. Wenn wir als Busbetreiber nicht in eine batteriegestützte Ladestation investieren wollen, müssten wir für jede Ladung durchschnittlich 1,27 €/kWh bezahlen. Bei Variante 2 mit einem kostenoptimierten Betrieb würden wir 1,10 €/kWh bezahlen.

Mit der Berechnung der Wirtschaftlichkeit, genauer gesagt mit dem Vergleich der verschiedenen Realisierungen mit der Nullhypothese, haben wir alle Schritte zur Auslegung eines Energiespeichersystems durchgeführt und abgeschlossen. Wir können nun eine Auswahl treffen, die sowohl die technischen als auch die wirtschaftlichen Aspekte berücksichtigt.

Parametervariationen und Parametersweeps

Wir haben in unserer Analyse lediglich vier verschiedene Realisierungen angeschaut. Dabei haben wir nur die Topologie und die Betriebsführung geändert. Wir haben aber keine Analyse darüber durchgeführt, wie robust unsere Ergebnisse sind. Gerade bei dem relativ kleinen Abstand zwischen Version 1, Mode 1, und Version 2, Mode 1, könnte es durchaus sein, dass eine kleine Änderung in der Zinsentwicklung oder eine höhere Effizienz einer Komponente die Reihenfolge ändert.

Solche Fragestellungen werden mithilfe einer Parametervariation oder einem Parametersweep geprüft. Diese Techniken werden immer dann angewandt, wenn ein Modell verschiedene Parameter enthält, deren Wert nicht eindeutig definiert ist. Dabei wird die Berechnung mit verschiedenen alternativen Parameterwerten wiederholt, um zu sehen, ob es Parameterwerte gibt, an denen die Entscheidung revidiert werden muss. Diese Methode wird auch für technischen Parameter wie Leistungsklassen und Speicherkapazität durchgeführt. Da beide Parameter sowohl Einfluss auf die Erträge als auch auf die Investitionskosten haben, wird hier viel Zeit in die Anlagenplanung investiert. Der Fokus liegt dabei auf der Abwägung von technischer Leistung und Kosten gegenüber den Erträgen [LPW08, Bad07, WTBQ16, SK13]

2.5 Zusammenfassung

In diesem Kapitel haben wir die grundlegenden Methoden für die Beschreibung und Auslegung von Speichersystemen kennengelernt. Das Kernelement ist die Beschreibung eines Speichersystems im Leistungsflussdiagramm. Dieses Diagramm beschreibt die Leistungsflüsse, die bei der Anwendung des Speichersystems auftreten. Es ist unabhängig von der späteren Realisierung und ermöglicht auch die Beschreibung verschiedener Betriebsarten. Anhand einer batteriegestützten Ladestation für Busse haben wir die Anwendung dieses Werkzeugs simuliert. Dabei haben wir die verschiedenen Schritte und das dazugehörige Rezept kennengelernt:

Ermitteln der technischen Anforderungen: Der erste Schritt ist die Ermittlung der technischen Anforderungen an das Gesamtsystem. Dabei werden die Anforderungen aus der Sicht des Benutzers beschrieben. Zusätzliche Anforderungen, die sich aus der Wahl der Technologie ergeben, werden erst in einem späteren Schritt berücksichtigt.

Erstellung des Leistungsflussdiagramms: Wir erstellen nun das Leistungsflussdiagramm und seine Gleichungen.

Identifikation der technischen Realisierungen und Berechnung der Übertragungsverluste: Wir ermitteln, welche technischen Realisierungen für das System geeignet sind, und bestimmen die Übertragungsverluste aus den Komponentenverlusten. Da die technischen Lösungen weitere Anforderungen an die Leistungsflüsse oder die Betriebsführung haben können, sollten diese gesammelt und in die Anforderungsliste aufgenommen werden.

Bestimmen der Betriebsführungsstrategien: Anhand des Leistungsflussdiagramms legen wir die Betriebsführungsstrategien fest, die wir bei der Systemauslegung berücksichtigen wollen.

Festlegen der Nullhypothese: Für die Bewertung der Investition muss die Nullhypothese bestimmt werden. Diese stellt die Investitionskosten und -erträge dar, die entstehen, wenn der Investor nicht handelt. Nach der Bestimmung der Nullhypothese kann es notwendig sein, diese als spezielle Realisierung und Operation zu beschreiben und in den Pool der zu untersuchenden Realisierungen aufzunehmen.

Beschaffung der Last- und Produktionsprofile: Wir beschaffen Last- und Produktionsprofile, die hoffentlich repräsentativ für die Nutzung des Systems sind. Wenn keine gemessenen Profile verfügbar sind, kann ein generiertes Profil eine Lösung sein.

Ertragssimulationen der verschiedenen Realisierungen und Operationen: Mithilfe von Last- und Produktionsprofilen werden nun die Erträge für die verschiedenen Realisierungen und Betriebsweisen berechnet. Auch der Speicherbedarf sollte variiert werden, da dieser in der Regel einer der größten Kostenposten bei den Investitionskosten ist.

Berechnung der Investitionskosten: Die Investitionskosten müssen für die verschiedenen Umsetzungen berechnet werden. Dazu müssen sowohl die Produktkosten als auch die Installationskosten und sonstige Kosten zusammengestellt werden.

Wirtschaftlichkeitsberechnung: Aus den Investitionskosten und den jährlichen Erträgen kann nun die Rentabilität ermittelt werden. Für die Rentabilitätsberechnung muss eine Annahme über die Entwicklung der Zinssätze getroffen werden. Als Entscheidungskriterium können die Differenzen in NPV oder LCOE verwendet werden.

Damit ist unser Werkzeugkasten für die Auslegung von Speichersystemen gut gefüllt. Allerdings benötigen wir noch ein weiteres Werkzeug, das in Kapitel 3 vorgestellt wird: das Anforderungsmanagement und Systemdesign. In diesem Kapitel haben wir bereits gesehen, wie wichtig eine Analyse der Anforderungen ist und wie diese Anforderungen den Entwurf des Systems beeinflussen. Das nächste Kapitel wird uns weitere Werkzeuge zur leichteren Lösung dieser Aufgabe zur Verfügung stellen.

3 Einführung in die Anforderungsanalyse und den Systementwurf

3.1 Einführung

In Kapitel 2 haben wir das Leistungsflussdiagramm eingeführt. Es reduziert die Komplexität in der Funktionsbeschreibung und ermöglicht eine Beschreibung, die von den technischen Details abstrahiert. Auf diese Weise können Speichersysteme auf technologieunabhängige Weise beschrieben werden. Dies ermöglicht es, sich auf den funktionalen und strukturellen Kern zu konzentrieren. In diesem Kapitel wird nun ein weiteres Werkzeug vorgestellt, das wir zur Beschreibung eines Energiespeichersystems benötigen.

Im letzten Kapitel hatten wir von technischen Anforderungen und Realisierungen gesprochen. Die technischen Anforderungen beschrieben das erwartete Verhalten des Systems in sprachlicher Form. Sie führten zu Randbedingungen, die wir in der Realisierung zu beachten hatten. Doch war die Dokumentation nicht strukturiert und vermutlich auch nicht vollständig. In diesem Kapitel zeigen wir, wie Anforderungen systematischer erfasst und beschrieben werden können. Wir folgen dabei den Konzepten des *Systems Engineering* [Del13, FMS14].

Eine Ansammlung von Anforderungen allein hilft uns aber noch nicht bei der Entwicklung eines Energiespeichersystems. Wir müssen auch sicherstellen, dass diese Anforderungen auch erfüllt werden. Wie wir gesehen hatten, gibt es beim Systemdesign eine Reihe von Lösungen und Umsetzungen, und die Kunst besteht darin, eine sinnvolle Realisierung zu finden, die verschiedene Designwidersprüche auflöst. Um diese Aufgabe strukturiert anzugehen, unterteilen wir das Energiespeichersystem in Komponenten. Wir schauen dann, welche Komponenten für die Realisierung einzelner Anforderungen verantwortlich sind. Diese zu beschreiben ist die Aufgabe der Spezifikation, die in diesem Kapitel auf der Systemebene vorgenommen wird.

Wir konnten den Wert einer strukturierten und technologieunabhängigen Analyse in Kapitel 2 leicht erkennen. Indem wir unserem Rezept folgten, konnten wir ein Systemdesign auswählen, das nicht nur die technischen, sondern auch die wirtschaftlichen Anforderungen erfüllte. In ähnlicher Weise sind die Werkzeuge, die wir in diesem Kapitel kennenlernen werden, von großem Nutzen und Stand der Technik bei modernen Entwicklungsprozessen.

3.2 Anforderungen und Komponenten

Wenn wir ein Gerät öffnen und ins Innere schauen, sehen wir eine Vielzahl von Teilen: Leiterplatten, Spulen und Kondensatoren, Kabel und Stecker, Schrauben und Muttern, Rohre und Schläuche und vieles mehr. Nichts, was sich in einem solchen Gerät befindet, ist ohne Grund da. Jedes Teil hat seine Aufgabe, seinen Nutzen, seinen Zweck. Manche Teile erfüllen ihre Aufgabe nur im Zusammenspiel mit anderen Teilen. Andere Teile erledigen ihre Aufgabe unabhängig oder sind sogar mit der Überwachung der Funktion andere Teile beauftragt. Diese Teile können aus Hardware, aber auch aus Software bestehen. Wir bezeichnen diese Teile als Systemkomponenten, Komponenten oder einfach Blöcke.

In diesem Abschnitt sprechen wir über Systeme. Ein System kann ein Gerät sein, es kann aber auch eine Summe von Geräten sein. Für uns ist ein System zunächst einfach etwas, das eine Reihe von Aufgaben hat, die es lösen soll. Um diese Aufgaben zu erfüllen, besteht das System aus Komponenten, die die Aufgabe haben, diese Aufgaben teilweise oder vollständig zu lösen. Bei der Festlegung eines Systemdesigns besteht die Aufgabe darin, die geeigneten Komponenten zu identifizieren und die Aufgaben so zu verteilen, dass keine Aufgaben unerledigt bleiben und keine Komponente nutzlos ist.

Es gibt verschiedene Beziehungen zwischen Komponenten. Ihre Benennung hilft, das System besser zu strukturieren. Eine Komponente kann eine Verallgemeinerung einer anderen Komponente sein. Zum Beispiel ist ein Elektromotor eine Verallgemeinerung eines Gleichstrommotors oder eines Wechselstrommotors. Beide lassen sich von der allgemeineren Komponente Elektromotor ableiten. Synchron- und Asynchronmotoren werden ebenfalls als Spezialisierungen vom Wechselstrommotor abgeleitet. In Bild 3.1 wird diese Situation grafisch dargestellt. Wir nennen ein solches Diagramm ein Blockdiagramm. Es erlaubt Aussagen über die Beziehungen zwischen den Komponenten. Wenn wir Komponenten aus bestehenden Komponenten ableiten wollen, können wir die Spezialisierung verwenden. So können wir die Funktion einer Komponente erweitern. Nehmen wir an, wir wollen einen Akkuschrauber entwickeln, der mit einem neuen Batterietyp ausgestattet ist. Am Akkuschrauber wollen wir nichts ändern, die Batterien passen auch in die bestehende Me-

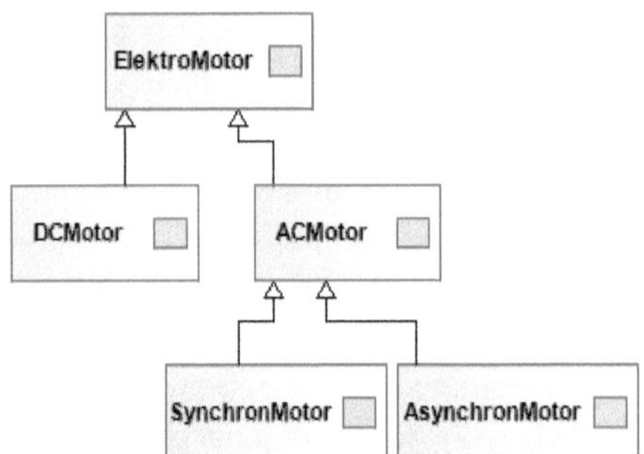

Bild 3.1 Grafische Beschreibung der Spezialisierungen von Komponenten. Elektromotoren (`ElektroMotor`) werden in zwei Gruppen unterteilt: Gleichstrommotoren (`DCMotor`) und Wechselstrommotoren (`ACMotor`). Zusätzlich werden die Wechselstrommotoren in Synchron- und Asynchronmotoren unterteilt (`SynchronMotor`, `AsynchronMotor`).

chanik. Allerdings soll eine Überwachungsschaltung um eine Funktion erweitert werden. In diesem Fall würde dies durch eine solche Beziehung dargestellt werden. Der neue Überwachungskreis ist eine Spezialisierung des alten.

Der Nutzen von Generalisierung und Spezialisierung

Was ist der praktische Nutzen einer Generalisierung oder Spezialisierung? Ist es nicht trotzdem ein neues Bauteil? Wozu diese Diagramme?

Die in Bild 3.1 verwendete Darstellung kommt ursprünglich aus der Softwareentwicklung. Es handelt sich um ein SYSML-Diagramm, was eine Erweiterung des UML-Diagramms darstellt. UML bedeutet Unified Modeling Languages und wurde in den 80er Jahren des letzten Jahrhunderts entwickelt, um Software sprachlich besser erfassen zu können [Kle11, Fow04]. Später hat man erkannt, dass diese Sprache auch bei der Beschreibung von komplexen Hardware- und Softwaresystemen helfen kann, und es wurde SYSML entwickelt [Del13, FMS14].

In der Softwareentwicklung werden Generalisierungen und Spezialisierungen direkt im Code umgesetzt. Wer objektorientiert programmieren kann, kennt diese Methodik. Bei Hardware erscheint dies zunächst nicht so naheliegend zu sein. Dennoch ist die in Bild 3.1 gewählte Darstellung auch von praktischem Nutzen. Da sich sowohl ein Synchronmotor als auch ein Asynchronmotor aus einem Wechselstrommotor ableiten lässt, bedeutet dies, dass beide Motoren ähnliche Komponenten mit ähnlichen Funktionen haben. Wir können dies in der Produktion, im Einkauf und auch bei der Erstellung der Dokumentation nutzen und so Zeit und Arbeit sparen.

Und da in vielen Herstellprozessen mittlerweile der Fertigungsprozess durch Software beschrieben und gesteuert wird, ist die Grenze zwischen Soft- und Hardware immer fließender geworden. Die Schaltungen und das Layout einer Platine wird nur in Software beschrieben, und die Platine wird dann von Maschinen bestückt und verlötet. ■

Komponenten können aus anderen Komponenten bestehen. Nehmen wir das Beispiel eines Asynchronmotors. Dieser besteht aus einem Stator und einem Rotor. Da der Stator und der Rotor Komponenten sind, die nur im Asynchronmotor vorkommen und nicht unabhängig sind, spricht man von einer Aggregation. In Bild 3.2 wird dies durch einen Pfeil mit einer Raute dargestellt. An diesen Pfeil sind Zahlen angehängt. Diese stellen die Kardinalität dar. Sie gibt an, wie viele Komponenten vorhanden sind. Da eine Asynchronmaschine nur einen Stator und einen Rotor hat, wird am Ende des Pfeils eine 1 angezeigt. Umgekehrt können jeweils nur ein Stator und ein Rotor in einen Motor eingebaut werden, sodass auch auf der Motorseite eine 1 eingetragen ist.

Rotor und Stator enthalten eine Kupferwicklung. Die Beziehung zwischen der Kupferwicklung und dem Rotor bzw. Stator ist ebenfalls eine Aggregation mit einer Kardinalität von 1 in beiden Richtungen. Die Kupferwicklung erscheint nur einmal im Diagramm. Die Pfeile des Rotors und des Stators zeigen auf denselben Block. Dies ist so zu verstehen, dass sie beide eine Kupferwicklung benötigen. Das Diagramm ist nicht so zu verstehen, dass sie beide dieselbe Kupferwicklung verwenden.

Jeder Asynchronmotor hat auch einen Anschlusskasten. In diesem Anschlusskasten sind die Leistungsanschlüsse für die Installation des Motors gesammelt und leicht zugänglich. In Bild 3.2 haben wir keinen Aggregationspfeil verwendet, sondern eine einfache Linie. Diese steht für eine „Assoziation“. Während die Aggregation eine „besteht aus“-Beziehung darstellt, repräsentiert die Assoziation eine „hat“-Beziehung. Beide Komponenten können gut

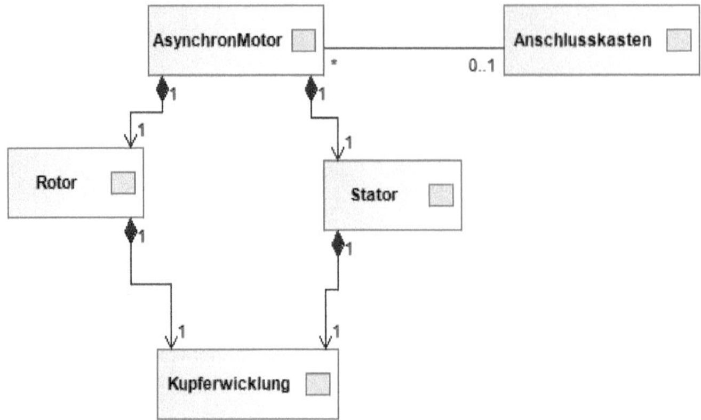

Bild 3.2 Grafische Beschreibung einer Aggregation und eines Zusammenhangs zwischen verschiedenen Komponenten. Ein Asynchronmotor besteht aus einem Rotor und einem Stator, die beide aus Kupferwicklungen bestehen. Dies wird als Aggregation bezeichnet. Die Beziehung zwischen dem Anschlusskasten und dem Motor ist eine Assoziation. Beide Komponenten können auch ohne die jeweils andere existieren.

ohne einander auskommen. Es gibt Elektromotoren, die keinen Anschlusskasten haben, und umgekehrt gibt es Anschlusskästen, die überhaupt keine Verbindung zu einem Elektromotor haben. Diese unterschiedliche Art der Beziehung spiegelt sich auch in der Kardinalität wider. Ein Asynchronmotor hat keinen oder nur einen Anschlusskasten. Er ist jedoch nie an mehr als einen Anschlusskasten angeschlossen. Daher ist der Anschlusskasten mit „0..1" gekennzeichnet. Ein Anschlusskasten kann die Anschlüsse von mehreren Asynchronmotoren zusammenfassen. Die Anzahl ist beliebig, sie wird durch „*" dargestellt.

Assoziationen und Aggregationen

Auch Assoziation und Aggregation haben ihren Ursprung in der UML. In der Programmierung kann man Assoziation und Aggregation direkt in Code übersetzen. In Hardware ist dies nicht gegeben. Wenn ich einen Elektromotor baue, dann muss ich einen realen Anschlusskasten nehmen und entscheiden, für wie viele Motoren dieser Kabelverschraubungen, Stromschienen und Anschlussstellen vorsehen soll. Der „*" wird immer eine konkrete Ausprägung haben.

An dieser Stelle wird die SysML also etwas unkonkreter. Wir werden im weiteren Verlauf des Buches aber eine Reihe von Systemdiagrammen von Energiespeichersystemen sehen und erkennen, dass diese Form der Beschreibung es uns erlaubt, übersichtlich und allgemein Systeme zu beschreiben. Die Blockdiagramme, die wir in Bild 3.1 und Bild 3.2 verwendet haben, liefern einen guten Überblick über alle Komponenten und deren Beziehungen zueinander.

Komponenten haben Aufgaben innerhalb eines Systems. Woher kommen diese Aufgaben? Die Aufgaben ergeben sich aus dem, was jemand mit einem System tun möchte. Eine Komponente kann dafür verantwortlich sein, dass ein System bestimmte Eigenschaften hat. Da wir nicht zwischen „Aufgaben" und „Eigenschaften" unterscheiden wollen, werden wir im

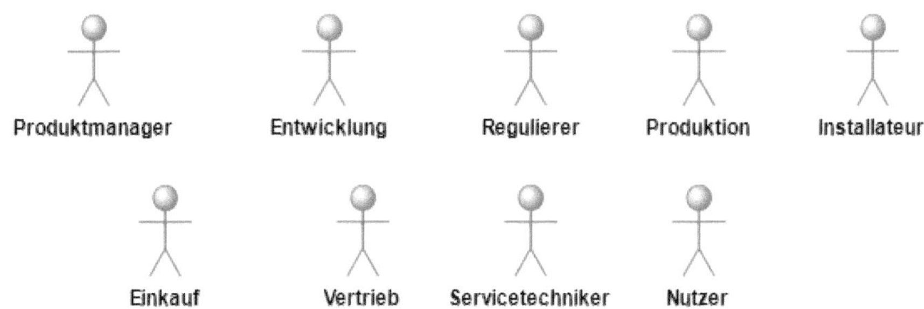

Bild 3.3 Eine Sammlung von Akteuren, die Anforderungen an einen Asynchronmotor haben können

Folgenden nur von Anforderungen sprechen. Aufgaben werden dabei oft als funktionale Anforderungen und Eigenschaften als nicht-funktionale Anforderungen beschrieben.

Um ein System zu entwickeln, ist es empfehlenswert, mit allen Personen zu sprechen, die Anforderungen an das System haben. In Bild 3.3 sind einige dieser Personen, Rollen oder Organisationen dargestellt. Wir sprechen von Akteuren. Die Akteure haben sehr unterschiedliche Interessen und dementsprechend auch unterschiedliche Anforderungen und Erwartungen an das System. Hier ist eine kurze Beschreibung einiger Akteure:

- **Produktmanager:** Der Produktmanager ist für die Festlegung der Merkmale des Produkts verantwortlich. Er sammelt die Anforderungen von verschiedenen Personen, vom Markt und von verschiedenen Abteilungen. Manchmal ist er auch für eine große Anzahl von Produkten verantwortlich, die als Produktportfolio bezeichnet wird.
- **Entwicklung:** Die Entwicklung besteht aus Personen, die innerhalb des Unternehmens für die Realisierung des Systems verantwortlich ist. Diese Gruppe umfasst unter anderem die Elektronik, das System Engineering, die Softwareentwicklung und die Konstruktion.
- **Regulierer:** In der Regel gibt es nicht nur technische Anforderungen, sondern auch normative und regulatorische Anforderungen. Der Regulierer steht hier für jene Akteure, die Normen und Standards definieren, die ein System erfüllen muss.
- **Produktion:** Dieser Akteur vertritt all jene Personen, die in der Produktion Anforderungen formulieren. Dies betrifft z. B. die Herstellbarkeit eines Produktes oder die für die Produktion verwendeten Materialien.
- **Einkauf:** Der Einkauf ist verantwortlich für die Beschaffung des Materials, aus dem das System gebaut werden soll. Der Einkauf hat daher Anforderungen an die Beschaffbarkeit der Materialien, deren Preise und die Auswahl der Lieferanten.
- **Vertrieb:** Die Vertriebsabteilung will das System verkaufen. Sie hat daher Anforderungen an den Verkaufspreis, die Verfügbarkeit, die Lieferzeiten und die Wettbewerbsfähigkeit des Systems.
- **Installateur:** Der Installateur installiert das System beim Kunden vor Ort. Er wird daher Anforderungen an die zu verwendenden Werkzeuge, den Installationsprozess und die Handhabung des Systems stellen.

- **Servicetechniker:** Sobald das System installiert ist, wird der Servicetechniker gerufen, wenn das System nicht mehr funktioniert. Er wird daher Anforderungen an die Zugänglichkeit defekter Teile oder die Fehlerdiagnose haben.
- **Nutzer:** Der Nutzer fasst alle Akteure zusammen, die mit dem System während seines Lebenszyklus arbeiten wollen. Er ist die Quelle für die meisten funktionalen, aber auch für die nicht-funktionalen Anforderungen.

All diese Akteure haben unterschiedliche, sich auch widersprechende Anforderungen an das System, die man erfassen sollte. Es ist sinnvoll, ein einheitliches Format für die Formulierung der Anforderungen zu wählen:

`ALS <Akteur>, MÖCHTE <Beschreibung> SODASS <Ziel>`

Diese Formulierung strukturiert das Was, Warum und von Wem. Dass eine solche Formulierung sinnvoll ist, lässt sich an dem folgenden Beispiel zeigen. Nehmen wir an, dass wir als Entwicklungsingenieur auf die folgende Anforderung stoßen:

`Die Heckscheibe des Autos soll einem direkten Fahrtwind von 100 km/h standhalten können.`

Da wir wissen, dass unser Fahrzeug lediglich mit einer Geschwindigkeit von 10 km/h rückwärts fahren kann, erscheint uns diese Anforderung unsinnig. Warum sollte die Heckscheibe eines Autos so konstruiert sein, dass sie beim Rückwärtsfahren dem Luftstrom einer Fahrgeschwindigkeit von 100 km/h standhält?

Bevor wir diese Anforderung aus den Spezifikationen streichen, sollten wir hier eine andere Formulierung verwenden:

`ALS Leiter der Transportabteilung MÖCHTE ICH, dass die Heckscheibe des Wagens einem direkten Fahrwind von 100 km/h standhält, SODASS wir auch Autos mit dem Zug verschicken können, bei denen sie mit dem Heck in Fahrtrichtung des Zuges transportiert werden.`

Nun wird klar, warum wir diese Forderung besser nicht streichen sollten.

Übung 3.1 Erstellung von Anforderungen

In Bild 3.3 haben wir die verschiedenen Akteure kennengelernt. Was könnten die Anforderungen dieser Akteure an einen Asynchronmotor sein?

Lösung: Es gibt viele mögliche Anforderungen, die an einen Motor gestellt werden können. Hier ist eine kleine Auswahl an Möglichkeiten:

- `ALS Produktmanager MÖCHTE ICH ein maximales Gewicht von 5kg, SODASS eine Person den Motor tragen kann.`
- `ALS Produktmanager MÖCHTE ICH, dass der Motor eine Motorleistung von 250kW hat, SODASS der Motor als Antrieb für einen LKW dienen kann.`
- `ALS Entwicklungsingenieur MÖCHTE ICH den Rotor des Vorgängermodells verwenden, SODASS die Entwicklungszeit kürzer ist.`
- `ALS Entwicklungsingenieur MÖCHTE ICH die neue Wickelmaschine verwenden, SODASS die Wicklungen genauer positioniert werden können.`
- `ALS Regulierer MÖCHTE ICH, dass der Wirkungsgrad des Motors größer als 95% ist, SODASS damit der` CO_2`-Fußabdruck des Antriebssystems geringer ist.`

- `ALS Regulierer MÖCHTE ICH, dass Warnschilder deutlich angebracht werden, SODASS jeder, der mit dem Motor arbeitet, die Gefahren erkennt.`
- `ALS Produktion MÖCHTE ICH, dass nur zwei Arten von Schrauben verwendet werden, SODASS weniger unterschiedliche Materialien gelagert werden müssen.`
- `ALS Produktion MÖCHTE ICH, dass der Motor innerhalb von 10 Minuten zusammengebaut wird, SODASS wir 46 Motoren in einer Schicht herstellen können.`
- `ALS Vertrieb, MÖCHTE ICH ein grünes Gehäuse SODASS auf Messen jeder Kunde unsere Motoren sofort erkennt.`
- `ALS Vertrieb MÖCHTE ICH einen Verkaufspreis von 4.500€, SODASS wir einen Preisvorteil gegenüber den Mitbewerbern haben.`
- `ALS Installateur MÖCHTE ICH Handgriffe am Chassis haben, SODASS ich den Motor leicht anheben und montieren kann.`
- `ALS Installateur MÖCHTE ICH einen leicht zugänglichen Anschlusskasten, SODASS ich alle Verbindungen schnell herstellen kann.`
- `ALS Servicetechniker MÖCHTE ICH eine Diagnoseschnittstelle SODASS ich die Motordaten sofort vor Ort mit meinem Service-PC auslesen kann.`
- `ALS Servicetechniker MÖCHTE ICH eine modulare Bauweise, SODASS ich Teile leicht austauschen kann.`
- `ALS Nutzer, MÖCHTE ICH einen niedrigen Geräuschpegel SODASS ich keine lärmreduzierenden Schutzmaßnahmen ergreifen muss.`
- `ALS Nutzer MÖCHTE ICH ein hohes Drehmoment auch bei niedriger Batteriespannung, SODASS ich den Motor auch mit kleineren Batterien verwenden kann.`

■

Ähnlich wie Komponenten können auch Anforderungen miteinander in Beziehung gesetzt werden. Bild 3.4 zeigt ein solches Beispiel. Der Regulierer verlangt vom Motor einen bestimmten Wirkungsgrad. Dieser Wirkungsgrad ist durch ein Gesetz vorgegeben. Der Produktmanager verallgemeinert diese Anforderung, indem er verlangt, dass der Motor mehr als die gesetzliche Anforderung erfüllen soll. Der Motor soll nämlich den höheren Wirkungsgrad für alle Standardanwendungen gewährleisten. Dieser Zusammenhang wird durch den Verallgemeinerungspfeil dargestellt. Diese Verallgemeinerung beinhaltet auch die Anforderung, dass der Wirkungsgrad im dynamischen Betrieb den höheren Wirkungsgrad hat. Diese Anforderung ist nicht Teil der gesetzlichen Norm, war aber immer in den Lastenheften der Organisation enthalten, und der Produktmanager hat diese Anforderung noch einmal aufgeschrieben, macht aber deutlich, dass diese Anforderung Teil der allgemeineren Anforderung ist. Daher ist diese Anforderung mit einem Pfeil gekennzeichnet.

Außerdem gibt es jetzt eine Anforderung aus dem Vertrieb. Sie wollen, dass Effizienz vor allem in den Anwendungen der Meier GmbH, einem ihrer größten Kunden, vorhanden ist. Da diese Anforderungen nicht zu den Standardanforderungen gehört, erweitert diese Anforderung die ursprüngliche. Dies wird durch einen «`extend`»-Pfeil dargestellt.

Wir werden die Methodik an einem einfachen Speichersystem, einem Akkuschrauber, anwenden. In Bild 3.5 ist eine Explosionszeichnung dargestellt. Wir werden die wichtigsten Komponenten identifizieren und zeigen, für welche Anforderungen sie verwendet werden.

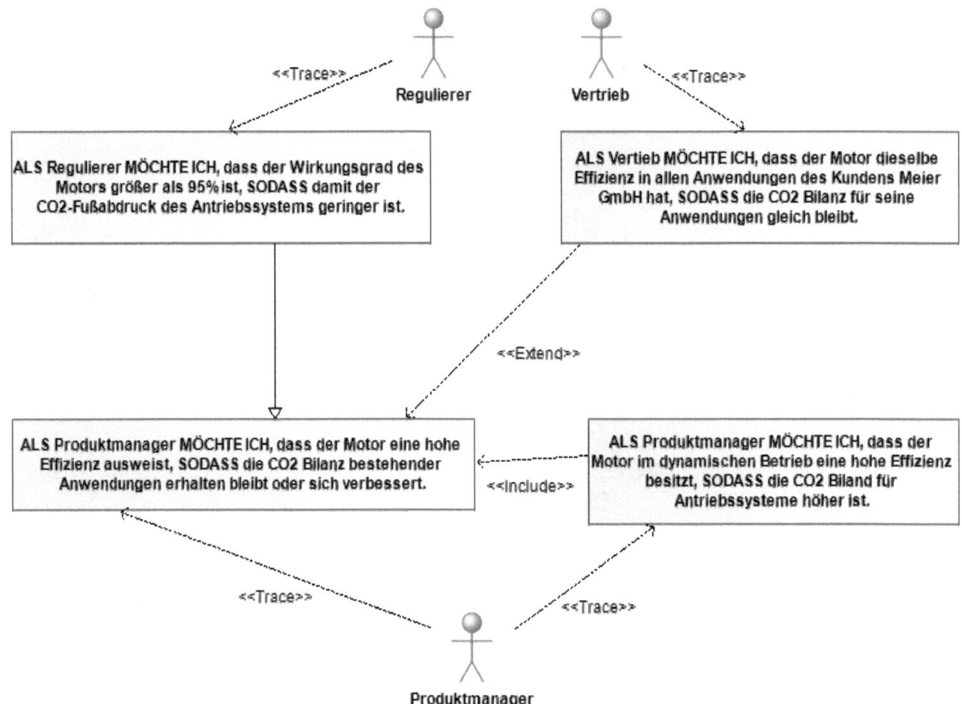

Bild 3.4 Darstellung der Beziehung von Anforderungen zueinander und deren Beziehung zu Akteuren. Anforderungen können, ebenso wie Komponenten, aus allgemeineren Anforderungen abgeleitet und spezialisiert werden. Darüber hinaus besteht auch die Möglichkeit, dass eine Anforderung eine andere Anforderung erweitert oder enthält. Für die Nachvollziehbarkeit werden Anforderungen und Akteure durch eine Trace-Beziehung verknüpft.

Übung 3.2 Identifizierung von Komponenten

Betrachtet man Bild 3.5, so lassen sich verschiedene Komponenten, mit und ohne Softwareanteil, zusammenfassen. Einige Komponenten haben wir bereits aus dem vorherigen Kapitel kennengelernt. Welche Komponenten aus Bild 3.5 sind den folgenden Komponenten zuzuordnen?

- Mechanik
- Lagerung
- Mechanischer Antrieb
- Betriebssteuerung
- Benutzeroberfläche

Lösung: In dieser Übung müssen wir nur die verschiedenen Teile aus Bild 3.5 sammeln und sie den Komponenten zuordnen.

- Mechanik: 1–6
- Lagerung: 91
- Mechanischer Antrieb: 802,30,45,25
- Betriebssteuerung: 4
- Benutzeroberfläche: 4,5,60

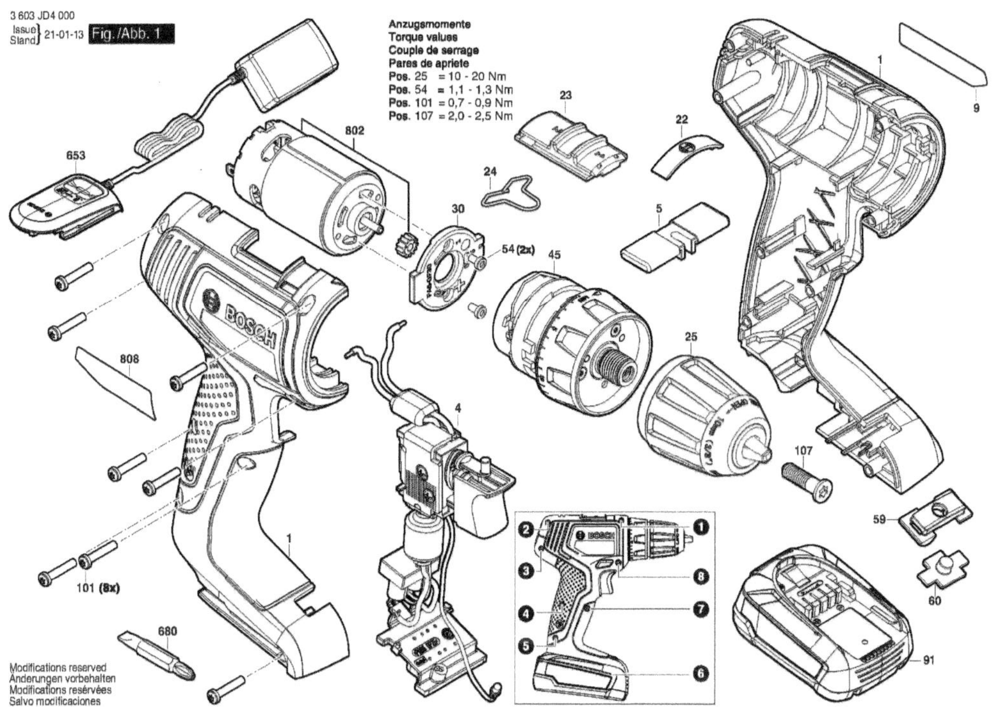

Bild 3.5 Explosionszeichnung eines Akkuschraubers (Foto: Bosch, Copyright: Robert Bosch Power Tools GmbH, Leinfelden-Echterdingen)

Die Wahl der Komponenten und ihrer Beziehung zueinander ist nicht immer eindeutig. Sonst würden alle Akkuschrauber aus den gleichen Komponenten bestehen. In Bild 3.6 ist eine mögliche Aufteilung der Komponenten dargestellt. Ein Akkuschrauber hat genau ein Gehäuse und einen Antriebsstrang. Der Antriebsstrang besteht aus einer rotierenden Achse, einem Antriebsmotor und eventuell einem Getriebe. Wir gehen davon aus, dass wir einen Gleichstrommotor einbauen wollen, also können wir diese Komponente direkt als solche benennen. Da ein Schrauber nicht immer mit einem Getriebe ausgestattet sein muss, haben wir die Kardinalität 0..1 eingetragen.

Für die Energieversorgung benötigen wir einen Speicher. Dieser besteht aus einer Reihe von Batteriezellen. Die Kardinalität ist mit 1..* gekennzeichnet, da wir in der Anzahl der Batteriezellen grundsätzlich frei sind, aber mindestens eine Zelle vorhanden sein muss.

Wir haben die Betriebssteuerung als eigenständige Komponente benannt. Diese Komponente besteht aus Sensoren, Mikrocontrollern und Software. Die Anzahl der Mikrocontroller und Sensoren kann beliebig sein. Aus Kostengründen wollen wir natürlich die Anzahl begrenzen. Die Software, auch wenn sie auf verschiedenen Mikrocontrollern verteilt ist, wird hier als eine Komponente modelliert.

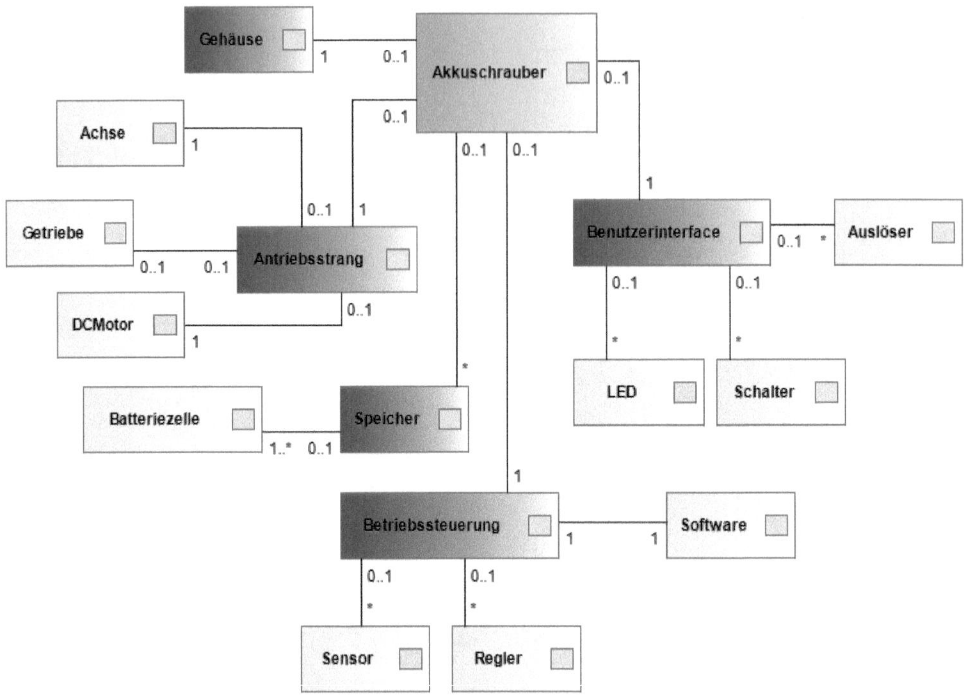

Bild 3.6 Komponenten eines Akkuschraubers. Das Gesamtsystem ist grau markiert, das ist die erste Systemebene. Die Komponenten der zweiten Ebene sind markiert.

Betrachtet man Bild 3.6, so kann man drei Systemebenen erkennen. Die erste Systemebene ist das Gerät selbst: der Akkuschrauber. Das ist die Ebene, die jemand sieht, wenn er den Akkuschrauber auf seinem Tisch liegen hat. Die zweite Systemebene sind die grob zusammengefassten Komponenten: Gehäuse, Antrieb, Speicher, Bedienelemente und Benutzeroberfläche. Diese zweite Systemebene ist die Ebene, die jemand sieht, wenn er das Gerät aufgeschraubt hat. Die letzte Ebene sind die Teile, aus denen sich die Elemente der zweiten Systemebene zusammensetzen. Diese hierarchische Struktur hilft, das System zu analysieren. Zu Beginn kann man sich auf die erste und zweite Ebene konzentrieren und erst bei der detaillierteren Umsetzung tiefere Ebenen einbeziehen.

Stellen wir nun einige Anforderungen an einen elektrischen Schraubenzieher zusammen:

- **R1** ALS Nutzer MÖCHTE ICH, dass der Schraubendreher mindestens vier Stunden lang im Dauerbetrieb arbeiten kann, SODASS man ihn erst in der Mittagspause oder bei Arbeitsende aufladen muss.
- **R2** ALS Nutzer MÖCHTE ICH, dass der Schraubendreher auch einen Bohraufsatz hat, SODASS ich mit dem Schraubendreher Löcher bohren kann und kein weiteres Werkzeug mitnehmen muss.
- **R3** ALS Produktmanager MÖCHTE ICH, dass das Akkumodul auch zu anderen Werkzeugen unserer Werkzeugserie passt, SODASS wir keine neue Produktionslinie eröffnen müssen und der Kunde die gleichen Akkumodule für alle Werkzeuge verwenden kann.

- **R4** ALS Nutzer MÖCHTE ICH die Akkumodule meines Akkubohrers verwenden können, SODASS ich nur ein Ladegerät und einen Akkutyp mitnehmen muss.
- **R5** ALS Regulator MÖCHTE ICH, dass die Batteriezellen überwacht werden, SODASS bei einem Defekt der Zelle keine Gefahr für Leib und Leben des Benutzers besteht.
- **R6** ALS Entwicklung MÖCHTE ICH, dass die Batteriemodule unsere Standardüberwachungskomponenten verwenden, SODASS wir keine Neuentwicklung mit neuer Zertifizierung haben.
- **R7** ALS Nutzer MÖCHTE ICH über einen Schalter, den ich mit dem Daumen erreichen kann, zwischen Rein- und Rausdrehen einer Schraube wählen können, SODASS ich zwischen diesen Modi wechseln kann, ohne den Schrauber abzusetzen.
- **R8** ALS Nutzer MÖCHTE ICH den Ladezustand meiner Batterie kennen, SODASS ich immer weiß, wie lange ich den Schraubendreher noch benutzen kann, bevor ich ihn wieder aufladen muss.

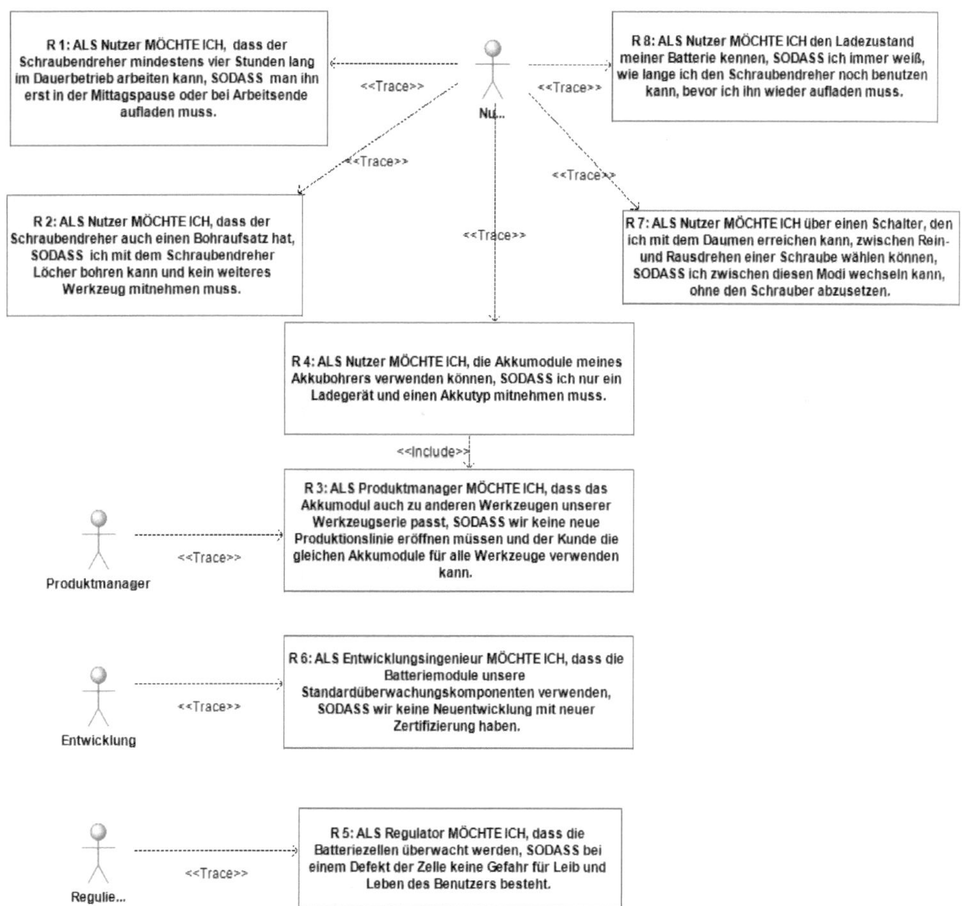

Bild 3.7 Anforderungen an den Akkuschrauber und ihre Beziehungen zu den Akteuren

In Bild 3.7 werden die Anforderungen abgebildet. Die Stakeholder der einzelnen Anforderungen sind ebenfalls dargestellt und über eine «Trace»-Beziehung mit den Anforderungen verknüpft. **R4** ist in **R3** enthalten. Daher gibt es hier eine weitere «include»-Beziehung.

Eine Liste der Anforderungen aufzustellen, ist sehr wichtig. Denn so können wir später überprüfen, ob wir alle Anforderungen erfüllt haben. Durch die Verwendung des beschriebenen Formats wird das Lesen und Nachschlagen erleichtert. Doch das Auflisten der Anforderungen und Komponenten allein bringt noch keinen großen Mehrwert für den Systementwurf. Denn wir haben somit nur zwei Listen, deren Inhalt nicht zueinander in Bezug

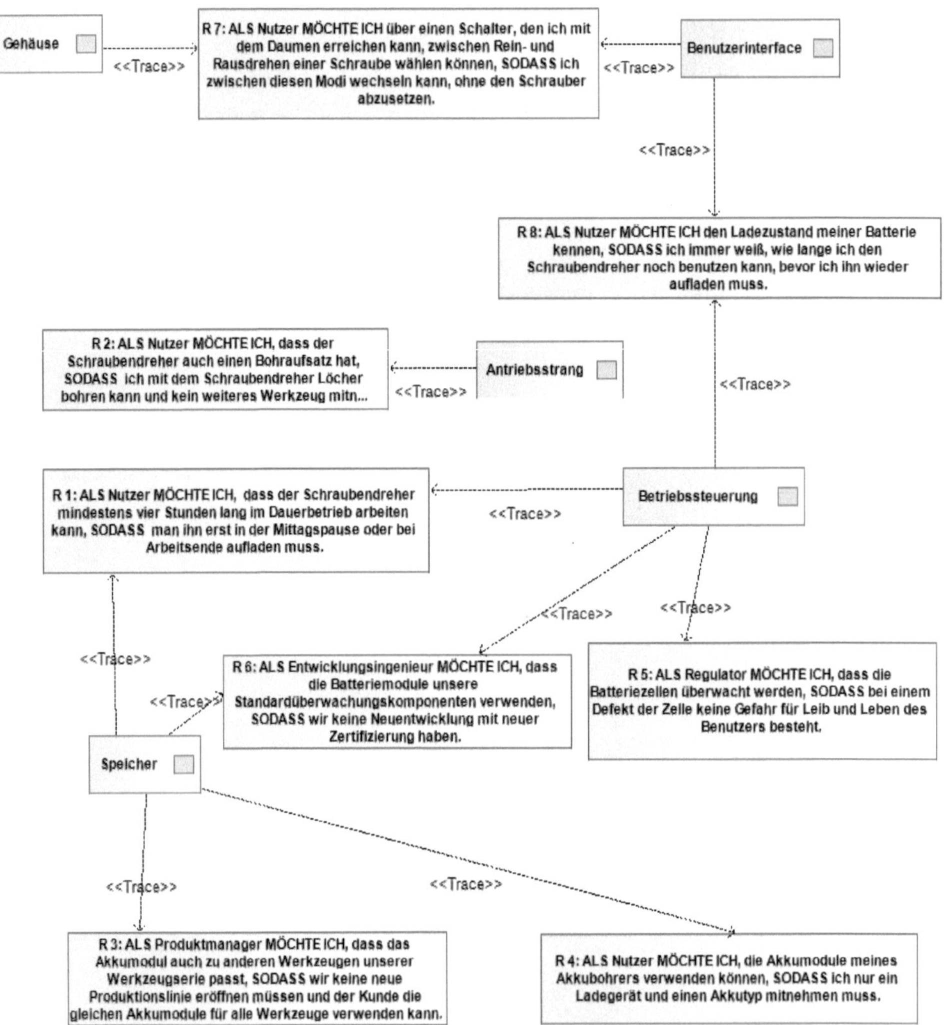

Bild 3.8 Komponenten und Anforderungen für den elektrischen Schraubenzieher. Die Komponenten sind mit einigen Anforderungen über eine «Trace»-Beziehung verbunden. Das bedeutet, dass sie für die Erfüllung der Anforderung verantwortlich sind.

gesetzt werden. Genau diese Beziehung ist es, die für das Systemdesign wichtig ist. Denn wir müssen uns die Frage stellen, wie wir sicherstellen, dass alle Anforderungen tatsächlich umgesetzt werden. Und wir müssen ebenso sicherstellen, dass es in unserem System keine unnötigen Komponenten gibt. Um dies zu gewährleisten, schauen wir zunächst, welche Komponenten welche Anforderungen umsetzen können. Oder anders ausgedrückt, welche Komponenten für die Realisierung einer Anforderung verantwortlich sind. In Bild 3.8 sind diese Verantwortlichkeiten dargestellt.

Für die Möglichkeit, einen Schraubenzieher in eine Bohrmaschine zu verwandeln (**R 2**), ist die Mechanik zuständig, genauer gesagt die Komponente `Antriebsstrang`. Das `Benutzerinterface` ist für alles zuständig, was die Mensch-Maschine-Interaktion betrifft, d. h. die Anforderung, mit dem Daumen zwischen Rein- und Rausschrauben wechseln zu können (**R 7**) oder den Ladezustand anzuzeigen (**R 8**). Im Fall des Ladezustands kann das `Benutzerinterface` dies natürlich nicht allein leisten; hier ist die `Betriebssteuerung` mitverantwortlich und daher auch über eine «`Trace`»-Beziehung mit der Anforderung **R 8** verbunden.

Die `Betriebssteuerung` ist darüber hinaus mit einer Reihe von weiteren Anforderungen verbunden. Zum einen ist sie für die Sicherheitsüberwachung **R 5** und **R 6** zuständig, zum anderen besteht die Anforderung, dass eine lange Nutzung möglichst sein soll **R 1**. Diese Forderung kann vom `Speicher` in Zusammenarbeit mit der `Betriebsführung` umgesetzt werden.

Für den `Speicher` gibt es zusätzliche Anforderungen. **R 3** und **R 4** sind konstruktive Anforderungen, die die mechanischen, aber auch die elektrischen Schnittstellen des `Speichers` betreffen. **R 6**, die Forderung nach der Wiederverwendung eines bereits vorhandenen Moduls, ist natürlich auch eine Anforderung, die der `Speicher` erfüllen muss.

Mit dieser Aufteilung der Verantwortlichkeiten haben wir mehrere Dinge erreicht: Zum einen können wir Komponenten identifizieren, die unnötig sind. Eine Komponente, die keine Aufgabe hat, muss nicht Teil eines Systems sein. Zum anderen haben wir nun auch die Testbarkeit sichergestellt, denn um eine Anforderung zu überprüfen, müssen wir nur noch prüfen, ob die Komponenten, die diese Verantwortung haben, auch die Anforderung erfüllen. Das erleichtert die Fehlerdiagnose und sichert die Qualität.

Übersichtlichkeit von Blockdiagrammen

Die Darstellung in Bild 3.8 stößt bei komplexeren und größeren Systemen an ihre Grenzen. Man verwendet dann Diagramme, die Teilaspekte des Gesamtsystems und deren Anforderungen abdecken. Ein bewährtes Verfahren ist die thematische Gruppierung von Anforderungen. Dabei werden die Anforderungen in Themenbereiche gegliedert und dann die Komponenten und deren Verantwortlichkeiten den Anforderungen zugeordnet.

Es gibt auch sehr gute Programme, die die Verwaltung von Anforderungen, Komponenten und deren Beziehung zueinander übernehmen. Wenn beispielsweise eine Komponente in verschiedenen Diagrammen mit Anforderungen verknüpft wird, werden diese Beziehungen gesammelt und können abgerufen und dargestellt werden. ■

Sinnvollerweise prüft man, ob alle Anforderungen auch einer Komponente zugeordnet sind und dass keine Komponente ohne Anforderung im System existiert. Für diese Übersicht ist die Requirement Traceability Matrix (RTM) ein hilfreiches Werkzeug. In Tabelle 3.1 ist diese für den Akkuschrauber dargestellt.

Tabelle 3.1 Requirement Traceability Matrix für den Akkuschrauber

	R 1	R 2	R 3	R 4	R 5	R 6	R 7	R 8
Gehäuse							X	X
Antriebsstrang		X						
Speicher	X		X	X		X		
Betriebsführung	X				X	X		X
Benutzerinterface							X	X

Eine RTM ist so aufgebaut, dass die Anforderungen in den Spalten und die Komponenten in den Zeilen aufgelistet sind. Wo eine Komponente für die Erfüllung einer Anforderung verantwortlich ist, wird sie angekreuzt. So ist z. B. der `Speicher` für die Einhaltung von **R 7** und **R 8** verantwortlich, weshalb dort ein Kreuz zu finden ist.

Diese Darstellung ist nicht nur übersichtlich, sie erleichtert es auch, in großen Systemen zu erkennen, ob einzelne Anforderungen nicht erfüllt sind, weil es keine Komponenten gibt, die für deren Einhaltung verantwortlich sind.

Die RTM ermöglicht es auch, Schwachstellen in der Architektur oder bei der Formulierung von Anforderungen zu erkennen. Wenn beispielsweise mehrere Komponenten für die Erfüllung einer Anforderung zuständig sind, deutet dies auf unnötige Redundanz hin. Dies kann beabsichtigt sein; einige Sicherheitsnormen verlangen zum Beispiel, dass für wichtige Sicherheitsfunktionen redundante Sicherheitssysteme vorhanden sein müssen. Es kann sein, dass die beiden Komponenten unterschiedliche Aspekte der Anforderungen betrachten. Wenn die Anforderung beispielsweise lautet: „Die Komponenten dürfen nur im zugelassenen Temperaturbereich betrieben werden", könnte es sowohl ein Kühlsystem als auch ein Heizsystem geben. In diesem Fall ist es sinnvoll, die Anforderungen entsprechend aufzuteilen, damit klar ist, welche Komponente für welche Anforderung verantwortlich ist.

Übung 3.3 Aufspalten von Anforderungen, um verschiedene Aspekte klarer zu beschreiben

Mehrere Kreuze in einer Spalte der Requirement Traceability Matrix können auf eine Redundanz hinweisen oder darauf, dass eine Anforderung mehrere Aspekte enthält, die sich hinter einer Anforderung verbergen. Es macht dann Sinn, die Anforderungen genauer zu betrachten und eventuell in mehrere Anforderungen aufzuspalten.

Wie in Bild 3.8 und Tabelle 3.1 dargestellt, ist dies bei den Anforderungen **R 1**, **R 6**, **R 7** und **R 8** der Fall. Wie sollten diese Anforderungen aufgespalten werden, damit keine Mehrfachzuordnung mehr erfolgt?

Lösung: Im Requirements Engineering und System Engineering gibt es oftmals verschiedene Möglichkeiten, eine Aufgabe zu lösen. So ist dies auch hier der Fall. Die hier gezeigte Lösung ist nur eine von vielen Möglichkeiten.

R 1: Diese Anforderung wurde dem `Speicher` und der `Betriebssteuerung` zugeordnet, weil die Anzahl der Betriebsstunden von der Speicherkapazität und der Betriebsführung abhängt. Wir können diese beiden Aspekte durch die folgenden beiden Anforderungen darstellen:

`R11`: `ALS Entwicklungsingenieur MÖCHTE ICH die Speicherkapazität genau so wählen, dass sie groß genug ist, SODASS R1 erfüllt werden kann, ohne dass unnötige Kapazität in das Gerät eingebaut wird.`

`R12`: `ALS Entwicklungsingenieur MÖCHTE ICH eine Entladestrategie festlegen, die besonders energieeffizient arbeitet, SODASS ich R1 mit einem kleinen Speicher erfüllen kann.`

Bild 3.9 zeigt die Erweiterung im Anwendungsfalldiagramm. **R 11** und **R 12** erweitern die ursprüngliche Anforderung **R 1**. Sie unterteilen diese Anforderung in zwei zusätzliche, die nun eindeutig den einzelnen Komponenten zugeordnet werden können.

R 6: Diese Anforderung ist eine Anforderung an die technische Umsetzung der Komponenten Speicherung und Betriebssteuerung. Sie ist eine Designanforderung, die von jeder Komponente erfüllt werden muss. Daher wird diese Mehrfachzuordnung beibehalten.

R 7, R 8: Beide Anforderungen sind in erster Linie Anforderungen an das `Benutzerinterface`. Die Komponenten `Gehäuse` und `Betriebssteuerung` werden aber ebenfalls diesen Anforderungen zugeordnet, da sie an der Implementierung beteiligt sind.

`R71`: `ALS Entwicklungsingenieur MÖCHTE ICH das Gehäuse so realisieren, dass der Schalter ergonomisch und kostengünstig eingebaut wird, SODASS R7 erfüllt ist und keine zusätzlichen Kosten entstehen.`

Hier teilen wir die Anforderung nicht auf, sondern wir erweitern sie so, dass die Komponente `Gehäuse` einen ganz bestimmten Aspekt der Anforderung **R 7** erfüllt. In **R 8** teilen wir die Anforderung in drei Aspekte auf: Datenerfassung, Präsentation und Implementierung.

`R81`: `ALS Entwicklungsingenieur MÖCHTE ICH, dass die Betriebssteuerung die Daten über den Ladezustand durch Messungen am Batteriemodul ermittelt und für die Benutzeroberfläche aufbereitet, SODASS die Benutzeroberfläche nur noch die Aussagen der Betriebssteuerung anzeigen muss.`

`R82`: `ALS Entwicklungsingenieur MÖCHTE ICH das Gehäuse so realisieren, dass die Schnittstelle zwischen Betriebssteuerung und Benutzeroberfläche integriert ist, SODASS die Anzeige des Ladezustandes über die Benutzeroberfläche erfolgen kann.`

Bild 3.10 zeigt die Erweiterung und Aufteilung der Anforderungen **R 7** und **R 8**. Das `Benutzerinterface` bleibt für die übergeordneten Anforderungen zuständig, `Gehäuse` und `Bedienelemente` erhalten die Anforderungen für abgeleitete Anforderungen. Diese verbesserte Struktur findet sich auch in der RTM wieder. ■

Schauen wir uns die RTM an. In Tabelle 3.1 und Tabelle 3.2 sehen wir, dass einige Komponenten für mehrere Anforderungen gleichzeitig verantwortlich sind. Beim `Speicher` liegt das daran, dass verschiedene Aspekte der Anwendung Anforderungen an diese Komponente stellen. Ähnlich verhält es sich mit der `Betriebssteuerung` und dem `Benutzerinterface`. Wie wir in Bild 3.6 sehen können, enthalten diese Komponenten Unterkomponenten. Es handelt sich also um übergeordnete Gruppen, und man wird bei der Realisierung auf den unteren Systemebenen entscheiden müssen, ob eine weitere Unterteilung sinnvoll ist.

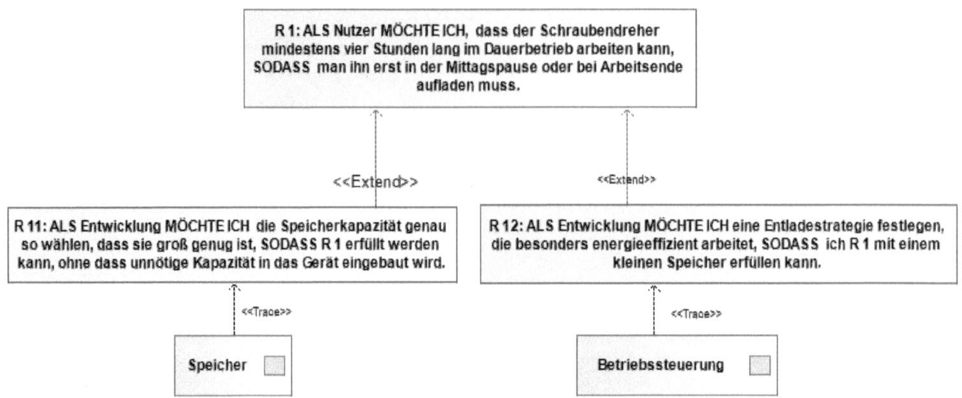

Bild 3.9 Blockdiagramm, das die Erweiterung der Anforderung **R 1** zeigt. Durch die Erweiterung von **R 1** um **R 11** und **R 12** werden die Verantwortlichkeiten der Komponenten aufgeteilt.

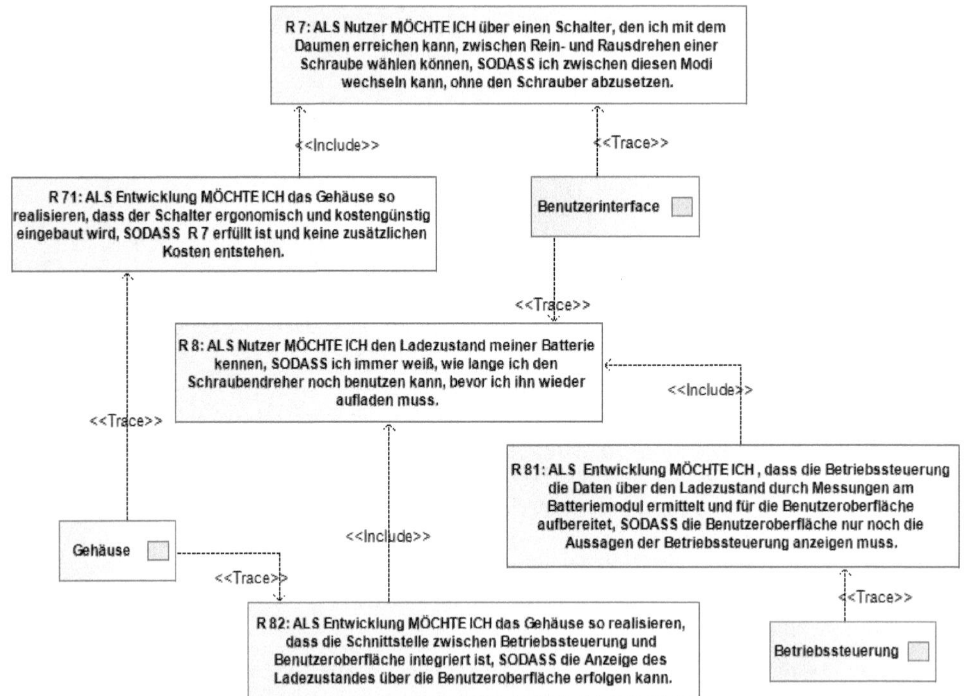

Bild 3.10 Anwendungsfalldiagramm, das die Erweiterung von **R 7** und **R 8** zeigt, um eine bessere Trennung der Zuständigkeiten der Komponenten zu erreichen

Grundsätzlich ist die Aggregation von Anforderungen auf einzelne Komponenten ein gutes Zeichen, denn sie führt dazu, dass Komponenten mehrere Aufgaben gleichzeitig erfüllen, was zu Kosteneinsparungen führt. Die Aggregation von Funktionen auf einer Komponente zur Erfüllung mehrerer Anforderungen stellt eine Optimierung dar.

Tabelle 3.2 Überarbeitete RTM mit den in Bild 3.9 und Bild 3.10 dargestellten Änderungen.

	R1							R7		R8		
	R11	R12	R2	R3	R4	R5	R6	R7	R71	R8	R81	R82
Gehäuse									X			X
Antriebsstrang			X									
Speicher	X			X	X		X					
Betriebsführung	X	X				X	X				X	
Benutzerinterface								X		X		

Dabei ist zu beachten, dass die Komplexität des Systems und die Struktur der einzelnen Komponenten zunehmen kann, was die erhofften Einsparungen zunichte machen kann.

Wir haben nun zwei wichtige Elemente des System Engineering kennengelernt: Anforderungen und Komponenten und ihre Beziehung zueinander. Im nächsten Abschnitt werden wir diese Methodik auf Energiespeichersysteme anwenden. Wir werden sehen, dass es Anforderungen gibt, die für jedes Speichersystem gelten, unabhängig davon, um welche Technologie es sich handelt. Wir werden auch sehen, dass es für jedes Speichersystem die gleichen Basiskomponenten gibt. Die Technologien, die wir später in diesem Buch kennenlernen werden, erweitern lediglich die Anforderungen und die Komponenten.

3.3 Basisanforderungen an Energiespeichersysteme

In Kapitel 2 haben wir das Leistungsflussdiagramm kennengelernt, dass es uns ermöglicht, Energiespeichersysteme technologieunabhängig zu beschreiben. Die Auswirkung der einzelnen Technologien spiegelte sich in zusätzlichen Randbedingungen für die Leistungsflüsse und Verluste wider. In diesem Abschnitt werden wir sehen, dass es acht Basisanforderungen an Speichersysteme gibt, die ebenfalls technologieunabhängig für jedes System gelten. In den darauf folgenden Abschnitten werden wir dann zeigen, wie die Basisanforderungen für einzelne Technologien spezifisch ergänzt werden müssen.

Die erste Anforderung beschreibt die Grundfunktion eines jeden Speichers. Wir haben diese bereits in Kapitel 2 gelernt: Energie soll gespeichert und später oder an einem anderen Ort wieder abgegeben werden können. (**B** = „Basic requirement")

B1: ALS Nutzer MÖCHTE ICH Energie speichern, SODASS ich diese Energie zu einem späteren Zeitpunkt oder an einem anderen Ort nutzen kann.

Die Leistungsflussdiagramme eines Speichersystems bestehen aus drei Arten von Leistungsknotenpunkten: Quellen, Senken und dem Speicher. Die Energie wird zwischen diesen Knotenpunkten übertragen. Die verwendete Technologie bestimmt die Merkmale dieser Energieübertragung. Ohne Energieübertragung kann der Speichervorgang nicht stattfinden. Diese offensichtliche Tatsache wird durch die Anforderung B 2 beschrieben:

`B2: ALS Komponente eines Energiespeichersystems MÖCHTE ICH in der Lage sein, Energie an andere Komponenten zu übertragen, SODASS z.B. eine Energiequelle Energie an die Last oder einen Speicher übertragen kann.`

Um ein Speichersystem zu bauen, reicht es nicht aus, dass die Energie irgendwo gespeichert und später abgerufen werden kann. Angenommen, wir hätten ein neues Material gefunden, das einfach wie ein Magnet Energie aufnimmt, aber die gespeicherte Energie später nur in einer gewaltigen Explosion wieder abgeben kann, dann hätten wir kein Material gefunden, das auch in einem Energiespeicher verwendet werden kann. Erst die technische Steuerbarkeit, d. h. die Möglichkeit, Energie in diesem Material kontrolliert zu speichern und später wieder freizugeben, macht das Material zu einer geeigneten Komponente für ein Speichersystem. Daraus ergibt sich die Anforderung **B 3**:

`B3: ALS Nutzer MÖCHTE ICH, dass das System gegen unkontrolliertes Laden und Entladen der Speicherkomponente geschützt ist, SODASS der Prozess kontrollierbar ist und für technische Anwendungen genutzt werden kann.`

B 1 bis **B 3** beschreiben die grundlegenden technischen Anforderungen an ein Speichersystem. **B 4** ist nun eine Anforderung, die auf dem ersten Blick wie eine Usability-Anforderung klingt:

`B4: ALS Nutzer MÖCHTE ICH eine Abschätzung über die gespeicherte Energie haben, SODASS ich mein Lade- und Entladeverhalten anpassen kann.`

Wenn wir den Akteur „Nutzer" als den Endnutzer eines Speichersystems interpretieren, ist **B 4** in der Tat eine Anforderung an die Benutzerfreundlichkeit. Ein Auto, dessen Tankanzeige kaputt ist, würde zwar noch funktionieren, aber der Fahrer würde die Reichweite abschätzen, um zu entscheiden, ob er tanken soll oder nicht. Wenn wir den Begriff „Nutzer" jedoch als anderen Akteur in einem Energiespeichersystem interpretieren, erhält **B 4** eine zusätzliche Bedeutung. Der Betrieb der Ladestation in Kapitel 2 würde ohne einen Wert für den aktuellen Ladezustand nicht gut funktionieren. Auf welcher Grundlage soll entschieden werden, ob überschüssiger Solarstrom in den Speicher oder in das Netz abgegeben werden soll? Die Betriebsführung benötigt in der Regel diese Information, daher ist **B 4** eine der Basisanforderungen an ein Energiespeichersystem.

Da Speichersysteme eine große Menge an Energie in einem begrenzten Volumen speichern, stellt jede Speichertechnologie ein Sicherheitsrisiko dar. An einige Risiken haben wir uns gewöhnt; so ist die subjektiv wahrgenommene Gefahr eines Kanisters mit 10 Litern Benzin wesentlich geringer als die eines 10-Liter-Pakets geladener Lithium-Ionen-Batterien, obwohl in Benzin zehnmal mehr Energie gespeichert ist. Allerdings gibt es viel Erfahrung im Umgang mit Benzin, und die technischen Systeme sind mit einer ganzen Reihe von konstruktiven und technischen Sicherheitsmaßnahmen ausgestattet. Aber auch wenn wir uns bei einigen Speichertechnologien an das Risiko gewöhnt haben, müssen die Speichersysteme sicher sein. Dies führt zur fünften Anforderung:

`B5: ALS Nutzer MÖCHTE ICH, dass das Speichersystem sicher ist, SODASS keine Gefahr für Mensch und Maschine besteht.`

Wir haben die Formulierung „Es besteht keine Gefahr für Mensch und Maschine" gewählt. In technischen Ausführungen ist **B 5** ein Teil von Normen und Sicherheitsstandards, die dann auch in der Ausführung eingehalten werden müssen. Je nach Anwendung des Speichersystems wird die Einhaltung dieser Sicherheitsanforderungen durch interne oder externe Auditoren überwacht [Vog13, MB19, NRW10, SS10].

Die sechste Basisanforderung bezieht sich auf den mechanischen Aufbau eines Speichersystems. Die Komponenten eines Speichersystems hängen nicht in der Luft oder stehen frei im Raum. Sie sind in ein Gehäuse integriert. Für diesen mechanischen Aufbau gibt es eine klare Anforderung:

B6: ALS Komponente MÖCHTE ICH in eine stabile mechanische Konstruktion integriert werden, SODASS ich geschützt bin und einen festen Platz und eine feste Position im System habe.

Es hängt von der Anwendung ab, was Schutz und Platzierung bedeuten. Eine Fahrzeugbatterie muss mechanischen Stößen und Vibrationen standhalten, die in verschiedenen Fahrsituationen auftreten, sie muss einem Crashtest standhalten, und sie muss so im Fahrzeug platziert werden, dass die Anschlüsse für den Servicetechniker leicht zugänglich sind, aber Unkundige nicht versehentlich die Kontakte berühren. Im Fall unserer Ladestation aus Kapitel 2 beschränken sich die Anforderungen an Schock und Vibration auf den Transport zum Aufstellungsort und die Installation. Das Gehäuse muss die Batterie nicht vor Feuchtigkeit, Sonnenlicht und Berührung schützen, da die Batterie in der Ladestation installiert ist und das Gehäuse der Ladestation diese Schutzfunktion übernimmt.

Die nächste Anforderung ergibt sich aus der Wirtschaftlichkeitsbetrachtung. Wir haben in Kapitel 2 gesehen, dass die Investition in ein Speichersystem wirtschaftlich gerechtfertigt sein muss und oft auch sein kann. Das Instrument zur Bestimmung dieser Rentabilität ist der Kapitalwert (NPV) oder die Stromgestehungskosten (LCOE). Beide Parameter berücksichtigen den gesamten Lebenszyklus des Speichersystems und erfassen die Einnahmen und Kosten über jedes Jahr der Lebensdauer des Speichersystems. Da zu Beginn der Investition hohe Investitionskosten anfallen, ist es einfacher, diese Investition zu amortisieren, wenn das Speichersystem eine lange Lebensdauer hat und die Einnahmen über jedes Jahr seiner Lebensdauer erfasst werden können.

B7: ALS Investor MÖCHTE ICH einen langen Lebenszyklus des Systems, SODASS ich über die Jahre ein höheres Einkommen erhalte.

Um hohe Renditen zu erzielen, muss das Geschäftsmodell diese überhaupt erst ermöglichen. Die dafür notwendigen Anforderungen müssen für jedes Speichersystem individuell als Nutzeranforderungen definiert werden, da diese sehr spezifisch sind. Für unsere Ladestation haben wir zum Beispiel mit einem einfachen Geschäftsmodell gearbeitet. Es ließe sich jedoch durch die Einführung zeitvariabler Stromtarife oder durch den Verkauf des Ladestroms an das Busunternehmen erweitern, wobei ein zeitvariabler Strompreis festgelegt wird, der sich nach Zeit, Ladeintervall, Leistung oder Energiemenge richtet. Allen Geschäftsmodellen ist jedoch gemeinsam, dass sie rentabler sind, wenn die Verluste im Speichersystem minimiert werden:

B8: ALS Investor MÖCHTE ICH einen hohen Systemwirkungsgrad haben, SODASS die Verringerung meiner Einnahmen durch Verluste minimiert wird.

Diese acht Anforderungen gelten für alle Arten von Speichersystemen. Wir werden später sehen, wie diese Anforderungen durch technologiespezifische Anforderungen und Nutzeranforderungen erweitert werden. Im nächsten Abschnitt werden wir nun die Komponenten betrachten, die in jedem Speichersystem vorhanden sein müssen, um diese grundlegenden Anforderungen zu erfüllen.

3.4 Basiskomponenten eines Energiespeichersystems

In diesem Abschnitt wollen wir die Basiskomponenten kennenlernen, die für die Umsetzung der in Abschnitt 3.3 aufgeführten Basisanforderungen verantwortlich sind. Im weiteren Verlauf des Buches werden wir sehen, wie diese Basiskomponenten erweitert, modifiziert oder realisiert werden. Es gibt fünf Komponenten, die in allen Speichersystemen zu finden sind. Diese fünf Komponenten sind verantwortlich, die acht Basisanforderungen einzuhalten.

Die erste und vielleicht naheliegendste Komponente ist der `Speicher`. Der Speicher macht das Energiespeichersystem zu dem, was es ist. Er umfasst jedoch mehr als nur die Komponenten, die den eigentlichen Energiespeicherprozess durchführen. Wie z. B. in Bild 3.6 zu sehen ist, kann die Speicherkomponente eine Reihe von weiteren Komponenten umfassen, wie beispielsweise eine Reihe von Batteriezellen, Sicherheitselementen und Sensoren.

Ein Speichersystem kann als ein Netzwerk von Leistungsknoten beschrieben werden. Wir haben den Speicherknoten bereits als eine Komponente bezeichnet. In ähnlicher Weise können wir die Verbindung zwischen den Knoten, die die Leistungsübertragung realisieren, als eine Komponente identifizieren: die `Leistungsverteilung`. In einem Speichersystem besteht die Leistungsverteilung aus allen Teilen, die Leistung transportieren. In einem elektrischen Speichersystem sind das Kabel oder Stromschienen. In einem thermischen Speichersystem haben wir es mit Rohren und einem Transportmedium zu tun.

Wie wir bereits bei der mathematischen Beschreibung von Speichersystemen gesehen haben, sind `Speicher` und `Leistungsverteilung` allein nicht ausreichend. Wir müssen auch den Transport der Leistung kontrollieren. Wir brauchen eine `Leistungsflusssteuerung`. Jedes Speichersystem muss daher über Komponenten verfügen, die es ihm ermöglichen, den Leistungsfluss zu steuern. Die `Leistungsflusssteuerung` besteht aus einer Reihe von Hardwarekomponenten, die den physikalischen Leistungsfluss verändern, und einer Softwarekomponente, die bestimmt, wie der Leistungsfluss verändert werden soll. In unserem Beispiel aus Kapitel 2 besteht die `Leistungsflusssteuerung` aus den Steuerplatinen der Wechselrichter und DC/DC-Wandler sowie aus Schaltern und Relais. `Schalter` und `Relais` sind notwendig, um den Stromfluss der Ladestation zu steuern. Im Falle des Akkuschraubers ist die Steuerung des Leistungsflusses im `Batterieladeregler` und im `Schalter` für den Schraubbefehl realisiert. Der `Batterieladeregler` sorgt dafür, dass der `Speicher` korrekt geladen wird. Der `Schalter` für den Schraubbefehl steuert die Entladung des `Speichers` durch Ansteuerung des `Motors`.

Das nächste Bauteil ist die `Mechanikkonstruktion`. Die offensichtliche Aufgabe der mechanischen Konstruktion besteht darin, das Innere des Speichersystems von der Außenwelt zu trennen, indem ein Gehäuse realisiert wird. Eine zweite Aufgabe besteht darin, die einzelnen Teile des Systems zu fixieren und Verbindungen zwischen den verschiedenen Teilen zu ermöglichen. In Übung 3.3 haben wir gesehen, dass die mechanische Konstruktion einen Einfluss auf die Benutzerschnittstelle hat. Wir sehen, dass die mechanische Konstruktion eine Komponente ist, die an der Verwirklichung sehr vieler Anforderungen an ein Speichersystem beteiligt ist.

Wir hatten intensiv über die Tatsache gesprochen, dass die Übertragung von Energie von einem Leistungsknoten zu einem anderen mit Verlusten verbunden ist. Diese Verlustleistung führt zu einer Erwärmung der Komponenten. Beim elektrischen Schraubenzieher spüren wir diese Wärme am Ladegerät. Wenn wir den Schraubenzieher über einen längeren Zeitraum intensiv nutzen und dabei den Akku stark beanspruchen, wird er spürbar warm. Das Gleiche gilt für den Motor des Schraubers. Die Verlustwärme kann dazu führen, dass Bauteile thermisch belastet werden. Vor allem Batterien und Doppelschichtkondensatoren haben eine verkürzte Lebensdauer, wenn sie zu warm werden. Um sicherzustellen, dass die Komponenten nicht dauerhaft geschädigt werden, benötigen Speichersysteme daher eine `Temperaturkontrolle`. Zur `Temperaturkontrolle` gehören alle Komponenten, die für die Temperaturregelung der verschiedenen Teile eines Speichersystems zuständig sind. Dies können `Kühlkörper` zur passiven Kühlung elektronischer Bauteile sein oder Lüfter zur aktiven Belüftung oder `Wasserleitungen` zur Wasserkühlung mit einem `Wärmetauscher`. Das Temperaturmanagement, das durch die `Temperaturkontrolle` realisiert wird, ist besonders bei hohen Leistungen eine Herausforderung. Nehmen wir das Batterieladegerät aus Kapitel 2. Es hat eine Ladeleistung von 500 kW und einen Wirkungsgrad von 98 %. Das bedeutet, dass das Ladegerät bei Volllast 10 kW an Wärmeverlusten produziert, die aus dem System abfließen müssen. Zum Vergleich: Ein elektrischer Wasserkocher hat eine Heizleistung von etwa 700 W. Wenn das Batterieladegerät mit Volllast geladen wird, könnten wir also mit der Verlustleistung etwa 15 Wasserkocher ersetzen.

Übung 3.4 Beziehungen zwischen den Basisanforderungen und Basiskomponenten

Die Basisanforderungen und Basiskomponenten sind noch nicht miteinander in Beziehung gesetzt worden. Wie sehen diese Beziehungen in einem Blockdiagramm oder einer Requirement Traceability Matrix aus?

Lösung: Um die Verantwortlichkeiten der Komponenten zu definieren, erstellen wir zunächst eine leere Requirement Traceability Matrix. Die Zeilen listen alle Komponenten auf, die Spalten die Anforderungen. Wir beginnen mit einer Komponente und kreuzen überall dort an, wo wir meinen, dass diese Komponente eine Aufgabe zu erledigen hat:

`Speicher`: Der Speicher wird sicherlich für **B 1** zuständig sein, könnte aber auch bei **B 3** eine Rolle spielen. Denn die Wahl der Speichertechnologie hat einen Einfluss auf die Steuerbarkeit des Lade- und Entladevorgangs.

`Sicherheitssystem`: Das Sicherheitssystem wird auch für **B 3**, aber natürlich auch für **B 5** zuständig sein.

`Mechanikkonstruktion`: Die Trennung des Inneren vom Äußeren eines Lagersystems ist bereits eine Sicherheitsfunktion. Daher ist die mechanische Konstruktion sicherlich für **B 5** verantwortlich. Darüber hinaus muss die Mechanikkonstruktion auch für **B 6** verantwortlich sein.

`Leistungsverteilung`: Die Leistungsverteilung ist mitverantwortlich für den Speichervorgang und die Energieübertragung, sodass **B 1** und **B 2** berücksichtigt werden müssen. Darüber hinaus hat der Energiepfad eine Sicherheitskomponente **B 5**.

`Temperaturkontrolle`: Die Temperaturkontrolle hat einen Einfluss auf **B 7** und **B 8**. Denn sie hat einen starken Einfluss auf die Lebensdauer des Speichers und der anderen Komponenten.

`Leistungsflussregelung`: Die Leistungsflussregelung ist mit **B 2** verknüpft, hat aber auch einen Einfluss auf die Lebensdauer des Speichers **B 8**, da die Stromverteilungssteuerung z. B. festlegt, wie tief ein Speicher entladen werden darf oder ob er auch überladen werden darf. Des Weiteren ist die Stromverteilungssteuerung für die Kommunikation des Ladezustandes an den Nutzer **B 4** zuständig.

Die hier verbal beschriebenen Verknüpfungen sind in der RTM in Tabelle 3.3 oder in Bild 3.11 beschrieben.

Betrachtet man die Spalten der RTM von Tabelle 3.3, so fällt auf, dass mehrere Komponenten für dieselbe Anforderung zuständig sind. Dies ist bei sicherheitsrelevanten Komponenten wünschenswert, um die Einfehlersicherheit zu gewährleisten. Das System muss sicher bleiben, auch wenn eine Komponente einen Fehler hat. Bei anderen Anforderungen ist diese Doppelbelegung nicht erwünscht. Hier muss technologiespezifisch analysiert werden, wie diese Anforderungen verteilt werden können.

Die Doppelbelegungen zeigen an, dass geprüft werden sollte, ob die Anforderungen aufgeteilt werden können. Beispielsweise sind bei der Anforderung **B 5** drei Komponenten (die Energieverteilung, der mechanische Aufbau und das Sicherheitssystem) dafür verantwortlich, dass das Speichersystem sicher ist. Die Energieverteilung und die mechanische Konstruktion konzentrieren sich auf unterschiedliche Aspekte der Sicherheit. Die Mechanikkonstruktion bietet zum Beispiel Berührungsschutz und mechanischen Schutz. Die Leistungsverteilung hingegen sorgt für die Sicherheit der Leistungsübertragung. Hier kann es sinnvoll sein, die **B 5**-Anforderung technologie- und systemspezifisch weiter aufzuschlüsseln, um klarere Zusammenhänge zu schaffen. ■

Tabelle 3.3 Requirement Traceability Matrix der Basisanforderungen und Basiskomponenten

	B 1	B 2	B 3	B 4	B 5	B 6	B 7	B 8
`Speicher`	X		X					
`Sicherheitssystem`			X		X			
`Mechanikkonstruktion`					X	X		
`Leistungsverteilung`	X	X			X			
`Temperaturkontrolle`							X	X
`Leistungsflusskontrolle`		X		X				X

3.5 Zusammenfassung

In diesem Kapitel haben wir unserem Werkzeugkasten eine weitere Sammlung von Werkzeugen hinzugefügt. Wir haben gelernt, Kunden- und Benutzerbedürfnisse in Form von Anforderungen zu beschreiben. Mit dieser Technik, die die einfache Form

```
ALS <Akteur> MÖCHTE ICH <Beschreibung>, SODASS <Ziel>
```

hat, sind wir in der Lage, systematisch zu erfassen, welche Eigenschaften und Fähigkeiten ein Speichersystem haben sollte. Wir haben gelernt, wie verschiedene Anforderungen miteinander in Beziehung gesetzt werden können, sodass wir einer Sammlung von Anforderungen eine Struktur geben können.

Zweitens haben wir etwas über Komponenten gelernt. Komponenten sind Teile eines Systems, die eine gemeinsame Verantwortung oder Aufgabe haben. Wir haben gelernt, welche

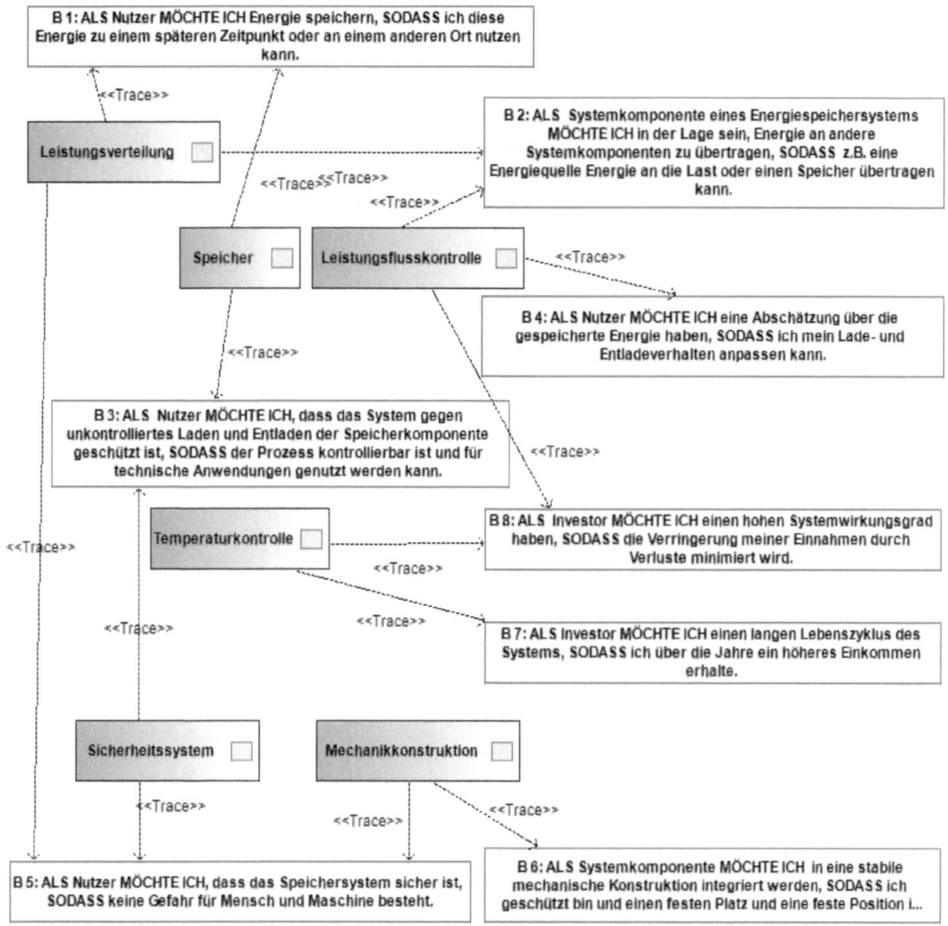

Bild 3.11 Basisanforderungen und Basiskomponenten und ihre Beziehungen zueinander

Beziehungen Komponenten zueinander haben können und wie diese Beziehungen dargestellt werden können.

Das dritte Werkzeug manifestiert sich in der Requirement Traceability Matrix. Sie zeigt, wie die Komponenten in einer Beziehung zu den Anforderungen stehen. Welche Komponente hat welche Aufgabe im Bezug auf eine Anforderung? Die Requirement Traceability Matrix (RTM) gibt uns nicht nur die Möglichkeit zu sehen, ob alle Anforderungen abgedeckt sind und ob es keine überflüssigen Komponenten im System gibt. Sie zeigt uns auch, ob die Verteilung der Verantwortlichkeiten zwischen den Komponenten sinnvoll ist. Wenn mehrere Komponenten für dieselbe Anforderung verantwortlich sind, kann es sinnvoll sein, die Anforderung aufzuspalten. Wenn Komponenten für mehrere Anforderungen zuständig sind, kann es sinnvoll sein, die Aufgaben der Komponenten zu überdenken und neu zu strukturieren.

Anschließend haben wir diese drei Werkzeuge auf Speichersysteme angewendet. Wir haben gesehen, dass jedes Speichersystem acht Basisanforderungen erfüllen muss, und dass diesen acht Basisanforderungen sechs Basiskomponenten gegenüberstehen, die für die Realisierung dieser Anforderungen verantwortlich sind.

In den folgenden Kapiteln werden wir uns auf die Speichertechnologien und -systeme konzentrieren. Wir beginnen mit einer kurzen Einführung in die Leistungselektronik. Dabei werden wir uns auf die Aspekte konzentrieren, die für die Entwicklung von Speichersystemen wichtig sind.

4 Einführung in die Leistungselektronik

4.1 Einführung

Die bisherige Beschreibung von Speichersystemen war noch etwas abstrakt. Im Leistungsflussdiagramm war von Quellen, Senken und dem Speicher die Rede. Die Technologie wurde in Form von Randbedingungen in die Beschreibung einbezogen. In unserem Beispiel aus Kapitel 2 haben wir über Wechselrichter und DC/DC-Wandler gesprochen und sie funktional beschrieben, aber wir sind nicht auf ihren Aufbau und ihre Funktion eingegangen. Das wollen wir in diesem Kapitel nachholen. In diesem Kapitel werden wir Technologien vorstellen, die für die Umwandlung verschiedener Energien verwendet werden. Wir werden zeigen, welche Eigenschaften sie haben und wie diese Eigenschaften in Form von Randbedingungen im Energieflussdiagramm dargestellt werden können.

In Bild 4.1 sind verschiedene Anwendungen der Leistungsumwandlung von elektrischem Strom dargestellt. Grundsätzlich wird zwischen Wechselstrom und Gleichstrom unter-

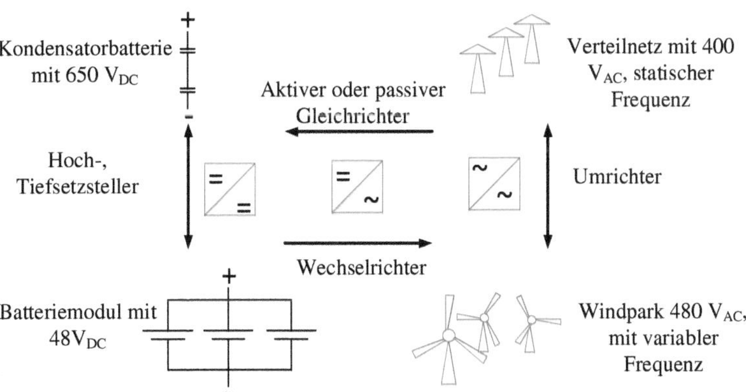

Bild 4.1 Übersicht über die verschiedenen Verwendungsmöglichkeiten von Leistungswandlung in elektrischen Anwendungen. Im linken Teil der Abbildung wird Gleichstrom von einer Spannungsebene auf eine andere übertragen. Dies geschieht durch einen Hoch- oder Tiefsetzsteller. Im rechten Teil der Abbildung wird Wechselstrom in Spannungshöhe und Frequenz umgewandelt. Dies geschieht durch einen Umrichter. Strom kann auch mit einem Gleichrichter oder einem Wechselrichter zwischen Wechselstrom und Gleichstrom umgewandelt werden.

schieden. Bei Wechselstrom ändert sich das Vorzeichen der Spannung periodisch. Die Ursache liegt in der Erzeugung des Wechselstroms. Dieser wird durch große, von Generatoren angetriebene Motoren erzeugt. Die kinetische Energie einer Turbine wird in elektrische Leistung umgewandelt. Bei dieser Art der Stromerzeugung erzeugt eine rotierende Maschine automatisch eine sinusförmige Spannung.

Elektrische und elektrochemische Speicher sind Spannungsquellen, die Gleichstrom liefern. Das liegt an der Art des Speicherprozesses, bei dem sich die Ladungsträger beim Laden trennen und beim Entladen wieder vereinigen. Auch eine Solarstromanlage ist eine Gleichspannungsquelle. Hier werden die Ladungsträger durch Licht voneinander getrennt.

Um elektrische Energie zwischen Wechselstrom- und Gleichstromsystemen übertragen zu können, werden leistungselektronische Wandler benötigt. Wechselstrom wird mithilfe eines Gleichrichters in Gleichstrom gewandelt, Gleichstrom in Wechselstrom mithilfe eines Wechselrichters.

Auch innerhalb des Gleich- und Wechselstromnetzes werden Wandler eingesetzt. Sie werden benötigt, um Netze mit unterschiedlichen Spannungsebenen oder unterschiedlichen Frequenzen zu verbinden.

Bei Gleichstromnetzen kommt es in verschiedenen Anwendungen vor, dass Gleichstrom von einer Spannungsebene in eine andere umgewandelt werden muss. Soll beispielsweise Strom mit einer Batteriespannung von $48\,V_{DC}$ in ein Gleichstromnetz von $400\,V_{DC}$ übertragen werden, wird das Spannungsniveau der Batterie durch einen DC/DC-Wandler auf $400\,V_{DC}$ erhöht.

Ähnliches können wir bei der Steuerung von Motoren vorfinden. Das Wechselstromnetz liefert Strom, der mit einer Frequenz von 50 Hz schwingt. Der Motor soll sich unter Umständen mit einer viel höheren Frequenz drehen. Hier hilft ein Frequenzumrichter. Er kann Amplitude und Frequenz des Wechselstroms ändern und so ein elektrisches Feld erzeugen, das den Motor in der gewünschten Drehzahl rotieren lässt.

Die verschiedenen Transformationsarten (Bild 4.1) können auf unterschiedliche Weise realisiert werden. Dabei sind die Arbeitsschritte bei der Entwicklung von Leistungselektronik vergleichbar. Zunächst wird eine geeignete Topologie ausgewählt. Für diese wird ein Regelungskonzept entwickelt. Nach der Auswahl der Topologie und des Regelungskonzepts werden die Bauelemente festgelegt. Leistungselektronische Schaltungen erzeugen Verlustwärme, was die Entwicklung geeigneter Kühlsysteme erforderlich macht. Der dritte zu berücksichtigende Faktor ist die elektromagnetische Verträglichkeit, d. h. das System darf nicht durch elektromagnetische Strahlung von außen gestört werden und darf umgekehrt auch andere Geräte nicht beeinflussen.

Im Folgenden wollen wir verschiedenen elektronischen Komponenten einführen. Diese sind in allen Speichersystemen zu finden. Danach gehen wir auf elektrische Antriebe ein und beschäftigen uns intensiver mit der Frage, wie elektrische Netze aufgebaut sind.

4.2 Elektronische Komponenten für leistungselektronische Wandler

Um die elektronischen Komponenten von leistungselektronischen Wandler kennenzulernen und ihren Aufbau zu verstehen, beginnen wir mit einer Aufgabe, die in Speichersystemen – und auch in anderen Geräten – immer wieder gelöst werden muss. Ein Grundelement der Leistungswandlung ist der DC/DC-Wandler, also ein Gerät, das Leistung von einem Spannungsniveau in ein anderes umwandelt. In Kapitel 1 haben wir dieses Element mehrfach verwendet. Es wurde zum Laden und Entladen der Batterie und des Busses verwendet, und wir benutzen es auch, um die Leistung der Solarstromanlage zu übertragen. Wir wollen mit der Realisierung eines Tiefsetzstellers oder Buckconverters beginnen. Wir verwenden dieses Gerät für die folgende Aufgabe: Wir haben eine Spannungsquelle, die eine Spannung U_1 liefert. Für unsere Anwendung benötigen wir aber eine niedrigere Spannung U_2, $U_1 > U_2$. Wir wollen eine Systemkomponente schaffen, die dafür sorgt, dass wir die Spannung U_2 am Ausgang dieser Systemkomponente messen.

Unabhängig von der technischen Umsetzung sollen die folgenden Anforderungen erfüllt werden:

DCBuck1: ALS Nutzer MÖCHTE ICH, dass der Tiefsetzsteller ein möglichst breites Ausgangsspannungsfenster abdecken kann. Idealerweise liegt $U_2 \in [0, U_1]$, SODASS ich den Leistungsfluss besser kontrollieren kann.

DCBuck2: ALS Nutzer MÖCHTE ICH, dass der Ausgangsstrom einen großen Bereich hat, SODASS ich mit dem Tiefsetzsteller sowohl große als auch kleine Leistungen bedienen kann.

DCBuck3: ALS Nutzer MÖCHTE ICH, dass die Leistungsübertragung so effizient wie möglich ist, SODASS ich eine verlustarme Übertragung habe.

DCBuck4: ALS Nutzer MÖCHTE ICH, dass die Spannungs- und Stromwelligkeit an den Eingängen und Ausgängen gering ist, SODASS die Komponenten keinen hohen Spannungs- und Stromspitzen ausgesetzt sind und keine unnötigen elektromagnetischen Störungen erzeugt werden.

4.2.1 Realisierung eines Tiefsetzstellers mithilfe von ohmschen Widerständen – Der Spannungsteiler

Ein Tiefsetzsteller oder Buckconverter ist eine Spezialisierung eines DC/DC-Wandlers. Ein Spannungsteiler ist eine Spezialisierung eines Tiefsetzstellers, der aus mindestens zwei Widerständen besteht. Diese abstrakte Struktur ist in Bild 4.2 dargestellt. Versuchen wir nun, diesen Spannungsteiler aus einer geschickten Zusammenschaltung von zwei ohmschen Widerständen zusammenzusetzen. Für einen ohmschen Widerstand R gilt das Ohmsche Gesetz:

$$U = R \cdot I \tag{4.1}$$

Die Spannung U, die an einem Widerstand R gemessen wird, ist proportional zum Strom I. Widerstände werden als passive Elemente bezeichnet, weil sie den Strom und die Spannung in einem Stromkreis verändern, ohne dass ein aktives Eingreifen erfolgt oder die Elemente ihre Eigenschaften oder ihr Verhalten ändern.

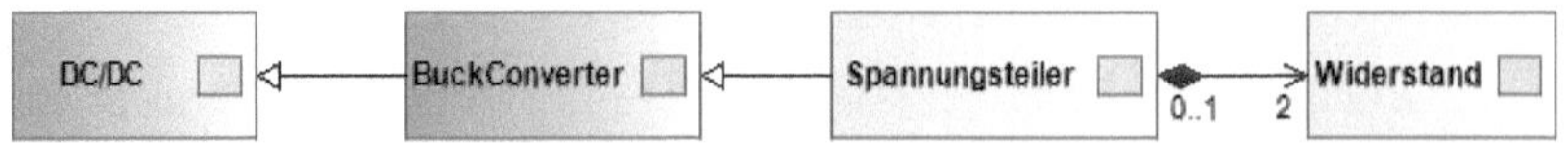

Bild 4.2 Ein `Tiefsetzsteller` oder `Buckconverter` ist eine Spezialisierung eines `DC/DC`-Wandlers und ein `Spannungsteiler` ist eine spezielle Realisierung von `BuckConverter`, der eine Aggregation von zwei `Widerständen` ist.

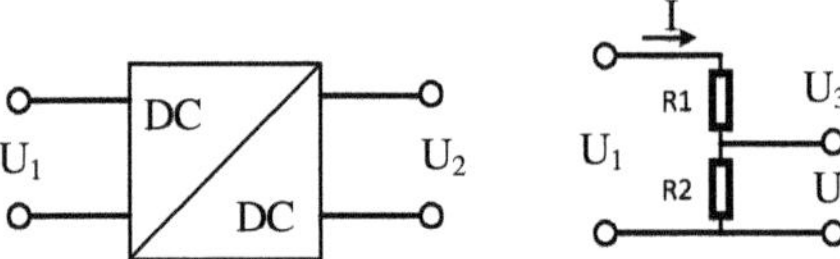

Bild 4.3 Verwendung eines Spannungsteilers. In diesem Beispiel soll eine Spannung U_1 durch einen DC/DC-Wandler in eine Spannung U_2 umgewandelt werden. In diesem Fall gilt $U_1 > U_2$. Dies wird durch einen Spannungsteiler (rechts) realisiert.

Eine Realisierung eines DC/DC-Wandlers ist der Spannungsteiler [HHR89]. In Bild 4.3 haben wir neben dem Schaltplan auch die schematische Darstellung eines Spannungsteilers gezeigt. Ein Spannungsteiler besteht aus zwei Widerständen R_1 und R_2. Die Ausgangsspannung U_2 wird an der Verbindungsstelle dieser beiden Widerstände abgegriffen. Es fließt ein Strom I von der Eingangsseite zur Ausgangsseite. Zur Bestimmung der Ausgangsspannung U_2 benötigen wir zum einen das Ohmsche Gesetz und die Maschenregel, die besagt, dass die Spannung in einer Masche immer Null sein muss. Beim Spannungsteiler haben wir zwei Maschen. Auf der Eingangsseite die Anschlüsse plus die Verbindung der beiden Widerstände in Reihe. Für die Spannung auf der Eingangsseite gilt:

$$U_1 = (R_1 + R_2) \cdot I \tag{4.2}$$

Auf der Ausgangsseite besteht das Netz aus den Klemmen am Ausgang, an denen die Spannung U_2 gemessen wird, und dem Widerstand R_2. Daraus ergibt sich:

$$U_2 = R_2 \cdot I \tag{4.3}$$

Wenn wir diese beiden Gleichungen kombinieren, können wir die Spannung U_2 ermitteln:

$$U_2 = \frac{R_2}{R_1 + R_2} \cdot U_1 \tag{4.4}$$

Die Ausgangsspannung kann also über das Verhältnis der beiden Widerstände R_1 und R_2 eingestellt werden.

Übung 4.1 Wahl der Widerstände bei einem Spannungsteiler

Wir wollen einen Spannungsteiler bauen, der die Eingangsspannung von $U_1 = 12\,\mathrm{V}$ auf $U_2 = 4\,\mathrm{V}$ überträgt. Wie müssen die Widerstände gewählt werden?

Lösung: Nach Gleichung 4.4 ist zur Einstellung der richtigen Spannung nur das Verhältnis der beiden Widerstände relevant. Daraus folgt:

$$\frac{U_2}{U_1} = \frac{R_2}{R_1 + R_2}$$

$$\frac{4\,\text{V}}{12\,\text{V}} = \frac{R_2}{R_1 + R_2}$$

$$\frac{1}{3} R_2 = R_1 + R_2$$

$$R_2 = \frac{1}{2} R_1$$

■

Eine der grundlegenden Anforderungen an Energiespeichersysteme ist die Fähigkeit, den Leistungsfluss zwischen den Leistungsknoten zu steuern. Um diese Anforderung zu erfüllen, muss die Spannung auf der Ausgangsseite einstellbar sein. Nehmen wir an, dass wir eine Batterie an die Ausgangsseite des DC/DC-Reglers angeschlossen haben. Wenn wir mit dem DC/DC-Regler eine Spannung einstellen, die gleich der Batteriespannung ist, findet kein Leistungsfluss statt. Wenn wir mit dem DC/DC-Regler eine Spannung einstellen, die größer ist als die Batteriespannung, fließt ein Ladestrom in die Batterie. Der Strom und damit der Leistungsfluss kann über die Höhe der Spannungsdifferenz gesteuert werden. In ähnlicher Weise wird die Batterie entladen, wenn die Spannung niedriger ist als die Batteriespannung.

Die Spannung auf der Ausgangsseite des Spannungsteilers kann gemäß Gleichung 4.4 berechnet werden, indem die Widerstände verändert werden. Zu diesem Zweck kann ein Potentiometer genutzt werden. Dies ist ein Widerstand, dessen Widerstandswert mechanisch eingestellt wird. Wenn R_1 durch ein Potenziometer ersetzt wird, wäre der Leistungsfluss also einstellbar.

In Bild 4.3 und Gleichung 4.4 haben wir die Last nicht berücksichtigt. Die Gleichungen beschreiben einen unbelasteten Spannungsteiler. Schließen wir an die Ausgänge des DC/DC-Wandlers eine Last R_L an, so hat diese einen Einfluss auf die Teilung der Spannung. Anstelle von R_2 müssen wir dann den Gesamtwiderstand von R_2 und R_L betrachten. Da die Widerstände parallel geschaltet sind, ist der resultierende Widerstand $R_{2,\text{L}}$:

$$\frac{1}{R_{2,\text{L}}} = \frac{1}{R_\text{L}} + \frac{1}{R_2} \tag{4.5}$$

$$R_{2,\text{L}} = \frac{R_2\, R_\text{L}}{R_2 + R_\text{L}} \tag{4.6}$$

Wenn wir R_L als ein Vielfaches von R_2 ausdrücken, vereinfacht sich Gleichung 4.6 zu:

$$R_{2,\text{L}} = \frac{R_2\, n \cdot R_2}{R_2 + nR_2} \tag{4.7}$$

$$= \frac{n\, R_2^2}{(n+1) R_2} \tag{4.8}$$

$$= \frac{n}{n+1} R_2 = R_2 \left(1 - \frac{1}{n+1}\right) \tag{4.9}$$

Nach Gleichung 4.9 ist die Differenz zwischen R_2 und $R_{2,\text{L}}$ umso kleiner, je größer n wird, d. h. je größer der Lastwiderstand im Vergleich zu R_2 wird. Für einen Wert von $n = 10$ beträgt die Differenz bereits bei 0,91.

Für die Verluste des Spannungsteilers sind der Wert der beiden Widerstände und der Strom, der durch den Spannungsteiler fließt, relevant. Es gilt:

$$P_{\text{loss}} = U_1 \cdot I = (R_1 + R_2)\, I^2 \tag{4.10}$$

Übung 4.2 Verbrauch eines Spannungsteilers

Wir haben an den Spannungsteiler einen Lastwiderstand von $R_L = 1.500\,\Omega$ angeschlossen. $R_2 = 5\,\Omega$. Die Eingangsspannung ist $U_1 = 12\,V$, die Ausgangsspannung ist $U_2 = 4\,V$. Wie hoch ist die Leistung, die an den beiden Widerständen R_1 und R_2 aufgenommen wird? Wie hoch ist die Leistung, die an R_L verbraucht wird?

Lösung: Unter Verwendung der Ergebnisse aus der Übung 4.1 ist R_1 $10\,\Omega$. Mithilfe des Ohmschen Gesetzes können wir den Strom I aus der Spannungsquelle ermitteln:

$$I = \frac{U}{R_1 + R_2} = \frac{12\,V}{15\,\Omega} = 0{,}8\,A$$

Die Leistung ist

$$P = U \cdot I = 12\,V \cdot 0.8\,A = 9{,}6\,W$$

Auf analoge Weise können wir den Laststrom I_L und die erforderliche Leistung bestimmen:

$$I_L = \frac{U_2}{R_2 + R_L} = \frac{4\,V}{1.505\,\Omega} = 2{,}65\,mA$$

$$P_L = U \cdot I = 4\,V \cdot 2{,}65\,mA = 0{,}01\,W$$

Der Betrieb des Spannungsteilers erfordert also 9,6 W an Leistung, während die Last nur 0,01 W benötigt. Um dieses Verhältnis günstiger zu gestalten, müssen die Widerstände R_1 und R_2 größer dimensioniert werden. Wenn wir $R_1 = 100\,\Omega$ und $R_2 = 50\,\Omega$ wählen, würde sich die erforderliche Leistung des Spannungsteilers auf $P = 0{,}96\,W$ reduzieren. Allerdings können wir die Widerstände R_1 und R_2 nicht beliebig größer machen, weil die Spannung U_2 nicht mehr bei 4 V bleibt. ■

Wie wir in Übung 4.2 gesehen haben, erfüllt der Spannungsteiler die Aufgabe, eine hohe Spannung in eine niedrigere Spannung umzuwandeln, aber für einen Tiefsetzsteller sind die Verluste hoch. Spannungsteiler werden daher nicht als Tiefsetzsteller verwendet, sondern um von einem Primärkreis mit hoher Spannung auf einen Sekundärkreis mit niedrigerer Spannung abzuzweigen. Mit einer kleinen Spannung wird eine kleine Energiemenge entnommen. Eine typische Anwendung ist die Spannungsmessung.

4.2.2 Realisierung eines Tiefsetzstellers mit einem Kondensator und elektrischen Schaltern – Die Ladungspumpe

Da der Spannungsteiler keine geeignete Realisierung für einen Tiefsetzsteller ist, müssen wir uns etwas anderes einfallen lassen. Der Spannungsteiler hat die Eigenschaft, dass er ständig eine Spannung U_1 in eine Spannung U_2 umwandelt. Die Umwandlung hängt vom Lastwiderstand R_L ab. Bei konstantem Lastwiderstand ist aber auch die Spannung konstant. Wir wollen diese zeitliche Konstanz aufbrechen und verlangen, dass nur die mittlere

Ausgangsspannung gleich U_2 ist. Aber wir verlangen auch, dass die Schwankungen von U_2 unter einem bestimmten Wert ΔU_2 liegen. Auf diese Weise können wir sicherstellen, dass die Last nicht beschädigt wird.

Um diesen neuen Tiefsetzsteller zu realisieren, benötigen wir zwei neue Komponenten. Diese neuen Bauteile sind der Schalter und der Kondensator. Der Schalter hat eine einfache Eigenschaft: Wenn er geschlossen ist, dann ist $U_S = 0$ und $I_S = I$. Wenn er offen ist, ist $U_S = U$ und $I_S = 0$. Der Schaltzustand wird durch ein externes Signal definiert. Auf die Bauteile, die zur Realisierung solcher Schalter verwendet werden, gehen wir in Abschnitt 4.2.7 näher ein.

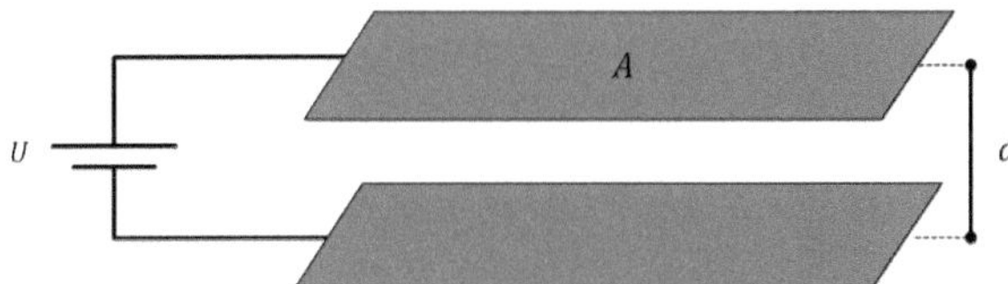

Bild 4.4 Aufbau eines Kondensators: An zwei leitende Platten mit einer Fläche *A* und einem Abstand *d* wird eine Spannung *U* angelegt, was zu einer Verschiebung von *Q* Ladungsträgern führt.

Das zweite Element, das wir benötigen, ist ein Kondensator. In Bild 4.4 ist der grundlegende Aufbau eines Kondensators dargestellt: Zwei leitende Platten mit einer Fläche A und einem Abstand d sind an eine Spannungsquelle mit der Spannung U angeschlossen. Die angelegte Spannung bewirkt, dass sich eine Menge von Q Ladungsträgern umverteilt. Diese Umverteilung dauert so lange, bis die Spannung am Kondensator der Spannung der Spannungsquelle entspricht. Die Anzahl der Ladungsträger ist proportional zur Spannung. Je höher die Spannung ist, desto größer ist die Anzahl der Ladungsträger. Die Anzahl der Ladungsträger hängt aber auch von der Fläche der beiden Platten ab. Je größer die Fläche ist, desto mehr Ladungsträger befinden sich auf der Platte. Variiert man den Abstand zwischen den Platten, so stellt man fest, dass auch dieser einen Einfluss auf die Anzahl der Ladungsträger hat. Wir stellen fest, dass die Anzahl der Ladungsträger mit $\frac{1}{d}$ abnimmt. Je näher die Platten beieinander liegen, desto größer ist die Anzahl der Ladungsträger. Wenn wir den Abstand zwischen den Platten verdoppeln, halbiert sich die Anzahl der Ladungsträger. Dies ist analog zum elektrischen Potenzial eines Ladungsträgers, das ebenfalls mit $\frac{1}{r}$ abnimmt, wenn der Abstand r zunimmt. Wir stellen außerdem fest, dass die Anzahl der Ladungsträger von dem Material zwischen den beiden Platten abhängt. Jedem Material kann eine Zahl ϵ zugeordnet werden. Diese Zahl setzt sich zusammen aus der elektrischen Feldkonstante ϵ_0:

$$\epsilon_0 = 8{,}854 \cdot 10^{-12} \frac{\text{As}}{\text{Vm}} \tag{4.11}$$

und eine der materialabhängigen relativen Permittivität ϵ_r. Es gilt:

$$\epsilon = \epsilon_0 \epsilon_\text{r} \tag{4.12}$$

Tabelle 4.1 zeigt die relative Permittivität für verschiedene Stoffe.

Wir können also zusammenfassen, dass für die Anzahl der Ladungsträger Q für einen Kondensator gilt:

$$Q = \frac{U}{d} \epsilon A \tag{4.13}$$

Tabelle 4.1 Relative Permittivität verschiedener Stoffe

Material	Relative Permittivität ϵ_r	Material	Relative Permittivität ϵ_r
Vakuum	1	Öl	2,3
Luft (trocken)	1,00054	Glas	4–10
Wasserstoff	1,00025	Quarzglas	1,5
Diamant	5,7	Gummi	2–3,5
Salz	5,9	Polyethylen	2,3
Destilliertes Wasser	80	Plexiglas	3,4

Wenn wir einen Kondensator bauen, bestimmen wir seine Eigenschaften mit d, ϵ und A. Diese Größen bestimmen, wie viele Ladungsträger bei einer bestimmten Spannung transportiert werden. Da unterschiedliche Werte von d, ϵ und A die gleiche Anzahl von Ladungsträgern erzeugen können, fassen wir diese Zahlen zu einer Konstanten zusammen:

$$C = \frac{\epsilon A}{d} \tag{4.14}$$

Es gilt also $Q = C\,U$, d. h. je höher C ist, desto mehr Ladungsträger werden auf dem Kondensator gespeichert, weshalb C als Kapazität eines Kondensators bezeichnet wird. Die Kapazität C ist hier nicht zu verwechseln mit dem vorherigen Begriff der Kapazität κ. κ stellt den Energieinhalt eines Speichersystems mit der Einheit Wattsekunde dar. C hingegen stellt eine Beziehung zwischen der angelegten Spannung und der Anzahl der Ladungsträger dar und hat die Einheit Coulomb.

Um den Energiegehalt eines Kondensators zu bestimmen, müssen die Ladungsträger gezählt werden, die durch die angelegte Spannung verdrängt werden. Die Spannung U multipliziert mit der Ladung entspricht der gespeicherten Energie:

$$E = \int_0^Q U\,\mathrm{d}q = \int_0^Q \frac{q}{C}\,\mathrm{d}q = \frac{1}{2}\frac{Q^2}{C} = \frac{1}{2}CU^2 \tag{4.15}$$

Übung 4.3 Energieinhalt eines Kondensators

Mithilfe eines Kondensators soll 1 Ws an elektrischer Energie gespeichert werden. Hierfür steht eine Spannungsquelle mit $U = 100\,\mathrm{V}$ zur Verfügung. Zwischen den Platten befindet sich kein Dielektrikum, d. h. die Dielektrizitätskonstante entspricht der elektrischen Feldkonstante $\epsilon = 8{,}854 \cdot 10^{-12}\,\frac{\mathrm{As}}{\mathrm{Vm}}$. Wie groß muss das Verhältnis von Fläche und Abstand des Kondensators sein, damit diese Energie gespeichert wird?

Lösung: Um das Verhältnis von Fläche und Abstand zu ermitteln, müssen wir die Gleichung 4.14 und die Gleichung 4.15 kombinieren.

$$E = \frac{1}{2}CU^2 \Rightarrow C = \frac{2E}{U^2} = \frac{\epsilon A}{d}$$

$$\frac{A}{d} = \frac{2E}{\epsilon U^2} = 2 \cdot \frac{1\,\mathrm{Ws}}{8{,}854 \cdot 10^{-12}\,\frac{\mathrm{As}}{\mathrm{Vm}}\,100^2\,\mathrm{V}^2} = 22.588.660\,\mathrm{m}$$

Bei einem Plattenabstand von $10\,\mu\mathrm{m}$ beträgt die erforderliche Fläche $225\,\mathrm{m}^2$.

Für die verschiedenen Arten von Kondensatoren werden unterschiedliche Dielektrika verwendet. Diese bestimmen die Eigenschaften des Kondensators. Kondensatoren decken einen sehr großen Spannungs- und Kapazitätsbereich ab. Dieser reicht von einigen Picocoulomb bis in den Millicoulomb-Bereich. Die Spannungsfestigkeit geht bis in den vierstelligen Voltbereich.

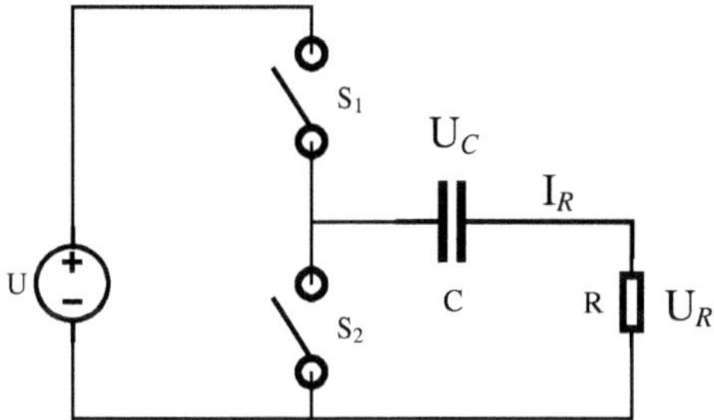

Bild 4.5 Schaltung zum Laden und Entladen eines Kondensators

Wie kann man mit Schaltern und Kondensatoren die Spannung senken? Eine Spannungsquelle liefert durchgängig eine bestimmte Spannung U_1. Wenn wir einen Kondensator mit dieser Spannungsquelle aufladen und schnell wieder entladen, sollte es möglich sein, eine niedrigere Spannung zu erzeugen. Um dieses Verhalten zu veranschaulichen, betrachten wir die Schaltung in Bild 4.5. Wir haben an eine Spannungsquelle U zwei Schalter S_1 und S_2 angeschlossen. Zwischen den beiden Schaltern sind ein Kondensator C und ein Widerstand R angeschlossen. Wenn wir den Kondensator aufladen wollen, ist S_1 geschlossen und S_2 geöffnet. Wenn wir den Kondensator entladen wollen, müssen wir S_2 schließen und S_1 öffnen. Wir betrachten zunächst den Ladeprozess. Bei $t = 0$ beginnen wir den Ladevorgang S_1 ist geschlossen und S_2 bleibt offen. Sobald S_1 geschlossen ist, fließt Strom I_C durch den Kondensator, da Ladungsträger im Kondensator umverteilt werden. Die Größe des Stroms entspricht der Anzahl der transportierten Ladungsträger pro Zeit, wobei sich für den Strom die Gleichung 4.14 ergibt:

$$I_C = \frac{\mathrm{d}Q}{\mathrm{d}t} = C\frac{\mathrm{d}U_C}{\mathrm{d}t} \tag{4.16}$$

Die Kapazität C stellt hier eine Beziehung zwischen der Spannungsänderung pro Zeit und dem dabei fließenden Strom her. Da der gleiche Strom auch über den Widerstand fließen muss, kann der Spannungsabfall über dem Widerstand U_R mithilfe des Ohmschen Gesetzes bestimmt werden:

$$U_\mathrm{R} = RI_C = RC\frac{\mathrm{d}U}{\mathrm{d}t} \tag{4.17}$$

Der Spannungsabfall über dem Widerstand U_R und dem Kondensator U_C muss durch die Spannungsquelle U_0 kompensiert werden.

$$RC\frac{\mathrm{d}U_C}{\mathrm{d}t} + U_C = U_0 \tag{4.18}$$

Durch Lösen der Differentialgleichung 4.18 lassen sich der Strom und die Spannung des Kondensators berechnen:

$$U_C = U_0\left(1 - \mathrm{e}^{-\frac{t}{\tau}}\right); \quad I_C = \frac{U_0}{R}\mathrm{e}^{-\frac{t}{\tau}}; \quad \tau = RC \tag{4.19}$$

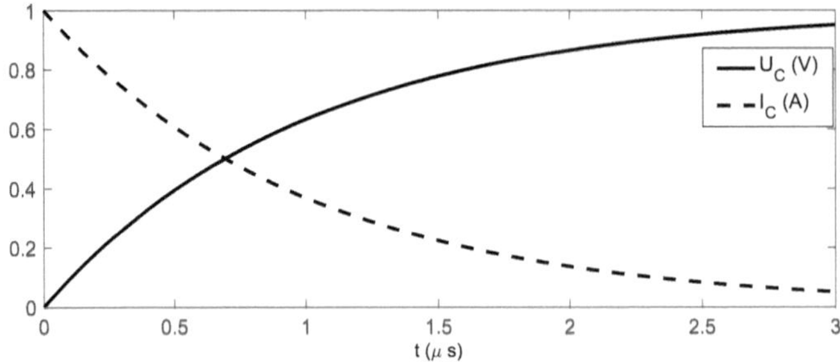

Bild 4.6 Ladekurve eines Kondensators gemäß der Schaltung aus Bild 4.5 ($R = 1\,\Omega$, $C = 1\,\mu\text{F}$, $U_0 = 1\,\text{V}$)

Die Strom- und Spannungskurve ist in Bild 4.6 dargestellt. Die Spannung nähert sich exponentiell der Spannung der Spannungsquelle, während der Strom exponentiell abnimmt. Dabei definiert $\tau = RC$ die Zeitskala, auf der der Ladevorgang abläuft. Bei $t = \tau$ ist der Ladevorgang zu 63 % abgeschlossen. Der Widerstand R begrenzt den Anfangsstrom während des Ladevorgangs.

Übung 4.4 Dimensionierung eines Kondensators

Ein Kondensator soll 1 Ws speichern. Der Ladestrom soll auf 10 A begrenzt werden. Die Ladespannung beträgt 12 V. Wie groß müssen die Kapazität des Kondensators und der Widerstand sein?

Lösung: Wir bestimmen die benötigte Kapazität direkt aus der Formel für den Energieinhalt eines Kondensators:

$$E = \frac{1}{2}CU^2 \Rightarrow C = \frac{2E}{U^2} \Rightarrow C = \frac{2\,\text{Ws}}{(12\,\text{V})^2} = 0{,}0138\,\text{F}$$

Der Kondensator braucht eine Kapazität von 13,8 mF.

Für die Strombegrenzung müssen wir sicherstellen, dass bei $t = 0$ der Strom kleiner als 10 A ist. Es gilt:

$$I_C = \frac{U_0}{R} \Rightarrow R = \frac{U_0}{I_C} \Rightarrow R = \frac{12\,\text{V}}{10\,\text{A}} = 1{,}2\,\Omega$$

Nachdem der Kondensator geladen wurde, öffnen wir den Schalter S_1 und schließen den Schalter S_2. Nun entlädt sich der Kondensator über den Widerstand R. Der Strom- und Spannungsverlauf lässt sich berechnen, indem man U_0 in Gleichung 4.18 auf Null setzt:

$$U_C - RC\frac{\mathrm{d}U_C}{\mathrm{d}t} = 0 \Rightarrow U_C = U_0 \mathrm{e}^{-\frac{t}{\tau}}; \quad I_C = -\frac{U_0}{R}\mathrm{e}^{-\frac{t}{\tau}} \tag{4.20}$$

Auch beim Entladen ist ein Widerstand zur Begrenzung des Stroms erforderlich. Sowohl die Spannung als auch der Strom haben einen exponentiellen Verlauf, wie in Bild 4.7 zu sehen ist. Die Entladeleistung, die sich aus dem Produkt dieser beiden Größen ergibt, nimmt also mit der doppelten Geschwindigkeit ab:

$$P_C = U_C I_C = -\frac{U_0^2}{R}\mathrm{e}^{-\frac{2t}{\tau}} \tag{4.21}$$

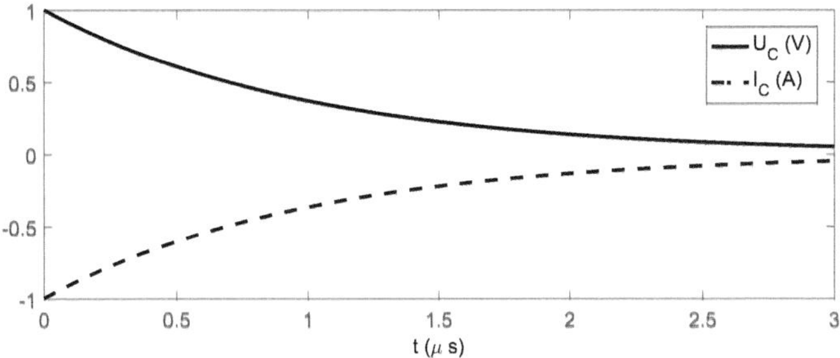

Bild 4.7 Entladekurve eines Kondensators gemäß der Schaltung aus Bild 4.5 ($R = 1\,\Omega$, $C = 1\,\mu F$, $U_0 = 1\,V$)

Während die Spannung oder der Strom bei $t = \tau$ etwa 63 % des Maximalwertes erreicht hat, erreicht die Leistung bei $t = \frac{\tau}{2}$ bereits 63 % des Maximalwertes. Dies muss bei der Auslegung berücksichtigt werden.

Übung 4.5 Dimensionierung eines Kondensators

Eine Anwendung benötigt eine Energie von $E = 30\,Ws$. Während des Entladevorgangs darf die Leistung nicht unter $P = 27\,W$ sinken. Die an den Kondensator angelegte Spannung darf maximal $U = 9\,V$ betragen. Und soll immer größer als 63 % der Maximalspannung betragen. Wie groß muss die Kapazität des Kondensators sein und welchen Energiegehalt hat dieser Kondensator?

Lösung: Wir bestimmen C über den Energieinhalt des Kondensators:

$$E = \tfrac{1}{2} C (U_{max}^2 - U_{min}^2) \Rightarrow 30\,Ws = \tfrac{1}{2} C ((9\,V)^2 - (0{,}63 \cdot 9\,V)^2)$$

$$\Rightarrow C = \frac{2 \cdot 30\,Ws}{(9\,V)^2 - (0{,}63 \cdot 9\,V)^2} = 1{,}228\,F$$

Der Gesamtenergiegehalt des Kondensators beträgt also:

$$\kappa = \frac{1}{2} C U_{max}^2 = \frac{1}{2} 1{,}228\,F\,(9\,V)^2 = 49{,}734\,Ws$$

Die Idee für unseren Tiefsetzsteller sieht folgendermaßen aus: Wir laden den Kondensator bis zu einer Spannung $U_2 + \Delta U$ auf und entladen dann den Kondensator bis zu einer Spannung $U_2 - \Delta U$. Im Durchschnitt wird also die Spannung U_2 am Kondensator auftreten. Wir stellen jedoch fest, dass die Spannung am Lastwiderstand R beim Entladen ihr Vorzeichen wechselt. Der Grund ist schnell erkannt. In Gleichung 4.20 sehen wir, dass die Richtung des Stroms im Kondensator ein negatives Vorzeichen hat. Der Strom fließt aus dem Kondensator heraus und belastet den Widerstand mit einem anderen Vorzeichen. Wir erzeugen also einen Wechselstrom.

Um eine Gleichspannung zu erzeugen, müssen wir die Schaltung aus Bild 4.5 um eine Schaltung ergänzen, die die Polarität des Stroms am Lastwiderstand umschaltet. Wir haben diese in der Schaltung in Bild 4.8 hinzugefügt. Die Schalter S_3 und S_4 sorgen dafür, dass die Polarität richtig eingestellt ist.

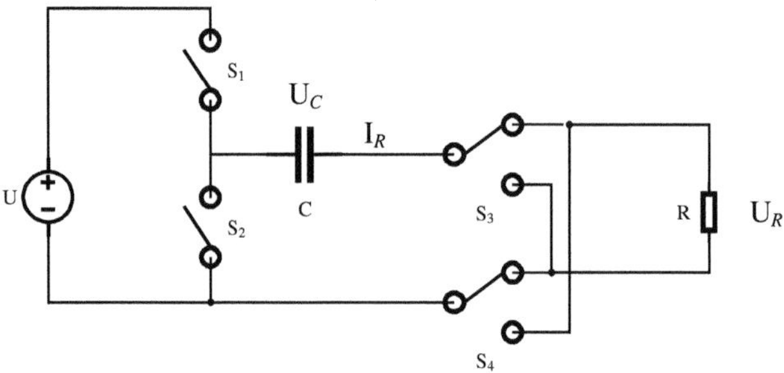

Bild 4.8 Schaltung zur Verwendung eines Kondensators als Ladungspumpe. Die Schalter S_1 und S_2 haben nie den gleichen Zustand und steuern die Ladung des Kondensators. Die Schalter S_3 und S_4 steuern die Polarität der an den Lastwiderstand R angelegten Spannung.

In Bild 4.9 haben wir den Strom- und Spannungsverlauf einer Ladungspumpe dargestellt. Der Kondensator hatte einen Wert von $C = 0{,}01\,\text{F}$, der Lastwiderstand war $R = 10\,\Omega$. Die Eingangsspannung bei $U = 12\,\text{V}$. In diesem Beispiel haben wir die Lade- und Entladezeit symmetrisch $D = 50\,\%$ gewählt. Die Periodendauer beträgt $T = 0{,}1\,\text{s}$. Die Stromkurve von I_C in Bild 4.9 zeigt, wie das Vorzeichen periodisch wechselt. Da wir aber während der Entladung die Polarität am Lastwiderstand umschalten, sehen wir diesen Vorzeichenwechsel nicht. Stattdessen bleibt der Strom I_R positiv und schwankt zwischen 0,55A und 0,74A. Daraus ergibt sich ein Durchschnittsstrom von 0,65A und ein Stromripple von $\Delta A = 0{,}1\,\text{A}$.

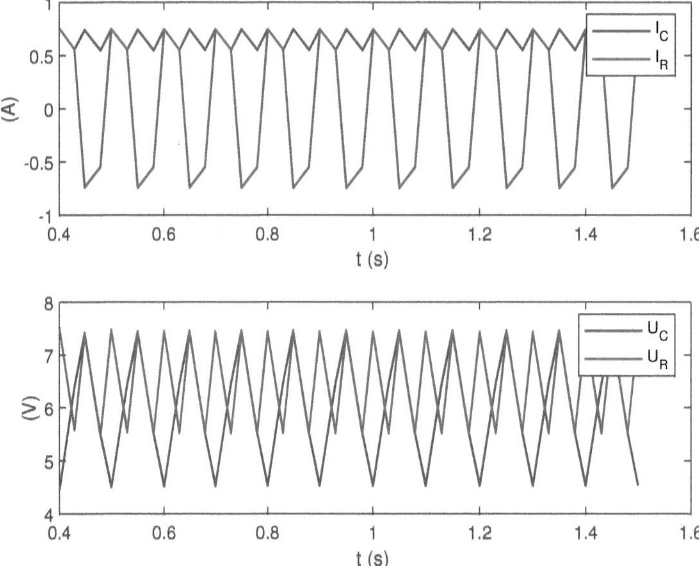

Bild 4.9 Strom- und Spannungswerte einer Ladungspumpe aus Bild 4.8. U_C und U_R sind die Spannungswerte an dem Kondensator und an dem Widerstand. I_C und I_R sind die Stromwerte. Es ist zu erkennen, dass die Spannung am Widerstand zwischen 5,5V und 7,5V schwankt und einen Mittelwert von 6,5V annimmt. Die Spannungsquelle hatte einen Spannungswert von $U_1 = 12\,\text{V}$ (Parameter: $C = 10\,\text{mF}$, $R = 10\,\Omega$, $D = 50\,\%$, $T = 0{,}1\,\text{s}$).

Für die Spannung U_R und U_C ist ebenfalls der Einfluss des Polaritätswechsels zu erkennen. Durch die Umpolung wird der Spannungsripple reduziert. Es ist zu erkennen, dass die Spannung am Widerstand zwischen 5,5 V und 7,5 V schwankt und einen Durchschnittswert von 6,5 V annimmt. Das entspricht einem Spannungsripple von $\Delta U = 1\,\text{V}$. Am Kondensator beträgt die Mindestspannung 4,5 V. Die durchschnittliche Spannung beträgt dort also 6 V mit einem Spannungsripple von $\Delta U_C = 1{,}5\,\text{V}$.

Die Ladungspumpe ist ebenfalls eine Spezialisierung eines Tiefsetzstellers (Bild 4.10). Sie besteht aus einem Kondensator und vier Schaltern. Wie wollen nun schauen, wie gut diese Lösung unsere Anforderungen an einen Tiefsetzsteller erfüllt. Für unsere Anwendung muss der Tiefsetzsteller drei Eigenschaften haben: Zum einen müssen wir mithilfe des Reglers die gewünschten Spannungsniveaus einstellen können, was für die Steuerung des Leistungsflusses wichtig ist. Zweitens muss der Tiefsetzsteller in der Lage sein, die gewünschte Leistung zu übertragen, d. h. selbst wenn wir die Spannung so einstellen können, dass die richtige Strommenge von einer Seite des DC-Busses zur anderen fließen kann, muss der Regler auch in der Lage sein, diesen Strom zu übertragen. Die letzte Anforderung bezieht sich auf den Wirkungsgrad. Dieser sollte so hoch wie möglich sein.

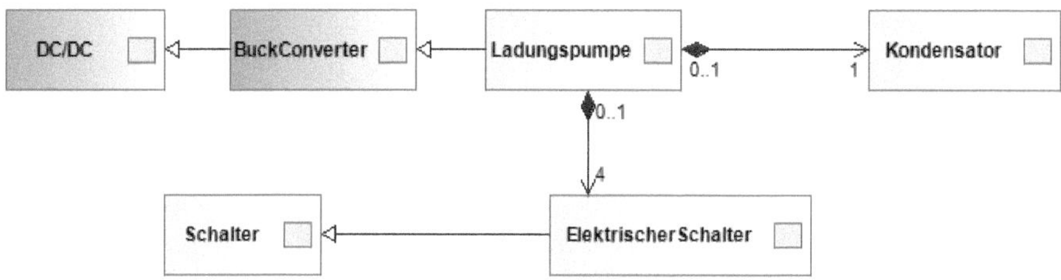

Bild 4.10 Die Ladepumpe ist eine alternative Spezialisierung des Buckconverters. Sie besteht aus zwei Systemkomponenten: einer Reihe von `Schaltern` und einer `Kapazität`.

Betrachten wir zunächst die Frage, welchen Spannungsbereich wir am Lastwiderstand einstellen können. Die Schalter S_3 und S_4 spielen bei der Frage nach der einstellbaren Spannung keine Rolle. Sie kehren nur die Polarität um, damit wir keine Wechselspannung erzeugen.

Wir schalten innerhalb eines Intervalls T. Dabei ist S_1 bis zum Zeitpunkt $D \cdot T$ eingeschaltet. Dann schalten wir auf den Schalter S_2, der für eine Zeit $(1 - D)$ eingeschaltet ist. T muss kleiner sein als $\tau = R \cdot C$. Sonst besteht die Gefahr, dass der Kondensator innerhalb des Schaltintervalls vollständig aufgeladen oder entladen wird.

Betrachten wir zunächst die beiden Fälle, $D \to 0$ und $D \to 1$. In beiden Fällen ist einer der beiden Schalter fast ständig eingeschaltet. Bei $D \to 0$ ist die Entladephase wesentlich länger als die Ladephase. Das hat zur Folge, dass die Spannung am Widerstand gegen Null geht. Bei $D \to 1$ haben wir den umgekehrten Fall, dass die Ladephase deutlich länger ist als die Entladephase. In diesem Fall wird der Kondensator fast nicht entladen. Der Strom, der durch den Widerstand fließt, ist daher sehr klein, was einer sehr kleinen Spannung am Widerstand entspricht. Wir sehen, dass in beiden Fällen $D \to 0$ und $D \to 1$ die Spannung sehr klein ist. Die Restwelligkeit ΔU wird jedoch in beiden Fällen sehr groß. In beiden Fällen ist die Spannungsdifferenz zwischen den beiden Schaltzuständen $|U_1|$. Wir stellen also einen Spannungsripple von $\Delta U_R = |U_1|$.

Was passiert zwischen diesen beiden Extremen? Nehmen wir an, wir schalten die Ladungspumpe ein und stellen $D \approx 0$ ein. Wir schauen auf unser Messgerät, das die Spannung über dem Widerstand anzeigt. Wie gerade erklärt, werden wir zunächst feststellen, dass die Spannung nahe Null ist. Nun erhöhen wir D ein wenig und sehen, was mit der Spannung über dem Lastwiderstand passiert. Wir messen, dass der Mittelwert der Spannung ansteigt, weil die Zeit, in der der Kondensator geladen werden kann, immer länger wird und somit mehr Energie für die letzte Ladezeit zur Verfügung steht. Wir sehen auch, dass der Spannungsripple immer kleiner wird. Dieses Verhalten setzt sich bis zum Erreichen von $D = \frac{1}{2}$ fort, woraufhin die Spannung abnimmt und der Spannungsripple wieder zunimmt. Denn bei $D = \frac{1}{2}$ kehren sich die Verhältnisse um. Wir sehen, dass bei diesem Wert die maximale Spannung und der maximale Strom erreicht werden können. Die Frage ist, wie hoch diese Werte sind.

Übung 4.6 Bestimmung des mittleren Stromes und der mittleren Spannung einer Ladungspumpe bei $D = \frac{1}{2}$

Für eine Ladungspumpe setzen wir ein Tastverhältnis von $D = \frac{1}{2}$ an (Bild 4.8). Die Schaltfrequenz ist $T \ll R \cdot C$. Wie groß ist der mittlere Strom $\bar{I_R}$ und die mittlere Spannung $\hat{U}_C$ am Lastwiderstand? Welcher Spannungsripple ΔU_R tritt auf?

Lösung: Betrachten wir zunächst die mittlere Spannung, die an dem Kondensator auftritt. Für $D = \frac{1}{2}$ ist die mittlere Spannung am Kondensator immer $\hat{U}_C = \frac{U_1}{2}$. Dies lässt sich leicht veranschaulichen, wenn wir den Fall $C \to 0$ betrachten. Wir verwenden also einen Kondensator, der eine vernachlässigbare Kapazität hat. In diesem Fall, wenn $S_1 = 1$, würde die Spannung $U_C = U_1$ beobachtet werden. Wenn der Schalter ausgeschaltet ist, würde der Kondensator sofort entladen, und die Spannung $U_C = 0$ wäre zu beobachten. Im Mittel würde $\hat{U}_C = \frac{U_1}{2}$ beobachtet werden, da in der einen Hälfte eine Spannung von U_1, in der anderen 0 anliegt.

Da die Schaltfrequenz kleiner als $R \cdot C$ ist, kann man von einer linearen Annäherung der Lade- und Entladekurve ausgehen. Daher muss für den Ripple ΔU die folgende Gleichung gelten:

$$\hat{U}_C - \Delta U + \frac{1}{2} U_1 \frac{D \cdot T}{R \cdot C} = \hat{U}_C + \delta U$$

Dies ergibt für ΔU:

$$\Delta U = \frac{1}{4} U_1 \frac{D \cdot T}{R \cdot C} \tag{4.22}$$

Der mittlere Laststrom ergibt sich direkt aus dem Ohmschen Gesetz. Da wir die Polarität während des Schaltvorgangs ändern, gibt es keinen Sprung am Lastwiderstand. Allerdings gibt es einen Sprung am Kondensator. Für den mittleren Laststrom erhalten wir:

$$\hat{I}_R = \frac{\hat{U}_C}{R} \tag{4.23}$$

Die mittlere Spannung am Lastwiderstand ist durch die mittlere Spannung am Kondensator gegeben.

$$\hat{U}_R = \hat{U}_C \tag{4.24}$$

■

Wie wir in Übung 4.6 gesehen haben, hat die Ladungspumpe die folgenden Eigenschaften:

- Die Spannung kann zwischen 0 V und $\frac{U_1}{2}$ eingestellt werden. Dies entspricht nicht der Idealanforderung **DC Buck 1**, da unter Umständen der Wunsch bestehen kann, dass auch ausgangsseitig Spannungen größer als $\frac{U_1}{2}$ realisiert werden sollen.
- Je niedriger die Ausgangsspannung ist, desto höher ist der Spannungsripple. Diese steigt bis zu U_1 an. Sein Minimum liegt bei $\Delta U = \frac{1}{4} U_1 \frac{D \cdot T}{R \cdot C}$ bei einer Spannung von $\frac{U_1}{2}$. Dies kann zu einer Verletzung von **DC Buck 4** führen. Insbesondere, wenn die Ausgangsspannung viel niedriger als $\frac{U_1}{2}$ sein soll, erreichen die Strom- und Spannungsripple sehr hohe Werte.
- Der Laststrom ergibt sich aus dem Lastwiderstand und der Kondensatorspannung. Diese Eigenschaft steht im Widerspruch zu **DC Buck 2**. Wir können den Laststrom in einer Ladungspumpe nicht einstellen. Er ist durch die Eigenschaften des Kondensators und der Spannung begrenzt. Wir haben also keine flexible Lösung.
- Die Verluste sind bei diesem Wandler sehr gering. Auf der Eingangsseite wird die Ladung auf den Kondensator übertragen und mit einer Zeitverzögerung auf der Ausgangsseite verteilt. Bei einem idealen Kondensator entstehen die Verluste nur durch die Schaltverluste und durch den Lastwiderstand. **DC Buck 4** ist somit erfüllt.

Die Ladungspumpe erfüllt bereits eine ganze Reihe von Anforderungen, die wir an einen Tiefsetzsteller stellen. Die Ladungspumpe eignet sich besonders für Anwendungen, bei denen das Ausgangsspannungsfenster bei $\frac{U_1}{2}$ stabil ist. Dies ist der Betriebspunkt, an dem die Strom- und Spannungsripple am geringsten sind.

4.2.3 Der synchrone Tiefsetzsteller – Eine Realisierung mit Spule und Schalter

Die Ladungspumpe und der Spannungsteiler haben nicht alle Anforderungen erfüllt, die wir an einen Tiefsetzsteller stellen. Da der Wirkungsgrad sehr gering ist, eignet sich der Spannungsteiler eher dazu, eine kleine Spannung aus einem Signal abzugreifen. Der Ladungspumpe fehlt es an Flexibilität bei der Wahl des Spannungsfensters und des Stromfensters. Der Grund für das kleine Stromfenster ist, dass ein Kondensator ein Spannungsspeicher ist. Was ist damit gemeint? Wenn wir einen Kondensator aufladen, werden die Ladungsträger umverteilt. Wir haben eine Spannung $U_C = U_0$, und es fließt kein Strom (Gleichung 4.18). Die zugeführte Energie wird in dem elektrischen Feld zwischen den beiden Platten gespeichert.

Eine alternative Realisierung ist die Verwendung eines Bauteils, das in der Lage ist, Strom zu speichern. Mit einem solchen Speicher könnten wir eine beliebige Spannung erzeugen, weil wir nur eine bestimmte Menge an Ladungsträgern kontrolliert „abzweigen" müssten und damit eine bestimmte Spannung erzeugen könnten. Leider haben wir hier ein grundsätzliches Problem. Elektrischer Strom sind bewegte Ladungsträger, d. h. wir müssten etwas speichern, das ständig in Bewegung bleibt. Bewegung ist aber immer mit Verlusten verbunden. Beim elektrischen Strom kennen wir diese Verluste als ohmschen Widerstand und nehmen diese Verluste in Form von Wärme wahr. Wir müssen uns also (vorerst) damit abfinden, dass wir Strom nur für eine kurze Zeit speichern können.

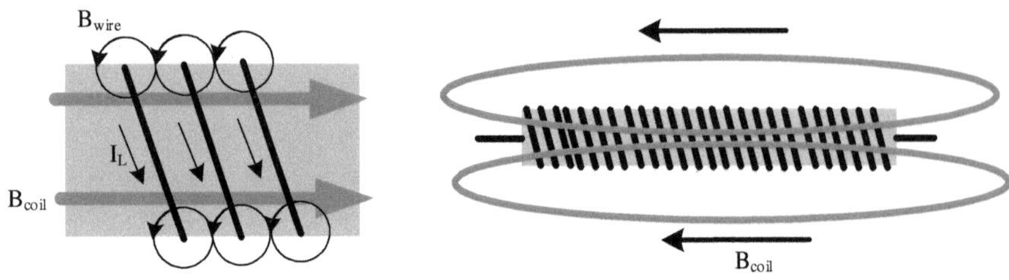

Bild 4.11 Aufbau einer Spule. Ein Ferritkern ist mit einem Draht umwickelt. Jede Wicklung erzeugt ein Magnetfeld, wenn ein Strom durch den Draht fließt. Wenn die Wicklungen dicht beieinander liegen, überschneiden sich die Feldlinien und bilden ein Gesamtmagnetfeld, das parallel zum Kern im Inneren der Spule verläuft.

Das Bauteil, mit dem wir diesen Speichervorgang realisieren können, ist die Spule. Bild 4.11 zeigt ihren Aufbau. Um das Grundprinzip einer Spule zu verstehen, sei daran erinnert, dass ein stromdurchflossener Draht immer auch ein Magnetfeld erzeugt, dessen Feldlinien kreisförmig um den Draht verlaufen. Wickelt man den Draht zu einer Spule, so überlagern sich die Magnetfelder und bilden ein gemeinsames Feld H. Die Stärke des Magnetfeldes H ist proportional zum Strom, der durch die Spule fließt $H \propto I_L$. Vergleicht man die Stärke des Magnetfeldes H einer Spule, bei der man den Draht einmal gewickelt hat, mit einer Spule, bei der man den Draht 100-mal gewickelt hat, so stellt man fest, dass das Feld H ebenfalls 100-mal stärker geworden ist. Es gilt also, dass H proportional zu der Anzahl der Wicklungen n ist. Das ist nicht verwunderlich, denn das resultierende Magnetfeld ist eine Überlagerung des Magnetfeldes jeder einzelnen Wicklung.

Nun führen wir ein weiteres Experiment durch. Wir nehmen zwei Spulen, die die gleiche Anzahl von Windungen haben, und legen den gleichen Stromfluss an. Der einzige Unterschied ist, dass die eine Spule eine Länge von $l_1 = 1\,\text{cm}$ und die andere eine Länge von $l_2 = 2\,\text{cm}$ hat. Wenn wir nun das Magnetfeld messen, stellen wir fest, dass die kürzere Spule ein doppelt so starkes Magnetfeld hat wie die längere Spule. Der Grund dafür ist in Bild 4.11 zu finden. Das Magnetfeld verläuft durch das Innere der Spule nach außen und wieder zurück. Da die Feldlinien geschlossen sein müssen, werden bei einer längeren Spule die Feldlinien über eine größere Fläche verteilt.

Zusammengefasst gilt für das Magnetfeld H:

$$H = \frac{n\,I}{l} \tag{4.25}$$

In Bild 4.11 haben wir den Draht nicht einfach zu einer Spule gewickelt, sondern wir haben ihn um ein Objekt gewickelt. Wir beobachten, dass sich das Magnetfeld H ändert, wenn sich das Material verändert. Wir interpretieren dies als Hinweis darauf, dass der magnetische Fluss B vom Material abhängig ist. Wenn wir B und H messen, stellen wir fest, dass diese beiden Größen proportional zueinander sind. Analog zum Kondensator normalisieren wir die Beziehung zwischen B und H in Bezug auf ein Referenzexperiment. Dies wäre das Experiment ohne Stab im Vakuum. In diesem Fall ist $B = \mu_0 H$. Dabei wird $\mu_0 = 4\pi \cdot 10^{-7}\,\frac{\text{H}}{\text{m}}$ als Magnetfeldkonstante bezeichnet. Wenn wir das Experiment mit anderen Materialien wiederholen, können wir eine relative magnetische Permeabilität μ_r bestimmen. Ähnlich wie beim Kondensator kombinieren wir diese beiden Größen zur magnetischen Permeabilität $\mu = \mu_r \cdot \mu_0$.

$$B = \mu_r \cdot \mu_0 \cdot H = \mu \frac{n\,I}{l} \tag{4.26}$$

Wir können uns die Wirkung einer höheren Permeabilität mit einem einfachen Experiment vergegenwärtigen. Wenn wir einen Draht zu einer Spule wickeln und Strom durch sie fließen lassen, messen wir eine relativ schwache Magnetkraft. Wir können vielleicht Büroklammern, die auf dem Schreibtisch liegen, bewegen, aber nicht anheben. Nun wickeln wir denselben Draht um ein Stück Eisen und lassen einen Strom durch die Spule fließen. Wir beobachten nun eine viel stärkere Magnetkraft, die es uns sogar ermöglicht, die Büroklammern anzuheben. Wenn wir uns die Werte für die magnetische Permeabilität von Eisen und Luft in Tabelle 4.2 ansehen, finden wir eine schnelle Erklärung. Die relative Permeabilität von Eisen ist 5.000 mal größer als die von Luft. Das bedeutet, dass die Kraft, die wir mit dieser Spule erzeugen können, auch 5.000 mal größer ist. Es gibt andere Materialien, die diesen Faktor um ein Vielfaches erhöhen. Permalloy, eine Verbindung aus Nickel (80 %) und Eisen (20 %), ist im Vergleich zu Eisen 20 mal stärker. Fügt man der Mischung Molybdän hinzu, erhält man Supermalloy, das aus Nickel (75 %), Eisen (20 %) und Molybdän (5 %) besteht und 10-mal stärker als Permalloy ist.

Tabelle 4.2 Werte für die magnetische Permeabilität einiger in der Elektronik verwendeter Materialien [SM13]

Material	μ $\left(\frac{\mathrm{H}}{\mathrm{m}}\right)$	μ_r
Luft	$1{,}257 \cdot 10^{-6}$	1
Eisen U60	$1 \cdot 10^{-5}$	8
Eisen	$6{,}28 \cdot 10^{-3}$	5.000
78 Permalloy	0,126	100.000
Supermalloy	1,26	1.000.000

In einer Spule, die zu einem Stab geformt ist, reichen die magnetischen Feldlinien weit über den Spulenkörper hinaus (Bild 4.11), was notwendig ist, weil eine Feldlinie, die auf der einen Seite austritt, auch auf der anderen Seite wieder eintreten muss. Wegen der geringen magnetischen Permeabilität von Luft können die Feldlinien außerhalb des Kerns nicht beliebig dicht beieinander liegen, sodass sich die Feldlinien weiter in den Raum erstrecken. Dieser Effekt lässt sich verringern, wenn wir mit einem Ring statt mit einem Stab arbeiten. Die Feldlinien innerhalb des Rings liegen eng beieinander. Es gibt keinen Grund, warum die Feldlinien austreten sollten. Aus diesem Grund werden in der Elektronik Spulen mit geschlossenen Kernen verwendet. Aber wozu? Bisher haben wir nur gesehen, dass eine Spule ein Magnetfeld erzeugt und bei geschickter Wahl als starker Magnet dienen kann, der ein- und ausgeschaltet werden kann.

Um das Verhalten oder die Nützlichkeit einer Spule für die Elektronik zu verstehen, müssen wir uns noch einmal das Grundprinzip der Spule ansehen. Fließt ein Strom durch einen Leiter, so kann man sich vereinfacht vorstellen, dass Ladungsträger q mit einer Geschwindigkeit $\vec{v}$ durch ihn fließen. Dabei wird ein ortsabhängiges Magnetfeld $\vec{B}(\vec{r})$ erzeugt [Jac09]:

$$\vec{B} = \frac{\mu}{4\pi} q \vec{v} \times \frac{\vec{r}}{|\vec{r}|^2} \tag{4.27}$$

Aus Gleichung 4.27 geht hervor, dass sich das Magnetfeld aus dem Kreuzprodukt der Geschwindigkeit der Ladungsträger und einem Ort ergibt. Gleichung 4.27 erklärt auch, warum wir kreisförmige Feldlinien haben. Da der Abstand vom Leiter $|\vec{r}|$ entlang des Kreises gleich bleibt, ändert sich der Betrag von $\vec{B}$ nicht. Allerdings ändert sich für jeden Punkt auf diesem Kreis der Ortsvektor $\vec{r}$ und damit die Richtung des Feldes $\vec{B}$.

Um nun die Funktion einer Spule zu verstehen, führen wir folgendes Experiment durch. Zunächst lassen wir einen Strom durch einen Leiter fließen. Sofort entsteht ein Magnetfeld, dessen Feldlinien kreisförmig um diesen Leiter verlaufen. Nun schalten wir den Strom einfach ab. Was passiert nun? Bisher haben wir Gleichung 4.27 als eine Gleichung verstanden, die die Entstehung eines Magnetfeldes durch bewegte Ladungen beschreibt. Wir können diese Gleichung aber auch so interpretieren, dass ein Magnetfeld eine Bewegung des Ladungsträgers erzeugt. Und genau das geschieht jetzt. Wenn der Strom im Leiter abnimmt, ändert sich auch das Magnetfeld. Dabei übt es eine Kraft auf die Ladungsträger aus. Diese Kraft geht jedoch genau in die entgegengesetzte Richtung der ursprünglichen Bewegungsrichtung der Ladungsträger. Der Strom wird abgebremst. Das erkennen wir daran, dass sich eine Spannung aufbaut.

Dieses Experiment lässt sich zu folgendem Zusammenhang zwischen Spannung und Strom zusammenfassen:

$$U_L = L \cdot \frac{\mathrm{d}}{\mathrm{d}t} I_L \tag{4.28}$$

Die Spannung an einer Spule hängt von der Änderung des Stroms durch die Spule ab. In unserem Experiment wäre die Spannung U_L zunächst 0, der konstante Strom fließt durch die Spule zwischen Spuleneingang und -ausgang. Schaltet man den Stromkreis ab, ändert sich der Strom schlagartig, und wir messen eine Spannung. Die gemessene Spannung hängt vom Material und der Geometrie der Spule ab. Nehmen wir die Spule aus Bild 4.11. Wenn wir das Material, d. h. die magnetische Permeabilität, ändern, aber alles andere gleich lassen, stellen wir eine proportionale Änderung der Spannung fest. Dieses Verhalten ist offensichtlich, denn wir haben gesehen, dass die Stärke des magnetischen Flusses B proportional zur magnetischen Permeabilität ist und dass dieser Fluss der Wirkmechanismus für den induzierten Rückstrom ist.

Da der Fluss B auf eine Überlagerung der Flüsse der benachbarten Leiter zurückzuführen ist, ist er proportional zur Anzahl der Wicklungen n. Wir erwarten aber auch, dass die Spannungsänderung ebenfalls proportional zur Anzahl der Wicklungen ist. Wir haben also zwei Mechanismen, die sich beide auf die Spannung auswirken: die proportionale Erhöhung der Spannung durch den Fluss B und die proportionale Erhöhung der Spannung durch die Anzahl der Windungen. Das Experiment bestätigt diesen Befund. Wenn wir nur die Anzahl der Windungen ändern, sehen wir, dass die Spannung proportional zu n^2 ist.

Führt man weitere Experimente durch, so findet man auch eine Abhängigkeit von der Geometrie des Spulenkerns. Je größer die Querschnittsfläche A des Spulenkörpers ist, desto höher ist der Spannungsanstieg. Diese Beobachtung lässt sich durch den Anstieg des magnetischen Flusses B erklären. Je größer die Querschnittsfläche A ist, desto mehr Feldlinien können im Material „eingefangen" werden. Wir beobachten auch, dass die gemessene Spannung abnimmt, je länger der Spulenkörper ist. Wenn wir die Länge des Spulenkörpers verdoppeln, halbiert sich der Spannungsanstieg. Dies lässt sich auch durch die Beschaffenheit des Feldes B erklären, denn wie wir in Gleichung 4.26 gesehen haben, haben wir diesen Zusammenhang zwischen H und B bereits beobachtet.

All diese Abhängigkeiten zwischen Geometrie und Material der Spule und der Spannung wird durch die Induktivität L beschrieben. L hat die Einheit Henry (H). Es gilt Folgendes:

$$L = \mu n^2 \frac{A}{l} \tag{4.29}$$

Um festzustellen, wie viel Energie in einer Spule gespeichert ist, muss man messen, wie viel Leistung $P = U \cdot I$ in die Spule fließt. Die Beziehung zwischen der Spulenspannung U_L und der Änderung des Spulenstroms $\frac{\mathrm{d}}{\mathrm{d}t} I_L$ über der Zeit ergibt die zum Zeitpunkt T gespeicherte Energie:

$$E_L = \int_{t=0}^{T} I_L \, U_L \, \mathrm{d}t = \int_{t=0}^{T} I_L \, L \cdot \frac{\mathrm{d}}{\mathrm{d}t} I_L \, \mathrm{d}t = \frac{1}{2} L \left(I(T)^2 - I(0)^2 \right) \tag{4.30}$$

Die Gleichung zeigt, dass die Energie im Inneren einer Spule nur von der Stromstärke abhängt. Eine Spule ist also ein Stromspeicher. Wir haben gesehen, dass in einem Kondensator die Energie durch das elektrische Feld zwischen den beiden Kondensatorplatten gespeichert wird. Durch Anpassung der Geometrie oder der Permeabilität können wir die Kapazität des Kondensators verändern. In einer Spule erfolgt der Speichermechanismus durch das Magnetfeld. In ähnlicher Weise können wir die Kapazität der Spule durch Anpassung der Geometrie oder der Permeabilität verändern.

Übung 4.7 Auslegung einer Spule als Stromspeicher

Wir wollen eine Energie von $E_L = 13\,\mathrm{Ws}$ in einer Spule speichern. Dazu wird ein Strom von $I_L = 3\,\mathrm{A}$ innerhalb einer Sekunde durch die Spule geleitet. Der Kern ist aus Permalloy gefertigt. Er hat einen kreisförmigen Querschnitt mit einem Durchmesser von $d = 0{,}5\,\mathrm{cm}$. Wie viele Windungen n sind notwendig und wie lang muss die Spule sein, damit diese Energie gespeichert werden kann?

Lösung: Wir bestimmen zunächst die Induktivität L:

$$L = \mu A \frac{n^2}{l} = \mu \pi \frac{d^2}{4} \frac{n^2}{l}$$

Wir nutzen Gleichung 4.30, wobei wir $I(0) = 0$ setzen, und erhalten:

$$\begin{aligned} E_L &= \frac{1}{2} L \, I(T)^2 \\ &= \frac{1}{2} \, \mu \pi \frac{d^2}{4} \frac{n^2}{l} I(T)^2 \end{aligned}$$

Wir lösen für l, da l jeden positiven Wert haben kann, n aber nur eine ganze Zahl sein kann:

$$\begin{aligned} l &= \frac{1}{2} \, \mu \pi \frac{d^2}{4} \frac{n^2}{E_L} I(T)^2 \\ &= 2{,}1353 \cdot 10^{-5} \mu \cdot n^2 \end{aligned}$$

Wir wollen mit wenigen Windungen $n = 4$ arbeiten, wir benötigten eine Länge von:

$$l = 0{,}0342\,\mathrm{m} = 3{,}42\,\mathrm{cm}$$

■

Wie das Laden und Entladen einer Spule aus? Wir betrachten die in Bild 4.12 dargestellte Schaltung. Wir haben eine Spannungsquelle $U = U_0$. Mit einem Schalter S_1 wird diese

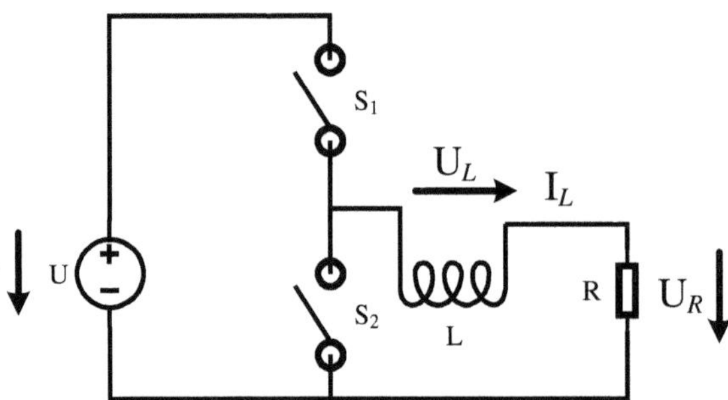

Bild 4.12 Schematische Darstellung einer Schaltung zum Laden und Entladen einer Spule. Die beiden Schalter S_1 und S_2 werden so gesteuert, dass immer nur einer der beiden Schalter geschlossen ist.

Spannungsquelle mit einer Spule L und einem Widerstand R verbunden. Wenn S_1 offen und S_2 geschlossen ist, haben wir einen Stromkreis, der nur die Spule und den Widerstand enthält. S_1 und S_2 sind nie gleichzeitig geschlossen. Bei $S_1 = 1$ ist die Spule aufgeladen. Bei $S_2 = 1$ ist die Spule entladen. Wir wollen zuerst die Spule aufladen. Wegen der Maschenregel gilt:

$$0 = -U_0 + U_R + U_L \tag{4.31}$$

Wir haben berücksichtigt, dass in Bild 4.12 die Spannungsquelle ein anderes Vorzeichen hat als U_L und U_R. Unter Verwendung des Ohmschen Gesetzes und der Gleichung 4.28 ergibt sich daraus:

$$U_0 = R \cdot I + L\frac{\mathrm{d}}{\mathrm{d}t}I \tag{4.32}$$

Wir haben hier eine ähnliche Differentialgleichung wie für den Kondensator (Gleichung 4.18). Wir erhalten auch vergleichbare Lösungen für I und U_L:

$$I = \frac{U_0}{R}\left(1 - \mathrm{e}^{-\frac{t}{\tau_L}}\right) \tag{4.33}$$

$$U_L = L\frac{\mathrm{d}}{\mathrm{d}t}I = U_0\mathrm{e}^{-\frac{t}{\tau_L}} \tag{4.34}$$

Dabei ist $\tau_R = \frac{L}{R}$ die charakteristische Zeitskala für die Aufladung einer Spule. Wie in Bild 4.13 zu sehen ist, verläuft der Ladevorgang einer Spule ähnlich wie der eines Kondensators. Der einzige Unterschied besteht darin, dass Strom und Spannung ihre Rollen vertauscht haben.

Die Ladekurve kann auch auf andere Weise interpretiert werden. Zum Zeitpunkt $t = 0$ wird eine Spannung angelegt. Der einzustellende Strom ist $I = U_0/R$. Die Spule wirkt zunächst gegen diesen Strom. Wie ein langsames Wasserrad in einer Strömung lässt sie den Strom anfangs nicht „durch", muss erst in Bewegung gesetzt werden, und wenn das geschehen ist, fließt der gewünschte Strom von $I = U_0/R$. Wir können uns die Spule also als einen Puffer vorstellen, der erst gefüllt werden muss, bevor der Strom in vollem Umfang weiterfließen kann. In der Tat ist dies eine häufige Anwendung von Spulen. Sie dienen dazu, Stromspitzen zu dämpfen.

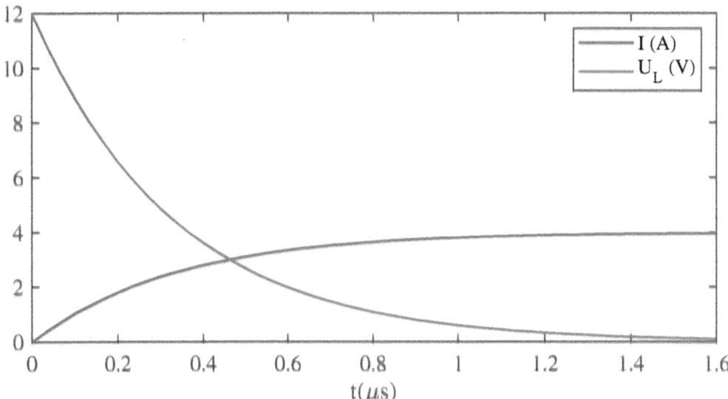

Bild 4.13 Strom I und Spannung U_L während des Ladevorgangs einer Spule ($R = 3\,\Omega$, $L = 1\,\mu H$, $U_0 = 12\,V$).

Betrachten wir nun den Entladevorgang. S_1 ist offen und S_2 geschlossen. In diesem Fall ergibt sich die Maschenregel:

$$0 = U_R + U_L \tag{4.35}$$

Unter Verwendung des Ohmschen Gesetzes und der Gleichung 4.28 ergibt sich die homogene Differentialgleichung:

$$0 = R \cdot I + L\frac{d}{dt}I \tag{4.36}$$

Auch hier ist die Lösung vergleichbar mit der des Kondensators, und wir erhalten eine vergleichbare Lösung für I und U_L:

$$I = \frac{U_0}{R}e^{-\frac{t}{\tau_L}} \tag{4.37}$$

$$U_L = L\frac{d}{dt}I = -U_0 e^{-\frac{t}{\tau_L}} \tag{4.38}$$

Der Entladevorgang ist in Bild 4.14 dargestellt. Wir sehen, dass beide Kurven einen exponentiellen Abfall zeigen. Dabei hat die Spannung ein negatives Vorzeichen. Dieses Verhalten entspricht dem des Kondensators, allerdings sind die Rollen von Strom und Spannung vertauscht. Wenn wir das Bild des Wasserrades wieder aufgreifen wollen, haben wir hier die Ausgangssituation, dass sich das Wasserrad mit dem Strom dreht. Plötzlich hört der Strom auf, aber das Rad dreht sich weiter. Die Stromänderung von $I = 0$ hat zunächst keine Auswirkung, dann beginnt das Wasserrad langsamer zu werden, und der Strom nimmt ab. Da der Strom gegen den gewünschten Strom von $I = 0$ wirkt, kommt es logischerweise auch zu einer erhöhten Spannung, die ebenfalls gegen den Ist-Wert wirkt.

Die Schaltung in Bild 4.12 kann als Tiefsetzsteller oder Buckconverter verwendet werden. Das Grundprinzip ist ähnlich zur Ladungspumpe: Durch periodisches Laden und Entladen der Spule erzeugen wir einen zeitlich veränderlichen Strom, der wiederum eine zeitlich veränderliche Spannung erzeugt. Auch hier betrachten wir die Mittelwerte $\hat{I}$, $\hat{U}_R$ und berücksichtigen den Strom- und Spannungsripple ΔI, ΔU_R. Wir modifizieren die Schaltung, indem wir einen weiteren Kondensator C parallel zum Widerstand R einfügen. Das

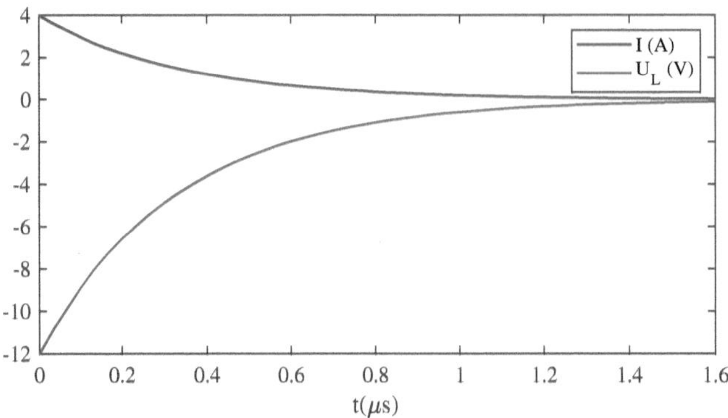

Bild 4.14 Strom I und Spannung U_L während des Entladevorgangs einer Spule (R = 3 Ω, L = 1 µH, U_0 = 12 V)

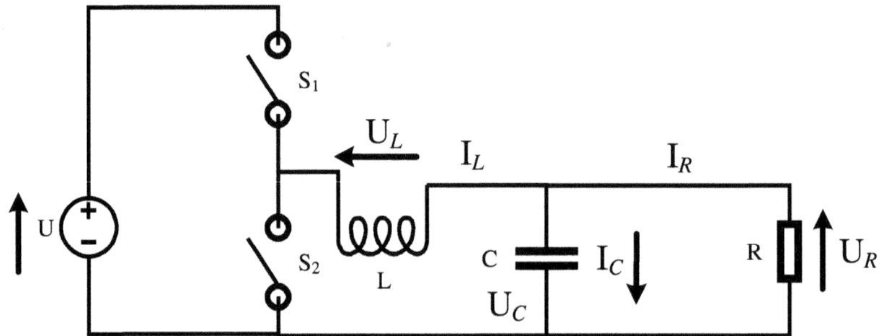

Bild 4.15 Schaltplan eines synchron geschalteten Tiefsetzstellers oder Buckconverters. Die aktiven Elemente, die Schalter S_1 und S_2, werden in der gleichen Weise wie in Bild 4.12 verwendet.

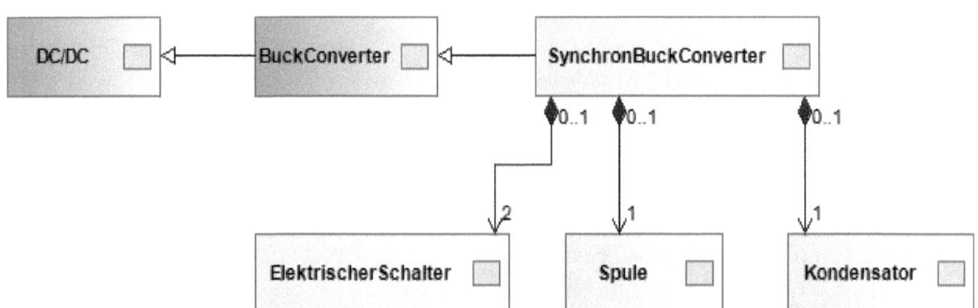

Bild 4.16 Blockschaltbild eines synchronen Buckconverters, `SynchronBuckConverter`. Er ist eine spezialisierte Realisierung eines `BuckConverter` und besteht aus einer `Induktivität`, einem `Kondensator` und zwei `Elektrische Schalter`.

resultierende Schaltbild ist in Bild 4.15 dargestellt. Um die mathematische Beschreibung zu vereinfachen, haben wir die Spannungspfeile für U, U_L und U_R etwas anders angeordnet. Bild 4.16 zeigt das Blockschaltbild für einen synchronen Tiefsetzsteller:

$$U_L = L \cdot \frac{\Delta I}{\Delta t} \tag{4.39}$$

Wir verwenden die linearisierte Gleichung und betrachten den Fall, dass die Spule geladen ist. Aus der Maschenregel folgt, dass $0 = U_L + U_R + U$. Mit $U = U_0$ und Gleichung 4.39 erhalten wir:

$$U_L = U_R = L \cdot \frac{\Delta I}{\Delta t} = L \cdot \frac{\Delta I}{D \cdot T} \Rightarrow \Delta I = \frac{(U_R - U_0)}{L} D \cdot T \tag{4.40}$$

Dabei beschreibt D das Tastverhältnis, das Verhältnis von Einschaltzeit und Ausschaltzeit. $D \cdot T$ entspricht der Zeit, bis zu der S_1 eingeschaltet bleibt.

Wenn die Spule entladen ist, d. h. wenn S_2 geschlossen ist, ist $0 = U_L + U_R$. Wir erhalten also:

$$U_L = -U_R = L \cdot \frac{\Delta I}{\Delta t} = L \cdot \frac{\Delta I}{(1-D) \cdot T} \Rightarrow \Delta I = \frac{-U_R}{L}(1-D) \cdot T \tag{4.41}$$

Wir können die Gleichungen 4.40 und 4.41 kombinieren und erhalten:

$$\frac{(U_R - U_0)}{L} D \cdot T = \frac{-U_R}{L}(1-D) \cdot L \tag{4.42}$$

$$(U_R - U_0)D = -U_R(1-D) \tag{4.43}$$

$$U_R = D \cdot U_0 \tag{4.44}$$

Die Spannung am Lastwiderstand hängt nur vom Tastverhältnis ab. Sowohl die Induktivität als auch die Länge der Schaltperiode haben keinen Einfluss auf das Verhältnis der Eingangs- zur Ausgangsspannung. Anders verhält es sich mit der Stromripple. Um die Stromripple zu berechnen, kann man entweder Gleichung 4.40 oder Gleichung 4.41 verwenden.

Übung 4.8 Wahl der Induktivität für einen synchronen Tiefsetzsteller

Wir wollen einen synchronen Tiefsetzsteller realisieren. Dieser Wandler soll die Spannung von $U_0 = 12\,\text{V}$ auf $U_R = 4\,\text{V}$ reduzieren. Der Stromripple darf nicht größer als 8 % des durchschnittlichen Laststroms I_R sein. Der Lastwiderstand hat eine Größe von $R = 130\,\text{m}\Omega$. Die Schaltfrequenz, die wir verwenden wollen, ist $f = 25\,\text{kHz}$. Wie groß muss die Induktivität sein?

Lösung: Da wir die Ausgangsspannung bereits kennen, können wir den Laststrom mithilfe des Ohmschen Gesetzes berechnen:

$$I_R = \frac{U_R}{R} = \frac{4\,\text{V}}{130\,\text{m}\Omega} = 30{,}77\,\text{A}$$

Der erforderliche maximale Stromripple ΔI_{max} beträgt 8 % des Laststroms, d. h.

$$\Delta I_{max} = 0{,}08 I_R = 0{,}08 \cdot 33{,}77\,\text{A} = 2{,}7\,\text{A}$$

Um die Induktivität L zu bestimmen, müssen wir zunächst das Tastverhältnis ermitteln:

$$D = \frac{U_R}{U_0} = \frac{4\,\text{V}}{12\,\text{V}} = \frac{1}{3}$$

Für die Schaltperiode gilt: $T = \frac{1}{f}$. Mit Gleichung 4.41 berechnen wir nun die erforderliche Induktivität:

$$\begin{aligned}
\Delta I &= \frac{-U_R}{L}(1-D)\cdot T \\
&= \frac{-U_R}{L}(1-D)\cdot\frac{1}{f} \\
L &= \frac{-U_R}{\Delta I}(1-D)\cdot\frac{1}{f} \\
&= \frac{-4\,\text{V}}{2{,}7\,\text{A}}\left(1-\frac{1}{3}\right)\cdot\frac{1}{25\,\text{kHz}} \\
&= \frac{-4\,\text{V}}{2{,}7\,\text{A}}\frac{2}{3}\cdot\frac{1}{25\,\text{kHz}} \\
&= 3{,}95\cdot 10^{-5}\,\text{H} = 0{,}395\,\mu\text{H}
\end{aligned}$$

Die Konfiguration des Tiefsetzstellers in Übung 4.8 zeigt, dass für die Stromripple die Schaltfrequenz einen Einfluss auf den Wert für die Induktivität hat. Die Spannungsripple haben wir jedoch noch nicht berücksichtigt. Ohne einen Kondensator ist der Spannungsripple proportional zum Lastwiderstand und zum Laststrom. Wenn wir aber einen Kondensator parallel zum Lastwiderstand schalten, können wir ihn auch während des Ladevorgangs der Spule aufladen und als Puffer verwenden. Wir gehen davon aus, dass die Kapazität des Kondensators so groß gewählt wurde, dass der Strom über den Lastwiderstand keine nennenswerte Stromripple mehr aufweist und die Stromripple durch den Kondensator kompensiert wird, d. h.

$$I_C = \Delta I_L$$

Betrachten wir nun den Stromfluss am Kondensator. In Bild 4.17 haben wir dies dargestellt. Da wir einen Gleichgewichtszustand betrachten, wird der Kondensator innerhalb einer Schaltperiode geladen und entladen. Die Anzahl der Ladungsträger, die dem Kondensator bei diesem Vorgang zugeführt werden, werden beim Entladevorgang auch wieder entladen. Die beiden Bereiche sind also gleich groß. Die Ladezeit beträgt $T/2$. Die Höhe des Dreiecks ist $\frac{\delta I_L}{2}$. Damit lässt sich die Anzahl der während des Ladevorgangs übertragenen

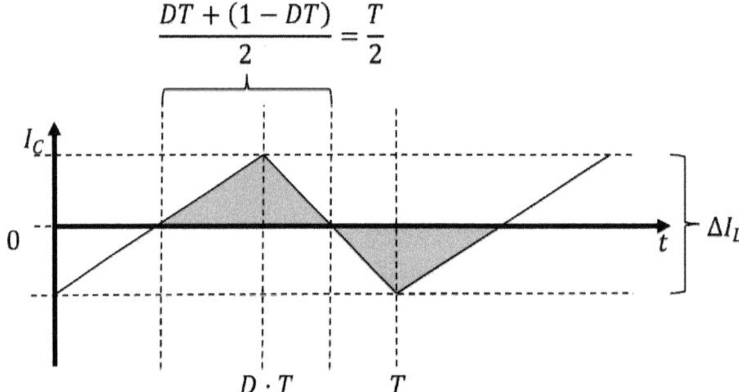

Bild 4.17 Stromverlauf am Kondensator C im Tiefsetzsteller. D ist das Tastverhältnis. T die Schaltperiode. Von $t = 0$ bis $T = D \cdot T$ wird der Kondensator geladen, von $t = D \cdot T$ bis T wird der Kondensator entladen.

Ladungsträger, ΔQ, bestimmen:

$$\Delta Q = \frac{T}{2}\frac{1}{2}\frac{\Delta I_L}{2} = \frac{\Delta I_L}{8f} \tag{4.45}$$

Die Beziehung zwischen dem Spannungsripple ΔU und den während des Prozesses übertragenen Ladungszahlen ist durch die Kondensatorgleichung $Q = C\ U$ gegeben. Somit kann man die Größe des Kondensators direkt bestimmen:

$$C = \frac{\delta Q}{\Delta U} = \frac{\Delta I_L}{8f\Delta U} \tag{4.46}$$

Übung 4.9 Wahl des Kondensators bei einem synchronen Tiefsetzsteller

Wir haben den Kondensator für den Spannungsripple in Übung 4.8 noch nicht ausgelegt. Wir wollen hier einen sehr kleinen Spannungsripple von höchstens $\Delta U_R = 0{,}1\,\mathrm{V}$. Wie groß müssen wir die Kapazität des Kondensators wählen?

Lösung: Aus der Übung 4.8 wissen wir, dass der Stromripple bei $\Delta I_R = 2{,}7\,\mathrm{A}$. Wir haben eine Schaltfrequenz von $f = 25\,\mathrm{kHz}$. Die Kapazität des Kondensators kann direkt berechnet werden:

$$C = \frac{\Delta I_L}{8f\Delta U} = \frac{2{,}7\,\mathrm{A}}{8 \cdot 25\,\mathrm{kHz} \cdot 0{,}1\,\mathrm{V}} = 1{,}35 \cdot 10^{-4}\,\mathrm{F} = 0{,}135\,\mathrm{mF}$$

■

Wie gut erfüllt der synchrone Tiefsetzsteller die Anforderungen an einen Tiefsetzsteller? Um die Frage zu beantworten, sollten wir uns diese Anforderungen ansehen:

- **DC Buck 1:** Der synchrone Tiefsetzsteller ist in der Lage, das gesamte Spannungsintervall $U_2 \in [0, U_1]$ abzudecken.
- **DC Buck 2:** Der synchrone Tiefsetzsteller arbeitet mit einem Stromspeicher, sodass er diese Anforderung erfüllt, solange genügend Strom von der Spannungsquelle bereitgestellt wird.
- **DC Buck 3:** Ähnlich wie bei der Ladungspumpe hängt der Wirkungsgrad des synchronen Tiefsetzstellers nur von den Leitungsverlusten und den Schaltverlusten ab. Auch hier haben wir ein sehr effizientes Bauteil.
- **DC Buck 4:** Spannungs- und Stromripple können im synchronen Tiefsetzsteller durch die Induktivität und den Filterkondensator gut eingestellt werden.

Der Vergleich mit den verschiedenen Anforderungen zeigt, dass der synchrone Tiefsetzsteller alle Anforderungen an einen Tiefsetzsteller gut erfüllt.

Wir haben nun drei Komponenten kennengelernt, mit denen wir z. B. einen Tiefsetzsteller realisieren können: den Kondensator, die Spule und den Widerstand. Ein Bauteil, das wir sowohl für die Ladungspumpe als auch für den synchronen Tiefsetzsteller verwendet haben, haben wir jedoch bisher noch nicht vorgestellt: den Schalter. Es ist offensichtlich, dass bei einer Schaltfrequenz von 25 kHz ein mechanischer Schalter nicht mehr verwendet werden kann. Vielmehr wird dies durch Halbleiterbauelemente realisiert. Im Folgenden wollen wir diese vorstellen.

4.2.4 Wie man Wechselstrom in Gleichstrom umwandelt – Die Diode als Gleichrichter

Bislang haben wir uns mit der Frage beschäftigt, wie Gleichstrom mit einer bestimmten Spannung U_1 in Gleichstrom mit einer anderen Spannung U_2 umgewandelt wird. In unserem Beispiel in Kapitel 2 wurden solche DC/DC-Wandler verwendet, um die Batterie des Busses oder den Pufferspeicher zu laden oder den Solarstrom zu nutzen. Allerdings brauchten wir auch eine Komponente, die den Wechselstrom aus dem Netz in Gleichstrom umwandelt. Eine solche Komponente wird als Gleichrichter bezeichnet. In Bild 4.18 haben wir dessen Symbole dargestellt. Gleichrichter können als dreiphasige oder einphasige Geräte ausgeführt werden. Dreiphasige Gleichrichter werden verwendet, wenn eine größere Menge an Leistung aus dem Netz entnommen wird. In diesem Fall wird der Wechselstrom aus allen drei Phasen in Gleichstrom umgewandelt. Bei geringerer Leistung, z. B. beim Laden eines Mobiltelefons, wird ein einphasiger Gleichrichter verwendet. Wie bei den DC/DC-Wandlern gibt es auch für diese Aufgabe verschiedene Realisierungen. Wir werden uns hier zunächst mit der einfachsten Realisierung beschäftigen: dem passiven Gleichrichter.

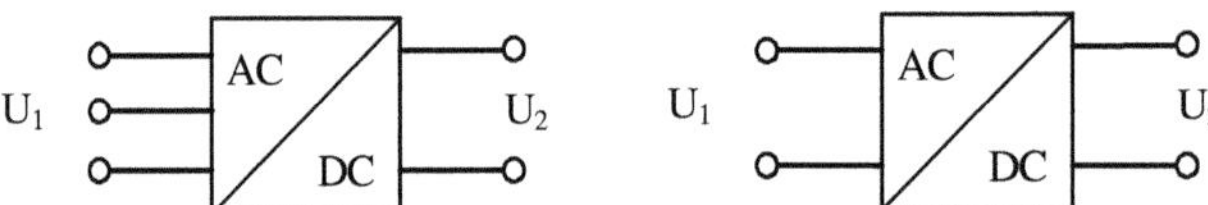

Bild 4.18 Symbole für Gleichrichter. Ein Gleichrichter wandelt Wechselstrom in Gleichstrom um. An das Netz angeschlossen ist U_1 ein dreiphasiger Wechselstrom, der in einen Gleichstrom U_2 umgewandelt wird. Gleichrichter können aber auch an einzelne Wechselstromphasen angeschlossen werden, in diesem Fall ist U_1 nur ein einphasiger Wechselstrom.

Für einen passiven Gleichrichter gelten die folgenden Anforderungen:

pas. Gr. 1: `ALS Nutzer MÖCHTE ICH, dass ein Wechselstrom in einen Gleichstrom umgewandelt wird, SODASS ich eine Wechselstromquelle zur Versorgung eines Gleichstromverbrauchers verwenden kann.`

pas. Gr. 2: `ALS Nutzer MÖCHTE ICH, dass der Gleichstrom möglichst konstant ist und nur eine geringe Spannungswelligkeit hat, SODASS meine Verbraucher nicht durch die Spannungsschwankungen eine kürzere Lebensdauer haben.`

Die erste Anforderung beschreibt die Funktion eines passiven Gleichrichters. Die zweite Anforderung bezieht sich auf die Qualität des erzeugten Gleichstroms. Da wir von einem zeitlich periodischen Signal zu einem zeitlich konstanten Signal wechseln wollen, ist zu erwarten, dass es zu Schwankungen des Gleichstroms kommt. Da wir nicht wissen, ob wir ohne hohen Aufwand den Wechselstrom zu einem idealen Gleichstrom wandeln können, definieren wir, wie viel Schwankungen wir erlauben. Idealerweise tun wir dies, indem wir eine quantitative Grenze für die Stromwelligkeit ΔI und die Spannungswelligkeit ΔU angeben.

Einen Aspekt haben wir hier nicht angesprochen: Wir haben nicht gefordert, dass der Gleichspannungspegel einstellbar sein muss. Tatsächlich ist ein passiver Gleichrichter nicht in der Lage, den Spannungspegel einzustellen. Hierfür sind andere Schaltungen erforderlich.

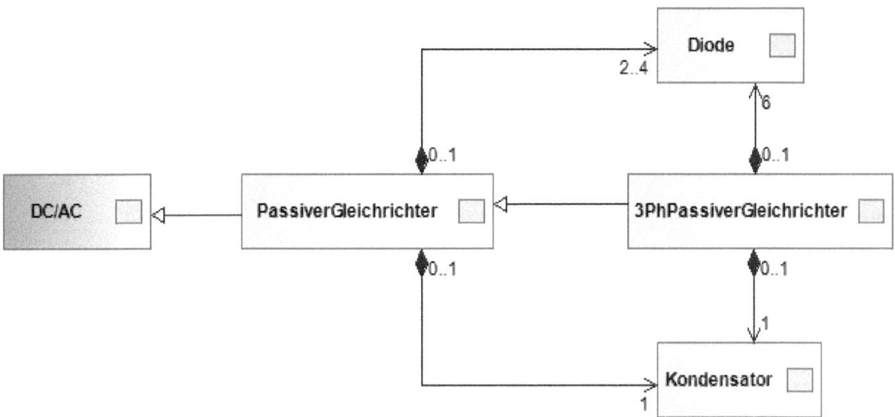

Bild 4.19 Blockdiagramm für einphasige und dreiphasige passive Gleichrichter. Diese bestehen aus mehreren Dioden und einem Kondensator.

Bild 4.19 zeigt die Systemkomponenten für einphasige und dreiphasige passive Gleichrichter. Diese bestehen aus einem Kondensator sowie einer Reihe von Dioden. Bevor wir uns den Aufbau eines passiven Gleichrichters genauer ansehen, wollen wir uns die Diode als neues Element in unserem Baukasten genauer anschauen.

Der Aufbau einer Diode ist in Bild 4.20 dargestellt. Eine Diode besteht aus zwei Halbleiterschichten, die miteinander verbunden sind. Eine Schicht ist n-dotiert. Das bedeutet, dass das Halbleitermaterial mit einem Material gemischt wurde, das mehr Elektronen hat, als für die chemische Bindung im Kristall notwendig wären. Die überschüssigen Elektronen sind beweglich.

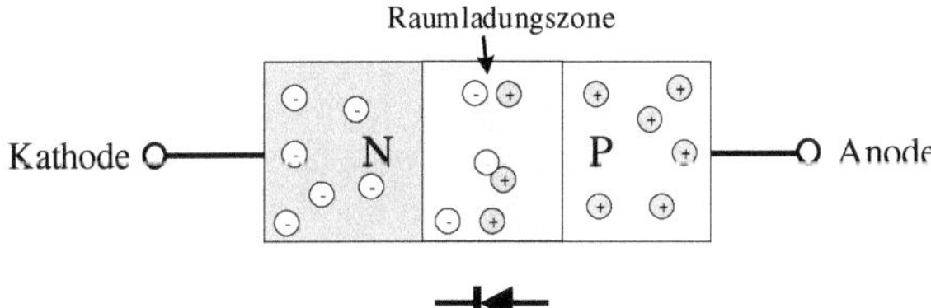

Bild 4.20 Aufbau einer Diode. Eine Diode besteht aus einem n-dotierten und einem p-dotierten Halbleiter, die miteinander verbunden sind. Im Gleichgewichtszustand, d. h. wenn keine Spannung anliegt, bildet sich an der Grenzfläche eine elektrisch neutrale Raumladungszone.

Die andere Schicht der Diode ist p-dotiert. Das bedeutet, dass hier der Halbleiter mit einem Material gemischt wurde, das weniger Elektronen hat, als für die vollständige Bildung des Kristalls nötig wären. In dem p-dotierten Material gibt es also freie Plätze, Löcher, die von einem Elektron besetzt werden können.

Im Gleichgewichtszustand, d. h. wenn keine Spannung zwischen Anode und Kathode anliegt, sind Elektronen und Löcher zunächst gleichmäßig in den beiden Halbleiterschichten verteilt. Sie bewegen sich zufällig durch den Kristall. Ihre Beweglichkeit hängt nur von der Temperatur ab. Kommen sich Löcher und Elektronen näher, ziehen sie sich gegenseitig an. Wenn sie sich nahe genug kommen, rekombiniert das Elektron mit dem Loch. Das bedeutet, dass das Elektron im Gitter eine leere Stelle gefunden hat, in das es sich im Gitter integrieren kann. Somit verliert der Halbleiter eine elektrische Ladung. Dieser Vorgang tritt häufiger direkt an der Kontaktfläche der beiden Halbleiterschichten auf. Hier bildet sich ein Bereich, der als Verarmungszone oder Raumladungszone bezeichnet wird. Diese Zone ist elektrisch neutral.

Sind Löcher Teilchen?

In der Festkörperphysik spricht man von *Löchern*, die mit Elektronen *rekombinieren*. Die Löcher sind freie Plätze in den Elektronenorbitalen der Gitteratome. Es handelt sich hier nicht wirklich um Teilchen. Was wir als Bewegung eines Lochs interpretieren, ist tatsächlich die Bewegung vieler Elektronen, die ihren Gitterplatz wechseln.

Angenommen, wir haben eine Stuhlreihe mit 20 Schulkindern. Der zweite Platz in dieser Reihe ist leer. Wir bitten nun die Schüler aufzurücken. Der Schüler auf Platz drei erhebt sich und geht auf den leeren Stuhl. Nun ist die Lücke auf Platz drei. Dann erhebt sich der Schüler von Platz vier und setzt sich auf Platz drei. Die Lücke ist nun auf Platz vier. Wir können den Vorgang nun so beschreiben, dass wir die Bewegung jedes einzelnen Schülers betrachten. Dann müssten wir genau wissen, wann welcher Schüler aufsteht und wo sich jeder Schüler hinsetzt. Alternativ können wir die Bewegung des leeren Platzes beschreiben. Hier *bewegt* sich die Leerstelle von Platz 2 zum Ende der Reihe.

Kommt nun ein letzter Schüler und setzt sich auf den leeren Platz, dann ist dieser Platz leer. In der Festkörperphysik spricht man von einer Rekombination.

Die Leerstelle als Teilchen zu interpretieren, ist also nützlich. Und so hat es sich in der Festkörperphysik eingebürgert, von Löchern als Teilchen zu sprechen. ■

Was passiert, wenn wir eine Spannung an die Diode anlegen? Angenommen, wir legen die Spannung so an, dass auf der p-dotierten Seite eine positive Spannung und auf der n-dotierten Seite eine negative Spannung anliegt (Bild 4.21 links). In diesem Fall wird die Anziehungskraft zwischen den Elektronen und den Löchern grundsätzlich verstärkt. Die Raumladungszone wird kleiner, weil die Elektronen von der p-dotierten Seite und die Löcher von der n-dotierten Seite jeweils angezogen werden. Ein Teil davon neutralisiert sich in der Raumladungszone, die schmaler wird, und es fließen Elektronen über die Raumladungszone durch den Halbleiter von der p-dotierten Seite zur Anode, wodurch der Stromkreis geschlossen wird. Die Diode wird zu einem Leiter. Der gemessene Strom hängt von der Spannung ab, denn je höher die Spannung ist, desto schmaler ist die Raumladungszone, und desto mehr Ladungsträger überwinden diese und ein höherer Strom fließt.

Nun kehren wir die Polarität um (Bild 4.21 rechts). Wir legen eine positive Spannung an die n-dotierte Seite und eine negative Spannung an die p-dotierte Seite an. Die Elektronen werden sich von der p-dotierten Seite wegbewegen. Die Löcher auf der p-dotierten Seite tun dasselbe. Infolgedessen vergrößert sich die Raumladungszone und bildet eine größere Barriere für alle Ladungsträger, die versuchen, die Diode zu passieren. Infolgedessen wird es immer unwahrscheinlicher, dass ein Strom zwischen den beiden Kontakten der Diode fließen kann. Die Diode blockiert den Stromfluss.

Eine Diode erlaubt einen Stromfluss nur in eine Richtung, nicht aber in beide Richtungen. Legen wir also eine Wechselspannung ein, wechselt die Diode je nach Vorzeichen

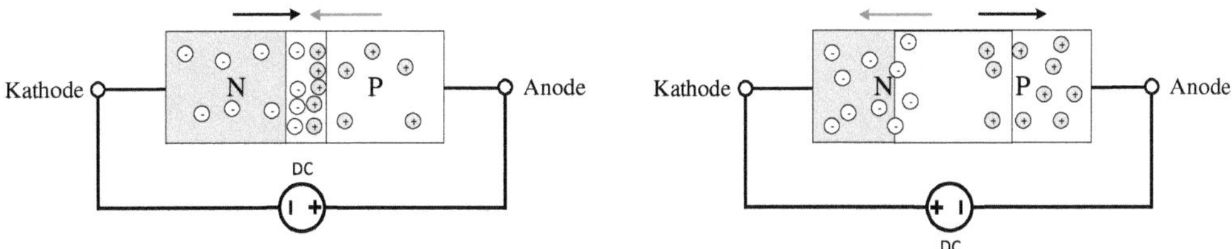

Bild 4.21 Funktion einer Diode. Je nach Polarität der angelegten Spannung wird die Raumladungszone kleiner oder größer. Vergrößert sich die Raumladungszone, können keine Ladungsträger mehr durch die Diode hindurchtreten. Die Diode blockiert den Strom. Ist die Raumladungszone klein, ist die Barriere für die Ladungsträger deutlich kleiner, und ein Strom kann durch die Diode fließen.

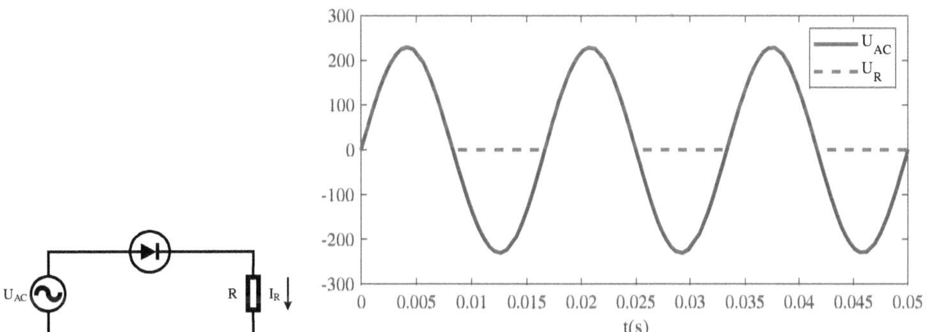

Bild 4.22 Funktionsweise einer Diode: Eine Diode wird an eine Wechselspannung angeschlossen. Ein Widerstand dient als Last. Wenn die Spannung positiv ist, leitet die Diode, und es fließt ein Strom. Wenn die Spannung negativ ist, sperrt die Diode.

der Wechselspannung von einem leitenden in einen nichtleitenden Zustand. In Bild 4.22 ist eine solche Schaltung dargestellt. Wir haben eine Wechselspannung $U_{AC} = U_0 \cdot \sin\omega t$, die über die Diode an einen Lastwiderstand R angeschlossen ist. U_0 ist die Amplitude der Spannung. ω ist die Frequenz der Wechselspannung.

Der in Bild 4.22 beobachtete Stromverlauf entspricht unseren Erwartungen: Solange die Wechselspannung positiv ist, ist die Diode leitend, und es fließt ein Strom durch den Widerstand. Ist die Wechselspannung dagegen negativ, sperrt die Diode, und es liegt keine Spannung am Widerstand an. Der resultierende Strom ergibt sich aus dem Ohmschen Gesetz.

Die Diode sorgt also dafür, dass die Polarität der Spannung am Lastwiderstand nur ein Vorzeichen haben kann, was bedeutet, dass der Strom nur in eine Richtung durch den Leiter fließen kann. Der oszillierende Vorzeichenwechsel, der durch die Wechselspannung erzeugt wird, findet nicht statt.

Leider sind die Spannungs- und Stromwelligkeit sehr hoch. Die Spannungswelligkeit hat die volle Höhe der Amplitude $\Delta U_R = \frac{U_0}{2}$. Die Stromwelligkeit hängt vom Lastwiderstand $\Delta I_R = \frac{U_0}{2\,R}$ ab.

Um diese Restwelligkeit zu verringern, fügen wir einen Kondensator hinzu. Dieser kann den Lastwiderstand versorgen, wenn die Diode gesperrt ist. Der Kondensator dient als Puf-

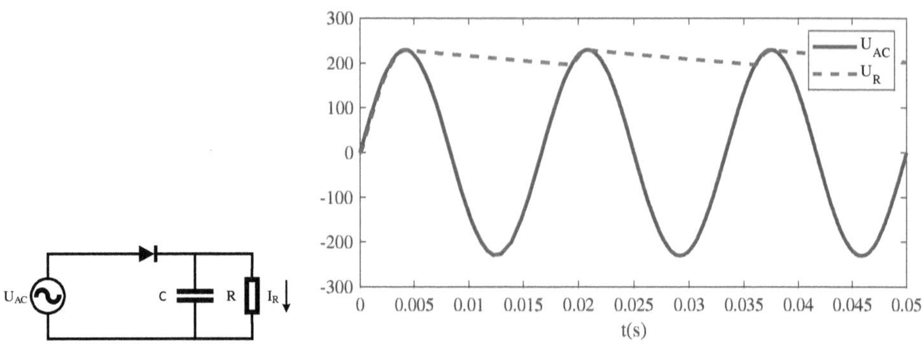

Bild 4.23 Ein Gleichrichter für einphasigen Wechselstrom. Die Schaltung entspricht der Grundschaltung aus Bild 4.22, erweitert um einen Kondensator.

fer. In Bild 4.23 haben wir die Schaltung aus Bild 4.22 um den Kondensator C erweitert. Wie man im Zeitverlauf sehen kann, reduziert der Kondensator die Stromwelligkeit deutlich. Wir sind also in der Lage, aus einem einphasigen Wechselstrom einen einphasigen Gleichstrom zu erzeugen.

In Bild 4.23 haben wir eine einphasige Wechselspannung in ein Gleichspannung transformiert. In Bild 4.24 zeigen wir eine Realisierung eines dreiphasigen Gleichrichters. Jede der drei Wechselstromphasen u, v und w ist an eine Diodenbrücke angeschlossen. Die Diodenbrücke sorgt dafür, dass bei positiver Spannung der Strom durch den oberen Zweig und bei negativer Spannung der Strom durch den unteren Zweig fließen kann. Die resultierende Spannung am Ausgang ist immer positiv. Die in Bild 4.22 sichtbaren Lücken werden kompensiert. Da alle drei Phasen gleichgerichtet werden, hat die Ausgangsspannung U_{DC} eine deutlich geringere Restwelligkeit, die mithilfe des Kondensators C zusätzlich geglättet werden kann.

Die Gleichrichtung mithilfe einer Diode erfüllt die beiden Anforderungen **pas. Gr. 1** und **pas. Gr. 2**. Sie ist einfach in ihrem Aufbau und wird daher in vielen Anwendungen eingesetzt. Allerdings gibt es zwei Nachteile, die die Verwendung von passiven Gleichrichtern einschränken: Erstens ist die Ausgangsgleichspannung nicht einstellbar. Sie ergibt sich im-

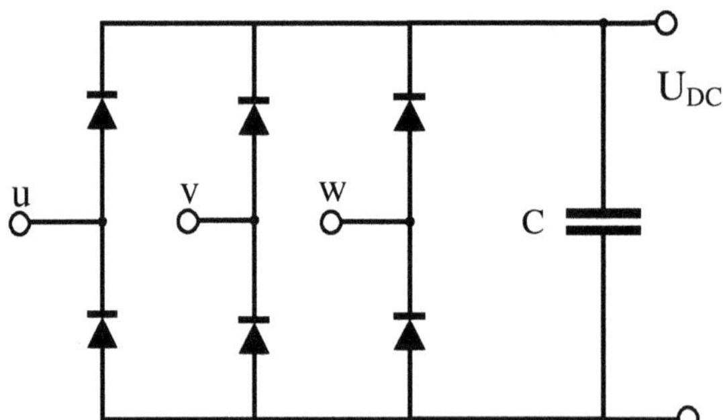

Bild 4.24 Darstellung eines dreiphasigen Gleichrichters. Die drei Wechselstromphasen u, v und w sind jeweils an eine Diodenbrücke angeschlossen. Auch hier dient der Kondensator C als Puffer, um Spannungsschwankungen auszugleichen.

mer aus der Amplitude des Wechselstroms. Wollte man eine Batterie mit einem Gleichrichter laden, bräuchte man noch einen Abwärts- oder Aufwärtsregler, damit die Spannung an den Ladezustand der Batterie angepasst wird.

Der zweite Nachteil ist, dass ein Diodengleichrichter nur den Leistungsfluss von der Wechselstromseite zur Gleichstromseite ermöglicht. Wir können eine Batterie aufladen. Aber wir sind nicht in der Lage, die Batterie zu entladen und die gespeicherte Energie wieder in das Netz einzuspeisen. Hierfür gibt es andere Lösungen, die wir in Abschnitt 4.2.5 beschreiben werden.

Mit der Diode haben wir nun das erste Halbleiterelement in unseren Baukasten integriert. Wir haben Schaltungen kennengelernt, mit denen wir Gleichspannungen einstellen und Wechselstrom in Gleichstrom umwandeln können. Im nächsten Abschnitt werden wir uns mit der Umwandlung von Wechselstrom beschäftigen. Dabei werden wir die letzten beiden Bauteile kennenlernen: den Transformator und den Transistor.

4.2.5 Wie man Wechselstrom umwandelt

In den vorangegangenen Abschnitten haben wir uns zunächst mit der Umwandlung von Gleichstrom beschäftigt. Der Gleichrichter war ein erstes Bauteil, mit dem wir eine Brücke zwischen Gleichstrom und Wechselstrom schlagen konnten. Nun wollen wir die nächsten beiden Bauteile kennenlernen: den Transformator und den Transistor. Beginnen wir zunächst mit dem Transformator und seiner typischen Anwendung: der Umwandlung von einem Wechselstrom in einen anderen.

Wechselstrom wird durch drei Eigenschaften beschrieben: die Anzahl seiner Phasen, seine Amplitude und seine Frequenz. Die Anzahl der Phasen gibt an, wie viele Wechselstromleitungen miteinander verbunden sind. Im Alltag begegnet uns Wechselstrom meist als einphasiger Wechselstrom, den wir aus der Steckdose beziehen. Eine einphasige Wechselspannung wird durch $U_{AC} = U_0 \cos(2\pi f t)$ beschrieben. Dabei ist U_0 die Amplitude und f die Frequenz der Wechselspannung.

Wechselstrom, bei dem drei einphasige Wechselspannungen miteinander verbunden sind, begegnet uns im Alltag überall dort, wo eine größere Leistung benötigt wird. Elektrische Maschinen mit höherer Leistung werden meist mit drei Wechselstromphasen betrieben. Die drei Phasen sind um 120° gegeneinander versetzt. Es gilt

$$U_{AC,n} = U_{0,n} \cos\left(2\pi f + (n-1)\phi_0\right)$$

wobei $n = 1,2,3$ die Nummer der jeweiligen Phase und $\phi_0 = \frac{2\pi}{3}$ die Phasenverschiebung ist.

Wieso drei Phasen?

Das elektrische Stromversorgungsnetz arbeitet weltweit mit drei Phasen. Das liegt daran, dass bis zur Einführung der erneuerbaren Energien die Erzeugung elektrischer Energie fast ausschließlich auf der Umwandlung von Bewegungsenergie in elektrische Energie beruhte. Riesige Elektromotoren werden als Generatoren genutzt, die zum Beispiel von Dampfturbinen angetrieben werden. Für den Bau eines Elektromotors stellt eine dreiphasige Ausführung eine erste Realisierung dar, bei der die Leistungsschwankungen deutlich reduziert werden und die Rotationsachse entlastet wird.

Das elektrische Stromnetz besteht aus Subnetzen unterschiedlicher Spannung. Soll zwischen diesen Netz der Wechselstrom transformiert werden, wird lediglich die Amplitude angepasst. Die Frequenz bleibt hingegen gleich. Für eine solche Transformation wird der Transformator verwendet.

Bei der Ansteuerung von Elektromotoren, die mit Wechselstrom betrieben werden, wird neben der Amplitude auch die Frequenz angepasst. Da die Drehzahl eines Motors von der Drehfrequenz des elektrischen Feldes abhängt, muss sich die Frequenz im Vergleich zur Netzfrequenz ändern und gegebenenfalls auch zeitlich variiert werden.

4.2.6 Wenn die Frequenz gleich bleibt – Der Transformator als Wechselstromwandler

Die häufigste Form der Wandlung von einer Art Wechselstrom in eine andere finden wir in elektrischen Stromversorgungsnetzen. Hier gibt es vier Spannungsebenen: Auf der Übertragungsnetzebene sind dies die Höchstspannung (220 kV bis 380 kV), die Hochspannung (110 kV). Auf der Verteilnetzebene sind dies die Mittelspannung (1 kV bis 50 kV) und die Niederspannungsebene (400 V bis 440 V).

Die Frequenz ist in all diesen Netzen identisch, d. h. wenn man Leistung zwischen den verschiedenen Spannungsebenen übertragen will, muss nur die Amplitude angepasst werden. Zu diesem Zweck wird der Transformator verwendet.

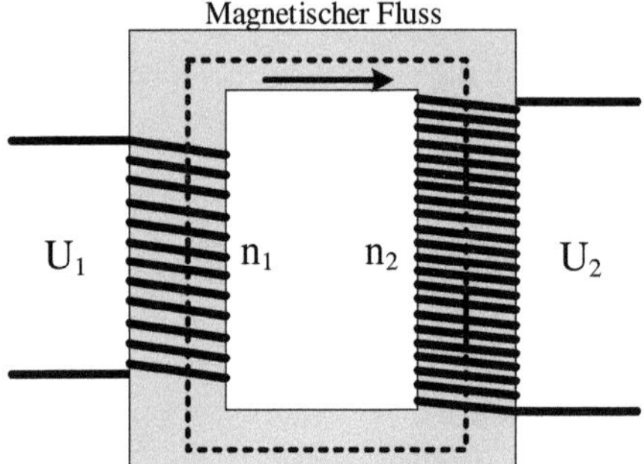

Bild 4.25 Aufbau eines Transformators. Ein Transformator besteht aus einem ringförmigen Kern, um den zwei Drähte gewickelt sind.

Der Transformator ist ein weiteres Element in unserem Baukasten. Bild 4.25 zeigt seinen Aufbau. Er besteht aus zwei Spulen, die um denselben ferromagnetischen Kern gewickelt sind. Eine Spule ist n_1 mal um den Kern gewickelt. Die zweite Spule ist n_2-mal um den Kern gewickelt.

Was passiert, wenn wir an eine der Spulen eine Wechselspannung $U_1 = \hat{U}\cos(2\pi t)$ anlegen? Wie wir bereits in Bild 4.11 gesehen haben, baut sich im Inneren der Spule ein magnetischer Fluss auf.

$$B_1 = \mu \frac{n_1\, I_1}{l}$$

l ist die Länge der Spule, μ die magnetische Permeabilität, n_1 die Anzahl der Windungen und I_1 der Strom, der durch die Spule fließt. Die Feldlinien von B_1 verlaufen im Inneren des Kerns parallel. Bei einer Spule treten sie auf einer Seite der Spule aus dem Kern aus und auf der anderen Seite wieder in die Spule ein. Beim Transformator haben wir aber einen ringförmigen ferromagnetischen Kern, und so werden die Feldlinien durch den Ring geführt und treten nicht aus dem Transformator heraus, sondern werden den Ring entlang durch die zweite Spule geführt.

Für die zweite Spule sieht es nun so aus, als wäre hier ursprünglich kein Strom durchgeflossen, sondern als würde ein magnetischer Fluss durch sie fließen. Da ein magnetischer Fluss in einem Leiter eine Kraft auf die Ladungsträger ausübt, beginnt sich ein Strom in der zweiten Spule aufzubauen.

$$B_2 = \mu \frac{n_2 \, I_2}{l}$$

B_2 ist der magnetische Fluss im Kern der zweiten Spule. Da es sich um denselben Kern handelt, gilt das $B_1 = B_2$. l und μ sind ebenfalls identisch. Wir können also die beiden Gleichungen kombinieren und erhalten eine Beziehung zwischen den beiden Strömen.

$$\mu \frac{n_1 \, I_1}{l} = \mu \frac{n_2 \, I_2}{l} \tag{4.47}$$

$$n_1 \, I_1 = n_2 \, I_2 \tag{4.48}$$

$$I_1 = \frac{n_2}{n_1} I_2 \tag{4.49}$$

Nur das Verhältnis der Windungszahlen $\frac{n_2}{n_1}$ bestimmt den Unterschied in den Strömen. Wir können also die Stromamplitude durch das Windungsverhältnis einstellen.

Wie sieht es mit der Spannung aus? Erinnern Sie sich an das Induktionsgesetz in Gleichung 4.28 und an die Definition für die Induktivität 4.29. Für die Spannung an der ersten Spule gilt:

$$U_1 = L \cdot \frac{\mathrm{d}}{\mathrm{d}t} I_1 = n_1 A \frac{\mathrm{d}}{\mathrm{d}t} B_1 \tag{4.50}$$

Dabei ist A die Querschnittsfläche des Kerns. Das Gleiche gilt für die Spannung an der zweiten Spule:

$$U_2 = L \cdot \frac{\mathrm{d}}{\mathrm{d}t} I_2 = n_2 A \frac{\mathrm{d}}{\mathrm{d}t} B_2 \tag{4.51}$$

Da die Querschnittsfläche des Rings gleich ist und der magnetische Fluss ebenfalls identisch ist, gilt:

$$\frac{U_1}{n_1} = \frac{U_2}{n_2} = A \frac{\mathrm{d}}{\mathrm{d}t} B_1 \tag{4.52}$$

$$U_1 = \frac{n_2}{n_1} U_2 \tag{4.53}$$

Wir sehen, dass die Spannung auch nur vom Verhältnis der beiden Windungszahlen abhängt.

Betrachten wir die Schaltung und die resultierende Wellenform in Bild 4.26. An der Primärseite wird eine Wechselspannung U_1 angelegt. Das Windungsverhältnis liegt in diesem

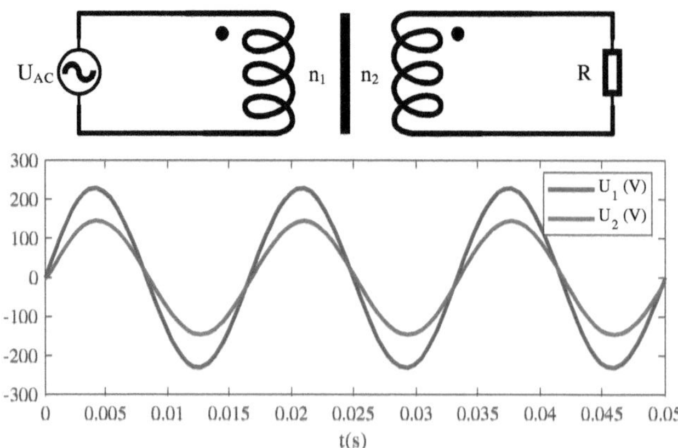

Bild 4.26 Die Schaltung eines Transformators und die entsprechende Wellenform (U_1 = 230 V, f = 50 Hz, $\frac{n_1}{n_2} = 2$, $R = 1\,\Omega$)

Beispiel bei 2 : 1, d. h. n_2 entspricht der halben Windung von n_1. Wie man sieht, halbiert sich die Spannungsamplitude. Die Phasenlage ist identisch. Die Frequenz ist die gleiche geblieben. Wir haben es also geschafft, die Eingangswechselspannung zu halbieren.

Transformatoren haben den großen Vorteil, dass sie in ihrem Aufbau und ihrer Funktion relativ einfach sind. Die Grundkonstruktion hat sich seit den Tagen von Westinghouse, Siemens und Edison kaum verändert. Verbesserungen haben sich im Bereich der Fertigungstechnik und der verwendeten Materialien ergeben [DKCD12, WVS02, OKI08]. Ein Vorteil von Transformatoren ist die galvanische Trennung zwischen der Primär- und der Sekundärseite: Wie wir gesehen haben, überträgt der Transformator die Leistung von der Primär- auf die Sekundärseite durch eine Umwandlung von einem elektrischen Feld in ein magnetisches Feld und zurück. Diese Umwandlung kann nur funktionieren, wenn sich der Strom ändert (Gleichung 4.28). Ein Gleichstrom kann auf diese Weise nicht übertragen werden. Die beiden Stromkreise können also ein unterschiedliches Potenzial haben, ohne dass ein Strom zwischen ihnen fließt.

Der Nachteil von Transformatoren ist ihre Größe und die Tatsache, dass die Frequenz nicht eingestellt werden kann. Eine Frequenzänderung auf der Primärseite wird immer auf die Sekundärseite übertragen. In Verteil- und Übertragungsnetzen bedeutet dies, dass eine Frequenzschwankung im Übertragungsnetz auch beim Endverbraucher ankommt.

Um diesen Nachteil zu beseitigen, geht man zu alternativen Lösungen über, die ebenfalls teilweise Transformatoren enthalten, aber zusätzlich eine Anpassung der Frequenz durch den Einsatz von Schaltern ermöglichen [FMA10, SHB13].

4.2.7 Wenn alles eingestellt werden muss – Der Frequenzumrichter

Wir wollen uns nun dem letzten Baustein unseres Leistungselektronikbaukastens zuwenden: dem Transistor. Wir haben sowohl für die Ladungspumpe als auch für den Tiefsetzsteller Schalter verwendet, ohne deren Aufbau und Funktion näher zu betrachten. Das wollen wir nun nachholen.

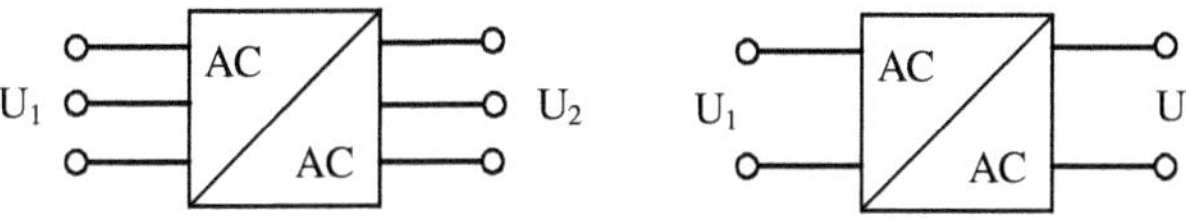

Bild 4.27 Symbol für einen Umrichter. Ein Umrichter wandelt einphasigen oder dreiphasigen Wechselstrom um, wobei sich sowohl die Frequenz als auch die Amplitude ändern kann.

Bild 4.27 zeigt die Symbole für einen Wechselrichter. Der Wechselrichter wandelt einen Wechselstrom in einen anderen Wechselstrom um und passt dabei sowohl die Amplitude als auch die Frequenz an. Ein Wechselrichter besteht aus einer Reihe von Dioden sowie Transistoren und einem Kondensator, der hier zur Pufferung verwendet wird (Bild 4.28). In diesem Abschnitt betrachten wir den dreiphasigen, unidirektionalen Wechselrichter, d. h. der Leistungsfluss geht hier nur in eine Richtung.

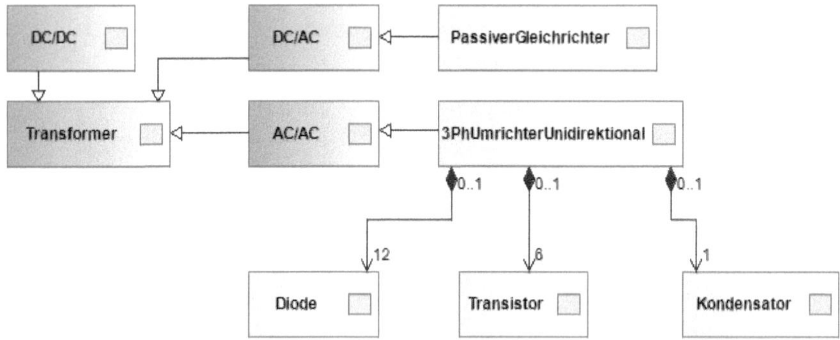

Bild 4.28 Blockdiagramm eines Umrichters, der eine Abwandlung des Transformators und eine Realisierung eines AC/AC-Umrichters ist

Schauen wir uns zunächst die Anforderungen an einen solchen Umrichter an. Wir beginnen mit dem grundlegenden Anwendungsfall für einen Umrichter:

uni. Umrichter 1: `ALS Nutzer MÖCHTE ICH, dass ein Wechselstrom mit einer variablen Frequenz und Amplitude in einen Wechselstrom mit einer anderen Frequenz und Amplitude umgewandelt wird, SODASS ich die Anforderung meiner Last an die Qualität des Wechselstroms erfüllen kann.`

uni. Umrichter 1 beschreibt die Verwendung eines Umrichters. Wenn wir einen Umrichter zum Antrieb eines Motors verwenden wollen, müssen wir in der Lage sein, die Frequenz und die Amplitude des Wechselstroms, der ihn antreibt, unabhängig von der Netzfrequenz oder der Netzamplitude einzustellen. Bei industriellen Anwendungen muss der Umrichter so stabil sein, dass Schwankungen im Netz die Produktionsprozesse nicht beeinträchtigen. Der Umrichter stabilisiert die Ausgangsspannung und -frequenz und treibt den Motor an.

Da die Verbraucher unterschiedliche Anforderungen an die Eigenschaften des Wechselstroms stellen, muss ein Umrichter auch die Anforderungen an den Wechselstrom erfüllen können.

uni. Umrichter 2: `ALS Nutzer MÖCHTE ICH, dass der Wechselstrom die Anforderungen an die Spannungsqualität der Last erfüllt, SODASS Schäden an der Last vermieden werden und die Last korrekt funktioniert.`

In Wechselstromsystemen ist das Phasenverhältnis der drei Phasen zueinander fest. Ein Phasenversatz von 120 Grad zwischen den Phasen ist in den Motoren und Generatoren fest verdrahtet. Daher muss der Umrichter diesen Phasenversatz nicht einstellen. Tatsächlich basieren die wichtigsten Steuerungsverfahren in der elektrischen Antriebstechnik auf der Prämisse, dass die drei Phasen einen festen Phasenversatz haben. Anders verhält es sich jedoch mit der Amplitude und der Kurvenform. Hier kann es durchaus erforderlich sein, dass diese angepasst oder variiert werden.

uni. Umrichter 3: `ALS Nutzer MÖCHTE ICH, dass ich die Amplituden und Wellenformen der drei Phasen variieren kann, SODASS ich einen asymmetrischen, dreiphasigen Wechselstrom erzeugen kann.`

Bis jetzt haben wir uns auf den Ausgang des Wechselrichters konzentriert, aber natürlich gibt es auch Anforderungen an den Eingang des Umrichters:

uni. Umrichter 4: `ALS Nutzer MÖCHTE ICH, dass der Umrichter mit den verschiedenen Formen des Wechselstroms auf der Eingangsseite arbeitet, SODASS Schwankungen der Wellenform und der Stromamplitude den Ausgang des Wechselrichters nicht stark beeinflussen.`

Diese Anforderungen gelten sowohl für unidirektionale als auch für bidirektionale Umrichter. Die Frage, ob der Leistungsfluss unidirektional sein sollte oder nicht, hängt von der Anwendung ab. Viele Antriebsumrichter arbeiten nur unidirektional, was den Nachteil hat, dass sie nicht rekuperieren können. Sie sind jedoch einfacher aufgebaut, weshalb wir uns in diesem Abschnitt mit ihnen befassen wollen. Doch zunächst beginnen wir mit der Einführung des Transistors.

Der grundlegende Aufbau eines Transistors ist in Bild 4.29 dargestellt. Eine p-dotierte Halbleiterschicht ist zwischen zwei n-dotierten Halbleiterschichten eingefügt. Jede der Halbleiterschichten wird einzeln kontaktiert. Die Kontakte an den n-Typ-Schichten werden als Kollektor und Emitter bezeichnet. Der Kontakt an der mittleren Schicht wird als Basis bezeichnet.

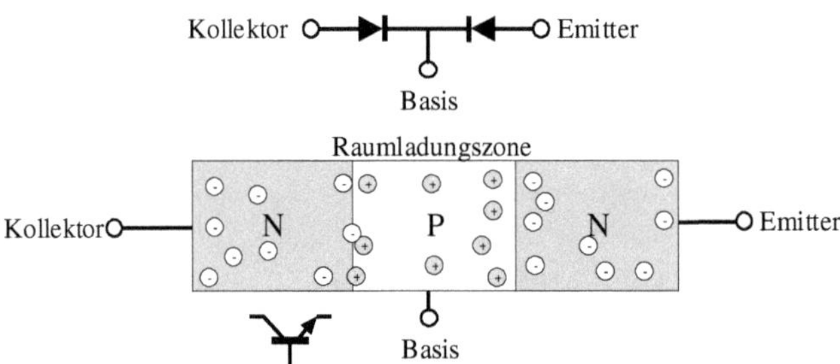

Bild 4.29 Aufbau eines Bipolartransistors (npn). Dieser besteht aus zwei n-Halbleitern mit einem p-Halbleiter dazwischen. Alternativ kann ein Bipolartransistor auch als pnp-Transistor aufgebaut sein. In diesem Fall liegt ein Halbleiter vom Typ n zwischen zwei Halbleitern vom Typ p.

Liegt keine Spannung an, bildet sich zwischen den beiden Grenzschichten aufgrund der thermischen Bewegung der Ladungsträger eine Raumladungszone. Das Verhalten ist analog zu dem einer Diode. Wir können den Transistor somit auch als zwei miteinander verbundene Dioden interpretieren. Wenn die Basis isoliert ist, kann kein Strom durch den Transistor fließen, da eine der beiden Dioden immer in Sperrrichtung angeschlossen ist.

Was passiert aber, wenn wir nicht nur eine Spannung zwischen Kollektor und Emitter aufbauen, sondern auch eine Spannung zwischen Basis und Emitter? In Bild 4.30 legen wir eine negative Spannung an die p-dotierte Halbleiterschicht an. Gleichzeitig legen wir eine Spannung zwischen dem Emitter und dem Kollektor an. Da die Löcher eine positive Ladung haben, wird ein Teil über die Basis abgeführt. Ein anderer Teil rekombiniert mit den Ladungsträgern aus dem n-dotierten Halbleiter auf der Emitter-Seite, da diese nun zur Kollektor-Seite getrieben werden. Dadurch ist der Transistor nun leitend geworden. Der Strom, der vom Emitter durch den Kollektor fließt, kann sogar gesteuert werden: Je weniger Löcher über die Basis entladen werden, desto weniger Ladungsträger kommen am Kollektor an.

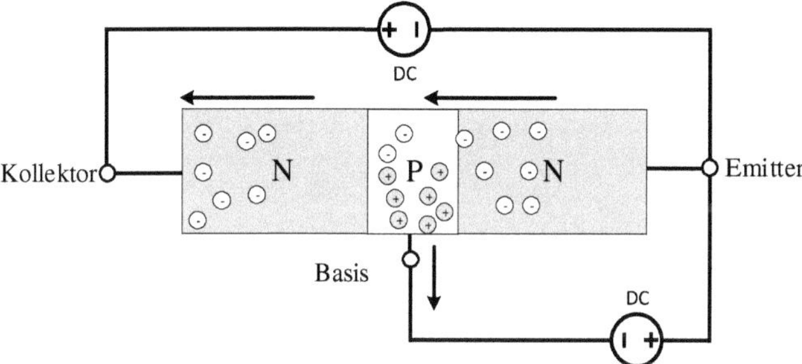

Bild 4.30 Verhalten der Ladungsträger in einem Transistor, wenn eine Basis-Kollektor-Spannung angelegt wird. Die Ladungsträger des p-dotierten Halbleiters können nun abfließen, sodass der Transistor leitend wird.

Mit einem Transistor können wir einen großen Strom mit einer kleineren Schaltspannung kontrollieren. Bild 4.31 zeigt eine Beispielschaltung. Hier schalten wir mit einer kleinen Basis-Emitter-Spannung von $U_1 = 6\,\text{V}$ eine Schaltung mit einer Versorgungsspannung von $U_2 = 650\,\text{V}$. Wie man sieht, ist das Schaltverhalten nicht ideal. Sobald der Transistor geschaltet wird, steigt der Strom stetig an, während die Spannung abfällt. Die in dieser Zeit auftretenden Verluste werden als Schaltverluste bezeichnet.

Wir haben nun alle Bausteine zusammen, um einen Wechselrichter zu bauen. Wie bereits in Bild 4.28 gezeigt, besteht ein Wechselrichter aus mehreren Dioden und Transistoren. Analog zum Tiefsetzsteller lösen wir die Aufgabe, einen Gleichstrom in einen Wechselstrom umzuwandeln, indem wir im Zeitmittel einen Wechselstrom erzeugen. Das heißt, wir schalten die Gleichspannung so schnell ein und aus, dass es am Ausgang des Umrichters so aussieht, als käme ein Wechselstrom aus dem Umrichter.

Das Grundelement für diese Schaltung ist die Halbbrücke. Sie ist in Bild 4.32 als Schaltung und als Blockdiagramm dargestellt. Die Halbbrücke besteht aus zwei Schaltern S_1, S_2 und zwei Dioden D_1, D_2. Sie hat zwei Eingänge N_1 und N_2, und einen Ausgang N_3. Geschaltet werden die Schalter über die Gatesignale G_1 und G_2. Nur einer der beiden Schalter ist eingeschaltet, während der andere ausgeschaltet ist.

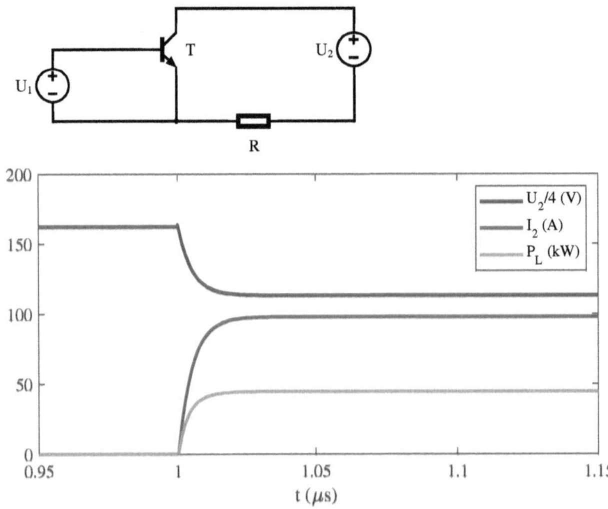

Bild 4.31 Beispiel für eine Transistorschaltung. Die Basis-Kollektor-Spannung U_1 beträgt 6 V und wird für 2 µs eingeschaltet. Zwischen Kollektor und Emitter wird eine Spannung von U_2 = 650 V angelegt. Während des Schaltvorgangs nimmt die Kollektor-Emitter-Spannung U_2 ab und der Strom I_2 beginnt zu fließen. In dieser Übergangsphase treten Verluste P_L auf. $R = 2\,\Omega$

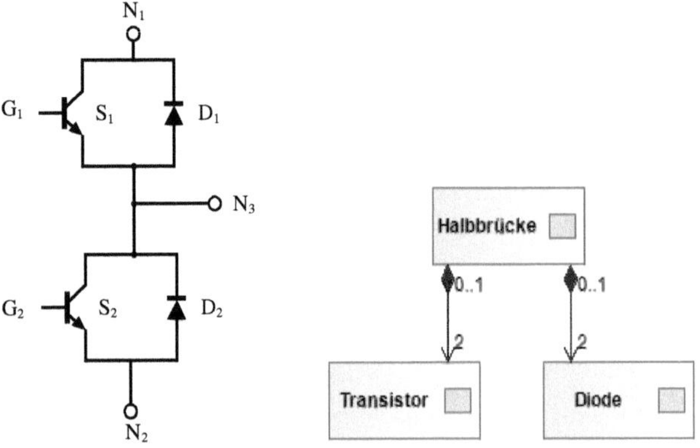

Bild 4.32 Schaltung und Blockschaltbild einer Halbbrücke. Sie besteht aus zwei Transistoren und zwei Dioden.

Um das Grundprinzip für den Aufbau eines Umrichters oder eines Wechselrichters zu verstehen, betrachten wir zunächst einen einphasigen Wechselrichter. In Bild 4.33 haben wir die Schaltung dargestellt. Die Halbbrücke ist an eine Gleichspannungsquelle angeschlossen. Diese wird in der Mitte geteilt, sodass wir eine Spannung von $U_{DC}/2$ und $-U_{DC}/2$ haben. Der Ausgang der Halbbrücke ist mit einer Spule L und dem Lastwiderstand R verbunden. Ähnlich wie beim Tiefsetzsteller verwenden wir eine Spule als Stromspeicher und Filterelement. Mit den beiden Schaltern bestromen wir die Spule, sodass am Ausgang der Spule der gewünschte Wechselstrom gemessen wird.

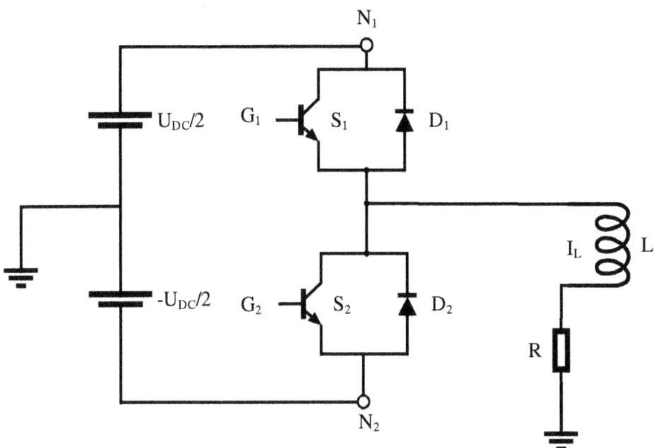

Bild 4.33 Schaltung eines einphasigen Wechselrichters, der eine Halbbrücke verwendet. Die Zwischenkreisspannung U_{DC} wird geteilt, um eine positive und negative Spannung zu erzeugen, die zur Realisierung der oberen und unteren Hälfte der Wechselspannung benötigt wird.

Mit der Halbbrücke können wir drei Ausgangsspannungen erzeugen: 0, $U_{DC}/2$ und $-U_{DC}/2$. Die Aufgabe besteht nun darin, die Schalter S_1 und S_2 so einzusetzen, dass der Strom I_L zu einem Wechselstrom wird. Eine Möglichkeit zur Steuerung der Schalter besteht darin zu messen, ob der Strom I_L größer oder kleiner als der gewünschte Stromwert ist. Dabei geben wir einen Wechselstrom als Zielgröße vor. Wenn der gemessene Strom größer als der Sollwert ist, wird S_2 eingeschaltet. Dann wird eine negative Spannung an die Spule angelegt, und der Strom wird kleiner. Umgekehrt wird S_1 eingeschaltet, wenn der Strom I_L kleiner als der Sollwert ist. Dieses Verfahren ist in Algorithmus 3 dargestellt.

Algorithmus 3 Einfache Steuerung zur Erzeugung eines Wechselstroms mit einer Halbbrücke.

while Wechselrichter ist eingeschaltet **do**
  $\hat{I}_L \leftarrow I_0 \cos(2\pi f t)$
  if $I_L > \hat{I}_L + \Delta I_L$ **then**
    $S_1 = \leftarrow 0, S_2 \leftarrow 1$
  end if
  if $I_L < \hat{I}_L - \Delta I_L$ **then**
    $S_1 \leftarrow 1, S_2 = \leftarrow 0$
  end if
end while

Um die Anzahl der Schaltvorgänge zu minimieren, wird ein Hystereseband verwendet, d. h. dass die Schaltvorgänge nur stattfinden, wenn die Abweichung größer als ΔI_L ist.

Ein alternativer Ansatz ist die sogenannte Pulsweitenmodulation (PWM). Diese ist bei der Steuerung von Wechselrichtern und Antriebsumrichtern sehr verbreitet, da sie nahe an einer Hardware-Realisierung formuliert ist und daher leichter implementiert werden kann.

Das in Algorithmus 3 beschriebene Verfahren funktioniert wie eine Steuerung mit einer Rückkopplungsschleife. Die Pulsweitenmodulation (PWM) hat dagegen keine Rückkopp-

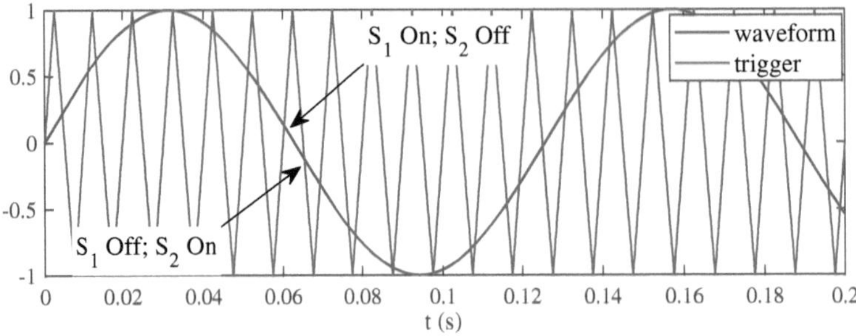

Bild 4.34 Funktionsweise einer PWM mit einem dreiecksförmigen Träger. Die gewünschte Modulation, hier ein Sinus, wird mit einem Trägersignal verglichen. Ist das modulierte Signal größer als der Wert des Trägers, wird S_1 eingeschaltet und S_2 ausgeschaltet. Sobald der Wert des modulierten Signals unter dem Wert des Trägers liegt, wird S_2 ein- und S_1 ausgeschaltet.

lungsschleife. Sie misst nicht I_L, sondern geht von einer bestimmten Form von I_L aus. Bei der PWM wird ein Zielsignal, hier ein sinusförmiges Signal, mit einem Trägersignal verglichen. Typischerweise ist dies ein dreieckförmiges Signal. Das Trägersignal ist periodisch. Es übernimmt die Funktion der FOR-Schleife im Algorithmus 3. Solange das Zielsignal kleiner als das Trägersignal ist, wird der obere Schalter S_1 eingeschaltet und der untere Schalter S_2 ausgeschaltet. Wenn das Zielsignal größer wird als das Trägersignal, wird der obere Schalter S_1 ausgeschaltet und der untere Schalter S_2 eingeschaltet (siehe Bild 4.34). Aufgrund der Struktur des Trägersignals kann hier ein Trigger verwendet werden, der die Schaltzustände immer dann ändert, wenn sich das Zielsignal mit dem Trägersignal überschneidet.

Die Frequenz des Trägersignals bestimmt die Anzahl der Schaltvorgänge pro Schwingungsperiode. Bild 4.35 zeigt die Schaltzustände von S_1 und die Stromkurven von I_L bei verschiedenen PWM-Frequenzen. Bei $f = 100\,\text{Hz}$ folgt die Stromkurve dem Sollsignal relativ

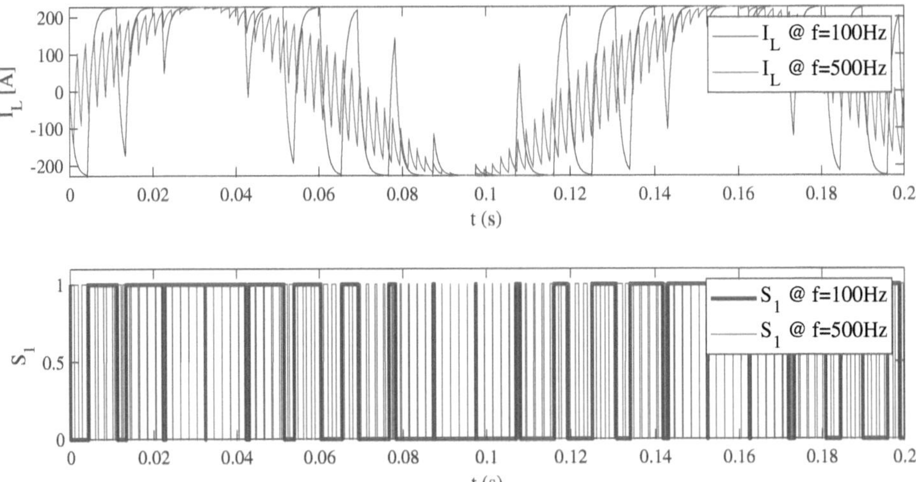

Bild 4.35 I_L und Schaltzustände von S_1 bei verschiedenen PWM-Frequenzen ($f_1 = 100\,\text{Hz}$, $f_2 = 500\,\text{Hz}$). Die Induktivität beträgt $L = 1\,\text{mH}$.

schlecht. Man sieht hier, dass die Spule fast vollständig geladen und entladen wird. Erhöht man die Frequenz ($f = 500\,\text{Hz}$), so entspricht der Verlauf des Stroms I_L wesentlich besser dem Zielsignal. Aber es gibt natürlich auch mehr Schaltvorgänge. Die Spule wird nicht mehr vollständig geladen und entladen.

Weitere Modulationsverfahren

Der Algorithmus 3 wird als *Bang-Bang*-Regelung bezeichnet, weil die Schalter wie die Schläger eines Flippers immer dann angehen, wenn ein Zielwert überschritten wird. Die Pulsweitenmodulation ist mit die verbreitetste Form der Modulation [SB21b]. Prozessoren für Antriebssteuerungsanwendungen haben diese Logik als Schaltung auf dem Prozessor realisiert.

Die Pulsweitenmodulation und die *Bang-Bang*-Regelung lassen sich sehr gut in einer analogen Schaltung realisieren, was zu ihrer großen Verbreitung geführt hatte. Mittlerweile gibt es alternative Methoden, die einen höheren Rechenaufwand benötigen. Bei der Raumzeigermodulation [Mac14, SB21a] wird der gewünschte Schaltzustand dadurch ermittelt, dass zwischen verschiedenen, zeitlich unterschiedlich gewichteten Schaltzuständen die Zielgröße erreicht wird.

Bei modellprädiktiven Verfahren [CA13] werden die möglichen Schaltzustände mithilfe einer Bewertungsfunktion bewertet, und zu jedem Zeitpunkt wird ein optimaler Schaltzustand gewählt.

Mittlerweile gibt es auch Versuche mithilfe, von neuronalen Netzen das optimale Schaltverhalten zu wählen. Dabei wird ein neuronales Netz darin trainiert, den Zielwechselstrom zu realisieren [ML12].

Da Mikroprozessoren immer billiger werden und sich die Rechenleistung immer weiter erhöht, ist davon auszugehen, dass noch weitere interessante Ansätze gefunden werden. Pulsweitenmodulation und *Bang-Bang*-Regelung sind, obgleich sehr verbreitet, nicht das Ende der Entwicklung.

Wenn wir einen dreiphasigen Wechselrichter bauen wollen, benötigen wir für jede Phase jeweils eine Halbbrücke. Diese Schaltung ist in Bild 4.36 dargestellt. Jede Halbbrücke steu-

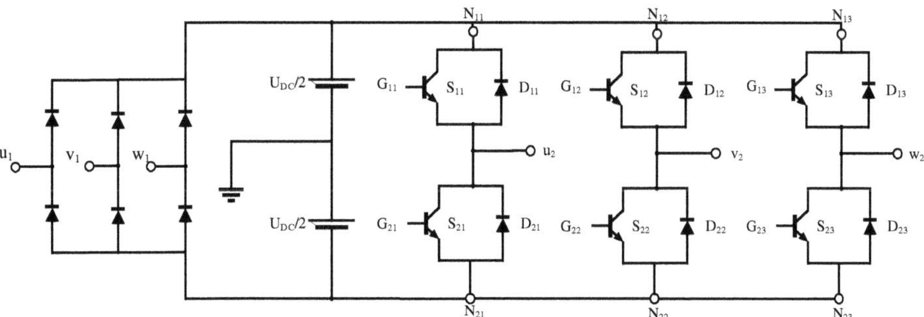

Bild 4.36 Zusammenschaltung von drei Halbbrücken zu einem dreiphasigen Frequenzumrichter. Jede der Halbbrücken steuert eine der drei Phasen u_2, v_2 und w_2. Sie teilen sich einen gemeinsamen Gleichspannungszwischenkreis. Als Eingang dient ein dreiphasiger Gleichrichter. Dieser wandelt die drei Eingangsphasen u_1, v_1 und w_1 von Wechselstrom in Gleichstrom um und lädt damit den Zwischenkreis.

ert eine der drei Ausgangsphasen u_2, v_2 und w_2. Der Gleichspannungszwischenkreis wird von allen drei Halbbrücken genutzt. Die Ansteuerung der einzelnen Phasen wird durch individuelle PWM-Signale realisiert. Es gibt jeweils eine PWM mit einem vorgegebenen Sollsignal, deren Schaltsignale dann an die Schalter gesendet werden.

Durch die Verbindung der drei Halbbrücken haben wir einen DC/AC-Wechselrichter aufgebaut. Unser Ziel ist es jedoch, einen unidirektionalen Frequenzumrichter zu bauen, der Wechselstrom mit einer Frequenz und Amplitude in einen Wechselstrom mit einer anderen Frequenz und Amplitude umwandelt. Dies können wir erreichen, indem wir zunächst den Wechselstrom gleichrichten. Deshalb ist in Bild 4.36 ein dreiphasiger, passiver Gleichrichter vorgeschaltet. Dieser wandelt die drei Wechselstromphasen u_1, v_1 und w_1 in Gleichstrom um, der den Gleichspannungszwischenkreis lädt. Von diesem Zwischenkreis wird der Gleichstrom dann in den gewünschten Zielstrom umgewandelt. Ein Frequenzumrichter, der nicht auf einem Transformator basiert, besteht also immer aus zwei Systemkomponenten: einem Gleichrichter und einem Wechselrichter.

Übung 4.10 Anforderungen an einen Frequenzumrichter

Es wurden vier Anforderungen an den Frequenzumrichter ermittelt. Werden diese Anforderungen durch die Lösung in Bild 4.36 erfüllt oder nicht?

Lösung: uni. Umrichter 1 wird benötigt, um einen Wechselstrom beliebiger Frequenz und Amplitude in einen anderen Wechselstrom mit anderer Frequenz und Amplitude umzuwandeln. Die Umwandlung des Wechselstroms in Gleichstrom ist in der Tat unabhängig von der Frequenz. Auch die Ausgangsfrequenz kann beliebig eingestellt werden. Dieser Teil der Anforderung ist also erfüllt.

Allerdings hängt die Zwischenkreisspannung von der Amplitude des Eingangswechselstroms ab. Folglich ist die Amplitude des Ausgangsstroms begrenzt. Die Ausgangsspannung des Frequenzumrichters mit einem passiven Gleichrichter als Eingangsstufe kann von der Eingangsspannung abhängen. Wollte man dies ändern, so müsste ein Hoch-Tiefsteller integriert werden. Dieser Teil der Anforderung ist also nur eingeschränkt erfüllt.

uni. Umrichter 2 ist eine Anforderung an die Qualität des Ausgangssignals. Wie wir in Bild 4.35 gesehen haben, hängt die Qualität des Ausgangsstroms von der Schaltfrequenz und der Ausgangsinduktivität ab. Diese müssen so gewählt werden, dass auch die Anforderungen an die Qualität des Ausgangsstroms erfüllt werden. Im Prinzip kann diese Forderung erfüllt werden. Die Einhaltung hat jedoch Auswirkungen auf den Aufbau des Frequenzumrichters.

Da die drei Ausgangsphasen von drei unabhängigen PWM-Generatoren gesteuert werden, kann **uni. Umrichter 3** erfüllt werden. Jede der drei Phasen wird durch ihre eigene Zielfunktion beschrieben. Die jeweilige PWM steuert die Schalter entsprechend dieser Zielfunktion. Diese Anforderung ist erfüllt.

uni. Umrichter 4 ist eine Anforderung an die Eingangsstufe, die ebenfalls erfüllt ist. Allerdings kann sie sich auf die Ausgangsstromeigenschaften des Wechselrichters auswirken. Das liegt daran, dass der Wechselrichter einen stabilen Gleichspannungszwischenkreis benötigt, der ihn mit einer ausreichend hohen Spannung versorgt. Diese Anforderung ist erfüllt. ■

Mit der Einführung der Halbbrücke und der Halbleiterschalter haben wir nun alle Elemente beisammen, um verschiedene Formen von elektrischer Energie ineinander umzuwandeln. Es gibt eine Vielzahl von Schaltungstopologien, die verschiedene Umwandlungsstufen realisieren. Für eine konkrete Umsetzung lohnt es sich, zumindest einige der in Frage kommenden Schaltungen näher zu betrachten.

Im nächsten Abschnitt wird nun der Frage nachgegangen, wie kinetische Energie in elektrische Energie umgewandelt werden kann und welche Systemkomponenten dazu benötigt werden.

Neue Materialien in der Leistungselektronik

Wir haben in diesem Abschnitt nur den klassischen Transistor gesprochen. Es gibt eine ganze Reihe von Halbleiterschalter. In der Leistungselektronik dominierten lange Zeit IGBT-Leistungshalbleiter auf Siliziumbasis. IGBT steht für „Insulated-Gate Bipolar Transistor“, d. h. es handelt sich um einen Transistor mit isolierter Gate-Elektrode. Mittlerweile sind Leistungshalbleiter aus Siliconcarbid und Galliumnitrit am Markt verfügbar. Diese lassen sich erheblich schneller schalten und haben deutlich geringere Verluste. Dies ermöglicht eine kompaktere Bauweise, da bei schnellen Schaltfrequenzen die Induktivitäten und Kapazitäten, also die Strom- und Spannungsspeicher, kleiner gewählt werden können. Die geringeren Verluste erlauben Einsparungen bei der Auslegung der Kühlung.

Siliconcarbid wird zur Zeit für höhere Leistungen verwendet, während Galliumnitrit bei kleineren Leistungen genutzt wird. Ob IGBTs auf Siliziumbasis mittelfristig ganz abgelöst werden, wird sich zeigen.

Jedes dieser Materialien und die daraus entwickelten Halbleiterschaltelemente hat seine Besonderheiten. Diese müssen natürlich beachtet und beim Schaltungsentwurf berücksichtigt werden. Doch die grundlegende Funktionsweise ist vergleichbar. Wir schalten mit einer kleinen Spannung einen großen Strom und versuchen so, im zeitlichen Mittel eine Zielspannung oder einen Zielstrom zu realisieren. ■

4.2.8 Elektrische Antriebstechnik – Wie aus Bewegung elektrische Leistung wird und umgekehrt

Die Umwandlung von elektrischer Energie in kinetische Energie und umgekehrt ist ein wesentlicher Bestandteil von Speichersystemen. Elektrofahrzeuge, Windkraftanlagen, elektrische Maschinen, Dieselgeneratoren und Kraftwerkstechnik – viele Anwendungen basieren darauf, dass kinetische Energie in elektrische Energie umgewandelt wird [Rie13, Sch94, Leo13]. In diesem Abschnitt wollen wir uns mit der Frage befassen, mit welchen physikalischen Mechanismen und mit welchen Systemkomponenten wir diese Umwandlung durchführen können.

Das Kernstück der Wandlung von elektrischer in kinetischer Energie ist der Elektromotor. Elektromotoren werden in zwei große Gruppen unterteilt (Bild 4.37): Gleichstrommotoren `DCMotor` und Wechselstrommotoren `ACMotor`. Gleichstrommotoren werden mit Gleichstrom betrieben. AC-Motoren benötigen einen Wechselstrom zum Betrieb.

Bei Gleichstrommotoren wird als weiteres Unterscheidungsmerkmal die Energiequelle des Rotorfeldes herangezogen. Verfügt der Motor beispielsweise über einen Rotor mit einem Permanentmagneten, der sein eigenes Magnetfeld erzeugt, spricht man von einem selbsterregten Gleichstrommotor. Alternativ kann das Rotormagnetfeld auch durch einen Elek-

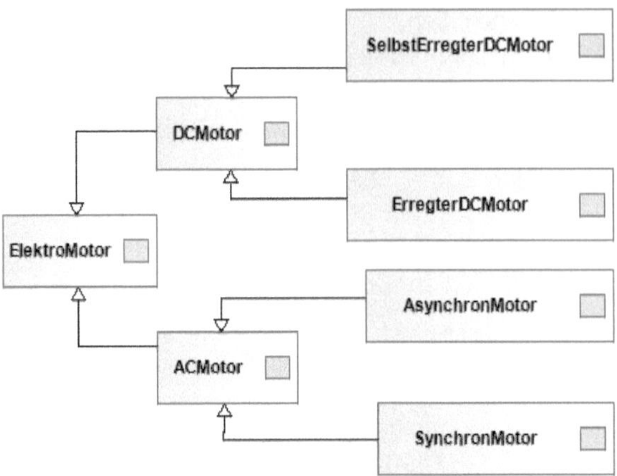

Bild 4.37 Klassifizierung von Elektromotoren. Es wird zwischen zwei Hauptgruppen unterschieden: Gleichstrom- und Wechselstromantriebe.

tromagneten erzeugt werden, dann spricht man von einem erregten oder fremderregten Gleichstrommotor.

Bei Wechselstrommotoren wird unterschieden, ob sich der Rotor, die Drehachse des Motors, synchron mit dem Wechselfeld oder asynchron dreht. Bei Asynchronmotoren unterscheiden sich die Drehzahlen des Drehfelds und der Rotorachse. Bei Synchronmotoren sind beide gleich. Auch hier gibt es weitere Unterkategorien, die den inneren Aufbau der Motoren beschreiben [Kim17].

Um zu verstehen, wie ein Elektromotor funktioniert, wollen wir uns die Realisierung eines Gleichstrommotors ansehen. Wir beginnen mit einem einfachen Experiment. In Bild 4.38 haben wir zwei Magnete. Zwischen den beiden Stabmagneten bildet sich der magnetische Fluss B. Er zeigt vom magnetischen Nordpol zum magnetischen Südpol.

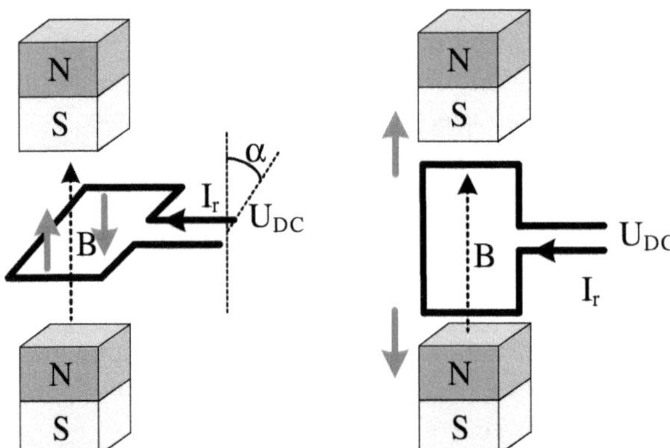

Bild 4.38 Grundprinzip eines Gleichstrommotors. Eine Leiterschleife ist zwischen zwei Magneten eingeführt. Wenn ein Strom durch den Leiter fließt, richtet sich die Leiterschleife so aus, dass sich der magnetische Nordpol der Leiterschleife in der Nähe des magnetischen Südpols des Magneten befindet und andersherum.

Zwischen diese beiden Stabmagnete legen wir nun eine drehbare Leiterschleife mit einer Induktivität L. Fließt ein Gleichstrom I_r durch die Leiterschleife, so stellen wir fest, dass sich die Leiterschleife so auszurichten beginnt, dass der magnetische Nordpol der Leiterschleife nahe dem magnetischen Südpol des Magneten und der magnetische Südpol der Leiterschleife nahe dem magnetischen Nordpol des Magneten liegt. Die Kraft, die auf die Leiterschleife wirkt, ist proportional zur Kraft des magnetischen Flusses B. Wollen wir diese Kraft erhöhen, müssen wir einfach ein kräftigeres Paar von Stabmagneten wählen.

Wir stellen jedoch auch fest, dass wir die Kraft dadurch erhöhen können, dass wir den Strom I_r erhöhen. Wenn wir den Strom verdoppeln, verdoppeln wir die Kraft. Dasselbe können wir beobachten, wenn die Induktivität L der Leiterschleife verdoppelt wird. Dies können wir dadurch erreichen, dass wir eine Leiterschleife mit mehreren Wicklungen verwenden. Für die Kraft F, die auf die Leiterschleife wirkt, gilt also:

$$F = B \cdot L \cdot I_r \tag{4.54}$$

Wir verfeinern nun unser Experiment, indem wir die Kraft messen, die auf die Leiterschleifen wirkt. Dazu üben wir ein Drehmoment auf die Leiterschleife aus, das dafür sorgt, dass sich die Schleife nicht mehr dreht. Dieses Drehmoment muss so groß sein wie das durch die Kraft erzeugte Drehmoment. Wir stellen fest, dass es eine Winkelabhängigkeit gibt. Das Drehmoment ist am größten, wenn die Leiterschleife quer zwischen den beiden Magneten ausgerichtet ist, und am kleinsten, wenn die Leiterschleife parallel zwischen den beiden Magneten ausgerichtet ist. Wenn α die Ausrichtung der Schleife beschreibt, lautet die Formel für das Drehmoment:

$$T = B \cdot L \cdot I_r \cdot \cos\alpha \tag{4.55}$$

Übung 4.11 Gleichgewichtszustand einer Leiterschleife im Magnetfeld

Die Winkel $\alpha = 0°$ und $\alpha = 180°$ stellen Gleichgewichtszustände dar. In beiden Positionen verschwindet das Drehmoment. Wie verhalten sich diese beiden Gleichgewichtszustände gegenüber kleinen Störungen? Sind beide Positionen stabile oder instabile Gleichgewichtszustände?

Lösung: Um die Stabilität der Gleichgewichtslage zu bestimmen, bestimmen wir zunächst die erste Ableitung des Drehmoments in Abhängigkeit von α:

$$\frac{\mathrm{d}}{\mathrm{d}\alpha}T = B \cdot L \cdot I_r \frac{\mathrm{d}}{\mathrm{d}\alpha}\cos\alpha = B \cdot L \cdot I_r \sin\alpha$$

Für $\alpha = 0$ gilt:

$$\frac{\mathrm{d}}{\mathrm{d}\alpha}T|_{\alpha=0°} = B \cdot L \cdot I_r \sin 0° = B \cdot L \cdot I_r > 0$$

Die erste Ableitung ist größer als Null, d. h. die Ruhelage $\alpha = 0$ ist instabil. Eine kleine Störung wird verstärkt.

Wie ist die Situation bei $\alpha = 180°$? Hier gilt:

$$\frac{\mathrm{d}}{\mathrm{d}\alpha}T|_{\alpha=180°} = B \cdot L \cdot I_r \sin 180° = -B \cdot L \cdot I_r < 0$$

Die erste Ableitung ist negativ, sodass das Gleichgewicht $\alpha = 180°$ stabil ist. Das heißt, wenn wir die Leiterschleife mit $\alpha = 0°$ einführen, bleibt sie dort, bis eine kleine

Störung sie aus der Gleichgewichtslage bringt. Danach dreht sich die Leiterschleife und pendelt sich bei $\alpha = 180°$ ein. An diesem Punkt kann sie durch kleine Störungen nicht mehr aus ihrer Ruhelage gebracht werden. Wir müssten sie aktiv aus dieser Lage bringen. Doch sie würde immer wieder in diese Position zurückfallen. ■

Wie kann man einen Motor mit einer in ein Magnetfeld eingeführten Leiterschleife realisieren? Da die Ruhelage $\alpha = 180°$ stabil ist, würde sich der Rotor einmal um 180° drehen und dann in Ruhe bleiben. Der Grund, warum diese Ruhelage stabil ist: Bei $\alpha = 180°$ liegt der magnetische Südpol der Leiterschleife direkt am magnetischen Nordpol. Wenn wir diese Position instabil machen wollen, müssen wir nur die Polarität des Magneten oder des elektromagnetischen Feldes ändern. Die Lösung besteht also darin, dass wir die Stromrichtung ändern: Wir ändern die Polarität der Gleichspannung an der Leiterschleife $I_r \rightarrow -I_r$, und so wird $\alpha = 180°$ instabil, während $\alpha = 0°$ stabil wird.

Wir können die Umkehr des Stromflusses mechanisch realisieren. Dies wird durch einen Kommutator realisiert, also einen Schleifkontakt, der die Leiterschleife berührt. Wenn sich die Schleife dreht, drehen sich auch die Kontaktflächen, und die Polarität kehrt sich um. Auf diese Weise kann die Schleife dauerhaft in Rotation versetzt werden. Anstelle eines mechanischen Kontakts können wir aber auch elektronische Schalter verwenden, um den Motor zu betätigen. Dazu schließen wir unseren Gleichstrommotor zwischen zwei Halbbrücken an.

In Bild 4.39 ist diese Schaltung dargestellt. Der Motor ist zwischen eine H-Brücke geschaltet. Ein Anschluss ist mit der linken Halbbrücke verbunden, der andere mit der rechten Halbbrücke. Wenn S_{11} und S_{22} eingeschaltet sind, gilt:

$$U_a = -U_{DC} = -\left(L_a \frac{d}{dt} I_a + R_a I_a + U_{emf}\right) \tag{4.56}$$

Sind dagegen S_{12} und S_{12} eingeschaltet, gilt:

$$U_a = U_{DC} = L_a \frac{d}{dt} I_a + R_a I_a + U_{emf} \tag{4.57}$$

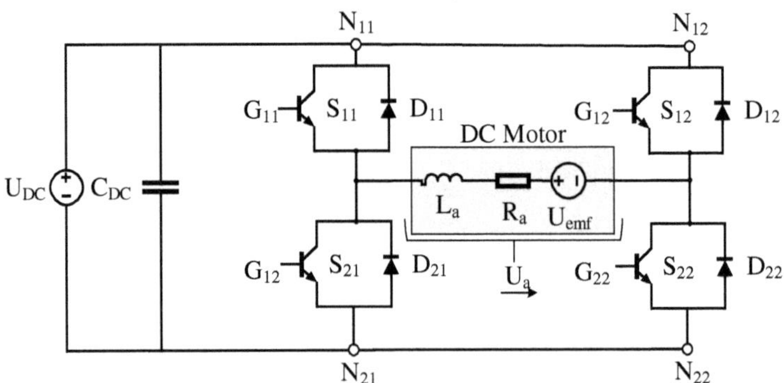

Bild 4.39 Verschaltung eines Gleichstrommotors, der über eine H-Brücke angetrieben wird. Die Schalterpaare S_{11} und S_{22} bzw. S_{12} und S_{21} werden jeweils ein- bzw. ausgeschaltet, um die Polarität des Stromflusses in der Leiterschleife umzukehren.

Bei einem Gleichstrommotor wird die Leiterschleife als Ankerwicklung bezeichnet, daher wird der Subindex a in der Gleichung für die Größen verwendet, die mit der Leiterschleife zusammenhängen: die Induktivität der Leiterschleife L_a, der Innenwiderstand L_a sowie die Spannung an der Leiterschleife U_a und der durch die Leiterschleife fließende Strom I_a. Da die bewegte Leiterschleife über die elektromagnetische Kraft immer eine Gegenspannung erzeugt, ist diese im Schaltplan als zusätzliche Spannungsquelle U_{emf} ebenfalls eingezeichnet.

U_{emf} nennt man die Gegen-EMK. Wir können sie messen, indem wir ein Drehmoment auf die Leiterschleife ausüben und so die Leiterschleife zwischen den Magneten einfach drehen. Wir stellen fest, dass an den Klemmen des Motors eine Spannung gemessen wird. Diese Spannung ist proportional zur Stärke des magnetischen Flusses der beiden Magnete B und zur Drehgeschwindigkeit ω_m.

$$U_{emf} = k_{emf} \cdot B \cdot \omega_m \tag{4.58}$$

k_{emf} ist die Proportionalitätskonstante und wird als Konstante der Gegen-EMK bezeichnet. Gleichung 4.58 zeigt uns auch, wie wir elektrische Energie aus einer mechanischen Bewegung erzeugen können. Wir müssen nur die Leiterschleife drehen und können die Spannung nutzen, um einen Stromfluss zu erzeugen. Der Motor arbeitet dann wie ein Generator.

Betrachten wir die Drehmomentgleichung 4.55. Das Drehmoment hängt vom Winkel ab, d. h. die Leistung, die wir dem Motor entlocken können, hängt von seiner Rotorposition ab. Dies ist keine gute Eigenschaft für einen Elektromotor. Nehmen wir an, wir haben ein Fahrzeug, das eine Steigung hinauffahren soll und von einem Gleichstrommotor angetrieben wird, der nur eine Leiterschleife hat. Die Frage, ob wir unser Fahrzeug den Berg hinauffahren können, würde dann davon abhängen, wie der Rotor des Motors positioniert ist. Im schlimmsten Fall würde er sich überhaupt nicht bewegen. Um dieses Problem zu lösen, könnten wir eine Leiterschleife hinzufügen, die um 90° verdreht ist. Dann würde eine Leiterschleife ein Drehmoment erzeugen, wenn sich die andere Leiterschleife in ihrer Ruheposition befindet. Das verbessert die Situation, aber wir haben immer noch eine starke Winkelabhängigkeit. Wir fügen also weitere Leiterschleifen hinzu und erhalten auf diese Weise ein nahezu konstantes Drehmoment. Aus diesem Grund werden Gleichstrommotoren in der Regel mit einer umfangreichen Ankerwicklung ausgestattet, damit die Winkelabhängigkeit so gering wie möglich ist.

Neben den Gleichstrommotoren gibt es noch eine zweite Gruppe von Motoren: die Wechselstrommotoren. Diese werden in zwei Unterkategorien unterteilt: Synchron- und Asynchronmotoren. Betrachten wir als weiteres Beispiel den Asynchronmotor. Im Gegensatz zu Gleichstrommotoren benötigt der Asynchronmotor keine Permanentmagnete.

Asynchronmotoren und Gleichstrommotoren

Asynchronmotoren sind die Arbeitspferde der elektrischen Antriebstechnik. Die zunächst beschriebenen Gleichstrommotoren werden häufig als Generatoren oder Dynamos verwendet. Man findet sie aber auch in Kleingeräten, wo eine geringe Leistung benötigt wird oder die Energieversorgung über einen Gleichstrom oder einen gleichgerichteten einphasigen Wechselstrom erfolgt.

Bei elektrischen Maschinen, wo hohe Leistungen erforderlich sind, waren Asynchronmotoren die dominierende Technologie. Dies liegt an ihrem einfachen mechanischen Aufbau und den damit verbundenen geringen Kosten.

Auch in der Elektromobilität und der Elektrifizierung mobiler Maschinen war die Verwendung von Asynchronmotoren dominant. Mittlerweile werden sie von Synchronmotoren verdrängt, die mit Permanentmagneten ausgestattet sind. Diese Motoren sind zwar teurer und ihre Regelung komplexer, dafür sind diese Motoren bei gleicher Leistung deutlich kompakter und haben einen höheren Wirkungsgrad. Ein bei gleicher Leistung kleinerer Motor, der eine höhere Effizienz hat, bedeutet aber, dass mehr Platz für den Energiespeicher zur Verfügung steht bzw. dass sich bei gleicher Kapazität des Energiespeichers die Reichweite erhöht.

Nichtsdestotrotz werden die Asynchronmotoren nicht völlig verdrängt werden. Gerade im industriellem Umfeld, wo Volumen nicht ganz so wichtig ist wie Kosten und Robustheit, werden Asynchronmotoren die Platzhirsche bleiben. ■

Um den Aufbau und die Funktion eines Asynchronmotors zu verstehen, beginnen wir mit einem Gedankenexperiment (Bild 4.40). Wir nehmen einen hufeisenförmigen Ferritkern, den wir mit einem Draht umwickelt haben. Zwischen die beiden Pole legen wir eine drehbare Leiterschleife. Wir nennen den Ferritkern den Stator. Die Leiterschleife nennen wir den Rotor. Der Strom, der durch den Draht im Stator fließt, ist der Statorstrom I_S. Ist dieser zeitlich konstant, baut sich zwischen den beiden Polen des Hufeisens ein magnetischer Fluss B_S auf. Für das Magnetfeld im Stator gilt dann Folgendes:

$$B_S = \frac{L}{N \cdot A} I_S \tag{4.59}$$

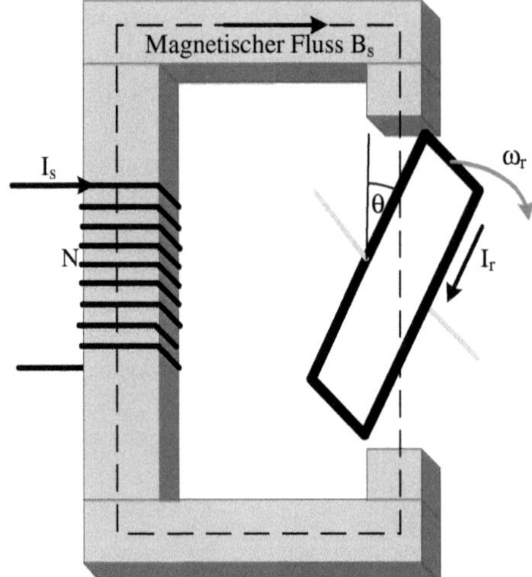

Bild 4.40 Das Funktionsprinzip eines Asynchronmotors. In diesem Fall ist der Statorstrom I_S ein Wechselstrom. Dieser erzeugt einen zeitlich veränderlichen magnetischen Fluss. In diesen magnetischen Fluss wird eine geschlossene Leiterwicklung eingebracht. Der wechselnde magnetische Fluss induziert einen Strom in der Wicklung, der ebenfalls einen magnetischen Fluss erzeugt. Die daraus resultierenden Kräfte lassen die Wicklung mit einer Winkelgeschwindigkeit ω_r rotieren.

Dabei ist N die Anzahl der Windungen des Drahtes um den Ferritkern und A die Querschnittsfläche des Ferritkerns. Die Auswirkungen des magnetischen Flusses B_s auf den Rotor hängen, wenn der Fluss konstant ist, nur vom Material des Rotors ab. Wenn der Rotor aus einem magnetischen Material besteht, ist die Leiterschleife horizontal von $\theta = 0$ aus ausgerichtet.

Anders verhält es sich, wenn wir im Stator statt eines Gleichstroms einen Wechselstrom erzeugen: $I_s = \hat{I}_s \cos(2\pi \cdot f \cdot t)$. Der Wechselstrom erzeugt im Stator eine Wechselspannung, die einen zeitlich veränderlichen magnetischen Fluss B_s erzeugt.

$$U_s = L\frac{d}{dt} I_s = NA\frac{d}{dt} B_s \tag{4.60}$$

Da sich die Leiterschleife im zeitlich veränderlichen Magnetfeld befindet, werden auch ein Magnetfeld B_r, ein Strom I_r und eine Spannung in der Leiterschleife induziert.

$$U_r = L\frac{d}{dt} I_r = NA\frac{d}{dt} B_r = NA\frac{d}{dt} B_s \sin\theta \tag{4.61}$$

Wir stellen nun fest, dass sich die Leiterschleife zu drehen beginnt. Denn der induzierte Strom erzeugt I_r, sodass B_r nicht mehr gleichgerichtet mit B_s ist und somit insgesamt ein Drehmoment entsteht. Ein Asynchronmotor ist also nichts anderes als ein Rotor, der aus geschlossenen Leiterschleifen besteht, die über ein Wechselfeld magnetisch erregt werden.

Die in Bild 4.40 dargestellte Asynchronmaschine hat einen Nachteil: Wir können das Erregermagnetfeld nicht so drehen, dass es den Fluss im Rotor optimal anregt. Es wäre besser, wenn wir das Magnetfeld des Stators auch drehen könnten. Hätten wir mehr als ein Statorfeld und könnten diese kombinieren, könnten wir auch mehr als nur eine Ausrichtung realisieren. Mit einer Kombination von drei Polpaaren ist dies möglich. In Bild 4.41 ist diese Kombination dargestellt. Die Polpaare u, v und w sind jeweils um 120° verschoben. Wir können nun das Magnetfeld in jedem Polpaar so einstellen, dass das überlappende Magnetfeld in eine gewünschte Richtung zeigt. Drei Beispiele sind in Bild 4.41 dargestellt. Um das Magnetfeld auf $\theta = 0°$ auszurichten, müssen wir $u = 0$, $v = -w$ einstellen. Für einen Winkel von $\theta = 120°$ sind $u = -w$ und $v = 0$ gültig. Wenn wir $\theta = 240°$ einstellen wollen, müssen wir $w = 0$ und $u = -v$ einstellen [BN16, DDPV20].

Wir können an jedem Polpaar einen Wechselstrom erzeugen. Diese Wechselströme sollen zeitlich um 120 versetzt sein.

$$B_{us} = \hat{B}_{us} \sin(\omega_s t) \tag{4.62}$$

$$B_{vs} = \hat{B}_{vs} \sin\left(\omega_s t - 120°\right) \tag{4.63}$$

$$B_{ws} = \hat{B}_{ws} \sin\left(\omega_s t - 240°\right) \tag{4.64}$$

Dabei sind $\hat{B}_{us}$, $\hat{B}_{vs}$ und $\hat{B}_{ws}$ Vektoren in Richtung eines der drei Polpaare. Denn es gilt die Summe dieser Vektoren:

$$\hat{B}_{us} + \hat{B}_{vs} + \hat{B}_{ws} = 0 \tag{4.65}$$

Der resultierende magnetische Fluss entspricht der Überlagerung der drei magnetischen Flüsse:

$$B_s = B_{us} + B_{vs} + B_{ws} \tag{4.66}$$

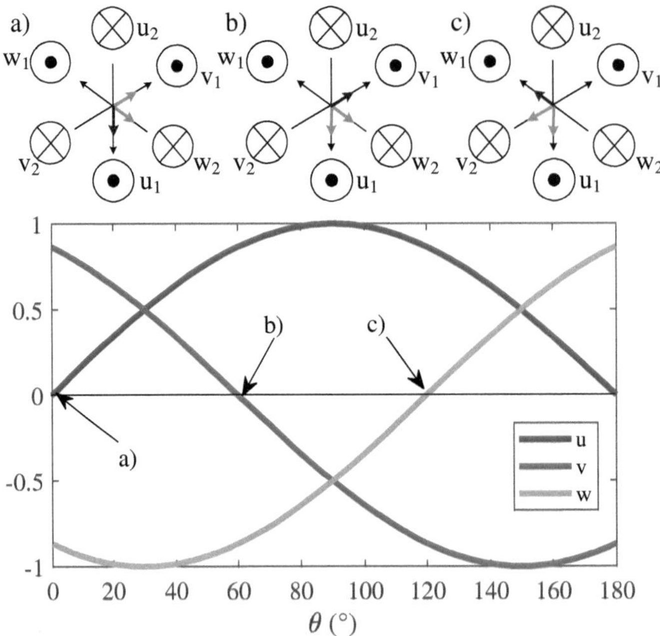

Bild 4.41 Mit drei um je 120° verschobenen Polpaaren u, v, w lässt sich eine beliebige magnetische Ausrichtung realisieren. a), b) und c) zeigen Beispiele für die resultierende Ausrichtung des Magnetfeldes. Die grauen Pfeile markieren die Richtung des Magnetfeldes in u, v, w, der schwarze Pfeil markiert das Summenfeld.

Wir erzeugen durch Modulation der drei Wechselströme ein rotierendes Magnetfeld. Nehmen wir nun an, dass sich die Leiterwicklung bereits mit einer Geschwindigkeit von ω_r dreht. Die Achse des Magnetfeldes B_s rotiert mit einer Geschwindigkeit ω_s. Wenn beide Geschwindigkeiten gleich sind, geschieht Folgendes: Da das Magnetfeld der Schleife und das Magnetfeld des Rotors identisch sind, gibt es keine induzierte Spannung mehr in der Leiterwicklung. Wenn aber keine Spannung induziert wird, fließt auch kein Strom, und das Feld im Stator bricht zusammen. Um dies zu vermeiden, müssen wir also sicherstellen, dass die Relativgeschwindigkeit ω_{sr} zwischen Rotor und Stator ungleich Null ist.

$$\omega_{sr} = \omega_s - \omega_r = s\omega_s \tag{4.67}$$

s wird als Schlupf bezeichnet. Ist $\omega_{sr} > 0$ oder $s > 0$, läuft der Rotor dem erregenden Magnetfeld hinterher. Der Motor befindet sich im Motorbetrieb. Ist $\omega_{sr} < 0$ oder $s < 0$, so ist der Rotor schneller als das Erregermagnetfeld, was den Motor abbremst. Dies hat zur Folge, dass der Motor im regenerativen Modus arbeitet. Die kinetische Energie wird in elektrische Energie umgewandelt.

Ein Asynchronmotor besteht aus 3 Polpaaren oder $3n$ Polpaaren, die wie in Bild 4.41 angeordnet sind. Anstelle einer Leiterschleife besteht der Rotor aus mehreren Leiterwicklungen, sodass das Drehmoment eine geringere Winkelabhängigkeit aufweist.

Wir können den Asynchronmotor als zwei durch einen Transformator getrennte Stromkreise interpretieren. Der Statorkreis besteht aus einer Wechselspannungsquelle U_s, an die

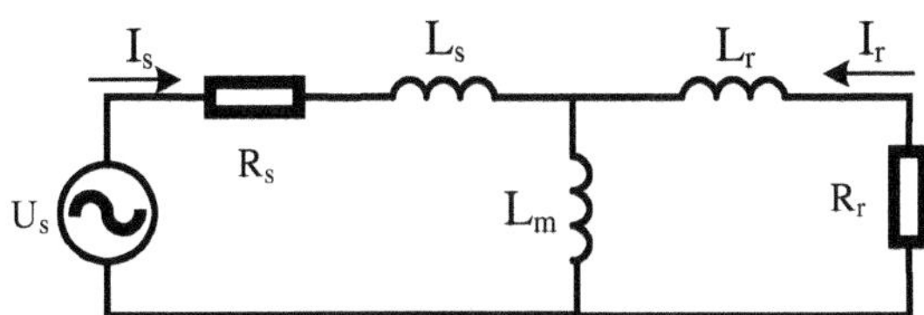

Bild 4.42 Ersatzschaltbild eines Asynchronmotors. Der Stator wird durch einen Widerstand R_S und eine Induktivität L_S beschrieben. Der Rotor wird durch eine Induktivität L_r und einen Widerstand R_r beschrieben. Die Induktivität L_m beschreibt die Streuinduktivität des Luftspalts, der zwischen Rotor und Stator besteht.

ein Widerstand R_S und eine Drossel L_S angeschlossen und mit der Primärseite eines Transformators verbunden sind. Der Rotorkreis besteht aus einem Widerstand und einer Induktivität L_r, die die Sekundärseite des Transformators kurzschließt. Im Gegensatz zu einem klassischen Transformator kann sich die kurzgeschlossene Sekundärseite, der Rotor, drehen. Es gibt einen kleinen Luftspalt. Dieser Luftspalt erzeugt eine Streuinduktivität L_m, die wir berücksichtigen müssen [NN18, CPV17].

Um das Verhalten von Asynchronmotoren mathematisch zu beschreiben, müssen wir dem Rotorwiderstand eine Schlupfabhängigkeit geben. Die Gleichung für den Schlupf ergibt sich aus Gleichung 4.67 zu:

$$s = \frac{\omega_S - \omega_r}{\omega_S} \tag{4.68}$$

Bei $s \to 0$ verlaufen der Rotor und das erregende Statorfeld gleich schnell. Die Folge ist, dass kein Strom induziert wird. Dies ist gleichbedeutend mit einem offenen Stromkreis oder einem unendlich großen Rotorwiderstand. Bei $s \to 1$ geht $\omega_t \to 0$, d. h. der Rotor bewegt sich nicht. Die übertragene Energie wird also vollständig in Wärme und nicht in Wärme plus kinetische Energie umgewandelt. Wir können dieses Verhalten beschreiben, indem wir dem Widerstand R_r eine reziproke Schlupfabhängigkeit geben, d. h.

$$R_r = \frac{\tilde{R}_r}{s} \tag{4.69}$$

Da wir mit zeitlich veränderlichen Strömen und Spannungen arbeiten, wählen wir die komplexe Schreibweise mit $\mathrm{j} = \sqrt{-1}$, d. h.

$$\mathbf{U}_{s,r} = \hat{U}_{s,r} e^{\mathrm{j}\omega_{s,r} t} \tag{4.70}$$

$$\mathbf{I}_{s,r} = \hat{I}_{s,r} e^{\mathrm{j}\omega_{s,r} t} \tag{4.71}$$

Wenn wir die Maschenregel anwenden, erhalten wir zwei Gleichungen für die Spannung für die Statormaschen und die Rotormaschen:

$$\mathbf{U}_S = \left(R_S + \mathrm{j}\omega_S \left(L_S + L_m\right)\right) \mathbf{I}_S + \mathrm{j}\omega_S L_m \mathbf{I}_r \tag{4.72}$$

$$0 = \left(R_r + \mathrm{j}\omega_S \left(L_r + L_m\right)\right) \mathbf{I}_r + \mathrm{j}\omega_S L_m \mathbf{I}_S \tag{4.73}$$

Dabei nutzen wir, dass $\frac{\mathrm{d}}{\mathrm{d}t}\mathbf{I}_{s,r} = \mathrm{j}\, \omega_{s,r}\mathbf{I}_{s,r}$.

Unser Ziel ist es, eine Beziehung zwischen elektrischer Leistung und mechanischer Leistung herzuleiten. Die einzige physikalische Größe, die in unserem Modell Wirkleistung verbraucht, ist der Widerstand, d. h. die über den Luftspalt P_m übertragene Wirkleistung wird im Widerstand verbraucht. Ein Teil der Leistung wird in Form von Kupferverlusten verbraucht, der Rest entspricht der mechanischen Leistung. Da wir es mit einem Drehstrommotor zu tun haben, müssen wir die Leistung über alle drei Phasen aufsummieren. Es gilt also:

$$P_m = 3|\mathbf{I}_r|^2 \frac{R_r}{s} \tag{4.74}$$

$$= 3|\mathbf{I}_r|^2 R_r \frac{s + (1-s)}{s} \tag{4.75}$$

$$= \underbrace{3|\mathbf{I}_r|^2 R_r}_{\text{Kupferverluste des Motors}} + \underbrace{3|\mathbf{I}_r|^2 R_r \frac{1-s}{s}}_{\text{Mechanische Leistung}} \tag{4.76}$$

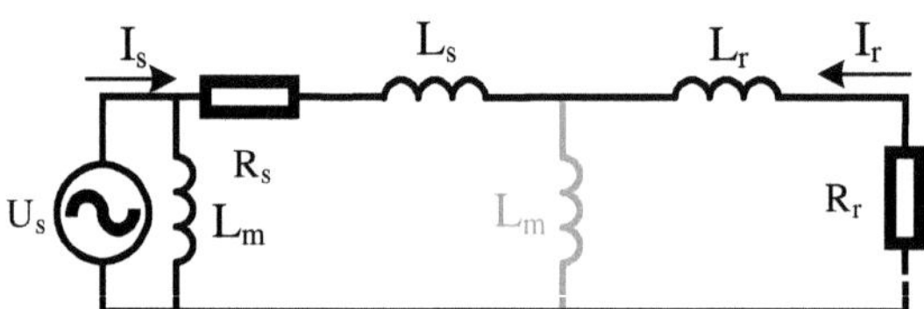

Bild 4.43 Vereinfachung des Ersatzschaltbilds von Bild 4.42. Da die Streuinduktivität bei Asynchronmotoren klein ist, vernachlässigen wir ihren Einfluss auf die Beziehung zwischen den Motorströmen. Zur Vereinfachung wird sie zwischen der Spannungsquelle und den Wicklungen eingefügt.

Bei einem Asynchronmotor wird der Luftspalt zwischen dem Rotor und dem Stator so klein wie möglich gehalten. Er muss physikalisch vorhanden sein, sonst kann sich der Rotor nicht drehen und die Leistungsübertragung über das Magnetfeld kann nicht stattfinden, aber gleichzeitig möchte man die Energie, die in der Streuinduktivität gespeichert ist, so klein wie möglich halten, da diese Leistung nicht genutzt werden kann. Wenn wir also an der Leistungsübertragung interessiert sind, können wir die Streuinduktivität vernachlässigen, wir können sie praktisch zwischen die Spannungsquelle und die Statorwicklung schieben (Bild 4.43). Für dieses vereinfachte Stator-Rotor-Netz gilt dann:

$$\mathbf{U}_s = \left(\left(R_s + \frac{R_r}{s}\right) + j\omega_s (L_s + L_r)\right) \mathbf{I}_r \tag{4.77}$$

Übung 4.12 Berechnung der mechanischen Leistung eines Asynchronmotors

Mit Gleichung 4.77 können wir die mechanische Leistung bestimmen, die unter Vernachlässigung des Luftspalts übertragen wird. Wie groß ist diese?

Lösung: Wir bilden zunächst den Absolutwert von Gleichung 4.77:

$$|\mathbf{U}_s|^2 = \left(\left(R_s + \frac{R_r}{s}\right)^2 + \omega_s^2 (L_s + L_r)^2\right) |\mathbf{I}_r|^2$$

Daraus ergibt sich das Betragsquadrat des Statorstroms:

$$|\mathbf{I}_r|^2 = \frac{|\mathbf{U}_s|^2}{\left(\left(R_s + \frac{R_r}{s}\right)^2 + \omega_s^2 (L_s + L_r)^2\right)}$$

Da wir die Verluste über die Streuinduktivität vernachlässigt haben, wird die Gesamtleistung des Stators in Kupferverluste des Rotors und mechanische Leistung umgerechnet. Für die mechanische Leistung gilt dann Folgendes:

$$\begin{aligned} P_{mech} &= 3|\mathbf{I}_r|^2 R_r \\ &= 3\frac{|\mathbf{U}_s|^2}{\left(\left(R_s + \frac{R_r}{s}\right)^2 + \omega_s^2 (L_s + L_r)^2\right)} \end{aligned}$$

■

In der Übung 4.12 haben wir einen Ausdruck für die erzeugte mechanische Leistung berechnet. In der Praxis sind wir jedoch mehr an dem Drehmoment interessiert. Das Drehmoment ist gegeben durch:

$$T = \frac{P_{mech}}{\omega_r} = \frac{P_{mech}}{s\omega_s} \tag{4.78}$$

$$= 3\frac{|\mathbf{U}_s|^2}{s\omega_s\left(\left(R_s + \frac{R_r}{s}\right)^2 + \omega_s^2 (L_s + L_r)^2\right)} \tag{4.79}$$

In Bild 4.44 ist das Drehmoment als Funktion des Schlupfes dargestellt. Bei $s < 0$ befinden wir uns im generatorischen Betrieb. Bei $s > 0$ befinden wir uns hingegen im motorischen Betrieb. Wir sehen, dass bei $s = 0$ kein Drehmoment auftritt. In diesem Fall sind das Stator- und das Rotorfeld parallel, und es wird kein Strom induziert.

Nehmen wir an, wir haben einem Schlupf von $s = 0$ und beginnen nun, ihn langsam zu erhöhen. Wir werden feststellen, dass das Drehmoment immer größer wird. Je mehr Schlupf, desto mehr Drehmoment. Dies entspricht dem linearen Anstieg des Drehmoments in der Umgebung von $s = 0$ in Bild 4.44. Wenn wir nun den Schlupf aber weiter erhöhen, erreichen

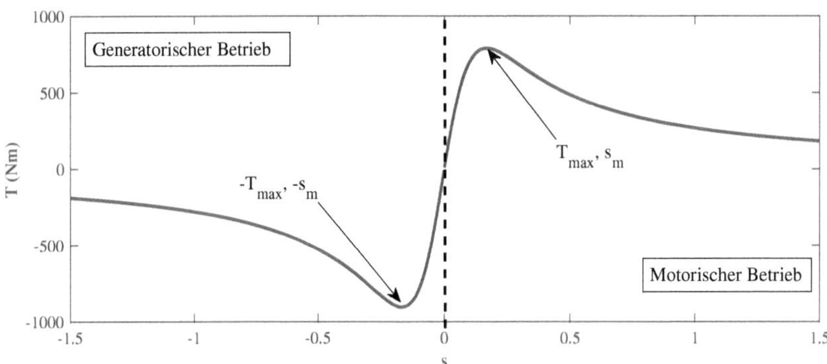

Bild 4.44 Drehmoment in Abhängigkeit vom Schlupf ($U_s = 650\,\text{V}$, $\omega_s = 500$, $L_s = 1\,\text{mH}$, $L_r = 2\,\text{mH}$, $R_r = 0{,}25\,\Omega$, $R_s = 0{,}1\,\Omega$)

wir irgendwann den Punkt, an dem der Rotor dem Feld nicht mehr so schnell folgen kann. Das Drehmoment steigt nicht mehr proportional zum Schlupf, und bei $s = \pm s_\mathrm{m}$ erreicht das Drehmoment sein Maximum $T = \pm T_\mathrm{max}$.

Wenn wir mit einem Asynchronmotor eine Last heben wollen, müssen wir darauf achten, dass wir immer in dem Intervall zwischen $\pm s_\mathrm{m}$ arbeiten. Der Grund dafür ist leicht zu verstehen. Angenommen, wir wollen eine Last heben. Die Gewichtskraft erzeugt ein Drehmoment T_L auf den Rotor. Damit die Last angehoben werden kann, muss das erzeugte Drehmoment T größer sein, d. h. $T > T_\mathrm{L}$. Wenn wir uns zwischen $\pm s_\mathrm{m}$ befinden, wird das Drehmoment größer sein, wenn wir den Schlupf erhöhen. Wir werden also den Schlupf erhöhen, bis $T > T_\mathrm{L}$ erreicht ist.

Wir wollen nun die Last in einer bestimmten Position halten. Sie beträgt $T = T_\mathrm{L}$. Wenn wir nun das Gewicht erhöhen, müssen wir den Schlupf erhöhen, damit der Gleichgewichtszustand erreicht wird. Verringern wir das Gewicht, müssen wir den Schlupf kleiner machen.

Nun erhöhen wir das Gewicht der Last so, dass $T_\mathrm{L} > T_\mathrm{max}$. Wir würden den Schlupf wieder erhöhen, weil wir dies immer tun, wenn das Drehmoment der Last höher ist. Aber wir sind dann über s_m hinaus. In diesem Fall führt eine Erhöhung tatsächlich zu einer Verringerung des Drehmoments. Die Folge ist, dass die Differenz zwischen T_L und T noch größer wird. Wir würden also den Schlupf noch weiter erhöhen und die Situation nur noch verschlimmern.

Aus diesem Grund ist es notwendig, beim Betrieb des Motors im Bereich zwischen $\pm s_\mathrm{m}$ zu bleiben. Dies ist eine Besonderheit der Asynchronmotoren. Bei anderen Motortypen gibt es dieses Problem nicht. Beim Gleichstrommotor, den wir vorhin besprochen haben, hängt das Drehmoment ausschließlich vom angelegten Strom und seinen Grenzwerten ab.

Asynchronmotoren sind weit verbreitet. Im Gegensatz zu Gleichstrommotoren benötigen sie keine Permanentmagnete. Da sie mit einem dreiphasigen Wechselstrom betrieben werden, können sie idealerweise direkt an das Stromnetz angeschlossen und mit der Netzfrequenz betrieben werden. Alternativ werden sie über einen Wechselrichter angetrieben, wodurch sich die Erregerwechselspannung gezielt steuern lässt.

Gleichstrommotoren und Asynchronmotoren sind zwei Beispiele für die verschiedenen Arten von Elektromotoren, die zur Umwandlung von elektrischer Energie in mechanische Energie verwendet werden können. Natürlich sind die Motoren allein nicht ausreichend. Es werden weitere Systemkomponenten benötigt. In Bild 4.45 haben wir die Komponenten für einen elektrischen Antriebsstrang dargestellt. Dieser besteht aus einer `Gleichstromquelle`, die den Elektromotor mit Energie versorgt, dem Elektromotor und der Leistungselektronik. In diesem Beispiel haben wir es mit einem `DC/AC`-Wechselrichter

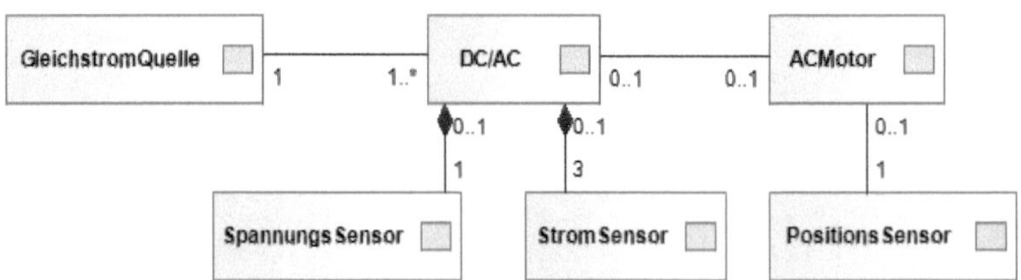

Bild 4.45 Systemkomponenten für einen elektrischen Antriebsstrang

zu tun, da wir hier mit einem `ACMotor` arbeiten. Um den Motor betreiben zu können, benötigt der Wechselrichter drei physikalische Größen: Die Gleichspannung, gemessen durch einen `SpannungsSensor`, den Strom der drei Phasen u, v und w, gemessen durch drei `StromSensoren`, und die Position des Motors, gemessen durch einen `PositionsSensor`. Letzterer ist optional, denn es gibt eine Reihe von Regelungsverfahren, die die Motorposition indirekt bestimmen oder nicht benötigen.

4.3 Beschreibung der leistungselektronischen Komponenten aus Sicht des Systemingenieurs

In den vorangegangenen Abschnitten haben wir die verschiedenen Wandler und ihre Komponenten kennengelernt. Zum Abschluss dieses Kapitels wollen wir zeigen, wie wir diese Komponenten vereinfacht beschreiben können. Diese vereinfachte Beschreibung fasst die wesentlichen Merkmale des Aufbaus eines Wandlers zusammen. Gleichzeitig stellen sie die technischen Anforderungen dar, die ein bestimmter Wandler haben muss, um für ein bestimmtes Energiespeichersystem eingesetzt werden zu können.

Wir beginnen mit dem DC/DC-Wandler (Bild 4.46). Ein DC/DC-Wandler wandelt Gleichstrom von einem Spannungsniveau in ein anderes um. Daher müssen wir den zulässigen Spannungsbereich $[U_{\text{min}}, U_{\text{max}}]$ sowohl auf der Primär- als auch auf der Sekundärseite festlegen.

Es kann vorkommen, dass die an den DC/DC-Wandler angeschlossenen Komponenten empfindlich auf hochfrequente Spannungsripple reagieren. In diesem Fall muss auf der jeweiligen Anschlussseite die Höhe der zulässigen Spannungsripple $\Delta U_{1,2}$ angegeben werden.

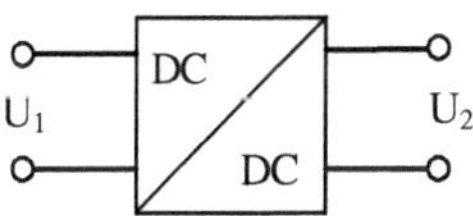

	primäre Seite	sekundäre Seite
Spannungsbereich $U_{1,2}$	$U_1 \in [U_{1\,\text{min}}, U_{1\,\text{max}}]$	$U_2 \in [U_{2\,\text{min}}, U_{2\,\text{max}}]$
Spannungsripple (optional) $\Delta U_{1,2}$	$\Delta U_{1\,\text{max}}$	$\Delta U_{2\,\text{max}}$
maximaler Strom $I_{1,2}$	$I_{1\,\text{max}}$	$I_{2\,\text{max}}$
maximaler Spitzenstrom $I_{1,2}$ (Dauer)	$I_{1\,\text{max}}(T)$	$I_{2\,\text{max}}(T)$
Stromripple (optional) $\Delta I_{1,2}$	$\Delta I_{1\,\text{max}}$	$\Delta I_{2\,\text{max}}$
maximale Leistung	P_{max}	
Spitzenleistung (Dauer)	$P_{\text{peak}}(T)$	
Galvantische Isolation	[Ja, Nein]	
Bidirektionaler Leistungsfluss	[Ja, Nein]	

Bild 4.46 Technische Daten eines DC/DC-Wandlers

Neben der Spannung muss der maximale Strom I_{max} angegeben werden. Der Maximalstrom stellt die maximale Dauerstrombelastung dar, d. h. das Gerät ist so ausgelegt, dass es mit diesem Strom über einen längeren Zeitraum betrieben werden kann. Zusätzlich wird ein Spitzenstrom angegeben, d. h. eine Überlast, die nur für kurze Zeit anliegen kann. Der Spitzenstrom ist immer für einen Zeitraum definiert. Dieser gibt an, wie lange der Wandler diesen höheren Strom verkraften kann, ohne selbst Schaden zu nehmen. Weiterhin kann es auch vorkommen, dass ein Stromripple $\Delta I_{1,2}$ angegeben werden muss.

Manchmal wird nicht der maximale Strom und ein Spitzenstrom angegeben, sondern eine maximale Leistung und eine Spitzenleistung. Der dafür benötigte Strom kann über die Beziehung $P = U \cdot I$ berechnet werden. Fehlt die Angabe des Maximalstroms, wird aber eine Maximalleistung angegeben, muss geklärt werden, in welchem Spannungsbereich diese Leistung benötigt wird.

Übung 4.13 Leistungs- und Stromangaben eines DC/DC-Wandlers

Für einen DC/DC-Wandler ist auf der Primärseite ein Spannungsintervall von $U_1 \in [200\,V_{DC}, 300\,V_{DC}]$ angegeben. Auf der Sekundärseite liegt der erlaubte Spannungsbereich bei $U_2 \in [600\,V_{DC}, 650\,V_{DC}]$. Es soll eine maximale Leistung von $P_{max} = 1\,kW$ übertragen werden. Der Strom auf der Primärseite soll 4,5 A nicht überschreiten. Wie hoch ist der maximale Strom auf der Primär- und Sekundärseite? Wie groß ist die maximale Leistung, die bei $U_1 = 200\,V_{DC}$ übertragen werden kann? Bis zu welcher Spannung kann die erwartete Leistung noch aufgenommen werden?

Lösung: Für die Sekundärseite ist der maximale Strom gegeben durch:

$$I_{2\,max} = \frac{P_{max}}{U_{2\,min}} = \frac{1.000\,W}{600\,V_{DC}} = 1{,}67\,A$$

Da der Strom steigen muss, wenn die Leistung konstant ist, die Spannung aber sinkt, reicht es aus, den niedrigeren Spannungswert für diese Berechnung zu verwenden.

Da der maximale Strom auf der Primärseite mit 4,5 A angegeben ist, können wir die maximale Leistung bei der kleinsten Spannung bestimmen:

$$P_{max}\text{ at } U_1 = 200\,V_{DC} = 200\,V_{DC} \cdot 4{,}5\,A = 900\,W$$

Die Spannung, ab der wir die volle Leistung auf der Primärseite übertragen können, ergibt sich zu:

$$U_{min} = \frac{1.000\,W}{4{,}5\,A} = 222{,}22\,V_{DC}$$

Da beide Seiten in der Lage sein müssen, die Leistung zu transportieren, bedeuten diese Ergebnisse, dass der DC/DC-Wandler eine Leistung von 900 W bei $U_{1\,min} = 200\,V_{DC}$ übertragen kann. Mit zunehmender Spannung steigt die maximale Leistung linear an und erreicht den Zielwert von 1.000 W bei 222,22 V_{DC}. ■

Es gibt zwei weitere Eigenschaften, die für einen DC/DC-Wandler angegeben werden können. Eine davon ist, ob der DC/DC-Wandler die Primär- und die Sekundärseite galvanisch trennt. Dies ist nicht bei allen DC/DC-Wandlern der Fall. In der Regel sind nur DC/DC-Wandler galvanisch getrennt, die mit einem Transformator arbeiten. Die galvanische Trennung ist als Sicherheitsmaßnahme erforderlich. Sie garantiert, dass nicht ungewollt Gleichstrom von der Primärseite zur Sekundärseite fließt.

Zusätzlich muss festgelegt werden, ob der DC/DC-Wandler einen unidirektionalen oder bidirektionalen Leistungsfluss ermöglichen soll. Bei unidirektionalem Leistungsfluss kann die Leistung nur in eine Richtung transportiert werden. Bei einem bidirektionalen Leistungsfluss ist der Transport in beide Richtungen möglich.

Wann brauchen wir einen bidirektionalen Wandler?

Ladegeräte für Smartphones und akkubetriebene Werkzeuge sind in der Regel unidirektional. Sie sind so aufgebaut, dass der Wechselstrom zunächst gleichgerichtet wird und danach die Spannung so angepasst wird, dass die Batterie geladen werden kann.

Bei Solarstromanlagen arbeiten die Wechselrichter in der Regel ebenfalls unidirektional. Die Leistung wird von der Solarstromanlage ins Netz eingespeist. Daher muss auch der DC/DC-Wandler, der in einem Solarwechselrichter den Arbeitspunkt festlegt, nur unidirektional arbeiten.

Die Batterieladestation aus Kapitel 2 arbeitete hingegen bidirektional, die Batterie wurde geladen und von demselben Gerät auch entladen. Der Laderegler für den Elektrobus war wiederum unidirektional, weil wir keine Leistung aus der Fahrzeugbatterie entnehmen wollen.

Wir sehen, dass die Frage, ob ein DC/DC-Wandler bidirektional oder unidirektional betrieben werden soll, von der Anwendung abhängt. Aber auch hier ändern sich die Anforderungen im Laufe der Zeit. So gibt es mittlerweile Solarstromwechselrichter, die auch einen kurzzeitigen Leistungsfluss in Richtung der Solarstromanlage erlauben, um diese zu erwärmen und so vereiste oder beschneite Solarmodule zu befreien. Ladestationen für Elektroautos werden bidirektional, weil man mithilfe der Fahrzeugbatterien Energie am Energiemarkt handeln möchte. ■

Bei Komponenten, die mit Wechselstrom arbeiten, muss man darauf achten, wie Strom und Spannung angegeben werden. Da Strom und Spannung in einer Wechselstromquelle oszillieren, ist die übertragene Leistung nicht gleich dem Produkt ihrer Amplituden. Nehmen wir an, dass die Wechselspannung sinusförmig ist:

$$U(t) = \hat{U}\sin(\omega t) \tag{4.80}$$

Dabei ist $\hat{U}$ die Amplitude der Wechselspannung und ω die Frequenz der Wechselspannung. Mithilfe des Ohmschen Gesetzes gilt für die Leistung Folgendes:

$$P(t) = \left(\hat{U}\sin(\omega t)\right)\left(\frac{\hat{U}}{R}\sin(\omega t)\right) = \frac{\hat{U}^2}{R}(\sin(\omega t))^2 \tag{4.81}$$

Die übertragene Leistung ist zeitabhängig und wird in Impulsen übertragen. Innerhalb einer Periode $T = \frac{2\pi}{\omega}$ wird eine Leistung von

$$\bar{P} = \frac{\hat{U}^2}{R}\int_{t=0}^{t=T} \sin\omega t^2 \,\mathrm{d}t = \frac{1}{2}\cdot\frac{\hat{U}^2}{R} = \frac{U_{\text{eff}}^2}{R} \tag{4.82}$$

übertragen. Dies entspricht einer um $1/\sqrt{2}$ reduzierten Wert. Bei der Beschreibung von Speichersystemen, die an Wechselstromnetze angeschlossen sind, ist es üblich, die Leistungsbetrachtung mithilfe der Effektivwerte vorzunehmen.

Übung 4.14 Berechnung Effektivwerte

Das elektrische Verteilnetz hat auf einer Phase eine Effektivspannung von $U_{eff} = 230\,V_{AC}$. Wie groß ist die Amplitude $\hat{U}$ der Wechselspannung? Ein Widerstand mit $R = 19\,\Omega$ ist an diesem Netz als Stromquelle angeschlossen. Wie hoch ist der Effektivwert des Stroms?

Lösung: Wir wissen, dass die Amplitude das $\sqrt{2}$-fache des Effektivwertes ist:

$$\hat{U} = \sqrt{2} \cdot U_{eff} = \sqrt{2} \cdot 230\,V_{AC} = 325{,}7\,V_{AC}$$

Wir verwenden das Ohmsche Gesetz und setzen den berechneten Effektivwert ein:

$$I_{eff} = \frac{U_{eff}}{R} = \frac{230\,V_{AC}}{19\,\Omega} = 12{,}11\,A$$

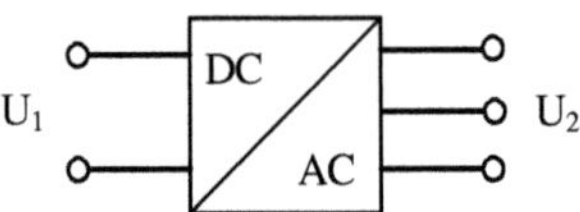

	Primärseite	Sekundärseite
Spannungsbereich $U_{1,2}$	$U_1 \in [U_{1\,min}, U_{1\,max}]$	$U_2 \in [U_{2\,min}, U_{2\,max}]$
Spannungsripple (optional) $\Delta U_{1,2}$	$\Delta U_{1\,max}$	
maximaler Strom $I_{1,2}$	$I_{1\,max}$	$I_{2\,max}$
maximaler Spitzenstrom $I_{1,2}$ (Dauer)	$I_{1\,max}(T)$	$I_{2\,max}(T)$
Stromripple (optional) $\Delta I_{1,2}$	$\Delta I_{1\,max}$	
maximale Leistung	P_{max}	
Spitzenleistung (Dauer)	$P_{peak}(T)$	
Anzahl der Phasen		1 oder 3
Galvanische Isolation	[Ja, Nein]	
Bidirektionaler Leistungsfluss	[Ja, Nein]	
Klirrfaktor (Total Harmonic Distortion)	THD	

Bild 4.47 Technische Daten eines DC/AC-Wechselrichters

Betrachten wir als Nächstes den Wechselrichter (DC/AC). Für die DC-Seite gelten die gleichen Anforderungen wie für einen DC/DC-Wandler. Auf der AC-Seite werden in der Regel die Effektivwerte von Strom und Spannung verwendet. Allerdings sind auf der AC-Seite keine Angaben zum Strom- oder Spannungsripple erforderlich.

Das Gegenstück zu den Anforderungen an Strom- und Spannungsripple sind Anforderungen an die Form des AC-Signals auf der AC-Seite. Stellvertretend dafür steht der Klirrfaktor (Total Harmonic Distortion, THD). Der THD wird aus der Abweichung der Effektivwerte berechnet. Wenn U_{ref} und I_{ref} die spezifizierten Strom- und Spannungskurven und U, I die tatsächlichen Strom- und Spannungskurven des Wechselrichters sind, dann ergibt sich der THD zu:

$$THD_U = \frac{\sqrt{\hat{U} - \hat{U}_{ref}}}{\hat{U}_{ref}} \tag{4.83}$$

$$THD_I = \frac{\sqrt{\hat{I} - \hat{I}_{ref}}}{\hat{I}_{ref}} \tag{4.84}$$

Bei einem Wechselrichter können auch Informationen über die Richtung der Leistungsflüsse und die galvanische Isolation angegeben werden. Hinzu kommt die Anzahl der Phasen auf der AC-Seite. In der Regel können Sie zwischen einer und drei Phasen wählen. Nur bei Motoranwendungen ist es manchmal der Fall, dass mehr als drei Phasen erforderlich sind.

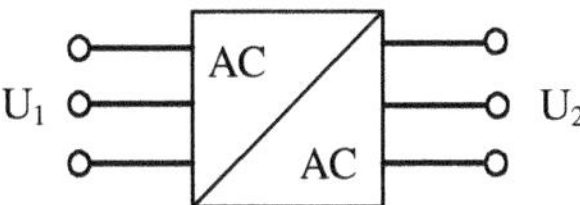

	Primärseite	Sekundärseite
Spannung $U_{1,2}$	$U_1 \in [U_{1\,min}, U_{1\,max}]$	$U_2 \in [U_{2\,min}, U_{2\,max}]$
maximaler Strom $I_{1,2}$	$I_{1\,max}$	$I_{2\,max}$
maximaler Spitzenstrom $I_{1,2}$ (Dauer)	$I_{1\,max}(T)$	$I_{2\,max}(T)$
maximale Leistung	P_{max}	
Spitzenleistung (Dauer)	$P_{peak}(T)$	
Anzahl der Phasen	1 oder 3	1 oder 3
Galvanische Isolation	[Ja, Nein]	
Bidirektionaler Leistungsfluss	[Ja, Nein]	
Klirrfaktor (Total Harmonic Distortion)	THD_1	THD_2

Bild 4.48 Technische Daten eines Umrichters

Die Spezifikationen eines Umrichters (AC/AC) sind ähnlich wie die Spezifikationen der Wechselstromseite eines Wechselrichters. Allerdings müssen nun sowohl auf der Primär- als auch auf der Sekundärseite Angaben über die Eigenschaften des Wechselstroms gemacht werden.

Für die technische Beschreibung eines Motors werden Strom-, Spannungs- und elektrische Leistungsdaten benötigt (Bild 4.49). Für die Spannungsqualität gibt es keine Anforderungen. Die Umsetzung der Anforderungen an die Spannungsqualität des speisenden Generators erfolgt durch den Umrichter oder Wechselrichter, der für den Betrieb eines Elektromotors unerlässlich ist.

Darüber hinaus gibt es Anforderungen an das maximale Drehmoment und die maximale Drehzahl, die der Elektromotor betreiben kann. Diese Werte ergeben sich aus der Konstruktion des Motors.

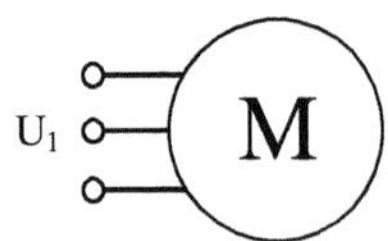

	Elektrische Seite	Mechanische Seite
Spannung U	$U_1 \in [U_{1\,\text{min}}, U_{1\,\text{max}}]$	
maximaler Strom I	$I_{1\,\text{max}}$	
maximaler Spitzenstrom I (Dauer)	$I_{1\,\text{max}}(T)$	
maximale Leistung	$P_{\text{el max}}$	$P_{\text{mech max}}$
Spitzenleistung (Dauer)	$P_{\text{el Peak}}(T)$	$P_{\text{mech Peak}}(T)$
Zahl der Phasen	1 oder 3	
maximales Drehmoment		T_{max}
maximale Geschwindigkeit		ω_{max}

Bild 4.49 Technische Spezifikation eines Elektromotors

4.4 Anforderungen an Speichersysteme, die elektrische Komponenten verwenden

In Abschnitt 3.3 haben wir die acht Basisanforderungen an ein Speichersystem vorgestellt. Für Speichersysteme, die elektrische Komponenten benötigen, gibt es weitere Anforderungen, die im Folgenden beschrieben werden.

Eine Herausforderung bei der Realisierung von Speichersystemen mit elektrischen Komponenten sind die unterschiedlichen Zeitskalen, auf denen die verschiedenen Prozesse ablaufen. Betrachten wir beispielsweise die Ladestation aus Kapitel 2. Hier hatten wir ein Energiemanagementsystem, welche die Leistungsflüsse zwischen Batterie, Solaranlage und Ladestation regelt. Dieses System arbeitet auf einer Zeitskala von Sekunden oder Minuten. Die elektrochemischen Prozesse innerhalb der Batterie des Busses oder des Speichers der Ladestation laufen auf Zeitskalen von Sekunden bis Mikrosekunden ab. Die Steuerung der Leistungselektronik in den verschiedenen Wandlerstufen arbeitet mit Frequenzen von 4 kHz bis 200 kHz und ist dennoch langsam im Vergleich zur Zeitskala elektronischer Komponenten, die teilweise im Nanosekundenbereich agieren. Daraus ergibt sich die erste Anforderung an die elektrische Speicherung (**ES** = „Electrical Storage"):

ES 1: ALS Entwicklung MÖCHTE ICH sicherstellen, dass die Systemdynamik auf den verschiedenen Zeitskalen kontrolliert wird, SODASS die Komponenten korrekt auf die technischen und physikalischen Prozesse reagieren können.

Diese Anforderung wird in Systemen durch verschiedene Komponenten realisiert. Es gibt nicht eine Komponente, die auf allen Zeitskalen gleichzeitig agieren kann, also verteilt man die Verantwortung auf Komponenten, die auf den jeweiligen Zeitskalen agieren können. So ist es z. B. üblich, dass das Energiemanagementsystem nicht die Steuerung der Leistungselektronik oder der Batterie übernimmt, sondern diese Funktion der anderen Komponente überlässt und nur Anweisungen erteilt und Zustandsgrößen abfragt.

Eine Basisanforderung war, dass die Leistung transportiert werden kann. Bei elektrischen Systemen bedeutet das, dass die verwendeten Bauteile genügend Strom tragen können, d. h. sie dürfen nicht überhitzen oder durch den Strom beschädigt werden. Sie müssen auch der Spannungsbelastung standhalten, d. h. es darf nicht zu Kurzschlüssen oder Beschädigungen der Bauteile kommen. Daraus ergeben sich zwei weitere Anforderungen:

ES 2: ALS Entwicklung MÖCHTE ICH sicherstellen, dass die Strombelastung der Bauteile nicht zu hoch ist, SODASS es nicht zu einer erhöhten Erwärmung und damit zu einer Beschädigung der Bauteile kommt.

ES 3: ALS Entwicklung MÖCHTE ICH sicherstellen, dass die Spannungsbelastung der Bauteile nicht zu hoch ist, SODASS es nicht zu Schäden an den Bauteilen kommt, weil z. B. Kurzschlüsse auftreten.

Bei der Auslegung von elektrischen und elektrochemischen Speichern führen diese beiden Anforderungen zu Konflikten. So ist beispielsweise die Spannungshöhe oder Strombelastbarkeit von einzelnen Batteriezellen oft nicht für die geplante Anwendung geeignet. Es müssen zusätzliche Maßnahmen ergriffen oder Komponenten hinzugefügt werden, um die Strom- und Spannungshöhe zu erreichen.

In Abschnitt 4.2.7 wurde gezeigt, dass Halbleiterelemente kein ideales Schaltverhalten haben, was zu einer Wärmeentwicklung führt. Diese Verluste gering zu halten, ist eine weitere Anforderung:

ES 4: ALS Entwicklung MÖCHTE ICH sicherstellen, dass die Schaltvorgänge so verlustarm wie möglich sind, SODASS die Schaltverluste nicht zu groß werden.

Es gibt vier Möglichkeiten, **ES 4** zu erfüllen. Die einfachste Möglichkeit besteht darin, das Schalten ganz zu vermeiden. Diese Strategie wird bei Schaltanlagen im Megawattbereich angewendet. Hier werden die Schaltvorgänge so weit wie möglich reduziert, da jeder einzelne Schaltvorgang eine sehr hohe Belastung für die Bauteile darstellt.

Die zweite Möglichkeit ist der Einsatz von Halbleiterschaltern, die geringere Schaltverluste aufweisen. Dazu gehören Halbleiter, die mit Wide-Gap-Bandwith-Materialien wie Siliziumkarbit oder Galliumnitrit arbeiten. Diese Schalter haben ein sehr viel schnelleres Schaltverhalten und weisen daher deutlich geringere Schaltverluste auf.

Die dritte und vierte Möglichkeit besteht darin, den Schaltvorgang in einem Zustand durchzuführen, in dem entweder keine Spannung oder kein Strom anliegt. Verschiedene Arten von Schaltungen ermöglichen das Schalten im spannungs- oder stromlosen Zustand.

Die elektrischen und elektrochemischen Speicherkomponenten lassen sich nicht immer auf demselben Spannungsniveau realisieren. Dies ist auf die physikalischen und chemischen Eigenschaften der Komponenten zurückzuführen. So haben elektrochemische Zellen relativ niedrige Spannungsniveaus, die nur teilweise auf die Spannung gebracht werden können, bei der eine Einspeisung in das Verteilernetz durch Zusammenschaltungen möglich ist. Daraus ergibt sich eine letzte Anforderung:

`ES5 ALS Nutzer MÖCHTE ICH Strom aus einer Spannungsebene und zwischen verschiedenen Arten von elektrischer Energie übertragen, SODASS ich verschiedene Lasten, Quellen und Speicherkomponenten kombinieren kann.`

Diese Anforderung umfasst auch die Umwandlung von Gleichstrom in Wechselstrom. Für die Auslegung von Speichersystemen ist **ES5** neben **ES2** und **ES3** eine Anforderung, die sich direkt auf die Systemauslegung auswirkt. Da jede Umwandlungskomponente mit Verlusten verbunden ist, sollte die Anzahl der Wandler bei der Auslegung gering gehalten werden. Andererseits schränkt dies die möglichen Kombinationen von Komponenten und deren Auslegung ein. Die Lösung dieses Widerspruchs ist die Herausforderung bei der Konzeption von Speichersystemen.

In Bild 4.50 haben wir verschiedene Komponenten von elektrischen Speichersystemen dargestellt. Die wichtigsten Elemente kennen wir bereits aus den vorherigen Abschnitten.

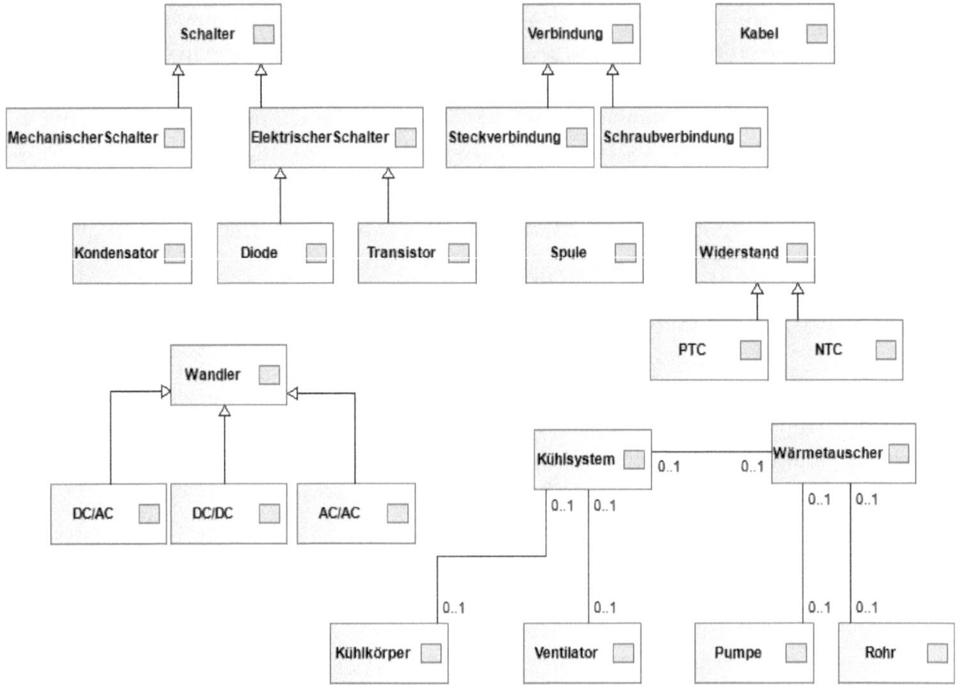

Bild 4.50 Überblick über die verschiedenen Komponenten von elektrischen Speichersystemen

4.5 Zusammenfassung

In diesem Kapitel haben wir uns mit der Frage befasst, welche Komponenten wir für die Leistungsübertragung zwischen den verschiedenen Energieformen verwenden können. Wenn wir Leistung zwischen zwei Gleichstromnetzen übertragen wollen, benötigen wir einen DC/DC-Wandler. Wenn wir dagegen Gleichstrom in Wechselstrom umwandeln wollen, brauchen wir einen Wechselrichter (DC/AC). Um Strom zwischen verschiedenen Wechselstromnetzen zu übertragen, benötigen wir einen Umrichter (AC/AC). Damit haben wir drei Komponenten kennengelernt, mit denen wir Strom zwischen verschiedenen elektrischen Netzen übertragen können. Außerdem benötigen Energiespeichersysteme oft eine Umwandlung von mechanischer in elektrische Energie. Hierfür steht uns der Elektromotor zur Verfügung. Seine grundlegende Funktionsweise haben wir anhand des Gleichstrommotors und des Asynchronmotors kennengelernt.

Für die verschiedenen Arten der Umwandlung haben wir außerdem die benötigten elektronischen Komponenten vorgestellt. Die wichtigsten Komponenten waren:

- **Der ohmsche Widerstand:** Er stellt ein festes Verhältnis zwischen Strom und Spannung her und dient als Last.
- **Der Kondensator:** Er dient uns als Spannungsspeicher, indem er Ladungsträger zwischenspeichert.
- **Die Spule:** Sie dient als Stromspeicher und filtert Stromspitzen aus einem Signal.
- **Der Transformator:** Er kann Wechselstrom mit einer Amplitude in Wechselstrom mit einer anderen Amplitude umwandeln. Das Verhältnis der beiden Amplituden wird durch das Windungsverhältnis der Primär- zur Sekundärspule bestimmt.
- **Die Diode:** Ein Halbleiterelement, das den Stromfluss nur in eine Richtung zulässt.
- **Der Transistor:** Ist ein Halbleiterschalter, mit dessen Hilfe wir sehr große Ströme mit einer kleinen Steuerspannung schalten können.

Außerdem haben wir die Anforderungen an elektrische Speichersysteme kennengelernt. Die Anforderungen **ES 1** bis **ES 6** gelten zusätzlich zu den bereits beschriebenen Basisanforderungen **B 1** bis **B 8**.

Wir haben nun alle Werkzeuge beisammen, um elektrische Speichersysteme entwerfen und auslegen zu können. Wir werden diese Werkzeuge nun nutzen, um Systeme mit verschiedenen Speichertechnologien zu entwerfen. Wir beginnen im nächsten Kapitel mit mechanischen Speichertechnologien. Diese beruhen auf der Nutzung und Speicherung von kinetischer oder potenzieller Energie.

5 Mechanische Speicher

Mit diesem Kapitel beginnen wir damit, Speichertechnologien näher zu betrachten. Wir beginnen mit mechanischen Speichersystemen. Mechanische Speicher sind die ältesten Formen der Energiespeicherung. Viele Maschinen arbeiten mit diesen Techniken. Jede mechanische Uhr hat zum Beispiel eine Unruh. Das ist eine Feder, die regelmäßig „aufgezogen" werden muss. Der Spannvorgang entspricht dem Laden des Speichers. Der Entladevorgang erfolgt dann über die Entspannung der Feder.

Ein weiteres Beispiel ist die Pendeluhr. Neben dem eigentlichen Pendel, das periodisch kinetische Energie in potenzielle Energie umwandelt, befindet sich in der Uhr ein Gegengewicht, das die Uhr antreibt. Dieses Gewicht muss periodisch in seine Ausgangsposition zurückgebracht werden. Auch hier wird Energie innerhalb eines kurzen Zeitraums gespeichert und in kleinen Portionen über einen längeren Zeitraum wieder entnommen.

Mechanische Energie wird entweder in Form von potenzieller Energie oder als kinetische Energie gespeichert. Bei der Nutzung der kinetischen Energie werden vorzugsweise Rotationsbewegungen genutzt. In der Pendeluhr und der Unruh wird dagegen potenzielle Energie gespeichert: einmal durch die Nutzung der Schwerkraft – das Pendel wird nach oben gezogen und strebt wieder nach unten –, einmal durch die Nutzung der Rückstellkraft einer Feder.

In diesem Kapitel beschäftigen wir uns mit diesen drei Formen der mechanischen Energie: der potenziellen Energie, die in einem Körper gespeichert ist, wenn er angehoben wird; der kinetischen Energie, die in einem Körper gespeichert ist, wenn er sich bewegt; und der Energie, die in einem Körper gespeichert ist, wenn er mechanisch zusammengedrückt wird, wie es bei einer Feder der Fall ist.

Für jede dieser Energieformen werden wir ein Anwendungsbeispiel betrachten. Das Kapitel endet dann mit einem umfangreicheren Beispiel für ein Hybridkraftwerk, also einem Kraftwerk, in dem wir die Pumpspeicherung mit der Schwungradspeicherung kombinieren wollen.

Wir beginnen zunächst mit einer Betrachtung der Anforderungen, die für mechanische Speichersysteme im Allgemeinen gelten.

5.1 Anforderungen an mechanische Speichersysteme

Um ein Speichersystem zu entwickeln, das mit mechanischen Speichertechnologien funktioniert, benötigen wir Komponenten, die die Umwandlung von mechanischer Energie in elektrische Energie ermöglichen. Dies muss in beide Richtungen möglich sein. Daher lautet die erste Anforderung (**MS** = „Mechanical Storage"):

MS 1: ALS Nutzer MÖCHTE ICH elektrische Energie in mechanische Energie umwandeln oder mechanische Energie in elektrische Energie umwandeln, SODASS ich einen Überschuss an elektrischer Energie mechanisch speichern und beim Entladen auch als elektrische Energie entnehmen kann.

Die Komponente, die diese Anforderung erfüllt, haben wir bereits kennengelernt: den Elektromotor, der sowohl im Motor- als auch im Generatorbetrieb arbeiten kann.

Der Elektromotor erfüllt die Anforderung **MS 1** jedoch nur, wenn rotatorische Bewegungsenergie vorhanden ist. Ein Elektromotor kann keine translatorische Bewegung direkt umsetzen. Daher benötigen wir zusätzliche Komponenten, die die gespeicherte kinetische oder potenzielle Energie in Rotationsenergie umwandeln.

MS 2 ALS Nutzer MÖCHTE ICH kinetische oder potenzielle Energie in Rotationsenergie umwandeln, SODASS ich eine Energieumwandlung mit einem Elektromotor durchführen kann.

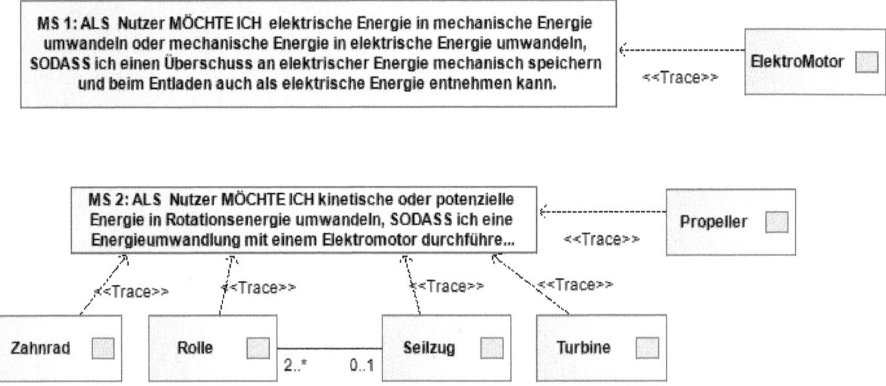

Bild 5.1 Allgemeine Anforderungen an die Verwendung mechanischer Speichersysteme und die hierfür benötigten Komponenten.

Die Umsetzung kann über Zahnräder oder Rollen erfolgen. Bei einem Kran wird die Last vertikal bewegt, während eine Rolle den Seilzug bedient. Das Ab- und Aufwickeln des Seils sorgt dafür, dass die lineare Bewegung in eine Rotationsbewegung umgesetzt wird.

Handelt es sich um ein flüssiges oder gasförmiges Medium, haben sich Turbinen oder Propeller als effiziente Komponenten erwiesen, die die lineare Bewegung in eine Rotationsbewegung umwandeln.

5.2 Energiespeicherung durch potenzielle Energie – Pumpspeicherkraftwerke und andere Konzepte

Wir wollen ein einfaches Speichersystem bauen, das elektrischen Strom mithilfe von potenzieller Energie zwischenspeichern kann. Dazu nehmen wir einen Kran und eine Reihe von Containern unterschiedlicher Größe (Bild 5.2). Die Container haben eine Einheitshöhe von 2,6 m. Der kleinste Container hat ein Gewicht von 30 t, der mittlere Container wiegt 60 t und der größte 90 t.

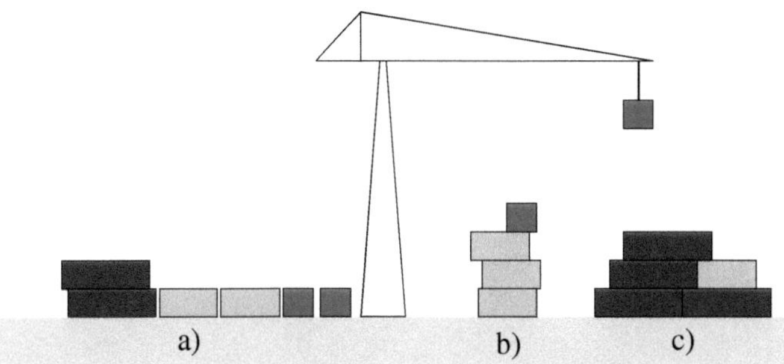

Bild 5.2 Ein Kran mit einer Reihe von schweren Containern kann bereits als Speichersystem verwendet werden.

Zum Heben und Senken verwenden wir einen Elektromotor, der mit einem bidirektionalen Frequenzumrichter ausgestattet ist. So kann der Motor mit elektrischer Energie aus dem Stromnetz angetrieben werden. Wenn das Gewicht abgesenkt wird, arbeitet der Motor im generatorischen Betrieb, und der erzeugte Strom kann in das Netz eingespeist werden.

Nehmen wir an, dass zwei Container nebeneinander stehen. Wir wollen die beiden Behälter übereinander stapeln. Während des Hebevorgangs wirkt die Schwerkraft $F_g = m \cdot g$ auf den Container ($g = 9{,}81\,\frac{m}{s^2}$). Um zu berechnen, wie viel Energie wir aufbringen müssen, haben wir die aufgebrachte Kraft über den gesamten Hubweg integriert. Die potenzielle Energie ist somit gegeben durch:

$$E_{pot} = \int_{s=0}^{s=h} F_g \, ds = \int_{s=0}^{s=h} m \cdot g \, ds = m \cdot g \cdot h \tag{5.1}$$

Übung 5.1 Speichervorgang bei einem Kranspeichersystem

Angenommen, zwei Behälter stehen nebeneinander auf dem Boden. Einer der beiden Container hat die Masse $m = 3$ t. Der Kran ist an das Stromnetz $U_{AC} = 440$ V angeschlossen. Der Kran soll nun die beiden Container übereinander stapeln. Der Hebevorgang soll 4 s dauern. Der Einfachheit halber gehen wir von einem idealen Wandler aus. Weiterhin gehen wir davon aus, dass die Leistung gleichmäßig übertragen wird. Wir vernachlässigen das Fahrprofil des Krans. Wie hoch sind die erforderliche elektrische Leistung und der benötigte Strom?

Lösung: Die potenzielle Energie wird aus Gleichung 5.1 berechnet:

$$E_{pot} = m\,g\,h = 30.000\,\text{kg}\;9{,}81\,\frac{\text{m}}{\text{s}^2}\;2{,}6\,\text{m} = 765.180\,\text{Ws}$$

Diese Energie muss innerhalb von 4 s in Form von elektrischer Energie aufgebracht werden. Da wir davon ausgehen, dass die elektrische Energie kontinuierlich zugeführt wird, berechnet sich diese wie folgt:

$$P_{el} = \frac{E_{pot}}{4\,\text{s}} = \frac{765.180\,\text{Ws}}{4\,\text{s}} = 191.295\,\text{W}$$

Wir benötigen eine Leistung von etwa 191 kW, um die Last in den 4 Sekunden zu bewegen. Bei einer Effektivspannung von $U_{AC} = 440\,V_{AC}$ entspricht dies einem Strom von:

$$I = \frac{P_{el}}{U} = \frac{191.295\,\text{W}}{440\,V_{AC}} = 434{,}476\,\text{A}$$

■

Durch den Höhenunterschied und die unterschiedlichen Massen lassen sich verschiedene Ladezustände erreichen. Diese sind durch die möglichen Kombinationen der Behälter begrenzt. In diesem Beispiel können maximal sechs Ebenen gestapelt werden.

Übung 5.2 Berechnung des Energieinhaltes eines Kranspeichersystems

Wie groß ist die gespeicherte Energie der mit a), b) und c) bezeichneten Konfigurationen in Bild 5.2? Zur Erinnerung: $\Delta h = 2.6\,\text{m}$, $m_1 = 30\,\text{t}$, $m_2 = 60\,\text{t}$ und $m_3 = 90\,\text{t}$.

Lösung: Auf dem Boden liegende Behälter enthalten keine potenzielle Energie, da wir die Behälter nicht weiter absenken können. Für a) ergibt sich daraus ein Energiegehalt von:

$$E_a = m_3 \cdot g \cdot \Delta h = 765{,}180\,\text{Ws} = 212{,}55\,\text{Wh}$$

Nehmen wir an, wir haben N Behälter auf einer Ebene. m_n ist die Masse der einzelnen Behälter. Dann ist die Gesamtmasse auf dieser Ebene:

$$m_i = \sum_{n=1}^{N} m_n$$

Die Energie der Behälter auf dieser Ebene ist dann:

$$E_i = g \cdot i \cdot \Delta h \cdot m_i$$

Dabei ist i die Nummer der Ebene. Für den Gesamtenergiegehalt gilt:

$$E = \sum_{i=1}^{I} E_i = g \cdot \Delta h \left(\sum_{i=1}^{I} i\, m_i \right)$$

Dabei steht I für die maximale Anzahl der Ebenen.

Mit dieser Formel ist es einfach, den Energiegehalt für b) und c) zu bestimmen.

$$\begin{aligned} E_b &= g \cdot \Delta h\,(m_2 + 2m_2 + 3m_3) \\ &= g \cdot 2{,}6\,\text{m}\,(3 \cdot 60.000\,\text{kg} + 3 \cdot 90.000\,\text{kg}) \\ &= 1{,}1478 \cdot 10^7\,\text{Ws} = 3{,}19\,\text{kWh} \end{aligned}$$

$$\begin{aligned} E_c &= g \cdot \Delta h\,((m_2 + m_3) + 2 \cdot m_3) \\ &= g \cdot 2{,}6\,\text{m}\,(150.000\,\text{kg} + 180.000\,\text{kg}) \\ &= 8{,}417 \cdot 10^6\,\text{Ws} = 2{,}34\,\text{kWh} \end{aligned}$$

■

Die Übungen 5.1 und 5.2 zeigen uns zwei Beschränkungen dieses Speichers. Die Speicherkapazität ist durch die Anzahl der Container pro Ebene begrenzt. Um in der Konfiguration c) zehn Kilowattstunden speichern zu können, würden ca. vier Containerreihen benötigt. Der Ladevorgang kann nicht mit beliebiger Geschwindigkeit durchgeführt werden, da die Container auch nicht mit beliebiger Geschwindigkeit transportiert werden können.

Andererseits kann die Lade- und Entladeleistung durch Beschleunigung des Hubvorgangs angepasst werden. Soll eine höhere Ladeleistung realisiert werden, werden die Behälter schneller angehoben. Wir sehen aber, dass es auch hier eine klare Einschränkung gibt. Wir können den Behälter nicht so schnell heben und senken, wie wir wollen. Es gibt physikalische Grenzen, die durch den Motor und die Mechanik des Krans verursacht werden.

Diese Beschränkungen können durch eine beträchtliche Vergrößerung der Fläche und der Anzahl der Container sowie durch den parallelen Einsatz mehrerer Kräne prinzipiell behoben werden.

Aus Abschnitt 1.3.4 wissen wir, dass wir für stationäre Speicheranwendungen wie Netzstützung und Energiehandel Leistungen im Megawattbereich und Energien im Megawattstundenbereich benötigen. Um dies mit einem Kranspeichersystem zu realisieren, müssten wir viele Kräne und Container auf einer großen Fläche aufstellen. Dies wäre teuer. Aber es gibt noch eine Alternative: das Pumpspeicherkraftwerk.

Statt mit Containern arbeiten wir mit einer Flüssigkeit, z. B. Wasser. Wir können dieses Wasser zwischen zwei Becken hin und her transportieren. Wir verwenden Pumpen oder Turbinen, um die kinetische Energie in elektrische Energie umzuwandeln.

Bild 5.3 zeigt den Aufbau eines Pumpspeicherkraftwerks mit zwei Speicherbecken. Das Wasser kann über ein Rohrsystem vom oberen Speicherbecken zum unteren Speicherbecken fließen. In diesem Rohrsystem befindet sich eine Turbine, die einen Generator antreibt. Der Generator ist mit einem Frequenzumrichter verbunden, der über einen Transformator mit dem Netz verbunden ist. Das obere und das untere Speicherbecken sind zusätzlich mit einem weiteren Rohrsystem ausgestattet, in dem sich eine Pumpe befindet. Diese Pumpe wird über das Stromnetz, einen Frequenzumrichter und einen Elektromotor angetrieben und ermöglicht es, Wasser aus dem unteren Speicher in den oberen Speicher zu pumpen.

Soll der Speicher aufgeladen werden, wird über eine Pumpe Wasser aus dem unteren Speicherbecken in das obere Speicherbecken gepumpt. Dabei wird zunächst elektrische Energie in kinetische Energie umgewandelt – das Wasser fließt den Berg hinauf. Wenn das Wasser das obere Becken erreicht hat, ist die kinetische Energie in potenzielle Energie umgewandelt worden.

Zur Entladung läuft der Prozess in umgekehrter Richtung ab: Das Wasser fließt durch das Rohrsystem den Berg hinunter, d. h. die potenzielle Energie wird in kinetische Energie umgewandelt. Diese kinetische Energie treibt eine Turbine an, die diese Energie über einen Generator in elektrische Energie umwandelt.

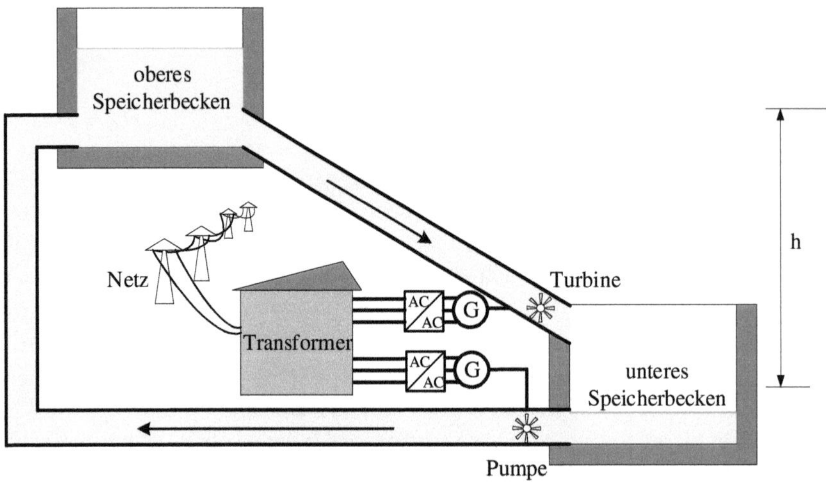

Bild 5.3 Beispiel für ein Pumpspeicherkraftwerk. Zwei Speicherbecken sind über ein Rohrsystem miteinander verbunden. Aus dem oberen Becken kann Wasser in das untere Becken geleitet werden, wodurch eine Turbine angetrieben wird. Umgekehrt kann Wasser in das obere Becken gepumpt werden. Dabei wird eine Pumpe aktiviert.

Die Speicherkapazität ergibt sich aus dem durchschnittlichen Höhenunterschied Δh zwischen den beiden Speicherbecken und dem Speicher, dem Volumen V und der Dichte des Wassers. ρ_{H_2O}:

$$\kappa = m \cdot g \cdot \Delta h = \rho_{H_2O} \cdot V \cdot g \cdot \Delta h \tag{5.2}$$

Die Dichte von Wasser bei einer Temperatur von 20° beträgt $\rho_{H_2O} = 0{,}9982067 \frac{\text{kg}}{\text{l}}$. Ein Liter Wasser wiegt also ungefähr ein Kilogramm.

Die Energiedichte des Speichers hängt von der Gravitationskonstante g, dem Höhenunterschied Δh und der Dichte des Mediums ρ ab.

$$\rho_{\kappa V} = \frac{\kappa}{V} = \rho_{H_2O} \cdot g \cdot \Delta h \tag{5.3}$$

Unter der Annahme, dass der Höhenunterschied zwischen Speicher- und Vorratsbecken deutlich größer ist als die Tiefe des Speicherbeckens, bestimmt allein der Volumenstrom die Be- und Entladungsrate:

$$\frac{\mathrm{d}}{\mathrm{d}t}\kappa = \rho_{H_2O} \cdot g \cdot \delta h \frac{\partial V}{\partial t} \tag{5.4}$$

Die Füll- und Entleerungsrate wird also durch den Volumenstrom, d. h. durch die Rohrleitung und die Turbine, begrenzt. Eine Erhöhung der Lade- und Entladeleistung kann durch den Einbau weiterer Rohre erreicht werden. Um die Lade- und Entladerate zu erhöhen, kann zum einen der Volumenstrom einer Leitung erhöht werden. Dies bedeutet aber auch, dass Generator, Turbine und Pumpe vergrößert werden müssen. Alternativ können weitere Leitungen, Pumpen und Turbinensysteme hinzugefügt werden.

Übung 5.3 Berechnung des benötigten Massenstroms

Wir betrachten ein Pumpspeicherkraftwerk, das einen Höhenunterschied von Δh = 400 m hat. Wie hoch muss der Massenstrom sein, damit eine Leistung von 1 MW für eine Viertelstunde entnommen werden kann? (Anmerkung: Massenstrom bedeutet Masse pro Zeit, d. h. $\dot{m} = \frac{d}{dt}m$)

Lösung: Um ein Megawatt Leistung für eine Viertelstunde bereitzustellen, benötigen wir eine Energiemenge von $\Delta E = \frac{1}{4}$ MWh. Diese Energiemenge müssen wir durch Massentransport realisieren, die dafür benötigte Wassermenge beträgt:

$$\begin{aligned}\Delta m &= \frac{\Delta E_{\text{pot}}}{g \cdot \Delta h} \\ &= \frac{\frac{1}{4}\,\text{MWh}}{9{,}81\,\frac{\text{m}}{\text{s}^2} \cdot 400\,\text{m}} \\ &= \frac{250.000\,\text{W} \cdot 3.600\,\text{s}}{9{,}81\,\frac{\text{m}}{\text{s}^2} \cdot 400\,\text{m}} \\ &= 229{,}36\,\text{t}\end{aligned}$$

Um eine Energiemenge von 1/4 MWh zu erzeugen, müssten wir 229 t Wasser durch die Leitungen in unserem Kraftwerk pumpen. Da dieser Vorgang eine Viertelstunde dauert, entspricht dies einem Massenstrom von:

$$\frac{\Delta m}{\Delta t} = \frac{229{,}36\,\text{t}}{15\,\text{min}} = \frac{229{,}36\,\text{t}}{900\,\text{s}} = 0{,}255\,\frac{\text{t}}{\text{s}}$$

Das bedeutet, dass 255 kg Wasser pro Sekunde durch die Rohre gepumpt werden müssen. Die Dichte von Wasser ist $\rho_{H_2O} = 0{,}9982067\frac{\text{kg}}{\text{l}}$, was einem Volumenstrom von

$$\frac{\Delta V}{\delta t} = \frac{255\,\text{kg}}{0{,}9982067\frac{\text{kg}}{\text{l}} \cdot \text{s}} = 255{,}46\,\frac{\text{l}}{\text{s}}$$

entspricht. ■

Die für den Aufbau eines Pumpspeicherkraftwerkes benötigten Komponenten sind in Bild 5.4 dargestellt. Die Basiskomponenten, die in jedem Speichersystem vorkommen, sind grau markiert. Die Komponente `Speicher` wird durch mindestens zwei `Speicherbecken` realisiert. Diese können wir als Spezialisierungen der Komponente `Speicher` interpretieren. Es gibt mindestens zwei Speicherbecken. In der Regel wird für `Pumpspeicherkraftwerke` die vorhandene Topographie genutzt. Dies kann dazu führen, dass mehrere `Speicherbecken` auf unterschiedlichen Höhenniveaus miteinander verbunden sind.

Im Pumpspeicherkraftwerk haben wir zwei `Leistungsverteilung`-Systeme. Zum einen haben wir die Umverteilung von Wasser von einem Becken zum anderen. Es handelt sich um eine `MechanischeLeistungsverteilung`. Zu diesem System gehören die Rohre, Ventile, Pumpen und Turbinen. Das zweite System ist die `ElektrischeLeistungsverteilung`. Hier befinden sich der `AC/AC`, der Frequenzumrichter, der `ACMotor`, der als Generator und Motor dient. Aber wir brauchen auch `Kabel`, `Schalter` und einen `Transformator` für den Netzanschluss. Zwischen den beiden Systemen dienen die Elektromotoren als Verbindung zwischen den Energieformen.

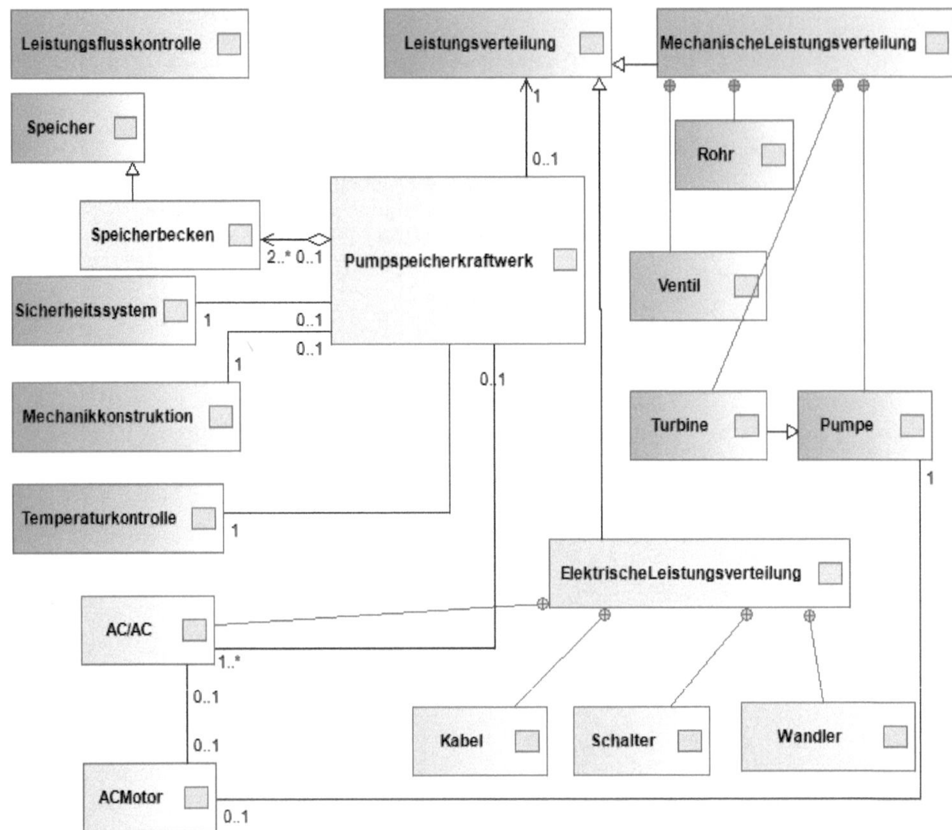

Bild 5.4 Blockdiagramm eines Pumpspeicherkraftwerks. Die Komponenten, die wir bereits als Basiskomponenten kennengelernt haben, sind dunkelgrau markiert. Die Elemente der mechanischen Energieverteilung und die Elemente der elektrischen Energieverteilung sind hellgrau markiert.

Der Einsatz einer Pumpe oder eines Generators schafft neue Randbedingungen für die Leistungsübertragung. Lassen Sie uns ein einfaches Gedankenexperiment durchführen. Wir haben Wasser im oberen Speicherbecken. Die Verbindungsleitung zwischen den beiden Becken ist mit Wasser gefüllt, aber der Massenstrom ist gleich Null, d. h. es gibt keinen Durchfluss.

Wir öffnen nun die Ventile ein wenig, und ein sehr kleiner Massenstrom setzt ein. Aber die Turbine dreht sich nicht. Damit sich die Turbine drehen kann, muss die Kraft, die das Wasser auf die Turbine ausübt, groß genug sein. Wenn also der Massenstrom zu gering ist, würden wir im schlimmsten Fall das obere Speicherbecken leeren, ohne dass sich die Turbine überhaupt dreht und somit elektrische Energie erzeugt.

Für die Beschreibung der Leistungsflüsse bedeutet dies, dass die Leistungsflüsse S_G bzw. G_S eine Abhängigkeit vom Massenstrom $\dot{m}_{SG}$ bzw. $\dot{m}_G S$ haben müssen.

$$S_G = \begin{cases} 0, \text{ wenn } \dot{m}_{SG} < \dot{m}_{SG,min} \\ [S_{G,min}, S_{G,max}] \end{cases} \tag{5.5}$$

$$G_S = \begin{cases} 0, \text{ wenn } \dot{m}_{GS} < \dot{m}_{GS,min} \\ [G_{S,min}, G_{S,max}] \end{cases} \tag{5.6}$$

Die beiden Speicherbecken haben jeweils einen Zu- und einen Abfluss (Bild 5.3). Dem Zufluss ordnen wir den Massenstrom $\dot{m}_{GS}$ und dem Abfluss, den Massenstrom $\dot{m}_{SG}$ zu. Da für den Zufluss ein anderes Rohr- und Pumpensystem verwendet werden kann, wie für den Abfluss, ergeben sich für S_G und G_S auch unterschiedliche Randbedingungen.

Erweitern wir nun unser Gedankenexperiment. Wir nehmen an, dass der Massenstrom groß genug ist, damit sich die Turbine dreht und der Generator die kinetische Energie in elektrische Energie umwandelt. Allerdings haben wir die Ventile noch nicht vollständig geöffnet. Nun öffnen wir die Ventile plötzlich so weit wie möglich, damit wir in möglichst kurzer Zeit den maximalen Massenstrom generieren können. Wir stellen fest, dass der Massenstrom nicht sofort seinen Höchstwert erreicht. Die Trägheit des Wassers und die Trägheit der Turbine sorgen dafür, dass erst nach einiger Zeit das Wasser so schnell fließt, wie es könnte, und die Turbine sich entsprechend schnell dreht, wie es möglich sein sollte.

Bei der Steuerung der Leistungsflüsse des Kraftwerkes muss berücksichtigt werden, dass diese sich nicht beliebig schnell verändert können, weil die Komponenten eine innere Trägheit haben. Daraus ergeben sich Randbedingungen für die zeitliche Ableitung der Leistungsflüsse $\frac{d}{dt}S_G$ und $\frac{d}{dt}G_S$:

$$|\frac{d}{dt}S_G| \leq \Delta S_{G,max} \tag{5.7}$$

$$|\frac{d}{dt}G_S| \leq \Delta G_{S,max} \tag{5.8}$$

Übung 5.4 Massenstrombegrenzung und Leistungsbegrenzung im Pumpspeicherkraftwerk

Die Randbedingungen in Gleichung 5.6 sind mit Bedingungen für den Massenstrom $\dot{m}$ verbunden. Wie sollte die Beschreibung lauten, die mit der Leistung verknüpft ist? (Tipp: Bleiben Sie im Bild der Energie und Leistung und versuchen Sie nicht, die Physik einer Turbine in der Strömung zu verstehen. Das ist zwar sehr interessant und spannend, aber nicht notwendig, um die Aufgabe zu lösen.)

Lösung: Die mechanische Leistung ergibt sich aus der zeitlichen Veränderung der gespeicherten Energie des Pumpspeicherkraftwerks:

$$P_{mech} = \frac{d}{dt}E_{pot}$$

Die gespeicherte Energie kann sich nur durch Änderung des Massenstroms ändern, d. h.

$$\frac{d}{dt}E_{pot} = \frac{d}{dt}(m \cdot g \cdot h) = \dot{m} \cdot g \cdot h$$

Wir haben also direkt eine Beziehung zwischen mechanischer Leistung und Massenstrom ermittelt:

$$P_{\text{mech}} = \dot{m} \cdot g \cdot h$$

Die Randbedingungen in den Gleichungen 5.6 können daher wie folgt umformuliert werden:

$$S_{\text{G}} = \begin{cases} 0, \text{ wenn } S_{\text{G}} < S_{\text{G,min}} = \dot{m}_{\text{SG,min}} \cdot g \cdot h \\ [S_{\text{G,min}}, S_{\text{G,max}}] \end{cases}$$

$$G_{\text{S}} = \begin{cases} 0, \text{ wenn } G_{\text{S}} < G_{\text{S,min}} = \dot{m}_{\text{GS,min}} \cdot g \cdot h \\ [G_{\text{S,min}}, G_{\text{S,max}}] \end{cases}$$

■

Aufgrund dieser Einschränkungen werden Pumpspeicherkraftwerke nicht für Speichervorgänge eingesetzt, die eine hochdynamische und granulare Leistungsflusssteuerung erfordern. Sie werden dort eingesetzt, wo große Energiemengen benötigt werden, die über einen langen Zeitraum gespeichert werden müssen.

Die Zeiträume, in denen die Kapazität gespeichert werden kann, können von Tagen über Wochen bis zu Jahren reichen. Pumpspeicherkraftwerke werden typischerweise für die Tertiärregelleistung, also zur Netzstützung, und für den Energiehandel eingesetzt. Die Energie- und Leistungsmengen liegen dabei im Bereich von Megawattstunden bzw. Megawatt.

Übung 5.5 Konfiguration der Pumpleistung bei einem Pumpspeicherkraftwerk

Ein Pumpspeicherkraftwerk muss 1 MWh speichern. Der Speichervorgang soll 15 min dauern. Die maximale Pumpleistung einer Turbine beträgt 1.000 kW ($G_{\text{S,max}} =$ 1.000 kW), darf sich aber nicht schneller als 250 kW pro Minute ändern ($\Delta G_{\text{S,max}} \leq 250 \frac{\text{kW}}{\text{min}}$). Der Wirkungsgrad der Speicherung liegt bei 90 %. Wie viele Pumpen müssen parallel betrieben werden, um die Leistung zu speichern?

Lösung:

$$\begin{aligned}
\Delta\kappa &= \eta_{\text{GS}} \int_0^{T=15\,\text{min}} G_{\text{S}}^t \, dt \\
&= \eta_{\text{GS}} \left(\int_0^{T=4\,\text{min}} 250 \frac{\text{kW}}{\text{min}} t \, dt + \int_{T=4\,\text{min}}^{T=15\,\text{min}} 1.000\,\text{kW} \, dt \right) \\
&= \eta_{\text{GS}} \left(\frac{250}{2} \frac{\text{kW}}{\text{min}} 4^2\,\text{min}^2 + 1.000\,\text{kW}\,(15\,\text{min} - 4\,\text{min}) \right) \\
&= \eta_{\text{GS}} 13.000\,\text{kWmin} = \eta_{\text{GS}} 216\,\text{kWh} = 194{,}4\,\text{kWh}
\end{aligned}$$

In den 15 Minuten kann eine Pumpe den Speicher um 194,4 kWh laden. Da wir 1 MWh laden wollen, müssen wir die Zahl der benötigten Pumpen ermitteln:

$$N = \frac{1.000\,\text{kWh}}{194{,}4\,\text{kWh}} = 5{,}14 \approx 6$$

Wir müssen hier aufrunden, da fünf Pumpen lediglich 972 kWh übertragen können. ■

5.3 Energiespeicherung durch Nutzung der Rotationsenergie – Der Schwungradspeicher

Neben der potenziellen Energie kennt die klassische Mechanik die kinetische Energie als eine Form der Energie. Die kinetische Energie kann Objekten zugeordnet werden, die sich bewegen. Wir kennen zwei Formen der Bewegung: die translatorische Bewegung und die rotatorische Bewegung. Ein Objekt, das sich von einem Ort zum anderen bewegt, macht eine Translationsbewegung, und wir können ihm die kinetische Energie zuordnen.

$$E_{\text{kin}} = \frac{1}{2} m v^2$$

Dabei ist m die Masse des Objekts und v die Geschwindigkeit, d. h. die Strecke pro Zeit.

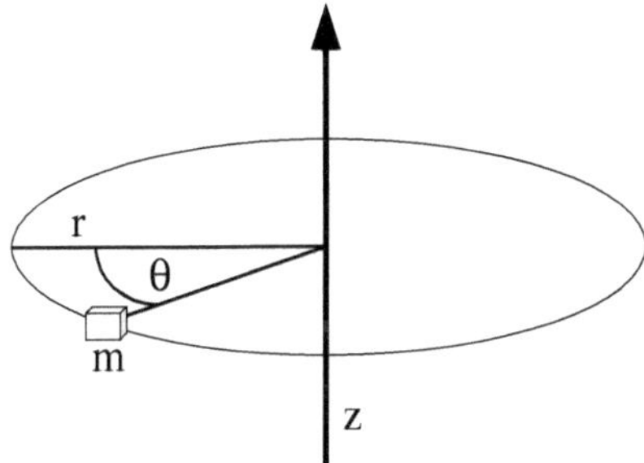

Bild 5.5 Beispiel für eine Rotationsbewegung. Eine Masse *m* bewegt sich um eine Achse *z*. Ihre Position wird durch den Winkel θ bestimmt.

Bei einer Rotationsbewegung dreht sich ein Körper um eine Achse. Betrachten wir das Beispiel in Bild 5.5. Ein Körper mit der Masse m rotiert um die Achse z. Seine Position wird durch den Abstand zur Achse r und den Winkel θ beschrieben. Nehmen wir an, dass der Abstand r konstant bleibt. Die Geschwindigkeit der Masse errechnet sich dann nicht mehr aus Abstand pro Zeit, sondern über den Winkel pro Zeit. Die Winkelgeschwindigkeit ω ist also über

$$\omega = \frac{\mathrm{d}}{\mathrm{d}t}\theta$$

definiert.

Unterbrechen wir die Verbindung der Masse mit der Achse, d. h. die Kraft, die die Masse m um die Achse z rotieren lässt, verschwindet, wird sich die Masse entlang der Tangente mit einer Geschwindigkeit von $v = \omega\, r$ weiterbewegen. Die Translationsenergie liegt dann bei:

$$E_{\text{kin}} = \frac{1}{2} m v^2 = \frac{1}{2} m (r\, \omega)^2$$

Wir könnten dieses Experiment bei jedem beliebigen Winkel durchführen. Daher muss die Rotationsenergie gleich der Translationsenergie sein. Somit erhalten wir einen Ausdruck für die Rotationsenergie:

$$E_{\text{rot}} = \frac{1}{2} m r^2\, \omega^2 = \frac{1}{2} J \omega^2 \tag{5.9}$$

Wir verwenden $J = m\,r^2$. J ist das Trägheitsmoment eines rotierenden Körpers. Die Definition in Gleichung 5.9 bezieht sich auf eine Masse. Besteht ein Körper aus mehreren Massen m_i, können wir die kinetische Energie der Massen addieren, um die kinetische Energie des Gesamtkörpers zu ermitteln:

$$E_{\text{rot}} = \frac{1}{2}\left(\sum_i^N m_i r_i^2\right)\omega^2 = \frac{1}{2}\left(\int r^2\,\mathrm{d}m\right)\omega^2 \tag{5.10}$$

In Gleichung 5.10 wird das Trägheitsmoment nicht nur über eine Summe der Massen, sondern über das Integral aller Massenpunkte bestimmt. Während die Berechnung des Trägheitsmoments mit einer endlichen Anzahl von Massenteilchen relativ handlich ist, ist die integrale Form etwas unhandlicher, da nicht immer klar ist, wie das Integral $\int r^2\,\mathrm{d}m$ für einen Körper ausgerechnet werden kann. Ursprünglich haben wir den Körper als eine Ansammlung von kleinen Masseteilchen m_i angesehen. Wir können diesen Gedanken nun fortführen und den Körper mithilfe einer räumlichen Dichteverteilung $\rho(V)$ beschreiben. Da die Masse das Produkt aus Dichte mal Volumen ist, können wir so eine andere Darstellung der Gleichung 5.10 herleiten:

$$J = \int_V r^2\,\mathrm{d}m = \int_V r^2 \rho(V)\,\mathrm{d}V \tag{5.11}$$

Der Vorteil dieser Gleichung ist, dass wir nun über die Raumkoordinaten integrieren können.

Um Rotationsenergie zu speichern, benötigen wir einen Körper, den wir in Rotation versetzen. Eine einfache Form ist das Schwungrad, das zum Beispiel bei Dampfmaschinen verwendet wurde, um die kurze Totzeit zu überwinden, in der keine Kraft durch die Kolben auf die Drehachse ausgeübt wird. Die Rotationsenergie hängt von der Masse, dem Abstand der Massen von der Rotationsachse und der Rotationsgeschwindigkeit ab. Ist das Material einmal festgelegt, kann die Kapazität eines Schwungrads auf zwei Arten erhöht werden: durch Erhöhung der maximalen Drehzahl und durch Anpassung der Massenverteilung. Je weiter ein Massenelement vom Massenschwerpunkt entfernt ist, desto größer ist sein Beitrag zum Trägheitsmoment. Wir vereinfachen die mathematische Betrachtung, indem wir den Einfluss der Tragstruktur und der Achse auf die Energiespeicherung vernachlässigen. Der größte Teil der Masse des Schwungrads befindet sich im äußeren Bereich des Schwungrads, den wir als Hohlzylinder mit den beiden Radien r_1 und r_2 und der Höhe h beschreiben (Bild 5.6).

Das Trägheitsmoment wird nach der Formel 5.11 berechnet:

$$J = \int_{h=0}^{h=H} \mathrm{d}h \int_{\theta=0}^{\theta=2\pi} \mathrm{d}\theta \int_{r=r_1}^{r=r_2} \rho\, r^2\, r\,\mathrm{d}r \tag{5.12}$$

$$= 2\pi\, H \rho \int_{r=r_1}^{r=r_2} \rho\, r^3\,\mathrm{d}r \tag{5.13}$$

$$= 2\pi\, H \rho \left[\frac{r^4}{4}\right]_{r=r_1}^{r=r_2} \tag{5.14}$$

$$= \frac{1}{2}\pi\; H\rho\left(r_2^4 - r_1^4\right) \tag{5.15}$$

Das Trägheitsmoment ist proportional zur Höhe des Zylinders, geht aber mit dem Radius in der 4. Potenz. Wenn wir also viel Energie speichern wollen, können wir einen großen Effekt erzielen, indem wir den Radius vergrößern oder die Wandstärke verstärken.

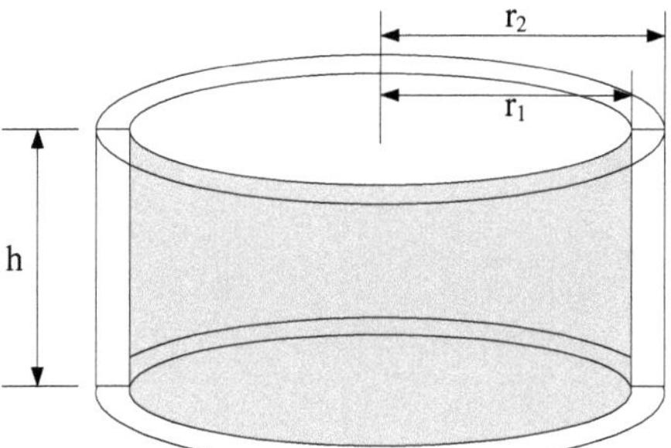

Bild 5.6 Beispiel für ein Schwungrad. Das Schwungrad wird als ein Hohlzylinder mit den Radien r_1 und r_2 beschrieben, der die Höhe h hat.

Übung 5.6 Speichern von Energie in einem Schwungradspeicher

Die Masse eines Schwungrads befindet sich in einem äußeren Metallring. Das Schwungrad ist ein Hohlzylinder aus Eisen ($\rho = 7.860\frac{\text{kg}}{\text{m}^3}$). Der äußere Radius ist 2 m, der innere Radius ist 1,5 m. Seine Höhe beträgt 0,5 m. Wie schnell muss sich das Rad drehen, um 1 kWh zu speichern?

Lösung: Mithilfe der Gleichung 5.15 können wir das Trägheitsmoment bestimmen:

$$\begin{aligned} J &= \frac{1}{2}\pi H \rho\left(r_2^4 - r_1^4\right) \\ &= \frac{1}{2}\pi\, 0{,}5\,\text{m} \cdot 7.860\frac{\text{kg}}{\text{m}^3}\left((2\,\text{m})^4 - (1{,}5\,\text{m})^4\right) \\ &= 67.519{,}7\,\text{kg}\,\text{m}^2 \end{aligned}$$

Die Gleichung kann auch als $J_{ges} = J_2 - J_1$ geschrieben werden, wobei $J_{1,2}$ die Trägheitsmomente von zwei Scheiben mit Radius r_1 und r_2 darstellen. Trägheitsmomente können beliebig addiert und subtrahiert werden.

Um die für die Speicherung von 1 kWh benötigte Rotationsgeschwindigkeit zu ermitteln, verwenden wir die Definition der Rotationsenergie:

$$E_{rot} = \frac{1}{2}J\omega^2$$

Somit berechnet wir ω:

$$\omega = \sqrt{2 \cdot \frac{E_{rot}}{J}} = \sqrt{2 \cdot \frac{3.600.000\,\text{Ws}}{67.519{,}7\,\text{kg}\,\text{m}^2}} = 10\frac{\text{rad}}{\text{s}}$$

Dies entspricht

$$n = \frac{\omega}{2\pi} = 1{,}64\frac{1}{\text{s}} = 98{,}4\,\text{rpm}$$

Umdrehungen in der Minute.

■

Um festzustellen, wie viel Leistung ein rotierender Körper aufgenommen oder abgegeben hat, müssen wir die Änderung der Rotationsenergie über die Zeit bestimmen. Wenn das

Trägheitsmoment und die Masse konstant sind, muss nur die Winkelgeschwindigkeit nach der Zeit abgeleitet werden.

$$P_{\mathrm{rot}} = \frac{\mathrm{d}}{\mathrm{d}t}E_{\mathrm{rot}} = \frac{1}{2}J\frac{\mathrm{d}}{\mathrm{d}t}\omega(t)^2 = J\left(\frac{\mathrm{d}}{\mathrm{d}t}\omega\right)\omega = J\dot{\omega}\omega \tag{5.16}$$

Die Größe $J\dot{\omega}$ ist das Drehmoment M, das auf einen Körper wirkt.

$$P_{\mathrm{rot}} = J\dot{\omega}\omega = M\omega \tag{5.17}$$

Wollen wir die Speicherkapazität eines Schwungradspeichers anpassen, haben wir zwei Möglichkeiten: Wir können ein großes Trägheitsmoment wählen oder mit einer hohen Winkelgeschwindigkeit arbeiten. Bei der Wahl des Trägheitsmoments sind uns mechanische Grenzen gesetzt. Wir haben in der Regel nur begrenzten Platz, wir können nicht jedes Material verwenden, und die beweglichen Teile der Mechanik müssen den auftretenden Kräften standhalten können. Aber die Winkelgeschwindigkeit ist begrenzt, da Rotation Reibung erzeugt und die mechanische Belastung der beweglichen Komponenten erhöht.

Wenn wir mit hoher Be- und Entladeleistungen arbeiten wollen, haben wir weitere Freiheitsgrade. Gleichung 5.16 zeigt, dass drei Größen für eine hohe Leistungsaufnahme relevant sind: ein großes Trägheitsmoment J, eine große Änderung der Winkelgeschwindigkeit $\dot{\omega}$ oder eine große Winkelgeschwindigkeit ω.

Übung 5.7 Auslegung eines Schwungradspeichers

Wir wollen einen Schwungradspeicher für eine Leistungsanwendung realisieren. Wir benötigen eine Leistung von 24 kW für eine kurze Zeitspanne von $\Delta t = 1$ min. Der Schwungradspeicher soll aus einem Hohlzylinder aus Eisen bestehen ($\rho = 7.860\,\frac{\mathrm{kg}}{\mathrm{m}^3}$, $r_1 = 0{,}15$ m, $r_2 = 0{,}25$ m). Das Brems- und Beschleunigungssystem kann ein maximales Drehmoment von $M_{\mathrm{max}} = 200$ Nm aufbringen. Welche Energiemenge soll gespeichert werden? Mit welcher Basisgeschwindigkeit ω_0 soll das Schwungrad arbeiten? Da der Radius gegeben ist, können wir noch die Höhe des Schwungrades anpassen. Was wäre die richtige Höhe?

Lösung: Um innerhalb einer Minute 24 kW an Leistung zu gewinnen, benötigen wir eine Energiemenge von:

$$\Delta E_{\mathrm{red}} = 24\,\mathrm{kW} \cdot \frac{1}{60}\,\mathrm{h} = 0{,}4\,\mathrm{kWh}$$

Das Trägheitsmoment in Abhängigkeit von der Höhe:

$$J_{\mathrm{B1}} = \frac{1}{2}\pi H\rho\left(r_2^4 - r_1^4\right) = 41.97\,\mathrm{kg}^2\,\mathrm{m} \cdot H$$

Aus der Gleichung 5.17 können wir nun die Basisgeschwindigkeit ω_0 bestimmen. Dazu nehmen wir an, dass das maximale Drehmoment M_{max} wirken darf:

$$\begin{aligned} P &= J\dot{\omega}\omega = M_{\mathrm{max}}\omega_0 \\ 24\,\mathrm{kW} &= M_{\mathrm{max}}\omega_0 \\ \omega_0 &= \frac{24\,\mathrm{kW}}{200\,\mathrm{Nm}} = 120\,\frac{\mathrm{rad}}{\mathrm{s}} = 1.145\,\mathrm{rpm} \end{aligned}$$

Wir benötigen also eine Basisgeschwindigkeit von 1.145 rpm, um mit dem maximalen Bremsmoment die erforderliche Leistung entnehmen zu können. Wir bestimmen nun die Höhe des Speichers, damit die zu speichernde Energie berücksichtigt wird.

$$E_{rot} = \frac{1}{2} J \omega_0^2$$

$$0{,}4\,\text{kWh} = 41{,}97\,\text{kg}^2\,\text{m} \cdot H \left(48\,\frac{\text{rad}}{\text{s}}\right)^2$$

$$H = \frac{0{,}4\,\text{kWh}}{41{,}97\,\text{kg}^2\,\text{m}\left(48\,\frac{\text{rad}}{\text{s}}\right)^2} = 2{,}38\,\text{m}$$

Um diese Anforderung zu erfüllen, benötigen wir also ein Schwungrad, das aus einem 2,38 m hohen Hohlzylinder besteht, der sich mit einer Basisgeschwindigkeit von 1.145 rpm dreht. ■

Wenn wir einen Schwungradspeicher für eine Leistungsanwendung konstruieren wollen, ist es sinnvoll, neben einem hohen Trägheitsmoment auch mit einer hohen Basisgeschwindigkeit zu arbeiten. Das bedeutet, dass im Schwungrad immer ein gewisser Rest an Energie gespeichert bleibt. Die Drehzahl sollte daher einen bestimmten Wert ω_{min} nicht unterschreiten.

Wir wollen uns nun die Anforderungen an einen Schwungradspeicher ansehen. Die Basisanforderungen, die Anforderungen an mechanische und elektrische Speichersysteme, gelten natürlich auch hier. Zusätzlich gibt es nun spezifische, technologieabhängige Aspekte.

Wir hatten bereits in Übung 5.7 gesehen, dass wir mit einem hohen Trägheitsmoment und einer hohen Drehzahl auch bei begrenztem Bremsen und Beschleunigen eine hohe Leistung abrufen können. Da jeder Brems- und Beschleunigungsvorgang auch eine Belastung für das Material darstellt, bevorzugen wir eine hohe Basisgeschwindigkeit. Dies ist eine erste Zusatzanforderung an Schwungradspeicher (**FWS** = „Flywheelstorage").

FWS 1: ALS Entwicklung MÖCHTE ICH, dass das Schwungrad eine hohe Basisgeschwindigkeit hat, SODASS ich eine hohe Lade- und Entladeleistung mit einem geringeren Drehmoment erzeugen kann.

Zu den grundlegenden Anforderungen an ein Speichersystem gehört die Anforderung **B 6**. **B 6** war eine Anforderung an die mechanische Konstruktion. Bei einem Schwungradspeichersystem gibt es eine Erweiterung dazu:

FWS 2: ALS Entwicklung MÖCHTE ICH, dass die Drehachse stabil gehalten wird, SODASS es keine Präzession gibt, die die Mechanik beschädigt.

Eine stabile Achse ist wichtig für die Sicherheit und mechanische Stabilität des Speichers. Eine Präzession würde das kontrollierte Laden und Entladen erheblich erschweren. Daher ist **FWS 2** eine Erweiterung der Anforderungen **B 3**, **B 5** und **B 6**.

Die im Schwungrad gespeicherte Energie wird permanent durch Reibungsverluste reduziert. Zum einen wirkt die Luftreibung auf das Schwungrad, zum anderen treten Reibungsverluste in der Radaufhängung auf. Luftwiderstand und Reibung wirken wie ein reduzierendes Drehmoment und entziehen dem Speicher permanent Energie. Ein Schwungradspeicher hat daher konstruktionsbedingt eine hohe Selbstentladung, die durch geeignete Maßnahmen reduziert werden sollte.

FWS 3 `ALS Nutzer MÖCHTE ICH, dass die Verluste durch Reibung und Luftwiderstand so gering wie möglich gehalten werden, SODASS die durch diese Verluste erzeugte Selbstentladung so klein wie möglich ist.`

Bild 5.7 zeigt die Anforderungen und ihre Beziehung zu den bereits definierten Anforderungen an Speichersysteme. Wie bei den Anforderungen an mechanische Systeme gibt es auch für Schwungradspeicher eine Reihe von Anforderungen, die die Basisanforderungen erweitern. Um diese besser erkennen zu können, wurden die jeweiligen Beziehungspfeile mit dem Schlüsselwort «`Extend`» versehen.

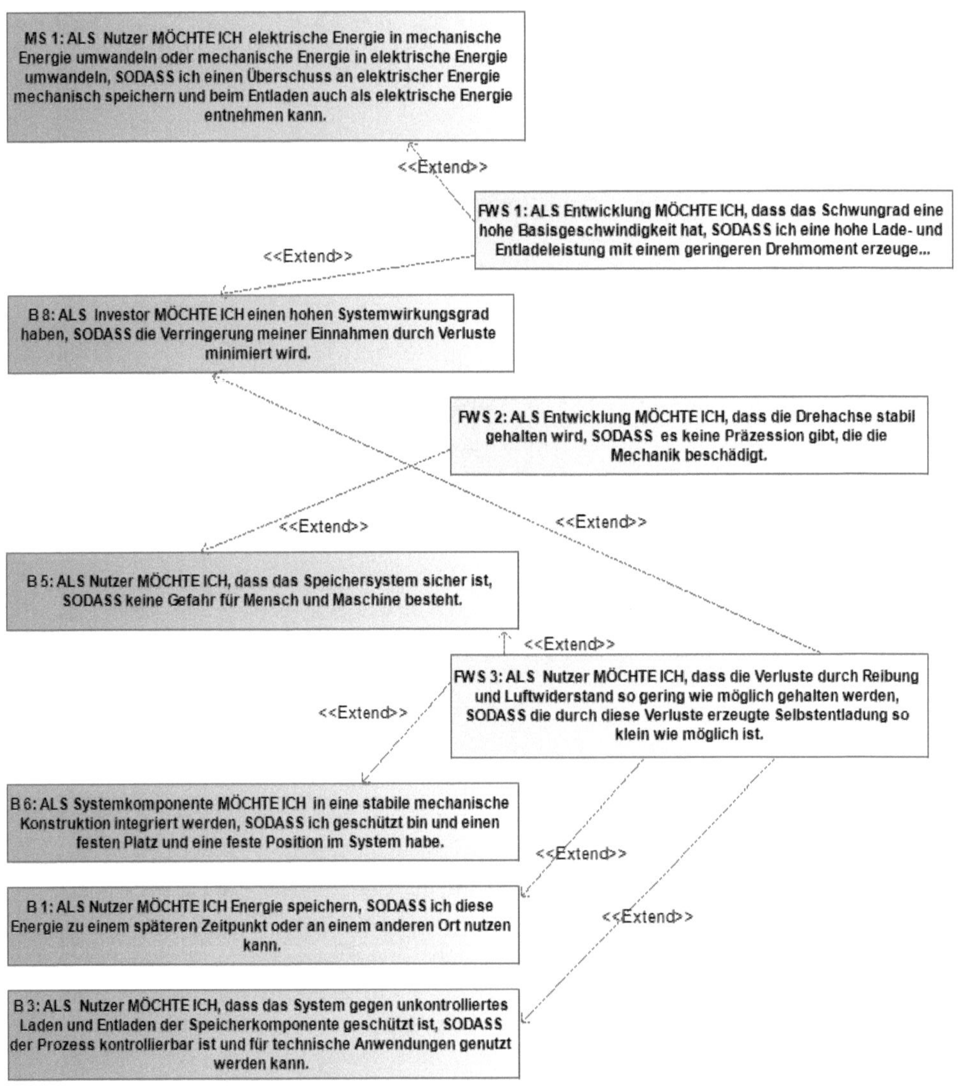

Bild 5.7 Anforderungen an ein Schwungradspeichersystem und die Beziehungen der Anforderungen zu den Basisanforderungen von Speichersystemen.

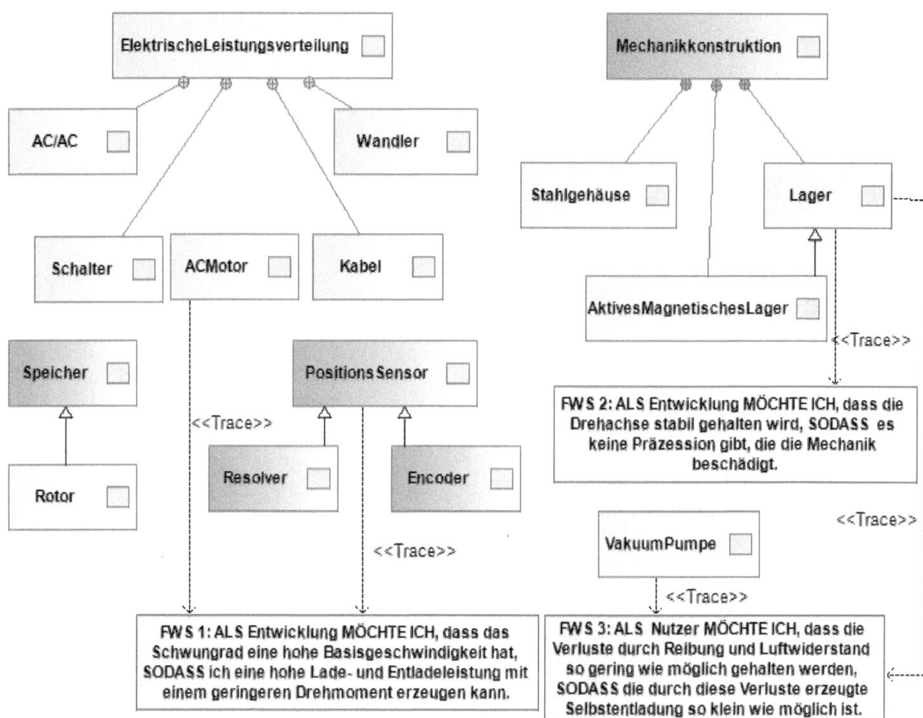

Bild 5.8 Komponenten und Anforderungen eines Schwungradspeichers (**FWS 1** bis **FWS 3**)

Bild 5.8 zeigt die Komponenten, die für einen Schwungradspeicher benötigt werden. Der `Rotor`, d. h. ein Körper, der sich um seine eigene Achse dreht, dient in diesem System als Speicher. Um die Anforderung **FWS 1** zu erfüllen, ist ein Elektromotor notwendig. Er wandelt die kinetische Energie in elektrische Energie um. Im Allgemeinen wird dies mit einem `ACMotor` gemacht. Zusätzlich wird ein `PositionsSensor` zur Messung des Drehwinkels und damit der Drehgeschwindigkeit eingesetzt. Er ist für **FWS 1** allein nicht notwendig, da es Methoden gibt, mit denen ein Elektromotor einen `ACMotor` ohne `PositionsSensor` antreiben kann. Ein `PositionsSensor` wird jedoch auch in Verbindung mit Anforderung **B 3** benötigt, da die Drehzahl ein Maß für den Ladezustand des Schwungradspeichers ist.

FWS 2 ist eine Anforderung an die mechanische Konstruktion, insbesondere an die Lagerung des Rotors. Da das `Lager` den beweglichen Teil des Speichers vom feststehenden Teil des Speichers trennt, hat es auch einen Einfluss auf die Reibung und damit auf die Selbstentladung des Speichersystems. Daher besteht hier ein Zusammenhang zur Anforderung **FWS 3**.

Neben den Reibungsverlusten durch das `Lager` entsteht durch den Luftwiderstand zusätzliche Reibung. Diese kann durch ein Vakuum im Rotor reduziert werden. Das Vakuum wird durch eine `VakuumPumpe` erzeugt. Diese Systemkomponente ist daher auch mit der Anforderung **FWS 3** verbunden.

Die abstrakte Darstellung in Bild 5.8 wurde in Bild 5.9 in ein reales System übertragen. Wir sehen, dass der Rotor schmal und hoch ist. Dies scheint zunächst der Tatsache zu wider-

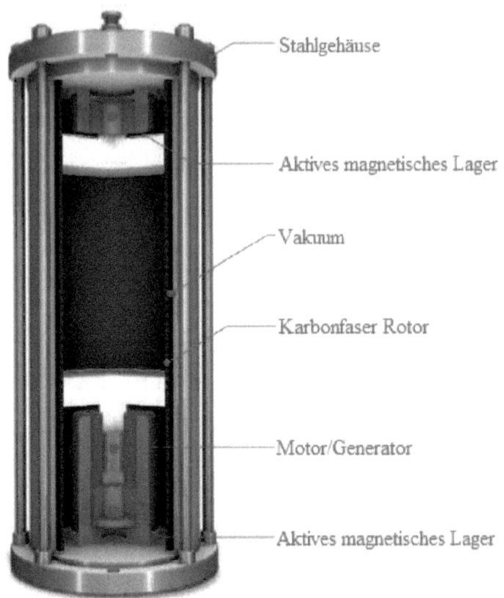

Bild 5.9 Beispiel für die Realisierung eines Schwungradspeichers (Foto: STORNETIC)

sprechen, dass das Trägheitsmoment quadratisch mit dem Abstand zur Achse zunimmt. Wenn wir die Speicherkapazität eines Speichers – bei gleicher Drehzahl – erhöhen wollen, müssten wir nur den Durchmesser der Schwungmasse vergrößern. Das ist der Grund, warum bei Dampfmaschinen die Schwungräder meist einen großen Durchmesser haben und die Masse am äußeren Rand angeordnet ist. Andererseits werden die Präzessionskräfte größer, wenn der Durchmesser groß ist. Eine kleine Störung erzeugt eine hohe Kraft in den Lagern, die dadurch stark beansprucht werden. Ein schmales Schwungrad ist für die Konstruktion der Lager vorteilhafter. Der Nachteil des geringen Trägheitsmoments kann jedoch durch eine hohe Betriebsdrehzahl kompensiert werden, die für den Betrieb eines Schwungradspeichers ohnehin bevorzugt wird.

Für diese Bauart spricht auch, dass der Platzbedarf für den Einbau eines Schwungrades geringer ist. Es ist einfacher, eine größere Anzahl von schmalen, hohen Speichern aufzustellen als wenige große Speicher mit geringerer Höhe.

Als Achslager wird hier ein aktives Magnetlager verwendet. Bei einem aktiven Magnetlager sorgen Elektromagnete dafür, dass die Drehachse ausgerichtet bleibt. Die Kraft dieser Magnete ist einstellbar. Wir sind also in der Lage, Schiefstellungen während des Betriebs aktiv auszugleichen.

Wegen der Reibungsverluste sind Schwungradsysteme nicht geeignet, Energie über einen längeren Zeitraum zu speichern. Schwungradspeichersysteme werden daher als Leistungsspeicher eingesetzt [AHC$^+$13, Eck99, Str08].

Wie wir gesehen haben, kann man aus einem Schwungradspeicher mit relativ geringen Drehmomenten eine hohe Leistung herausholen, wenn die Basisgeschwindigkeit hoch genug ist. Da wir weder die Basisgeschwindigkeit beliebig hoch noch die Masse der Schwungräder beliebig groß bauen können, bleiben wir in der maximal verfügbaren Leistung begrenzt. Dies kann jedoch kompensiert werden, indem man verschiedene Schwungradspei-

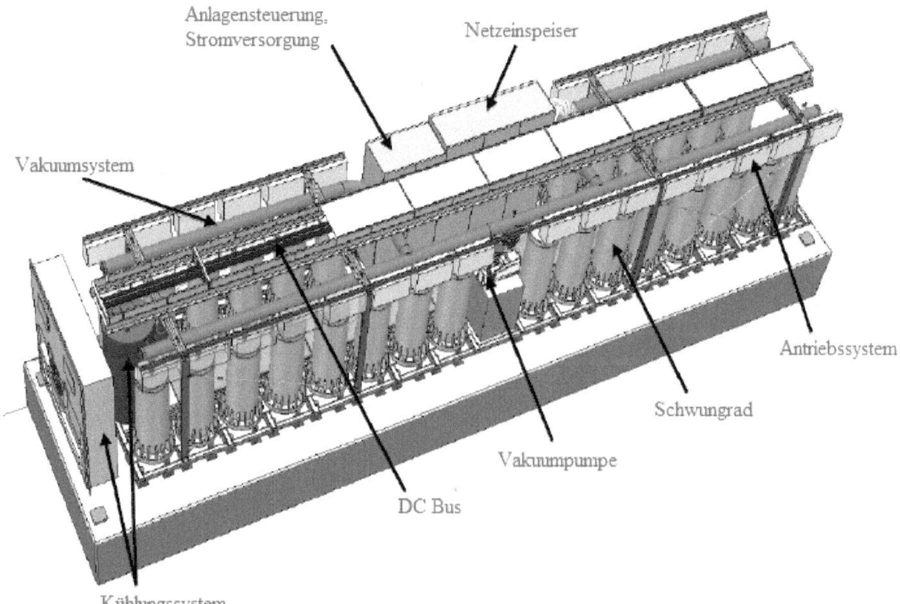

Bild 5.10 Durch die Kombination mehrerer Schwungradspeicher lassen sich höhere Leistungen und Speicherkapazitäten realisieren (Foto: STORNETIC).

cher zu einem großen Speicher zusammenfasst. In Bild 5.10 ist ein solches System von Schwungradspeichern dargestellt. Es besteht aus vier Gruppen von acht Schwungrädern. Jedes Schwungrad hat sein eigenes Antriebssystem. Das Kühlsystem und die Vakuumpumpe werden nur einmal ausgeführt und von allen Speichern genutzt.

Der Anschluss an das Netz erfolgt hier über einen zentralen Netzwechselrichter. Schauen wir uns Bild 5.11 genauer an. Statt dass die einzelnen Speichereinheiten direkt in das Netz einspeisen, speisen und beziehen die Schwungräder elektrische Energie aus einem

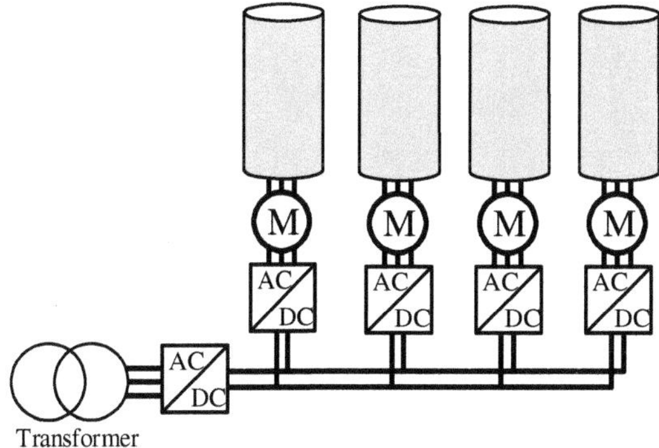

Bild 5.11 Schematische Darstellung des Schwungradspeichersystems aus Bild 5.10

Zwischenkreis. Nur ein zentraler Wechselrichter, der an das Netz angeschlossen ist, stellt die Leistungsübertragung zwischen Netz und Speicher sicher. Dieser Aufbau hat mehrere Vorteile: Wie wir bereits wissen, benötigen Wechselrichter Induktivitäten, um einen Wechselstrom zu erzeugen. In einem Antriebswechselrichter sind diese Induktivitäten im Motor enthalten, wo sie auch zur Umwandlung von elektrischer in kinetische Energie dienen. Würde jeder der 32 Schwungradspeicher einen netzeinspeisenden Wechselrichter enthalten, müssten diese Wechselrichter mit Netzfiltern ausgestattet werden. Ein einfacher Antriebsumrichter hingegen kommt ohne Filter aus und ist daher kostengünstiger.

Auch die Betriebsführung ist bei einem System mit 32 netzeinspeisenden Umrichtern wesentlich komplexer. Denn für die Einhaltung des Grid Codes, also der Netzanschlussbedingungen, ist die Charakteristik des Stroms am Ausgang der Gesamtanlage relevant, und in diesem Fall müsste das Zusammenspiel von 32 Einzelanlagen geregelt werden. Das hier verwendete Konzept reduziert daher die Kosten für Netzfilter und legt die Verantwortung für die Einhaltung der Netzanschlussbedingungen auf eine einzige Komponente.

Die Skalierung des Schwungradspeichers auf vier Blöcke mit je acht Schwungradspeichern hat einen weiteren Vorteil. Wie wir aus Kapitel 2 wissen, hat jedes Speichersystem einen konstanten Verbrauch, der die Effizienz eines Speichersystems reduziert. Wenn wir dauerhaft mit 32 Schwungradspeichern arbeiten, tritt der konstante Verbrauch permanent 32 mal auf. Dabei spielt es keine Rolle, ob die benötigte Leistung durch 32 oder durch 8 Systeme gedeckt wird. Durch die Einführung der Blöcke kann die Leistung des Systems kaskadiert werden. Solange ein Block die benötigte Leistung speichern und bereitstellen kann, wird nur ein Block in Betrieb genommen. Dies führt zwar zu einer erhöhten Komplexität in der Betriebsführung, ermöglicht aber eine Reduzierung der Verluste [RSM20].

Übung 5.8 Betrachtung der Requirement Traceability Matrix für ein Schwungradspeichersystem

Sowohl Bild 5.10 als auch Bild 5.9 zeigen eine Reihe von Systemkomponenten. Wie lassen sich diese Systemkomponenten den sechs grundlegenden Systemkomponenten (Leistungsverteilung, Leistungsverteilungssteuerung, Speicher, Sicherheitssystem, Temperatursteuerung und mechanische Konstruktion) zuordnen? Erweitere die folgende Tabelle um die Komponenten und verbinde jede Komponente mit der entsprechenden Basissystemkomponente.

	Leistungsverteilung	LeistungsflussKontrolle	Speicher	SicherheitsSystem	TemperaturSteuerung	MechanikKonstruktion
Systemkomponente A						
Systemkomponente B						
...						

Lösung: Die folgende Tabelle zeigt eine sinnvolle Zuordnung der Systemkomponenten. Ein großer Teil der Zuordnungen ergibt sich direkt aus den Aufgaben der Komponenten. Der `DCBus` dient der Stromverteilung zwischen den einzelnen Schwungradeinheiten und dem Transport des Stroms ins Netz, ist also Teil der `Leistungsverteilung`. Die `AnlagenSteuerung` vereint verschiedene Aufgaben. Zum einen steuert sie den Leistungsfluss zwischen dem Netz und dem Schwungradspeicher. Sie ist daher Teil der `LeistungsflussKontrolle`. Gleichzeitig überwacht sie aber auch ihre eigenen Systemkomponenten und ist damit Teil des `SicherheitsSystems` und `TemperaturSteuerung`. Diese Systemkomponenten enthalten oder realisieren also mehrere grundlegende Systemkomponenten und deren Aufgaben. Etwas schwieriger ist die Frage, zu welchen Komponenten die `VakuumPumpe` und das `VakuumSystem` gehören. Sie sind nicht Teil der `Leistungsverteilung`, des `SicherheitsSystems` oder der `MechanikKonstruktion`. Vielmehr sind sie Teil der Komponente `Speicher`. Ohne diese Systemkomponente würde der Speicher einen erheblichen Teil seiner Funktion verlieren.

	Leistungsverteilung	LeistungsflussKontrolle	Speicher	SicherheitsSystem	TemperaturSteuerung	MechanikKonstruktion
Anlagensteuerung		X		X	X	
Stromversorgung	X	X				
Vakuumsystem			X			
Kühlungssystem					X	
DC Bus	X					
Vakuumpumpe			X			
Schwungrad			X			
Antriebssystem	X		X			
Netzeinspeiser	X					
Stahlgehäuse						X
aktives magnetisches Lager			X			X
Kohlefaserrotor			X			

■

In diesem Abschnitt haben wir uns mit der Speicherung von elektrischer Energie in kinetischer Energie, genauer gesagt in Rotationsenergie, beschäftigt. Dabei haben wir den Schwungradspeicher kennengelernt. Der Schwungradspeicher wird als Leistungsspeicher eingesetzt. Weil Bewegung immer Reibung erzeugt und Reibung mit Energieverlusten verbunden ist, ist er nicht für eine Speicherung über einen längeren Zeitraum geeignet. Im nächsten Abschnitt werden wir uns mit der dritten Form der mechanischen Energie beschäftigen und wie diese Form zur Speicherung von Energie genutzt werden kann.

5.4 Energiespeicherung mit potenzieller Energie Teil 2 – Rückstellkraft einer Feder

In Abschnitt 5.2 haben wir die Schwerkraft genutzt, um potenzielle Energie zu speichern. Wir haben uns die Tatsache zunutze gemacht, dass wir Arbeit verrichten müssen, wenn wir ein Objekt anheben, und dass wir Energie gewinnen können, wenn ein Objekt fällt oder auf kontrollierte Weise fallengelassen wird. In diesem Abschnitt werden wir uns mit einer anderen Form der potenziellen Energie beschäftigen: Rückstellkräfte. Der Grundgedanke ist derselbe: Wir verrichten Arbeit, um einen mechanischen Zustand zu verändern, und gewinnen Energie, wenn wir das System wieder in seinen Gleichgewichtszustand zurückfallen lassen. Das einfachste Beispiel für eine Rückstellkraft ist eine Feder. In Bild 5.12 platzieren wir ein Gewicht auf eine Platte, die an einer Feder befestigt ist. Die Kraft des Gewichts ist nicht so groß, dass die Feder vollständig zusammengedrückt wird. Deshalb üben wir eine zusätzliche Kraft F_{charge} aus, bis die Feder auf das Mindestmaß zusammengedrückt ist. Danach schieben wir einen Riegel auf den Tisch und blockieren die Feder. Dieser Vorgang entspricht dem Ladevorgang. Die Rückstellkraft einer Feder ist proportional zur Auslenkung der Feder Δx und den mechanischen Eigenschaften der Feder D:

$$F(\Delta x) = -D\Delta x \tag{5.18}$$

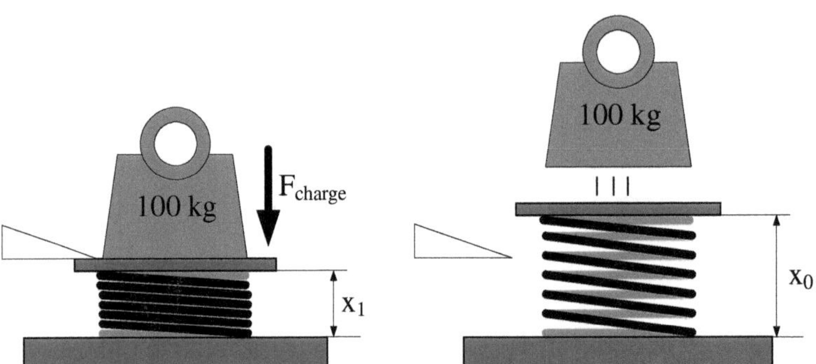

Bild 5.12 Beispiel für die Speicherung von Energie durch Zusammendrücken einer Feder. Während des Aufladens wird die Feder durch eine Kraft F_{Ladung} zusammengedrückt. Während der Speicherzeit kann sich die Feder nicht dekomprimieren, da wir die Feder arretiert haben. Wenn wir die Sperre aufheben, dekomprimiert sich die Feder und beschleunigt das Gewicht. Der Speicher entlädt sich.

F ist immer so gerichtet, dass die Kraft versucht, die Gleichgewichtslage der Feder wiederherzustellen. Unabhängig davon, ob die Feder gedehnt (d. h. $\Delta x_0 > 0$) oder gestaucht ($\Delta x < 0$) ist, wirkt die Kraft immer so, dass die Feder in die Gleichgewichtslage x_0 zurückkehrt. Die Energie, die wir in der Feder speichern, ergibt sich aus der Integration der aufgebrachten Kraft über den Weg:

$$W_{\text{rest}} = \int_{s=x_0=0}^{s=x_1=x} -D\,s\,\mathrm{d}s = \frac{1}{2}Dx^2 \tag{5.19}$$

Wenn wir den Riegel zurückziehen, entspannt sich die Feder. Die gespeicherte Energie wird freigesetzt, und in unserem Beispiel in Bild 5.12 wird die potenzielle Energie in kinetische Energie umgewandelt.

Das hier gezeigte Beispiel hat Nachteile für die praktische Anwendung. Um ein kontrolliertes Be- und Entladen zu ermöglichen, müsste man die Feder in diskreten Einheiten variieren können. Dies geschieht in Uhrwerken durch Zahnräder. Es gibt also eine konstruktive Lösung für dieses Problem. Aber es gibt noch eine andere Herausforderung. Die Umwandlung von kinetischer Energie in elektrische Energie erfolgt durch Elektromotoren. Diese benötigen immer eine Rotationsbewegung. Der Einsatz eines Zahnrades führt zu diskreten, kurzfristigen Drehbewegungen. Es ist jedoch schwierig, diese in eine kontinuierliche Bewegung umzuwandeln, die dann in elektrische Energie umgewandelt wird. Es stellt sich daher die Frage, ob es eine andere Möglichkeit gibt, die Rückstellkräfte zu nutzen.

Neben der mechanischen Feder gibt es auch andere physikalische Systeme, die gedehnt oder gestaucht werden können, um eine Kraft zu erzeugen. Ein Beispiel ist in Bild 5.13 dargestellt. Hier haben wir ein Schiff, das einen großen Ballon an Deck hat. Am Ende des Ballons befindet sich ein kleines Ventil. Wenn wir es öffnen und Luft hineinpumpen, dehnt sich der Ballon aus. Die Luftmoleküle drücken gegen die Oberfläche des Ballons. Wenn der Druck der Moleküle groß genug ist, dehnt sich der Ballon aus, bis ein Gleichgewicht zwischen dem von den Molekülen erzeugten Luftdruck und der Oberflächenspannung der Ballonhaut besteht. Bei einem bestimmten Volumen ist der Ballon groß genug, und wir schließen das Ventil. Wir haben jetzt kinetische Energie in potenzielle Energie im Ballon gespeichert. Wir öffnen nun das Ventil. Die Oberflächenspannung und der Luftdruck im Inneren des Ballons treiben die Luft aus der Röhre. Dabei erzeugen die Luftmoleküle eine Kraft, die unser Schiff antreibt.

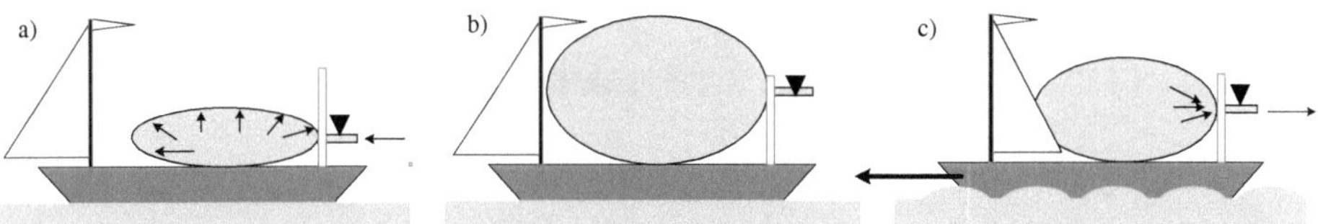

Bild 5.13 Schiffsantrieb, der einen Druckluftspeicher als Antrieb nutzt. Bei Beladen a) wird ein Ballon aufgeblasen. Ist er geladen b) hat er ein wesentlich größeres Volumen. Durch Öffnen des Ventils c) wird der Speicher entladen, und das ausströmende Gas erzeugt eine Antriebskraft, die das Schiff bewegt.

Im Vergleich zu unserem Federexperiment hat dieser Antrieb den Vorteil, dass sich die Füll- und Entleerungsrate über die Ventilstellung dosieren lässt. Wenn das Gas aus- oder einströmt, haben wir eine kontinuierliche Translationsbewegung, die wir mithilfe einer Turbine oder eines Propellers in eine Rotationsbewegung umwandeln können, die sich mithilfe von Elektromotoren in elektrische Energie umwandeln lässt.

Der Luftballon ist als Druckluftspeicher für die Realisierung von Energiespeichersystemen ungeeignet, da die Volumenveränderung beim Laden und Entladen mechanische Spannungen erzeugt. Diese sorgen dafür, dass der Ballon nicht zu oft wieder aufgeblasen werden kann. Gasbehälter, die ein festes Volumen haben und Gas unter sehr hohem Druck speichern können, sind für ein Druckluftspeichersystem besser geeignet.

Für die Beschreibung des Lade- und Entladevorgangs reicht es in erster Näherung aus, das ideale Gasgesetz zu verwenden [K+08]:

$$pV = n\mathrm{R}T \tag{5.20}$$

p ist der Druck des Gases, V sein Volumen und T seine Temperatur in Kelvin. n ist die Stoffmenge in Mol, und $\mathrm{R} = 8{,}314\frac{\mathrm{J}}{\mathrm{mol\,K}}$ ist die allgemeine Gaskonstante. Das ideale Gasgesetz setzt die drei thermodynamischen Größen Druck, Temperatur und Volumen in Beziehung. Es beschreibt das Verhalten von Gasen, solange es keine Phasenübergänge oder extreme Temperatur-, Druck- oder Volumenbedingungen gibt.

Schauen wir uns den Speichervorgang in einem Druckluftbehälter einmal genauer an. In dem Behälter haben wir eine bestimmte Gasmenge. Der Behälter ist mit einem Kolben ausgestattet und über ein Rohr mit einem zweiten Behälter verbunden. In Bild 5.14 a) haben wir den Aufbau dargestellt. Das Gas nimmt im Behälter ein Volumen V_1 ein, und wir können einen Druck p_1 messen (der Druck entspricht dem kinetischen Impuls, den die Gasmoleküle bei ihrer Bewegung auf Fläche ausüben [FLS65].)

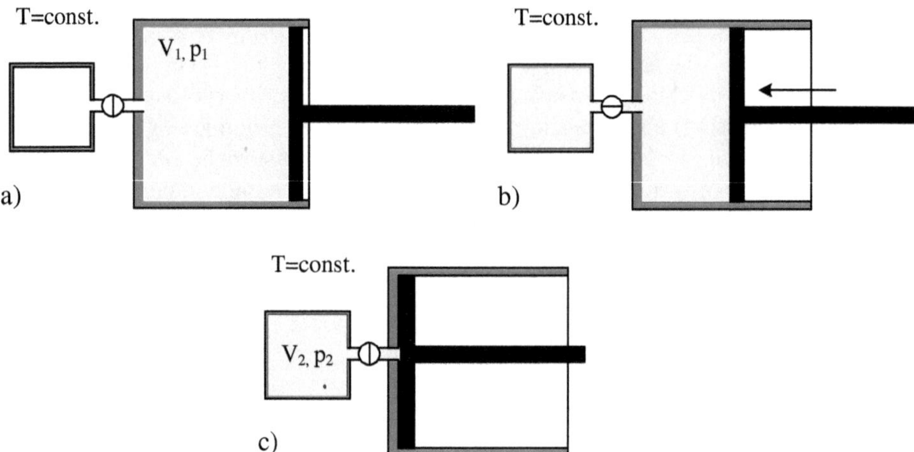

Bild 5.14 Beispiel für isothermische Kompression. Wir haben ein Gas in einem Behälter, der mit einem Kolben a) ausgestattet ist. Nachdem wir ein Ventil zu einem zweiten, kleineren Behälter geöffnet haben, benutzen wir den Kolben, um das Gas in den zweiten Behälter zu drücken b). Wenn dieser Vorgang abgeschlossen ist, befindet sich kein Gas mehr im ersten Behälter c). Anfangsdruck und Anfangsvolumen haben sich geändert. $p_1 \to p_2$, $V_1 \to V_2$.

Wir öffnen das Ventil und drücken mit dem Kolben das Gas in den zweiten Behälter, der ein anderes Volumen V_2 hat. Das tun wir so lange, bis sich kein Gas mehr in dem Behälter mit dem Kolben befindet. Dann schließen wir das Ventil. Wir betrachten nur den Zustand des Gases in a) und in c). Wir ignorieren den transienten Zustand während des Pumpens des Gases in b). Sowohl im Zustand a) als auch im Zustand b) gilt das ideale Gasgesetz:

$$\text{a)}\ p_1 V_1 = n\mathrm{R}T \tag{5.21}$$

$$\text{c)}\ p_2 V_2 = n\mathrm{R}T \tag{5.22}$$

Die rechte Seite der Gleichungen ist identisch, da sowohl die Anzahl der Moleküle als auch die Temperatur des Gases gleich bleiben sollten. Wir können diese Gleichungen also kombinieren und erhalten:

$$p_1 V_1 = p_2 V_2 \tag{5.23}$$

$$\frac{p_1}{p_2} = \frac{V_2}{V_1} \tag{5.24}$$

Übung 5.9 Berechnung der Arbeit bei einer isothermem Kompression eines idealen Gases

Wie groß ist die Arbeit, die bei der isothermen Kompression in Bild 5.14 verrichtet wird?

Lösung: Die Arbeit ist das Integral von Kraft mal Weg. Die Kraft, die auf den Kolben wirkt, ist der Druck, den das Gas während des Kompressionsvorgangs auf den Kolben ausübt. Die Verdrängung entspricht der Volumenänderung, d. h.

$$W = \int_{V_1}^{V_2} p \, dV$$

Druck und Volumen sind über das ideale Gasgesetz aus Gleichung 5.20 verknüpft. Für den Druck gilt:

$$p = nRT \frac{1}{V}$$

So lässt sich die mechanische Arbeit berechnen, die bei der isothermen Kompression anfällt:

$$W = \int_{V_1}^{V_2} nRT \frac{1}{V} \, dV \tag{5.25}$$

$$= nRT \, [\ln V]_{V_1}^{V_2} \tag{5.26}$$

$$= nRT \ln\left(\frac{V_2}{V_1}\right) \tag{5.27}$$

$$= p_1 V_1 \ln\left(\frac{V_2}{V_1}\right) \tag{5.28}$$

Die verrichtete Arbeit und damit auch die gespeicherte Energie hängt nur vom Verhältnis der beiden Volumen V_1 und V_2 ab. ■

Das Experiment, das wir hier beschrieben haben, stellt einen Druckluftspeicher dar. Wir nehmen eine bestimmte Menge Gas und komprimieren dieses Gas auf ein wesentlich kleineres Volumen. Die Arbeit, die gespeichert werden kann, ist proportional zu $\ln\left(\frac{V_2}{V_1}\right)$ und der Temperatur T. Je größer die Kompression und die Umgebungstemperatur, desto größer ist die gespeicherte Energiemenge.

Diese Art der Kompression wird als isotherme Kompression bezeichnet. Die Temperatur bleibt während des Prozesses konstant. Eine andere Form der Verdichtung ist die isochore Verdichtung, bei der das Volumen des Gases konstant gehalten wird. Für die Druck- und Temperaturbedingungen ergibt sich aus dem idealen Gasgesetz:

$$\frac{p_2}{p_1} = \frac{T_2}{T_1} \tag{5.29}$$

Dabei sind $p_{1,2}$ und $T_{1,2}$ die Druck- und Temperaturwerte vor und nach der Kompression. Isotherme Kompression hat den Vorteil, dass durch die Kolbenbewegung mechanische Arbeit zur Energiespeicherung genutzt werden kann. Bei der isochoren Kompression muss entweder die Temperatur oder der Druck des Gases erhöht werden, ohne dass mechanische Arbeit in Form einer Volumenänderung geleistet wird. Wie könnte dies in einem Speichersystem realisiert werden? Wir haben die Möglichkeit, entweder den Druck des Gases oder die Temperatur des Gases zu ändern. Da das Volumen konstant ist, ist es schwierig, den Druck des Gases durch mechanische Arbeit zu erhöhen. Daher bleibt nur die Möglichkeit, die Temperatur zu verändern. Um jedoch einen isochoren Speicher für ein Energiespeichersystem zu verwenden, müssen wir eine Möglichkeit finden, dem System Wärme zuzuführen oder zu entziehen und sie dann in eine andere Energieform umzuwandeln. Wie wir bereits in Kapitel 1 gesehen haben, ist es sehr schwierig, Wärmeenergie wieder in eine andere Energieform umzuwandeln. Daher ist ein Druckluftspeicher, der auf Basis einer isochoren Kompression arbeitet, schwer zu realisieren.

Es gibt noch eine dritte Methode, ein Gas zu komprimieren. Dabei wird eine von der Thermodynamik neu eingeführte physikalische Größe verwendet: die thermische Energie oder „Wärme".

In der Thermodynamik wird der Begriff der Energie erweitert. Während in der Mechanik ein System ausschließlich durch seine Koordinaten im Raum, deren zeitliche Veränderung und seiner Bewegung beschrieben wird, fügt die Thermodynamik den Begriff der „Wärme" oder „Wärmeenergie" hinzu. Dahinter steht die Erkenntnis, dass der Energiegehalt einer kalten und einer heißen Tasse Kaffee nicht gleich sein kann. Um ein Objekt vollständig zu beschreiben, reicht es daher nicht aus, nur Position, Geschwindigkeit und Impuls zu kennen. Man braucht auch Kenntnisse über den thermischen Energiegehalt. Beide Aspekte zusammen ergeben die Innere Energie eines Objekts. Daraus ergibt sich der 1. Hauptsatz der Thermodynamik:

$$\Delta U = \Delta Q + \Delta W \tag{5.30}$$

Dabei ist ΔU die Änderung der Inneren Energie, ΔQ ist die Änderung der Wärme und ΔW die geleistete mechanische Arbeit.

Die isotherme Kompression, die in Bild 5.14 dargestellt ist, haben wir mithilfe eines Wärmebads realisiert, d. h. die Umgebungstemperatur war immer konstant, und das Gas konnte seine Temperatur im Austausch mit der Umgebung beibehalten. Bei der dritten Methode wird der Behälter thermisch isoliert. Da es zwischen dem Gas und der Umgebungstemperatur keinen Wärmeaustausch mehr gibt, bleibt die Wärmemenge im Gas konstant. Dies wird als adiabatische Kompression bezeichnet. Für die adiabatische Kompression gilt:

$$\left(\frac{V_2}{V_1}\right)^{\kappa} = \frac{p_2}{p_1} \tag{5.31}$$

$$\frac{T_2}{T_1} = \left(\frac{V_2}{V_1}\right)^{\kappa-1} \tag{5.32}$$

Dabei ist $\kappa = \frac{c_p}{c_v}$ die adiabatische Konstante. c_v ist die spezifische Wärmekonstante des Gases bei konstantem Volumen und c_p die spezifische Wärmekonstante bei konstantem Druck. Beides sind Stoffkonstanten und hängen von dem jeweiligen Gas ab.

Die mechanische Arbeit, die bei einer adiabatischen Kompression anfällt, kann über die adiabatische Gleichung und die Integration über die Volumenänderung berechnet werden.

Druck und Volumen des Endzustandes ergeben sich aus der adiabatischen Gleichung:

$$p = p_1 V_1^{\kappa} V^{-\kappa} \tag{5.33}$$

Auf diese Weise lässt sich die bei einer Kompression verrichtete mechanische Arbeit bestimmen:

$$W = \int_{V_1}^{V_2} p_1 V_1^{\kappa} V^{-\kappa}\, \mathrm{d}V \tag{5.34}$$

$$= p_1 V_1^{\kappa} \frac{1}{1-\kappa} \left[V_2^{1-\kappa} - V_1^{1-\kappa}\right] \tag{5.35}$$

Übung 5.10 Vergleich einer adiabatischen und einer isothermen Kompression

Wir wollen die geleistete Arbeit bei einer isothermen Kompression mit einer adiabatischen Kompression vergleichen. Dazu betrachten wir eine adiabatische und eine isotherme Kompression von Luft, die einen Adiabatenkoeffizienten von $\kappa = 1{,}4$ hat. Zu Beginn hat das Gas einen Druck von $p_0 = 1\,\text{bar}$. Das Volumen wird von $V_1 = 10\,\text{l}$ auf $V_2 = 1\,\text{l}$ reduziert. Wie hoch ist die erforderliche mechanische Arbeit?

Lösung: Für die isotherme Kompression gilt Folgendes:

$$\begin{aligned} W &= p_1 V_1 \ln\left(\frac{V_2}{V_1}\right) \\ &= 1\,\text{bar} \cdot 10\,\text{l} \cdot \ln\left(\frac{1\,\text{l}}{10\,\text{l}}\right) \\ &= 101.325\,\text{Pa} \cdot 0{,}001\,\text{m}^3 \cdot (-2{,}3) \\ &= -233\,\text{Ws} \end{aligned}$$

Hier haben wir angenommen, dass $1\,\text{bar} = 101.325\,\text{Pa}$ und $(1\,\text{Pa}) = (1\,\frac{\text{N}}{\text{m}^2})$ gilt.

Für adiabatische Kompression gilt:

$$\begin{aligned} W &= p_1 V_1^{\kappa} \frac{1}{1-\kappa} \left[V_2^{1-\kappa} - V_1^{1-\kappa}\right] \\ &= 1\,\text{bar} \cdot (10\,\text{l})^{\kappa} \frac{1}{1-\kappa} \left[(1\,\text{l})^{1-1{,}4} - (10\,\text{l})^{1-1{,}4}\right] \\ &= -382{,}98\,\text{Ws} \end{aligned}$$

■

Wie die Übung 5.10 zeigt, benötigen wir mehr Energie, wenn wir ein Volumen adiabatisch komprimieren wollen, als bei isothermischer Kompression. Mit anderen Worten, die adiabatische Kompression ermöglicht es uns, mehr Energie im gleichen Gasvolumen zu speichern. Bild 5.15 zeigt dies anhand der $p(V)$-Kurve. Bei gleicher Verdichtung ist der Druckaufbau bei einer adiabatischen Kompression wesentlich höher als bei einer isothermen Kompression. Dies lässt sich aus physikalischer Sicht erklären: Bei einer isothermen Verdichtung findet ein Temperaturaustausch zwischen dem Gas im Behälter und der Umgebungstemperatur statt. Wie wir wissen, ist die Temperatur eine physikalische Größe, die mit der Bewegung der Gasmoleküle in Verbindung gebracht werden kann. Wenn also ein Temperaturaustausch stattfindet, bedeutet dies, dass die kinetische Energie der Moleküle des Gases mit der Umgebung ausgetauscht wird. Aber auch der Druck leitet sich von der kinetischen Energie der Gasmoleküle ab. Der Druck entspricht der durchschnittlichen

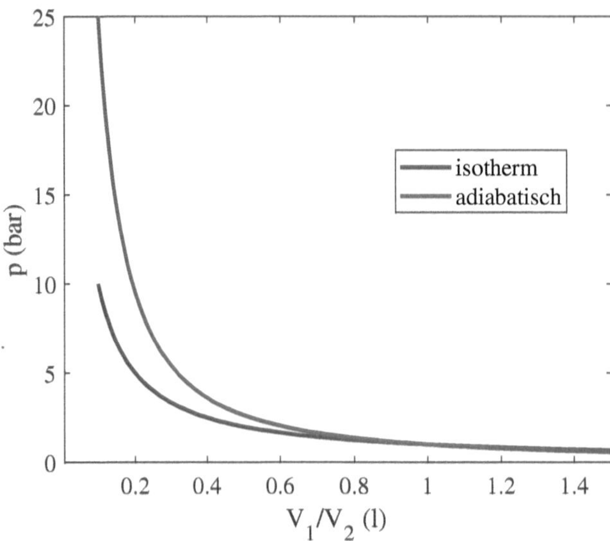

Bild 5.15 Druck eines idealen Gases, das vom Volumen V_1 auf das Volumen V_2 verdichtet wird. Diese Kompression erfolgt in einem isothermen oder adiabatischen Prozess.

Kraft, die von den Teilchen an der Grenzfläche ausgeübt wird. Wenn also ein Austausch von kinetischer Energie stattfindet, wird die Kraft, die die Teilchen an der Grenzfläche ausüben können, automatisch verringert. Der Wärmeaustausch führt zu einer Verringerung des Drucks.

Bei der isothermen Kompression wird makroskopische Arbeit verrichtet, die zu einer Erhöhung der kinetischen Energie der Gasmoleküle führt. Die Gasmoleküle tauschen nun einen Teil ihrer gewonnenen kinetischen Energie mit der Umgebung aus, sodass die Temperatur konstant bleibt. Die geleistete Arbeit ist also verloren. Führen wir dagegen eine adiabatische Kompression durch, unterbrechen wir diesen Austausch. Dies hat zur Folge, dass der Druck steigt.

Bei einer Kompression wird Wärme erzeugt. Wir kennen das aus dem Alltag, wenn wir eine Fahrradpumpe benutzen, um einen Reifen aufzupumpen. Wenn wir schnell genug pumpen, d. h. wenn wir dem System keine Zeit für einen Temperaturaustausch mit der Umgebungsluft geben, spüren wir, wie sich Pumpe und Ventil erhitzen. Umgekehrt wird das Ventil kalt, wenn die Luft schnell genug abgelassen wird. Diesen Vorgang beobachten wir auch bei einem Druckluftspeicher. Wir können diese thermische Energie ebenfalls nutzen. Deshalb fügen wir dem Druckluftspeicher eine zusätzliche thermische Speicherkomponente hinzu.

In Bild 5.16 haben wir den kompletten Energiefluss eines Druckluftspeichers dargestellt. Der Speicher wird über einen elektrischen Kompressor aufgeladen. Die dabei entstehende Wärme wird über einen Wärmetauscher abgeführt und in einem Wärmespeicher gespeichert. Das Gas wird im eigentlichen Druckbehälter gespeichert. Bei der Dekompression wandelt ein elektrischer Kompressor den Druck in kinetische Energie und anschließend in elektrische Energie um. Während des Entspannungsvorgangs benötigt das Gas Wärme, diese entnehmen wir dem Wärmespeicher. Das Wärmespeichermedium kühlt ab und wird

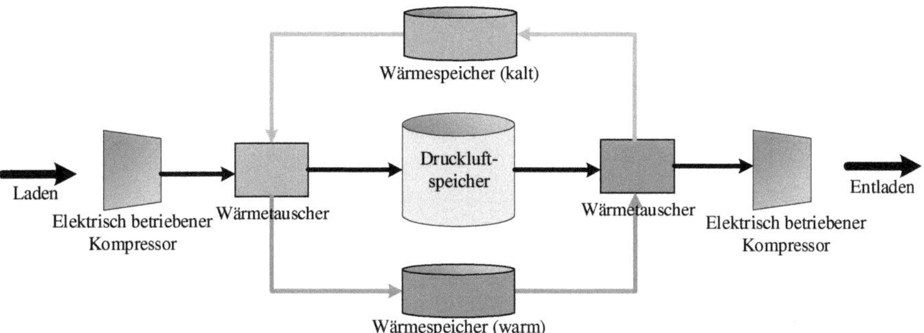

Bild 5.16 Energiefluss eines adiabatische Druckluftspeichers. Um die Effizienz des Speichers zu erhöhen, wird die bei der Kompression entstehende Wärme zusätzlich gespeichert und bei der Dekompression zur Erwärmung des Gases genutzt.

in einem zweiten Wärmespeicher gespeichert. Von dort kann es beim nächsten Verdichtungsvorgang wieder genutzt werden.

Für die Druckluftspeicherung (**CAS** = „Compressed air storage") gelten zusätzliche Anforderungen:

`CAS 1:` `ALS Entwicklung MÖCHTE ICH sicherstellen, dass der Druck und die Temperatur des Speichermediums innerhalb eines bestimmten Betriebsbereichs bleiben, SODASS kein Phasenübergang auftritt.`

Ein Stoff kann drei Aggregatzustände annehmen: fest, flüssig und gasförmig. Welcher dieser Aggregatzustände erreicht wird, hängt von der Kombination aus Druck und Wärme ab. Der beschriebene Speicherprozess funktioniert nur mit Gasen (bei Feststoffen und Flüssigkeiten gibt es andere Phänomene). Eine Verflüssigung des Gases während des Be- und Entladens wäre nicht wünschenswert. Die Turbine und der Verdichter sind auf ein Gas eingestellt und können die kinetische Energie eines Gases und einer Flüssigkeit nicht gleich gut wandeln.

Dieser Umwandlungsprozess der kinetischen Energie des strömenden Gases in elektrische Energie und umgekehrt führt uns zu der Anforderung **CAS 2** und ist eine Erweiterung der Anforderung **MS 1**:

`CAS 2:` `ALS Nutzer MÖCHTE ICH das ausströmende und einströmende Gas durch eine Turbine leiten, SODASS ich die kinetische Energie des Gases in elektrische Energie umwandeln oder elektrische Energie zur Verdichtung des Gases nutzen kann.`

B 8 verlangt, dass die gespeicherte Energie so lange wie möglich gespeichert wird. Eine Selbstentladung soll vermieden werden. Wir müssen uns also fragen, welche Effekte dazu führen können, dass die gespeicherte Energie im Speicher mit der Zeit abnimmt. Im Prinzip kann man das auf die drei physikalischen Größen Masse, Druck und Temperatur zurückführen. In jedem Fall sollte man vermeiden, dass gespeichertes Gas ungewollt entweicht.

`CAS 3:` `ALS Nutzer MÖCHTE ICH, dass das gespeicherte Gas im Speicher verbleibt, SODASS ich eine geringe Selbstentladung beobachten kann.`

Wir haben gesehen, das bei der adiabatischen Kompression wesentlich mehr Energie gespeichert wird als bei der isothermen Kompression. Der Grund dafür ist, dass bei einer adiabatischen Kompression keine Energie über einen Wärmeaustausch an die Umgebung abgegeben werden kann. Wenn wir einen adiabatischen Druckluftspeicher realisieren wollen, müssen wir dafür sorgen, dass kein Wärmeaustausch zwischen der Außenseite des Speichers und dem Gas stattfinden kann. Der Speicher muss thermisch gut isoliert sein.

`CAS 4: ALS Entwicklung MÖCHTE ICH sicherstellen, dass kein Wärmeaustausch zwischen dem Gas und der Speicherumgebung stattfindet, SODASS die Selbstentladung gering bleibt.`

Bild 5.17 zeigt die erforderlichen Systemkomponenten eines Druckluftspeichersystems. Die `Leistungsverteilung` wird hier durch das `Rohrsystem` realisiert. Dieses besteht aus Ventilen, Rohrleitungen, Temperatur-, Druck- und Fließgeschwindigkeitssensoren und verbindet die verschiedenen Teilsysteme wie Speicherkammer, Motorgenerator, Turbine und Verdichter. Da in adiabaten Speichern Wärme erzeugt bzw. benötigt wird, sind Kühl- und Heizaggregate notwendig. Ein `Druckluftspeicher` enthält daher mindestens 2 Wärmetauscher mit mindestens einem `thermischen Speicher`.

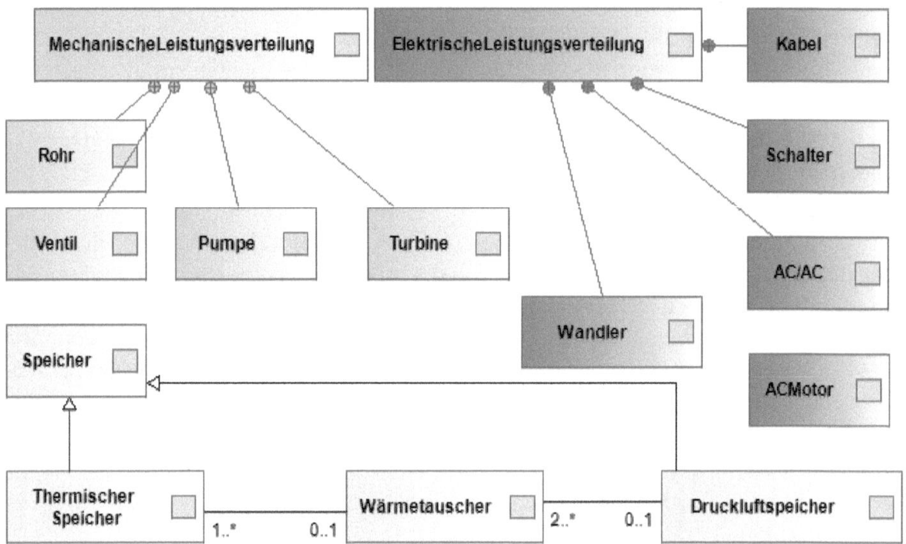

Bild 5.17 Systemkomponenten eines Druckluftspeichersystems

Im Gegensatz zu Pumpspeicherkraftwerken, die seit Beginn der Elektrifizierung gebaut werden, sind wenige Druckluftspeichersysteme im Betrieb. Pumpspeicherkraftwerke nutzen die vorhandene Topographie aus. Man nutzt, was schon vorhanden ist. Bei Druckluftspeichern müssen unterirdische Kavernen erschlossen und genutzt werden oder große Gasbehälter. Beides ist mit einem Aufwand verbunden, der bisher nicht durch die zu erwartenden Einnahmen gedeckt werden konnte.

Wir haben nun die drei Arten der Speicherung mechanischer Energie kennengelernt: die Nutzung von potenzieller Energie, Rotationsenergie und Kompressionsenergie. Im nächsten Abschnitt wollen wir ein aggregiertes Speicherkraftwerk bauen, das zwei der hier beschriebenen Technologien nutzt: das Pumpspeicherkraftwerk und das Schwungradspeicherkraftwerk.

5.5 Anwendungsbeispiel – Aufrüstung eines Pumpspeicherkraftwerks für den Leistungsmarkt

In diesem Abschnitt wollen wir zwei der uns bekannten mechanischen Speichertechnologien so kombinieren, dass die Schwächen der einen durch die Stärken der anderen kompensiert werden. Unser Ziel ist es, ein Pumpspeicherkraftwerk, das bisher nur auf dem Energiemarkt eingesetzt werden kann, so zu erweitern, dass es auch auf dem Leistungsmarkt eingesetzt werden kann. Wir wollen das Pumpspeicherkraftwerk mit einem Schwungradspeicher kombinieren, damit das Gesamtsystem die benötigte Lade- und Entladeleistung ausreichend schnell bereitstellen kann. Wenn mehrere Speichersysteme kombiniert werden, spricht man von aggregierten Speichersystemen. Die Motivation für diese Aggregation ist die folgende Nutzeranforderung (**UR** = „User Requirements"):

UR 1 `ALS Betreiber MÖCHTE ICH, dass die beiden Speichersysteme als ein grosser Speicher angesprochen werden, SODASS ich als Marktteilnehmer meinen Leistungs- und Energiebedarf nur an einem Speicher platzieren muss.`

Die Aggregation der beiden Speicher vereinfacht die Regelung. Die Marktteilnehmer müssen nicht zwischen dem einen und dem anderen Speicher differenzieren. Stattdessen haben sie es mit einem System zu tun. Das vereinfacht die Qualifizierung der beiden Anlagen für den Energie- und Leistungsmarkt.

Die Aufgabe der Aggregation wird von einem Energiemanagementsystem (EMS) übernommen. Es koordiniert die Leistungsflüsse der beiden Speicher. Marktanfragen werden an das EMS gerichtet, und es entscheidet, wie die beiden Speicher kombiniert werden. Dies kann durch ein EMS realisiert werden, das beide Systeme gleichzeitig ansteuert und kontrolliert, oder dadurch, dass die EMS, die bereits im Pumpspeicherwerk und im Schwungradspeicherwerk vorhanden sind, über ein zentrales EMS angesprochen werden und Befehle ausführen.

Die zweite Anforderung betrifft den eigentlichen Anwendungsfall. Die Aggregation der beiden Speichersysteme ist notwendig, weil das Pumpspeicherkraftwerk allein die Voraussetzungen für die Teilnahme am Kapazitätsmarkt nicht erfüllt:

UR 2 `ALS Nutzer MÖCHTE ICH, dass das aggregierte Speichersystem eine Leistung von 1 MW für eine Stunde innerhalb von fünf Minuten bereitstellen kann, SODASS ich mit dem Speicherkraftwerk am Leistungsmarkt teilnehmen kann.`

Die Aufgabe besteht darin, den Schwungradspeicher so auszulegen, dass er die benötigte Leistung während der Anfahrphase des Pumpspeicherkraftwerks bereitstellt.

Wir beginnen mit einem Blick auf das Leistungsflussdiagramm. Es ist in Bild 5.18 dargestellt. Wir folgen der Notation aus Kapitel 2. Alle Größen sind zeitabhängig, aber wir vermeiden eine Darstellung des Zeitarguments in der Notation. Der Leistungsfluss aus der Vergangenheit oder in die Zukunft wird mit dem Argument Δ abgekürzt. Der Pumpspeicher wird durch den Knoten S_{PS}, der Schwungradspeicher durch den Knoten S_{FW} beschrieben.

Das Leistungsflussdiagramm besteht aus zwei Speicherflüssen, die beide mit dem Netzknoten G verbunden sind. Für die Teilnahme am Energie- und Leistungsmarkt ist die Men-

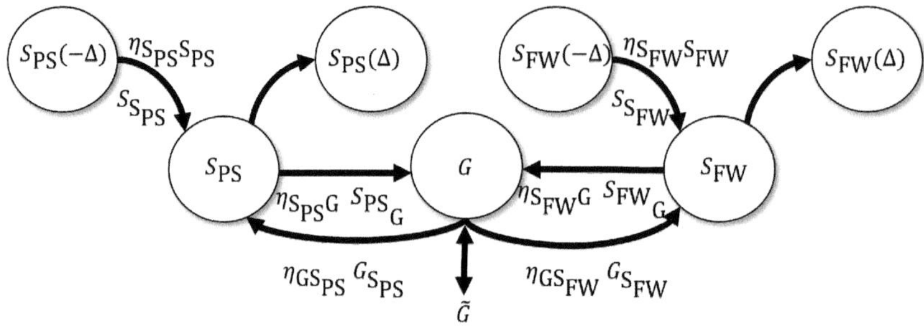

Bild 5.18 Leistungsflussdiagramm des kombinierten Speichersystems: In diesem Beispiel wird ein Pumpspeicher S_{PS} mit einem Schwungradspeicher S_{FW} kombiniert. Alle Größen in diesem Diagramm sind zeitabhängig. $S_{xx}(\pm\Delta)$ stellt den Zustand des Speichers *xx* zum Zeitpunkt $t \pm \Delta t$ dar.

ge $\tilde{G}$ die führende Größe. Das Netz $\tilde{G}$ ist dabei sowohl Quelle als auch Senke. Sie ist die vom Energiemanagementsystem vorgegebene Leistungsmenge. Die Leistungsflüsse zwischen den Speichersystemen und dem Netzknoten müssen so gewählt werden, dass $\tilde{G}$ erfüllt ist. Die zugehörige Leistungsflussgleichung lautet:

$$\tilde{G} = \eta_{S_{PS}G} S_{PS_G} + \eta_{S_{FW}G} S_{FWG} - \left(G_{S_{FW}} + G_{S_{PS}}\right) \tag{5.36}$$

Von Verkaufsversprechen und Strafgebühren

Gleichung 5.36 arbeitet mit einer „="-Beziehung, d. h. $\tilde{G}$ muss immer erfüllt sein. Ist dies eine vernünftige Forderung? Welche alternative Formulierung kann hier gewählt werden?

Die Formulierung, dass $\tilde{G}$ jederzeit erfüllt sein muss, wird über die Marktanforderung und über **UR 2** gefordert. Sie ist dadurch motiviert, dass $\tilde{G}$ der verkauften bzw. gekauften Leistung bzw. Energie entspricht und natürlich vom Speicher bereitgestellt werden muss. Diese Formulierung hat jedoch einen Nachteil. Wenn $\tilde{G}$ nicht mehr durch die Speicher gedeckt werden kann, weil die Speicher leer sind oder ihre Kapazitätsgrenze erreicht haben, kann die Gleichung nicht mehr erfüllt werden. Diesen Fall müssen wir in der Betriebsführung mathematisch auffangen.

Eine Alternative ist, mit einer ≤-Beziehung zu arbeiten. Es ist dann erlaubt, weniger Leistung aufzunehmen oder abzugeben, als tatsächlich nachgefragt wird. Allerdings hat die Nichterfüllung des Abnahmevertrages Konsequenzen. Es werden Vertragsstrafen fällig. Diese können in der Ertragsgleichung berücksichtigt werden. Wenn $\Delta\tilde{G}$ die Differenz ist und Y_{req} der ursprüngliche Erlös aus der Anfrage wäre, dann könnten wir den Ertrag um einen zusätzlichen Eintrag erweitern:

$$Y = Y_{req} - c_p \Delta\tilde{G}$$

Dabei steht c_p für die Strafgebühr pro fehlender Kilowatt bei Nichteinhaltung des Vertrages. Kann die Leistung also nicht erbracht werden, muss $c_p\Delta\tilde{G}$ zusätzlich gezahlt werden.

Damit ist sichergestellt, dass das Gleichungssystem immer lösbar ist und wir nur darauf achten müssen, dass wir den Ertrag insgesamt optimieren. ■

Für die beiden Speichersysteme gelten die Bilanzgleichungen für die Zuflüsse und Abflüsse von Leistung, d. h. der Leistungsfluss aus der Vergangenheit oder in die Zukunft:

$$0 = \eta_{S_{PS}S_{PS}} S_{S_{PS}}(-\Delta) + \eta_{GS_{PS}} G_{S_{PS}} - \left(S_{PS_G} + S_{S_{PS}}(\Delta)\right) \tag{5.37}$$

$$0 = \eta_{S_{FW}S_{FW}} S_{S_{FW}}(-\Delta) + \eta_{GS_{FW}} G_{S_{FW}} - \left(S_{FWG} + S_{S_{FW}}(\Delta)\right) \tag{5.38}$$

Wir setzen die Zielfunktion Y_{req} aus zwei Anteilen zusammen: dem Betrag, den wir durch den Kauf oder Verkauf von Leistung erzielen können, Y_m und den Verlusten, die beim Laden und Entladen des Speichers entstehen, Y_{loss}.

Der Strom- und Energiemarkt funktioniert über Börsen, daher gibt es keinen festen Kauf- oder Verkaufspreis. Wir bilden dies über einen zeitabhängigen Tarif $c_m(t)$ ab. Der Erlös, den wir in der Periode $t = 0$ bis $t = T$ erzielen, ist dann gegeben durch:

$$Y_m(T) = \int_{t=0}^{t=T} c_m(t) \left(\eta_{S_{PS}G} S_{PS_G} + \eta_{S_{FW}G} S_{FWG} - \left(G_{S_{FW}} + G_{S_{PS}}\right)\right) \mathrm{d}t \tag{5.39}$$

Um die Verluste monetär bewerten zu können, müssen wir ihnen einen Preis zuweisen. Dies stellen wir ebenfalls einen zeitabhängigen Tarif c_{loss} dar und erhalten die Kosten für Transferverluste für die Periode $t = 0 \ldots T$:

$$\begin{aligned} Y_{loss} = & \int_{t=0}^{t=T} c_{loss}(t) \left[(1-\eta_{S_{PS}G}) S_{PS_G} + (1-\eta_{S_{FW}G}) S_{FW_G}\right] \mathrm{d}t \\ & + \int_{t=0}^{t=T} c_{loss}(t) \left[(1-\eta_{GS_{PS}}) G_{S_{PW}} + (1-\eta_{GS_{FW}}) G_{S_{FW}}\right] \mathrm{d}t \end{aligned} \tag{5.40}$$

Das Pumpspeicherkraftwerk unterliegt aufgrund der Trägheit seiner mechanischen Pumpen und Turbinen Einschränkungen bei der Änderung der Lade- und Entladeleistung. Dies war ja die ursprüngliche Motivation für die Kombination der beiden Speicherkraftwerke.

$$\left|\frac{\mathrm{d}}{\mathrm{d}t} G_{S_{PS}}\right|, \left|\frac{\mathrm{d}}{\mathrm{d}t} S_{PS_G}\right| \leq \Delta S_{PS}^{max} \tag{5.41}$$

Ein ähnlicher Zusammenhang gilt auch für den Schwungradspeicher, allerdings mit deutlich höheren Werten. Ist der Arbeitspunkt des Schwungradspeichers hoch, kann bereits mit sehr geringem Kraftaufwand eine hohe Leistung entnommen bzw. zugeführt werden. Um hier die Grenze der Änderungsrate zu erreichen, sind große Änderungen in sehr kurzer Zeit notwendig. Da die Zeitskala für den Energiemarkt im Minutenbereich liegt, sind solche Änderungen in diesem Anwendungsbeispiel nicht erforderlich. Wir können daher die Berücksichtigung dieser Randbedingung hier vernachlässigen.

Übung 5.11 Energieinhalt des Pumpspeicherkraftwerkes

Das Pumpspeicherkraftwerk hat ein Volumen von $30\,\text{m} \cdot 30\,\text{m} \cdot 15\,\text{m} = 13.500\,\text{m}^3$ und einen durchschnittlichen Höhenunterschied von $\Delta h = 100\,\text{m}$.

a) Wie groß ist seine Speicherkapazität? ($\rho = 998\,\frac{\text{kg}}{\text{m}^3}$, $g = 9{,}81\,\frac{\text{m}}{\text{s}^2}$).

b) Das Pumpspeicherkraftwerk kann seine Lade- und Entladeleistung um maximal $\frac{1}{2}E$ pro Stunde ändern. Wie lange braucht das Kraftwerk, um die angestrebte Leistung von 1 MW zu erreichen? (Zur Erinnerung: Die E-Rate setzt die Lade- und Entladeleistung in Beziehung zur Kapazität. Wenn ein Speicher mit 2 kWh innerhalb einer Stunde mit 6 kW entladen wird, entspricht dies einer E-Rate von 3.)

Lösung: a) Die Energie eines Pumpspeicherkraftwerks ist $E = m \cdot g \cdot h$. Unter Verwendung der oben genannten Werte beträgt die Kapazität daher:

$$\kappa_{PS} = 998 \frac{kg}{m^3} 13.500\,m^3 9{,}81 \frac{m}{s^2} 100\,m = 3{,}671\,MWh$$

b) Wir bestimmen zunächst die maximale Änderungsrate der Leistung:

$$3{,}671\,MWh \cdot \frac{1}{2} \frac{1}{h} = 1{,}8355 \frac{MW}{h}$$

Innerhalb einer Stunde kann das Pumpspeicherkraftwerk von 0 MW auf eine Leistung von 1,8355 MW hochgefahren werden. Wir benötigen jedoch nur eine Leistung von 1 MW. Hierfür benötigen wir eine Zeit von:

$$\frac{1\,MW}{1{,}8355 \frac{MW}{h}} = 0{,}544\,h = 32{,}68\,min$$

Innerhalb von 32,68 min hat das Pumpspeicherkraftwerk eine Lade- oder Entladeleistung von 1 MW erreicht. ■

Die Berechnungen in Übung 5.11 zeigen, dass wir mithilfe des Schwungradspeichers einen Zeitraum von 32,68 min überbrücken müssen. Wir müssen den Schwungradspeicher so auslegen, dass er in dieser Zeit die benötigte Leistung liefern kann und über genügend Speicherkapazität verfügt. Der Startvorgang ist in zwei Phasen unterteilt. **UR 2** gibt uns einen Zeitraum von 5 Minuten, in dem wir die Zielleistung von 1 MW erreichen müssen. Während dieses Zeitraums laufen sowohl der Schwungradspeicher als auch der Pumpspeicher parallel an. Während dieser Phase steigt die Leistung von 0 auf 1 MW an. Danach wird die gesamte Leistung von 1 MW bereitgestellt. Diese wird zunächst hauptsächlich durch den Schwungradspeicher bereitgestellt. Da das Pumpspeicherkraftwerk weiter hochfährt, kann die Leistung des Schwungradspeichers anteilig reduziert werden, bis das Pumpspeicherkraftwerk die gesamte Leistung bereitstellt. Nach ca. 32,68 Minuten ist der Pumpspeicher voll aktiv, und der Schwungradspeicher, der in dieser Zeit linear reduziert wurde, arbeitet nicht mehr.

Übung 5.12 Regelung des hybriden Speichersystems in der Anlaufphase

Bild 5.19 zeigt das Einspeiseprofil der beiden Speicher und die Gesamteinspeisung. In der Anlaufphase ($t < 5\,min$) kann die eingespeiste Gesamtleistung weniger als 1 MW betragen. Ab $t = 5\,min$ muss sichergestellt werden, dass die Leistung 1 MW beträgt. Die Leistung von 1 MW soll nach **UR 2** innerhalb von 5 Minuten erreicht werden. Wie hoch ist die Leistung des Schwungradspeichers nach 5 Minuten Anlaufzeit, um die noch nicht erreichte Leistung des Pumpspeichers auszugleichen?

Lösung: Wir wissen, dass die Änderungsrate der Be- und Entladeleistung des Pumpspeicherkraftwerks $1{,}8355 \frac{MW}{h}$ beträgt. Wir müssen also berechnen, wie hoch die Leistung des Pumpspeicherkraftwerks nach 5 Minuten ist.

$$G_{S_{PS}}(t = 5\,min) = \frac{1{,}8355}{60} \frac{MW}{min} 5\,min = 0{,}153\,MW$$

Die Differenz zur Zielleistung von 1 MW ist dann die Leistung, die der Schwungradspeicher bereitstellen muss. Es gibt keinen Grund für den Schwungradspeicher, mehr

Leistung zu liefern, als zu diesem Zeitpunkt benötigt wird. Daher ist diese Leistung auch die maximale Leistung für den Schwungradspeicher.

$$G_{S_{FW}}^{max} = 1\,\text{MW} - G_{S_{PS}}(t = 5\,\text{min}) = 1\,\text{MW} - 1{,}153\,\text{MW} = 0{,}847\,\text{MW}$$

Wie groß muss die Speicherkapazität des Schwungradspeichers sein, damit das in Bild 5.19 gezeigte Leistungsprofil gefahren werden kann und die Anlaufphase des Pumpspeichers vollständig kompensiert wird? Mit welcher maximalen E-Rate wird der Speicher betrieben?

Lösung: Das Profil der Leistung ist dreieckig. Daher kann das Integral des Leistungsprofils durch den Flächeninhalt des Dreiecks bestimmt werden:

$$\kappa_{FW} = \frac{1}{2} 847\,\text{kW} \cdot 32{,}68\,\text{min} = \frac{1}{2} 847\,\text{kW} \frac{32{,}68}{60}\,\text{h} = 230{,}66\,\text{kWh}$$

Die E-Rate ergibt sich aus dem Verhältnis von Energiegehalt und maximaler Belastung bzw. Endbelastungsrate:

$$\frac{847\,\text{kW}}{230{,}66\,\text{kWh}}\,\text{h} = 3{,}6721\,\text{E}$$

■

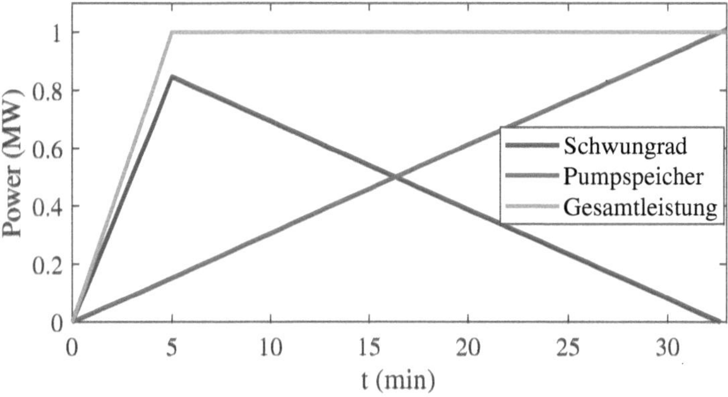

Bild 5.19 Leistungsprofil des Schwungradspeichers, des Pumpspeichers und der Gesamteinspeisung. In der Anlaufphase ($t < 5$ min) darf die eingespeiste Gesamtleistung weniger als 1 MW betragen. Ab $t = 5$ min muss sichergestellt werden, dass die Leistung 1 MW beträgt.

Die benötigte Speicherkapazität des Schwungradspeichers ist gering, aber die E-Rate ist in diesem Beispiel hoch. Für die technische Realisierung würde man nicht eine Schwungradeinheit verwenden, sondern mehrere Einheiten kombinieren, wie in Bild 5.10 dargestellt.

Übung 5.13 Zusammenstellung eines Systems von Schwungradspeicher

Für den Schwungradspeicher sind Geräte mit einer Speicherkapazität von $\kappa = 30$ kWh und einer maximalen Leistung von 200 kW zu verwenden. Wie viele Einheiten müssen verwendet werden? Wie hoch ist die resultierende Kapazität?

Lösung: Wir bestimmen die Anzahl der benötigten Schwungradspeichereinheiten in Abhängigkeit von der Leistung:

$$N = \frac{847\,\text{kW}}{200\,\text{kW}} = 4{,}235 \approx 5$$

Hier müssen wir die Anzahl der Schwungradspeicher aufrunden, da 4 nur 800 kW an Leistung liefern könnte und somit die Zielleistung nicht erreicht werden kann. Die Anzahl der Schwungradspeicher muss natürlich eine ganze Zahl sein.

Diese 5 Schwungradspeicher haben eine Gesamtkapazität von:

$$\kappa_{\text{FW}} = 5 \cdot 30\,\text{kWh} = 150\,\text{kWh}$$

Damit haben wir zwar die Anforderung an die Leistung erfüllt, aber nicht an die benötigte Speicherkapazität. Wir benötigen 230 kWh, um die Anlaufphase auch zu unterstützen. Es fehlen noch 80 kWh an Speicherkapazität, was drei Schwungradspeichereinheiten entspricht. Aus diesem Grund muss die Gesamtzahl der Speicher acht statt fünf betragen. ■

Wie wir in Übung 5.13 gesehen haben, kann es bei der Auslegung des Speichersystems zu Überkapazitäten kommen. In diesem Fall kann der Schwungradspeicher viel mehr Leistung bereitstellen, als zum Anfahren des Pumpspeicherkraftwerks tatsächlich benötigt wird. Die acht Schwungradspeicher könnten zusammen eine Leistung von 1,6 MW einspeisen. Um hier zu optimieren, können Schwungradspeicher unterschiedlicher Bauart miteinander verglichen werden. Die Berechnung der E-Rate kann uns dabei helfen, hier eine sinnvolle Konfiguration zu ermitteln.

Übung 5.14 Auslegung eines Schwungradspeichersystems mithilfe der E-Rate

Aus Übung 5.12 wissen wir, dass unser Schwungradspeicher eine E-Rate von 3,6721 E hat. Welche Kapazität und Leistung müsste der Schwungradspeicher haben, wenn wir nur 4 Schwungradspeicher verwenden wollen?

Lösung: Die E-Rate stellt ein Verhältnis zwischen Leistung und Speicherkapazität dar. Aus der Vorgabe für die Anzahl der Schwungradspeicher ergibt sich die Leistung der einzelnen Speicher:

$$P_{\text{FW}} = \frac{847\,\text{kW}}{4} = 211{,}75\,\text{kW}$$

Anhand der E-Rate können wir nun die erforderliche Speicherkapazität jeder Speicherkomponente ermitteln:

$$\kappa = \frac{211{,}75\,\text{kW}}{3{,}6721\,\text{E}} = 57{,}66\,\text{kWh}$$

Wenn wir also die Anzahl der Schwungradspeicher auf 4 festlegen wollen, muss der einzelne Schwungradspeicher eine Leistung von 211,75 kW liefern und eine Kapazität von 57,66 kWh haben. ■

Hier wird die Bedeutung der E-Rate für die Systemauslegung deutlich. Wenn wir die E-Rate bestimmen, können wir verschiedene Schwungradspeicher einfacher miteinander vergleichen. Je näher deren E-Rate an unserem Ziel liegt, desto besser passt der Speicher zu unserer Aufgabe, und es kommt nicht zu Überkapazitäten.

5.6 Zusammenfassung

In diesem Kapitel haben wir etwas über mechanische Speichersysteme gelernt. Sie beruhen auf der Nutzung der beiden Energieformen, die der klassischen Mechanik bekannt sind: potenzielle Energie und kinetische Energie. Die kinetische Energie wird in Schwungradspeichern verwendet. Die potenzielle Energie wird in Pumpspeicherkraftwerken genutzt. Eine weitere Form der Nutzung potenzieller Energie ist die Druckluftspeicherung, bei der Gase komprimiert werden und die Energie durch Ausdehnung des Gases zurückgewonnen wird.

Pumpspeicher- und Druckluftspeicherkraftwerke sind für Energieanwendungen sehr gut geeignet. Schwungradspeicher werden aufgrund ihrer hohen Selbstentladungsrate eher als Leistungsspeicher eingesetzt.

6 Elektrische Speicher

6.1 Einführung

In diesem Kapitel wollen wir uns mit elektrischen Speichern beschäftigen. Elektrische Speicher sind Bestandteil jeder elektronischen Schaltung. Hier dienen sie als Energie- oder Leistungsspeicher oder werden als Filter eingesetzt. In der richtigen Kombination bilden sie Schwingkreise und ermöglichen die Aussendung von modulierten elektromagnetischen Wellen. Die Zeitskalen ihrer Lade- und Entladezyklen liegen im Bereich von Millisekunden und darunter. Die Kapazitäten dieser Speicher sind daher sehr klein.

Die meisten der in diesem Buch beschriebenen Speichertechnologien werden zur Speicherung von Energie in Form von elektrischem Strom eingesetzt. Die elektrischen Speicher selbst werden jedoch nur in wenigen Anwendungen zur Speicherung von großen Energiemengen eingesetzt.

Bei mechanischen Speichersystemen haben wir zwei Grundprinzipien zur Auswahl. Erstens können wir Energie speichern, indem wir die Position der Masse innerhalb eines Kraftfeldes verändern, d. h. wir speichern potenzielle Energie. Oder wir können Energie speichern, indem wir eine Masse in Bewegung setzen, d. h. wir speichern kinetische Energie.

Diese beiden Möglichkeiten haben wir in äquivalenter Weise auch bei elektrischen Speichern. Das Äquivalent zur Nutzung potenzieller Energie ist der Kondensator, den wir bereits als elektrisches Bauteil in Kapitel 4 kennengelernt haben. Hier wird Energie gespeichert, indem Ladungsträger von einer Seite des Kondensators auf die andere Seite transportiert und dort gespeichert werden. In diesem Kapitel werden wir uns mit einer anderen Variante des Kondensators beschäftigen, dem Doppelschichtkondensator. Dieser ermöglicht die Speicherung von größeren Energiemengen und hat deutlich höhere Be- und Entladeraten.

Die zweite Möglichkeit, Energie elektrisch zu speichern, ist die Spule. In Kapitel 4 konnten wir zeigen, dass die Spule als ein Stromspeicher betrachtet werden kann. Wenn wir Elektrizität als bewegte Ladungsträger interpretieren, dann ist die Stromspeicherung das Äquivalent zur Schwungradspeicherung.

In diesem Kapitel werden wir beide Speichertechnologien näher betrachten: zunächst die weniger verbreitete Speicherart, den Stromspeicher, dann den Doppelschichtkondensator. Wir schließen das Kapitel mit einem Anwendungsbeispiel für Doppelschichtkondensatoren ab. Mithilfe von Doppelschichtkondensatoren wollen wir die freiwerdende potenzielle Energie eines Aufzugs speichern und das System rekuperationsfähig machen.

6.2 Das Speichern von elektrischem Strom

In diesem Abschnitt befassen wir uns mit der Möglichkeit, elektrischen Strom zu speichern. Bereits bei mechanischen Speichersystemen haben wir gesehen, dass die Speicherung von Bewegung schwierig ist. Es ergeben sich zwei Probleme: Eine lineare Bewegung nimmt viel Platz in Anspruch, da sich die Masse von einem Punkt weg bewegt. Außerdem erzeugt die Bewegung Reibung, was zu Wärme- und Energieverlusten führt. Bei mechanischen Speichersystemen haben wir beide Probleme mit einem Schwungradspeichersystem gelöst. Anstelle einer translatorischen Bewegung haben wir eine Rotationsbewegung verwendet. Diese haben wir auch für die Umwandlung der Bewegung in elektrischen Strom genutzt. Allerdings blieb die Reibung ein Problem, aber wir konnten ihren Einfluss mithilfe von Vakuumpumpen und Magnetlagern verringern.

6.2.1 Grundlegender Mechanismus der Stromspeicherung

Wie können wir elektrischen Strom speichern? Elektrischer Strom ist die Änderung der Ladungsdichte an einem Ort pro Zeit oder anders ausgedrückt die Bewegung von Ladungsträgern. Strom muss also immer in einem Stromkreis fließen. Die Speicherkapazität dieses Stromkreises ergibt sich aus der Induktivität des Stromkreises L und dem Strom I.

$$\kappa = \frac{1}{2} L I^2$$

Wir müssen also die Induktivität des Stromkreises erhöhen, um eine hohe Speicherkapazität zu erreichen. Alternativ können wir auch den Strom erhöhen, aber jeder Stromkreis hat Leitungsverluste, die proportional zum Widerstand R und I^2 sind.

Betrachten wir eine einfache Schaltung zur Stromspeicherung. Bild 6.1 zeigt diese Schaltung. Wir haben einen Lastwiderstand R_{Last}, der unsere Last darstellt, die wir versorgen wollen. Mit dem Schalter S_1 können wir die Last an eine Spannungsquelle U_{DC} anschließen. Der Schalter S_2 ermöglicht uns den Anschluss eines Stromspeichers. Dieser besteht aus einer Spule L und einem Widerstand R. Der Widerstand R stellt die Leitungsverluste der Schaltung dar.

Betrachten wir zunächst den Ladevorgang. In diesem Fall ist S_1 geschlossen und S_2 an die Spannungsquelle angeschlossen. Das linke Netz, das den Lastwiderstand enthält, brauchen wir nicht zu betrachten, wenn wir den Ladevorgang des Speichers betrachten wollen. Hier baut sich auf einer Zeitskala von $\tau_L = \frac{L}{R_{\text{S}}}$ der Strom I_R gerade auf.

$$I_R = \frac{U_{\text{DC}}}{R_{\text{S}}} \left(1 - \mathrm{e}^{-\frac{t}{\tau_L}}\right) \tag{6.1}$$

Wir haben einen Anstieg des Stroms auf $\hat{I}_R = \frac{U_{\text{DC}}}{R}$. Bei $t = \tau_L$ beträgt $I_R \approx 60\,\%\,\hat{I}_R$.

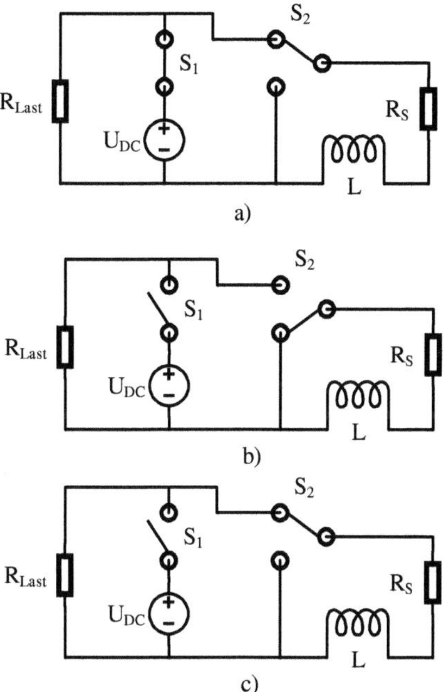

Bild 6.1 Eine Schaltung zur Speicherung von elektrischem Strom mit einer Induktivität. a) zeigt den Ladevorgang, b) den Speichervorgang und c) den Entladevorgang.

Übung 6.1 Laden eines Stromspeichers

Die in Bild 6.1 dargestellte Schaltung hat folgende Parameter: $U_{DC} = 100\,\text{V}$, $R_{Last} = 100\,\Omega$, $R_S = 12\,\text{m}\Omega$, $L = 342\,\text{mH}$. Wie groß ist $\hat{I}_R$? Wie lange dauert der Ladevorgang, bis $\hat{I}_R$ einen Strom von 95 % erreicht?

Lösung: Gesucht ist t', bei dem $I_R = 95\,\% \cdot \hat{I}_R$. Diesen Wert müssen wir in Gleichung 6.1 einsetzen:

$$0{,}95 \cdot \hat{I}_R = \hat{I}_R\left(1 - e^{-\frac{t'}{\tau_L}}\right)$$

$$0{,}95 = 1 - e^{-\frac{t'}{\tau_L}}$$

$$e^{-\frac{t'}{\tau_L}} = 0{,}05$$

$$-\frac{t'}{\tau_L} = \log 0{,}05$$

$$t' = -\tau_L \cdot \log 0{,}05$$

$$t' = 85\,\text{s}$$

■

Sobald wir den Speicherkreis von der Spannungsquelle trennen (Bild 6.1 b), haben wir eine geschlossene Stromschleife. Da in dieser Schleife elektrischer Strom gespeichert ist, fließt der Strom weiter. Die Spule beginnt sich zu entladen.

$$I_R = \hat{I}_R e^{-\frac{t}{\tau_L}} \tag{6.2}$$

Der Entladungsprozess findet ebenfalls auf einer Zeitskala von τ_L statt.

Übung 6.2 Selbstentladung eines Stromspeichers

Wir haben den Speicher von Übung 6.1 auf $I_L = 84\,\%\,\hat{I}_R$ geladen. Wie lange dauert die Selbstentladung des Speichers über den Innenwiderstand R_S, um den Ladezustand auf $10\,\%\,\hat{I}_R$ zu reduzieren?

Lösung: Die Berechnung erfolgt analog zu Übung 6.1. In diesem Fall verwenden wir die Gleichung 6.2. Allerdings müssen wir die Amplitude $\hat{I}_R$ proportional reduzieren.

$$\begin{aligned} 0{,}1\hat{I}_R &= 0{,}84\hat{I}_R e^{-\frac{t'}{\tau_L}} \\ \frac{0{,}1}{0{,}85} &= e^{-\frac{t'}{\tau_L}} \\ \tau_L \cdot \log\frac{0{,}1}{0{,}85} &= -t' \\ 59{,}26\,\text{s} &= t' \end{aligned}$$

Um den gespeicherten Strom zu nutzen, müssen wir den Speicherkreis über den Schalter S_2 mit dem Lastwiderstand verbinden. Da der Innen- und der Lastwiderstand nun in Reihe geschaltet sind, ist der Gesamtwiderstand $R_{sum} = R_{Last} + R_S$. Die Entladung der Spule findet nun auf der Zeitskala $\hat{\tau}_L = \frac{L}{R_{sum}}$ statt.

$$I_{Last} = \hat{I}_R e^{-\frac{t}{\hat{\tau}_L}}$$

Übung 6.3 Entladung eines Stromspeichers

Wir wollen den Speicher aus Übung 6.1 verwenden, um die Last zu decken. Zum Zeitpunkt des Anschlusses hat sie einen Strom von $73\,\%\,\hat{I}_R$. Wie lange braucht die Spule, um sich auf $2\,\%\,\hat{I}_R$ zu entladen?

Lösung: Die Berechnung erfolgt analog zur Übung 6.2. Allerdings ändert sich in diesem Fall die Zeitskala, weil während des Entladevorgangs ein größerer Widerstand R_{sum} anliegt. Mit $\tau_{Last} = \frac{L}{R_{sum}}$ ergibt sich somit:

$$\begin{aligned} 0{,}02\hat{I}_R &= 0.73\hat{I}_R e^{-\frac{t'}{\tau_{Last}}} \\ -t' &= \tau_{Last} \cdot \log\frac{0{,}02}{0{,}73} \\ t' &= 0{,}0123\,\text{s} \end{aligned}$$

6.2.2 Anforderungen an einen Stromspeicher

Ein Stromspeicher in der beschriebenen Form ist für die Speicherung über einen längeren Zeitraum nicht geeignet. Hierzu ist die Selbstentladungsrate zu hoch. Auch die Speicherkapazität eines solchen Speichers ist begrenzt. Die Energie im Inneren einer Spule liegt bei $\frac{1}{2}LI^2$. Um die Kapazität zu erhöhen, kann man die Induktivität der Spule L erhöhen. Nach Gleichung 4.29 erreicht man dies durch Vergrößerung des Querschnitts des Ferritkerns oder durch Erhöhung der Anzahl der Windungen. Beides führt jedoch zu einer Verlängerung des Drahtes, was wiederum die Leitungsverluste erhöht. Der Widerstand R nimmt also zu.

Alternativ kann man auch den Strom erhöhen. Dies wäre sogar die bessere Alternative, da er quadratisch in die Energiebestimmung eingeht. Leider begrenzt der Querschnitt des Wickeldrahtes den Strom. Wenn wir den Strom erhöhen wollen, muss auch der Querschnitt des Drahtes vergrößert werden. Dadurch erhöht sich aber auch der Widerstand. Wegen des elektrischen Widerstands sind wir in der Speicherkapazität und in der Verringerung der Selbstentladungsrate eingeschränkt. Daher werden Stromspeicher in der Praxis nur für die Speicherung von Strom über einen sehr kurzen Zeitraum verwendet. Dies führt uns zu der ersten Anforderung an Stromspeicher (**CS** = „current storage").

CS1: `ALS Entwicklung MÖCHTE ICH den Innenwiderstand so gering wie möglich halten, SODASS die Selbstentladung des Stromspeichers gering ist.`

Für die meisten elektronischen und leistungselektronischen Schaltungen ist die Speicherkapazität von Spulen ausreichend. Klassische Spulen können jedoch nicht als Energiespeicher verwendet werden. Dafür ist der Energiegehalt zu gering, und wegen der Selbstentladung sind sie auch nicht als Leistungspuffer geeignet. Anders sieht es aus, wenn wir eine Technologie finden, die den Widerstand der Spule auf Null reduziert. Wir brauchen eine Spule aus supraleitendem Material.

6.2.3 Supraleitung in Kürze

Bis jetzt haben wir den elektrischen Widerstand als eine Eigenschaft von Materialien akzeptiert. Wir hatten sogar gesehen, dass der Widerstand nützlich sein kann, wenn ich hohe Entladeströme in einem Kondensator oder einer Spule verhindern will. Wir haben auch festgestellt, dass die Leitungsverluste $P_{\mathrm{L}} = RI^2$ sind. Wir haben jedoch nicht darüber gesprochen, woher der elektrische Widerstand kommt und wie ein Leiter seinen Widerstand verlieren kann.

Um diese Frage beantworten zu können, müssen wir leider die klassische Physik hinter uns lassen und die Quantenphysik in unsere Überlegungen einbeziehen. In der Quantenmechanik unterscheidet man zwischen zwei Gruppen von Teilchen: Fermionen und Bosonen [BJ89, Sch07, CTDL07]. Fermionen haben einen halbzahligen Spin $\frac{n}{2}\hbar, n \in \mathbb{N}$, d. h. ihre quantenmechanische Eigendrehung, der Spin, ist niemals Null. Fermionen haben die Eigenschaft, dass zwei Fermionen nicht denselben quantenmechanischen Zustand einnehmen können. Bosonen hingegen haben einen ganzzahligen Spin $n\hbar$. Im Gegensatz zu Fermionen können Bosonen denselben quantenmechanischen Zustand einnehmen.

Was bedeutet das? Wir wollen den Unterschied mit einem einfachen Bild illustrieren. Nehmen wir an, wir wollen eine Party veranstalten. Aber wir laden Menschen ein, die die Eigenschaften von Fermionen oder Bosonen haben. Wenn wir nun nur Fermionen zu der Party einladen, werden wir feststellen, dass jeder anders aussieht, an einem anderen Platz steht, eine andere Musik hört und es strikt vermeidet, anderen zu nahe zu kommen. Ja, es geht sogar so weit, dass ein Gast, der den Raum betritt und feststellt, das ein anderer Gast dieselbe Kleidung trägt, sich kurzerhand ein Loch in die Hose schneidet, nur um anders zu sein.

Wenn wir dagegen nur Bosonen zu unserer Party einladen, sehen alle gleich aus, hören die gleiche Musik, und wir können kaum zwischen den Leuten unterscheiden, da sie sich alle am gleichen Ort aufhalten. Kommt ein verspäteter Gast hinzu, trägt er selbstverständlich die gleiche Kleidung und drängt sich zu den anderen.

Bosonen bewegen sich gerne zusammen, während Fermionen es vorziehen, sich etwas anders zu bewegen. Elektronen sind Fermionen, und wenn sie sich in einem Leiter bewegen, vermeiden sie es, sich in die gleiche Richtung zu bewegen und an der gleichen Stelle zu bleiben, und diese Wechselwirkung verursacht Reibung.

Schauen wir uns nun einen Leiter an. Ein Leiter besteht aus einem Atomgitter oder einem Kristall. In einem Leiter gibt es Elektronen, die sich innerhalb des Gitters frei bewegen können. Da diese Elektronen alle eine ähnliche Energie haben, spricht man auch gerne von einem Leitungsband, wobei „Band" einen Energiebereich bezeichnet, in dem sich diese Elektronen befinden. Elektrischer Strom besteht aus bewegten Ladungsträgern, genauer gesagt Elektronen, die sich in diesem Leitungsband befinden. Betrachtet man die frei beweglichen Elektronen in einem elektrischen Leiter, so haben sie alle einen unterschiedlichen Zustand. Legt man an den Leiter ein elektrisches Feld E an, so wirkt auf alle Elektronen eine Kraft $F = -e \cdot E$. Die Elektronen beginnen, den Feldlinien zu folgen. Es fließt elektrischer Strom. Da die Elektronen aber einen eindeutigen Zustand haben, können sie sich nicht alle in die gleiche Richtung und mit der gleichen Geschwindigkeit bewegen. Es kommt zu Kollisionen. Diese werden als Gitterschwingungen im Leitermaterial als Wärme abgegeben. Wenn wir das Feld ausschalten, stoppt der Strom sofort, denn die Elektronen geben ihre gesamte Bewegungsenergie an das Kristallgitter des Leiters ab.

Die Gitterschwingungen stoßen Elektronen an und werden von Elektronen in Schwingung versetzt. Das erzeugt Reibung und damit Energieverlust. Wenn wir den Leiter nun aber immer weiter abkühlen, stellen wir fest, dass der Widerstand immer kleiner wird. Bei manchen Stoffen bleibt er ab einer bestimmten Temperatur konstant. Das liegt daran, dass im Atomgitter noch Schwingungszustände möglich oder notwendig sind. Bei anderen Stoffen stellt man fest, dass ab einer Temperatur, die als kritische Temperatur für die Supraleitung gilt, T_c, der Widerstand plötzlich verschwindet. Bei dieser Temperatur wird der Leiter zu einem Supraleiter.

Was geschieht bei T_c? Wenn die Atomgitter immer weniger schwingen, wird ein weiterer Effekt sichtbar. Wir haben ihn in Bild 6.2 dargestellt. Wenn die Atome im Gitter in Ruhe bleiben, bewirkt ein einzelnes Elektron, dass sich die Atomhüllen der Atome in seiner Umgebung ausrichten und polarisieren. Sie bilden eine positiv geladene Schale um das Elektron. Diese positive Ladung zieht andere Elektronen an. Diese erzeugen über die Atomhüllen der sie umgebenden Atome ebenfalls eine positive Ladung, die das erste Elektron anzieht. Auf diese Weise kommt es zu einer Wechselwirkung zwischen den beiden Elektronen. Diese Wechselwirkung ist eine Fernwirkung und wirkt über bis zu 100 Atome in einem Gitter.

Diese Wechselwirkung findet nicht nur zwischen zwei Elektronen statt, sondern alle Elektronen, die sich im Bereich dieser Fernwirkung befinden, wechselwirken miteinander. Dies

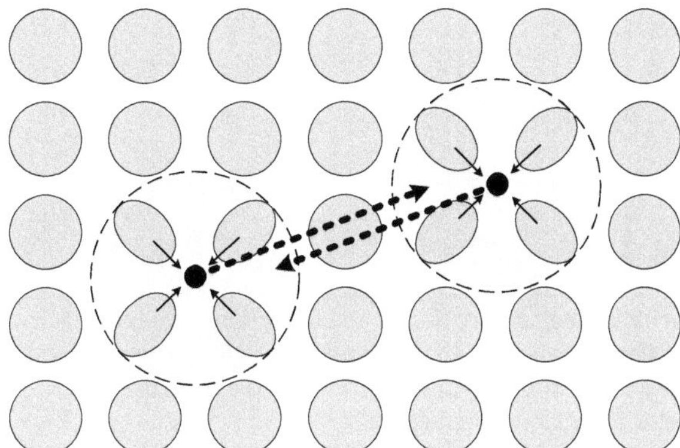

Bild 6.2 Bildung eines Cooper-Paares in einem Atomgitter. Ein Elektron erzeugt eine Polarisierung der es umgebenden Atome. Diese positive Ladung zieht andere Elektronen an, die ihrerseits eine Polarisation erzeugen, die auch das ursprüngliche Elektron anzieht.

führt zu zusätzlichen Bewegungen. Sobald aber zwei Elektronen einen entgegengesetzten Impuls haben, passiert etwas Neues. Diese beiden Elektronen bilden ein Cooper-Paar. Sie bleiben kohärent, agieren wie ein Teilchen, und da sie einen ganzzahligen Spin haben, gehört das Paar zur Gruppe der Bosonen.

Wie wir bereits besprochen haben, haben Bosonen die Möglichkeit, denselben Quantenzustand anzunehmen. Es können sich nun immer mehr Cooper-Paare bilden, die sich alle im gleichen Zustand befinden wollen. Sobald die Paarbildung abgeschlossen ist, befinden sich Cooper-Paare im Leitungsband des Leiters, die völlig gleichmäßig reagieren, wenn ein elektrisches Feld an sie angelegt wird. Es gibt keine Reibung mehr und damit auch keinen elektrischen Widerstand [FS04, Kru21].

Um diesen Zustand zu erreichen, müssen drei physikalische Größen unterhalb einer materialabhängigen Schwelle liegen. Die kritische Temperatur T_c haben wir bereits erwähnt. Außerdem gibt es eine Abhängigkeit von der Stromdichte j_c und dem äußeren Magnetfeld H_c, das auf den Leiter wirkt.

Die Tatsache, dass die Stromdichte unter einem kritischen Wert j_c liegen muss, lässt sich durch die Bildung von Cooper-Paaren erklären. Eine hohe Temperatur erzeugt zusätzliche Schwingungen im Atomgitter, sodass sich keine Cooper-Paare bilden können. Auch ein zu starkes elektrisches Feld, das eine höhere Stromdichte erzeugen würde, ist ein Hindernis. Aufgrund der höheren Energie kann sich die Fernwirkung zwischen den polarisierten Atomhüllen und den Elektronen nicht ausbilden oder wird gestört, was dazu führt, dass sich die Cooper-Paare nicht mehr bilden können.

Um den Einfluss eines äußeren Magnetfeldes zu verstehen, betrachte man das in Bild 6.3. Die Temperatur des Leiters liegt zunächst noch oberhalb der kritischen Temperatur T_c. Der Leiter wird nicht von Strom durchflossen, sondern befindet sich in einem Magnetfeld. Oberhalb von T_c kann man beobachten, dass die Feldlinien den Leiter vollständig durchdringen, wie in Bild 6.3 a) dargestellt. Sobald die Übergangstemperatur erreicht ist und der Leiter supraleitend wird, beobachten wir, dass die magnetischen Feldlinien aus dem Leiter herausgedrängt werden. Die magnetischen Feldlinien dringen nur wenige Nanometer in den Leiter ein. Sie verlaufen entlang der Innenseite der Außenfläche des Leiters. Der

a) 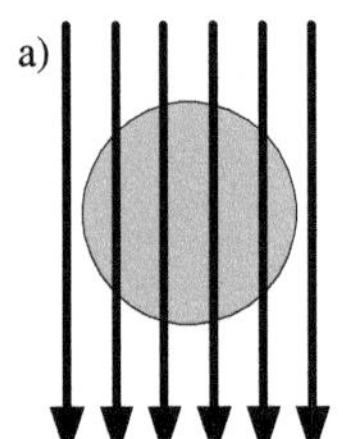

b) 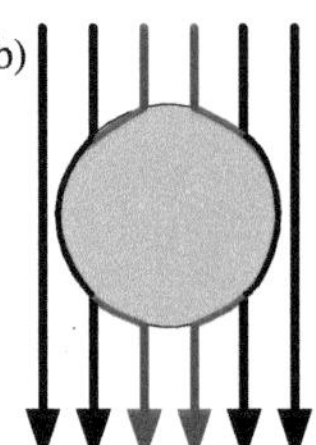

Bild 6.3 Illustration des Meißner-Ochsenfeld-Effekts. Ein Magnetfeld fließt durch einen Leiter. Liegt die Temperatur oberhalb der kritischen Temperatur T_C, so verlaufen die magnetischen Feldlinien durch den Leiter a). Sobald der Leiter supraleitend wird, werden die Feldlinien nach außen gedrückt und verlaufen entlang der Oberfläche des Leiters b).

Grund dafür ist, dass das Magnetfeld einen Strom in den Leiter induziert. Dieser erzeugt ein entgegengesetzt gerichtetes Feld. In einem normalen Leiter sorgt der Innenwiderstand dafür, dass dieses entgegengesetzte Feld kompensiert wird, das äußere Feld überwiegt. In einem Supraleiter gibt es keinen Widerstand, und das entgegengesetzte Feld kompensiert das Magnetfeld vollständig oder lenkt es um.

Wiederholt man das Experiment mit unterschiedlichen Feldstärken, so stellt man fest, dass es neben der kritischen Temperatur auch eine kritische magnetische Feldstärke H_C gibt, ab der dieser Effekt nicht mehr zu beobachten ist. Der Grund dafür lässt sich leicht ableiten: Je stärker die Feldstärke, desto mehr Feldlinien werden in die Oberfläche des Leiters gezwungen. Dort wächst die Energiedichte, und das kompensierende Gegenfeld erzeugt immer höhere Ströme. Irgendwann ist diese Dichte zu hoch, und die Kompensation findet nicht mehr statt.

Wir haben hier den Typ-1-Supraleiter beschrieben. In einem Typ-1-Supraleiter gibt es einen harten Übergang zwischen supraleitend und normal leitend bei H_C. Will man einen Stromspeicher mit einem Typ-1-Supraleiter bauen, muss man dafür sorgen, dass der Arbeitspunkt deutlich unterhalb von H_C betrieben wird.

CS2: `ALS Nutzer MÖCHTE ICH den Arbeitspunkt so wählen, dass ein harter Übergang zwische n supraleitend und normal leitend nicht auftreten kann, SODASS sichergestellt ist, dass die gespeicherte Energie nicht plötzlich durch den elektrischen Widerstand verloren geht.`

CS2 ist eine sicherheitsrelevante Anforderung. Liegt der Arbeitspunkt zu nahe an H_C, kann eine Störung des Magnetfeldes dazu führen, dass der Supraleiter zu einem normalen Leiter wird. In diesem Fall wird die gespeicherte elektrische Energie durch den elektrischen Widerstand verbraucht. Das erzeugt Wärme und kann den Speicher beschädigen.

Eine Alternative zum Typ-1-Supraleiter ist der Typ-2-Supraleiter. Hier gibt es zwei kritische Feldstärken H_{C_1} und H_{C_2}. Wenn das Feld schwächer als H_{C_1} ist, ist der Leiter supraleitend. Ist das Feld stärker als H_{C_2}, so ist der Leiter leitend. Im Zwischenbereich liegt ein Mischzustand vor, in dem sich nicht alle Cooper-Paare aufgelöst haben. Das bedeutet, dass es keinen abrupten Wechsel mehr gibt, sodass die Wärmeentwicklung auch besser über den elektrischen Widerstand gesteuert werden kann.

Neben den Supraleitern des ersten und zweiten Typs, die alle bei sehr tiefen Temperaturen $< 50\,°K$ arbeiten, gibt es die Hochtemperatursupraleiter. Diese sind bei 92–138 °K supraleitend und werden bereits für viele Anwendungen genutzt. Die interessante Beobachtung ist, dass diese Hochtemperatursupraleiter, die aus Keramik bestehen, bei einer Temperatur supraleitend werden, für die das oben beschriebene Modell der Cooper-Paarbildung eigentlich nicht mehr gilt. Das liegt daran, dass bei einer Temperatur oberhalb von 50 °K die Atomgitterschwingungen so stark sind, dass die für die Bildung der Cooper-Paare notwendige Wechselwirkung nicht mehr sichtbar ist. Experimente haben jedoch gezeigt, dass Cooper-Paare auch in Hochtemperatursupraleitern existieren.

Haben Supraleiter keinen elektrischen Widerstand?

Die Beobachtung, dass bei einem Supraleiter der elektrische Widerstand verschwindet, sollte niemand zu der Vermutung verleiten, dass bei einer elektrischen Leitung keine Verluste auftreten.

Das Verschwinden des ohmschen Widerstandes bedeutet lediglich, dass bei einem Gleichstrom der Widerstand verschwindet. Legen wir jedoch einen Wechselstrom an, werden wir dennoch eine Impedanz, d. h. einen komplexen Widerstand messen können. Dies liegt daran, dass neben der Reibung auch noch eine Interaktion zwischen elektromagnetischen Feldern erfolgt. Diese wird von den Cooper-Paaren nicht kompensiert.

Lassen wir einen Wechselstrom durch einen Supraleiter fließen, messen wir einen frequenzabhängigen Widerstand und beobachten eine Phasenverschiebung. ■

6.2.4 Beispiel für die Realisierung eines supraleitenden magnetischen Energiespeichers (SMES)

Mithilfe eines supraleitenden Materials ist es möglich, einen Stromspeicher zu bauen, der eine deutlich geringere Selbstentladung aufweist als eine Spule aus normalem Material. In diesem Abschnitt werden wir uns mit der Realisierung eines supraleitenden magnetischen Energiespeichers, kurz SMES, befassen.

Die Speicherkapazität einer supraleitenden Spule wird durch zwei Größen bestimmt. Da die Stromdichte unter dem kritischen Wert von j_c liegen muss, kann der Strom nicht beliebig groß werden. Es gibt also einen maximalen Strom I_{max}, mit dem der Speicher be- und entladen werden kann. Um die Speicherkapazität zu erhöhen, kann auch die Induktivität erhöht werden; dies kann durch eine Erhöhung der Windungszahl oder durch eine Änderung der Geometrie erreicht werden. Allerdings gibt es hier eine Grenze, die durch die kritische Feldstärke H_c gegeben ist. Diese Begrenzung bezieht sich auf eine Spule. Dennoch ist es möglich, die Speicherkapazität durch den Einsatz mehrerer zusammengeschalteter Spulen zu erhöhen.

Um einen Stromspeicher zu realisieren, verwenden wir die in Bild 6.4 gezeigte Schaltung. Zwischen zwei Schaltern S_1 und S_2 haben wir eine supraleitende Spule (SMES). Außerdem sind zwei Dioden D_1 und D_2 mit der Spule verbunden, die wir für die endgültige Aufladung und während der Speicherung benötigen.

Um die Spule zu laden, werden S_1 und S_2 eingeschaltet. Wir können den Ladestrom I_L durch periodisches Ein- und Ausschalten von S_1 beeinflussen. Dabei ist d_1 das Tastverhältnis:

$$d_1 = \frac{T - t_{on}}{t_{on}}$$

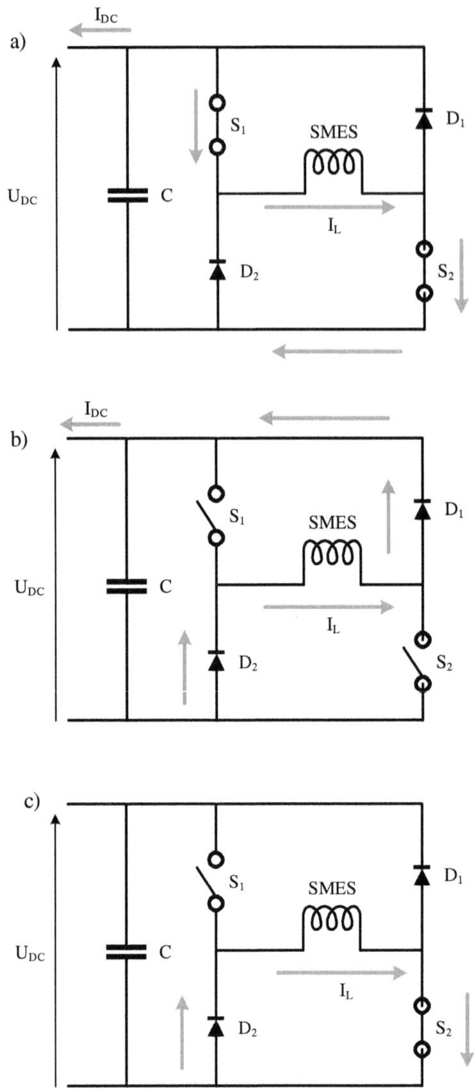

Bild 6.4 Beispiel einer Schaltung für einen supraleitenden magnetischen Energiespeicher. Das System besteht aus zwei Schaltern und zwei Dioden sowie einer supraleitenden Spule. Wenn S_1 und S_2 eingeschaltet sind, wird die Spule a) geladen. Zum Entladen werden die beiden Schalter geöffnet b). Um die Energie zu speichern, wird S_1 geöffnet, und S_2 bleibt geschlossen c).

Das Tastverhältnis ist das Verhältnis zwischen der Einschaltzeit t_{on} und der Ausschaltzeit, bezogen auf eine Schaltperiode T. Durch die Einstellung des Tastverhältnisses kann man nicht nur den Ladestrom, sondern auch die Spannung U_{DC} beeinflussen. Dabei gilt Folgendes:

$$C\frac{\mathrm{d}}{\mathrm{d}t}U_{\mathrm{DC}} = I_{\mathrm{DC}} - I_L \cdot d_1 \tag{6.3}$$

Beim Entladen bleibt S_1 offen, und wir öffnen S_2 mit einem Tastverhältnis von d_2. Für die Spannung U_{DC} gilt dann Folgendes:

$$C\frac{\mathrm{d}}{\mathrm{d}t}U_{DC} = I_{DC} + I_L \cdot (1 - d_2) \tag{6.4}$$

Sowohl beim Laden als auch beim Entladen tritt ein Zustand ein, in dem der Strom „im Kreis" durch die Diode, die Spule und den Schalter S_2 fließt. Dies ist der Zustand, in dem die Energie gespeichert wird.

Bei einer supraleitenden Spule haben wir keinen Widerstand, der die Stromamplitude beim Laden oder Entladen begrenzt. Gleichzeitig wissen wir, dass es eine kritische Stromdichte j_c gibt, die zur Aufrechterhaltung der Supraleitung erforderlich ist. Wir müssen also in der Lage sein, den Lade- und Entladestrom zu regulieren.

`CS 3: ALS Nutzer MÖCHTE ICH den Lade- und Entladestrom regeln, SODASS die Bauteile nicht beschädigt werden und die Supraleitung erhalten bleibt.`

Wir können **CS 3** durch verschiedene Maßnahmen einhalten. Da beim Laden und Entladen auch Bauteile beteiligt sind, die normale Leiter sind, gibt es eine natürliche Begrenzung der Stromamplitude auf $\frac{U_{DC}}{R_{ges}}$. Dabei steht R_{ges} für den Widerstand des gesamten Lade- und Entladestromkreises. Dies stellt eine passive Sicherheitsmaßnahme dar. Außerdem gibt uns die Wahl des Tastverhältnisses die Möglichkeit, den Strom zu steuern. Dies betrifft jedoch nur die Dauer der Strombelastung, nicht die Amplitude der Belastung. Durch die Wahl eines bestimmten Tastverhältnisses können wir nur festlegen, wie lange die Spule geladen oder entladen werden soll. Die Stromspitze zu Beginn des Einschaltens können wir nicht direkt beeinflussen. Daher werden zusätzliche Schutzschaltungen verwendet, z. B. eine Spule, um Stromspitzen zu reduzieren. Diese wirken nur auf den Lade- und Entladekreis, nicht aber auf den Speicherkreis.

Die Systemkomponenten und ihre Zuständigkeiten für die Einhaltung der Anforderungen **CS 1** bis **CS 3** sind in Bild 6.5 dargestellt. Die Grundkomponenten `LeistungsflussKontrolle` und `TemperaturKontrolle` haben in diesem System zusätzliche Aufgaben. Die `TemperaturKontrolle` muss auch dafür sorgen, dass die Temperatur des Supraleiters unter T_c bleibt (**CS 2**).

Die `LeistungsflussKontrolle` hat in diesem System die Aufgabe, dafür zu sorgen, dass der Strom unterhalb der kritischen Stromdichte bleibt (**CS 2**), und regelt zusätzlich die Lade- und Entladeströme sowie die Leistungsübertragung über das Tastverhältnis (**CS 3**).

Um zusätzlich die Stromspitzen beim Laden und Entladen zu kompensieren, haben wir eine normale `Spule` als Systemkomponente im System, die für **CS 3** mitverantwortlich ist.

6.2.5 Zusammenfassung

Um Strom effektiv zu speichern, haben wir mit ähnlichen Problemen zu kämpfen wie bei der Speicherung von kinetischer Energie in der klassischen Mechanik. Da Bewegung immer Reibung bedeutet, besteht die Hauptaufgabe darin, die Reibung zu verringern. In elektrischen Systemen bedeutet dies, den elektrischen Widerstand zu verringern. Das können wir mithilfe von Supraleitern erreichen. Es gibt verschiedene Materialien, die supraleitend werden können. Es zeigt sich, dass drei physikalische Parameter unterhalb eines kritischen

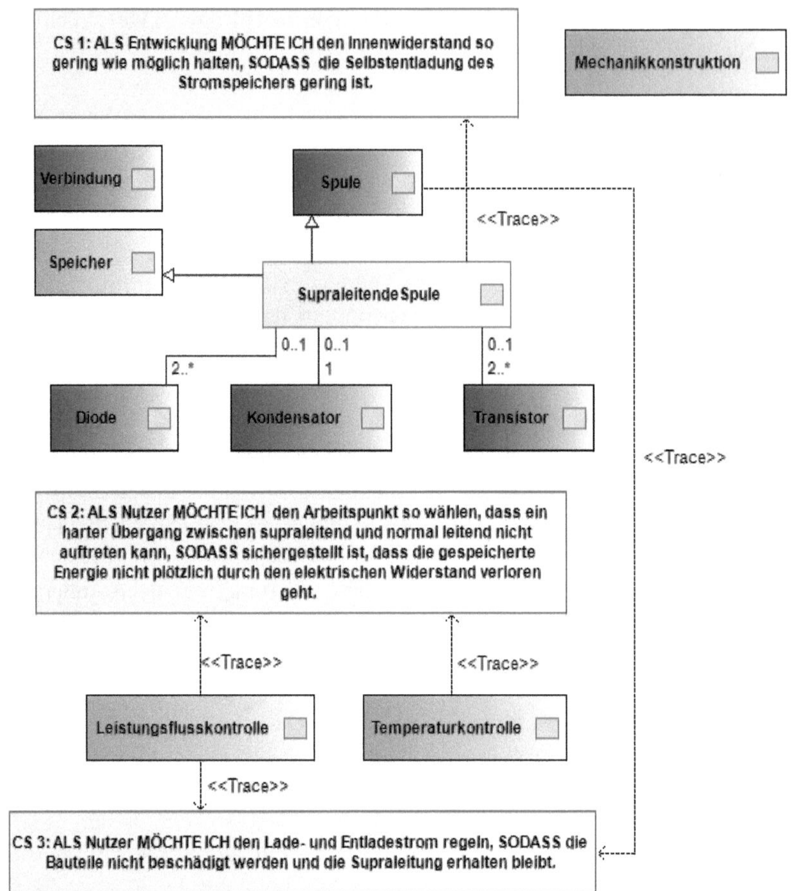

Bild 6.5 Systemkomponenten eines supraleitenden magnetischen Energiespeichers. Die Schlüsselkomponente ist die supraleitende Induktivität, die eine spezielle Form einer Speicherkomponente und einer Induktivität ist.

Wertes liegen müssen. Erstens muss die Temperatur niedrig genug $T < T_c$ sein. Außerdem darf die magnetische Feldstärke einen bestimmten Wert $H < H_c$ und die Stromdichte innerhalb des Supraleiters einen bestimmten Wert $j < j_c$ nicht überschreiten.

Diese drei Randbedingungen schränken den Einsatz von supraleitenden Speichersystemen ein. Während die Einhaltung der kritischen Temperatur nur eine Frage der Anlagentechnik ist, haben die Beschränkungen für den Strom und das Magnetfeld Einfluss auf die Speicherkapazität des Supraleiters. Ähnlich wie Schwungradspeicher eignen sich supraleitende Stromspeicher eher als Leistungs- denn als Energiespeicher [LZZ+15, IKT05, LYR+17].

Im nächsten Abschnitt betrachten wir die zweite Möglichkeit, elektrische Energie elektrisch zu speichern: die Spannungsspeicherung. Das dafür benötigte Bauteil haben wir bereits kennengelernt: den Kondensator.

6.3 Spannungsspeichersysteme

Die Grundidee des Pumpspeicherkraftwerks in Abschnitt 5.2 bestand darin, Energie zu speichern, indem Material in die Höhe gehoben wird. Dazu musste die Schwerkraft überwunden werden, und das Material befand sich danach auf einem höheren Potenzial, dem eine potenzielle Energie zugeordnet werden konnte. Diese potenzielle Energie konnte durch kontrollierte Freisetzung zurückgewonnen werden. Ein ähnlicher Ansatz kann bei der Speicherung von elektrischer Energie verfolgt werden. Anstelle von Masseteilchen werden hier Ladungsträger voneinander getrennt und räumlich verteilt. Die Systemkomponente, die nach diesem Prinzip arbeitet, ist der Kondensator, den wir in Abschnitt 4.2.2 kennengelernt haben. In diesem Abschnitt wollen wir uns die Möglichkeiten der Nutzung von Kondensatoren als Energiespeicher genauer ansehen. Zunächst werden wir uns den klassischen Kondensator ansehen. Dann werden wir zeigen, wie die Kapazität eines Kondensators zusätzlich erweitert werden kann. Wir lernen das Aufbauprinzip von Supercaps (engl. „Supercapacitor") und Doppelschichtkondensatoren kennen. Beide nutzen Effekte, die entstehen, wenn das Dielektrikum elektrisch leitende Eigenschaften hat.

6.3.1 Aggregation von Kondensatoren – Wie eine Kondensatorbatterie aufgebaut ist

Wie wir in Abschnitt 4.2.2 gesehen haben, liegt der Energiegehalt eines Kondensators bei:

$$\kappa = \frac{1}{2} C \left(U_1^2 - U_0^2\right) \tag{6.5}$$

Dabei ist U_1 die obere Betriebsspannung und U_0 die untere Betriebsspannung. In Gleichung 6.5 gehen wir davon aus, dass wir den Kondensator in einem bestimmten Spannungsbereich betreiben und ihn nicht vollständig auf 0 V entladen.

Wir haben nur zwei Möglichkeiten, den Energiegehalt eines einzelnen Kondensators zu erhöhen. Wir können die Spannung erhöhen oder die Kapazität erhöhen. Bild 6.6 zeigt die Kapazitäten und den Spannungsbereich der verschiedenen Technologien. Die klassischen Kondensatoren unterscheiden sich durch ihr Dielektrikum: Keramik, Polymer, Metallfilm und Elektrolyt. Wie wir sehen können, sind sowohl der maximale Spannungsbereich als auch die Kapazität bei jeder Technologie begrenzt. Auch die maximale Spannung bleibt auf einige 100 Volt begrenzt. Die Kapazität erreicht maximal einen zweistelligen Millicoulomb-Wert.

Übung 6.4 Energieinhalt von verschiedenen Kondensatoren

Kondensatoren unterscheiden sich durch das verwendete Dielektrikum. Wie groß ist der Energiegehalt der folgenden Kondensatoren, wenn man den Kondensator auf 10 % der maximalen Spannung entladen darf?

- Keramik $U_{max} = 80\,V$, $C = 12\,nF$
- Metallfolie $U_{max} = 230\,V$, $C = 24\,\mu F$
- Elektrolyt $U_{max} = 320\,V$, $C = 3\,mF$

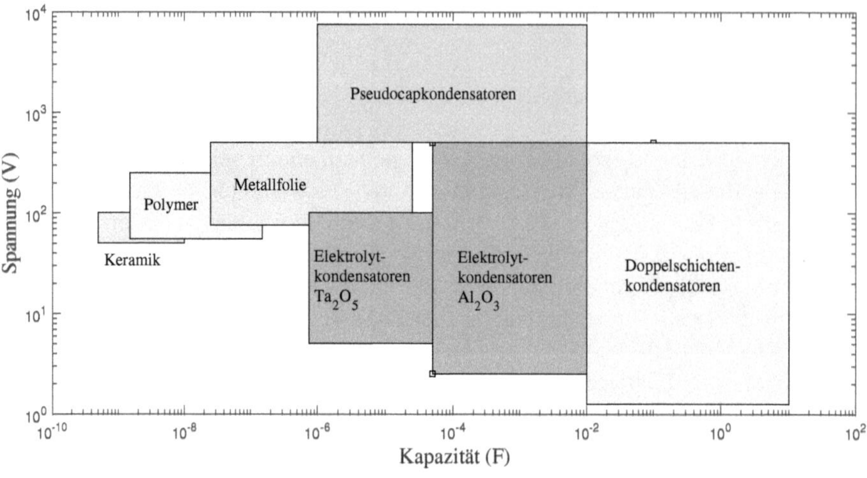

Bild 6.6 Kapazität und Spannung verschiedener Arten von Kondensatoren [KD18]

Lösung: Der Energiegehalt wird nach der Gleichung 6.5 berechnet. Daraus ergibt sich für den Keramikkondensator:

$$\begin{aligned}\kappa &= \frac{1}{2}C\left(U_1^2 - U_0^2\right)\\ &= \frac{1}{2}12\cdot 10^{-9}\,\mathrm{F}\left((80\,\mathrm{V})^2 - (8\,\mathrm{V})^2\right)\\ &= 3{,}802\cdot 10^{-5}\,\mathrm{Ws}\end{aligned}$$

Der Energiegehalt des Metallfolienkondensators beträgt:

$$\begin{aligned}\kappa &= \frac{1}{2}24\cdot 10^{-6}\,\mathrm{F}\left((230\,\mathrm{V})^2 - (23\,\mathrm{V})^2\right)\\ &= 0{,}628\cdot 10^{-4}\,\mathrm{Ws}\end{aligned}$$

Der größte Energiegehalt ist im Elektrolytkondensator zu finden:

$$\begin{aligned}\kappa &= \frac{1}{2}3\cdot 10^{-3}\,\mathrm{F}\left((320\,\mathrm{V})^2 - (32\,\mathrm{V})^2\right)\\ &= 0{,}042\,\mathrm{Ws}\end{aligned}$$

■

Wie wir in Übung 6.4 gesehen haben, ist der Energieinhalt eines einzelnen Kondensators gering.

Dennoch ist es möglich, die Kapazität der einzelnen Kondensatoren zu erhöhen. Dazu werden die Kondensatoren zu Kondensatorbatterien zusammengeschaltet. In Bild 6.7 haben wir die Möglichkeiten der Verschaltung dargestellt. Es gibt zwei Möglichkeiten: Wir schalten x Kondensatoren parallel oder wir schalten y Kondensatoren in Reihe. Eine solche Gesamtschaltung nennt man dann $xpys$-Schaltung. Um die Berechnungsregeln zu verstehen, betrachten wir den einfachen Fall einer 2p1s- und 1p2s-Verschaltung.

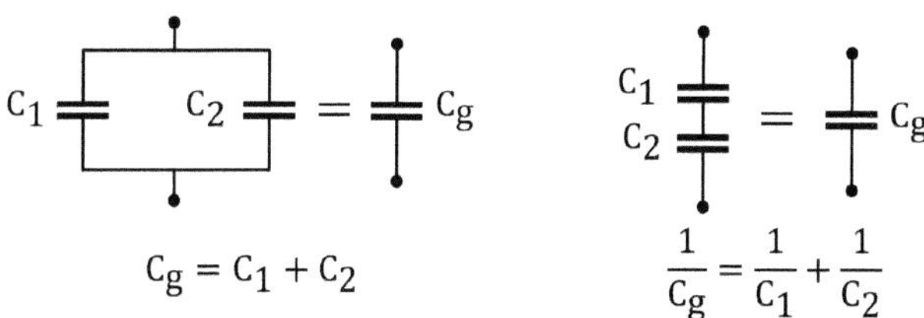

Bild 6.7 Berechnung der Kapazität von zwei zusammengeschalteten Kondensatoren. Mithilfe dieser Rechnung können zusammengeschaltete Kondensatoren wie ein Kondensator betrachtet werden.

In einer xp1s-Verschaltung werden x Kondensatoren parallel verschaltet, hier addieren sich die Kapazitätswerte, d. h.

$$C_\mathrm{g} = \sum_{i=1}^{x} C_i \tag{6.6}$$

Wenn zwei Kondensatoren parallel verschaltet sind, liegen die oberen und unteren Kondensatorplatten der einzelnen Kondensatoren jeweils auf demselben elektrischen Potenzial. Wie wir wissen, ist die Kapazität proportional zur Fläche. Wenn aber beide Kondensatorplatten auf demselben Potenzial liegen, macht es keinen Unterschied, ob sie zu zwei räumlich getrennten Kondensatoren gehören oder zu einem Kondensator, dessen Platten die Gesamtfläche beider Kondensatoren haben. Daher können wir die Flächen der Kondensatorplatten gedanklich zu einer großen Platte addieren, was gleichbedeutend ist mit der Addition der Einzelkapazitäten für die Gesamtkapazität.

In einer 1pys-Verschaltung werden y Kondensatoren in Serie geschaltet, hier addieren sich die Kehrwerte, d. h.

$$\frac{1}{C_\mathrm{g}} = \sum_{i=1}^{y} \frac{1}{C_i} \tag{6.7}$$

Um diesen Sachverhalt zu verstehen, machen wir uns zunächst klar, dass die Gesamtspannung U_g über die gesamte Kondensatorkette gleich der Summe der Spannungen der einzelnen Kondensatoren U_i sein muss.

$$U_\mathrm{g} = \sum_{i=1}^{y} U_i \tag{6.8}$$

Dies ergibt sich aus der Maschenregel: Wenn wir auf der einen Hälfte der Masche eine Spannung $-U_\mathrm{g}$ anliegen haben, muss auf der anderen Hälfte der Masche U_g anliegen, ansonsten hätten wir innerhalb der Masche ein nicht ausgeglichenes Potenzial.

Wir wissen, dass sich die Kapazität aus dem Verhältnis der Ladung zur Spannung ergibt: $C = \frac{Q}{U}$. Hieraus können wir die Spannung errechnen: $U = \frac{Q}{C}$. Setzen wir dies in Gleichung 6.8 ein, ergibt sich Gleichung 6.7.

Übung 6.5 Gesamtkapazität von zwei zusammengeschalteten Kondensatoren

Gegeben sind 2 Kondensatoren $C_1 = 15\,\mu\mathrm{F}$ und $C_2 = 23\,\mu\mathrm{F}$. Beide Kondensatoren haben eine maximale Spannung von $U_\mathrm{max} = 14\,\mathrm{V}$. Wie groß sind die Kapazität C_g und der Energieinhalt κ bei einer Parallel- und einer Reihenschaltung?

Lösung: Für die Parallelschaltung ist die Kapazität gleich:

$$C_g = C_1 + C_2 = 15\,\mu F + 23\,\mu F = 38\,\mu F$$

Der Energiegehalt des Kondensators bei U_{max} ergibt sich zu:

$$\kappa = \frac{1}{2} C U_{max}^2 = \frac{1}{2} 38\,\mu F\,(14\,V)^2 = 0{,}0037\,Ws$$

Für die serielle Verbindung ergibt sich aus Gleichung 6.7:

$$C_g = \frac{C_1 C_2}{C_1 + C_2} = \frac{15\,\mu F\ 23\,\mu F}{15\,\mu F + 23\,\mu F} = 9{,}0789\,\mu F$$

Bei einer Serienschaltung addieren sich die Spannungen der einzelnen Kondensatoren. Deshalb müssen wir hier mit der doppelten Spannung rechnen. Der Energieinhalt der in Reihe geschalteten Kondensatoren ist dann:

$$\kappa = \frac{1}{2} C U_{max}^2 = \frac{1}{2} 9{,}0789\,\mu F\,(2 \cdot 14\,V)^2 = 0{,}0037\,Ws$$

■

Wie das Beispiel zeigt, verringert sich durch die Reihenschaltung die Kapazität C_g, aber die Spannungserhöhung gleicht diesen Effekt bezogen auf den Energieinhalt aus. Die Strombegrenzung bleibt aber bestehen, d. h. in Reihe geschaltete Kondensatoren können nur so viel Strom führen, wie durch den einzelnen Kondensator fließen darf. Um einen höheren Strom bei gleicher Spannung zu ermöglichen, müssen Kondensatoren parallel geschaltet werden. Der Strom, der dann am Anschlusspunkt der Kondensatorbatterie fließt, ist die Summe der einzelnen Ströme, d. h.

$$I_g = \sum_{i=1}^{x} I_i \tag{6.9}$$

Wird eine Kondensatorbatterie als Energie- oder Leistungsspeicher verwendet, wird sie an einen DC-Bus angeschlossen. Die Anwendung erfordert in der Regel, dass eine Mindestspannung U_{min} eingehalten wird. Wie wir aus Abschnitt 4.3 wissen, wird ein DC-Bus durch mindestens drei Größen beschrieben: das zulässige Spannungsintervall $[U_{min}, U_{max}]$ sowie der maximale Strom I_{max}, der über diesen Bus geführt werden darf. Um die Kosten der Kondensatorbatterie zu optimieren, muss die Gesamtzahl der Kondensatoren $N = x \cdot y$ minimiert werden. Gleichzeitig müssen aber auch die genannten Randbedingungen erfüllt werden. Wir haben es hier mit einem Optimierungsproblem zu tun:

$$\min N(x,y) = x \cdot y \quad \text{u.d.Nb.:} \begin{cases} x, y \in \mathbb{N} \\ \sum_{i=1}^{y} U_i & \leq U_{max} \\ \sum_{i=1}^{y} U_i & \geq U_{min} \\ \sum_{i=1}^{x} I_i & \geq I_{max} \\ \frac{1}{2} x C \left(\sum_{i=1}^{y} U_i\right)^2 & \geq \kappa_{min} \end{cases} \tag{6.10}$$

Übung 6.6 Auslegung einer Kondensatorbatterie

Eine Kondensatorbatterie soll eine Speicherkapazität von mindestens $\kappa = 0{,}01\,\mathrm{Ws}$ haben. Das Spannungsintervall ist $U \in [19\,\mathrm{V}, 30\,\mathrm{V}]$. Der maximale Strom der Kondensatorbatterie soll mindestens bei 10 A liegen.

Es soll ein Kondensator mit einer Kapazität von $C = 34\,\mu\mathrm{F}$, einer maximalen Spannung von $U_{\mathrm{Zelle,max}} = 7\,\mathrm{V}$ und einem maximalen Strom von $I_{\mathrm{Zelle,max}} = 3\,\mathrm{A}$ verwendet werden. Was ist eine sinnvolle Konfiguration?

Lösung: Im ersten Schritt bestimmen wir die Anzahl der Kondensatoren, die für einen Strang benötigt werden, um die Spannung zu erreichen.

$$y = \frac{U_{\mathrm{max}}}{U_{\mathrm{cell,max}}} = \frac{30\,\mathrm{V}}{7\,\mathrm{V}} = 4{,}2857 \approx 4$$

In diesem Fall wollen wir abrunden, da wir bei $y = 5$ eine maximale Kondensatorspannung von $U_{\mathrm{max}} = 5 \cdot 7\,\mathrm{V} = 35\,\mathrm{V}$ erreichen könnten (dies ist in diesem Fall eine Designentscheidung; man könnte auch argumentieren, dass die Möglichkeit, die Spannung auf über 30 V zu erhöhen, dem System mehr Sicherheit gibt).

Ein Strang hat eine Stromtragfähigkeit von 3 A. Damit wir den erforderlichen Strom von 10 A übertragen können, müssen wir mehrere Stränge parallel schalten. Wir bestimmen daher als Nächstes die Anzahl der Kondensatorstränge, die wir parallel schalten müssen:

$$x = \frac{I_{\mathrm{max}}}{I_{\mathrm{cell,max}}} = \frac{10\,\mathrm{A}}{3\,\mathrm{A}} = 3\frac{1}{3} \approx 4$$

In diesem Fall müssen wir aufrunden, da drei parallele Strings nur 9 A übertragen können.

Der letzte Schritt besteht darin zu prüfen, ob wir mit drei Strängen, die aus vier Kondensatoren bestehen, genug Energie speichern können. Dazu müssen wir zunächst feststellen, wie hoch die Kapazität des Strangs ist:

$$\frac{1}{C_g} = \sum_{i=1}^{y} \frac{1}{C} = \frac{4}{C} \rightarrow C_g = \frac{C}{4}$$

Der Energiegehalt wird dann wie folgt berechnet:

$$\kappa_y = \frac{1}{2} C_g \left((30\,\mathrm{V})^2 - (19\,\mathrm{V})^2 \right) = 0{,}0023\,\mathrm{Ws}$$

Ein Strang reicht uns definitiv nicht aus. Wir berechnen nun die Anzahl der Stränge, die wir benötigen, um den Inhalt von κ zu erreichen:

$$\kappa_x = \frac{\kappa}{\kappa_y} = \frac{0{,}01\,\mathrm{Ws}}{0{,}0023\,\mathrm{Ws}} = 4{,}36 \approx 5$$

Um die benötigte Energiemenge speichern zu können, benötigen wir also mindestens fünf Stränge. Das ist einer mehr, als wir ursprünglich für x ermittelt haben. Die endgültige Konfiguration unserer Kondensatorbatterie ist eine 4s5p-Schaltung und erfordert 20 Kondensatoren.

■

Indem wir einzelne Kondensatoren zu einer Kondensatorbatterie zusammenschalten, können wir einen Speicher konstruieren, der auch für Spannungen und Ströme ausgelegt werden kann, für die der einzelne Kondensator nicht geeignet ist. Außerdem können wir den Energiegehalt erhöhen. Im nächsten Abschnitt wollen wir jedoch weitere Effekte kennenlernen, mit denen wir die Kapazität eines Kondensators erhöhen können.

6.3.2 Doppelschicht- und Pseudokapazität – Wie Supercaps super werden

Kondensatoren speichern Energie über das elektrische Feld. Wir hatten bereits gesehen, dass wir drei Stellschrauben haben, um deren Kapazität zu erhöhen. Wir können ein geeignetes Dielektrikum wählen, den Plattenabstand verringern oder die Fläche vergrößern. Aber Bild 6.6 zeigt uns, dass es sowohl bei der relativen Permittivität als auch bei der Kapazität Grenzen gibt, die mit diesem klassischen Design nicht überwunden werden können. Wir können diese Grenzen jedoch durch die Nutzung zweier zusätzlicher Effekte überwinden. Das sind jene Bereiche im Bild, die von Pseudokondensatoren oder Doppelschichtkondensatoren besetzt sind. Die nutzen Effekte, die auftreten, wenn das Dielektrikum kein Feststoff, sondern eine flüssige, leitfähige Substanz ist.

Ein Elektrolyt ist eine leitende Flüssigkeit. Anders als bei einem elektrischen Leiter erfolgt der Ladungsträgertransport nicht durch die Leitung der Elektronen selbst, sondern durch den Ionentransport. Das bedeutet, dass es in der Flüssigkeit einen Stoff gibt, der Elektronen aufnehmen und abgeben kann. Nehmen wir an, ein Behälter ist mit einem Elektrolyten gefüllt (Bild 6.8).

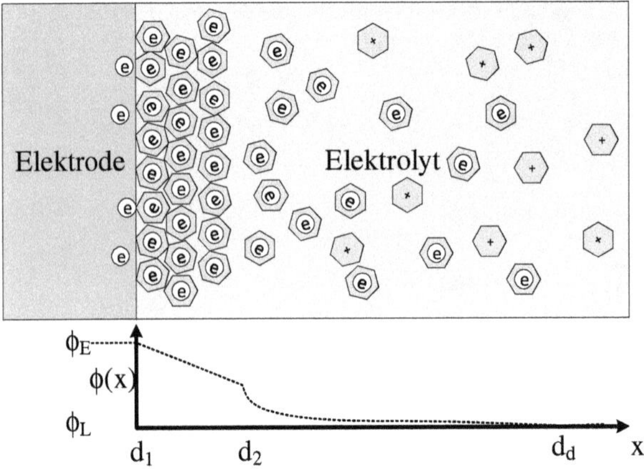

Bild 6.8 Aufbau einer Doppelschicht an einer Phasengrenze zwischen einer Elektrode und einem Elektrolyten

Der Elektrolyt im Behälter hat ein elektrisches Potenzial $\phi = \phi_L$. In diesen Behälter wird ein elektrischer Leiter mit einem Potenzial $\phi = \phi_E$ gelegt. Die elektrischen Potenziale von Elektrolyt und elektrischem Leiter sind unterschiedlich, $\phi_L < \phi_E$.

Da sich im Elektrolyten bewegliche Ladungsträger befinden, werden sie von der Potenzialdifferenz angezogen. Sie beginnen, sich an der Oberfläche des Leiters zu sammeln. Es bildet sich dort eine dünne Schicht von Ionen. Diese Schicht sorgt dafür, dass das Potenzial hinter der Schicht ein wenig abnimmt $\phi = \phi_E - \Delta\phi$. Die Dicke dieser ersten Schicht d_1 liegt unterhalb der Nanometerskala.

An der Grenzschicht zwischen diesem Ionenfilm und dem Elektrolyten werden nun weitere Ladungsträger mit den Ionen des Elektrolyten ausgetauscht. Es bildet sich eine weitere Schicht. Das Potenzial ist niedriger als das der vorherigen Schicht $\phi = \phi_E - 2\Delta\phi$. Auf diese Weise bildet sich Schicht um Schicht, und das Potenzial nimmt linear ab.

Irgendwann ist die Potenzialdifferenz so klein geworden, dass die Anziehung nicht mehr reicht, eine vollständige neue Schicht aufzubauen. Dieser Entfernung ordnen wir die Schichtdicke d_2 zu. Ab hier sind die Schichten unvollständig. Stattdessen diffundieren einzelne Ionen in den Bereich, nehmen Ladungsträger auf und verteilen sich im Elektrolyten. Hier nimmt das Potenzial nicht mehr linear, sondern exponentiell ab, bis es gleich dem elektrischen Potenzial des Elektrolyts geworden ist. Dieser Bereich kann sich sehr weit in den Elektrolyten hinein erstrecken.

Bis zu d_2 spricht man von der Helmholtz-Schicht. Man unterscheidet zwischen der starren Helmholtz-Schicht bis d_1 und der inneren Helmholtz-Schicht bis d_2. Zwischen den Ladungsträgern an der Elektrode und der Schichtgrenze baut sich ein elektrisches Feld auf. Der Effekt gleicht dem eines Kondensators. Wir können daher jeder Schicht eine Kapazität zuordnen. Die Kapazität ergibt sich analog zur Kapazität eines Kondensators.

Gedanklich handelt es sich um drei in Reihe geschaltete Kondensatoren. Die Gesamtkapazität wird aus den Kapazitäten der starren C_1- und inneren C_2 Helmholtz-Schicht und der Kapazität der diffusen Doppelschicht berechnet

$$\frac{1}{C} = \frac{1}{C_L} + \frac{1}{C_H} + \frac{1}{C_d} = \frac{1}{A\epsilon_0}\left(\frac{d_1}{\epsilon_1} + \frac{d_2}{\epsilon_2} + \frac{d_d}{\epsilon_d}\right) \tag{6.11}$$

Die starre und die innere Helmholtz-Schicht haben eine Dicke unterhalb der Nanometerskala von $d_1 \approx 0{,}05\,\text{nm}$ bzw. $d_2 \approx 0{,}2\,\text{nm}$. Die diffuse Doppelschicht hat eine Dicke im Nanometerbereich von $d_d \approx 5\,\text{nm}$.

Die Dicke dieser Schichten hängt von der Mobilität und Größe der Ionen im Elektrolyten ab. Große Ionen erhöhen die Dicke der Schichten und verringern die Kapazität. Weniger mobile Ionen verringern die Dicke der diffusen Schicht und erhöhen die Kapazität.

Übung 6.7 Berechnung der Gesamtkapazität eines Doppelschichtkondensators

Die Dielektrizitätskonstanten der einzelnen Doppelschichten sei $\epsilon_1 = 6$, $\epsilon_2 = 30$ und $\epsilon_d = 80$. Wie hoch ist die Gesamtkapazität pro Quadratzentimeter $\frac{C}{A}$?

Lösung: Gleichung 6.11 gibt die Gesamtkapazität an:

$$\begin{aligned}
\frac{1}{C} &= \frac{1}{A\epsilon_0}\left(\frac{d_1}{\epsilon_1} + \frac{d_2}{\epsilon_2} + \frac{d_d}{\epsilon_d}\right) \\
&= \frac{1}{A\epsilon_0}\left(\frac{0{,}05 \cdot 10^{-9}\,\text{m}}{6} + \frac{0{,}2 \cdot 10^{-9}\,\text{m}}{30} + \frac{5 \cdot 10^{-9}\,\text{m}}{80}\right) \\
&= \frac{1}{A\epsilon_0} 7{,}75 \cdot 10^{-11} \frac{1}{\text{F}} = \frac{1}{A} 8{,}7529 \frac{1}{\text{F}} \\
\Rightarrow \frac{C}{A} &= 11 \frac{\mu\text{F}}{\text{cm}^2}
\end{aligned}$$

■

Die Kapazität eines Kondensators hängt von dem Abstand zwischen den Leitern und der Fläche der Leiterplatte ab. Die sehr dünne Doppelschicht hat daher im Vergleich zu klassischen Kondensatoren einen extrem geringen Abstand. Die Kapazität kann jedoch noch weiter erhöht werden, indem die Oberfläche des Leiters deutlich vergrößert wird. Dies geschieht, indem man den metallischen Leiter beispielsweise mit einem porösen Kohlenstoffgranulat beschichtet. Aktivkohle hat eine Oberfläche von bis zu $2.000\,\frac{\mathrm{m}^2}{\mathrm{g}}$. Diese relativ große Oberfläche, die mit einem Elektrolyten benetzt ist, führt zu den hohen Kapazitätswerten, die Doppelschichtkondensatoren erreichen.

Übung 6.8 Die Verwendung von Kohlenstoff zur Erhöhung der Kapazität

Die Gesamtkapazität einer Doppelschicht ist $\frac{C}{A} = 11\,\frac{\mu\mathrm{F}}{\mathrm{cm}^2}$. Wie groß wäre die Kapazität in Bezug auf das Elektrodenmaterial, wenn es eine spezifische Oberfläche von $2.000\,\frac{\mathrm{m}^2}{\mathrm{g}}$ hat?

Lösung:

$$\frac{C}{m} = 2.000\,\frac{\mathrm{m}^2}{\mathrm{g}} \cdot \frac{11\,\mu\mathrm{F}}{0{,}0001\,\mathrm{m}^2} = 2{,}2\,\frac{\mathrm{F}}{\mathrm{kg}} \tag{6.12}$$

Wir können die Bildung einer Doppelschicht als einen Umschichtungseffekt betrachten. Durch den Potenzialunterschied zwischen ϕ_L und ϕ_E müssen sich die Ladungsträger neu anordnen, und ab einem Abstand d_2 kommt der Effekt der Thermodynamik hinzu, da die Bindung nicht mehr stark genug ist, um der thermischen Bewegung der Ladungsträger zu widerstehen, sodass eine Diffusion stattfindet. Es gibt jedoch noch einen weiteren Effekt, der in einer Grenzschicht zwischen Elektrolyt und Elektrode auftreten kann.

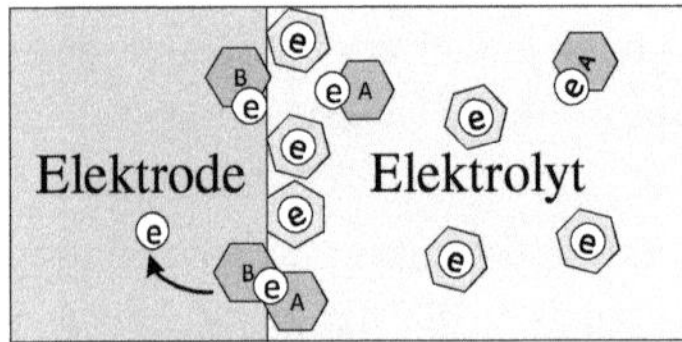

Bild 6.9 Darstellung einer Redoxreaktion in einer Doppelschicht. Die Elektrode oder die Oberfläche der Elektrode besteht aus dem Stoff B. Die Substanz A befindet sich im Elektrolyten. Zusammen bilden sie die Substanz AB, wobei ein Elektron abgegeben wird.

Betrachten wir einen Elektrolyten, in den eine Elektrode eingetaucht ist und in dem sich bereits eine Doppelschicht gebildet hat. Auf der Oberfläche der Elektrode befindet sich die Substanz B. Im Elektrolyten befinden sich Atome des Stoffes A. Diese gelangen ebenfalls an die Oberfläche der Elektrode. Bei der Ausbildung der Doppelschicht haben die Ladungsträger nur ihre Position geändert. Nun nehmen wir aber an, dass die Substanzen A und B miteinander reagieren können. Innerhalb der Doppelschicht läuft die folgende Reaktion ab:

$$\mathrm{A} + \mathrm{B} - \mathrm{e} \rightleftharpoons \mathrm{AB}$$

Die beiden Stoffe A und B verbinden sich zu einem Stoff AB und geben dabei ein Elektron ab. Dies ist eine ionische, reversible Reaktion. Bei dieser Reaktion wird nur ein Elektron abgegeben, und beide Atome teilen sich ein gemeinsames Elektron. Bei dieser chemischen Reaktion kommt es zu einer weiteren Potenzialänderung, die als zusätzliche Kapazität interpretiert werden kann. Da der Ursprung für diese Kapazität chemischer und nicht elektrischer Natur ist, wird sie als Pseudokapazität bezeichnet.

Beide Effekte, Pseudokapazität und Doppelschichtkapazität, treten gemeinsam auf. Durch geeignete Auswahl kann der eine Effekt stärker ausgeprägt sein als der andere, was dazu führt, dass man von Doppelschichtkondensatoren spricht, wenn der eine Effekt dominiert, und von Pseudokondensatoren, wenn der andere Effekt dominiert [HE06]. Man fasst die Gesamtheit dieser Kondensatoren auch gerne als Superkondensatoren zusammen.

Das Lade- und Entladeverhalten dieser Superkondensatoren unterscheidet sich von dem klassischer Kondensatoren. Dies liegt daran, dass die Ladung zwischen den verschiedenen Kapazitäten ausgetauscht werden kann. Darüber hinaus ist die Dynamik der verschiedenen Kapazitäten unterschiedlich. In Bild 6.10 ist ein Ersatzschaltbild dargestellt, das zur Modellierung des Verhaltens verwendet werden kann. Die frequenzabhängigen Verluste werden in diesem Schaltbild durch die Induktivität L_{ESL} beschrieben. Da ein Kondensator eine schwache Selbstentladung hat, haben wir den Widerstand R_{L} eingeführt, der die Leckströme bildet. R_{L} ist sehr groß, sodass diese Ströme auch sehr klein sind. C_C ist die Kapazität, die der Kondensator ohne die Pseudokapazität C_{P} und die Doppelschichtkapazität C_{D} hat. Da beim Austausch zwischen den Kapazitätskomponenten auch Verluste auftreten können, wurde jeweils ein zusätzlicher Verlustwiderstand $R_C, R_{\mathrm{P}}, R_{\mathrm{D}}$ eingeführt.

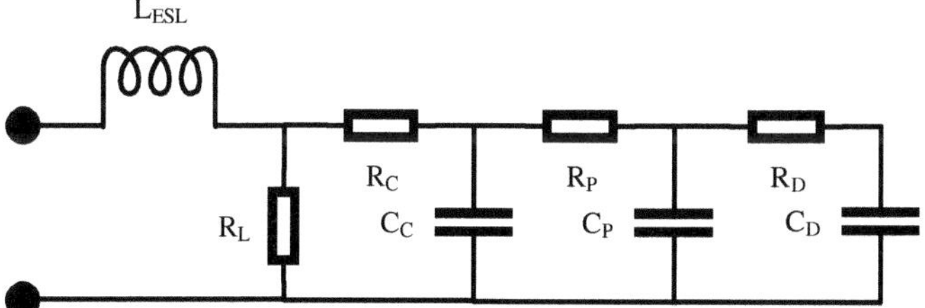

Bild 6.10 Ersatzschaltbild eines Supercaps. Die verschiedenen Kapazitätskomponenten werden durch separate *RC*-Glieder dargestellt. Der frequenzabhängige Widerstand des Kondensators wird durch eine Induktivität l_{ESL} abgebildet.

Wir haben gesehen, dass sich die Dynamik eines klassischen Kondensators auf der Zeitskala $\tau = RC$ abspielt. Bei $t = \tau$ ist der Kondensator zu etwa 60 % geladen oder entladen. Wir können also mit einer einfachen Schätzung bestimmen, wie groß wir die Kapazität wählen müssen, um Energie über einen bestimmten Zeitraum zu speichern. Ein Superkondensator hat drei Zeitskalen $\tau_C, \tau_{\mathrm{P}}, \tau_{\mathrm{D}}$. Um die resultierende Gesamtkapazität abzuschätzen, können wir die drei Kapazitäten addieren und den Einfluss der Verlustwiderstände vernachlässigen. Die drei Zeitskalen haben jedoch einen Einfluss auf das Verhalten des Kondensators, den wir beim Systementwurf berücksichtigen müssen.

Wir können das Verhalten mit dem folgenden Gedankenexperiment veranschaulichen. Angenommen, wir haben zwei Kondensatoren mit unterschiedlichen Zeitskalen $\tau_1 \ll \tau_2$. Die beiden Kondensatoren sind parallel geschaltet und werden aufgeladen. Der Kondensator C_1 mit seiner Zeitskala τ_1 wird die Dynamik des Ladevorgangs zu Beginn dominieren. Er wird sehr schnell aufgeladen. Der zweite Kondensator C_2 wird langsamer aufgeladen.

Erst zu einem späteren Zeitpunkt wird er die Dynamik des Ladevorgangs dominieren. Angenommen, wir unterbrechen den Ladevorgang, bevor C_2 vollständig aufgeladen ist. In diesem Fall findet ein Austausch von Ladungsträgern zwischen C_1 und C_2 statt, wobei C_1 Ladung abgibt. Wir beobachten einen Abfall der Gesamtspannung.

Betrachten wir nun Bild 6.11. Wir haben das gleiche Experiment mit einem Superkondensator durchgeführt. Wir haben die Parameter des Supercaps so gewählt, dass der Effekt leicht zu beobachten ist ($C_C = 0{,}1\,\text{F}$, $R_C = 0{,}01\,\Omega$, $C_\text{P} = 5\,\text{F}$, $R_\text{P} = 0{,}1\,\Omega$, $C_\text{D} = 50\,\text{F}$, $R_\text{D} = 0{,}1\,\Omega$). Bis zum Zeitpunkt $t = 12\,\text{s}$ liegt am Superkondensator eine Spannung an. Danach sind die Anschlüsse des Kondensators offen. Bei einem klassischen Kondensator würden wir erwarten, dass die Gesamtspannung U_C der Klemmenspannung exponentiell folgt und nach dem Öffnen der Klemmen konstant bleibt. Dies können wir jedoch nicht beobachten. Die Spannung zeigt unterschiedliche Krümmungen, am Anfang steigt sie sehr schnell, danach langsamer. Diesen Effekt hätten wir erwartet, da $\tau_C = 0{,}01\,\text{s}$ deutlich kleiner ist als $\tau_\text{P} = 0{,}5\,\text{s}$ und $\tau_\text{D} = 5\,\text{s}$. Nach dem Ausschalten kommt es zu einem Spannungseinbruch und einem Abklingen der Spannung auf einen konstanten Wert.

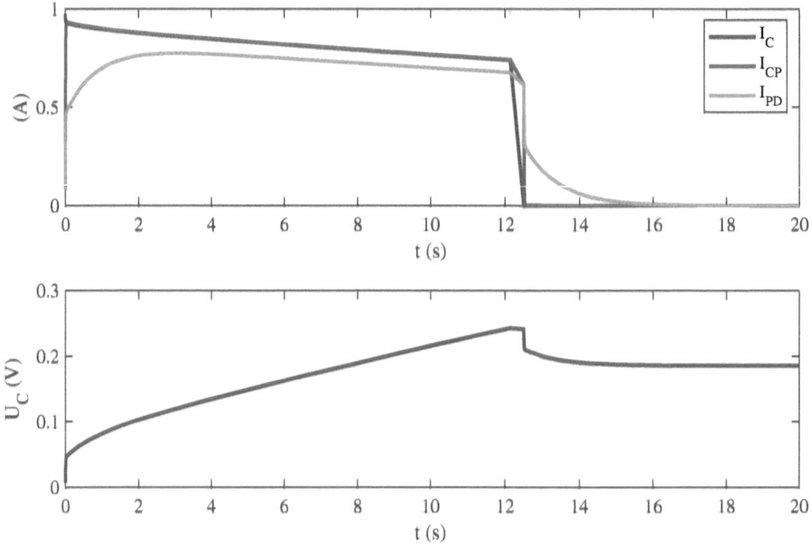

Bild 6.11 Ladevorgang eines Superkondensators. Bis zur Zeit $t = 12\,\text{s}$ ist der Kondensator an eine Spannungsquelle angeschlossen. Danach wurden die Klemmen geöffnet. U_C stellt die Spannung am Kondensator dar. Um die Ladungsverteilung zwischen den Schichten erkennen zu können, werden verschiedene Ströme dargestellt. I_C ist der Strom in den Kondensator, I_CP ist der Strom über den Widerstand R_P und I_PD der Strom über den Widerstand R_D. Die Parameter wurden so gewählt, dass die Dynamik leicht zu erkennen ist. ($C_C = 0{,}1\,\text{F}$, $R_C = 0{,}01\,\Omega$, $C_\text{P} = 5\,\text{F}$, $R_\text{P} = 0{,}1\,\Omega$, $C_\text{D} = 50\,\text{F}$, $R_\text{D} = 0{,}1\,\Omega$)

Wir können die Ursache besser interpretieren, wenn wir uns die Ströme zwischen den Schichten ansehen. I_C entspricht dem Strom in den Kondensator. I_CP stellt den Strom über den Widerstand R_P dar. Dieser folgt im Wesentlichen I_C, was nicht verwunderlich ist, da er von τ_C dominiert wird. I_PD, der Strom über den Widerstand R_D, weicht jedoch von der Dynamik ab. Er ist zunächst viel kleiner, was wir so interpretieren können, dass C_P zuerst geladen wird. Ab $t = 12\,\text{s}$ bricht auch sie zusammen, da die externe Spannungsversorgung abgeschaltet wird. Aber wir können deutlich einen nun folgenden Ausgleichsstrom zwischen den beiden Kondensatoren sehen.

Wir sehen, dass Superkondensatoren ein anderes Verhalten als klassische Kondensatoren haben. Dies führt dazu, dass wir bei der Realisierung einer Kondensatorbatterie aus Superkondensatoren einige Anforderungen berücksichtigen müssen, die wir nun betrachten werden.

Superkondensatoren und Elektrolytkondensatoren

Ein Superkondensator ist im Grunde ein Elektrolytkondensator. Gelten die Anforderungen und Beobachtungen, die hier für Superkondensatoren gemacht wurden, auch für Elektrolytkondensatoren?

Im Grunde ja. Wir müssen aber sehen, dass Elektrolytkondensatoren für deutlich geringere Spannungen ausgelegt sind und deutlich geringere Kapazitäten haben. Doppelschichteffekte sind kaum ausgeprägt. Eine Pseudokapazität versucht man zu vermeiden. Daher sind die Effekte auch nicht oder nur in einem geringen Maße zu beobachten. ■

6.3.3 Anforderungen für Kondensatorbatterien mit Supercaps

In diesem Abschnitt geht es um die Anforderungen an Kondensatorbatterien mit Supercaps. Obwohl Supercaps eine viel höhere Kapazität und eine viel höhere Leistung haben, werden sie in der Regel auch in $xpys$-Schaltungen als Kondensatorbatterien eingesetzt. Für den Entwurf des Bauteils ist die Anforderung, dass der Benutzer diese Kondensatorbatterie als einen großen Kondensator sehen möchte. Die Komplexität hinter dieser Schaltung soll reduziert werden (**SC** = „Supercapacitor").

SC1: ALS Nutzer MÖCHTE ICH mit einer Kondensatorbank wie mit nur einem einzigen großen Kondensator arbeiten, SODASS ich mich nicht mit der internen Verdrahtung, den Sicherheitsmaßnahmen und dem Temperaturmanagement befassen muss.

Um diese Anforderung zu erfüllen, werden zusätzliche Anforderungen an den Entwurf abgeleitet. Sie umfassen drei Aspekte: Den Ladungstransport zwischen den Schichten, den Umgang mit Fertigungsabweichungen und die Lebensdauer der Superkondensatoren.

Wir beginnen mit dem Ladungstransport zwischen den Schichten. Wie wir bereits gesehen haben, verändern die drei Kapazitätsarten die Dynamik eines Supercaps im Vergleich zu einem klassischen Kondensator. In dem in Bild 6.11 gezeigten Beispiel war der Effekt einfach eine Umverteilung der Ladungen zwischen den Kapazitäten und eine Verringerung der Klemmspannung. Die unterschiedlichen Kapazitäten können zu Strom- oder Spannungsspitzen führen. Daher müssen Maßnahmen ergriffen werden, um diese zu kompensieren.

SC2: ALS Entwicklung MÖCHTE ICH eine geeignete Schutzschaltung oder ein Lade- und Entlademanagement realisieren, SODASS keine Strom- oder Spannungsspitzen Bauteile außerhalb der Kondensatorbatterie beschädigen.

Für die Schutzschaltung können Filterkondensatoren und Induktivitäten verwendet werden. Beide Komponenten dienen dazu, hohe Spannungs- oder Stromanstiege zu puffern.

Eine alternative oder zusätzliche Maßnahme ist ein Laderegler, der das Laden und Entladen der Kondensatorbatterie überwacht und die Lade- und Entladeströme so regelt, dass die Spitzen nicht auftreten.

Werfen wir einen Blick auf die technischen Daten der Superkondensatoren verschiedener Hersteller (Tabelle 6.1). Da Superkondensatoren auf vergleichbaren chemischen Substanzen basieren und diese die Nennspannung definieren, sind hier keine großen Abweichungen zu beobachten. Der maximale Dauerstrom hängt von der Fläche des Kondensators ab. Je kleiner die Fläche ist, desto kleiner ist der maximale Dauerstrom, da der Ladungsträgeraustausch über den Ladungsträgertransport von der Oberfläche zur „anderen Seite" des Kondensators erfolgt. Daher korreliert der maximale Dauerstrom auch mit der Kapazität des Kondensators.

Tabelle 6.1 Technische Daten der verschiedenen Supercaps

Kapazität (F)	Toleranz	Spannung (V)	Spitzenstrom (A)
1	(−0 %/+100 %)	2,7	0,90
3	(−10 %/+30 %)	3,9	4,71
5	(−0 %/+100 %)	2,7	3,21
30	(−10 %/+30 %)	2,7	9,20
40	(−10 %/+30 %)	2,7	25,00
100	(−20 %/+20 %)	3,0	8,30
200	(−10 %/+30 %)	2,7	96,43
400	(−10 %/+30 %)	2,7	180,00
600	(−20 %/+20 %)	3,0	20,00
3.000	(−10 %/+30 %)	2,7	2,17

Wir sehen, dass die Superkondensatoren hohe Kapazitätstoleranzwerte haben. Sie hängen vom Hersteller und der Gesamtkapazität des Superkondensators ab. Dies ist auf die Varianz im Herstellungsprozess zurückzuführen. Das Substrat wird auf eine Metallfolie aufgebracht, dann wird zwischen zwei dieser Metallfolien ein Separator platziert, um sicherzustellen, dass es keinen Kurzschluss gibt. Diese drei Schichten werden zusammengerollt, in ein Gehäuse gepackt und mit einem Elektrolyt gefüllt. Die Kapazität des Kondensators hängt dann von der Qualität der aufgebrachten Schicht und der Zusammensetzung des Elektrolyten ab. Bei Elektrolytkondensatoren, die ähnlich wie Superkondensatoren aufgebaut sind, aber keine Beschichtung auf den Metallfolien haben, beträgt die Kapazitätstoleranz ±20 %. Bei Folienkondensatoren sind sogar ±5 % möglich. Dies führt uns zur nächsten Anforderung. Wenn wir eine Kondensatorbank entwerfen wollen, müssen wir die Streuung in der Kapazität der Kondensatoren berücksichtigen.

SC3: ALS Entwicklung MÖCHTE ICH die einzelnen Kondensatoren auf intelligente Weise kombinieren, SODASS ich die Kapazitätstoleranz berrücksichtige und gleichzeitig die Gesamtzahl der Kondensatoren reduziere.

Dies kann auf zwei Arten geschehen. Wir können die Kondensatorbank so gestalten, dass sie eine zusätzliche Kapazität von 10 % bis 20 % enthält. Wir gehen also davon aus, dass jeder Superkondensator 10 % bis 20 % weniger Kapazität hat als nominell angegeben. Alternativ können wir jeden Superkondensator vermessen und geeignete Kondensatoren zu einer Bank zusammenfassen. Beide Optionen haben zusätzliche Kosten.

Bei der Zusammenschaltung von Doppelschichtkondensatoren gibt es zwei Aspekte, die aufgrund der Fertigungstoleranzen, der großen Energien und der Leistungen größere Auswirkungen haben als bei klassischen Kondensatoren. Bei einer Serienschaltung ist der Lade- und Entladestrom für alle Kondensatoren gleich, während sich die Spannungen addieren. Der Ladestrom nimmt während des Ladevorgangs exponentiell ab. Die Zeitskala ist durch das Produkt aus Lastwiderstand und Kapazität definiert. Wenn die Kapazitäten gleich sind, werden alle Kondensatoren eines Strangs gleich aufgeladen, da der Lastwiderstand gleich ist. Hat jedoch einer der Kondensatoren eine geringere Kapazität, wird der Ladevorgang aller in Reihe geschalteten Kondensatoren abgebrochen, da der Gesamtstrom für alle Kondensatoren gleich sein muss. Dadurch verringert sich die Speicherkapazität. Hat in einer Kondensatorbank in einer Reihe von N Kondensatoren ein Kondensator 20 % weniger Kapazität, so reduziert sich die Gesamtspeicherkapazität nicht proportional um $\frac{20\,\%}{N}$, sondern insgesamt um 20 %.

Um dieses Problem nicht durch Sortieren und Selektieren zu lösen, sind Superkondensator-Bänke mit einer Ausgleichsschaltung ausgestattet. Man spricht auch vom „Balancing“. Die Grundidee ist, den Ladezustand der Kondensatoren auszugleichen. Bild 6.12 zeigt die Schaltung zum passiven Balancing für zwei Superkondensatoren. Jeder Kondensator C_1 und C_2 ist mit einem Widerstand R_1 und R_2 verbunden, die parallel geschaltet sind. Die Schalter S_1 und S_2 können bei Bedarf den Widerstand zuschalten. Außerdem gibt es einen Schalter S_0, der den Superkondensator-Strang von der Spannungsquelle abtrennen kann.

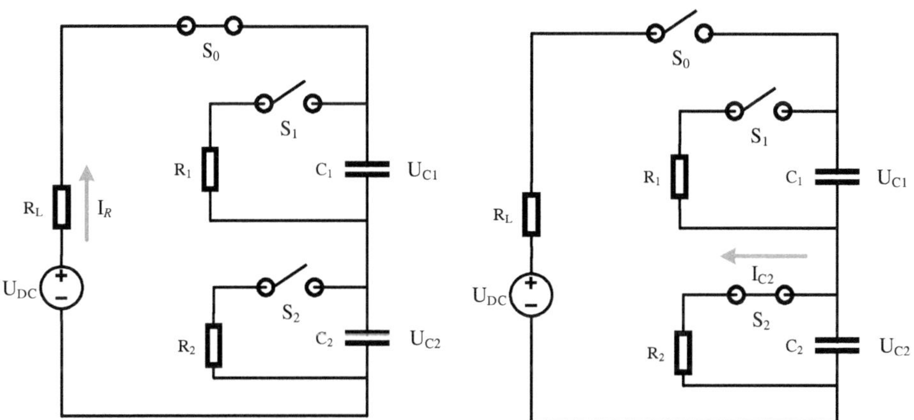

Bild 6.12 Anschluss von zwei Kondensatoren mit passivem Abgleich. Wenn die Schalter S_1 und S_2 offen sind und S_0 geschlossen ist, können die Kondensatoren geladen werden. Wenn der zweite Kondensator entladen werden soll, wird S_2 geschlossen und gleichzeitig S_0 geöffnet.

In Algorithmus 4 haben wir die Logik für das Balancing dargestellt. Die Entscheidung, wie die Schalter positioniert sind, ergibt sich aus der Spannung der Kondensatoren U_{C_1}, U_{C_2}. Um die Logik zu verstehen, betrachten Sie Bild 6.13. Wir betrachten hier zwei Fälle: einmal mit eingeschaltetem Balancing („w Balancing“) und einmal ohne Balancing („w/o Balancing“). C_2 hat nur 80 % der Kapazität von C_1. Wir können hier den erwarteten Verlauf der Kondensatorspannung sehr gut verfolgen. C_2 geht in die Sättigung, sodass auch C_1 in die Sättigung gehen muss, damit der Strom I_R nicht mehr über einen vollgeladenen Kondensator fließen kann. Nun betrachten wir den Algorithmus 4. Der Normalzustand ist, dass S_1

Algorithmus 4 Einfacher Balancing-Algorithmus

$S_0 \leftarrow 1$
$S_1 \leftarrow 0$
$S_2 \leftarrow 0$
while System is running **do**
  if $U_{C_1} > U_{max}$ AND BalancingFlag = false **then**
    $S_0 \leftarrow 0, S_2 \leftarrow 0, S_1 \leftarrow 1$
    BalancingFlag ← true
  end if
  if $U_{C_2} > U_{max}$ AND BalancingFlag = false **then**
    $S_0 \leftarrow 0, S_1 \leftarrow 0, S_2 \rightarrow 1$
    BalancingFlag ← true
  end if
  if $U_{C_1} < U_{max} - \Delta U$ AND BalancingFlag = true **then**
    $S_0 \leftarrow 1, S_1 \leftarrow 0, S_2 \leftarrow 0$
    BalancingFlag ← false
  end if
  if $U_{C_2} < U_{max} - \Delta U$ AND BalancingFlag = true **then**
    $S_0 \leftarrow 1, S_1 \leftarrow 0, S_2 \leftarrow 0$
    BalancingFlag ← false
  end if
end while

und S_2 offen sind und nur S_0 angeschaltet ist. Sobald nun eine der beiden Spannungsmessungen an den Kondensatoren eine Spannung über U_{max} misst, wird S_0 oder S_1 geschlossen und der Kondensator entladen. Damit wird auch der Ladevorgang gestoppt, d. h. S_0 muss also auch geöffnet werden.

Wir sehen diesen Vorgang in Bild 6.13. Bei $t = 1\,\mu s$ ist die Spannung U_{C_2} größer als der Maximalwert von $U_{max} = 6\,V$. Nun wird der Kondensator C_2 kurzzeitig entladen, was man an dem schnellen Spannungsabfall erkennen kann. Wie im Algorithmus 4 zu sehen ist, wird der Schalter nicht sofort geschlossen, wenn die Spannung unter U_{max} fällt, sondern erst, wenn die Spannung unter $U_{max} - \Delta U$ fällt. Auf diese Weise wird ein schnelles Ein- und Ausschalten vermieden. Wir sehen, dass beim Ausgleichen auch C_1 eine höhere Spannung erreicht. Wir können also mithilfe des Ausgleichsverfahrens den vollen Energieinhalt nutzen.

Dieses Balancing-Verfahren ermöglicht es uns, Unterschiede innerhalb eines Strings auszugleichen. Die Fertigungsunterschiede wirken sich aber auch auf parallel geschaltete Strings aus. Da der Ladestrom bei parallel geschalteten Kondensatoren unterschiedlich sein kann, werden die Kondensatoren unabhängig von ihrer Kapazität immer aufgeladen. Wenn ein Kondensator seinen maximalen Ladezustand erreicht hat, fließt kein Ladestrom mehr, während der Ladestrom in den anderen Kondensatoren weiterfließt. Allerdings haben die Kondensatoren dann am Ende des Ladevorgangs eine andere Leerlaufspannung. Aufgrund der Parallelschaltung kommt es daher bei unterschiedlicher Leerlaufspannung zu Ausgleichsströmen zwischen den Kondensatoren. Diese Ausgleichsströme können sehr hoch sein und zu Schäden an der Kondensatorbatterie oder anderen Komponenten des Speichersystems führen. Daraus ergibt sich eine weitere Anforderung:

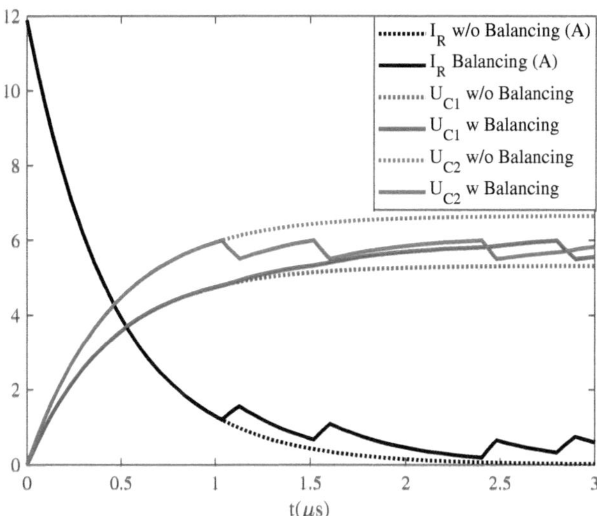

Bild 6.13 Spannungsverlauf des Ladevorgangs von zwei in Reihe geschalteten Kondensatoren (C_1 = 1 µF, C_2 = 0,8 µF). Sobald die Spannung von C_2 den Endwert von ca. 6,6 V erreicht hat, ist auch der Ladevorgang von C_1 beendet. Durch das Balancing wird C_2 entladen, sobald die Spannung eines der beiden Kondensatoren größer als 6 V ist. Durch diesen Ausgleich wird es möglich, einen gemeinsamen Ladezustand zu erreichen (R = 1 Ω, U_{DC} = 12 V, U_{max} = 6 V, ΔU = 0,5 V).

SC4: ALS Entwicklung MÖCHTE ICH sicherstellen, dass in einer Supercapbank die Strangspannungen nicht zu unterschiedlich sind, SODASS sichergestellt ist, dass keine zu hohen Ausgleichsströme zwischen den Strängen fließen.

Ein ähnlicher Effekt kann mit einem zwischengeschalteten Widerstand erzielt werden. Man kann einen PTC-Widerstand (PTC = „positive temperatur conductor") verwenden. Bei einem PTC-Widerstand steigt der Widerstandswert mit der Temperatur an. Wenn Ausgleichsströme fließen, erwärmt er sich, was seinen Widerstand erhöht, sodass die Ausgleichsströme wiederum abnehmen.

Eine andere Möglichkeit ist die Verwendung eines Ausgleichssystems über die Stränge. Dieses schaltet Stränge selektiv zu oder ab und reduziert die Spannungsdifferenz durch aktiven oder passiven Ausgleich innerhalb des abgeschalteten Strings, sodass die Ausgleichsströme geringer sind.

Doppelschichtkondensatoren haben eine höhere Leistungsdichte als Energiedichte. Doppelschichtkondensatoren können mit einer Leistung geladen und entladen werden, die das Hundert- bis Tausendfache ihres Energieinhalts beträgt. Die Kapazitätswerte können immer noch im Bereich von mehreren tausend Farad liegen. Betrachtet man jedoch die Zeitskala $\tau = RC$, auf der der Lade- und Entladevorgang stattfindet, so stellt man fest, dass die zu speichernde Energie vergleichsweise klein ist.

Übung 6.9 Energieinhalt von Superkondensatoren

Ein Superkondensator hat eine Nennspannung von $U = 3\,V$ und eine Kapazität von $C = 2.000\,F$. Die Ladezeitskala ist $\tau = 45\,s$. Wie hoch ist die Speicherkapazität und wie hoch ist der Ladestrom? Welcher Leistung entspricht dies zum Zeitpunkt des Ladevorgangs? Wie hoch ist die E-Rate?

Lösung: In diesem Beispiel wird der Kondensator vollständig entladen. Der Energieinhalt ist dann gegeben durch:

$$\kappa = \frac{1}{2}CU^2 = \frac{1}{2}2.000\,F \cdot (3\,V)^2 = 9.000\,Ws = 2{,}5\,Wh$$

Um den Ladestrom zu bestimmen, müssen wir den Widerstand des Stromkreises ermitteln. Unter Berücksichtigung der Zeitskala τ berechnen wir den Widerstand R:

$$\tau = RC \Rightarrow R = \frac{45\,s}{2.000\,F} = 0{,}0225\,\Omega$$

Der maximale Strom bei $t = 0$ wird aus dem Verhältnis von Spannung und Widerstand berechnet:

$$I(t=0) = \frac{U}{R} = \frac{3\,V}{0{,}0225\,\Omega} = 133\,A$$

Strom und Spannung werden dann zur Berechnung der Leistung herangezogen:

$$P = U \cdot I = 3\,V \cdot 133\,A = 399\,W$$

Die E-Rate ist das Verhältnis von Leistung und Speicherkapazität bezogen auf eine Stunde. In diesem Fall ist die E-Rate:

$$E_1 = \frac{P}{\kappa} = \frac{399\,W}{2{,}5\,Wh} 1\,h = 159{,}6$$

■

Wie wir in Übung 6.9 gesehen haben, ist der Energiegehalt eines Superkondensators klein. Die E-Rate, mit der der Kondensator entladen werden kann, ist jedoch groß. Superkondensatoren eignen sich daher sehr gut als Energiespeicher für Leistungsanwendungen.

Bei den mechanischen Speichersystemen hatten wir keine Aussagen über die Lebensdauer des Speichersystems gemacht. Dabei ist **B 7** eine der Grundvoraussetzungen für Speichersysteme. Denn die Lebensdauer der diskutierten Systeme ist meist auf 10 bis 20 Jahre ausgelegt. Pumpspeicherkraftwerke können deutlich höhere Lebenszyklen haben, wobei hier regelmäßige Wartungsintervalle und Reparaturen eingehalten werden können. Denn die beweglichen Teile eines mechanischen Speichersystems sind Beanspruchungen ausgesetzt und müssen gegebenenfalls ausgetauscht werden.

Da Kondensatoren keine mechanisch bewegten Teile haben, sollte ihre Lebensdauer eigentlich hoch sein. Allerdings hängt die Lebensdauer von dem verwendeten Dielektrikum ab. Ein Faktor für die Alterung ist, wie stark das Dielektrikum auf Wärme reagiert, die beim Laden und Entladen entsteht, aber auch aus der Umgebung zugeführt werden kann. Bei Folienkondensatoren führt die Erwärmung zu kleinen Längenkontraktionen, die mechanische Spannungen verursachen. Bei Elektrolytkondensatoren führt die Belastung zu einer Zersetzung des Elektrolyten. Die Lebensdauer von Elektrolytkondensatoren beträgt ca. 5.000 h unter Standardbedingungen, d. h. 25 °C. Ein Folienkondensator hingegen erreicht bis zu 300.000 h. Wie sich Temperatur sowie Lade- und Entladeströme auf die Lebensdauer auswirken, wird von den Herstellern entweder in Form von Alterungsmodellen oder in Form von Kennlinien angegeben. Üblich ist es, nicht von der Anzahl der Zyklen zu sprechen, sondern von einer Wechselstrombelastung bei unterschiedlichen Frequenzen.

Bei einem Kondensator hängt die Lebensdauer davon ab, wie das Dielektrikum auf das Laden und Entladen sowie auf die Umgebungstemperatur reagiert. Bei Doppelschichtkondensatoren gibt es zwei Bereiche, in denen Alterungseffekte auftreten. Ähnlich wie beim Elektrolytkondensator wirken sich Wärme sowie Lade- und Entladevorgänge auf den Elektrolyten aus. Er kann sich zersetzen oder sogar durch die große Hitze oxidieren. Darüber hinaus kann sich auch das poröse Elektrodenmaterial durch die thermische Belastung zersetzen. Dies führt zu einer Verkleinerung der Oberfläche und damit zu einer Verringerung der Kapazität. Unter Standardbedingungen erreichen Doppelschichtkondensatoren Lebensdauern von mehreren Jahrzehnten. Dieser langen Lebensdauer steht jedoch entgegen, dass Doppelschichtkondensatoren in Anwendungen als Leistungsspeicher ungekühlt hohen Strömen und starken Temperaturschwankungen ausgesetzt sind. So erreicht ein Doppelschichtkondensator nur dann eine Lebensdauer von bis zu 500.000 h, d. h. 60 Jahren, wenn die Lade- und Entladeströme bei 30 % des Nennstroms liegen. Bleibt der Ladestrom im Nennbereich des Kondensators, reduziert sich die Lebensdauer auf 90.000 h, was

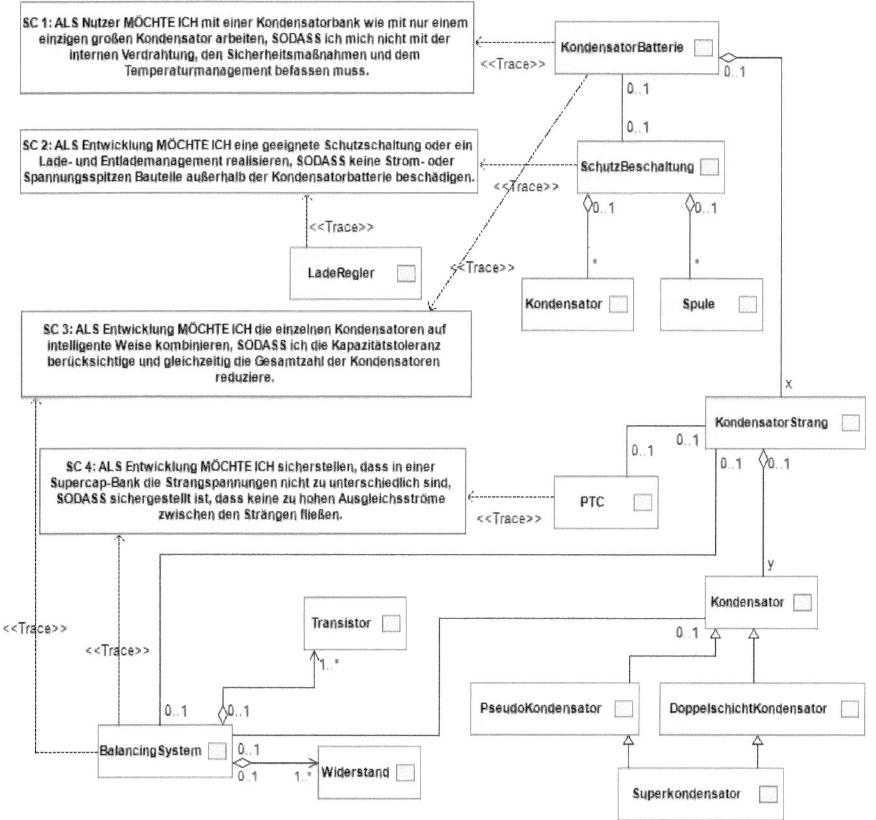

Bild 6.14 Systemkomponenten für die Realisierung eines Spannungsspeichersystems.

ca. 10 Jahren entspricht. Eine Reduzierung der Strombelastung um ein Drittel führt zu einer Verfünffachung der Lebensdauer. Dieser Effekt kann bei der Anlagenauslegung genutzt werden. Schon eine geringe Kapazitätserhöhung oder die Parallelschaltung von Strings reduziert den Strom und führt damit zu einer längeren Lebensdauer der Anlage. Allerdings ist zu beachten, dass dies auch einen Einfluss auf die Herstellungskosten hat, sodass hier Kosten und Nutzen abgewogen werden müssen.

Bild 6.14 zeigt die Systemkomponenten, die für die Realisierung eines Spannungsspeichers mithilfe von Supercaps notwendig sind. Da der `Superkondensator` die Eigenschaften eines `Doppelschichtkondensators` und eines `Pseudokondensators` in sich vereint, wird er hier über eine Doppelbeziehung dargestellt. Bei der Aggregation der `KondensatorBank` haben wir die *xpys*-Verbindung in die Kardinalität eingetragen. Die Komponente `BalancingSystem` ist sowohl mit `Kondensator` als auch mit dem `KondensatorStrang` verbunden. Dies bezieht sich auf zwei verschiedene Aufgaben, die das Balancingsystem hat. Die Verknüpfung mit dem Kondensator dient der Einhaltung von **SC 3**, wobei der Schwerpunkt auf dem Handeln innerhalb eines Strangs liegt. Die Verbindung zum `KondensatorStrang` dient der Erfüllung von **SC 4**.

Nachdem wir nun den Superkondensator als Spannungsspeicher kennengelernt haben, wollen wir uns im nächsten Abschnitt mit einem Anwendungsbeispiel beschäftigen. Dabei wollen wir die verschiedenen Schritte anwenden, die für den Entwurf eines Speichersystems notwendig sind und die wir in Kapitel 2 kennengelernt haben.

6.4 Anwendungsbeispiel – Rekuperation eines Personenaufzugs

In den vorherigen Abschnitten dieses Kapitels haben wir uns mit Speichersystemen befasst, die elektrische Energie in Form von Strom oder Spannung speichern können. Wir haben gesehen, dass es sich bei diesen Speichern in der Regel um Leistungsspeicher handelt, da ihre Energiedichte gering ist oder die Lade- und Entladeraten im Vergleich zur gespeicherten Energie viel größer als eins sein können. Wir wollen nun ein Speichersystem entwerfen, das Superkondensatoren verwendet. Es handelt sich um eine Erweiterung für einen Personenaufzug.

In Personenaufzügen wird elektrische Energie verwendet, um eine Last anzuheben oder langsam abzusenken. Dabei wird die kinetische Energie in potenzielle Energie umgewandelt. Dies entspricht im Grunde einem mechanischen Speicherkraftwerk. Die Grundidee ist in Bild 6.15 dargestellt. Ein Aufzug hat einen Anschluss an das Stromnetz, über den der Wechselrichter seine Leistung bezieht. Ein Elektromotor und unser Speichersystem sind an diesen Wechselrichter angeschlossen. Der Motor kann die Aufzugskabine über eine Winde heben und senken. Ein Gegengewicht reduziert die benötigte Leistung. Ohne den Speicher oder wenn der Speicher leer ist, bezieht der Wechselrichter die benötigte elektrische Leistung P_{el} aus dem Netz. Mithilfe des Wechselrichters und des Elektromotors wird die elektrische Leistung in mechanische Leistung P_{mech} umgewandelt, und die Aufzugskabine wird angehoben. Wenn die Personen nun wieder abgesenkt werden sollen, wird die potenzielle Energie in kinetische Energie umgewandelt. Da der Aufzug nicht beliebig schnell werden

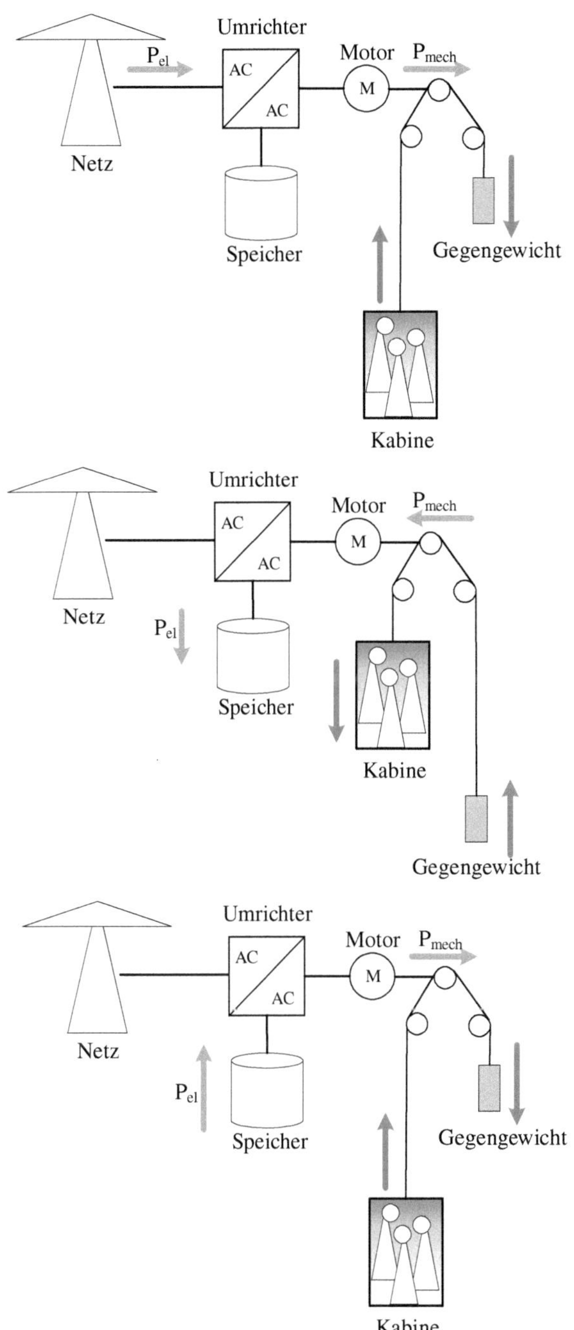

Bild 6.15 Einsatz eines Speichers, um den Energieverbrauch eines Personenaufzugs zu senken. Beim Hochfahren wird Leistung aus einem Speicher oder aus dem Netz genutzt. Beim Absenken der Lasten wird die gespeicherte mechanische Energie des Aufzugs als elektrische Energie in einem Speichersystem gespeichert.

darf, wird diese kinetische Energie durch die elektrische Bremse des Motors in elektrische Leistung umgewandelt. Wir speichern diese Leistung in unserem Speicher. Wenn die Aufzugskabine wieder angehoben wird, brauchen wir im Idealfall also keine Leistung mehr aus dem Netz zu beziehen.

Vorgehen bei der Beschreibung von Speichersystemen

Der Aufbau dieses Abschnitts entspricht dem Standardvorgehen zur Auslegung eines Speichersystems. Wir beginnen zunächst mit dem Sammeln der Anforderungen, dann wird eine erste technische Realisierung ermittelt. Danach werden das Leistungsflussdiagramm und die Leistungsflussgleichungen erstellt. Anschließend ermitteln wir anhand von Simulationsergebnissen oder einfachen Überlegungen, wie der Speicher ausgelegt werden muss. Der Abschnitt wird dann abgeschlossen mit einer Betrachtung der Systemkomponenten und deren Verantwortung bezogen auf die Anforderungen. ■

6.4.1 Anforderungsanalyse

Betrachten wir zunächst die Anforderungen, die mit einem solchen System verbunden sind. Die erste Anforderung betrifft den grundlegenden Anwendungsfall eines Aufzugs. Der Zweck eines Aufzugs besteht darin, dass wir uns vertikal bewegen können. Im Allgemeinen benutzen wir einen Aufzug, wenn wir keine Treppen steigen wollen. Die Anforderung lautet also (**RL** = „Recuberation lift"):

RL1: `ALS Nutzer MÖCHTE ICH mit dem Aufzug vertikal transportiert werden, SODASS ich keine Treppen steigen muss.`

Die Stärke eines elektrischen Antriebs besteht darin, dass das Drehmoment aufgebaut wird, sobald das elektrische Feld die notwendige Energie und die richtige Modulation hat. Das ist extrem schnell und erlaubt daher sehr starke Beschleunigungen. Diese sind natürlich nicht für den Nutzer geeignet. Deshalb ist hier die Anforderung:

RL2: `ALS Nutzer MÖCHTE ICH, dass die Kabine nicht zu schnell beschleunigt oder abbremst, SODASS ich oder das, was ich bei mir trage, nicht beschädigt wird.`

RL1 und **RL2** sind Benutzeranforderungen, die von jedem Aufzug erfüllt werden müssen. Eine Anforderung, die unseren Anwendungsfall motiviert, haben wir noch gar nicht erstellt. Diese kommt erst mit der dritten Anforderung:

RL3: `ALS Betreiber MÖCHTE ICH, dass der Energieverbrauch des Aufzugs so gering wie möglich ist, SODASS ich niedrige Betriebskosten habe.`

Es geht also darum, die Betriebskosten zu senken. Die Energie, die beim Abbremsen freigesetzt wird und bei einer mechanischen Bremse in Form von Wärme verloren geht, soll nun gespeichert werden, damit diese Energie beim nächsten Hochfahren des Aufzugs genutzt werden kann. Eine Alternative wäre, die Energie nicht zu speichern, sondern ins Netz einzuspeisen. Dies ist aber nur dann wirtschaftlich sinnvoll, wenn diese Energie auch verkauft werden kann. Da die Fahrten eines Personenaufzugs in einem Gebäude aber in der Regel nur grob planbar sind, ist auch die mögliche Energieeinspeisung nicht planbar. Wir werden später in diesem Abschnitt auch sehen, dass die Energiemengen relativ klein sind. Eine Teilnahme am Energiehandel wird also aufgrund der geringen Mengen nicht möglich sein.

Übung 6.10 Anforderungen an den rekuperierenden Personenaufzug

Die Anforderungen **RL 1** bis **RL 3** stellen nur einen sehr kleinen Teil der Anforderungen an ein solches System dar. Bevor wir uns mit der technischen Umsetzung und den Leistungsflüssen beschäftigen, wollen wir uns ansehen, welche weiteren Anforderungen es noch gibt. In Kapitel 3 haben wir eine Reihe von Akteuren kennengelernt, in dieser Übung beschränken wir uns auf die Akteure: `Produktmanager`, `Regulierer`, `Produktion`, `Einkauf` und `Servicetechniker`. Was sind die Anforderungen dieser Akteure an den Personenaufzug? Für jeden Akteur wollen wir zwei Anforderungen erstellen. (**Erster Hinweis:** Es ist sinnvoll, sich die Rollenbeschreibung der Akteure aus Kapitel 3 noch einmal anzusehen. **Zweiter Hinweis:** Diese Aufgabe erfordert nur Phantasie. Wenn man eine dieser Rollen noch nicht eingenommen hat, weiß man natürlich nicht, welche Anforderungen an diese Rolle gestellt werden. Aber es ist möglich sich vorzustellen, was gebraucht werden könnte. Es gibt hier kein Richtig oder Falsch. Also keine Angst vor dem weißen Blatt Papier!)

Lösung: Der `Produktmanager` sieht den rekuperierenden Personenaufzug als Teil seines Produktportfolios, d. h. als eines von vielen anderen Produkten. Daher spiegeln seine Anforderungen die Beziehungen zwischen diesem Produkt und den anderen Produkten in seinem Portfolio wider.

RL4: `ALS Produktmanager MÖCHTE ICH, dass ein Aufzugssystem durch Hinzufügen eines Speichers erweitert werden kann, SODASS alte Aufzugssysteme aufgerüstet werden können oder ich denselben Aufzug mit oder ohne Speichersystem anbieten kann.`

RL5: `ALS Produktmanager MÖCHTE ICH die Speicherkapazität variabel gestalten, SODASS ich dem Kunden verschiedene Speichermöglichkeiten anbieten kann.`

Als `Regulator` bezeichnet man eine Person, die Normen und Standards festlegt.

RL6: `ALS Regulator MÖCHTE ICH, dass der Energieverbrauch des Aufzugs um 20-30% reduziert wird, SODASS der` CO_2`-Fußabdruck kleiner wird.`

RL7: `ALS Regulator MÖCHTE ICH, dass bei der Verwendung von Speichermedien in Personenaufzügen Maßnahmen ergriffen werden, um ein unkontrolliertes Entladen zu verhindern, SODASS es keinen Brand in der Aufzugsanlage gibt und Personen nicht gefährdet werden.`

Als `Produktion` haben wir diejenigen Akteure bezeichnet, die an der Herstellung des Produkts oder seiner Teilkomponenten beteiligt sind. Ihre Anforderungen konzentrieren sich natürlich auf die Frage: Was bedeutet die Herstellung dieses Produkts für meine Prozesse? Welche Werkzeuge brauche ich? Verfügen meine Mitarbeiter über die richtigen Fähigkeiten?

RL8: `ALS Produktion MÖCHTE ICH das Lagersystem auf derselben Produktionslinie montieren können, auf der auch die anderen Aufzugskomponenten montiert werden, SODASS ich keine zusätzlichen Produktionslinien bauen muss.`

RL9: `ALS Produktion MÖCHTE ICH die Ausrüstung mit dem normalen Werkzeugsatz montieren, SODASS ich keine zusätzlichen Werkzeuge benötige.`

Der Akteur `Einkauf` ist für die Beschaffung des Materials zuständig, das dann von der Produktion montiert wird. In der Entwicklungsphase beschafft er das Material für die Entwicklung. Der Schwerpunkt liegt hier auf der Geschwindigkeit. In der Produktionsphase sind Mengen und Preis wichtig. Seine Anforderungen sind also kommerzieller Natur, können aber auf die Entwicklung rückwirken.

RL 10: ALS Einkauf MÖCHTE ICH, dass die verwendeten Supercaps von zwei verschiedenen Herstellern sein können, SODASS ich bei Lieferengpässen immer auch eine Alternative zur Beschaffung habe.

RL 11: ALS Einkauf MÖCHTE ICH, dass die Entwicklung die Speicherbank so gestaltet, dass wir keine Überkapazitäten einbauen müssen, SODASS die Produktkosten niedrig bleiben oder wir mehr Speicherbänke mit weniger Supercaps bauen können.

RL 10 und **RL 11** sind Entwicklungsanforderungen, die in einem frühen Stadium der Entwicklung berücksichtigt werden müssen. Daher werden wir in diesem Kapitel auch zwei verschiedene Superkondensatoren für den Entwurf verwenden.

Der letzte Akteur, den wir betrachten wollen, ist der `Servicetechniker`. Das sind die Personen, die bei der Inbetriebnahme, im Störungsfall, bei der Aufrüstung oder bei der Demontage vor Ort beim Kunden arbeiten. Da Personenaufzüge eine lange Lebensdauer haben, haben Servicetechniker es mit vielen unterschiedlichen Produkten zu tun, insbesondere auch mit relativ alten Produkten, die noch gewartet und repariert werden müssen.

RL 12: ALS Servicetechniker MÖCHTE ICH einen Indikator für die Lebensdauer der Superkondensatoren haben, SODASS ich in regelmäßigen Abständen mit ein paar einfachen Schritten feststellen kann, ob die Supercaps ausgetauscht werden müssen.

RL 13: ALS Servicetechniker MÖCHTE ICH Teile der Kondensatorbatterie austauschen, SODASS ich nur noch kleine Module transportieren und reparieren muss. ■

In Übung 6.10 haben wir die Anforderungen der verschiedenen Akteure zusammengestellt. Wir sollten uns jedoch bewusst sein, dass es noch weitere Anforderungen gibt, die gelten. Dies sind zum einen die Anforderungen **B 1** bis **B 8**, die für jedes Speichersystem gelten. Da der Aufzug elektrische Energie in mechanische Energie umwandelt, müssen die Anforderungen **MS 1** und **MS 2** erfüllt sein. Da wir mit einem elektrischen System arbeiten, müssen **ES 1** bis **ES 5** erfüllt werden und – da wir mit Superkondensatoren arbeiten wollen – auch die Anforderungen **SC 1** bis **SC 4**. Insgesamt müssen wir also 32 Anforderungen berücksichtigen.

6.4.2 Erstellen eines ersten Systementwurfs

Nach dem Sammeln der Anforderungen wollen wir uns Gedanken über die technische Umsetzung machen [JM17, KUT17]. Es macht Sinn, sich erst einmal eine Realisierung anzuschauen, bevor man das abstraktere Leistungsflussdiagramm ableitet. In Bild 6.16 ist das Gesamtsystem dargestellt. Wie wir in Bild 6.15 gesehen haben, besteht das Basissystem aus einem Frequenzumrichter und einem elektrischen Antrieb, der einen Aufzug betreibt, an dem die Kabine des Aufzugs befestigt ist. Ein Frequenzumrichter besteht aus drei Systemkomponenten: einem Gleichrichter, einem Zwischenkreis und einem Antriebswechselrichter. Die Aufgabe des Wechselrichters ist es, den Elektromotor anzutreiben, d. h. im Motor ein Magnetfeld zu erzeugen, das den Rotor des Motors kontrolliert in Bewegung setzt. Arbeitet der Motor im Generatorbetrieb, wandelt der Wechselrichter den Wechselstrom des Generators in Gleichstrom um und lädt den Gleichspannungszwischenkreis auf. Der

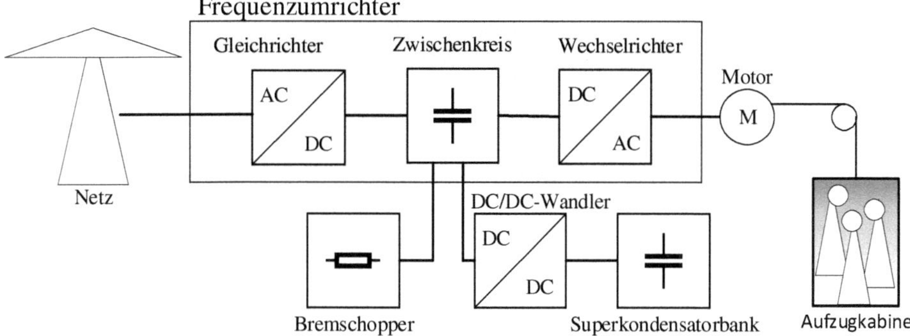

Bild 6.16 Schematische Darstellung der Systemkomponenten eines Personenaufzugs, der mit einer Kondensatorbatterie zur Rekuperation der Bremsleistung ausgestattet ist

Gleichspannungszwischenkreis, bestehend aus einer kleinen Kondensatorbatterie, dient dabei als Kurzzeitpufferspeicher zum Ausgleich von Schwankungen, die Gleichrichter und Wechselrichter durch ihre Schaltvorgänge erzeugen.

Die Aufgabe des Gleichrichters ist es, den Wechselstrom aus dem Netz in Gleichstrom umzuwandeln. Wird dieser Gleichrichter unidirektional betrieben, d. h. wird die Leistung nur aus dem Netz bezogen, besteht der Gleichrichter in der Regel aus drei Diodengleichrichterbrücken.

Beim Anheben der Kabine bestimmt die Leistung des Motors die Geschwindigkeit und Beschleunigung des Aufzugs. Würde beim Absenken des Aufzugs nicht gebremst, würde die gesamte potenzielle Energie in kinetische Energie umgewandelt werden. Dies ist nicht im Interesse des Fahrgastes und würde gegen die **RL 2** verstoßen. Aus diesem Grund gibt es ein Bremssystem, das zur Steuerung von Beschleunigung und Geschwindigkeit eingesetzt wird.

Ein Teil des Bremssystems ist die mechanische Bremse. Sie reduziert die Geschwindigkeit durch Erhöhung der mechanischen Reibung. Sie wandelt kinetische Energie in Wärme um. Alternativ kann das Bremsen auch mithilfe des Motors erfolgen. Dieser kann beim Absenken im generatorischen Betrieb arbeiten. Dabei wird die kinetische Energie wieder in elektrische Energie umgewandelt. Diese kann auf drei Arten verbraucht werden: Sie kann in das Netz zurückgespeist werden. Dazu muss der Gleichrichter bidirektional ausgelegt sein und Energie in das Netz einspeisen können. Wenn gleichzeitig Strom im Gebäude verbraucht wird, kann der Netzverbrauch des gesamten Gebäudes reduziert werden.

Alternativ kann auch ein Bremschopper an den Gleichstromzwischenkreis angeschlossen werden. Dieser wandelt die elektrische Energie in Wärme um. Im Vergleich zu einem bidirektionalen Gleichrichter, der aus drei Halbbrücken und zusätzlichen Induktivitäten zur Netzfilterung besteht, ist ein Bremschopper einfacher und preiswerter. Bild 6.17 zeigt die Systemkomponenten eines Bremschoppers. Er besteht aus einer Reihe von Widerständen und elektrischen Schaltern, die die Widerstände mit dem Zwischenkreis verbinden. Der Bremschopper-Controller ist so konfiguriert, dass er sich oberhalb einer bestimmten Spannung einschaltet und unterhalb einer bestimmten Spannung ausschaltet. Um die dem Zwischenkreis entnommene Leistung zu steuern, ist der Widerstand nicht ständig mit dem

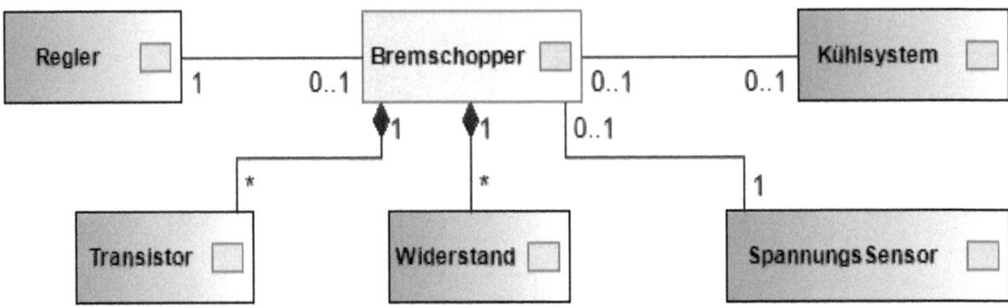

Bild 6.17 Systemkomponenten eines Bremschoppers. Er besteht aus einer Reihe von Widerständen, die mithilfe von Transistoren geschaltet werden können. Das Ein- und Ausschalten erfolgt taktweise, sodass die Leistung der Bremse gesteuert werden kann. Hierfür ist ein Regler erforderlich. Da die Leistung in Wärme umgewandelt wird, ist eine Kühlung erforderlich.

Zwischenkreis verbunden, sondern wird periodisch ein- und ausgeschaltet. Das Tastverhältnis, d.h. das Verhältnis von Ein- und Ausschaltzeit, regelt dann die aufgenommene Leistung.

Sind Bremschopper und mechanische Bremsen wirklich nötig?

In elektrischen Energiesystemen, die auch rekuperieren können, also Fahrzeugen, oder dem Fahrstuhl, wird die Verwendung eines Bremschoppers *R* oder einer mechanischen Bremse immer wieder hinterfragt. Da beide Komponenten „wertvolle" elektrische Energie in Wärme „verbrennen", ist deren Verwendung eigentlich Verschwendung. Wir müssen aber sehen, dass es auch Sicherheitsaspekte gibt. So hat der Personenaufzug immer eine mechanische Bremse, da ein Fahrstuhl auch dann bremsen muss, wenn die gesamte Elektronik ausfällt. Eine solche Bremse wird dann aber auch so ausgelegt, dass sie ein- bis zweimal benutzt und danach ausgetauscht wird.

Beim Bremschopper sieht es anders aus. Für die verschiedenen Speichersysteme gibt es die unterschiedlichsten Lösungen, die bezogen auf Kosten und Nutzen sehr genau bewertet werden müssen – auch in Bezug auf die Sicherheit des Systems. ■

Beide Lösungen, Bremschopper oder mechanische Bremse, haben den Nachteil, dass die Bremsleistung nicht genutzt, sondern „verbrannt" wird. Deshalb erweitern wir das System mit einem Speicher aus Superkondensatoren. Wir haben einen Gleichspannungswandler zwischen den Zwischenkreis und Kondensatorbatterie geschaltet, weil wir im Moment nicht wissen, wie hoch die Spannung zwischen dem Zwischenkreis und der Kondensatorbatterie sein wird. Es ist jedoch sehr wahrscheinlich, dass wir ein solches Bauteil benötigen werden. Das liegt daran, dass der passive Gleichrichter eine Spannung von $U_{DC} = \sqrt{3}U_{AC}$ erzeugt. Bei einer Netzamplitude von $\hat{U}_{AC} = 400\,V_{AC}$ hat der Zwischenkreis also eine Spannung von $U_{DC} = \sqrt{3}400\,V_{AC} = 692\,V_{DC}$. Wenn wir uns die technischen Daten der verschiedenen Superkondensatoren in Tabelle 6.1 ansehen, sehen wir, dass ein einzelner Kondensator eine Nennspannung zwischen 2,7 V und 3,9 V hat. Wir müssten also eine große Anzahl zusammenschalten, um die Zwischenkreisspannung zu erreichen. Das Ergebnis könnte eine Überdimensionierung sein. Daher gehen wir davon aus, dass wir einen Gleichspannungswandler benötigen.

6.4.3 Das Leistungsflussdiagramm des rekuperierenden Personenaufzugs

Wir zeichnen das Leistungsflussdiagramm. In diesem System gibt es vier Leistungsknoten: $G(t)$ oder G steht für die Leistungen, die in das und aus dem Netz fließen. $L(t)$ bzw. L steht für den Leistungsbedarf des Aufzugs. Der Speicher wird durch den Knoten $S(t)$ oder S dargestellt. Zusätzlich verwenden wir noch den Bremschopper $R(t)$ oder R. Damit können wir den Speicher verkleinern, um zum Beispiel Kosten zu sparen. Wir können aber auch in eine Situation kommen, in der der Speicher voll ist und wir trotzdem bremsen müssen. In beiden Fällen ist es sinnvoller, einen Bremschopper zu verwenden als eine mechanische Bremse. Das Leistungsflussdiagramm ist in Bild 6.18 dargestellt.

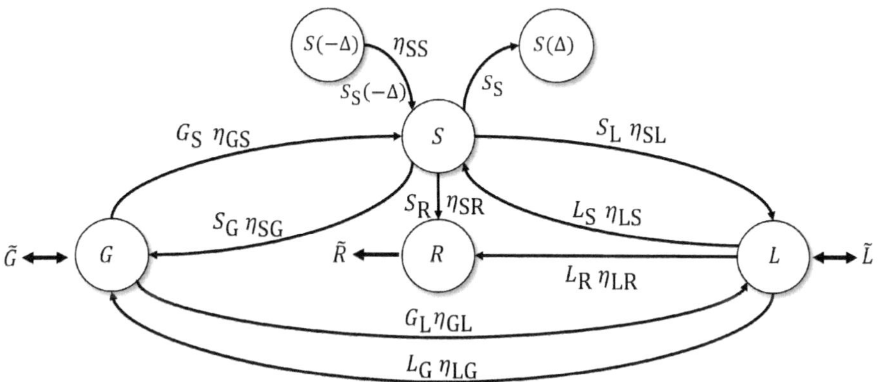

Bild 6.18 Leistungsflussdiagramm eines rekuperierenden Aufzugs, der mit einem Superkondensator als Leistungsspeicher S und einem Bremswiderstand R ausgestattet ist. Dies entspricht dem in Bild 6.16 dargestellten System.

Als Nächstes wollen wir die Gleichungen für die Leistungsflüsse aufstellen und dabei die möglichen Leistungsflüsse betrachten.

Die Leistung kann vom Netz G an alle drei Knoten übertragen werden. Es macht jedoch keinen Sinn, Leistung vom Netz zum Bremswiderstand zu übertragen, sodass wir diesen Pfad nicht berücksichtigen. Vom Netz G kann also die Leistung G_S mit einem Wirkungsgrad η_{GS} auf den Speicher übertragen werden. Darüber hinaus kann der Lift auch direkt aus dem Netz betrieben werden, d. h. wir haben einen Leistungsfluss G_L mit einem Übertragungswirkungsgrad von η_{GL}. Mit einem bidirektionalen Gleichrichter könnte die Leistung S_G aus dem Speicher mit dem Wirkungsgrad η_{SG} ins Netz übertragen werden. Dasselbe gilt für die Last, d. h. die Leistung der Rekuperation würde direkt eingespeist. Wir haben noch einen Übertragungsweg L_G mit dem Wirkungsgrad η_{LG}. Als Bilanzgröße führen wir wieder $\tilde{G}$ ein, die die bezogene und die eingespeiste Leistung saldiert. Die Leistungsflussgleichung für den Netzknoten lautet somit:

$$\tilde{G} = \eta_{SG} S_G + \eta_{LG} L_G - (G_S + G_L) \tag{6.13}$$

Die maximal übertragbare Leistung wird dabei durch die maximale Leistung der Umrichter und den Netzanschlusspunkt begrenzt.

Der Bremswiderstand dient dazu, Leistung von der Last oder dem Speicher abzunehmen. Es erfolgt ein Leistungsfluss vom Speicher zum Bremswiderstand S_R und von der Last zum Bremswiderstand L_R:

$$\tilde{R} = \eta_{SR} S_R + \eta_{LR} L_R \tag{6.14}$$

Die Last L kann durch die beiden Leistungsflüsse S_L und G_L Leistung beziehen. Wenn der Aufzug rekuperiert, kann diese Leistung im Speicher gespeichert werden. Hierfür wird Leistung über den Leistungsfluss L_S mit dem Wirkungsgrad η_{LS} von der Last in den Speicherknoten übertragen. Ist ein bidirektionaler Wechselrichter vorhanden, kann auch in das Netz L_G eingespeist werden. Wenn aber weder das Netz noch der Speicher als Leistungssenke zur Verfügung stehen, müssen wir den Bremschopper L_R verwenden.

$$\tilde{L} = \eta_{SL} S_L + \eta_{GL} G_L - (L_S + L_G + L_R) \tag{6.15}$$

Dabei ist $\tilde{L}$ die aktuell benötigte bzw. erzeugte Leistung des Aufzugssystems. Die Zeitreihe $\tilde{L}$ ist das Lastprofil unserer Anwendung. Negative Werte entsprechen einem Überschuss an Leistung, d. h. es wird gebremst. Positive Werte entsprechen einem Bedarf an Leistung.

Wir können Speicher S über das Netz mit der Leistung G_S laden oder über die Rekuperation der Last mit der Leistung L_S auf. Der Speicher kann seine Leistung in das Netz S_G einspeisen oder die Last S_L decken. Es ist auch möglich, den Speicher über den Bremschopper S_R zu entladen.

$$0 = \eta_{GS} G_S + \eta_{LS} L_S + \eta_{SS} S_S(-\Delta) - (S_S(\Delta) + S_G + S_L + S_R) \tag{6.16}$$

In diesem Beispiel entstehen die Kosten durch den Bezug von Leistung aus dem Netz zu einem Bezugspreis von c_{gc}:

$$Y(T) = \int_{t=0}^{T} c_{gc} (G_L + G_S) \, \mathrm{d}t \tag{6.17}$$

Um eine einfache Steuerung der Leistungsflüsse abzuleiten, sollen die Pfade monetär bewertet werden. Das Ziel ist es dann, den Leistungsfluss in einer Zeitscheibe Δt so zu wählen, dass der Leistungsfluss mit dem höchsten Wert verwendet wird.

Bei der Übertragung von Leistung aus dem Netz in das System entstehen Kosten, die proportional zum Stromtarif c_{gc} sind.

Die Pfade L_S und S_L erhalten den Wert der eingesparten Stromkosten, d. h. $-c_{gc}$. Die Leistungspfade vom Speicher und von der Last zum Bremschopper sind kostenneutral. Gleiches gilt für die Leistungspfade zum Netz S_G und L_G, da hier angenommen wird, dass keine Vergütung gezahlt wird und es nur einen Aufzug im Gebäude gibt. Den Leistungsfluss in die Zukunft S_S bewerten wir in Höhe der eingesparten Stromkosten, da wir davon ausgehen, dass wir den Bezug aus dem Netz in der Zukunft bei der Nutzung einsparen.

Tabelle 6.2 fasst alle Gleichungen zusammen. Die Priorisierung der Lastflüsse bzw. die monetäre Bewertung sind in Tabelle 6.3 aufgeführt.

Die Bewertung der Leistungsflüsse zeigt, dass die Leistungsübertragung zwischen Speicher und Last aus wirtschaftlicher Sicht zu bevorzugen ist. Eine Einspeisung in das Netz ist kostenneutral in Bezug auf die Betriebskosten, jedoch sind hier die höheren Investitionskosten zu berücksichtigen. Hier wäre der Bremschopper sogar die günstigere Variante. Der Zukauf von Energie ist in jedem Fall zu vermeiden.

Tabelle 6.2 Übersicht über die Leistungsflussgleichungen des Modells von Bild 6.18

Knoten	Gleichung
Netz	$\tilde{G} = \eta_{SG} S_G + \eta_{LG} L_G - (G_S + G_L)$
Bremschopper	$\tilde{R} = \eta_{SR} S_R + \eta_{LR} L_R$
Last	$\tilde{L} = \eta_{SL} S_L + \eta_{GL} G_L - (L_S + L_G + L_R)$
Speicher	$0 = \eta_{GS} G_S + \eta_{LS} L_S + \eta_{SS} S_S(-\Delta) - (S_S(\Delta) + S_G + S_L + S_R)$
Ertrag	$Y(T) = \int_{t=0}^{T} c_{gc}\,(G_L + G_S)\,dt$

Tabelle 6.3 Übersicht über die monetäre Bewertung der Leistungsflüsse des Modells Bild 6.18

Fluss	Wert
L_S, S_L, S_S	$-c_{gc}$
S_G, L_G, L_R	0
G_L, G_S	c_{gc}

6.4.4 Energiemanagement des rekuperierenden Aufzugs mit Spannungssteuerung

Wir wollen nun einen Algorithmus definieren, der die obigen Überlegungen berücksichtigt. In diesem Beispiel arbeiten wir nicht mit einer direkten Energie- oder Leistungssteuerung, wie wir es mit der Ladestation in Kapitel 2 getan haben, sondern wir steuern den Leistungsfluss über die Zwischenkreisspannung. Die bevorzugte Quelle oder Senke ist unser Speicher. Wenn der Wechselrichter den Elektromotor antreibt, entnimmt er Energie aus dem Zwischenkreis, was dazu führt, dass die Zwischenkreisspannung abfällt, da die Zwischenkreiskondensatoren entladen werden. Sobald dies der Fall ist, sorgt der DC/DC-Wandler des Speichers dafür, dass die Zwischenkreiskondensatoren aufgeladen werden, sodass die angestrebte Zwischenkreisspannung von U_{DC} aufrechterhalten wird. Dabei werden die Kondensatoren entladen.

Nach der Entladung der Kondensatoren oder wenn die Mindestspannung der Kondensatorbatterie erreicht ist, beendet der DC/DC-Wandler den Ladevorgang. Wenn der Ladevorgang noch andauert, sinkt die Zwischenkreisspannung weiter, bis sie einen Wert von $\sqrt{3}U_{AC}$ erreicht. An diesem Punkt wird die Leistung aus dem Netz entnommen.

Wenn der Motor rekuperiert, wird die elektrische Leistung auf den Zwischenkreis übertragen. In diesem Fall steigt die Spannung im Zwischenkreis an. Der DC/DC-Wandler entlädt die Zwischenkreiskondensatoren, reduziert die Spannung auf U_{DC} und lädt die Kondensatorbatterie. Wenn die Kondensatoren der Kondensatorbatterie voll geladen sind, kann der DC/DC-Wandler die Spannung nicht mehr auf U_{DC} begrenzen, und sie steigt an. Nun greift der Bremschopper ein. Sobald die Spannung über einen Wert von U_{BC} ansteigt, schaltet sich der Bremschopper ein und bleibt aktiv, bis die Zwischenkreisspannung U_{DC} wieder erreicht ist.

Bild 6.19 zeigt die verschiedenen Spannungsbereiche und die jeweils dafür zuständige Systemkomponente. Da U_{AC} innerhalb des vom Grid Code erlaubten Spannungsbereichs va-

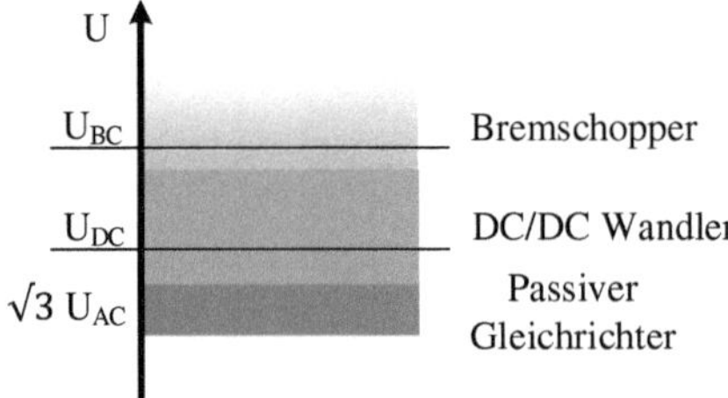

Bild 6.19 Spannungsfenster zur Regelung des Aufzugs über eine Spannungssteuerung. Für drei verschiedene Spannungsbereiche sind unterschiedliche Komponenten zuständig. Der passive Gleichrichter arbeitet im unteren Bereich und begrenzt die Spannung auf $\sqrt{3}U_{AC}$. Die Breite des Spannungsbandes wird durch die Schwankungen von U_{AC} verursacht. Oberhalb einer Spannung von U_{BC} reduziert der Bremschopper die Spannung auf U_{DC}. In dem dazwischen liegenden Intervall arbeitet der DC/DC-Wandler und lädt oder entlädt die Kondensatoren.

riiert, haben wir hier einen Bereich angegeben. Den mit diesen Konzept realisierten Algorithmus haben wir in Algorithmus 5 zusammengefasst.

Algorithmus 5 Einfaches Energiemanagement für rekuperierende Aufzüge

```
BremschopperFlag] ← false
while System is running do
  if U ≥ U_DC AND U ≤ U_BC AND BremschopperFlag] ← false then
    Spannungsregelung über DC/DC Wechselrichter U ← U_DC
  end if
  if U > U_BC then
    Spannungsregelung über BremschopperU ← U_DC
    BremschopperFlag] ← true
  end if
  if U < U_DC AND BremschopperFlag] = true then
    Spannungsregelung über DC/DC Converter U ← U_DC
    BremschopperFlag] ← false
  end if
end while
```

6.4.5 Auslegung der Superkondensatorbatterie

Wir werden uns nun mit dem Design der Superkondensatorbatterie befassen. Da wir den Speicher als Leistungsspeicher nutzen wollen, können wir uns bei der Auslegung auf singuläre Transportereignisse konzentrieren. Eine Zeitreihe, die über einen längeren Zeitraum läuft, müssen wir nicht berücksichtigen.

In Tabelle 6.4 haben wir Daten für das Aufzugssystem zusammengestellt [JM17]. Zunächst wollen wir uns der Frage widmen, welche maximale Ladeleistung wir erwarten.

Tabelle 6.4 Technische Daten zum Aufzugssystem

Eigenschaft	Wert
Nominales Drehmoment	270 Nm
Nominale Motorspannung	400 V
Nominaler Motorstrom	10,6 A
$\cos\phi$	0,9
Wirkungsgrad des Wechselrichters	95 %
max. Nutzlast	630 kg
Kabinengewicht	750 kg
Gegengewicht	1.065 kg
Transporthöhe	27 m
Widerstand Brakechopper	75 Ω

Übung 6.11 Berechnung der maximal benötigten Ladeleistung

Tabelle 6.4 enthält alle Daten, die wir zur Berechnung der maximalen Ladeleistung benötigen. Wie hoch ist die maximal benötige Ladeleistung?

Lösung: Diese Aufgabe kann auf zwei Arten angegangen werden. Wir können die maximale Entfernung und das maximale Gewicht verwenden. In diesem Fall müssten wir jedoch eine Annahme über die Fahrzeit machen. Alternativ können wir uns die Motordaten ansehen. Wir können davon ausgehen, dass wir nicht mehr Leistung speichern müssen, als der Motor zur bei einer Rekuperation Verfügung stellen kann. Die maximale Rekuperationsleistung errechnet sich aus der Nennspannung U_m und dem Nennstrom I_m. Da ein Motor im generatorischen Betrieb einen Teil der Leistung zum Aufbau der Magnetfelder verwendet, wird ein Teil der Leistung als Blindleistung genutzt. Die Scheinleistung reduziert sich proportional, was durch den Faktor $\cos\phi$ beschrieben wird. Die Rekuperationsleistung ist also gegeben durch:

$$\begin{aligned} P_{rec} &= U_m \cdot I_m \cdot \cos\phi \\ &= 400\,\text{V} \cdot 10{,}6\,\text{A} \cdot 0{,}9 \\ &= 3.816\,\text{W} \end{aligned}$$

3.816 W ist die Leistung, die der Motor liefert. Das ist aber noch nicht die Leistung, mit der wir die Supercap-Bank aufladen können. Diese Leistung wird noch durch den Wirkungsgrad des Wechselrichters korrigiert, denn P_{rec} wird durch den Wechselrichter in Gleichstrom umgewandelt. Die maximale Leistung P_{el}, mit der wir die Kondensatorbatterie laden müssen, ist also:

$$P_{el} = P_{rec} \cdot \eta = 3.816\,\text{W} \cdot 0{,}95 = 3.625\,\text{W}$$

■

Wir werden die Kondensatorbatterie für eine maximale Leistung von 3,6 kW auslegen. Wir brauchen nun eine Schätzung der Energiemenge, die gepuffert werden muss.

Übung 6.12 Berechnung der benötigten Energie

Aus den Daten in Tabelle 6.4 können wir auch eine Schätzung für die maximale Energiemenge erhalten, die wir puffern müssen. Wie hoch ist diese?

Lösung: Die maximale Energiemenge wird freigesetzt, wenn der Aufzug voll beladen ist und vom obersten Stockwerk ins Erdgeschoss fährt. Aus Tabelle 6.4 wissen wir, dass die maximale Fahrstrecke 27 m beträgt. Die Masse m, die abgesenkt wird, ist die Summe aus dem Gewicht der Kabine und der Dienstlast abzüglich des Gegengewichts.

$$m = (630\,\text{kg} + 750\,\text{kg} - 1.065\,\text{kg}) = 315\,\text{kg}$$

Aus dieser potenziellen Energie ergibt sich die maximale Energiemenge:

$$E = m \cdot g \cdot h = 315\,\text{kg} \cdot 9{,}81\,\frac{\text{m}}{\text{s}^2} \cdot 27\,\text{m} = 83.434{,}05\,\text{Ws} = 23\,\text{Wh}$$

Anforderung **RL 10** fordert die Verwendung von zwei verschiedenen Arten von Kondensatoren. Tabelle 6.5 listet unsere Auswahl auf. Wir werden die Supercaps auf maximal 40 % der Höchstspannung entladen.

Tabelle 6.5 Auswahl der Superkondensatoren für die Kondensatorbatterie des Aufzugs

Label	C(F)	Varianz	U_{max}(V)	I_{max}(A)	Preis
Cap 1	800	+ 50 %/−20 %	2,7	20	25 €
Cap 2	850	+ 30 %/−10 %	3,2	40	75 €

Übung 6.13 Anzahl der benötigten Kondensatoren

Wie viele Kondensatoren brauchen wir, um die gewünschte Energiemenge zu speichern? Berücksichtigen Sie die Streuung der Kapazität. Bitte geben Sie einen oberen und einen unteren Wert an.

Lösung: Die Energiemenge eines Supercaps ist durch die Formel gegeben:

$$E = \frac{1}{2} C \left(U_2^2 - U_1^2 \right)$$

Für Cap 1 beträgt die Energiemenge also:

$$\text{Cap 1:} \begin{cases} \frac{1}{2} 1.200\,\text{F} \left((2{,}7\,\text{V})^2 - (1{,}08\,\text{V})^2 \right) = 3.674{,}16\,\text{Ws} = 1{,}02\,\text{Wh} \\ \frac{1}{2} 640\,\text{F} \left((2{,}7\,\text{V})^2 - (1{,}08\,\text{V})^2 \right) = 1.959{,}52\,\text{Ws} = 0{,}54\,\text{Wh} \end{cases}$$

Um die Energiemenge von $\kappa = 23\,\text{Wh}$ zu speichern, benötigen wir also 23 bis 42 Kondensatoren vom Typ Cap 1.

Für Cap 2 sieht die Berechnung wie folgt aus:

$$\text{Cap 2:} \begin{cases} \frac{1}{2} 1.105\,\text{F} \left((3{,}2\,\text{V})^2 - (1{,}28\,\text{V})^2 \right) = 4.752{,}4\,\text{Ws} = 1{,}32\,\text{Wh} \\ \frac{1}{2} 765\,\text{F} \left((3{,}2\,\text{V})^2 - (1{,}28\,\text{V})^2 \right) = 3.290{,}1\,\text{Ws} = 0{,}913\,\text{Wh} \end{cases}$$

Hier würden zwischen 18 und 26 Supercaps benötigt werden.

Betrachtet man nun die Kosten, so würde Cap 1 maximal $42 \cdot 25\,€ = 1.050\,€$ Kosten für die Beschaffung der Supercaps entstehen. Für Cap 2 würden die Kosten $26 \cdot 75\,€ = 1.950\,€$ betragen. Aus wirtschaftlicher Sicht und nur in Bezug auf die Energiemenge würden wir also Cap 1 bevorzugen, auch wenn wir wesentlich mehr Supercaps in einer Baugruppe zusammenfassen müssten.

Die Überlegung in Übung 6.13 bezog sich nur auf den Energiegehalt. Das entspricht der geringen Menge an Kondensatoren, die wir für unsere Aufgabe benötigen. Wir müssen jedoch auch die Aspekte Leistung, Strom und Nennspannung berücksichtigen. Wir wissen, dass U_{DC} $\sqrt{3} \cdot 400\,V_{AC} = 692\,V_{DC}$ ist. Die maximale Spannung der Kondensatoren beträgt jedoch 2,7 V bzw. 3,2 V. Wir brauchen also einen Tiefsetzsteller, den wir in Abschnitt 4.2 kennengelernt haben. Das Übersetzungsverhältnis wurde durch das Tastverhältnis D, d. h. das Verhältnis zwischen Einschalt- und Ausschaltzeit gegeben. Je niedriger wir die Spannung einstellen müssen, desto länger sind die Einschaltzeiten. Aber nur während der Einschaltzeiten kann Leistung übertragen werden. Sind die Ausschaltzeiten zu lang, d. h. wir müssen die Spannung zu niedrig einstellen, sind wir in der Übertragung der Leistung eingeschränkt. Außerdem steigt der Strom bei niedriger Spannung an.

Übung 6.14 Auslegung des DC/DC-Wandlers

Wie müsste das Tastverhältnis eingestellt werden, damit wir die Spannung von 692 V auf 2,7 V senken? Wie groß wäre die Induktivität, wenn der Stromripple ΔI 10 % des maximalen Stroms beträgt, der bei einer Leistung von 3,6 kW anliegen muss? Die Schaltfrequenz des Tiefsetzstellers beträgt in diesem Beispiel 16 kHz.

Lösung: Das Tastverhältnis D ergibt sich direkt aus dem Verhältnis der beiden Spannungen:

$$D = \frac{U_1}{U_0} = \frac{2{,}7\,\text{V}}{692\,\text{V}} = \frac{1}{256}$$

Die Ausschaltzeit ist also 256 Mal länger als die Einschaltzeit.

Bei einer Spannung von 2,7 V und einer Leistung von 3,6 kW beträgt der zu transportierende Strom:

$$I = \frac{3{,}6\,\text{kW}}{2{,}7\,\text{V}} = 1.333{,}3\,\text{A}$$

Der zulässige Spannungsripple beträgt $\Delta I = 0{,}1 I = 133\,\text{A}$. Für den Spannungsripple gilt weiterhin Folgendes:

$$\Delta I = \frac{(U_0 - U_1)}{L} D \cdot T = \frac{(U_0 - U_1)}{L} D \cdot \frac{1}{f}$$

So können wir die erforderliche Induktivität ermitteln:

$$\begin{aligned} L &= \frac{(U_0 - U_1)}{\Delta I} D \cdot \frac{1}{f} \\ &= \frac{(629\,V_{DC} - 2{,}7\,V_{DC})}{133\,\text{A}} \frac{1}{256} \cdot \frac{1}{16.000\,\text{Hz}} \\ &= 1{,}14\,\mu\text{H} \end{aligned}$$

■

Ein Tastverhältnis von $\frac{1}{256}$ wird in der Praxis nicht verwendet. Außerdem erfordern die hohen Ströme von 1.333 A einen großen Kabelquerschnitt, was teure Kabel oder Stromschienen bedeutet.

Für die weitere Analyse wählen wir ein Übersetzungsverhältnis von $D = \frac{1}{4}$, d. h. wir benötigen eine Spannung von 173 V. Diese Spannung ist die niedrigste Spannung, die der Tiefsetzsteller liefern sollte.

Mit diesen Randbedingungen können wir nun die Superkondensatorbatterie entwerfen. Dazu gehen wir wie folgt vor:

1. Wir bestimmen die benötigte Anzahl von Kondensatoren, um das Spannungsniveau zu erreichen. Damit haben wir y bestimmt.
2. Wir bestimmen, wie viele Strings wir parallel schalten müssen, um die erforderliche Leistung zu erhalten. Damit haben wir x bestimmt.
3. Wir prüfen, ob der Energieinhalt der Verschaltung die benötigte Energie bereits liefern kann.

Übung 6.15 Auslegung der Kondensatorbatterie

Wie sieht das gewünschte Design aus, wenn die minimale Spannung 173 V nicht unterschreiten soll, eine Leistung von 3,6 kW und eine Speicherkapazität von 23 Wh hat.

Lösung: Wir müssen darauf achten, dass wir die Kondensatoren auf 40 % entladen wollen. Das bedeutet, dass wir mit einer reduzierten Spannung rechnen müssen, um die Verschaltung zu bestimmen.

Für Cap 1 erhalten wir

$$N_y = \frac{173\,\text{V}}{1{,}08\,\text{V}} = 160{,}185 \approx 161$$

Für Cap 2 hingegen benötigen wir:

$$N_y = \frac{173\,\text{V}}{1{,}28\,\text{V}} = 135{,}15 \approx 136$$

Wir haben in beiden Fällen aufgerundet, da ein Abrunden zu einer Unterschreitung der Mindestspannung führen würde.

Cap 1 hat einen Spitzenladestrom von 20 A. Dies entspricht einer Leistung von $173\,\text{V} \cdot 40\,\text{A} = 3.460\,\text{W}$ Die Leistung eines Strings reicht nicht aus, um die erforderlichen 3,6 kW zu übertragen. Deshalb müssen wir zwei parallele Strings $N_x = 2$ verwenden. Wenn wir Cap 1 verwenden wollen, müssen wir eine Schaltung mit 2x161y wählen. Wir brauchen insgesamt 322 Kondensatoren, die insgesamt 8.050 € kosten.

Cap 2 sieht anders aus. Cap 2 hat einen Spitzenladestrom von 40 A. Für ihn beträgt die Leistung sogar $173\,\text{V} \cdot 40\,\text{A} = 6.920\,\text{W}$. Hier reicht ein String aus. Hier können wir eine 1x136y-Verbindung verwenden. Wir brauchen nur 136 Kondensatoren, die insgesamt 10.200 € kosten.

Aus der Übung 6.13 wissen wir, dass wir für die zu speichernde Energiemenge 23 bis 42 Kondensatoren für Cap 1 und 18 bis 26 Supercaps für Cap 2 benötigen. Das realisierte Spannungsfenster ist ausreichend. Es ist sinnvoller zu prüfen, ob das Spannungsniveau weiter gesenkt werden kann. Aufgrund der Energiemenge wäre eine Spannung von ca. 48 V wünschenswert. ■

Die Zielverschaltung beträgt also 2x161y für Cap 1 und 1x136y für Cap 2. Hier ist der Preis der Kondensatoren für Cap 1 niedriger als für Cap 2.

6.4.6 Systemkomponenten und Requirement Traceability Matrix

Abschließend wollen wir uns einen Überblick über die verwendeten Systemkomponenten verschaffen und sehen, welche Komponenten für die Einhaltung der verschiedenen Anforderungen verantwortlich sind.

Es gibt keine Universallösung für die Systemarchitektur. Die Art und Weise, wie die Beziehungen zwischen den Komponenten gewählt werden, unterliegt Freiheitsgraden. In Bild 6.20 haben wir eine Architektur dargestellt. Wir haben das Aufzugssystem in drei Teilkomponenten unterteilt: das `KabinenSystem`, das `AntriebsSystem` und das `EnergieSystem`.

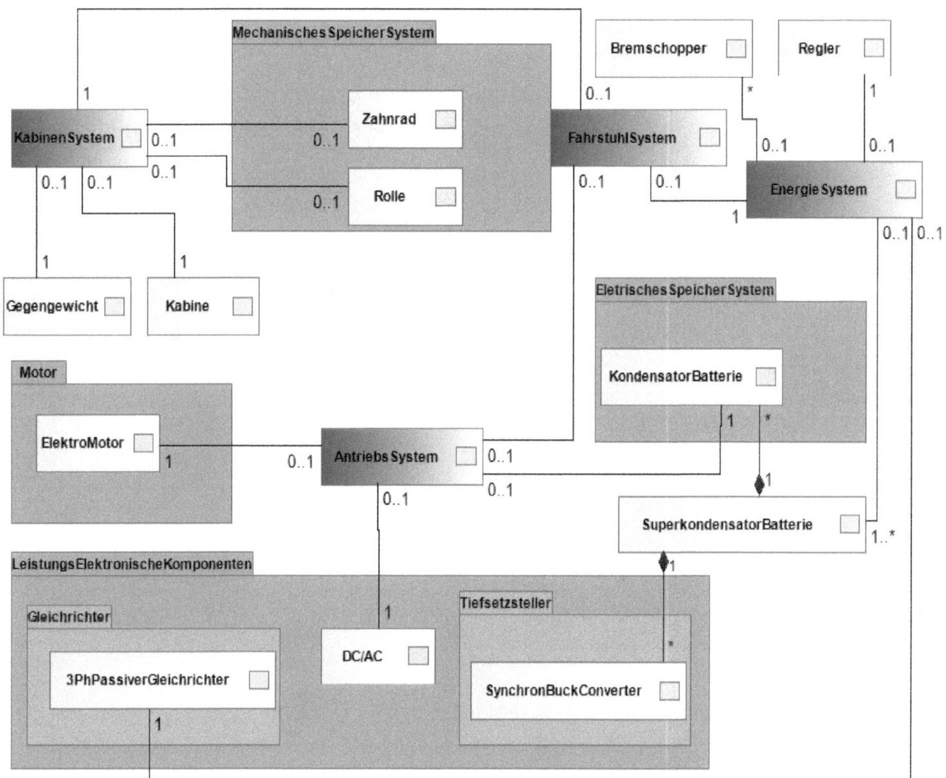

Bild 6.20 Komponenten eines Aufzugssystems, das die Bremsleistung mithilfe einer Superkondensatorbatterie zurückgewinnen kann

Das `KabinenSystem` enthält alle mechanischen Komponenten des Aufzugs. Die `Kabine`, `Gegengewicht`, `Zahnrad` und `Walze`. Das `AntriebsSystem` besteht aus dem Antriebswechselrichter `DC/AC`, dem Zwischenkreis, einer `Kondensatorbatterie` und dem `ElektroMotor`.

Das `EnergieSystem` umfasst den `Brakechopper`, den `3PhPassiverGleicherichter` und das `SuperkondensatorSpeicherBank`. Um die Anforderungen der **RL 4** und **RL 5** zu erfüllen, haben wir uns dafür entschieden, das Speichersystem modular zu gestalten. Es kann in das `EnergieSystem` integriert werden, muss es aber nicht. Außerdem besteht ein Speichersystem immer aus einer `Kondensatorbatterie` mit `Superkondensatoren` und einem `SynchronTiefsetzSteller`.

Durch diesen modularen Ansatz sind wir in der Lage, verschiedene Aufzugssysteme zu realisieren und an die jeweiligen Kundenanforderungen anzupassen.

Wie wir zu Beginn dieses Abschnitts gesehen haben, gibt es 32 Anforderungen, die erfüllt werden müssen. Um einen besseren Überblick über die Zuordnung der Anforderungen zu den Systemkomponenten zu erhalten, verwenden wir eine Requirement Traceability Matrix (RTM). Diese ist in Tabelle 6.6 dargestellt. In den Zeilen haben wir die in Bild 6.20 dargestellten Systemkomponenten aufgeführt. Die Spalten stellen die Anforderungen dar. Wenn eine Systemkomponente für eine Anforderung verantwortlich oder teilweise verantwortlich ist, wurde ein Kreuz gesetzt. Wir müssen darauf achten, dass in jeder Spalte mindestens ein Kreuz vorhanden ist.

Schauen wir uns zunächst die Basisanforderungen an. **B 1**, der Anwendungsfall, Energie zu speichern, wird durch die `Kondensatorbatterie` der `SuperkondensatorSpeicherBank`

Tabelle 6.6 Requirement Traceability Matrix – Basisanforderungen und mechanische Systeme

	Basisanforderungen								mech. Syst.	
	B 1	B 2	B 3	B 4	B 5	B 6	B 7	B 8	MS 1	MS 2
`KabinenSystem`					X	X	X			
`AntriebsSystem`		X			X	X	X		X	X
`ElektroMotor`								X		
`DC/AC`								X		
`EnergieSystem`		X			X	X	X	X		
`Regler`				X						
`SuperkondensatorBatterie`					X	X	X			
`SynchronTiefsetzSteller`			X					X		
`KondensatorBatterie`	X		X							
`Bremschopper`										

Tabelle 6.7 Requirement Traceability Matrix – Elektrische Systeme und Superkondensatoren

	Elektrisches System					Superkondensatoren			
	ES 1	ES 2	ES 3	ES 4	ES 5	SC 1	SC 2	SC 3	SC 4
`ElektroMotor`		X	X						
`DC/AC`	X	X	X	X	X				
`EnergieSystem`	X								
`Regler`	X								
`SuperkondensatorBatterie`	X								
`SynchronTiefsetzSteller`	X	X	X	X	X	X			
`KondensatorBatterie`	X	X	X			X	X	X	X
`Bremschopper`	X	X	X						

realisiert. Für die Leistungsübertragung, **B 2**, sind das `AntriebsSystem` und das `EnergieSystem` zuständig. Hier wird eine Aufteilung vorgenommen, da beide Systeme jeweils für Teile der Leistungsübertragung verantwortlich sind. **B 3**, die Forderung, dass unkontrolliertes Laden und Entladen vermieden werden soll, muss von der `Kondensatorbatterie` beachtet werden, da die `KondensatorBatterie` Energie speichert. Außerdem geben wir dem `SynchronTiefsetzSteller` eine Teilverantwortung, da der Tiefsetzsteller in der Lage ist, den Leistungsfluss zwischen der Kondensatorbatterie und dem Zwischenkreis aktiv zu beeinflussen.

In **B 4** setzen wir voraus, dass der Ladezustand des Speichers bekannt ist. Wir weisen diese Funktion dem Regler des `EnergieSystem` zu.

Die Sicherheit des Gesamtsystems **B 5** in Bezug auf das Speichersystem ist auf die drei Komponenten `AntriebsSystem`, `EnergieSystem` und `SuperkondensatorSpeicherBank` verteilt. Die mechanische Integrität **B 6** und die Langlebigkeit des Gesamtsystems **B 7** werden ebenfalls auf diese Hauptkomponenten aufgeteilt.

Da die Effizienz des Gesamtsystems für den Betreiber wichtig ist, wird **B 8** von allen Komponenten, die eine Verlustleistung erzeugen können, eingehalten.

Das `AntriebsSystem` ist für die Umwandlung von mechanischer Leistung in elektrische Leistung **MS 1** und umgekehrt, **MS 2**, verantwortlich.

ES 1 verlangt, dass die Dynamik auf verschiedenen Zeitskalen gesteuert wird. Diese Anforderung ist sinnvollerweise auf alle elektrischen Systemkomponenten verteilt.

Analog verhält es sich bei **ES 2** und **ES 3**. Jede elektrische Systemkomponente muss so ausgelegt sein, dass die Strom- und Spannungsbelastung ebenfalls eingehalten wird.

Die Anforderung, die Schaltverluste zu minimieren, **GL 4**, wird durch die leistungselektronischen Komponenten `DC/AC` und `SynchronTiefsetzSteller` erfüllt.

Die Anforderungen für Superkondensatoren **SC 1** bis **SC 4** lassen sich eindeutig der `SuperkondensatorSpeicherBank` zuordnen. Allerdings müssen die Zwischenkreiskondensatoren auch die Anforderung **SC 1** und **SC 2** erfüllen.

Schauen wir uns nun die Kundenanforderungen an. `KabinenSystem` und `AntriebsSystem` sind einschließlich ihrer Teilkomponenten für die Realisierung des Vertikaltransports **RL 1** verantwortlich. Die Beschleunigungen werden durch das Antriebssystem gesteuert. Daher muss das Antriebssystem auch die Anforderung **RL 2** erfüllen.

RL 3 war die Motivation für die Erweiterung des Aufzugssystems um eine Speicherkomponente. Daher ordnen wir diese Anforderung dem `EnergieSystem` zu.

Die Anforderungen des Produktmanagers an ein modulares, erweiterbares System **RL 4** und **RL 5** ordnen wir der `SuperkondensatorSpeicherBank` zu. Hier werden die Designentscheidungen getroffen, die für die Erfüllung dieser beiden Anforderungen verantwortlich sind. Auch die Sicherheitsanforderung **RL 7** des Regulierers ordnen wir direkt dem Supercap-Speichersystem zu.

RL 6, die Anforderung des Reglers zur Steigerung der Energieeffizienz, wird auf `ElektroMotor`, `DC/AC` und `EnergieSystem` verteilt.

Die Produktionsanforderungen **RL 8** und **RL 9** gelten für alle Komponenten des Aufzugssystems, daher müssen diese Anforderungen von `KabinenSystem`, `AntriebsSystem`, `EnergieSystem` und `SuperkondensatorSpeicherBank` erfüllt werden.

Tabelle 6.8 Requirement Traceability Matrix – Kundenanforderungen

	Kundenanforderungen												
	RL 1	RL 2	RL 3	RL 4	RL 5	RL 6	RL 7	RL 8	RL 9	RL 10	RL 11	RL 12	RL 13
KabinenSystem	X							X	X				
AntriebsSystem	X	X						X	X				
ElektroMotor						X							
DC/AC						X							
EnergieSystem			X			X		X	X				
Regler												X	
SuperkondensatorBatterie				X	X		X	X	X				
SynchronTiefsetzSteller													
KondensatorBatterie											X	X	
Bremschopper													

Der Einkauf hatte die Anforderungen **RL 10** und **RL 11**, die wir bereits im Designprozess berücksichtigt haben, da die `Kondensatorbatterie` diese erfüllen muss.

Für den Servicetechniker stellen wir mithilfe des `Regler` des `EnergieSystem` eine Schnittstelle zur Verfügung, die es ihm erlaubt, den Status der Superkondensatoren zu kennen. **RL 12** wäre dann erfüllt.

Die Anforderung des Service-Ingenieurs, Teile der `SuperkondensatorSpeicherBank` austauschen zu können, **RL 13**, muss von der `SuperkondensatorSpeicherBank` in seinem Design berücksichtigt werden.

Wir sehen, dass alle Anforderungen mindestens einer Systemkomponente zugeordnet sind. Die Speicherbank ist ausgelegt, und wir kennen die Leistung und den Energiebedarf. Wir haben nun alle Informationen, um mit dem Bau des Systems zu beginnen.

6.5 Zusammenfassung

In diesem Kapitel haben wir etwas über elektrische Speichersysteme gelernt. Wir haben gesehen, dass wir elektrische Leistung entweder über einen Stromspeicher oder einen Spannungsspeicher speichern können. Für die Stromspeicherung eignen sich Spulen oder supraleitende Spulen. Für die Spannungsspeicherung eignen sich Kondensatoren oder Supercaps.

Das Kapitel endete mit einem detaillierten Beispiel für ein elektrisches Speichersystem. Im nächsten Kapitel werden wir uns mit der nächsten großen Gruppe von Speichertechnologien beschäftigen: elektrochemische Speichersysteme. Diese speichern elektrische Leistung über einen elektrochemischen Prozess.

7 Elektrochemische Speichersysteme

7.1 Einführung

Wir haben bereits in Kapitel 1 gesehen, wo elektrochemische Speicher überall eingesetzt werden. In mobilen Anwendungen wie Laptops oder Smartphones werden in der Regel elektrochemische Speicher auf der Basis von Lithium-Ionen verwendet. Ähnlich verhält es sich bei der Elektromobilität, aber auch hier sind Lösungen mit Bleibatterien und Hochtemperaturbatterien realisiert worden.

Je mehr wir uns bei der Energieerzeugung auf erneuerbare Energiequellen wie Sonne oder Wind verlassen, desto mehr müssen wir uns mit der Frage auseinandersetzen, wie wir mit dem Problem umgehen, dass der Wind nicht immer weht und die Sonne nicht immer scheint. Wie wir in Kapitel 1 gesehen haben, arbeiten wir auch hier mit Speichersystemen. Und hier sind die elektrochemischen Speichertechnologien ebenfalls vertreten.

In diesem Kapitel werden wir uns diese Speichertechnologien genauer ansehen. Die vier wichtigsten Technologien werden in einzelnen Abschnitten näher betrachtet. Neben der Beschreibung ihrer Funktionsweise wird auch auf die Eigenschaften und besonderen Anforderungen eingegangen, die beim Einsatz der einzelnen Technologien zu beachten sind. Obwohl diese Technologien alle unterschiedlich sind, haben sie doch viele Gemeinsamkeiten, weshalb dieses Kapitel mit einem Abschnitt über die allgemeinen Mechanismen, Anforderungen und Systemkomponenten beginnt, die bei allen Technologien in unterschiedlicher Ausprägung vorhanden sind.

7.2 Allgemeine Überlegungen zu elektrochemischen Speichertechnologien

Während elektrische Speicher Energie speichern, indem sie Ladungsträger räumlich umverteilen und so ein elektrisches Feld erzeugen oder verändern, finden in elektrochemischen Speichern chemische Reaktionen statt, bei denen Elektronen freigesetzt und später wieder aufgenommen werden. Die grundlegende Reaktion haben wir bereits bei Pseudokondensatoren kennengelernt. Sie war für die Bildung der Pseudokapazität zusätzlich zur

Doppelschichtkapazität verantwortlich. Wir beginnen unsere Untersuchung mit einer Beschreibung dieser Grundreaktion und gehen dann auf die Anforderungen ein, die für den Einsatz von elektrochemischen Speichertechnologien gelten.

Wir haben das Thema der Alterung bei Superkondensatoren bereits angesprochen. In diesem Abschnitt werden wir uns damit näher befassen. Wir schließen diesen Abschnitt mit einer Betrachtung der Systemkomponenten ab.

7.2.1 Die grundlegende elektrochemische Reaktion

Elektrochemische Speichertechnologien beruhen alle auf demselben Grundkonzept. In Bild 7.1 haben wir das Grundelement dargestellt: die elektrochemische Zelle. Sie besteht aus einer Zelle, in der zwei Elektroden (die negativ geladene Anode und die positiv geladene Kathode) in einem Elektrolyten eingelassen sind. Zwischen den beiden Elektroden befindet sich ein Separator. Dabei handelt es sich um ein Material, das die Elektronen nicht hindurchlässt, aber für andere Substanzen durchlässig ist. Die Elektronen können also nur über die Anschlüsse von einer Elektrode zur anderen gelangen.

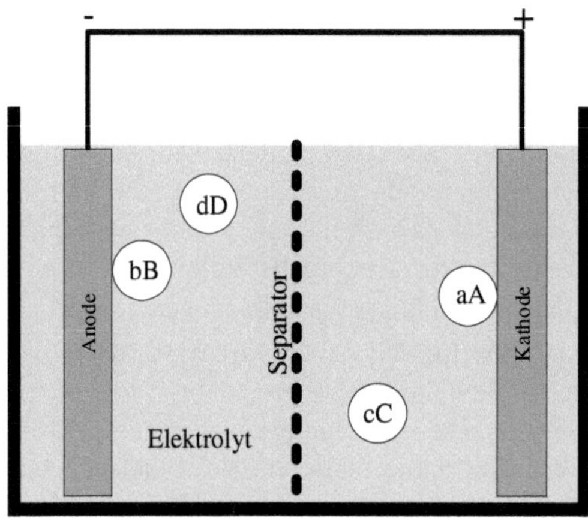

Bild 7.1 Allgemeiner Aufbau einer elektrochemischen Zelle, der kleinste Systemkomponente eines elektrochemischen Speichers

Die elektrochemische Zelle ist die kleinste Systemkomponente eines elektrochemischen Speichers. In dieser Zelle findet die grundlegende Reaktion statt. Es handelt sich um eine Redoxreaktion. Sie ist bei allen elektrochemischen Zellen ähnlich. Auf der Anodenseite werden durch eine chemische Reaktion *n* Elektronen freigesetzt, in der b Teile von B in d Teile von D gewandelt werden.

$$\mathrm{bB} - \mathrm{ne} \rightleftharpoons \mathrm{dD} \tag{7.1}$$

Auf der Kathodenseite werden diese freigesetzten Elektronen, wenn eine elektrische Verbindung zwischen Anode und Kathode besteht, dazu verwendet, a Teile von A mit *n* Elektronen in c Teile von C umzuwandeln.

$$\mathrm{aA} + \mathrm{ne} \rightleftharpoons \mathrm{cC} \tag{7.2}$$

Diese beiden Einzelreaktionen lassen sich zu einer Gesamtreaktion zusammenfassen:

$$aA + bB \rightleftharpoons cC + dD \tag{7.3}$$

Nun wird auch klar, warum zwischen den beiden Elektroden ein Separator sein muss. Der Separator blockiert den direkten Fluss der Elektronen. Wir können die Reaktionen, die in 7.1 und 7.2 ablaufen, durch Öffnen oder Schließen des elektrischen Kontakts unterbrechen. Ohne den Separator würde die Gesamtreaktion dazu führen, dass sich die Stoffe A und B im Elektrolyten in C und D umwandeln. Durch die Einführung des Separators und die Unterbrechung des Elektronenflusses über den Leiter (d. h. einen Schalter) kann die Zelle in einem energetischen Ungleichgewicht gehalten und somit Energie gespeichert werden.

In den Gleichungen 7.1, 7.2 und 7.3 wurde „$\rightleftharpoons$" als Reaktionssymbol für die Reaktion verwendet. Dies bedeutet, dass die Reaktion in beide Richtungen ablaufen kann, d. h. sie ist reversibel. Wir können die Reaktion sowohl in die eine als auch in die andere Richtung ablaufen lassen, indem wir die Zellspannung ändern. Dies gilt nicht für alle elektrochemischen Speichertechnologien. Man unterscheidet zwischen elektrochemischen Speichern, deren Reaktionen reversibel sind, und solchen, bei denen dies nicht der Fall ist. Im nicht irreversiblen Fall spricht man von primären Speichern oder Batterien. Batterien werden in vielen Alltagsgegenständen verwendet. Taschenlampen, Fernbedienungen, Spielzeug und andere Geräte verwenden in der Regel primäre Speicher. Diese werden als geladene Batterien gekauft und nach dem Entladen im Recyclingprozess entsorgt. Primäre Speicher können nur entladen werden. Sie eignen sich daher nicht für die Realisierung von Energiespeicheranwendungen. Wir können nur elektrochemische Technologien einsetzen, die eine reversible Reaktion realisieren, denn nur dann kann unser System geladen und entladen werden.

Wenn die Reaktion reversibel ist, spricht man von sekundären Speichern oder Akkumulatoren. Diese Zellen können immer wieder aufgeladen und entladen werden und sind somit mehrfach verwendbar. Akkumulatoren werden in Energiespeicheranwendungen eingesetzt, da diese Systeme viele Lade- und Entladezyklen durchlaufen.

Ist es eine „Batterie" oder ein „Akku"?

Im Englischen spricht man von *primary batteries* und *secondary batteries*, wogegen man im Deutschen ursprünglich von *Batterien* und *Akkumulatoren* spricht. Mittlerweile verwendet man im Deutschen in Anlehnung an die englische Bezeichnung das Wort Batterie teilweise auch für Akkumulatoren, allerdings nicht immer konsequent. So spricht man beim Auto von der *Starterbatterie*, die eigentlich ein Akkumulator ist. Beim Mobiltelefon lädt man aber meisten dann doch den Akku auf.

Wir orientieren uns in diesem Buch an der englischen Bezeichnung und verwenden daher oftmals die Bezeichnung Batterie auch für Akkumulatoren.

Das Wort „Batterie" hat seinen Ursprung aus dem 16. Jahrhundert und bezeichnete damals eine Reihe von Kanonen oder nebeneinander aufgestellten Gegenständen. Da elektrochemischen Zellen, wie wir später noch sehen werden, in der Regel zusammengeschaltet werden, ist der Begriff „Batterie" in seiner ursprünglichen Interpretation auch dann richtig, wenn es sich um Akkumulatoren handelt. Genaugenommen haben wir dann entweder eine „Batterie von Batterien" oder eine „Batterie von Akkumulatoren". ■

Die Tatsache, dass eine Reaktion reversibel ist, bedeutet nicht, dass es keine Verluste gibt. Es bedeutet nur, dass die Reaktion in die eine oder andere Richtung ablaufen kann. Wir können die Zelle laden und entladen. Die Verluste, die während eines Lade- und Entladevorgangs auftreten, ergeben den Roundtrip-Wirkungsgrad η_{r} einer elektrochemischen Reaktion. Er ergibt sich aus der Energie, die während des Ladevorgangs E_{in} in die Zelle übertragen wird, und der Energie, die wir während des abschließenden Ladevorgangs E_{out} wieder aus der Zelle herausholen.

$$\eta_{\mathrm{r}} = \frac{E_{\mathrm{out}}}{E_{\mathrm{in}}}$$

Tabelle 7.1 zeigt die Roundtrip-Wirkungsgrade verschiedener elektrochemischer Zellen [Kai17]. Der Wirkungsgrad variiert von 70 % bis 96 %. Diese Zahlen stellen nicht den realen Wirkungsgrad für den Be- und Entladezyklus der jeweiligen Chemie dar. Dies liegt daran, dass die Entstehung von Wärmeverlusten durch verschiedene Aspekte beeinflusst wird. Zum Beispiel können die Struktur des aktiven Materials, die elektrische Kontaktierung oder die Zusammensetzung des Elektrolyten einen zusätzlichen Einfluss auf η_{r} haben.

Tabelle 7.1 Roundtrip-Wirkungsgrade η_{r} verschiedener elektrochemischer Speichertechnologien. Für Lithium-Ionen-Batterien und Redox-Flow-Zellen sind verschiedene Chemien möglich, die wie folgt gekennzeichnet sind.

Chemie	η_{r}
Bleisäure	82 %
Lithium Ion (NMC/LMO)	92 %
Lithium Ion (LFP)	86 %
Lithium Ion (Titanat)	96 %
Lithium Ion (NCA)	92 %
Hochtemperatur (NAS)	80 %
Redox (Vanadium)	70 %
Redox (ZnBr)	70 %

Schauen wir uns den Ladevorgang genauer an. Bei der Reaktion 7.1 geschehen zwei Dinge. Erstens wird an der Anode ein Elektron freigesetzt, und bB wird zu dD. Die dafür benötigte Energie nennen wir die freie Reaktionsenthalpie ΔH. Im Experiment stellen wir jedoch fest, dass diese Energiemenge nicht ausreicht, um die Batterie vollständig aufzuladen. Wir müssen mehr Energie hineinstecken, weil die Moleküle räumliche und strukturelle Hindernisse überwinden müssen, um zueinander zu finden. Die dafür benötigte Energie kann als Temperaturänderung ΔT gemessen werden. Wir nennen diesen Teil die Reaktionswärme. Beide Teile zusammen ergeben die Gesamtenergie oder die Reaktionsenthalpie ΔG.

$$\underbrace{\Delta G}_{\text{freie Reaktionsenthalpie}} = \underbrace{\Delta H}_{\text{Reaktionsenthalpie}} - \underbrace{\overbrace{T}^{\text{Temperatur}} \overbrace{\Delta S}^{\text{Entropie}}}_{\text{Reaktionswärme}} \tag{7.4}$$

Nur die freie Reaktionsenthalpie der Gesamtreaktion 7.3 ist auch während des Entladungsprozesses verfügbar. Die Reaktionswärme stellt einen Verlust dar, der allenfalls thermisch genutzt werden kann.

Aus der freien Reaktionsenthalpie lässt sich die Spannungshöhe der elektrischen Zelle berechnen: Während des Ladevorgangs wird eine Anzahl von Ladungsträgern von der Anode zur Kathode transportiert. Diese kann durch Integration des Ladestroms I über die Gesamtdauer des Ladevorgangs bestimmt werden. Bei einer vollständigen Ladung entspricht diese Ladungsmenge dem Anteil der bewegten und gespeicherten Ladungsträger pro Mol.

$$Q = \int_0^T I \, \mathrm{d}t = \underbrace{eN_\mathrm{A}}_{F} nz \tag{7.5}$$

n ist die Anzahl der Ladungsträger, die bei der Reaktion 7.3 verwendet werden. z entspricht der Anzahl der Mole des aktiven Materials der Zelle. $N_\mathrm{A} = 6{,}022 \cdot 10^{23}\,\mathrm{mol}^{-1}$ ist die Avogadro-Konstante und gibt die Anzahl der Teilchen pro Mol an. Das Produkt aus der Elementarladung und der Anzahl der Teilchen pro Mol wird Faraday-Konstante genannt.

$$F = eN_\mathrm{A} = 9{,}6485 \cdot 10^4 \frac{\mathrm{C}}{\mathrm{mol}} \tag{7.6}$$

Nach dem Ladevorgang können zwei Dinge beobachtet werden. Erstens hat sich die Temperatur der elektrochemischen Zelle verändert. Zweitens kann eine Spannung zwischen der Kathode und der Anode gemessen werden. Diese Spannung, multipliziert mit der transportierten Ladung, ergibt die elektrische Energie, die nun in der Zelle gespeichert ist:

$$\Delta G = E_\mathrm{el} = Q\Delta U = nFz\Delta U \tag{7.7}$$

Der Energiegehalt einer Batteriezelle hängt linear von der Potenzialdifferenz zwischen Anode und Kathode und der Anzahl der übertragbaren Elektronen ab. Soll der Speicherinhalt einer elektrochemischen Zelle erhöht werden, so kann nach Gleichung 7.7 entweder die Menge des aktiven Materials erhöht werden, was einer Erhöhung von z entsprechen würde, oder die Zellchemie angepasst werden, was einer Änderung der Größen n oder ΔU entsprechen würde.

Wir können auch die Gleichung 7.7 verwenden, um die Potenzialdifferenz zu berechnen. Die freie Reaktionsenthalpie ΔG umfasst die Reaktionsenthalpie und die Reaktionswärme. Sind diese für alle Reaktionssubstanzen bekannt und betrachtet man den Gleichgewichtszustand, gilt Folgendes:

$$\Delta G_0 = (G_\mathrm{A} + G_\mathrm{B}) - (G_\mathrm{C} + G_\mathrm{D}) \tag{7.8}$$

Die Gleichgewichtsspannung ist dann gegeben durch:

$$U_0 = \frac{\Delta G_0}{nF} \tag{7.9}$$

Diese Spannung kann nur im Gleichgewichtszustand gemessen werden. Während des Lade- oder Entladevorgangs entsteht ein Ungleichgewicht, weil die Stoffe in unterschiedlichen Konzentrationen vorliegen ($a_\mathrm{A}^a, a_\mathrm{B}^b, a_\mathrm{C}^c, a_\mathrm{D}^d$). Die gemessene Spannung wird durch die Nernst-Gleichung beschrieben und ist dann (mit T als Umgebungstemperatur und R als ideale Gaskonstante, d. h. $R = 8{,}314 \frac{\mathrm{kgm}^2}{\mathrm{s}^2\,\mathrm{molK}}$):

$$\Delta U = \Delta U_0 - \frac{\mathrm{R}T}{nF} \ln \frac{a_\mathrm{C}^c a_\mathrm{D}^d}{a_\mathrm{A}^a a_\mathrm{B}^b} \tag{7.10}$$

Im Gleichgewichtszustand ist die Konzentration aller Stoffe annähernd gleich, wobei der Term im Logarithmus annähernd 1 ist, was einer Spannung von ΔU_0 entspricht. Im Lade- und Entladezustand ist der Term im Logarithmus größer oder kleiner als 1, und die Zellspannung nimmt zu oder ab.

Im Gegensatz zu mechanischen und elektrischen Speichersystemen unterliegen elektrochemische Speichersysteme stärker den Gesetzen der Thermodynamik, da die Reaktionen, wie in Gleichung 7.10 gezeigt, auch eine direkte Temperaturabhängigkeit aufweisen.

In einer elektrochemischen Zelle läuft zum Beispiel die Reaktion 7.3 kontinuierlich ab, wenn der Elektronenfluss aktiviert ist. Angenommen, der Stromkreis wäre geschlossen, wie in Bild 7.1 dargestellt, und die Batterie wäre nicht geladen, dann würde aufgrund von Wärmeschwankungen an der Anode hin und wieder eine Reaktion stattfinden, bei der ein Elektron freigesetzt wird. Der gemessene Strom wäre in diesem Fall gleich:

$$I_\mathrm{A} \sim \mathrm{e}^{-\frac{nF}{RT}} \tag{7.11}$$

Dies wird durch Reaktionen einzelner Moleküle verursacht, die aufgrund der thermischen Anregung genügend Energie haben, um die Reaktion auszuführen.

Würde man an der Kathode messen, würde man feststellen, dass auch hier zufällige Reaktionen stattfinden, die im Durchschnitt einen kleinen Strom in die entgegengesetzte Richtung erzeugen.

$$I_\mathrm{C} \sim -\mathrm{e}^{-\frac{nF}{RT}} \tag{7.12}$$

Legt man nun eine Spannung U an, so verändert sich die Reaktionswahrscheinlichkeit sowohl an der Anode als auch an der Kathode. Neben der Temperatur, die den Prozess erhöht, kann auch die Spannung den Prozess beeinflussen. So gilt für die Anode:

$$I_\mathrm{A} \sim \mathrm{e}^{-\frac{nF}{RT}(U-U_0)} \tag{7.13}$$

Der beim Anlegen einer Spannung gemessene Strom ergibt sich aus einer Überlagerung beider Ströme. Dabei ist zu beachten, dass sowohl die Reaktionen auf der Anodenseite als auch auf der Kathodenseite bei gleicher Spannung und Temperatur unterschiedliche Wahrscheinlichkeiten haben, d. h. das Mischungsverhältnis dieser beiden Ströme ist bei gleichen Randbedingungen unterschiedlich. Tritt z. B. bei gleicher Temperatur und Spannung die Anodenreaktion 10 % häufiger auf, so hat dieser Strom einen Anteil von 60 %, und der Anteil des Kathodenstroms beträgt nur 40 % des gemessenen Gesamtstroms. Dies wird in der folgenden Formel durch den Symmetriefaktor α berücksichtigt. Für den Gesamtstrom gilt daher Folgendes:

$$I_\mathrm{sum} = I_0 \left[\mathrm{e}^{\frac{(1-\alpha)nF}{RT}(U-U_0)} - \mathrm{e}^{-\frac{\alpha nF}{RT}(U-U_0)}\right] \tag{7.14}$$

Bei großen Potenzialunterschieden reagiert die Zelle so, wie man es von einer Spannungsquelle erwarten würde. Es besteht ein linearer Zusammenhang zwischen Strom und Spannung, und je nach Vorzeichen dominiert der Anoden- oder Kathodenstrom. Bei kleineren Potenzialdifferenzen kommt es zu einer Abweichung, die durch den Rückstrom erzeugt wird (Bild 7.2). Diese Abweichung wird als Transistionspolarisation bezeichnet.

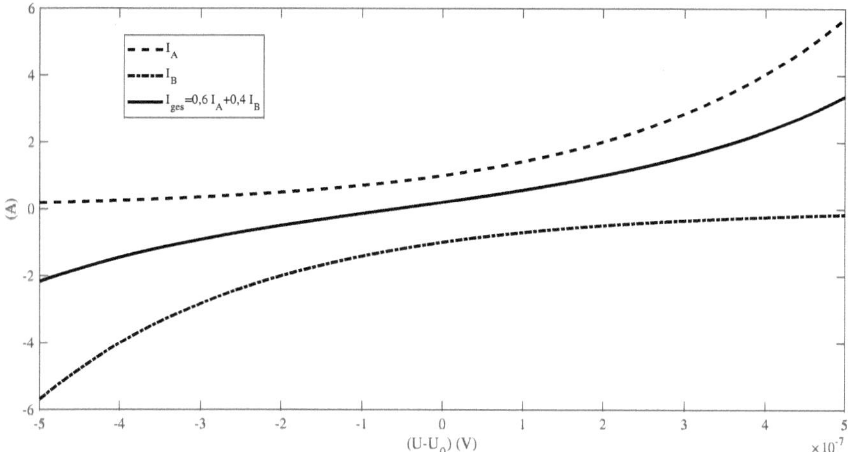

Bild 7.2 Strom an der Anode I_A, Kathode I_B und der Gesamtstrom I_{sum} mit einem Symmetriefaktor α bei unterschiedlicher Spannungsdifferenz $U - U_0$ bei einer Temperatur von $T = 300\,K$.

Wir können uns die elektrochemische Zelle als eine Spannungsquelle vorstellen, deren Leerlaufspannung vom Ladezustand (State of Charge, SOC) abhängt. Die Form der Spannung U_{OCV}(SOC) hängt von der Elektrochemie ab. Dieser Aspekt allein ist nicht ausreichend, um eine elektrochemische Zelle zu beschreiben. Die Leerlaufspannung ist die Spannung, die wir messen, wenn keine Last angelegt ist, d. h. wenn die Klemmen offen sind. Sobald aber ein Strom I_{cell} durch die Zelle fließt, können wir beim Laden eine höhere und beim Entladen eine niedrigere Spannung messen. Dies ist auf den Innenwiderstand R_i der Zelle zurückzuführen. Der Innenwiderstand fasst verschiedene Aspekte der Zelle zusammen, die den Stromfluss beeinflussen: die Struktur des aktiven Materials, die Kontaktierung, die Leitfähigkeit des Elektrolyten usw.

Betrachtet man den Aufbau einer elektrochemischen Zelle in Bild 7.1, unterscheidet er sich eigentlich nicht so sehr von dem eines Superkondensators. Auch hier haben wir einen Leiter, der in einen Elektrolyten getaucht ist. Daher wird sich auch hier eine Doppelschicht bilden. Diese trägt im Vergleich zur Speicherkapazität des aktiven Materials nur sehr wenig zur Energiespeicherung bei, hat aber einen Einfluss auf die dynamischen Eigenschaften. Wir beschreiben diesen Einfluss durch eine Doppelschichtkapazität C_{DL} mit einem Parallelwiderstand R_{DL}.

Wenn wir den Lade- und Entladestrom mit einer frequenzabhängigen Spannung modulieren, können wir beobachten, dass der resultierende Strom eine frequenzabhängige Modulation erfährt. Diese stimmt nicht immer mit dem Amplitudenverlauf der modulierten Spannung überein. Dies ist nur bei sehr niedrigen Frequenzen der Fall. Hier haben wir die Situation, dass die Ladungsträger im aktiven Material und im Elektrolyten der Anregung langsam folgen können. Sobald die Frequenz steigt, treten andere Effekte auf, sodass Reaktionen sichtbar werden, die wir der Pseudokapazität oder der Doppelschicht zuordnen können. Wir können diese Effekte durch zusätzliche RC-Elemente R_n, C_n beschreiben.

In einer elektrochemischen Zelle können wir beobachten, dass sie ihre gespeicherte Energie langsam verliert. Die Reaktion 7.3 findet statt, obwohl Anode und Kathode nicht elektrisch miteinander verbunden sind. Dies kann z. B. durch Sekundärreaktionen geschehen.

Es kann aber auch an der Konstruktion der Zelle liegen, die immer kleine Ströme zwischen Anode und Kathode zulässt. Unabhängig von der Ursache handelt es sich um eine Selbstentladung, die wir durch einen Verlustwiderstand R_l darstellen können.

Wir haben diese verschiedenen Effekte in dem Ersatzschaltbild in Bild 7.3 zusammengefasst. Es ist ein einfaches Modell, mit dem wir die dynamischen Eigenschaften einer Zelle in einem System beschreiben können. Wir müssen uns darüber im Klaren sein, auf welcher Zeitskala wir die Dynamik der Zelle betrachten wollen. Die RC-Glieder bestimmen die Dynamik bei einer Frequenz von mehr als 10 Hz. Wenn wir also an der Dynamik der Zelle auf Zeitskalen von Minuten oder Tagen interessiert sind, brauchen wir die RC-Glieder nicht zu berücksichtigen und können die Modellierung erheblich vereinfachen [MSB+10].

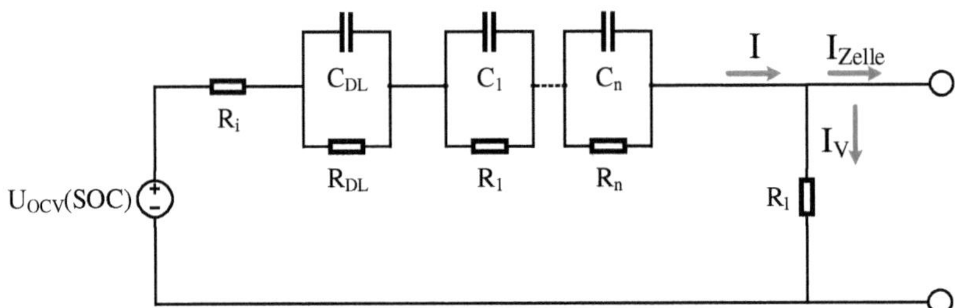

Bild 7.3 Ersatzschaltbild einer elektrochemischen Zelle. Die Zelle wird als eine Spannungsquelle beschrieben. Die Höhe der Spannung hängt vom Ladungszustand (SOC) ab und hat einen Innenwiderstand R_i. Die Wirkung von Doppelschichten und andere elektrochemische Eigenschaften werden in *RC*-Gliedern beschrieben. Die Selbstentladung wird durch den Widerstand R_1 beschrieben.

Vom Nutzen von Ersatzschaltbildern

Warum werden komplizierte physikalische Phänomene durch RC-Glieder in einem Ersatzschaltbild dargestellt? Bei der Betrachtung der Doppelschicht und der Pseudokapazität hatten wir ja gesehen, dass hier komplizierte physikalische Vorgänge zu beobachten sind, die sowohl die Thermodynamik als auch die Strömungslehre und die Festkörperphysik betreffen.

Der Anspruch, den ein Ersatzschaltbild an die Beschreibung der dahinterliegenden Physik hat, ist ein anderer als der, den die detaillierte Beschreibung der physikalischen Vorgänge hat. Das Ersatzschaltbild möchte die elektrischen Eigenschaften des Systems abbilden. Warum und wieso ein elektrisches Element dieses Verhalten aufweist, ist für das Ersatzschaltbild von sekundärer Bedeutung. Wenn wir uns der Fragestellung widmen, wie eine elektrochemische Zelle sich elektrisch verhält, müssen wir uns das Verhalten der Zelle bei unterschiedlicher elektrischer Anregungsfrequenz anschauen. D. h. wir schauen, wie ein zeitlich moduliertes Signal durch die Zelle verändert wird. Danach fragen wir uns, welche Kombination aus Widerstand, Kondensator und Induktivität dasselbe Verhalten erzeugen kann.

In der Praxis wird diese Analyse bei elektrochemischen Zellen mithilfe der elektrochemischen Impedanzspektroskopie durchgeführt [CP10]. Wir erhalten dabei nicht nur Werte für die verschiedenen Elemente des Ersatzschaltbildes. Wir sind auch in der Lage, Rückschlüsse auf die physikalischen und chemischen Prozesse innerhalb der Zelle zu erlange. Hier schließt sich der Kreis.

Die elektrochemische Impedanzspektroskopie kann uns helfen, Erkenntnisse über die Alterung der Zellen, deren Zusammensetzung und ihr dynamisches Verhalten zu erhalten. Letzteres bildet sich dann in einem Ersatzschaltbild ab [MSB+10].

Die Parameter des Batteriemodells hängen von der Temperatur, dem Ladezustand und dem Alter der Zelle ab. Für eine vollständige Modellbeschreibung ist eine umfangreiche Bestimmung aller Parameter notwendig. In der Praxis wird diese Komplexität durch verschiedene, experimentell verifizierte Vereinfachungen reduziert. Das Gleiche gilt für die Bestimmung der Batteriealterung. Hier haben sich heuristische Modelle etabliert, die im Betrieb anhand von Messkurven angepasst werden.

7.2.2 Anforderungen und Systemkomponenten

Nachdem wir uns im vorangegangenen Abschnitt mit den Grundlagen der elektrochemischen Prozesse in Batteriezellen beschäftigt haben, betrachten wir in diesem Abschnitt die Auswirkungen auf die Dimensionierung und Auslegung eines Speichersystems. In Kapitel 4 hatten wir festgestellt, dass die Beziehung zwischen Strom und Spannung komponentenabhängig ist. Wir haben auch gesehen, dass die Strom- und Spannungsgrenzen für den Entwurf eines Speichersystems wichtig sind, und die Anforderungen **ES 2** und **ES 3** abgeleitet.

Die Basisanforderung **B 4** verlangt, dass wir den Energiegehalt eines Speichersystems immer kennen sollten. Bei den bisher beschriebenen Speichertechnologien stellte dies keine besondere Herausforderung dar. Bei mechanischen Speichersystemen kann der Energiegehalt in der Regel direkt aus physikalischen Daten gemessen werden. Wenn wir das Trägheitsmoment eines Schwungradspeichers kennen, reicht eine Messung der Drehzahl aus, um den Energiegehalt zu berechnen. In einer supraleitenden Spule ist der Energiegehalt proportional zur gemessenen Stromstärke. Und bei einem Kondensator ist der Energiegehalt proportional zur Anzahl der Ladungsträger. Durch die Messung der Spannung können wir feststellen, wie viel Speicherkapazität noch zur Verfügung steht. Bei einem elektrochemischen Speicher ist die Beziehung zwischen dem Ladezustand und der gemessenen Spannung komplexer.

Betrachten wir das folgende Experiment. Wir nehmen zwei Batteriezellen A und B, die unterschiedliche Zellchemie zur Energiespeicherung verwenden. Wir wissen, dass beide Zellen voll aufgeladen sind. Wir messen nun die Leerlaufspannung jeder Zelle und tragen diese in ein Diagramm ein. Dann entladen wir beide Zellen ein wenig und wiederholen diese Messung. Das machen wir so lange, bis der Zelle keine Energie mehr entnommen werden kann. Das Ergebnis dieses Experiments ist in Bild 7.4 dargestellt. Wie wir sehen können, ist die Spannungskurve der beiden Zellen unterschiedlich. Die Spannungskurve hängt also von der Zellchemie ab. Die Form der Kapazitäts-Spannungs-Kurve ist im Vergleich zum Kondensator komplexer.

Um den Energiegehalt der Zellen zu bestimmen, müssen wir über die sich ändernde Spannung, multipliziert mit dem Entladestrom, integrieren:

$$\kappa = \int_{t=0}^{t=T} U(t) \cdot I \, \mathrm{d}t \tag{7.15}$$

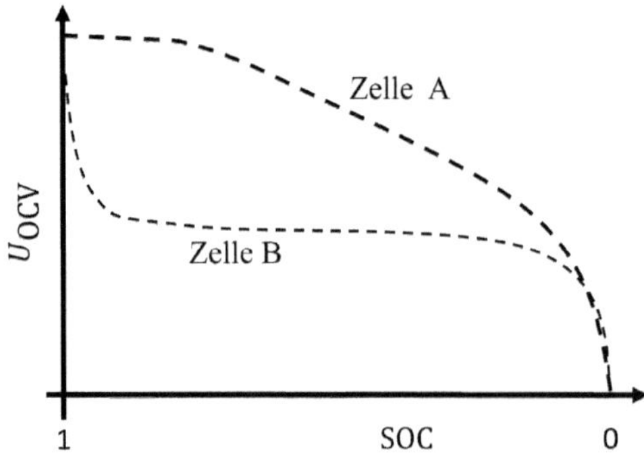

Bild 7.4 Leerlaufspannung U_{OCV} von zwei verschiedenen Zelltypen *A* und *B* bei verschiedenen Ladezuständen (SOC)

Das bedeutet, dass sich bei konstantem Strom die Leistung, die wir der Batterie entnehmen, je nach Ladezustand ändert. Wir hatten dies bereits beim Kondensator beobachtet, wo die Spannung linear vom Ladezustand abhängt. Der Unterschied hier ist, dass die Spannung nun nicht mehr linear vom Energieinhalt abhängt, sodass auch die aufgenommene Leistung nicht mehr linear verläuft.

Wir kennen nicht immer die genaue Form der Spannung in Abhängigkeit vom Ladezustand. Für die meisten Zellchemien ist eine einfache Annäherung ausreichend. Wir verwenden die durchschnittliche Spannung und multiplizieren sie mit dem Nennstrom I_{nom}, mit dem die Zelle unabhängig vom Ladezustand geladen oder entladen werden kann.

$$\kappa \approx \frac{U_{max} + U_{min}}{2} I_{nom} \tag{7.16}$$

Übung 7.1 Vereinfachte Berechnung des Energieinhaltes einer Batteriezelle

Eine elektrochemische Zelle hat im vollgeladenen Zustand eine Zellspannung von $U_{OCV} = 3{,}9\,V_{DC}$. Im entladenen Zustand beträgt die Spannung $U_{OCV} = 2{,}7\,V_{DC}$. Der Nennladestrom beträgt $I = 1{,}1$ A. Wie hoch ist der Energiegehalt der Zelle?

Lösung: Da wir keine Informationen über den Verlauf der Leerlaufspannung während des Entladevorgangs haben, verwenden wir die Näherung aus Gleichung 7.16:

$$\kappa = \frac{U_{max} + U_{min}}{2} I_{nom} = \frac{3{,}9\,V_{DC} + 2{,}7\,V_{DC}}{2} 1{,}1\,\text{A} = 3{,}63\,\text{Ws}$$

■

Die Form der Leerlaufspannungskurve als Funktion des Ladezustands hat Konsequenzen für die Systemauslegung. Während Zelle *B* den Vorteil hat, dass die Spannung über einen breiten Kapazitätsverlauf annähernd konstant ist, müssen die elektrischen Komponenten des Systems bei Verwendung der Zelle *A* ein breites Spannungsfenster bedienen können (**ECS** = „Electrcochemical storage“).

ECS 1: ALS Entwicklung MÖCHTE ICH sicherstellen, dass die elektrischen Komponenten des Speichersystems für die Spannung über die gesamte Kapazitätskurve der elektrochemischen Zelle geeignet sind, SODASS die Anforderungen **ES 2** und **ES 3** immer erfüllt werden.

Der unterschiedliche Spannungsverlauf hat weitere Konsequenzen. Die Leistung wird aus dem Produkt von Strom und Spannung berechnet. Daher kann es sein, dass dem System nicht in jedem Ladezustand die gleiche Leistung beim Laden und Entladen zur Verfügung steht, da die Leistungselektronik oder andere elektrische Komponenten keinen erhöhten Strom führen können. Daraus ergibt sich eine weitere Anforderung an elektrochemische Speichersysteme:

`ECS 2:` `ALS Entwicklung MÖCHTE ICH die Strombelastbarkeit der Komponenten so gestalten, dass die benötigte Leistung bei jedem Ladezustand bereitgestellt werden kann, SODASS das Speichersystem auch den Leistungsanforderungen gerecht wird.`

In Kapitel 2 haben wir die Anforderung **B 4** kennengelernt. Sie besagt, dass der Ladezustand eines Speichersystems bekannt sein muss, damit der Anwender sein Lade- und Entladeverhalten anpassen kann. Grundsätzlich gibt es zwei Methoden, den Ladezustand eines Speichersystems zu ermitteln. Zum einen kann der Ladezustand – wenn möglich – direkt gemessen werden. Dies wäre z. B. bei einer Zelle vom Typ *A* möglich. Die Leerlaufspannung ist immer eindeutig einem Ladezustand zugeordnet. Wenn wir die Leerlaufspannung messen, können wir den Ladezustand bestimmen. Dieses Verfahren ist für Zelle *B* nicht möglich. Über einen weiten Bereich des Ladezustands (SOC) haben wir in etwa die gleiche Leerlaufspannung. Erst kurz vor dem vollständigen Laden oder Entladen können wir der Leerlaufspannung auch einen Ladezustand zuordnen. In diesem Fall müssen wir eine andere Methode anwenden. Wir bestimmen den Ladezustand, indem wir messen, wie viel Leistung in den Speicher geladen oder aus ihm entnommen wird. Dieses Verfahren nennt man Coulomb Counting.

Beim Coulomb Counting wird ermittelt, wie viel Leistung in die Zelle übertragen bzw. der Zelle entnommen wird. Wenn wir eine Quelle *Q* zum Laden verwenden und eine Last *L* aus dem Speicher gespeist wird, können wir durch Integration der Leistungsflüsse den Ladezustand (SOC) bestimmen:

$$\mathrm{SOC} = \frac{1}{\kappa}\int_0^T \eta_{\mathrm{QS}} Q_{\mathrm{S}} - S_{\mathrm{L}}\,\mathrm{d}\,t \qquad (7.17)$$

Die beiden Verfahren, Coulomb Counting und das Ablesen des Ladezustands über die Spannung, können mit der Aufgabe eines Türstehers in einer Bar verglichen werden, der sicherstellen muss, dass sich nicht mehr als 50 Personen in der Bar aufhalten. Der Türsteher hat zwei Möglichkeiten: Er kann regelmäßig in die Bar gehen und die Anzahl der Personen zählen. Er schließt die Tür für kurze Zeit, um sicherzustellen, dass niemand die Bar verlässt. Das entspricht der Messung der Leerlaufspannung, denn die kann man nur direkt messen, wenn die Zelle weder geladen noch entladen wird. Die „Tür“ muss also auch bei einer elektrochemischen Zelle „geschlossen“ gehalten werden. Die Alternative ist, sich zu merken, wie viele Personen die Bar betreten und wie viele sie wieder verlassen. Aber auch diese Methode hat ihre Probleme. Der Türsteher muss alle Eingänge und Ausgänge überwachen. Auch geht er davon aus, dass keine Person einen unbekannten Ausgang benutzt oder einfach verschwindet. Und er geht davon aus, dass er sich nicht verzählt. Das kann schwierig sein, da er den ganzen Abend über Aufzeichnungen führen muss. Ähnlich verhält es sich mit dem Coulomb Counting. In Gleichung 7.17 wird das Produkt aus Spannung und Strom, also zwei Messgrößen, integriert. Der Messfehler der beiden Größen addiert sich. Die Selbstentladung der Zelle bleibt in der Gleichung unberücksichtigt. Sie entzieht sich auch einer direkten Messung. Ähnlich verhält es sich mit den

Übertragungsverlusten η_{GS}. Da die Übertragungsverluste neben den Verlusten der Elektronik auch Verluste durch den elektrochemischen Speicherprozess beinhalten, entziehen sich Teile der Leistungsverluste einer direkten Messung. Wir sind beim Coulomb Counting auf Modelle angewiesen.

Es gibt noch zwei weitere Einflussparameter, die den Energiegehalt einer Zelle und damit die Genauigkeit der Gleichung 7.17 beeinflussen. Die Energiemenge, die wir aus einer Zelle gewinnen oder mit der wir eine Zelle aufladen können, hängt von der Temperatur und der Lade- oder Entladeleistung ab.

Im Experiment können wir beobachten, dass eine Zelle bei verschiedenen Temperaturen unterschiedliche Mengen an Energie speichern und abgeben kann. Dies lässt sich dadurch erklären, dass die Wahrscheinlichkeit, dass eine Reaktion stattfindet, von der Temperatur abhängt. Zum einen, weil sich das aktive Material durch seine eigene thermische Bewegung unterschiedlich im Elektrolyten und an der Elektrode verteilt, und zum anderen, weil mit steigender Temperatur mehr Energie zur Verfügung steht, um die Grundreaktion, aber auch unerwünschte Nebenreaktionen durchzuführen.

Analog dazu lässt sich die Abhängigkeit von der Lade- und Entladerate erklären. Wir beobachten, dass wir mit einer langsamen Entladung mehr Energie aus der Zelle herausholen können als mit einer schnellen Entladung. Die Gründe für diesen Effekt sind in den Transportprozessen und den chemischen Prozessen der jeweiligen Technologie zu finden. Für die Reaktion 7.3 muss das aktive Material, das sich teilweise im Elektrolyten befindet, zu den Elektroden gelangen. Diese Bewegung kann nicht beliebig schnell erfolgen. Je nach verwendeter Zellchemie kann dies zu unerwünschten Nebenreaktionen führen, die ein weiteres Be- oder Entladen behindern. Ist die Lade- bzw. Entladerate hingegen gering, bleibt dem aktiven Material genügend Zeit, die Elektrode zu erreichen und zu reagieren.

Angenommen, wir kontrollieren die Temperatur der Batterie und begrenzen die Ladegeschwindigkeit. Dann gilt für den Fehler bei der Berechnung des Ladezustands mithilfe des Coulomb Countings Folgendes:

$$\Delta \mathrm{SOC} = \mathrm{SOC} - \mathrm{SOC}_{\mathrm{CC}} \tag{7.18}$$

$$= \frac{1}{\kappa} \int_0^T \left(\underbrace{(\eta_{\mathrm{GS}} G_{\mathrm{S}} + \eta_{\mathrm{SS}} S_{\mathrm{S}}(-\Delta) - (S_{\mathrm{L}} + S_{\mathrm{S}}(\Delta)))}_{\text{Leistungsfluss}} - \underbrace{(\eta'_{\mathrm{GS}} G_{\mathrm{S}} - S_{\mathrm{L}})}_{\text{geschätzter Leistungsfluss}} \right) \mathrm{d}t \tag{7.19}$$

Dabei ist der SOC der tatsächliche Ladezustand der Zelle und $\mathrm{SOC}_{\mathrm{CC}}$ der geschätzte Ladezustand, der durch Coulomb Counting ermittelt wird. Wir sehen, dass der Fehler bei der Berechnung des Ladezustands mit der Zeit größer wird. Er wächst linear mit der Zeit.

Um dennoch **B 4** zu erfüllen, gibt es die Anforderung:

ECS 3: ALS Entwicklung MÖCHTE ICH den Fehler im Ladezustandsschätzungsprozess kompensieren, SODASS ich in der Lage bin, einen genauen Ladezustandswert zu ermitteln.

Wie kann diese Anforderung realisiert werden? Bisher kennen wir zwei Herangehensweisen: die Messung des Ladezustands und das Coulomb Counting. Die direkte Messung kann nur verwendet werden, wenn die Batterie nicht geladen oder entladen wird, und wird leider bei einigen Zellchemien ein schlechtes Ergebnis liefern. Das Coulomb Counting hat von Natur aus einen Fehler, der mit der Zeit linear ansteigt.

Was würde unser Türsteher nun tun? Er kann die Schätzung der Besucherzahlen durch zwei Maßnahmen verbessern. Erstens kann er die Art und Weise verbessern, wie er die Zu- und Abgänge zusammenzählt. Zum Beispiel kann er seine Zählung mit der eines Kollegen vergleichen. Zweitens kann er regelmäßig – immer dann, wenn nichts los ist oder wenn die Tür ohnehin geöffnet wird – in die Bar schauen und schätzen, wie voll es dort wirklich ist. Diese Informationen kann er kombinieren, um eine bessere Schätzung der Besucherzahl zu erhalten. Ähnliche Strategien werden bei der Implementierung von **ECS 3** [Gov17, HGW+13, WTW+16, SYW+21] verwendet. Das Coulomb Counting wird mit der Messung der Leerlaufspannung kombiniert. Zusätzliches Wissen, zum Beispiel des Systemzustands oder ein Modell der Batteriedynamik, wird zur Verbesserung einbezogen. Die Daten werden dann mithilfe eines adaptiven Filters [MYXF20] kombiniert. Auf diese Weise werden so viele verfügbare Informationen wie möglich genutzt, um die **ECS 3** zu erfüllen.

Ähnlich wie bei Superkondensatoren bestimmt die Zellchemie den Spannungsbereich, in dem die Batteriezelle verwendet werden kann. Eine Erhöhung der Menge an aktivem Material verändert den Energiegehalt, aber nicht den Spannungsbereich. Für verschiedene Anwendungen benötigen wir jedoch unterschiedliche Strom- und Spannungsbereiche. Auch hier lösen wir das Problem durch eine geeignete Aggregation von Batteriezellen:

ECS 4: ALS Entwicklung MÖCHTE ICH in der Lage sein, Batteriezellen in parallelen Strängen mit seriell geschalteten Zellen zu kombinieren, SODASS ich Batteriemodule realisieren kann, die ein geeignetes Strom- und Spannungsfenster bieten.

ECS 4 bedeutet, dass wir Zellen mit einer *xpys*-Verbindung zusammenfassen. Die Gesamtspannung für ein solches Modul ist durch die Anzahl der in Reihe geschalteten Zellen gegeben:

$$U_{\text{sum}} = \sum_{i=1}^{y} U_i \tag{7.20}$$

Um den maximal möglichen Strom zu ermitteln, muss die Anzahl der parallel geschalteten Strings bestimmt werden:

$$I_{\text{sum}} = \sum_{i=1}^{x} I_i \tag{7.21}$$

Durch die Verwendung einer geeigneten Kombination von parallel und in Reihe geschalteten Zellen lassen sich Konfigurationen bestimmen, die für die jeweilige Anwendung geeignet sind. Allerdings sind uns dabei Grenzen gesetzt. Da die Spannung vom Ladezustand abhängt (Bild 7.4), kann das Spannungsfenster nicht beliebig gewählt werden.

Übung 7.2 Verschaltung von elektrochemischen Zellen

Eine elektrochemische Zelle hat im vollgeladenen Zustand eine Zellspannung von $U_{\text{OCV}} = 3{,}9\,\text{V}_{\text{DC}}$. Im entladenen Zustand beträgt die Spannung $U_{\text{OCV}} = 2{,}7\,\text{V}_{\text{DC}}$. Der maximale Ladestrom beträgt $I = 1{,}2\,\text{A}$. Die Kapazität beträgt $\kappa = 4\,\text{Ws}$. Die Zelle wird in einer 2p8s-Verschaltung verwendet. Wie lauten die elektrischen Eigenschaften für dieses Modul?

Lösung: Um die minimale und maximale Modulspannung zu ermitteln, verwenden wir Gleichung 7.20:

$$U_{min} = 8 \cdot 2{,}7\,V_{DC} = 21{,}6\,V_{DC}$$
$$U_{max} = 8 \cdot 3{,}9\,V_{DC} = 31{,}2\,V_{DC}$$

Für den maximalen Modulstrom verwenden wir Gleichung 7.21:

$$I_{max} = 2 \cdot 1{,}2\,A = 2{,}4\,A$$

Die Kapazität des Moduls ergibt sich aus der Summe der Kapazitäten aller Batteriezellen:

$$\kappa = 2 \cdot 8 \cdot 4\,Ws = 64\,Ws$$

■

Um **ECS 4** zu erfüllen, werden die Zellen zu Modulen zusammengeschaltet. Sollen größere Batteriesysteme realisiert werden, werden die Module zu Batteriesystemen zusammengeschaltet. In ähnlicher Weise werden die Module zu Strings verbunden, die parallel geschaltet werden. Auch hier haben wir XpYs-Verschaltung. In Bild 7.5 ist der Aufbau eines `BatterieSystems` dargestellt. Ein `BatterieSystem` ist in zwei Systemebenen unterteilt. Es setzt sich aus einem oder mehreren `BatterieModulen` zusammen. Diese `BatterieModule` setzen sich aus einer oder mehreren `BatterieZellen` zusammen. Beim Entwurf von Speichersystemen werden die Batteriemodule und die Verschaltung der Zellen innerhalb der Module festgelegt. Ein System wird auf Modulebene entworfen.

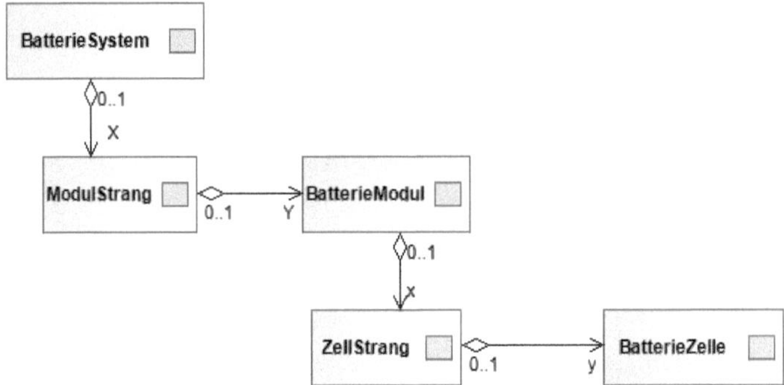

Bild 7.5 Struktureller Aufbau von Batteriespeichersystemen: Zellen bilden Module, Module bilden das System. Die Zellen bilden ein Modul durch eine xpys-Verbindung. Die Module bilden ein Batteriesystem durch eine XpYs-Verbindung.

Der Entwurf eines Batteriesystems oder eines Moduls kann als Optimierungsaufgabe mit Nebenbedingungen beschrieben werden. Der größte Kostentreiber in einem Batteriesystem ist die Anzahl der Zellen, die daher minimiert werden sollte. N ist das Produkt aus in Reihe geschalteten Zellen oder Modulen x, X und parallel geschalteten Zellen oder Modulen y, Y und stellt die Gesamtzahl der Zellen oder Module dar.

$$\min Y = N = x \cdot y \tag{7.22}$$

In der Regel ergeben sich aus den Anforderungen noch zusätzliche Randbedingungen: die minimal erforderliche Kapazität $\hat{\kappa}_{\min}$, die maximale Leistung $P_{\max}$ und das zulässige Spannungsfenster $\hat{U} \in [U_{\min}, U_{\max}]$ sowie den maximal zulässigen Strom $\hat{I}_{\max}$.

Die Zellchemie und die Zelle bzw. das gewählte Modul bestimmen die Größen $U^i_{\min}$ und $U^i_{\max}$, den maximalen Lade- und Entladestrom $I^i_{\max}$ und die Kapazität κ^i [Ah].

$$\hat{I}_{\max} = x \cdot I^i_{\max} \tag{7.23}$$

$$\hat{U}_{\min} = y \cdot U^i_{\min} \tag{7.24}$$

$$\hat{U}_{\max} = y \cdot U^i_{\max} \tag{7.25}$$

$$\hat{\kappa} = y \cdot x \cdot \kappa^i \tag{7.26}$$

$$P_{\max} = U_{\max} \cdot I_{\max} \tag{7.27}$$

Das zu lösende Optimierungsproblem lautet also:

$$\min N = x \cdot y \quad \text{u.d.N.:} \begin{cases} x, y \in \mathbb{N} \\ y \cdot U^i_{\min} \geq U_{\min} \\ y \cdot U^i_{\max} \leq U_{\max} \\ x \cdot I^i_{\max} \geq I_{\max} \\ y \cdot U^i_{\max} \cdot x \cdot I_{\max} \geq P_{\max} \\ y \cdot x \cdot \kappa^i \geq \hat{\kappa} \end{cases} \tag{7.28}$$

Übung 7.3 Auslegung einer Batterie für einen Hilfsantrieb eines Fahrzeuges

Für die Elektrifizierung eines Hilfsantriebs eines Fahrzeugs wurde die folgende Anforderung ermittelt: Die maximale Leistung sollte mindestens bei 1 kW liegen, d. h. $P_{\max} \geq 1\,\text{kW}$. Die Speicherkapazität soll mindestens 10 kWh betragen. $\hat{\kappa} \geq 10\,\text{kWh}$. Die Batteriespannung sollte einen Spannungsbereich von $U_{\min} \geq 300\,V_{DC}$ und $U_{\max} \leq 900\,V_{DC}$ abdecken. Der maximale Strom beträgt $I_{\max} = 4\,\text{A}$.

Es wird ein 2p8s-Modul mit $U \in [21{,}6\text{–}31{,}2\,V_{DC}]$, $I_{\max} = 2{,}4\,\text{A}$ und $\kappa = 382\,\text{Wh}$ mit den in der Übung 7.2 verwendeten Zellen verwendet.

Was könnte eine geeignete Konfiguration sein?

Lösung: Wir benötigen eine Kapazität von mindestens 10 kWh. Das einzelne Modul hat eine Kapazität von 0,382 kWh. Die Anzahl der benötigten Module ist also

$$N = \frac{10\,\text{kWh}}{0{,}382\,\text{kWh}} = 26{,}178 \approx 27$$

Hier müssen wir aufrunden, weil der Energiegehalt von 26 Modulen zu klein ist.

Wir brauchen einen maximalen Strom von 4 A. Ein einzelnes Modul kann jedoch nur 2,4 A an Strom übertragen. Daher müssen wir mit zwei parallelen Strängen arbeiten. Dadurch erhöht sich die Anzahl der Module auf 54, da die Anzahl der Module pro String gleich sein muss.

Wir haben also 27 Module pro String. Die minimale Strangspannung ist:

$$U_{\min} = 27 \cdot 21{,}6\,V_{DC} = 583{,}2\,V_{DC}$$

Die maximale Strangspannung, d. h. wenn alle Zellen voll geladen sind, beträgt:

$$U_{\max} = 27 \cdot 31{,}2\,V_{DC} = 842{,}4\,V_{DC}$$

Der Spannungsbereich des Strangs würde innerhalb des erforderlichen Bereichs liegen.

Schließlich prüfen wir, ob die Leistung auch dann noch erbracht werden kann, wenn das Batteriesystem entladen ist:

$$P = 583{,}2\,V_{DC} \cdot 4{,}8\,A = 2.799{,}36\,W$$

Das Batteriesystem mit einer 2p27s-Verschaltung würde also auch die Leistungsanforderungen erfüllen. ■

Übung 7.3 zeigt einen Designwiderspruch, der häufig bei der Auslegung von Systemen mit elektrochemischer Speicherung beobachtet wird: Die Kapazität wird durch die Anzahl der Zellen und damit durch die Menge des aktiven Materials bestimmt. Auch die Spannungshöhe wird auf der Batterieseite durch die Zellchemie bestimmt und kann nur durch eine Reihenschaltung erhöht werden. Die Elektronik benötigt oft ein anderes, höheres Spannungsniveau, als durch eine Reihenschaltung bereitgestellt werden kann. Zellspannung und Zielkapazität passen einfach nicht zusammen. Um hier eine Lösung zu finden, wird häufig ein DC/DC-Wandler eingesetzt, um das Spannungsniveau der Batterie anzuheben oder abzusenken. Dadurch entstehen zwar zusätzliche Kosten in Form von weiterer Leistungselektronik, diese werden aber oft durch die eingesparten Batteriekosten und das eingesparte Batteriegewicht oder -volumen kompensiert.

7.2.3 Die Leiden des Alterns – Batterielebensdauer und Kapazitätsmanagement

Eine elektrochemische Zelle ist ein physikalisches System, das sich nicht im thermischen Gleichgewicht befindet. Im thermischen Gleichgewicht würde die Spannung der einer entladenen Zelle liegen, d. h. die Zelle ist kurzgeschlossen, und die Reaktion wird nur durch thermische Schwankungen angetrieben. In dem Moment, in dem wir die Zelle aufladen und den Stromfluss zwischen Anode und Kathode unterbrechen, befindet sich das System nicht mehr im Gleichgewicht. Dies ist ein Unterschied zu früheren Speichersystemen. Als sie geladen wurden, befanden sie sich noch im thermischen Gleichgewicht. Wir haben lediglich das physikalische System in einen anderen Zustand versetzt. Diese Tatsache hat Auswirkungen auf die Beschaffenheit der Zelle. Die Struktur der Zelle wird belastet und verliert mit der Zeit ihre Fähigkeit, Energie zu speichern. Die Zelle altert.

Wir wollen versuchen, uns dem Phänomen der Zellalterung mit einem einfachen Experiment zu nähern: Durch Zeitschriftenartikel, Internetvideos und Gerüchte im Freundeskreis haben wir von der Markteinführung eines neuen Smartphones erfahren. Da wir mit unserem jetzigen nicht mehr zufrieden sind – es wäre wirklich toll, wenn wir auch diese Apps nutzen könnten –, beschließen wir, eines zu kaufen. Dabei wollen wir besonders schlau sein und nicht nur das Smartphone, sondern auch einen Ersatzakku kaufen. Wir wollen einfach sicherstellen, dass wir das Smartphone auch in zwei bis drei Jahren noch nutzen können, indem wir den eingebauten Akku durch den Ersatzakku ersetzen. Wir testen den Energiegehalt beider Akkus und stellen fest, dass sie den gleichen Energiegehalt haben. Dann legen wir den Ersatzakku an einen sicheren, wohltemperierten Ort. Und wir beschäftigen uns mit dem neuen Smartphone und den vielen tollen Apps.

Mit der Zeit stellen wir fest, dass wir den Akku immer öfter aufladen müssen. Im ersten Jahr mussten wir es nur einmal pro Woche aufladen. Dann waren es zwei- oder dreimal pro Woche und jetzt sind wir an einem Punkt angelangt, an dem wir das Smartphone jeden Abend aufladen müssen. Wir stellen auch fest, dass das Handy beim Aufladen wärmer wird. Wir beschließen, den Akku auszutauschen, aber vorher messen wir noch einmal den Energiegehalt beider Akkus.

Wir stellen fest, dass der Akku, den wir die ganze Zeit benutzt haben, den größten Teil seiner Kapazität verloren hat. Das ist keine Überraschung. Aber wir stellen auch fest, dass der Ersatzakku, der die ganze Zeit an einem sicheren Ort war, nicht mehr seine ursprüngliche Kapazität hat! Offenbar ist auch dieser Akku gealtert. Wir sind zwar wütend, denn der Kapazitätsverlust ist messbar, aber die verbleibende Kapazität ist viel größer als die des gebrauchten Akkus. Also tauschen wir die Akkus aus und widmen uns wieder diesen tollen Apps.

Wir haben hier beobachtet, dass es zwei verschiedene Alterungsprozesse gibt, die unabhängig voneinander und in unserem Experiment auf unterschiedlichen Zeitskalen ablaufen. Die eine Form tritt auf, wenn die Zelle geladen und entladen wird. Dieser Alterungsprozess wird Zyklenlebensdauer oder Cyclelife genannt, weil die Lebensdauer von der Anzahl der Lade- und Entladezyklen abhängt. Die zweite Form hängt nur von der kalendarischen Alterung ab und wird als kalendarische Lebensdauer bezeichnet.

Die Ursachen für die Zyklenlebensdauer sind zum einen irreversible Nebenreaktionen des aktiven Materials, die parallel zur Hauptreaktion ablaufen, aber auch die mechanische Beanspruchung des aktiven Materials.

Betrachten wir das Experiment aus Bild 7.6 [TSS+09]. Auf der horizontalen Achse sind verschiedene Entladungstiefen (Depth of Discharge, DOD) aufgetragen. Für die verschiedenen Entladungstiefen wurde eine elektrochemische Zelle wiederholt geladen und entladen. Anschließend wurde ihre Kapazität gemessen. Wenn diese weniger als 80 % der Anfangskapazität betrug, wurde die Anzahl der Zyklen in das Diagramm eingetragen. 80 %

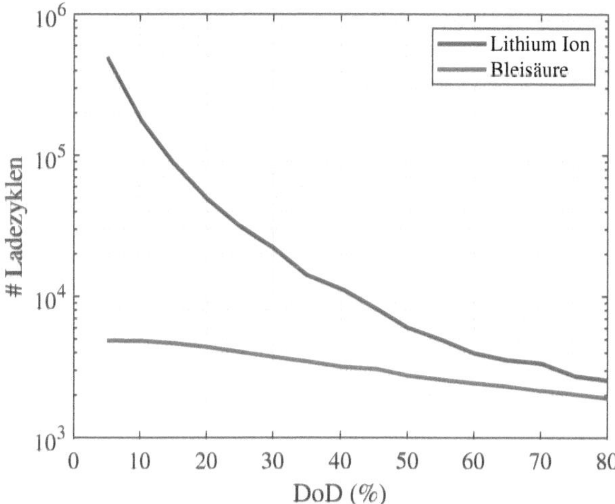

Bild 7.6 Anzahl der Ladezyklen einer Lithium-Ionen-Batterie und einer Bleibatterie bei unterschiedlichen Entladetiefen (DoD) [TSS+09]

wird hier als Abbruchkriterium oder End-of-Life-Kriterium angesehen. Ab diesem Zeitpunkt gilt im Allgemeinen eine Batteriezelle als defekt.

Dieses Experiment wurde sowohl für eine Lithium-Ionen-Batterie als auch für eine Bleibatterie durchgeführt. Wir sehen, dass die Anzahl der Zyklen von der Elektrochemie abhängt. Die Bleibatterie kann eine viel geringere Anzahl von Zyklen liefern. In Abschnitt 7.3 und Abschnitt 7.4 werden wir uns die Zellchemie genauer ansehen und die verschiedenen Prozesse kennenlernen, die für die Alterung der Zelle verantwortlich sind.

Nur 80 % als End-of-Life-Kriterium?

Wieso wird 80 % als Abbruchkriterium oder auch End-of-Life-Kriterium verwendet? Warum nicht einen anderen Wert? Der Grund für diese Wahl liegt darin, dass man bei Bleibatterien beobachtet, dass ab einer Kapazität von 80 % der Anfangskapazität die Batterie sehr schnell weiter an Kapazität verliert. Die Kapazität bricht quasi weg. Da die Bleibatterie die älteste Zellchemie ist, orientierte man sich dieser. Bei Lithium-Ionen-Batterien hat man diesen Wert als Abbruchkriterium übernommen, obwohl dieses „Wegbrechen" nicht zu beobachten ist. Tatsächlich gibt es Hersteller, die 70 % als Abbruchkriterium angeben, und die Diskussion, ob zukünftig „verbrauchte" Autobatterien in anderen Anwendungen noch genutzt werden könnten, zeigt, dass hier noch einiges in Bewegung ist. ■

Neben der absoluten Zyklenzahl stellen wir fest, dass der Verlauf der Zyklenzahl in Abhängigkeit von der Entladetiefe von der Zellchemie abhängt. Bei Bleibatterien haben wir eine lineare Form. Da die y-Achse eine logarithmische Skala hat, entspricht dies einem exponentiellen Verlauf. Die Lithium-Ionen-Batterie zeigt in der logarithmischen Darstellung eine nicht-lineare Form. Wenn wir jedoch auch die x-Achse logarithmisch auftragen, sehen wir, dass diese Form fast linear aussieht. Das bedeutet, dass die Anzahl der Zyklen in der Lithium-Ionen-Batterie einem algebraischen Gesetz folgt.

Übung 7.4 Bestimmung eines Alterungsmodells für Lithium-Ionen-Zellen

Die Daten aus Bild 7.6 deuten darauf hin, dass die Zyklenlebensdauer der Lithium-Ionen-Zelle eine algebraische Form hat, d. h.

$$N_{\text{max}} = \gamma \cdot \text{DoD}^{\alpha}$$

Wie lauten α und γ, wenn wir diese beiden Parameter aus den Punkten ($\text{DoD}_1 = 5\,\%, N_{\text{max}} = 497.950$) und ($\text{DoD}_1 = 60\,\%, N_{\text{max}} = 3.974$) bestimmen?

Lösung: Für den Logarithmus der obigen Funktion gilt:

$$\log N_{\text{max}} = \alpha \log \text{DoD} + \log \gamma$$

Dies ist eine lineare Gleichung mit α als Steigung und $\log \gamma$ als Achsenabschnitt. Die Steigung wird wie folgt berechnet:

$$\begin{aligned} \alpha &= \frac{\log N_{\text{max},2} - \log N_{\text{max},1}}{\log \text{DoD}_2 - \log \text{DoD}_1} \\ &= \frac{\log 3.974 - \log 497.950}{\log 60 - \log 5} \\ &= -1{,}944 \end{aligned}$$

Wir setzen den Wert α für einen bestimmten Punkt ein und bestimmen den Wert für γ:

$$\gamma = \frac{N_{\max,1}}{\mathrm{DoD}_1^{\alpha}}$$
$$= \frac{497.950}{5^{-1,944}} = 11.376.300$$

■

Wir können die in Übung 7.4 verwendete Formel verwenden, um das Zyklenalter einer Zelle zu bestimmen. Nehmen wir an, dass eine Zelle immer mit der gleichen Entladetiefe entladen wird. Auf diese Weise wüssten wir jederzeit, wie viele Zyklen wir noch übrig haben, da wir nur die Anzahl der bereits durchgeführten Zyklen von $N_{\max}$ abziehen müssten. Etwas schwieriger wird es, wenn wir mit unterschiedlichen Entladetiefen arbeiten. Aber auch in diesem Fall können wir den in Übung 7.4 verfolgten Ansatz anwenden. Wir müssen nur jeden Zyklus entsprechend seiner Entladungstiefe D_i gewichten und aufsummieren:

$$a_{\text{Cycle}}(N) = \alpha \sum_{i=1}^{N} D_i^{\beta} \tag{7.29}$$

a_{Cycle} stellt einen Wert für das Lebensalter nach N Zyklen dar. $a_{\text{Cycle}} = 0$ bedeutet, dass die Zelle noch nicht gealtert ist, und ein Wert von 1 bedeutet, dass das End-of-Life-Kriterium erfüllt ist. Dies ist ein relativer Wert. Die Koeffizienten β und α müssen experimentell bestimmt werden – analog dazu wie in Übung 7.4.

Betrachten wir nun die kalendarische Alterung. Diese wird durch irreversible Zerfallsprozesse im aktiven Material oder Elektrolyt verursacht. Bild 7.7 zeigt ein Experiment zur kalendarischen Alterung [Sch14]. In diesem Experiment wurden drei Lithium-Ionen-Batteriezellen auf 50 % geladen. Dann wurden sie eine Woche lang bei unterschiedlichen Temperaturen gelagert. Nach dieser Woche wurde ihre Kapazität bestimmt und die relative Kapazität bezogen auf den Anfangswert κ_{BOL} ermittelt (BOL = Beginning of Life).

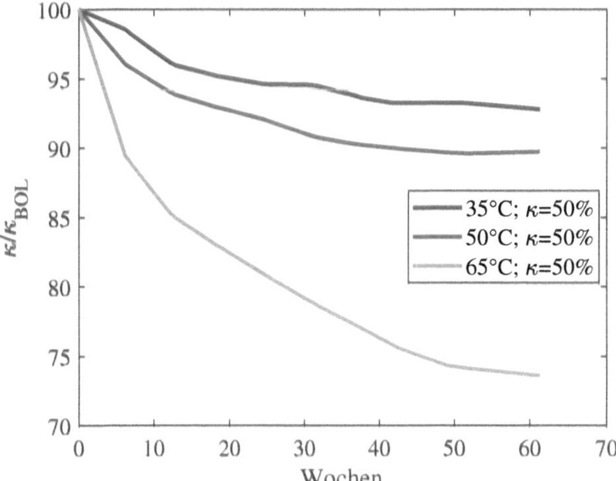

Bild 7.7 Form der Kapazität einer Lithium-Ionen-Batterie bei verschiedenen Umgebungstemperaturen über mehrere Wochen

Es ist deutlich eine Temperaturabhängigkeit der Kapazitätskurve zu erkennen. Die auf 65° temperierte Zelle verliert sehr schnell an Kapazität und liegt bereits nach knapp 30 Wochen unter der 80 %-Marke. Bei der 35°-Zelle ist ebenfalls ein Kapazitätsrückgang zu beobachten, der deutlich geringer ausfällt und selbst nach 60 Wochen noch bei über 90 % der ursprünglichen Kapazität liegt.

Wie schnell eine Batterie kalendarisch altert, hängt von zwei Faktoren ab: der Umgebungstemperatur und dem Ladezustand. Eine hohe Temperatur bedeutet, dass die Wahrscheinlichkeit eines chemischen Zerfalls zunimmt, da chemische Reaktionen bei hohen Temperaturen schneller ablaufen als bei niedrigen Temperatur. Auch der Ladungszustand hat eine beschleunigende Wirkung auf die Alterung. Dies liegt daran, dass Reaktionen zusätzlich beschleunigt werden, wenn eine Spannung angelegt wird. Ein einfacher Ansatz zur Beschreibung der Kalenderalterung liefert das Arrhenius-Gesetz. Wir verwenden a_{cal} als einen relativen Zahlenwert, der uns Informationen über das kalendarische Alter der Zelle gibt:

$$a_{\mathrm{cal}}(T) = \int_{t=0}^{T} c_{\mathrm{cal}} \mathrm{e}^{d_{\mathrm{T}}(T_0 - T(t))} \mathrm{e}^{d_{\mathrm{U}}(U_0 - U(t))} \, \mathrm{d}t \tag{7.30}$$

T_0 entspricht der oberen Betriebstemperatur der Zelle und U_0 ihrer maximalen Leerlaufspannung. Die Werte für die Parameter $c_{\mathrm{cal}}, d_{\mathrm{T}}$ und d_{U} müssen experimentell bestimmt werden. Wenn diese bekannt sind, kann der Alterungsanteil aus der Auswertung des Integrals bestimmt werden.

Wir haben nun zwei mathematische Beschreibungen für die Alterung einer elektrochemischen Zelle. Da wir wissen, dass beide Alterungsprozesse unabhängig voneinander ablaufen, können wir beide Effekte addieren und erhalten so eine Aussage über den Gesundheitszustand (State of health = SOH):

$$\mathrm{SOH} = 1 - (a_{\mathrm{cal}}(t) + a_{\mathrm{Cycle}}(t)) \tag{7.31}$$

In Gleichung 7.31 kombinieren wir die Alterungsprozesse zu einem Gesamtwert. Bei einem SOH von 1 ist die Zellkapazität gleich der Anfangskapazität. Bei einem Wert von 0 ist das End-of-Life-Kriterium erfüllt.

Übung 7.5 Berechnung einer Batteriealterung

Es werden zwei identische Zellen gekauft. Eine wird ein Jahr lang bei 25° mit einer Spannung von $U_{\mathrm{OCV}} = 3{,}1\,\mathrm{V_{DC}}$ gelagert. Die maximale Spannung der Zelle beträgt $U_{\mathrm{OCM}}^{\mathrm{max}} = 3{,}6\,\mathrm{V_{DC}}$. Die andere Zelle wird täglich mit einer Entladungstiefe von 80 % be- und entladen. Für die Zyklusalterung gilt:

$$\alpha = 1; \beta = 26{,}43$$

Die kalendarische Alterung modellieren wir mit den Parametern:

$$d_{\mathrm{T}} = -0{,}5; d_{\mathrm{U}} = -3; c = 0{,}001; T_0 = 20°$$

Wie viel Kapazität haben beide Zellen am Ende des Jahres? (Anmerkung: Das End-of-Life-Kriterium ist hier $\kappa = 0.8\kappa_{\mathrm{BOL}}$)

Lösung: Wir bestimmen zunächst die Zyklusalterung der zyklierten Batterie nach einem Jahr:

$$a_{Cycle} = 365 \cdot 0{,}8^{26{,}43} = 1{,}0022$$

Wie hoch ist die kalendarische Alterung der gelagerten Batterie?

$$a_{cal} = 365 \cdot 0{,}001 \cdot e^{-0{,}5\cdot(-5)-3\cdot 0{,}5} = 0{,}9921$$

Beide Alterungswerte liegen bei 1, d. h. der SOH würde in beiden Fällen einen Wert von 0 haben, was bedeutet, dass das End-of-Life-Kriterium erfüllt ist. Somit verfügen beide Zellen am Ende des Jahres noch über 80 % ihrer ursprünglichen Kapazität. ■

Beide Alterungsprozesse laufen parallel ab. Daher addieren sich die Alterungsprozesse in Gleichung 7.31. Dies muss bei der Systemauslegung berücksichtigt werden. Nehmen wir an, dass ein Batteriesystem für eine Lebensdauer von zehn Jahren ausgelegt ist. Es wird eine Batterietechnologie verwendet, die ca. 6.000 volle Zyklen fahren kann und eine kalendarische Lebensdauer von zehn Jahren bei 25 °C Umgebungstemperatur hat. Die Anwendung erfordert 600 Zyklen pro Jahr und verfügt über ein Temperaturmanagementsystem, damit die Umgebungstemperatur der Batterie bei 25 °C bleibt. Beide Alterungsmechanismen allein reichen aus, um die geforderte Lebensdauer von zehn Jahren zu erreichen. Nach der Gleichung 7.31 ist jedoch die Summe zu bewerten. Das bedeutet, dass nach 5 Jahren ca. 3.000 Vollzyklen durchlaufen worden sind. Die SOH würde also bereits 0,5 betragen. Gleichzeitig liegt dieser Wert nach der kalendarischen Alterung auch schon bei 0,5, und somit würde das System de facto nur fünf statt zehn Jahre zufriedenstellend laufen.

7.2.4 Balancing-Systeme

Bei der Betrachtung der Verschaltung von Doppelschichtkondensatoren in Abschnitt 6.3 haben wir gesehen, dass Unterschiede in der Alterung oder Produktionsschwankungen zu Kapazitätsänderungen führen. Dasselbe gilt für elektrochemische Zellen. Die Dinge können sogar noch komplexer werden, da die Zellen auch unterschiedlich schnell altern können. Wenn zum Beispiel die Temperatur in einem Batteriesystem nicht für alle Zellen gleich ist, führt dies dazu, dass einige Zellen schneller altern als andere.

Nehmen wir an, dass zwei in Reihe geschaltete Zellen einen unterschiedlichen SOH-Wert haben. Zelle C_1 hat noch eine SOH von 1, während Zelle C_2 bereits eine SOH von 0 hat. Sie hat daher nur noch 80 % ihrer ursprünglichen Kapazität.

Bild 7.8 zeigt die Spannungskurve beim Laden der Zellen im Verhältnis zum SOC der Zelle C_1. Wir erinnern uns, dass die Spannungskurve der Zelle von der Zellchemie abhängt. Wenn wir also C_1 laden, beginnen wir bei einem SOC von 0 und erreichen die Ladeschlussspannung bei einem SOC von 1. Dasselbe gilt natürlich auch für C_2. Allerdings erreicht er die Ladeschlussspannung bereits bei 80 %.

Es ist zu erkennen, dass die Spannung der Zelle C_2 schneller ansteigt. Die Leerlaufspannung von C_2 erreicht ihr Maximum, wenn die Zelle C_1 nur zu 80 % geladen ist.

Im Gegensatz zu einem Kondensator ist die Zelle normalerweise noch leitend. Wir können weiterhin Strom durch die Zellen fließen lassen und so C_1 aufladen. Es gibt elektrochemi-

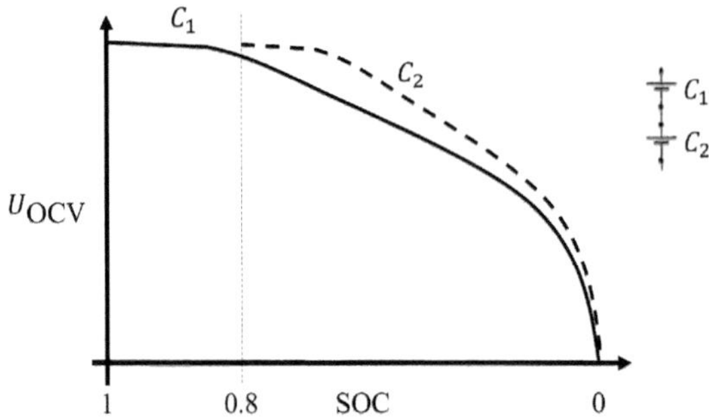

Bild 7.8 Zwei in Reihe geschaltete Batteriezellen mit unterschiedlichem SOH: Die ältere Zelle C_2 erreicht ihre maximale Spannung, während die jüngere Zelle C_1 noch einen Ladezustand von 80% hat.

sche Zellen, die einen Stromfluss durch die Zelle C_2 zulassen, obwohl keine elektrochemische Ladungsreaktion stattfindet. Dies ist jedoch nicht ohne Schaden für die bereits alte Zelle C_2. Sie erwärmt sich, und es kommt zu weiteren unerwünschten Reaktionen.

Es gibt sogar Zellchemien, die eine solche Überladung gar nicht zulassen. In diesem Fall muss der Ladevorgang unterbrochen werden, und dem Nutzer stehen nur noch 80% der Gesamtkapazität zur Verfügung, da die Zelle C_1 nicht weiter geladen wird. Dies widerspricht einer anderen Anforderung an elektrochemische Speicher:

ECS 5: `ALS Nutzer MÖCHTE ICH, dass Alterungseffekte und Produktionsstreuung, die die volle Nutzung des aktiven Materials verhindern, kompensiert werden, SODASS ich möglichst viel von der verfügbaren Kapazität nutzen kann.`

Damit **ECS 5** prinzipiell erfüllt werden kann, verwendet man Balancing-Verfahren, wie wir sie bereits bei den Superkondensatoren kennengelernt haben.

Bild 7.9 zeigt verschiedene Balancing-Methoden. Es wird zwischen passiven und aktiven Methoden unterschieden. Zu den aktiven Methoden gehören das kapazitive, induktive und trafogestützte Balancing. Das resistive Verfahren gehört zum passiven Balancing. Hier wird Energie abgeführt. Bei aktiven Verfahren wird Energie umverteilt.

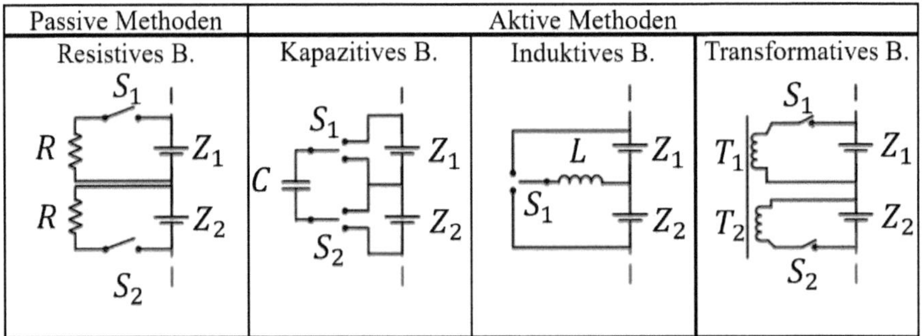

Bild 7.9 Verschiedene Arten des Zellausgleichs: Es wird zwischen passiven und aktiven Methoden unterschieden.

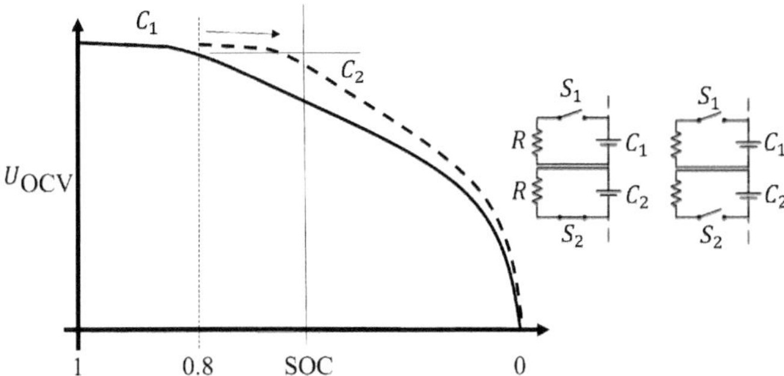

Bild 7.10 Passives Balancing zweier in Reihe geschalteter Zellen mit unterschiedlichen Alterungszuständen: C_1 stellt die Spannungs-Kapazitäts-Kurve einer neuen Zelle und C_2 die Kurve einer gealterten Zelle dar.

Betrachten wir noch einmal das passive Balancing, angewandt auf unser Beispiel in Bild 7.8. Bild 7.10 zeigt den passiven Ausgleichsprozess. Im ersten Schritt des Ladevorgangs wird die Zelle C_2 auf 100 % geladen, die Zelle C_1 auf 80 %. Wie beim Ausgleichen der Superkondensatoren beenden wir nun das Laden der beiden Zellen und beginnen mit dem ersten Ausgleichsschritt. Der an die Zelle C_2 angelegte Widerstand wird mit der Zelle kurzgeschlossen, indem der Schalter S_2 geschlossen wird. Die Zelle C_2 entlädt sich nun. Wir entladen die Zelle, bis sie die gleiche Zellspannung wie C_1 hat. Wenn dies erreicht ist, wird der Schalter S_2 an Zelle C_2 geöffnet. Wir laden nun die beiden Zellen weiter auf, bis C_1 wieder auf 100 % geladen ist. Dann wiederholen wir den Ausgleichsvorgang.

Dieser Vorgang lässt sich durch einen einfachen Aufbau realisieren. Für jede einzelne Zelle wird eine Spannungserkennung, ein Schalter und ein Widerstand benötigt. Der Nachteil ist, dass wir Energie verbrauchen und die bereits alte Zelle weiter zyklisieren. Das erhöht die Alterung der Zelle noch weiter.

Beim aktiven Balancing wird die Energie nicht mehr vernichtet, sondern aktiv umverteilt. In Bild 7.11 haben wir das Verfahren des kapazitiven Balancing dargestellt.

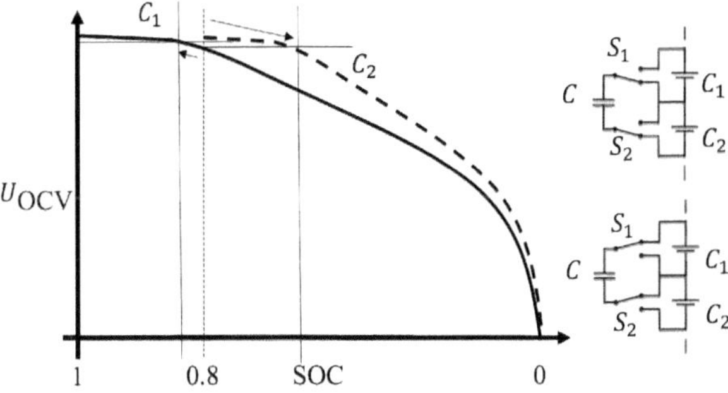

Bild 7.11 Kapazitives aktives Balancing zweier in Reihe geschalteter Zellen mit unterschiedlichen Alterungszuständen: C_1 stellt die Spannungs-Kapazitäts-Kurve einer neuen Zelle und C_2 die Kurve einer gealterten Zelle dar.

Im ersten Schritt des Ladevorgangs wird die Zelle C_2 auf 100 % aufgeladen. Die Zelle C_1 liegt wieder bei 80 %. Wir schalten den Ladestrom ab oder reduzieren ihn. Nun werden die Schalter S_1 und S_2 geschlossen und der Kondensator mit der Zelle verbunden. Die Zelle C_2 lädt den Kondensator auf und verringert damit seinen Ladezustand. Wenn der Kondensator geladen ist, liegt seine Spannung zwischen der Spannung von C_1 und der Ladeschlussspannung von C_2. Nun werden die Schalter S_1 und S_2 so geschaltet, dass der Kondensator an C_1 angeschlossen ist. Die Zelle C_1 wird durch den Kondensator aufgeladen. Wenn die Ladevorgänge geschickt gewählt werden, reicht ein Schritt aus, um ein Gleichgewicht herzustellen. Es geht keine Energie verloren, und es müssen weniger Iterationen durchgeführt werden.

Neben dem kapazitiven Balancing gibt es auch das induktive Verfahren. Es funktioniert im Prinzip genauso wie das kapazitive Balancing, allerdings wird hier die Energie in einer Spule zwischengespeichert. Die dritte Variante des aktiven Balancierens verwendet einen Transformator. Hier sind die Zellen an einen Transformator angeschlossen und werden einzeln geladen. Zugleich haben die Zellen die Möglichkeit, ihre Energie über den Transformator an eine andere Zelle abzugeben.

Aktive Ausgleichsverfahren verteilen die Energie. Bei der Umsetzung einer aktiven Ausgleichsmethode stellt sich also das Problem, auf welche Zellen die Energie verteilt werden soll. Die vorgestellten Methoden verteilen die Energie auf den nächsten Nachbarn. Wollen wir aktiv zwischen zwei räumlich getrennten Zellen einen Energieunterschied ausgleichen, müssen wir die Energie über die Zellen zwischen diesen beiden umverteilen. Dabei wird jede Zelle zyklisiert.

Anders sieht es beim passiven Balancing aus. Wir müssen hier nur darauf achten, welche Zelle die höchste Spannung hat und wie weit sie von der niedrigsten Spannung abweicht. Dann senken wir den Ladezustand der Zelle mit der höchsten Spannung so ab, dass sie sich der niedrigsten Spannung annähert [DOVDBVM11, FH17].

Die Wahl des Balancing-Verfahrens: passiv, aktiv oder gar keins?

Aktives oder passives Balancing? Welches sollten wir verwenden? In der praktischen Anwendung ist das am häufigsten verwendete Konzept das passive Balancing. Die Argumentation für dessen Verwendung ist die einfache, robuste und günstige Realisierung. Außerdem wird gerne darauf hingewiesen, dass die Qualität heutiger Zellen so hoch ist, dass die Zellen im Laufe ihres Lebenszyklus kaum auseinanderlaufen, weshalb auch einige Modulhersteller gänzlich auf ein Balancing verzichten.

Nun, ganz auf ein Balancing zu verzichten, ist definitiv keine gute Idee, da die Zellen vielleicht sehr geringe Produktionsvarianten aufweisen, aber nicht immer sichergestellt werden kann, dass auch die Umgebungseinflüsse so homogen sind, wie man sich das wünscht. In der Praxis haben solche Systeme oftmals eine erheblich geringere Lebensdauer.

Der Charme des aktiven Balancing ergibt sich zunächst durch den Aspekt des Energiesparens. Wir verschwenden ja keine Energie, sondern verteilen diese um. Es zeigt sich allerdings, dass die Energiemengen, die durch ein aktives Balancing-System erhalten bleiben, oftmals nicht die Kosten decken, die ein solches System kostet. Daher findet man aktives Balancing eher in Anwendungen mit hohen Leistungen. Hier laufen die Ladezustände der Zellen durch starke Strombelastung schneller auseinander, und oftmals besteht anwendungsbedingt nicht die Möglichkeit, allein mit einem passiven Balancing wieder einen Ausgleich zu schaffen.

Es lohnt sich daher, auf die Anwendung und die Modulkonstruktion zu schauen. Erst dann kann entschieden werden, ob ein aktives oder passives Balancing ausgewählt werden sollte. ■

Grundsätzlich wird der Ausgleich auf Modulebene und auf Stringebene vorgenommen. Das Balancing zwischen den Zellen ist auf das einzelne Modul beschränkt. Ob ein kontrolliertes Balancing auf Stringebene stattfindet, hängt von der verwendeten Zellchemie ab. Einerseits werden Strings zu- und abgeschaltet, d. h. wenn ein String eine höhere Spannung aufweist, wird er abgeschaltet und der andere String weiter geladen. Andererseits werden die auftretenden Ausgleichsströme genutzt. Natürlich muss dabei die Sicherheit der Batterie berücksichtigt werden. Auf der Ebene der Stränge wird geprüft, ob die Spannungen zwischen zwei Strängen identisch sind. Ist dies nicht der Fall, treten Ausgleichsströme auf, die die Batterie beschädigen können.

7.2.5 Soft turn-off und Alterungsreserven – Kapazitätsmanagement von Batteriesystemen

Sowohl die supraleitende Stromspeicherdrossel als auch der Superkondensator gingen während des Ladens und Entladens in die Sättigung. Man konnte zwar noch eine Ladespannung oder einen Ladestrom an sie anlegen, aber der elektrische Speicher nahm diese zusätzliche Energie nicht mehr auf. Auf ähnliche Weise konnten wir beide elektrische Speicherkomponenten vollständig entladen. Bei elektrochemischen Speichern hingegen ist eine Überladung oder eine Tiefentladung nur eingeschränkt oder gar nicht erlaubt. Die Auswirkungen auf die verschiedenen Zellchemien sind unterschiedlich: Einige Chemien werden instabil, andere verschleißen und verlieren ihre Kapazität, aber allen Chemien ist gemeinsam, dass sie eine Überladung oder Tiefentladung nicht gut vertragen.

Um die Lebensdauer der Zelle nicht zu verkürzen oder im schlimmsten Fall die Zelle instabil zu machen, müssen wir eine Tiefentladung oder Überladung der Zelle vermeiden. Die naheliegendste Methode ist die Überwachung der Zellenspannung und die Unterbrechung des Leistungsflusses, sobald die Zellenspannung einer Zelle innerhalb eines Strings das Abbruchkriterium erreicht. Diese Form der harten Abschaltung führt zu erheblichen Schwierigkeiten bei der Verwaltung der Leistung auf Systemebene. Nehmen wir zum Beispiel ein Solarstromspeichersystem, das an eine Solarstromanlage angeschlossen ist, die einen Haushalt mit Energie versorgt. Der Haushalt ist nicht an ein Netz angeschlossen. Solarenergie und Batterie sind die einzigen Energielieferanten. Wir haben einen hohen Verbrauch, der nicht vollständig von der Solarstromanlage gedeckt werden kann, also entlädt sich auch die Batterie. Nun kommen wir an den Punkt, an dem die Batterie leer ist. Da die Leistung der Solarstromanlage und der Batterie zusammen nicht ausreichen, schalten alle Verbraucher ab. Die Solarstromanlage liefert nun aber Strom, der gespeichert werden kann, weil die Verbraucher abgeschaltet sind. Die Batterie wird also aufgeladen. Nach kurzer Zeit ist die gespeicherte Energie ausreichend, um die Verbraucher zu versorgen. Wir schalten die Verbraucher wieder ein und entladen die Batterie mit der benötigten Leistung, bis wir die Batterie entladen haben und die Verbraucher wieder abschalten müssen.

Wir sehen, dass eine harte Abschaltung hier nicht sinnvoll ist. Stattdessen sollten wir mit einer Hysterese und einer weichen Steuerung arbeiten. Hier wird sowohl im oberen als auch im unteren Ladebereich eine Sicherheitsreserve definiert, die das System kurzzeitig nutzen kann, damit andere Systemkomponenten reagieren können. In unserem Beispiel würde eine Meldung an das Energiemanagementsystem erfolgen, dass der untere Sicherheitsbereich erreicht ist, und das Energiemanagementsystem könnte dann Verbraucher abschalten oder deren Leistung reduzieren oder einfach eine Warnung ausgeben.

Mit der Zeit werden elektrochemische Zellen älter. Dann kommen zwei weitere Effekte ins Spiel. Erstens nimmt der Innenwiderstand zu, und zweitens verringert sich die Kapazität der Zelle. Für den Hersteller stellt sich die Frage, wie er dies dem Nutzer vermitteln kann. Bei einigen Produkten wird diese Tatsache nicht besonders berücksichtigt. Bei einem Mobiltelefon wissen wir, dass ein voller Akku unmittelbar nach Kauf bedeutet, dass das Mobiltelefon eine Woche lang ohne Aufladen funktioniert. Und wir haben uns auch damit abgefunden, dass ein voller Akku nach einiger Jahren nur noch einen Tag lang hält. Dennoch ist das Akkusymbol auf dem Display in beiden Fällen nach dem Aufladen immer voll.

Es gibt Produkte, bei denen der Nutzer einen transparenten Blick auf die Batteriekapazität haben möchte. Bei Elektrofahrzeugen oder Solarstromspeichersystemen verlässt sich der Nutzer darauf, dass eine volle Batterie immer eine garantierte Energiemenge enthält. Um dies zu gewährleisten, wird für solche Batteriesysteme eine Alterungsreserve vorgesehen. Dem Nutzer steht immer die gleiche Energiemenge zur Verfügung. Der Kapazitätsverlust geht jedoch zu Lasten der Alterungsreserve.

Wir haben also zwei Perspektiven auf die Gesamtkapazität einer Batterie: die Kundenperspektive und die technische Perspektive. Die Beziehung zwischen diesen beiden Perspektiven ist in Bild 7.12 dargestellt. In der technischen Perspektive wird die Batteriekapazität in zwei Sicherheitsreserven unterteilt, die sich am oberen und unteren Ende des Ladezustands befinden. Dazwischen befindet sich eine Alterungsreserve. Ob diese im oberen oder unteren Bereich liegt, hängt von der Technologie ab. Nur die verbleibende Kapazität wird dem Kunden als nutzbare Kapazität präsentiert. In der Kundenperspektive wird nur die diese angezeigt.

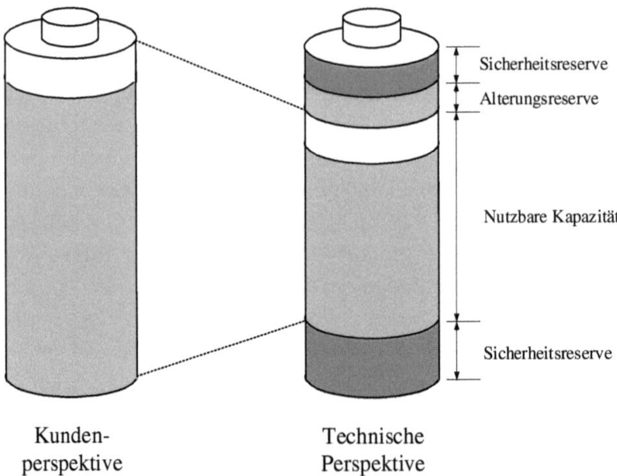

Bild 7.12 Kundenperspektive und technische Perspektive auf die Kapazität einer elektrochemischen Zelle

Das Verhältnis zwischen den verschiedenen Reserven hängt von der Technologie und der Anwendung ab. Als Hersteller ist man bestrebt, die Sicherheits- und Alterungsreserven so klein wie möglich zu halten. Denn das aktive Material, das in der Sicherheits- und Alterungsreserve ungenutzt bleibt, bedeutet zusätzliche Kosten.

7.2.6 Systemkomponenten elektrochemischer Speichersysteme

In diesem Abschnitt betrachten wir die Systemkomponenten, die in allen elektrochemischen Speichersystemen vorhanden sind. Darüber hinaus betrachten wir die Verant-

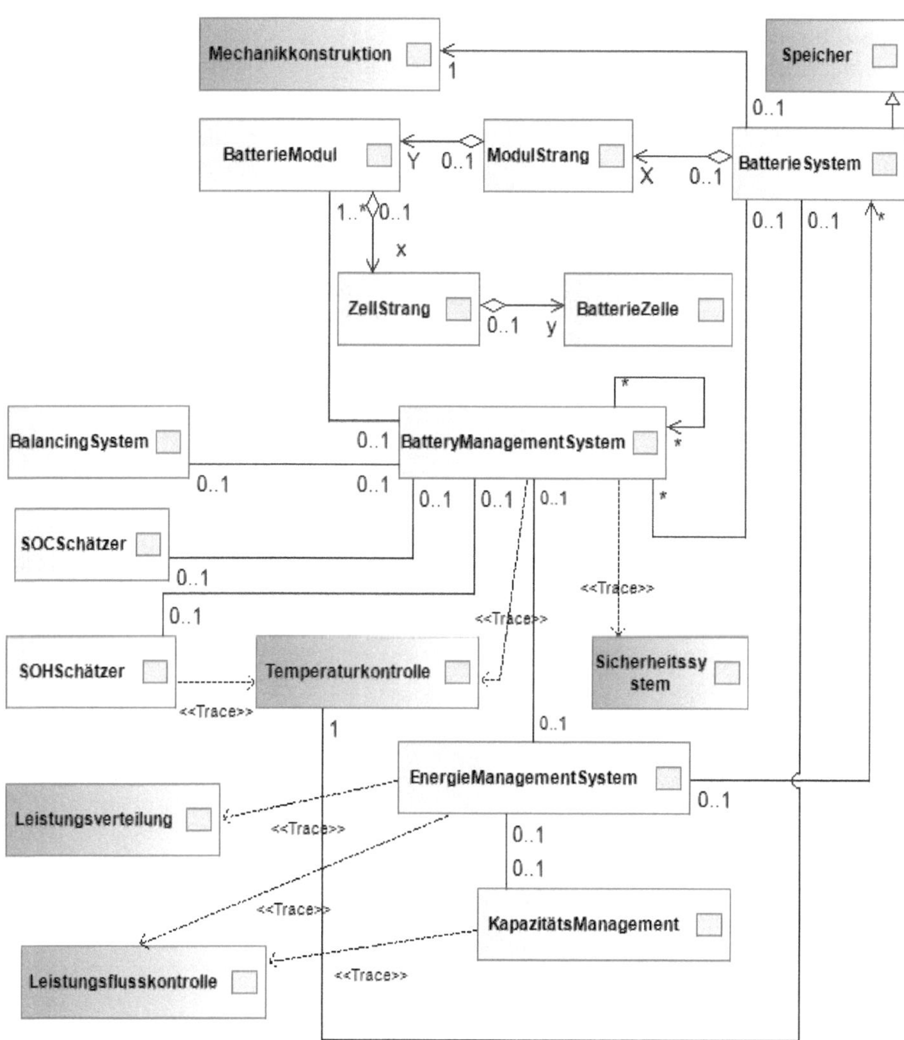

Bild 7.13 Systemkomponenten von elektrochemischen Speichersystemen

wortlichkeiten dieser Systemkomponenten in der Requirement Traceability Matrix zur Rückverfolgbarkeit. Wie bei allen Speichersystemen sind die Basisanforderungen **B 1–B 8** zu berücksichtigen. Da elektrochemische Speichersysteme immer auch elektrische Systeme sind, gelten die Anforderungen **ES 1–ES 5**. Darüber hinaus gelten die Anforderungen für elektrochemische Speichersysteme **ECS 1–ECS 5**, die wir in diesem Abschnitt bereits beschrieben haben. Bild 7.13 zeigt die Systemkomponenten eines elektrochemischen Speichersystems. Tabelle 7.2 und Tabelle 7.3 die Requirement Traceability Matrix. In Bild 7.13 haben wir diejenigen Komponenten grau markiert, die in einem Speichersystem generell immer vorhanden sein müssen und zu den Basiskomponenten gehören. Hier haben wir zwei Arten von Beziehungen. Zum einen handelt es sich um eine Generalisierungsbeziehung, d. h. eine Systemkomponente leitet sich von der Basiskomponente ab. Dies ist bei der Komponente `BatterieSystem` der Fall. Die andere Beziehung ist eine «`Trace`»-Beziehung, d. h. die Systemkomponente hat die Aufgabe, (Teil-)Aufgaben der Basiskomponente zu erfüllen. Dies ist der Fall bei der Komponente `EnergyManagementSystem`, die mit der Komponente `Leistungsflusskontrolle` in einer Beziehung steht.

Bild 7.13 ist in zwei Bereiche unterteilt. Der obere Bereich zeigt das elektrochemische Speichersystem: die Batterie. Die `BatterieZelle` ist über eine $xpys$-Schaltung mit einem `BatterieModul` verbunden. Die Module wiederum sind durch $XpYs$ miteinander verbunden und bilden ein System. Das `BatterieSystem` stellt also den `Speicher` dar und hat eine `Temperaturregelung` sowie eine `MechanikKonstruktion`. Wir können uns das `BatterieSystem` als eine unabhängige Einheit von verbundenen Batteriezellen vorstellen.

Der Bereich darunter zeigt die unterstützende Elektronik. Hier haben wir zwei Hauptkomponenten: das `BatteryManagementSystem` (BMS) und das `EnergyManagementSystem` (EMS). Diese beiden Komponenten können in dasselbe Gerät oder derselben Baugruppe integriert werden, sollten aber funktionell und architektonisch getrennt sein. Das BMS hat drei Unterkomponenten: das `BalancingSystem`, den `SOHSchätzer` und den `SOCSchätzer`. Das `BalancingSystem` sorgt für eine gute Ausnutzung der verfügbaren Kapazität und vermeidet das Überladen von Zellen mit unterschiedlichen Kapazitäten. `BatteryManagementSystem` und `BalancingSystem` sind Teil des Sicherheitskonzepts (**B 5**). Das `BatterieManagementSystem` ist also aus dem `Sicherheitssystem` abgeleitet. Wir sehen, dass das `BatterieManagementSystem` mit dem `BatterieModul` und dem `BatterieSystem` verbunden ist und mit anderen `BatterieManagementSystem` verbunden

Tabelle 7.2 Requirement Traceability Matrix – Grundanforderungen

	Basisanforderungen							
	B 1	B 2	B 3	B 4	B 5	B 6	B 7	B 8
`BatterieZelle`	X							
`BatterieSystem`						X		
`BalancingSystem`					X			
`BatterieManagementSystem`		X	X		X			
`SOHSchätzer`							X	
`SOCSchätzer`				X				
`EnergieManagement`		X					X	X
`KapazitätsManagement`								X

Tabelle 7.3 Requirement Traceability Matrix – Elektrische und elektrochemische Systeme

	Elek.Sys.					Elek.-chem.Sys.				
	ES 1	ES 2	ES 3	ES 4	ES 5	ECS 1	ECS 2	ECS 3	ECS 4	ECS 5
ZellStrang						X			X	
BatterieModul		X	X						X	
ModulStrang						X			X	
BatterieSystem	X	X	X				X		X	
BalancingSystem	X		X	(X)		X				
BatterieManagementSystem	X									
SOCSchätzer								X		
EnergieManagement										X
KapazitätsManagement										X

werden kann. Wie wir bereits bei der Vorstellung der Balancing-Methoden beschrieben haben, wird der Ausgleich jeweils an einem einzelnen Modul oder Strang vorgenommen. Um zu vermeiden, dass zwischen zwei Modulsträngen hohe Ausgleichsströme fließen, kann eine weitere `BatteryManagementSystem`-Komponente verwendet werden, um Stränge in Abhängigkeit von der Spannung ein- oder auszuschalten.

Der `SOHSchätzer` ist eine Systemkomponente, die Aussagen über die Betriebsparameter der Batterie macht und die Alterung bestimmt, also für **B 7** zuständig ist.

Der `SOCSchätzer` implementiert eine Methode zur Erfüllung von **ESC 3** bzw. **B 4** und macht eine Aussage darüber, wie viel Energie noch aus der Zelle entnommen werden kann.

Das `EnergyManagementSystem` (EMS) hat nur eine Unterkomponente: `KapazitätsManagement`. Das EMS ist dem `BatterieSystem` zugeordnet und übernimmt die Aufgaben der `Leistungsflussregelung`. Um die **ECS 5**-Anforderung zu realisieren, nutzt das EMS das `KapazitätsManagement`. Es ist für die Kapazität der gesamten Speicherkomponente zuständig.

Die Aufgabenteilung zwischen `EnergyManagementSystem` und `BatteryManagementSystem` ist eine Trennung zwischen anwendungsbezogenen und allgemeinen Aufgaben. Die allgemeinen Aufgaben, die unabhängig von der spezifischen Anwendung sind, finden im `BatteryManagementSystem` statt – unabhängig davon, ob das Batteriesystem für ein stationäres Großspeichersystem oder für den Antriebsstrang eines Elektrofahrzeugs eingesetzt wird. Die Aufgaben des `BatteryManagementSystem` bleiben die gleichen. Unterschiedlich ist jeweils die Art und Weise, wie die Leistungsflüsse und die Kapazität der Batterie geregelt werden. Hier kommen unterschiedliche, anwendungsrelevante Anforderungen zusammen, deren Einhaltung dem `EnergyManagementSystem` zugeordnet wird.

Da das `BatteryManagementSystem` auch für die sicherheitsrelevanten Anforderungen zuständig ist, haben wir durch die Trennung der beiden Komponenten auch eine Trennung zwischen dem Teil, der im Rahmen von Produkthaftungsvorschriften und Sicherheitsnormen von externen Labors geprüft und zertifiziert werden muss, und dem Teil, der einfach geändert werden kann.

Betrachtet man die Requirement Traceability Matrix, so stellt man fest, dass die Anforderung **ES 5** keine Zuordnung hat und **ES 4** eine Zuordnung hat, die in Klammern steht. **ES 4** befasst sich mit der Anforderung, dass die Schaltverluste minimiert werden sollten. In einem `BatterieSystem` gibt es normalerweise keine Komponenten, die Schaltvorgänge mit hoher Frequenz ausführen. Eine Ausnahme bilden aktive Balancing-Systeme, die induktiv oder mit einem Transformator arbeiten. Aus diesem Grund haben wir **ES 4** dem Balancing-System zugeordnet, aber in Klammern gesetzt.

ES 5 beschreibt die Anforderung, dass die Spannung über verschiedene Spannungsebenen transformiert werden muss. Diese Anforderung kann nicht durch ein Batteriesystem realisiert werden. Hierfür ist eine leistungselektronische Komponente notwendig. Diese kann, muss aber nicht Teil des Batteriesystems sein. Da die Wahl der Spannungsebene jedoch von anderen Systemkomponenten des gesamten Speichersystems abhängt, wird vermieden, dass die Leistungselektronik Teil des Batteriesystems ist.

7.2.7 Zusammenfassung

In diesem Abschnitt haben wir die allgemeinen Eigenschaften elektrochemischer Speicher beschrieben. Ihr grundlegender Mechanismus basiert auf der Umwandlung von Stoffen durch Elektronentransport. Man unterscheidet zwischen elektrochemischen Speichern, bei denen die Umwandlung nicht reversibel ist (Primärbatterien), und solchen, die eine reversible Umwandlung als Speichermechanismus nutzen. Diese werden als Sekundärbatterien bezeichnet und sind der Schwerpunkt dieses Abschnitts.

Wir haben gesehen, dass einige Effekte beobachtet werden können, die auch bei Superkondensatoren zu beobachten waren. Es gibt jedoch einen sehr deutlichen Unterschied. Alle elektrochemischen Speichersysteme arbeiten in einem durch die Zellchemie definierten Spannungsbereich. Die Spannung der Zelle hängt vom Ladezustand ab. Die Beziehung zwischen Spannung und Ladezustand ist chemieabhängig und im Allgemeinen nichtlinear.

Ähnlich wie bei Superkondensatoren kann ein Ausgleich zwischen verschiedenen Zellen erforderlich sein. Ein Grund dafür ist die Alterung von elektrochemischen Zellen. Hier wird zwischen kalendarischer Alterung und Zyklenalterung unterschieden. Beide Effekte können voneinander getrennt werden, treten aber immer zusammen auf. Alterungseffekte können durch verschiedene Maßnahmen, die von der Zellchemie abhängen, minimiert werden.

In den nächsten Abschnitten werden wir uns vier Zellchemien näher ansehen. Wir beginnen mit der Bleisäurebatterie oder Bleibatterie, der ältesten und am weitesten verbreiteten elektrochemischen Speichertechnologie. Danach betrachten wir die Familie der Lithium-Ionen-Batterien, die sich seit ihrer Einführung wachsender Beliebtheit erfreut und im Consumer-Bereich oder in der Elektromobilität sehr verbreitet ist. Neben den Lithium-Ionen-Batterien werden auch Hochtemperaturbatterien für Netzspeichersysteme eingesetzt. Wir beschäftigen uns hier mit der Natrium-Schwefel-Batterie und schließen das Kapitel mit einer Betrachtung der Redox-Flow-Technologie ab.

7.3 Bleisäurebatterie

In diesem Abschnitt werden wir uns mit der Bleisäurebatterie oder kurz Bleibatterie befassen. Diese Technologie wurde bereits am Ende des 19. Jahrhunderts entwickelt. Sie ist die am weitesten verbreitete Technologie. In Fahrzeugen mit Verbrennungsmotoren wird sie als Starterbatterie eingesetzt und treibt den Anlasser an, bis der Verbrennungsmotor gestartet wird. In unterbrechungsfreien Stromversorgungen wird sie als Pufferbatterie eingesetzt, und Gabelstapler nutzen die Bleibatterie als mobile Stromversorgung. Diese Anwendungen machen sich die Tatsache zunutze, dass diese Batterie kurzzeitig hohe Lade- und Entladeströme liefert und über einen längeren Zeitraum problemlos voll geladen werden kann. Ihr großer Nachteil, das Gewicht, wird bei Gabelstaplern ausgenutzt, wo die Bleibatterie auch als Gegengewicht zur transportieren Last dient.

Die Bleibatterie ist einfach aufgebaut und funktioniert mit verbreiteten Materialien: Wasser, Schwefelsäure H_2SO_4, Blei und Bleioxid. Sie kann daher mit einfachen Mitteln hergestellt und recycelt werden. Das unterstützt ihre weltweite Verbreitung.

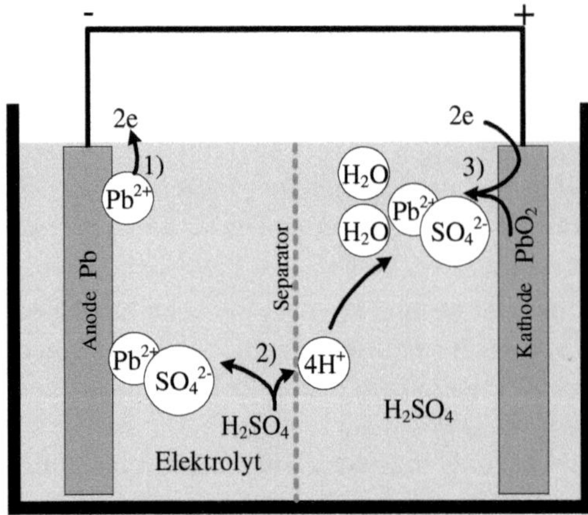

Bild 7.14 Aufbau einer Bleibatterie und Veranschaulichung der elektrochemischen Reaktionen einer Bleibatterie. Die Anode besteht aus Blei, während die Kathode mit Bleioxid beschichtet ist. Der Elektrolyt besteht aus Wasser und Schwefelsäure.

Ihr Aufbau entspricht der Abbildung in Bild 7.14. Wir verwenden eine Bleiplatte Pb als Anode. Die Kathode ist ebenfalls eine Bleiplatte, die jedoch mit einer Schicht aus Bleioxid PbO_2 überzogen ist. Diese Schicht ist Teil des aktiven Materials und wird für die Reaktion benötigt. Beide Platten werden in ein Schwefelsäurebad H_2SO_4 getaucht. Die Konzentration der Schwefelsäure wird durch Zugabe von Wasser verringert.

7.3.1 Primäre und sekundäre Reaktionen

Wir betrachten zunächst die Primärreaktionen, die während des Lade- und Entladevorgangs in einer Bleibatteriezelle beobachtet werden. Die einzelnen Schritte sind in Bild 7.14 dargestellt und nummeriert. Während des Entladevorgangs wandert ein Elektron von der Anodenseite zur Kathodenseite. Zu diesem Zweck wird ein Bleiatom Pb ionisiert und gibt zwei Elektronen 2e ab und wird zu einem doppelt positiv geladenen Blei-Ion Pb^{2+} (Bild 7.14).

$$Pb \rightleftharpoons 2e + Pb^{2+} \tag{7.32}$$

Im Elektrolyten findet nun eine Aufspaltung der Schwefelsäure H_2SO_4 statt. Das positive Blei-Ion verbindet sich mit dem Schwefeloxid ${SO_4}^{2-}$, wobei vier positive Wasserstoffionen $4H^+$ übrig bleiben (Bild 7.14 2).

$$Pb^{2+} + H_2SO_4 \rightleftharpoons PbSO_4 + 4H^+ \tag{7.33}$$

Bei einer Bleibatterie ist der Elektrolyt nicht nur ein Medium für den Transport von Ladungsträgern, sondern Teil der elektrochemischen Reaktion.

Nachdem diese beiden Reaktionen stattgefunden haben, bleiben zwei Elektronen 2e und vier ionisierte Wasserstoffatome $4H^+$ übrig. Um Strom aus der Zelle zu gewinnen, brauchen wir eine Reaktion, die zwei Elektronen auf der Kathodenseite bindet. Die Kathode ist mit einer Schicht aus PbO_2 versehen. Das Bleioxid reagiert mit den vier ionisierten Wasserstoffatomen $4H^+$ und nutzt die zwei Elektronen.

$$PbO_2 + 4H^+ + 2e \rightleftharpoons 2H_2O + Pb^{2+} \tag{7.34}$$

Das doppelt positive Blei-Ion „stört“ uns immer noch, weil es immer noch reaktiv ist. Aber von der Anodenreaktion 7.33 wissen wir, dass das Ion mit der Schwefelsäure reagieren kann. Wenn wir 7.34 und 7.33 kombinieren, erhalten wir die vollständige Reaktion auf der Kathodenseite (Bild 7.14):

$$PbO_2 + 4H^+ + 2e \rightleftharpoons 2H_2O + PbSO_4 \tag{7.35}$$

Wir können die verschiedenen Einzelreaktionen zu einer elektrochemischen Gesamtreaktion zusammenfassen:

$$Pb + PbO_2 + 2H_2SO_4 \rightleftharpoons 2PbSO_4 + 2H_2O \tag{7.36}$$

Wenn die Reaktion von links nach rechts abläuft, entladen wir die Bleibatterie. Findet die Reaktion von rechts nach links statt, laden wir die Batterie auf.

Bei der Bleibatterie haben wir eine Möglichkeit, den Ladezustand direkt zu bestimmen. Je nach Ladezustand ändert sich die Konzentration der Schwefelsäure H_2SO_4. Beim Entladen steigt der Anteil des Wassers. Beim Aufladen steigt der Anteil an Schwefelsäure. Wenn wir die Konzentration der Schwefelsäure in der Batterie messen können, können wir eine Aussage über den Ladezustand machen, wenn nicht andere Effekte für die Konzentrationsänderung verantwortlich sind.

Übung 7.6 Gleichgewichtsspannung einer Bleibatterie

In Gleichung 7.7 hatten wir eine Beziehung zwischen der freien Reaktionsenthalpie ΔG und der Spannung einer Zelle abgeleitet. In Tabelle 7.4 sind die Werte für die Reaktionsenthalpie der einzelnen Reaktionselemente der Bleibatteriereaktion dargestellt [HN11]. Welche Gleichgewichtsspannung ergibt sich aus diesen Werten? Es ist zu beachten, dass nach Gleichung 7.35 zwei Elektronen an einem Reaktionsschritt beteiligt sind. Für die Faraday-Konstante verwenden wir $F = 96{,}485\,\mathrm{As}$.

Lösung: Wir nutzen die Beziehung zwischen der für die Reaktion erforderlichen Reaktionsenthalpie und dem elektrischen Potenzial:

$$\Delta G = E_{el} = Q\Delta U = nFz\Delta U$$

ΔG ergibt sich aus der Summe der Reaktionsenthalpie der einzelnen Reaktanten:

$$\Delta G = 0\frac{\mathrm{kJ}}{\mathrm{mol}} + 215\frac{\mathrm{kJ}}{\mathrm{mol}} + 2\cdot 744\frac{\mathrm{kJ}}{\mathrm{mol}} - 2\cdot\left(813\frac{\mathrm{kJ}}{\mathrm{mol}} + 237\frac{\mathrm{kJ}}{\mathrm{mol}}\right) = -397\frac{\mathrm{kJ}}{\mathrm{mol}}$$

Mit dem Wert für ΔG können wir nun die Spannung ermitteln:

$$\Delta U = \frac{\Delta G}{nF} = \frac{-397\frac{\mathrm{kJ}}{\mathrm{mol}}}{2\cdot 96{,}485\,\mathrm{As}} = -2{,}05\,\mathrm{V}$$

■

Die Reaktion 7.36 ist die Primärreaktion, sie beschreibt die Speicherung von elektrischer Energie. Die Spannung, die wir von einer solchen Bleibatterie erwarten können, beträgt

Tabelle 7.4 Werte für die freie Reaktionsenthalpie der Bleibatteriereaktion

	Pb	PbO_2	H_2SO_4	$PbSO_4$	H_2O
G (kJ/mol)	0	215	744	813	237

nach der Abschätzung aus Übung 7.6 etwa 2 V. Zusätzlich zu dieser Primärreaktion treten während des Betriebs der Bleibatterie Sekundärreaktionen auf, die die kalendarische Lebensdauer und die Anzahl der Zyklen verringern.

Wenn eine Bleibatterie fast vollständig geladen ist, hat sich ein großer Teil des Bleisulfats bereits in Blei oder Bleioxid umgewandelt. Wird die Batterie weiterhin mit einem hohen Strom geladen, wird das Wasser an der Kathode durch Elektrolyse gespalten.

$$H_2O - 2e \longrightarrow \frac{1}{2}O_2 + 2H^+ \tag{7.37}$$

An der Anode rekombinieren die Wasserstoffionen wieder mit den Elektronen und bilden Wasserstoff:

$$2H^+ + 2e \longrightarrow H_2 \tag{7.38}$$

Die resultierende Gesamtreaktion ist:

$$H_2O \longrightarrow H_2 + \frac{1}{2}O_2 \tag{7.39}$$

Wenn wir eine Bleibatterie überladen, bildet sich Wasserstoff, und die Wassermenge in der Bleibatterie verringert sich, während der Wasserstoff an die Umwelt abgegeben wird. Dies führt uns zu der ersten Anforderung, die wir beim Betrieb einer Bleibatterie berücksichtigen müssen (**ECS-LA** = „Electrochemical storage – lead acid"):

```
ECS-LA1: ALS Nutzer MÖCHTE ICH sicherstellen, dass ich die Batterie
nicht überlade, SODASS die Bildung von Wasserstoff und damit die
Reduktion von Wasser im Elektrolyten verhindert wird.
```

Die Bildung von Wasserstoff ist hier nicht das einzige Problem. Der dabei freigesetzte Sauerstoff reagiert mit dem Blei der Anode und bildet Bleioxid:

$$Pb + \frac{1}{2}O_2 \longrightarrow PbO \tag{7.40}$$

Dieses Bleioxid reagiert mit der Schwefelsäure unter Bildung von Bleisulfat und Wasser:

$$PbO + H_2SO_4 \longrightarrow PbSO_4 + H_2O \tag{7.41}$$

Diese Reaktionen können kombiniert werden, um folgende Reaktion zu erhalten:

$$Pb + H_2SO_4 + \frac{1}{2}O_2 \longrightarrow PbSO_4 + H_2O \tag{7.42}$$

Dies kompensiert zwar die Verringerung der Wasserkonzentration, die in Gleichung 7.39 auftritt. Aber diese Bildung von $PbSO_4$ ist keine reversible Reaktion, d. h. sie kann nicht mehr rückgängig gemacht werden. Bei einer fast voll geladenen Batterie und hohen Ladeströmen treten also zwei Effekte auf: Es wird ein Überschuss an Wasserstoff gebildet, während Sauerstoff reduziert wird.

Da die Reaktionen in Gleichung 7.39 und 7.42 vor allem bei hohen Ladeströmen oder bei einer fast vollgeladenen Batterie auftreten, kann man diesen Effekt durch eine Reduzierung des Lade- und Entladestroms gemäß **ECS-LA 1** verringern.

Beim Betrieb einer Bleibatterie kommt es zu Korrosion an den Elektroden. Das Blei der Anode reagiert mit dem Wasser und bildet Bleioxid:

$$Pb + 2H_2O \longrightarrow PbO_2 + 4H^+ + 4e \tag{7.43}$$

Auch diese Reaktion ist nicht umkehrbar und führt zu dauerhaften Schäden an der Batterie. Da das Blei auf der Anode für die Primärreaktion benötigt wird, reduziert diese Reaktion das aktive Material. Die Reaktion 7.43 ist die Hauptursache für die kalendarische Alterung. Sie tritt auch häufiger auf, wenn hohe Ladeströme vorhanden sind.

Bei der Einführung der Leistungsflussdiagramme in Kapitel 2 hatten wir beschrieben, dass Speicher mit der Zeit einen Teil der gespeicherten Energie verlieren können. Das Ausmaß der Selbstentladung hängt von der Technologie ab. Bei Schwungradspeichern ist die Ursache für die Selbstentladung die mechanische Reibung und der Luftwiderstand. Bei einem Stromspeicher ist sie auf den Innenwiderstand der nicht idealen elektrischen Komponenten zurückzuführen. In einer elektrochemischen Zelle können chemische Reaktionen auftreten, die entweder eine Umkehrung der ursprünglichen Reaktion oder eine veränderte Form darstellen, die energetisch stabiler ist als der aktuelle Zustand. Eine solche Reaktion kann in einer Bleibatterie beobachtet werden.

Sie liegen jedoch auf einem niedrigeren Energieniveau und erzeugen Wärme. Sie sind daher nicht auf eine Energiezufuhr von außen angewiesen. Es gibt zwei Selbstentladungsreaktionen, die an der Anode und an der Kathode beobachtet werden können. An der Kathode reagiert Bleioxid PbO_2 mit Schwefelsäure H_2SO_4 unter Bildung von Bleisulfat $PbSO_4$, Wasser und Sauerstoff:

$$PbO_2 + H_2SO_4 \longrightarrow PbSO_4 + H_2O + \frac{1}{2}O_2 \tag{7.44}$$

An der Anode reagiert das Blei mit der Schwefelsäure unter Bildung von Bleisulfat und Sauerstoff:

$$Pb + H_2SO_4 \longrightarrow PbSO_4 + H_2 \tag{7.45}$$

Sowohl bei der Reaktion 7.45 als auch bei der Reaktion 7.44 ist kein Elektronenfluss erforderlich. Diese Reaktion findet ausschließlich zwischen dem aktiven Material in den Elektroden und dem Elektrolyten statt. Die Folge ist jedoch eine Verringerung der Konzentration von Schwefelsäure H_2SO_4 sowie eine Verunreinigung des aktiven Materials. Außerdem sind die Reaktionen nicht umkehrbar. Glücklicherweise ist die Bildung von $PbSO_4$ eine langsame Reaktion. In einer Bleibatterie beobachtet man eine Selbstentladung von 0,5 % – 5 % pro Tag. Die Selbstentladungsrate nimmt jedoch mit dem Alter der Batterie zu.

Übung 7.7 Selbstentladung einer Bleibatterie

Eine Bleibatterie hat eine Speicherkapazität von $\kappa(0\,\text{d}) = 25\,\text{Ah}$ und eine Nennspannung von $U = 24\,\text{V}$. Diese Batterie ist voll geladen. Aber schon am zweiten Tag wird eine Kapazität von $\kappa(1\,\text{d}) = 582\,\text{Wh}$ gemessen. Nach wie vielen Tagen hat die Batterie die Hälfte ihrer ursprünglich gespeicherten Energie durch Selbstentladung verloren?

Lösung: Zunächst bestimmen wir die Kapazität in Wh am Tag 0.

$$\kappa(0\,\mathrm{d}) = 25\,\mathrm{Ah} \cdot 24\,\mathrm{V} = 600\,\mathrm{Wh}$$

Wenn wir die Selbstentladungsrate α kennen, können wir die Kapazität am Tag x berechnen:

$$\kappa(x\,\mathrm{d}) = \kappa(0\,\mathrm{d}) \cdot \alpha^x$$

Mit diesem Ansatz kann die Selbstentladungsrate α aus den Messungen bestimmt werden:

$$\alpha = \frac{\kappa(1\,\mathrm{d})}{\kappa(0\,\mathrm{d})} = \frac{582\,\mathrm{Wh}}{600\,\mathrm{Wh}} = 0{,}97$$

Mit einem Wert für α können wir berechnen, nach wie vielen Tagen die Kapazität 300 Wh entspricht:

$$\begin{aligned} 600\,\mathrm{Wh} \cdot \alpha_0^x &= 300\,\mathrm{Wh} \\ \alpha_0^x &= \frac{1}{2} \\ \ln(\alpha) x_0 &= \ln\left(\frac{1}{2}\right) \\ x_0 &= \frac{\ln\left(\frac{1}{2}\right)}{\ln(\alpha)} \\ x_0 &= \frac{-0{,}6931}{-0{,}0304} = 22{,}79\,\mathrm{d} \end{aligned}$$

Nach etwa 22,79 Tagen hat die Batterie aufgrund der Selbstentladung die Hälfte ihres ursprünglichen Energiegehalts verloren. ■

Wie wir in Übung 7.7 gesehen haben, sind Bleibatterien nicht unbedingt für die Speicherung von Energie über einen langen Zeitraum (Tage oder Wochen) geeignet. Man nutzt sie besser für Anwendungen, bei denen Energie über einen relativ kurzen Zeitraum gespeichert werden soll. Zum Beispiel für eine autarke Energieversorgung, bei der die Batterie tagsüber mithilfe von Solar- oder Windenergie aufgeladen und nachts entladen wird, ist eine Bleibatterie gut geeignet. Vor allem, weil die Kosten für eine Bleibatterie und die weite Verbreitung dieser Technologie eine einfache Umsetzung ermöglichen.

Im nächsten Abschnitt werden wir uns mit dem Verhalten der Bleibatterie und den Voraussetzungen für ihren Einsatz befassen.

7.3.2 Verhalten und Anforderungen – Vom Umgang mit Bleibatterien

Aufgrund des einfachen Aufbaus und der Verfügbarkeit der verwendeten Materialien sind Bleibatterien weit verbreitet. Für den Betrieb einer Bleibatterie gibt es Anforderungen zu beachten, die ihren Ursprung in der Elektrochemie haben.

Betrachten wir zunächst die Beobachtungen, die zu der Anforderung **ECS-LA 1** geführt haben. Wenn die Bleibatterie einen hohen Ladezustand erreicht hat und weiterhin geladen wird, führt die Reaktion 7.39 dazu, dass auf der Kathodenseite Wasserstoff verbraucht wird, während auf der Anodenseite die Reaktion 7.43 dazu führt, dass Sauerstoff entsteht. Wenn wir einen Weg finden, den Sauerstoff und den Wasserstoff von der Kathode zur Anodenseite zu transportieren, dann könnte die Alterung der Batterie verringert werden, da dann der Wasserstoff mit dem Sauerstoff reagiert und Wasser entsteht. In verschlossenen Bleibatterien wird dieser Ansatz realisiert. In verschlossenen Bleibatterien ist der Elektrolyt in einem Vlies oder Gel gelöst, das den Sauerstoff oder Wasserstoff leitet. Dadurch entsteht ein Sauerstoff-Wasserstoff-Kreislauf, der die Alterung reduziert und den Einsatz von Bleibatterien mit deutlich höheren Lade- und Entladeströmen ermöglicht.

Wir haben hiermit eine erste Realisierung, die es uns erlaubt, **ECS-LA 1** zu erfüllen. Wir haben aber noch andere Möglichkeiten, um die Reaktionen zu vermeiden. Dazu müssen wir weitere Anforderungen beachten, die aber auch für verschlossene Batterien gelten.

ECA-LA 2: ALS Nutzer MÖCHTE ICH einen dauerhaft hohen Lade- und Entladestrom vermeiden, SODASS die Wasserstoffbildung vermieden wird.

ECA-LA 3: ALS Nutzer MÖCHTE ICH einen hohen Lade- und Entladestrom vermeiden, wenn die Batterie voll ist, SODASS eine Verringerung der Sauerstoffkonzentration vermieden wird.

Bei der Umsetzung von **ECS-LA 2** und **ECS-LA 3** werden wir mit einer Schwierigkeit konfrontiert. Wenn ein Entladestrom I_B vorhanden ist, können wir die Leerlaufspannung der Batterie nicht mehr direkt messen. Die Spannung, die wir an der Batterie U_B messen, ist die Summe aus der Leerlaufspannung und der Spannung, die sich aus dem Innenwiderstand R_i ergibt:

$$U_{Batt} = U_{OCV}(SOC) + R_i I_B \qquad (7.46)$$

Beim Laden der Batterie messen wir eine höhere Spannung und beim Entladen eine niedrigere Spannung. Die Einhaltung von **ECS-LA 2** und **ECS-LA 3** ist schwierig, weil wir nicht genau wissen können, welchen Ladezustand wir im Lade- und Entladevorgang haben. Daher werden **ECS-LA 2** und **ECS-LA 3** durch einen Laderegler umgesetzt. Um zu verstehen, wie ein Laderegler hier arbeitet, kehren wir zu unserem Beispiel des Türstehers zurück. Bisher bestand seine einzige Aufgabe darin, dafür zu sorgen, dass sich nicht zu viele Leute in der Bar aufhalten. Dazu hatte er zwei Möglichkeiten: Er konnte zählen, wie viele rein- oder rausgingen, oder er konnte die Türen schließen, in die Bar gehen und die Gäste durchzählen. Jetzt hat unser Türsteher aber noch eine neue Aufgabe bekommen. Er muss dafür sorgen, dass nicht zu viele Leute pro Zeit die Bar betreten oder verlassen. Die Anzahl der Personen, die er durchlassen kann, soll jedoch von der Anzahl der Personen in der Bar abhängen. Die Anzahl der Personen in der Bar entspricht dem Ladezustand der Batterie. Die Anzahl der Personen, die durch die Tür gehen, entspricht dem Lade- oder Entladestrom.

Ein Ansatz für den Türsteher besteht darin, die Anzahl der Personen, die die Bar betreten und verlassen, auf eine konstante Anzahl zu begrenzen. Er tut dies unabhängig davon, wie viele Personen sich in der Bar befinden. Für den Laderegler würde dies bedeuten, dass der Ladestrom unabhängig vom Ladezustand der Batterie begrenzt wird. Dieses Verfahren hat natürlich den Nachteil, dass die Lade- und Entladeleistung begrenzt ist. Für unseren Türsteher kann das lange Schlangen vor der Bar bedeuten und einen frustrierten Chef, der Umsatzeinbußen befürchtet, wenn nicht genügend Leute in der Bar sind.

Nachdem sich der Chef beim Türsteher beschwert hat, kommt dieser auf eine bessere Idee: Er führt bereits Buch über die Anzahl der Personen in der Bar. So kann er die Anzahl der

Personen, die durch die Tür ein- und ausgehen, an die Anzahl der Personen in der Bar anpassen. Dies wäre vergleichbar mit einem Laderegler, der den maximalen Lade- und Entladestrom in Abhängigkeit vom geschätzten oder gemessenen Ladezustand anpasst. Dieses Verfahren funktioniert sowohl für den Laderegler als auch für den Türsteher nur so lange gut, wie die Schätzung gut ist. Wenn aber die Schätzung der Gäste in der Bar schlecht ist, läuft der Türsteher Gefahr, zu viele Menschen durch die Tür hinein- und hinauszulassen.

Es gibt noch einen dritten Ansatz: Er schaut, wie viele Leute an der Garderobe stehen, und passt die Anzahl der Leute, die er in die Bar lässt, entsprechend an. Während er bei den ersten beiden Ansätzen den Personenstrom reguliert hat, reguliert er nun die Differenz zwischen den Personen, die an der Garderobe warten, und denen, die zur Garderobe gehen wollen. Das hat natürlich auch einen Einfluss auf den Zu- oder Abfluss von Personen am Eingang. Übertragen wir diesen Ansatz auf den Laderegler, bedeutet dies, dass er die Spannung der Batterie misst und auf eine bestimmte Zielspannung regelt.

Um die Umsetzung in einem Laderegler besser zu verstehen, schauen wir uns die Schaltung in Bild 7.15 an. Wir haben eine Spannungsquelle, die über einen DC/DC-Wandler mit einer Batterie verbunden ist. Ein Spannungssensor ist ebenfalls an die Batterie angeschlossen, und seine Signale werden an den Laderegler übertragen. Der Laderegler steuert den DC/DC-Wandler. Er kann sowohl einen Strom als auch eine Spannung vorgeben.

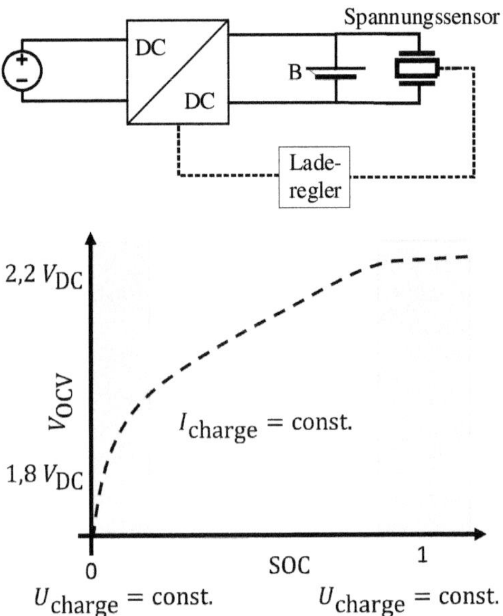

Bild 7.15 Ladeverfahren für Bleibatterien: Bei niedrigem und hohem Ladezustand wird eine Konstantspannungslademethode verwendet, dazwischen wird eine Konstantstromlademethode verwendet.

Bei den ersten beiden oben beschriebenen Methoden legt der Laderegler den Ladestrom zwischen Batterie und DC/DC-Wandler fest. Dies wird als Konstantstromladung oder I-Ladung bezeichnet. Der DC/DC-Wandler stellt die Ausgangsspannung auf der Batterieseite so ein, dass ein bestimmter Strom von der Spannungsquelle zur Batterie fließt. Bei der dritten Methode ist die Spannung fest vorgegeben. Man spricht hier von einer Konstantspannungsladung oder U-Ladung. Hier geht der Laderegler so vor, dass er dem DC/DC-Wandler die Zielspannung U vorgibt, die an der Batterie eingestellt werden soll. Der Strom, der sich beim Laden automatisch einstellt, ist proportional zur Spannungsdifferenz zwischen dem DC/DC-Wandler und der Batteriespannung. Je kleiner diese Spannungsdifferenz ist, desto geringer ist der Strom. Die Batteriespannung nähert sich asymptotisch der Zielspannung an.

In Bild 7.15 haben wir eine etwas andere Darstellung gewählt. Hier sehen wir den Ladezustand auf der horizontalen Achse und die Zellenspannung auf der vertikalen Achse. An den beiden äußeren Bereichen, d. h. einem hohen bzw. einem niedrigen Ladezustand, findet bei einer Bleibatterie eine U-Ladung statt. Dies hat den Vorteil, dass die Batteriekapazität gut ausgenutzt werden kann, ohne die Anforderungen an den Ladestrom zu verletzen.

Im mittleren Bereich wird dagegen mit einer I-Ladung gearbeitet. Die Konstantspannungsladung hat den Nachteil, dass die Ladeleistung nicht feststeht, sondern durch die elektrochemischen Prozesse bestimmt wird. Um ein Speichersystem auf der Systemebene steuern zu können, ist es jedoch notwendig, die Leistungsflüsse zu kontrollieren. Diese lassen sich durch eine Konstantstromregelung wesentlich besser abbilden. Denn kennt man den Ladezustand der Batterie, kennt man auch ihre Spannung und kann über die Beziehung $I = \frac{P}{U}$ den für eine bestimmte Leistung benötigten Strom einstellen.

Die bisherigen Anforderungen zielten darauf ab, den Einfluss von Nebenreaktionen zu reduzieren, die vor allem dann auftreten, wenn die Batterie einen hohen Ladezustand erreicht hat und große Ströme fließen. Wir wollen nun der Frage nachgehen, welchen Einfluss der Entladestrom auf die verfügbare Energiemenge hat. Zu diesem Zweck führen wir das Konzept der C-Rate ein. Die C-Rate ist das Äquivalent zur E-Rate, die wir bereits aus Kapitel 2 kennen. Die E-Rate stellt das Verhältnis von Ladeleistung und Kapazität bezogen auf eine Ladung innerhalb einer Stunde dar. Bei einem Speicher mit einer Kapazität von 25 Wh und einer Entladung mit einer Leistung von 5 W beträgt die E-Rate 0,5. Bei elektrochemischen Speichern ist es üblich, den Energiegehalt nicht nur in Wh, sondern auch in Ah anzugeben. Der Grund dafür ist, dass die Batterie als eine Spannungsquelle betrachtet wird, die über einen bestimmten Zeitraum einen Strom von x A liefern kann. Die C-Rate gibt analog dazu das Verhältnis von Ladestrom und Kapazität bezogen auf eine Ladung innerhalb einer Stunde an.

Übung 7.8 Beispiel für die Berechnung einer C-Rate

Eine Bleibatterie hat eine Kapazität von 360 Wh oder 30 Ah und eine Nennspannung von $U = 12\,\text{V}$. Sie soll mit einer Entladungsrate von 0,75 E entladen werden. Welcher Entladeleistung in W entspricht dies? Welcher C-Rate entspricht dieser Vorgang?

Lösung: Um die Ladeleistung in W zu erhalten, müssen wir nur die Kapazität mit der E-Rate multiplizieren:

$$350\,\text{Wh} \cdot 0{,}75 \frac{1}{\text{h}} = 270\,\text{W}$$

Jetzt bestimmen wir den Strom, den wir für diese endgültige Leistung benötigen:

$$I = \frac{270\,\text{W}}{12\,\text{V}} = 22{,}5\,\text{A}$$

Um die C-Rate zu bestimmen, dividieren wir den Ladestrom durch die Kapazität und erhalten:

$$\frac{22{,}5\,\text{A}}{30\,\text{Ah}} = 0{,}75\,\text{C}$$

■

Das Verhältnis zwischen Ladeleistung und Kapazität kann sowohl durch die C-Rate oder E-Rate ausgedrückt werden. Die E-Rate wird gerne verwendet, wenn das Verhältnis zwischen Ladeleistung und Kapazität auf Systemebene beschrieben werden soll. Die C-Rate hingegen, wenn man auch Informationen über die Verschaltung der Batterien nutzen möchte. Sie arbeitet im Strom-Spannungs-Bild, während die E-Rate dem Leistungs-Energie-Bild entspricht.

Neben einer Aussage über den Energieinhalt hilft uns das Wissen über die C-Rate auch, ihre Belastung und ihr Verhalten besser zu verstehen. Betrachten wir Bild 7.16. Hier wurde eine Bleibatterie mit verschiedenen C-Raten entladen [Red11]. Wie wir sehen können, variiert die Batteriespannung in Abhängigkeit von der C-Rate. Bei einem hohen Entladestrom, einer hohen C-Rate, ist die Batteriespannung U kleiner als bei einer niedrigen C-Rate, also einem niedrigen Ladestrom. Man sieht hier die Auswirkungen des Innenwiderstands R_i, der die Leerlaufspannung je nach Strom und Stromfluss erhöht oder verringert (Gleichung 7.46).

Die horizontale Achse ist logarithmisch skaliert. Bei einer C-Rate von 35 ist die Batterie innerhalb einer Minute entladen. Bei einer C-Rate von 0,25 C dauert der Entladevorgang fast 20 Stunden.

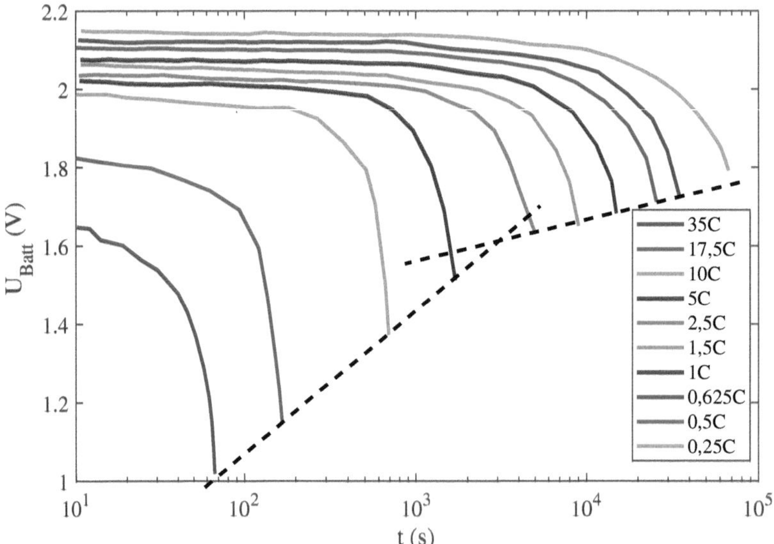

Bild 7.16 Spannungsverlauf eines Entladevorgangs einer Bleibatterie bei verschiedenen C-Raten [Red11]

Übung 7.9 Berechnung der Entladeströme anhand der C-Raten

Die in Bild 7.16 verwendete Batteriezelle hat eine Speicherkapazität von 5 Ah. Wie hoch ist der Entladestrom bei einer C-Rate von 35 und einer C-Rate von 0,25?

Lösung: Eine C-Rate von 1 würde bedeuten, dass die Zelle mit einem Entladeschlussstrom von 5 A entladen wird. Bei einer C-Rate von 35 ist der Strom 35*x* so hoch, d. h. der Entladeschlussstrom beträgt

$$I_{35} = I_1 \cdot 35 = 5\,\text{A} \cdot 35 = 175\,\text{A}$$

Analog dazu wird der Strom bei einer C-Rate von 0,25 berechnet:

$$I_{0,25} = I_1 \cdot \frac{1}{4} = 5\,\text{A} \cdot \frac{1}{4} = 1{,}25\,\text{A}$$

■

Wenn wir uns die elektrochemischen Vorgänge innerhalb der Bleibatterie veranschaulichen, können wir verstehen, woher die kurzen Entladezeiten bei hohen C-Raten kommen. Beim Entladevorgang wird in einer Bleibatterie an der Anode ein Elektron freigesetzt, dabei wandelt sich Blei in Bleisulfat. Das Elektron wandert auf die Kathodenseite und bewirkt die Bildung von Bleidioxid und Wasserstoff. Im Gegensatz zu anderen Zellchemien findet beim Entladevorgang kein zusätzlicher direkter Ionentransport statt. Stattdessen nutzen beide Elektroden die im Elektrolyten enthaltenen und in unmittelbarer Nähe der Elektrode befindlichen Stoffe. Bei einem hohen Ladestrom wird pro Zeit mehr aktives Material benötigt, sodass es vorkommen kann, dass nicht genügend aktives Material zugeführt werden kann. Wir kennen dieses Phänomen, wenn wir ein Auto mit einer alten oder fast leeren Starterbatterie starten. Nachdem der Startversuch nicht geklappt hat und der Anlasser heulend erfolglose Startversuche gemacht hat und nicht mehr dreht, schaltet man den Anlasser und die Zündung aus und wartet einen Moment. Danach liefert die Batterie wieder ein wenig Leistung, um einen weiteren, hoffentlich erfolgreichen Startversuch zu unternehmen. Der Startvorgang in einem Auto erfordert viel Leistung. Indem wir warten, ermöglichen wir es der Batterie, das aktive Material im Elektrolyt besser zu verteilen.

Bei niedrigen Ladeströmen ist dieser Effekt nicht mehr sichtbar. Hier hat das aktive Material im Elektrolyten genügend Zeit, den Konzentrationsunterschied auszugleichen. Dennoch ist zu beobachten, dass die Entladezeit mit einer geringeren Entladungsrate zunimmt. Wenn die Erklärung für das unterschiedliche Verhalten bei hohen Ladungsraten der Konzentrationsunterschied ist, dann erwarten wir, dass die Entladezeit bei niedrigen C-Raten allein durch den geringeren Strom erklärt werden kann. In der Tat können wir diese Vermutung in Bild 7.16 bestätigen. Bei 1/4 C haben wir eine Entladungszeit von 20 h. Wenn wir die Entladerate auf 0,5 C verdoppeln, erwarten wir eine Halbierung der Entladezeit. Das aktive Material hat genug Zeit, um einen Konzentrationsunterschied auszugleichen. Wenn wir die Batterie jedoch mit einer höheren Leistung entladen, erwarten wir, dass auch der Energiegehalt schneller verbraucht wird. In der Tat beobachten wir eine Entladungszeit von etwa 10 h. Und wenn wir die C-Rate noch einmal verdoppeln, erwarten wir eine Entladezeit von 5 h, was auch experimentell bestätigt wird.

Wir haben also zwei verschiedene physikalische Prozesse, die sich gegenseitig ablösen. Bei welcher C-Rate findet ein Wechsel zwischen den beiden Prozessen statt? Wenn wir die Entladungszeiten bei hohen C-Raten in Bild 7.16 miteinander verbinden, sehen wir, dass sich die Entladungszeiten in der logarithmischen Darstellung linear verhalten. In Bild 7.16 ist zur Veranschaulichung eine gerade Linie eingezeichnet. Für niedrige C-Raten gilt dasselbe, aber die Steigung der Geraden ist unterschiedlich. Der Schnittpunkt dieser beiden Geraden gibt den Bereich an, in dem das aktive Material einen Konzentrationsunterschied nicht mehr schnell genug ausgleichen kann. In dem gezeigten Experiment liegt dieser Punkt bei etwa 3 C.

Der genaue Wert, bei dem sich die beiden Effekte trennen, hängt von der Konstruktion der Batterie ab. In verschlossenen Batterien, die ein mit Elektrolyt imprägniertes Vlies verwenden, um die Auswirkungen von Nebenreaktionen zu verringern, ist die C-Rate höher als in einer offenen Bleibatterie. Daher sollte man bei der Konstruktion eines Speichersystems mit einer Bleibatterie etwas konservativer vorgehen und den Grenzwert auf etwa 1 C festlegen.

ECS-LA4: `ALS Nutzer MÖCHTE ICH sicherstellen, dass die Bleibatterie vorzugsweise mit einer niedrigen C-Rate (≈ C ≤ 1) betrieben wird, SODASS damit ich Zugriff auf die gesamte gespeicherte Energie habe.`

ECS-LA 4 beschränkt den Anwendungsbereich von Bleibatterien auf Energieanwendungen. Um Leistungsanwendungen zu erfüllen, muss die Kapazität der Batterie erhöht werden oder es wird in Kauf genommen, dass Leistungsanforderungen nur für eine kurze Zeitspanne möglich sind. Dies ist z. B. bei Starterbatterien der Fall. Wenn Anlasser und Motor gut aufeinander abgestimmt sind, dauert ein Startvorgang in der Regel Sekunden. Dabei treibt der Anlasser mithilfe der Batterie das Schwungrad des Motors an, was für kurze Zeit eine hohe Leistung bedeutet. Sobald jedoch die Zündung das Kraftstoff-Luft-Gemisch zum richtigen Zeitpunkt zündet, treibt die Verbrennung den Motor an und lädt gleichzeitig die Starterbatterie wieder auf.

Wir hatten in Abschnitt 7.2.3 gesehen, dass die Anzahl der Zyklen, die eine Batterie leisten kann, von der Tiefe der Entladung abhängt. Dies ist auch bei einer Bleibatterie der Fall. In Bild 7.17 ist die Anzahl der Zyklen in Abhängigkeit von der Entladetiefe für zwei verschiedene Bleibatterien dargestellt. Wie erwartet, nimmt die Lebensdauer der Bleibatterien mit der Größe der Entladetiefe ab. Für beide Batterien ist zu erkennen, dass bei einer Entladetiefe unter 60 % die Lebensdauer stärker zunimmt und einen klaren Vorteil gegenüber einer höheren Entladetiefe darstellt. Wenn die Entladetiefe von 80 % auf 60 % reduziert wird, steigt die Anzahl der Zyklen für Batterie 1 von 1.000 Zyklen auf 2.000 Zyklen, was einer Verdoppelung entspricht. Bei Batterie 2 steigt die Anzahl der Zyklen nur von 450 auf 600. Ein

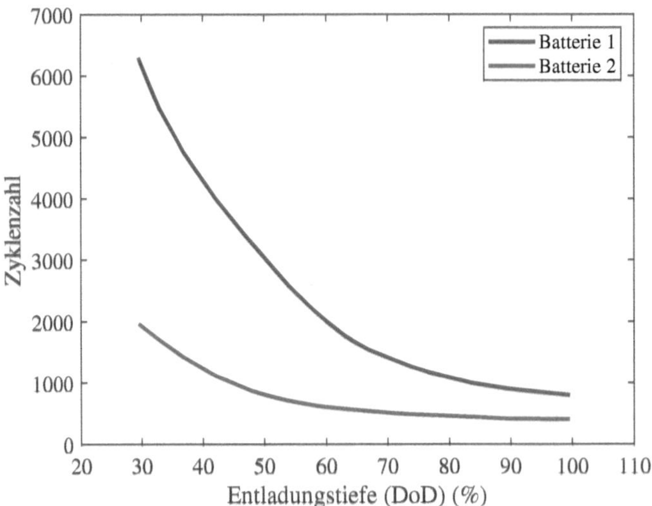

Bild 7.17 Zyklenlebensdauer für zwei Bleibatterien in Abhängigkeit von der Entladetiefe [Red11]

deutlicherer Sprung ist hier bei einer Reduzierung auf 40 % zu erkennen, wo wir mit 1.200 Zyklen fast eine Verdoppelung der Zyklenzahl und bei Batterie 1 sogar eine Vervierfachung beobachten.

Wie wir bereits bei unseren früheren Beobachtungen gesehen haben, führen hohe Ladeströme in einer vollen Bleibatterie zu unerwünschten Nebenreaktionen. Bei der Auslegung von Speichersystemen mit Bleibatterien wird eine geringere Entladetiefe verwendet. In der Regel liegt diese bei 40 %–50 %.

ECS-LA 5: ALS Entwicklung MÖCHTE ICH das System so auslegen, dass die Entladetiefe maximal 40 % bis 50 % der installierten Batteriekapazität beträgt, SODASS Nebenreaktionen und Alterungseffekte reduziert werden und das System eine lange Lebensdauer hat.

Im nächsten Abschnitt wenden wir uns einer Anwendung von Bleibatterien zu: der Stromversorgung eines Mobilfunksendemastes.

7.3.3 Anwendungsbeispiel – Versorgung eines mobilen Funkübertragungsmastes

In den letzten Jahrzehnten ist eine interessante technische Entwicklung zu beobachten. Regionen, die zuvor über ein relativ dünnes Kommunikationsnetz verfügten, bauten innerhalb kurzer Zeit ein dichtes Kommunikationsnetz auf. Erreicht wurde dies durch einen Technologiesprung. Anstatt die gleichen Entwicklungsschritte wie andere Regionen zu gehen, bauten diese Regionen sofort ein Mobilfunknetz auf. Das Herzstück dieser Mobilfunknetze sind autarke Mobilfunkstationen, die an Orten ohne oder mit instabiler Stromversorgung installiert werden können.

Diese Stationen können überall installiert werden und ermöglichen den Aufbau eines dichten Mobilfunknetzes. Die für den Betrieb benötigte Energie wird von Dieselgeneratoren mit fossilen Brennstoffen geliefert. Die Energieversorgung mit den Generatoren ist nicht nur klimaschädlich, sondern auch teuer, da diese Stationen in der Regel nicht an leicht zugänglichen Orten stehen. Daher ist es sinnvoll, den Energieverbrauch dieser Stationen mit erneuerbaren Energien wie Wind- oder Solarenergie zu decken [KM14, KV13].

In diesem Abschnitt werden wir uns mit dem Design einer solchen mobilen Station beschäftigen. Die Station soll mit einer Solarstromanlage, einem Dieselaggregat und einer Bleibatterie ausgestattet werden. Die Solarstromanlage sorgt für die Energieversorgung während des Tages. Überschüssige Leistung soll in der Bleibatterie gespeichert werden. Wenn die Solarstromanlage und die Bleibatterie nicht genügend Leistung bereitstellen kann, steht ein Dieselgenerator zur Verfügung.

Bevor wir uns mit der technischen Umsetzung und dem Systemdesign beschäftigen, beginnen wir mit der Anforderungsanalyse (**MB-LA** = „Mobile broadcasting station – lead acid“).

MB-LA 1: ALS staatliche Organisation MÖCHTE ICH ein dichtes Mobilfunknetz,
SODASS staatliche und zivile Nutzer überall in meinem Land Zugang zur Kommunikation haben.

MB-LA 1 macht deutlich, wer der Kunde ist. In diesem Beispiel handelt es sich nicht um einen kommerziellen Netzbetreiber, sondern um eine staatliche Organisation. Es nutzen nicht nur Endverbraucher, sondern auch staatliche Organisationen wie Sicherheits-, Katastrophenschutz- und medizinische Hilfsdienste das Netz. Daraus ergeben sich höhere Anforderungen an die Verfügbarkeit des Netzes im Vergleich zu einem rein kommerziell genutzten Netz. Der Mobilfunkbetreiber, der in unserem Beispiel einen Vertrag mit der staatlichen Organisation abschließt, muss daher nicht nur dafür sorgen, dass er die technischen Anforderungen wirtschaftlich sinnvoll löst, sondern auch dafür, dass er die Anforderungen an die Verfügbarkeit des Systems gewährleisten kann.

MB-LA2: ALS Mobilfunkbetreiber MÖCHTE ICH hybride Mobilfunkstationen bauen, die mit Solarenergie betrieben werden, aber auch über einen Dieselgenerator verfügen, um die Versorgungssicherheit zu gewährleisten, SODASS die Energiekosten im Vergleich zu rein dieselbetriebenen Stationen günstiger sind, die Verfügbarkeit aber gewährleistet ist.

MB-LA 2 stellt keine Anforderungen an die Dimensionierung der Solarstromanlage oder des Aggregats. Die Forderung nach hoher Verfügbarkeit kann jedoch dazu führen, dass wir einen größeren Dieselgenerator wählen. Daher benötigen wir noch die Anforderung **MB-LA 3**:

MB-LA3: ALS Hersteller MÖCHTE ICH die Leistung des Dieselgenerators so gering wie möglich halten, SODASS die Betriebskosten und die Herstellungskosten niedrig sind.

Die Idee hinter **MB-LA 3** ist es, die bisher nicht benötigte Bleibatterie einerseits zur Speicherung von überschüssiger Solarleistung zu nutzen und andererseits den Dieselgenerator die Batterie mit geringerer Leistung laden zu lassen.

MB-LA4: ALS Hersteller MÖCHTE ICH eine Bleibatterie in das System integrieren, SODASS ich überschüssige Solarleistung zwischenspeichern und über einen kleineren Generator in der Bleibatterie einen Energievorrat anlegen kann, den ich zu einem späteren Zeitpunkt verbrauchen kann.

Damit sind die wesentlichen Anforderungen an unser System zusammengestellt. Wir haben hier eine Anwendung, bei der die Batterie als Pufferspeicher fungiert. Sie wird über einen längeren Zeitraum mit einer geringeren Leistung geladen, um zu einem späteren Zeitpunkt mit einer höheren Leistung wieder entladen zu werden. Dieser Aspekt ähnelt den Anforderungen des Opportunity Charger in Kapitel 2. Natürlich gibt es noch eine Reihe weiterer Anforderungen, die sich aus den Perspektiven der verschiedenen Interessengruppen ergeben.

Übung 7.10 Anforderungen an die Mobilfunkstation

In dieser Aufgabe sollen zu den Anforderungen **MB-LA 1** bis **MB-LA 4** weitere Anforderungen abgeleitet werden, und zwar jeweils zwei Anforderungen vom Service, dem Installateur, der Produktion und der Entwicklung. (Erster Hinweis: Es ist sinnvoll, sich die Rollenbeschreibung der Akteure aus Kapitel 3 noch einmal anzusehen. Zweiter Hinweis: Diese Aufgabe erfordert nur Phantasie. Wenn man eine dieser Rollen noch nicht eingenommen hat, kann man natürlich auch nicht wissen, welche Anforderungen an diese Rolle gestellt werden. Aber man kann sich vorstellen, was man brauchen könnte. Hier gibt es kein richtig oder falsch. Daher also keine Angst vor dem weißen Blatt Papier!)

Lösung: Für alle Rollen können die unterschiedlichsten Anforderungen gestellt werden. Diese Übung soll uns vor allem darin schulen, in Begriffen der verschiedenen Rollen zu denken und entsprechende Anforderungen zu formulieren. Diese Anforderungen sollten dann auf Papier festgehalten werden. Schauen wir uns nun einige Beispielanforderungen an:

Wir beginnen mit zwei Anforderungen vom Service:

`MB-LA5` `ALS Service MÖCHTE ICH, dass die Nennspannung des Batteriemoduls maximal 48V beträgt, SODASS ich die Batterie selber sicher ersetzen und reparieren kann.`

Die Spannungsgrenze von 48V ist die Grenze, die zwischen Niederspannung und Hochspannung unterscheidet. 48V-Systeme sind bei Gabelstaplern und anderen elektrifizierten Niederflurfahrzeugen beliebt. Bis zu dieser Spannung brauchen Personen, die mit diesen Batterien umgehen, keine besondere Ausbildung. Dies erleichtert die Qualifikation von zusätzlichen Servicetechnikern und reduziert auch deren Gefährdung.

`MB-LA6` `ALS Service MÖCHTE ICH einen Gleichstromschalter, der alle Komponenten vom Gleichstrombus trennt, SODASS ich gefahrlos Reparaturen am Gleichstrombus durchführen kann.`

Die meisten Normen verlangen Trennschalter und Notausschalter, **MB-LA6** stellt eine Verfeinerung dar. Während die meisten Normen das Freischalten der einzelnen Komponenten und die vollständige Abschaltung fordern, verlangt der Servicetechniker, dass der Zwischenkreis in jedem Fall durch einen Schalter spannungsfrei geschaltet werden kann. Eine Anforderung, die wichtig ist, wenn man bedenkt, dass wir drei Spannungsquellen in unserem System haben: den Dieselgenerator, die Solarstromanlage und die Bleibatterie. Alle diese Quellen befinden sich an unterschiedlichen Orten. Die Solarstromanlage befindet sich in der Nähe des Standorts, aber außerhalb der Station. Das Aggregat befindet sich in der Nähe der Treibstofftanks und das Batteriesystem innerhalb der Station. Daher ist es schwierig, einen Überblick über alle Quellen gleichzeitig zu haben.

Wenden wir uns nun dem Installateur zu. Der Installateur bringt den Sendemast mit seinem Team zu einem Standort und installiert dort die Ausrüstung. In der Regel sind die Installationsorte nicht leicht zugänglich und verfügen nicht über einen allgemeinen Stromanschluss.

`MB-LA7:` `ALS Installateur MÖCHTE ICH, dass das System aus zwei Modulen besteht: dem Sendesystem, an das der Diesel, die Solarstromanlage und der Sendemast angeschlossen sind, und der Batterie, SODASS ich das System in wenigen einfachen Schritten zusammenbauen kann.`

Natürlich wäre es auch denkbar, dass **MB-LA7** verlangt, dass das Gesamtsystem die Batterien bereits integriert hat. Auf diese Weise müsste der Installateur nur noch die externen Komponenten anschließen. Da Bleibatterien schwer sind, ist die Gefahr groß, dass die Batterie beim Transport sich selbst oder die Anlage beschädigt. Daher ist eine Trennung sinnvoll, da sie auch einen einfacheren Transport und eine einfachere Wartung ermöglicht.

Da die Installation in der Regel nicht an leicht zugänglichen Orten erfolgt, ist es sinnvoll, eine Anforderung zu formulieren, die berücksichtigt, dass der Installateur und sein Team am Ende eines Arbeitstages noch eine Inbetriebnahme durchführen und diese auch testen. Um ihm hier Arbeit zu ersparen, kommen wir zur Anforderung **MB-LA8**:

`MB-LA8:` `ALS Installateur MÖCHTE ICH einen automatisierten Inbetriebnahmetest, der mich auf Fehler hinweist, SODASS ich nach` `der Installation der Anlage mit wenig Aufwand überprüfen kann, ob die Installation fehlerfrei durchgeführt wurde.`

Wir wollen nun die Anforderungen für die Produktion ermitteln. In den vorherigen Übungen haben wir uns mit allgemeinen Anforderungen beschäftigt. In dieser Übung werden wir uns die Anforderungen ansehen, die sich aus der Verwendung von Bleibatterien ergeben. Eine Anforderung ist, dass wir bei der Montage wahrscheinlich verschiedene Bleibatterien parallel schalten müssen. Diese sollten ungefähr den gleichen Ladezustand haben, da sonst ein hoher Ausgleichsstrom fließen könnte.

MB-LA9: `ALS Produktion MÖCHTE ICH sicherstellen, dass die Bleibatterien beim Zusammenbau ungefähr den gleichen Ladezustand haben, SODASS beim Anschließen der Batterien keine hohen Ausgleichsströme fließen.`

Außerdem soll bei der Produktion darauf geachtet werden, dass die Bleibatterien leicht zu transportieren sind.

MB-LA10: `ALS Produktion MÖCHTE ICH, dass die Baugruppen, die mehrere Bleibatterien verbinden, mit einer Handhabungshilfe ausgestattet sind, SODASS meine Mitarbeiter die Baugruppen leicht transportieren können.`

Wir schließen diese Übung mit Anforderungen aus der Sicht des Entwicklers ab. Wie wir wissen, können wir über die Konzentration der Schwefelsäure in der Bleibatterie den Ladezustand der Bleibatterie bestimmen. Wenn wir die Bleibatterien mit Sensoren für die Schwefelsäurekonzentration erfassen, die ihre Daten an einen Server senden, haben wir die Möglichkeit, Daten über den Betrieb der Batterie zu ermitteln.

MB-LA11: `ALS Entwicklung MÖCHTE ICH, dass das System mit Sensoren für die Schwefelsäurekonzentration in den Bleibatterien ausgestattet wird, SODASS ich den Ladezustand der Batterie aus der Ferne bestimmen kann.`

Der Ladezustand allein reicht jedoch nicht aus, um die Leistungsflüsse des Systems vollständig bestimmen zu können. Als Entwicklung benötigen wir daher auch Daten über die Erzeugung von Solarstrom, die Leistung des Dieselgenerators und die erforderliche Leistung des Sendemasts:

MB-LA12: `ALS Entwicklung MÖCHTE ICH, dass die Solarstromanlage mit einem Einstrahlungssensor, der Sendemast und das Aggregat mit Stromsensoren und der Dieseltank mit einem Füllstandsensor ausgestattet werden, SODASS ich alle Informationen über den aktuellen Leistungsbedarf, die erzeugte Leistung und den Tank aus der Ferne abrufen kann.`

■

Nachdem wir die Anforderungen gesammelt haben, wollen wir uns nun mögliche Systemkonfigurationen ansehen. Bild 7.18 zeigt eine mögliche Realisierung. Jede Quelle oder Senke ist über eine leistungselektronische Komponente an einen AC-Bus angeschlossen. Diese Konstellation stellt aus Systemsicht die modularste und aus Kostensicht die teuerste Realisierung dar, da vier leistungselektronische Komponenten benötigt werden. Wir wollen uns daher die Eigenschaften der Quellen und Senken ansehen, um Möglichkeiten zur Systemoptimierung zu identifizieren.

Wir beginnen mit der mobilen Sendestation. Der Leistungsbedarf setzt sich aus zwei Komponenten zusammen: die aufzubringende Sendeleistung und der Kühlungsbedarf der Station. Soll die Mobilfunkstation in Regionen mit mediterranem, tropischem oder subtropischem Klima installiert werden, müssen sowohl die Leistungselektronik als auch die Bat-

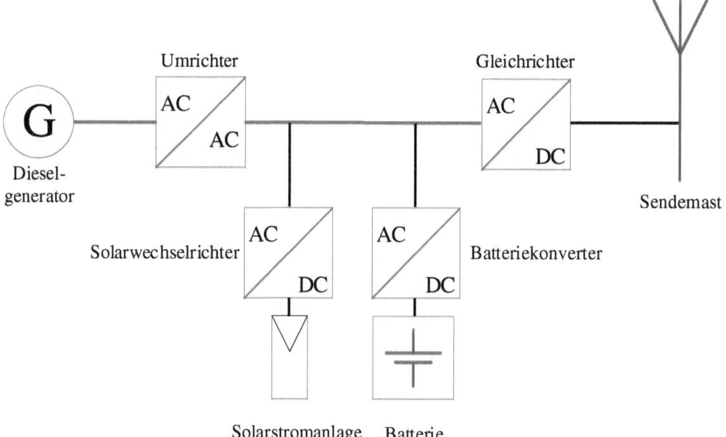

Bild 7.18 Systemdarstellung eines mobilen Funksendemastes, der mit Energie aus Solarstrom und einem Dieselgenerator sowie einer Bleibatterie versorgt wird. Bei dieser Realisierung sind alle Quellen und Senken über einen AC-Bus verbunden. Dadurch wird ein hohes Maß an Modularität erreicht.

terie gekühlt werden. In unserem Beispiel beträgt die erforderliche Sendeleistung 2.260 W. Die erforderliche Kühlleistung beträgt 1.200 W. Das Kühlsystem wird nicht Tag und Nacht laufen, sondern höchstwahrscheinlich in der zweiten Tageshälfte, nachdem sich das System aufgrund der Umgebungstemperatur und der eigenen Wärmeverluste erwärmt hat. Beim Anfahren verbraucht das Kühlsystem kurzzeitig eine deutlich höhere Leistung, da die Kompressoren und Pumpen erst anlaufen müssen. Die dafür erforderliche Leistung beträgt 2.400 W. Für den Sender gehen wir dagegen von einem konstanten Lastprofil aus, d. h. dieser Leistungsbedarf ist unabhängig von der Tageszeit. Der AC-Bus liefert einen einphasigen Wechselstrom mit einer Frequenz von 50 Hz. Der Gleichrichter wandelt diesen Wechselstrom in einen Gleichstrom mit einer Spannung von 48 V um. Diese Spannung wird zum Betrieb der Komponenten des Sendemastes und des Kühlsystems verwendet.

Ohne die Unterstützung von Solarenergie und Bleibatterie liefert der Dieselgenerator allein die für die Station erforderliche Leistung. Ein Dieselgenerator besteht aus einem Verbrennungsmotor, an den ein Elektromotor angeschlossen ist. Handelt es sich bei dem Ausgangsstrom um Drehstrom, werden der Elektromotor, der als Generator arbeitet, und die Drehzahl so eingestellt, dass die Frequenz des Wechselstroms 50 Hz oder 60 Hz beträgt. Alternativ wird ein Wechselrichter verwendet, um die Frequenz des Wechselstroms unabhängig von der Motordrehzahl zu stabilisieren und auch die Spannung zu stabilisieren. Normalerweise wird ein Aggregat so dimensioniert, dass der Arbeitspunkt bei 60 % der Nennleistung liegt. Da die Gesamtlast 3.460 W beträgt, hat das Aggregat eine Nennleistung von 5.766 W. Wir sehen, dass die Leistung von 4.660 W, die beim Starten des Kühlsystems kurzzeitig benötigt wird, auch vom Aggregat geliefert werden könnte.

Die Leistung der Solarstromanlage wird durch zusammengeschaltete Solarmodule erbracht. Ein Solarmodul ist eine sehr flache Diode, d. h. ein p-n-Übergang. Wenn Licht auf diese Platte fällt, wird eine Spannung gemessen. Da ein Solarmodul möglichst viel Licht in elektrische Energie umwandeln soll, werden Solarmodule als großflächige Halbleiter realisiert. Diese flachen Scheiben, die Wafer, sind mit Drähten durchzogen, deren Aufgabe es ist, die Ladungsträger zu sammeln. Solarmodule haben eine Größe von etwa 1 m × 1,7 m. Die Leistung eines Moduls hängt von der spektralen Zusammensetzung des Lichts, dem Einfallswinkel und der Bestrahlung ab. Damit die Module verglichen werden können, hat man sich auf Standardtestbedingungen (STC = „Stardard Test Condition") geeinigt. Bei STC wird die Bestrahlung auf eine Leistung pro Fläche von 1.000 $\frac{W}{m^2}$ bezogen. Die Modultemperatur beträgt 25 °C. Zur Beschreibung des Spektrums wird das Sonnenspektrum zunächst normiert und dann auf einen definierten Pfad durch die Atmosphäre bezogen. Daraus ergibt sich die sogenannte Luftmasse (AM = „athmospheric mass"). Eine AM von 1 entspricht der vertikalen Einstrahlung der Sonne auf Meereshöhe. Für STC wird eine AM von 1,5 verwendet, was einem Einstrahlungswinkel von etwa 48,2 °C auf Meereshöhe entspricht.

Die Leistung einer Solarstromanlage hängt von verschiedenen Faktoren ab [MA18, VAA08, Mer22]: der Verschaltung der Solarmodule, der Ausrichtung der Module zum Sonnenverlauf, eventuelle Verschattungen durch Gegenstände in der Umgebung, der Temperatur der Module und der Qualität des (Maximum Power Point Tracker, PPT). Das bedeutet, dass man für die Auslegung und Realisierung einer Solarstromanlage die spezifischen Randbedingungen am Installationsort bewerten muss. In unserem Beispiel wollen wir die Auslegung vereinfachen, indem wir davon ausgehen, dass die Anlage so ausgelegt ist, dass die Solarmodule die bei STC ermittelten Nennwerte für Nennspannung U_{mp} und Nennstrom I_{mp} liefern. Wir können dann in erster Näherung die Module wie Batteriezellen verschalten und einen geeigneten $xpys$-Anschluss wählen.

Übung 7.11 Auslegung der Solarstromanlage

Für die Mobilfunkstation ist eine geeignete Verschaltung der Module zu ermitteln. Die Leistung der Solarstromanlage sollte ebenfalls in der Lage sein, die maximal erforderliche Leistung bei STC zu erbringen. Es muss sichergestellt werden, dass die Gesamtspannung der Solarstromanlage zwischen 550 V_{DC} und 850 V_{DC} liegt. Das verwendete Modul hat eine Nennspannung von $U_{mp} = 35\,V_{DC}$ und einen Nennstrom von $I_{mp} = 11\,A$.

Lösung: Wir bestimmen zunächst die Leistung, die ein Modul unter STC liefern kann:

$$P_{mp} = U_{mp} \cdot I_{mp} = 35\,V_{DC} \cdot 11\,A = 385\,W$$

Um auch die Spitzenleistung bei eingeschalteter Kühlung liefern zu können, benötigen wir eine Leistung von 4.660 W. Wir können also die Anzahl der Module ermitteln, müssen aber aufrunden, denn wenn wir abrunden, liegt die resultierende Leistung unter dem Zielwert:

$$N = \frac{4.660\,W}{385\,W} = 12{,}1 \approx 13$$

Wenn wir alle 13 Module in Reihe schalten, erhalten wir eine Spannung von $13 \cdot 35\,V_{DC} = 455\,V_{DC}$, was unter der erforderlichen Mindestspannung liegt. Da wir auch bei geringeren Einstrahlungen Energie erzeugen wollen, ist es sinnvoll, mit einem größeren String zu arbeiten. Orientieren wir uns an der maximalen Spannung von 850 V_{DC}, können wir die Anzahl der Module bestimmen. Aber Achtung! In diesem Fall müssen wir abrunden, denn ein Aufrunden würde dazu führen, dass wir über der zulässigen Spannungsgrenze arbeiten.

$$y = \frac{850\,V_{DC}}{35\,V_{DC}} = 24{,}28 \approx 24$$

24 Module bedeuten fast eine Verdoppelung der Anzahl der Module. In diesem Fall würden wir jedoch auch bei einer Bestrahlungsstärke, die nur 64 % der STC-Bedingungen beträgt, die erforderliche Mindestspannung erzeugen. ■

Die in der Übung 7.11 ermittelte Anlage braucht 4×6 Module, was einer Fläche von 6,8 m × 6 m = 40 m^2 entspricht.

In Bild 7.18 wird die Solarstromanlage über einen Solarwechselrichter an den AC-Bus angeschlossen. Der Solarwechselrichter hat zwei Aufgaben. Zum einen wandelt er den Gleichstrom in Wechselstrom um. Zum anderen bestimmt er, wie viel Strom von den Solarmodulen entnommen wird, und regelt dies in Abhängigkeit von der Sonneneinstrahlung so, dass jeweils die maximale Leistung entnommen wird. Dies wird als Maximum Power Point Tracking (MPPT) bezeichnet. Durch die Verdoppelung der Module beträgt die installierte Leistung der Solarstromanlage 9.240 W. Diese Leistung tritt jedoch nur bei sehr guten und hohen Einstrahlungsbedingungen auf. In der Regel ist dies ab der Mittagszeit der Fall, wenn die Sonne im Zenit steht. Tagsüber sinkt die Leistung proportional zur Einstrahlungsleistung. Da die Anlage in diesem Beispiel groß gewählt wurde, kann die Solarstromanlage die Sendeeinheit und das Kühlsystem über einen großen Zeitraum versorgen.

In Bild 7.18 ist die Bleibatterie über einen Batteriekonverter an den Wechselstrombus angeschlossen. Dieser wandelt den Gleichstrom in Wechselstrom um und wählt zwischen einem strom- oder spannungsgesteuerten Lade- oder Entlademodus.

Die Betriebsführung funktioniert bei diesem Aufbau so, dass die verschiedenen Komponenten ihre Leistung an den AC-Bus abgeben oder die benötigte Leistung aus dem AC-Bus beziehen. Das Energiemanagement muss bei diesem Entwurf lediglich die Leistungsbilanz sicherstellen. Die Komponenten sind entkoppelt, und wir haben ein System, das der Umsetzung eines Leistungsflussdiagramms sehr nahe kommt.

Dieser Entwurf hat jedoch mehrere Nachteile. Es gibt viele leistungselektronische Komponenten. Für jede Quelle, Senke oder Speicherung gibt es einen Wandler. Ein weiterer Nachteil ist die große Solarstromanlage. Der Grund dafür, dass diese aus 24 Modulen besteht, war nicht, dass wir diese installierte Leistung benötigen, sondern dass wir eine Spannung von mehr als 550 V_{DC} benötigen. Wir wollen uns daher fragen, ob wir nicht ein einfacheres Design mit weniger leistungselektronischen Komponenten und einer kleineren Solarstromanlage wählen können.

In Bild 7.19 haben wir ein alternatives Design dargestellt. Der Dieselgenerator ist nicht mit einem Wechselrichter an einen Zwischenkreis angeschlossen, sondern mit einem Gleichrichter. Nur der Sendemast hat einen Umrichter. Die Solarstromanlage und die Batterie sind direkt an den Zwischenkreis angeschlossen. Betrachten wir zunächst den Betrieb des Stromaggregats. Bei Leistungen unter 15 kW kann der Dieselgenerator entweder einphasig oder dreiphasig sein. Sein Ausgang ist ein Wechselstrom. Da wir hier eine Nennleistung von etwa 5 kW benötigen, kann der Dieselgenerator einen einphasig ausgelegten Generator verwenden. Je nach dem Land, für das der Generator ursprünglich ausgestattet wurde, liegt seine Amplitude zwischen 110 V_{AC} und 240 V_{AC}. In ähnlicher Weise schwankt die Frequenz zwischen 50 Hz und 60 Hz. Die Ausgangsspannung eines passiven Gleichrichters ist $\sqrt{2} \cdot A_0$, wobei A_0 die Amplitude des Wechselstroms ist. Da wir bei der Beschaffung des Dieselgenerators frei sind, wählen wir einen Generator mit einer Wechselspannung von 110 V_{AC}. Der passive Gleichrichter erzeugt somit eine Gleichspannung von 155 V_{DC}.

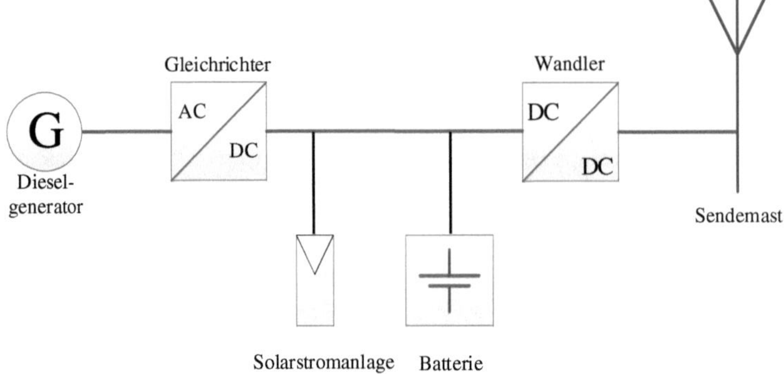

Bild 7.19 Illustration eines vereinfachten Entwurfs einer hybriden mobilen Funkstation mit einem Speichersystem

Der Umrichter des Sendemastes wandelt die 155 V_{DC} in die Spannungshöhe um, die seine Komponenten benötigen. Wir brauchen diese letzte Umwandlung nicht zu berücksichtigen, sondern betrachten die Bleibatterie. Eine Bleibatterie, die an den Zwischenkreis angeschlossen ist und vom Aggregat geladen wird, unterliegt einer U-Ladung, d. h. die Spannung wird konstant gehalten, und der Lade- oder Entladeschlussstrom verringert sich, wenn sich die Batteriespannung der Zwischenkreisspannung nähert. Wenn wir also eine Bleibatterie an den Zwischenkreis angeschlossen haben und diese entsprechend verdrahtet ist, wird sich bei Betrieb des Aggregats eine Spannung von 155 V_{DC} einstellen.

Übung 7.12 Auslegung der Bleibatterie

Eine einzelne Bleibatteriezelle hat ein Spannungsfenster von etwa 1,8 V_{DC} bis 2,2 V_{DC}. Der Dieselgenerator liefert eine Spannung von 155 V_{DC}. Wie viele Zellen müssen in Reihe geschaltet werden, damit die Zellen nach dem Laden eine Zellenspannung von 1,85 V_{DC} bzw. 2,1 V_{DC} aufweisen?

Lösung: Da sich die Spannungen der einzelnen Zellen addieren, müssen wir hier nur noch bestimmen, wie sich die Spannung auf die Zellen aufteilt. Für die obere Grenze müssen wir aufrunden, denn nur so können wir sicherstellen, dass wir die Zellen nicht überladen. Bei der Untergrenze hingegen müssen wir aufrunden, weil wir die Zellen nicht tiefentladen wollen.

Für die untere Grenze von 1,85 V_{DC} erhalten wir die folgende Zahl:

$$N = \frac{155\,V_{DC}}{1{,}85\,V_{DC}} = 83{,}78 \approx 84$$

Für die obere Schranke von 2,1 V_{DC} benötigen wir die folgende Zahl:

$$N = \frac{155\,V_{DC}}{2{,}1\,V_{DC}} = 73{,}8 \approx 73$$

■

Aus der Berechnung aus der Übung 7.12 wissen wir nun, dass die Anzahl der Bleibatteriezellen zwischen 73 und 84 Zellen liegen muss, wenn wir eine Tiefentladung mithilfe des Aggregats vermeiden oder verhindern wollen, dass das Aggregat die Bleibatterie überlädt.

Wenden wir uns nun der Solarstromanlage zu. Betrachten wir zunächst den Fall, dass sie allein mit dem Dieselgenerator an den Gleichstrombus angeschlossen ist. Die Bleibatterie ist nicht an den Gleichstrombus angeschlossen und sollte vorerst nicht berücksichtigt werden. Wenn die Sonne nicht scheint, liefert die Solarstromanlage keine Leistung, und die Spannung ist 0. Wenn der Dieselgenerator läuft, könnte theoretisch ein Strom in die Solarstromanlage fließen, aber da Solarstrommodule im Grunde Dioden sind, sperren die Module, und es fließt kein Strom.

Sobald Sonneneinstrahlung vorhanden ist, liefert die Solarstromanlage eine Ausgangsspannung, die proportional zur Einstrahlung ist. Liegt diese Spannung über der vom Dieselgenerator erzeugten Gleichspannung, sollte ein Strom von der Solarstromanlage in das Aggregat fließen. Doch hier blockieren die Dioden des Gleichrichters. Die Zwischenkreisspannung steigt an, es sei denn, der Sendemast erhöht die Leistung. Was passiert aber, wenn die vom Sendemast geforderte Leistung höher ist als die Leistung, die von der Solarstromanlage bereitgestellt werden kann? In diesem Fall wird die Spannung der Solarstromanlage reduziert, und sobald die Spannung unter die Spannung des Dieselgenerators fällt, wird die Leistung vom Dieselgenerator gegeben.

Für die Auslegung der Solarstromanlage müssen wir uns vor allem mit der Frage beschäftigen, wie hoch die maximale Spannung der Solarstromanlage werden darf.

Betrachten wir nun auch die Situation, dass die Bleibatterie ebenfalls an den Zwischenkreis angeschlossen ist. Sobald die Spannung der Solarstromanlage höher ist als die Batteriespannung, wird die Bleibatterie geladen. Fällt die Spannung der Solarstromanlage unter die Spannung der Bleibatterie, müsste theoretisch ein Strom von der Batterie in die Solarstromanlage fließen, was aber aufgrund der Diodeneigenschaften des Systems nicht geschieht.

Wir sehen, dass die in Bild 7.19 gezeigte Konstruktion eine vernünftige Lösung ist. Wir haben also mindestens zwei Möglichkeiten, ein Speichersystem zu realisieren. Schauen wir uns also das Leistungsflussdiagramm an und fragen uns, wie wir die Betriebsweise des Entwurfs von Bild 7.19 abbilden können.

Das Leistungsflussdiagramm ist in Bild 7.20 dargestellt. In diesem System dient der Generator als Quelle. Die Leistung kann nur vom Generator, der Batterie oder der Solarstromanlage zur Last fließen. Leistung kann nicht vom Speicher oder der Last zum Generator oder von der Last zum Speicher zurückfließen.

Wir stellen zunächst die Gleichung für den Verbrauchsknoten auf.

$$\tilde{L}\alpha \leq \eta_{\mathrm{GL}} G_{\mathrm{L}} + \eta_{\mathrm{SL}} S_{\mathrm{L}} + \eta_{\mathrm{PL}} P_{\mathrm{L}} \leq \tilde{L} \tag{7.47}$$

In Gleichung 7.47 lassen wir zu, dass die Stromquellen und Speicher nicht immer den gesamten Leistungsbedarf decken müssen. Stattdessen erlauben wir einen gewissen Prozentsatz an Unterversorgung ($\alpha \in [0,1]$). Grundsätzlich haben wir die Möglichkeit, die Leistung des Sendemastes zu reduzieren. Wenn der Sendemast nicht an einem neuralgischen Punkt des Mobilfunknetzes installiert ist, würde dies zu einer verringerten Reichweite oder weniger parallelen Anrufen führen. Wir haben aber auch die Möglichkeit, einfach die Leistung des Kühlsystems zu reduzieren.

Den Leistungsfluss für den Generator erhält man durch Summierung der Abflüsse zur Batterie und zur Last:

$$\tilde{G} = G_{\mathrm{L}} + G_{\mathrm{S}} \tag{7.48}$$

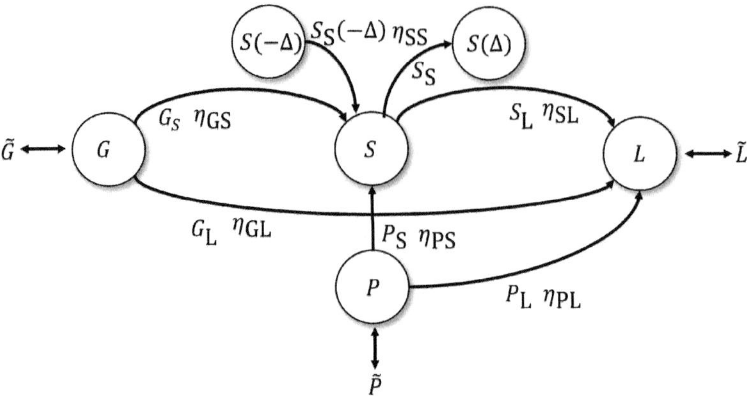

Bild 7.20 Leistungsflussdiagramm des batteriebetriebenen hybriden Sendeturms. $\tilde{L}$ stellt das Lastprofil der Übertragungseinheit einschließlich des Kühlsystems dar. $\tilde{P}$ entspricht der Erzeugung der Solarstromanlage. $\tilde{G}$ beschreibt den Verbrauch des Dieselgenerators.

In ähnlicher Weise können wir die Gleichungen für die Solarstromanlage formulieren:

$$\tilde{P} \geq P_\mathrm{L} + P_\mathrm{S} \tag{7.49}$$

Da es durchaus möglich ist, dass mehr Solarleistung zur Verfügung steht, als von der Batterie und dem Sendemast genutzt werden kann, muss hier eine ≥-Beziehung verwendet werden.

Die Speichergleichung ergibt sich aus der Betrachtung der Zuflüsse und Abflüsse:

$$0 = \eta_\mathrm{GS} G_\mathrm{S} + \eta_\mathrm{SS} S_\mathrm{S}(-\Delta) + \eta_\mathrm{PS} P_\mathrm{S} - (S_\mathrm{S} + S_\mathrm{L})\,. \tag{7.50}$$

Die Zielfunktion ist durch die Kraftstoffkosten c_fuel gegeben:

$$\min Y = c_\mathrm{fuel} \int_{t=0}^{T} (G_\mathrm{L} + G_\mathrm{S})\,\mathrm{d}t \tag{7.51}$$

In Tabelle 7.5 haben wir die Gleichungen noch einmal zusammengefasst. Für die Realisierung der Leistungsflusssteuerung des Systems in Bild 7.18 steht uns ein relativ einfacher Algorithmus zur Verfügung.

Tabelle 7.5 Zusammenfassung der Leistungsflussgleichungen für den batteriegestützten, hybrid betriebenen Sendemast

Leistungsknoten	Leistungsflussgleichung
Last	$\tilde{L}\alpha \leq \eta_\mathrm{GL} G_\mathrm{L} + \eta_\mathrm{SL} S_\mathrm{L} + \eta_\mathrm{PL} P_\mathrm{L} \leq \tilde{L}$
Dieselgenerator	$\tilde{G} = G_\mathrm{L} + G_\mathrm{S}$
Solarstromanlage	$\tilde{P} \geq P_\mathrm{L} + P_\mathrm{S}$
Batterie	$0 = \eta_\mathrm{GS} G_\mathrm{S} + \eta_\mathrm{SS} S_\mathrm{S}(-\Delta) + \eta_\mathrm{PS} P_\mathrm{S} - (S_\mathrm{S} + S_\mathrm{L})$
Ertragsfunktion	$\min Y = c_\mathrm{fuel} \int_{t=0}^{T} (G_\mathrm{L} + G_\mathrm{S})\,\mathrm{d}t$

Algorithmus 6 zeigt den Algorithmus für die Betriebsführung der Anlage aus Bild 7.18. Der Algorithmus kann um verschiedene Aspekte erweitert werden. Zum Beispiel kann er den Ladezustand der Batterie aktiv kontrollieren, um sicherzustellen, dass die Kapazität der Batterie nicht unter einen bestimmten Schwellenwert fällt. Wir können auch verlangen, dass $G_L + G_S$ einen bestimmten Wert haben muss, damit das Aggregat immer in einem effizienten Betriebspunkt arbeitet.

Algorithmus 6 Beispiel für die Betriebsführung für das in Bild 7.18 dargestellte System. Der Einfachheit halber wurde der Einfluss der Effizienzen vernachlässigt.

```
while System läuft do
  L ← L̃
  P ← P̃
  if P ≥ αL then
    P_L ← αL
    P ← P − αL
    if κ ≤ κ_max then
      P_S ← P
    end if
  end if
  if P ≤ αL then
    P_L ← P
    L ← L − P
    if κ ≥ L·Δ then
      S_L ← L
    else
      S_L ← S_S(−Δ)
      L ← S_L
      G_L ← L
    end if
  end if
end while
```

Übung 7.13 Bestimmung des optimalen Arbeitspunktes des Dieselgenerators

Der Dieselgenerator hat eine Nennleistung von 5,8 kW. Die konstanten Leistungsverluste sind $a = 100\,\mathrm{W}$, die linearen Verluste sind $b = 0{,}01$, d. h. 1 % der Leistung, und die quadratischen Verluste sind $c = 8{,}16 \cdot 10^{-6}\,\frac{1}{\mathrm{W}}$. Bei welcher Leistung hat das Aggregat seinen besten Wirkungsgrad und wie hoch ist der Wirkungsgrad?

Lösung: Wenn x die Leistung ist, dann ist der Wirkungsgrad η:

$$\eta = 1 - \left(\frac{a}{x} + b + c \cdot x\right)$$

Wir bestimmen das Maximum über den Nullpunkt der ersten Ableitung:

$$\frac{\mathrm{d}}{\mathrm{d}x}\eta(x) = -\frac{a}{x_0^2} + c = 0$$

Die Leistung, bei der der Wirkungsgrad am höchsten ist, ist gegeben durch:

$$x_0 = \sqrt{\frac{a}{c}} = \sqrt{\frac{100\,\mathrm{W}}{8{,}16\cdot 10^{-6}\,\frac{1}{\mathrm{W}}}} = 3.500\,\mathrm{W}$$

Der Wirkungsgrad bei x_0 ist dann:

$$\eta(x_0) = 1 - \left(\frac{100\,\mathrm{W}}{3.500\,\mathrm{W}} + b + 8{,}16\cdot 10^{-6}\,\frac{1}{\mathrm{W}}\cdot 3.500\,\mathrm{W}\right) = 93\,\%$$

Bei einer Leistung von 3.500 W arbeitet das Aggregat also im optimalen Arbeitspunkt. Dies entspricht auch fast der benötigten Leistung, wenn Sender und Kühlsystem parallel laufen. Wenn das Kühlsystem anläuft, wird jedoch kurzzeitig eine höhere Leistung benötigt, nämlich 4.660 W. In diesem Betriebspunkt ist der Wirkungsgrad gleich:

$$\eta(4.660\,\mathrm{W}) = 1 - \left(\frac{100\,\mathrm{W}}{4.660\,\mathrm{W}} + b + 8{,}16\cdot 10^{-6}\,\frac{1}{\mathrm{W}}\cdot 4.660\,\mathrm{W}\right) = 93\,\%$$

■

Die in Algorithmus 6 beschriebene Methode wird mithilfe des Leistungsflussdiagramms beschrieben. Dies ist möglich, weil alle Quellen, Senken und der Speicher über eine Leistungselektronik verfügen, mit der wir den Leistungsfluss steuern können. Bei dem System aus Bild 7.19 ist dies nicht so einfach. Da hier das Verhalten automatisch über die Spannungspegel eingestellt wird, müssen wir für die Beschreibung der Leistungsflüsse die Spannung der Quellen und Senken und des Speichers berücksichtigen. Die einzigen Größen, die wir in diesem Fall kontrollieren können, sind $\tilde{G}$ und $\tilde{L}$. Algorithmus 7 zeigt eine mögliche Version für eine Betriebssteuerung.

Algorithmus 7 Beispiel einer Betriebsführung für das in Bild 7.19 dargestellte System. $U_{\min}$ und $U_{\max}$ stellen Spannungsgrenzen des Gleichstromkreises dar, anhand derer erkannt wird, ob der Generator ein- oder ausgeschaltet ist.

while System läuft **do**
  $L \leftarrow \tilde{L}$
  $U \leftarrow U_{\mathrm{DC}}$
  if $U \leq U_{\min}$ **then**
    if L kann um ΔL reduziert werden **then**
      $L \leftarrow L - \Delta L$
    else
      Schalte den Dieselgenerator ON
    end if
  end if
  if $U \geq U_{\max}$ **then**
    Schalte den Dieselgenerator OFF
  end if
end while

Die Betriebssteuerung in Algorithmus 7 basiert auf der Prüfung, ob die Spannung des Gleichstrombusses unter $U_{\min}$ fällt. Wenn dies der Fall ist, arbeitet weder die Solarstromanlage noch entlädt sich die Bleibatterie. In diesem Fall wird geprüft, ob die Last reduziert werden kann. Ist dies der Fall, z. B. durch Abschalten der Kühlanlage, steigt die Zwischenkreisspannung an. Ist dies nicht der Fall, muss der Generator zugeschaltet werden. Er bleibt dann so lange aktiv, bis die Solarstromanlage die Spannung über den Wert von U_{max} anhebt.

Wir wollen nun die Bleibatterie für das vereinfachte System aus Bild 7.19 auslegen. Wir brauchen den Dieselgenerator, um eine Tiefentladung der Bleibatterien zu vermeiden. Es ist energetisch nicht sinnvoll, den Generator zum vollständigen Aufladen der Bleibatterie zu verwenden und dann die Batterie für die Versorgung der Last zu nutzen. Die Bleibatterie wird daher über die Solarstromanlage aufgeladen. In Übung 7.12 haben wir festgestellt, dass wir bei einer Wechselspannung von $120\,V_{AC}$ nicht mehr als 73 Zellen, die mit dem Genset in Reihe geschaltet sind, vollständig aufladen können, und wir können eine Tiefentladung nicht vermeiden, wenn wir mehr als 84 Zellen haben. Für die Station wollen wir Bleibatteriemodule verwenden. Diese bestehen aus sechs zusammengeschalteten Zellen mit einer Nennspannung von $12\,V_{DC}$.

Es werden verschlossene Bleibatterien verwendet. Diese sind wartungsarm, da die Wasserstoffbildung und der Sauerstoffabbau reduziert ist, und haben eine längere Lebensdauer. Bei unterschiedlichen Entladeraten liefern sie unterschiedliche Energiemengen. Tabelle 7.6 zeigt Daten für zwei Module mit unterschiedlicher Nennspannung bei verschiedenen C-Raten.

Tabelle 7.6 Entnehmbare Energie von zwei Bleibatterien bei unterschiedlichen Entladungsraten

Label	U_{nom} (V_{DC})	κ(4C)(Ah)	κ(2C)(Ah)	κ(1C)(Ah)	κ(0,5C)(Ah)	κ(0,25C)(Ah)
Modul 1	12	50	75	100	105	120
Modul 2	6	40	55	70	80	85

Übung 7.14 Auslegung des Bleibatteriesystems

Die in Tabelle 7.6 gezeigten Module sollen jeweils miteinander verbunden werden, um einen Strang zu bilden, der durch den Dieselgenerator vor Tiefentladung geschützt wird. Wie sieht diese 1p*y*s-Verbindung aus? Wie hoch ist die Kapazität in Wh bei Nennspannung?

Lösung: Der Generator liefert eine Spannung von $155\,V_{DC}$. Um die Mindestspannung des Moduls zu ermitteln, müssen wir die Mindestspannung einer Zelle mit der Anzahl der Zellen des Moduls ermitteln. Die Angaben in Tabelle 7.6 machen keine Aussagen über die Anzahl der parallel geschalteten Batteriezellen. Da wir aber wissen, dass eine Bleibatteriezelle eine Minimalspannung von $1{,}8\,V_{DC}$ und eine Nennspannung von $2\,V_{DC}$ hat, können wir die Anzahl der Zellen aus der Nennspannung des Moduls ableiten. Diese beträgt 6 für Modul 1 und 3 für Modul 2. Die Mindestspannung von Modul 1 berechnet sich zu

$$6 \cdot V_{DC} = 10{,}8\,V_{DC}$$

Für y erhalten wir einen Wert von:

$$y = \frac{155\,V_{DC}}{10{,}8\,V_{DC}} = 14{,}3 \approx 14$$

Die Nennspannung von Modul 1 ist

$$U_{nom} = 14 \cdot 12\,V_{DC} = 168\,V_{DC}$$

Die Speicherkapazität ist in Ah in Tabelle 7.6 angegeben. Ermitteln wir das Produkt aus Nennspannung und Speicherkapazität bei einer C-Rate von 1:

$$\kappa_{M1} = U_{nom} \cdot \kappa(1\,C) = 168\,V_{DC} \cdot 100\,Ah = 16.800\,Wh$$

Für Modul 2 liegt die minimale Modulspannung bei $3 \cdot 1{,}8\,V_{DC} = 5{,}4\,V_{DC}$. In ähnlicher Weise bestimmen wir y:

$$y = \frac{155\,V_{DC}}{5{,}4\,V_{DC}} = 28{,}7 \approx 28$$

Die Nennspannung ist dementsprechend kleiner $U_{nom} = 168\,V_{DC}$. Die Kapazität ist dann

$$\kappa_{M2} = U_{nom} \cdot \kappa(1\,C) = 168\,V_{DC} \cdot 70\,Ah = 11.760\,Wh$$

■

Ein rein serieller String hat eine Speicherkapazität von 16 kWh oder 12 kWh. Um zu ermitteln, wie viel Speicherkapazität wir benötigen, müssen wir uns zunächst den Verbrauch der Sendestation ansehen. Hier gehen wir davon aus, dass die Grundlast der Sendeeinheit immer benötigt wird. Das Kühlaggregat wird nur von mittags bis zum frühen Abend genutzt, also etwa sechs Stunden lang. Unter diesen Annahmen beträgt der Energieverbrauch E_L:

$$E_L = 24\,h \cdot 2.260\,W + 6\,h \cdot 1.200\,W = 61.440\,Wh$$

E_L stellt den Verbrauch für einen ganzen Tag dar. Für die Bleibatterie besteht die Aufgabe jedoch nicht darin, die Station einen ganzen Tag lang mit Energie zu versorgen, sondern nur in der Zeit zwischen Sonnenuntergang und Sonnenaufgang. Das Aggregat steht immer als Reserve zur Verfügung. Unter der Annahme, dass das Kühlsystem nach Sonnenuntergang noch zwei Stunden weiterläuft und die Dunkelphase zwölf Stunden beträgt, ergibt sich eine benötigte Energiemenge E_B von:

$$E_B = 12\,h \cdot 2.260\,W + 2\,h \cdot 1.200\,W = 29.520\,Wh \approx 30\,kWh$$

Übung 7.15 Bestimmung der Zahl der Bleibatteriestränge

Der Energiebedarf beträgt $E_B = 30\,kWh$. Die Entladungstiefe soll 60 % betragen. Wie viele Strings müssen für Modul 1 und Modul 2 angeschlossen werden?

Lösung: Zunächst müssen wir die erforderliche Kapazität bestimmen, da die Entladetiefe 60 % betragen soll:

$$\kappa = \frac{30\,kWh}{0{,}6} = 50\,kWh$$

Aus Übung 7.14 kennen wir die Kapazität eines Strangs. Wir müssen nun die Anzahl der Stränge bestimmen. In diesem Fall ist es notwendig aufzurunden.

Wir bestimmen nun die Anzahl der Strings für Modul 1:

$$N_{M1} = \frac{50\,kWh}{16{,}8\,kWh} = 2{,}9 \approx 3$$

Die Gesamtkapazität beträgt hier $\kappa = 3 \cdot 16{,}8\,kWh = 50{,}4\,kWh$, was nahe an der Zielkapazität liegt.

Für Modul 2 ist die Anzahl der Strings wie folgt:

$$N_{M2} = \frac{50\,\text{kWh}}{11{,}76\,\text{kWh}} = 4{,}25 \approx 5$$

Die Gesamtkapazität beträgt hier $\kappa = 5 \cdot 11{,}76\,\text{kWh} = 58{,}8\,\text{kWh}$. Bezogen auf eine Zielkapazität von 50 kWh haben wir hier eine Überkapazität von etwa 8,8 kWh. ■

Wir schließen diesen Abschnitt mit einer Betrachtung der Systemkomponenten und einem Überblick über das RTM ab. Bild 7.21 zeigt die Systemkomponenten des in Bild 7.19 dargestellten Systems. Das Hauptsystem ist der `Sendemast`. Dieser besteht aus fünf Hauptkomponenten: dem Dieselgenerator `GenSet`, dem `Batteriesystem`, der `Solarstromanlage`,

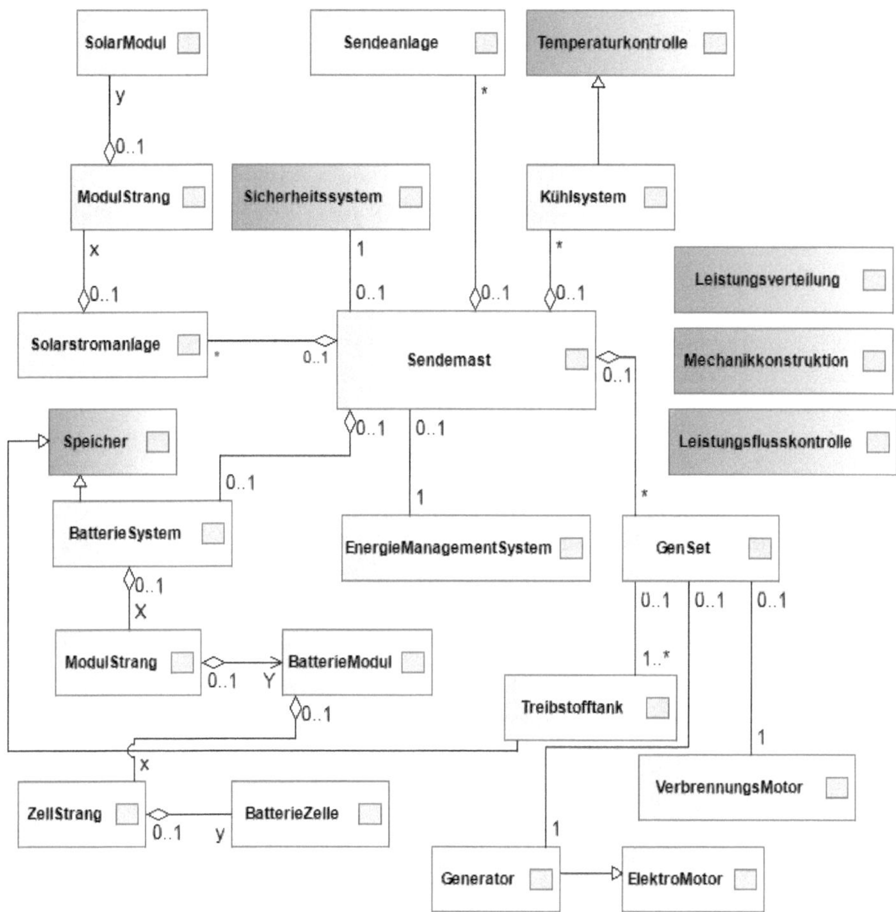

Bild 7.21 Systemkomponenten des hybridbetriebenen, batteriegestützten Sendemastes. Die Basiskomponenten `Leistungsverteilung`, `Mechanikkonstruktion` und `Leistungsflusskontrolle` sind ohne Verbindungen zu den Systemkomponenten dargestellt, sind aber mit den Komponenten `Batteriesystem`, `GenSet`, `Sendeanlage` und `Solarstromanlage` verbunden.

der Sendeanlage und dem Kühlsystem. Darüber hinaus besitzt der Sendemast auch ein Sicherheitssystem. Alle diese fünf Komponenten sind mit den allgemeinen Komponenten des Speichersystems verbunden: Leistungsverteilung, Leistungsflusskontrolle und Mechanikkonstruktion. Um in Bild 7.21 ein wenig mehr Übersicht zu haben, wurden die Aggregationen dieser Komponenten hier nicht dargestellt. Zusätzlich ist der Sendemast mit einem EnergyManagementSystem verbunden, das die Daten der verschiedenen Komponenten sammelt und aggregiert und den Betriebszustand anpassen kann.

Das GenSet besteht aus drei Komponenten, dem Verbrennungsmotor, der durch die Verbrennung fossiler Brennstoffe Rotationsleistung erzeugt. Diese Rotationsleistung wird durch den Generator in elektrische Leistung umgewandelt. Der Generator ist eine spezielle Realisierung eines ElektroMotor. Das GenSet hat auch mindestens einen Treibstofftank, der im Grunde auch ein Speicher ist.

Das BatterieSystem wird analog zu der in Bild 7.13 beschriebenen Darstellung aus BatterieZelle aufgebaut, die mit einem ZellStrang verbunden sind. Das eigentliche BatterieModul aggregiert diese ZellStränge. Module werden analog zu ModuleStrang aggregiert und bilden dann das BatterieSystem.

Die gleiche Logik wird verwendet, um die Solarstromanlage zu konstruieren. Hier werden die einzelnen SolarModule zu ModuleStrang verbunden, die dann parallel zur Solarstromanlage verbunden werden. Wir haben hier eine ähnliche Struktur wie bei elektrochemischen oder elektrischen Speichern.

Im Folgenden werden die Verantwortlichkeiten der verschiedenen Systemkomponenten für die Einhaltung der Anforderungen betrachtet. Die Beziehungen sind in Tabelle 7.7 und Tabelle 7.8 zusammengefasst. Das BatterieSystem und seine Unterkomponenten sind für die Anforderungen **B 1–B 8**, **ES 1–ES 5** und **ECS 1–ECS 5** verantwortlich. Dies wurde bereits in Tabelle 3.3 beschrieben. Daher wird die Analyse auf die Anforderungen für Bleibatterien **ECS-LA 1–ECS-LA 5** sowie auf die Anforderungen, die sich aus der Anwendung **MB-LA 1–MB-LA 12** ergeben, vereinfacht.

ECS-LA 1, **ECS-LA 2** und **ECS-LA 3** zielen auf die Vermeidung von Nebenreaktionen ab. Diese treten vor allem bei hohen Ladeströmen und bei Überladung oder Tiefentladung der Batterie auf. Da wir im vereinfachten System keine aktive Leistungselektronik integriert haben, die dies aktiv vermeidet, müssen wir die Komponenten Solarstromanlage, GenSet,

Tabelle 7.7 Requirement Traceability Matrix – Bleibatterieanforderungen

	Bleibatterie				
	ECS-LA 1	ECS-LA 2	ECS-LA 3	ECS-LA 4	ECS-LA 5
Solarstromanlage	X	X	X		
BatterieSystem	X			X	X
Dieselgenerator	X	X	X		
EnergieManagementSystem					
Sendeanlage		X	X		

Tabelle 7.8 Requirement Traceability Matrix – Anwendungsanforderungen

	Bleibatterie											
	MB-LA 1	MB-LA 2	MB-LA 3	MB-LA 4	MB-LA 5	MB-LA 6	MB-LA 7	MB-LA 8	MB-LA 9	MB-LA 10	MB-LA 11	MB-LA 12
`BatterieZelle Solarstromanlage`		X		X								X
`BatterieSystem`				X	X				X	X	X	X
`Dieselgenerator`		X	X									X
`EnergieManagementSystem`								X				X
`Sendeanlage`	X											X
`Leistungsverteilung`						X						
`Mechanikkonstruktion`							X					

`Sendeanlage` und `Kühlsystem` so aufeinander abstimmen, dass diese unerwünschten Systemzustände nicht auftreten oder deren Auswirkungen gering gehalten werden. Dafür tragen alle vier Systemkomponenten die Verantwortung.

Die Anforderungen von **ECS-LA 4** und **ECS-LA 5** konzentrieren sich darauf, die Bleibatterie mit einer niedrigen C-Rate zu betreiben und die Entladetiefe nicht zu groß zu wählen. Wir haben beides bei der Entwicklung des Batteriesystems berücksichtigt und ordnen daher diese beiden Anforderungen dem Batteriesystem zu.

Wir wollen uns nun die Anforderungen ansehen, die sich aus der Anwendung ergeben. Dabei verwenden wir unter anderem die Anforderungen, die in der Lösung der Übung 7.10 erarbeitet wurden. **MB-LA 1** muss von der `Sendeanlage` erfüllt werden. Schließlich bauen wir die Station so, dass wir ein dichtes Mobilfunknetz realisieren können. In **MB-LA 2** verlangt der Mobilfunkbetreiber, dass die Station mit einem Solarkraftwerk und einem Stromaggregat versorgt wird, logischerweise eine Anforderung, die durch `Solarstromanlage` und `GenSet` erfüllt wird. Ebenso wird **MB-LA 3** dem `GenSet` und **MB-LA 4** der `Solarstromanlage` und `Batteriesystem` zugeordnet.

In **MB-LA 5** wird eine Anforderung an das `BatterieSystem` gestellt. Unser Batteriesystem hat jedoch keine Nennspannung von $48\,V_{DC}$. Vielmehr liegen die einzelnen Module sogar deutlich darunter. Daher muss nun sichergestellt werden, dass der Installateur nicht mit der vollen Gleichspannung in Berührung kommen kann. Hier hilft die Einhaltung der **MB-LA 6**, bei der alle DC-Quellen mithilfe eines Schalters abgeschaltet werden. Dies ist eine Anforderung der `Leistungsverteilung`.

Anforderungen an die Konstruktion des Systems wie **MB-LA 7** müssen durch die `Mechanikkonstruktion` erfüllt werden. In diesem Fall müssen wir sicherstellen.

Die Forderung nach einer Inbetriebnahme, **MB-LA 8**, ordnen wir dem `EnergieManagementSystem` zu. Dieses kann alle Einzelkomponenten steuern und auslesen.

MBA-LA 9 bis **MBA-LA 11** sind Anforderungen an den Aufbau des `Batteriesystems` und damit eindeutig zugeordnet. Die Anforderung **MBA-LA 12**, die eine Reihe von Sensoren erfordert, die vom `EnergieManagementSystem` ausgelesen und genutzt werden sollen, muss von den verschiedenen Teilsystemen erfüllt werden.

Wir sehen, dass alle Anforderungen einer oder mehreren Systemkomponenten zugeordnet sind. In diesem Fall fällt auf, dass die Struktur des RTM viel einfacher ist als das, was wir bereits in anderen Systemen betrachtet haben. Dies deutet darauf hin, dass das in Bild 7.19 gezeigte vereinfachte System erhebliche Vorteile aufweist.

7.3.4 Zusammenfassung

In diesem Abschnitt haben wir uns eingehend mit der Bleibatterie beschäftigt. Wir haben die Haupt- und Nebenreaktionen kennengelernt und uns angesehen, mit welcher Lade- und Entladestrategie wir die Bleibatterie betreiben müssen, um eine lange Lebensdauer zu gewährleisten. Dabei hat sich gezeigt, dass es sinnvoll ist, Bleibatterien im Verhältnis zu ihrer Kapazität zu überdimensionieren, da sich dadurch die Anzahl der Zyklen deutlich erhöht. Darüber hinaus werden unerwünschte Nebenreaktionen reduziert, da die relativen Lade- und Entladeströme bei einer überdimensionierten Bleibatterie ebenfalls geringer sind.

Als Anwendungsbeispiel haben wir uns einen Sendemast angesehen, der sowohl von einem Dieselgenerator als auch von einer Solarstromanlage versorgt wird. Die solare Überproduktion sollte in einer Bleibatterie gespeichert werden.

Im nächsten Abschnitt befassen wir uns mit einer anderen sehr verbreiteten Zellchemie: der Lithium-Ionen-Batterie. Es handelt sich hierbei nicht um eine, sondern um eine ganze Familie von Zellchemien, die jedoch alle auf dem gleichen Prinzip beruhen.

7.4 Lithium-Ionen-Batterien

Ein großer Teil der in Kapitel 1 vorgestellten Anwendungen arbeitet heute mit elektrochemischen Speichern auf der Grundlage der Lithium-Ionen-Batterie. Dazu gehören insbesondere mobile Anwendungen, sei es in der Unterhaltungselektronik oder in mobilen Werkzeugen. Die Lithium-Ionen-Batterien werden auch in der Elektromobilität eingesetzt. Dies liegt an der höheren Energiedichte im Vergleich zu anderen Technologien und an den stark gesunkenen Kosten, die durch eine wachsende Produktion und eine Reihe von Technologie- und Produktionsverbesserungen begünstigt wurden.

Dabei handelt es sich bei Lithium-Ionen-Batterien nicht nur um eine einzelne Zellchemie, sondern um eine Familie von Zellchemien, die sich in ihrer grundlegenden Funktionsweise sehr ähnlich sind. Nachdem wir die Zellchemien beschrieben haben, werden wir uns mit den Anforderungen befassen, die beim Betrieb von Systemen mit Lithium-Ionen-Batterien erfüllt werden müssen. Die Lithium-Ionen-Batterien sind aufgrund ihrer Zellchemie nicht so einfach zu handhaben wie Bleibatterien. Die Lithium-Ionen-Batterien haben zusätzliche Anforderungen, die eingehalten werden müssen, um einen sicheren Betrieb zu gewährleisten.

Wir schließen diesen Abschnitt mit einem Anwendungsbeispiel für Lithium-Ionen-Batterien ab: dem Solarstromspeichersystem für private Anwendungen. Diese Systeme haben in den letzten Jahren weite Verbreitung gefunden. Während die ersten Heimspeichersysteme Bleibatterien verwendeten, sind diese inzwischen fast vollständig durch Systeme mit Lithium-Ionen-Batterien ersetzt worden.

7.4.1 Die Zellchemie von Lithium-Ionen-Batterien

Die Lithium-Ionen-Batterien sind eine Familie von Batterien, die sich in ihren elektrochemischen Reaktionen leicht unterscheiden. Genauer gesagt unterscheiden sie sich durch die verwendeten Anoden- und Kathodenmaterialien. Die Primärreaktionen sind jedoch so ähnlich, dass diese verschiedenen Batterien als Lithium-Ionen-Batterien bezeichnet werden.

Bild 7.22 zeigt die Grundstruktur einer Lithium-Ionen-Batteriezelle. Sie besteht aus zwei Elektroden, die von einem Elektrolyten umgeben und durch einen Separator getrennt sind. Der Separator ist nicht durchlässig für Elektronen, sondern lässt Ionen durch. Die beiden Elektroden sind mit einem anderen Material beschichtet. Die Anode mit Graphit, die Kathode ist mit einem Lithium-Metalloxid $LiMO_2$. Wenn die Batterie geladen wird, werden x Lithium-Ionen aus diesem Lithium-Metalloxid freigesetzt, und gleichzeitig werden x Elektronen abgegeben.

$$LiMO_2 \rightleftharpoons Li_{1-x}MO_2 + xLi^+ + xe^- \tag{7.52}$$

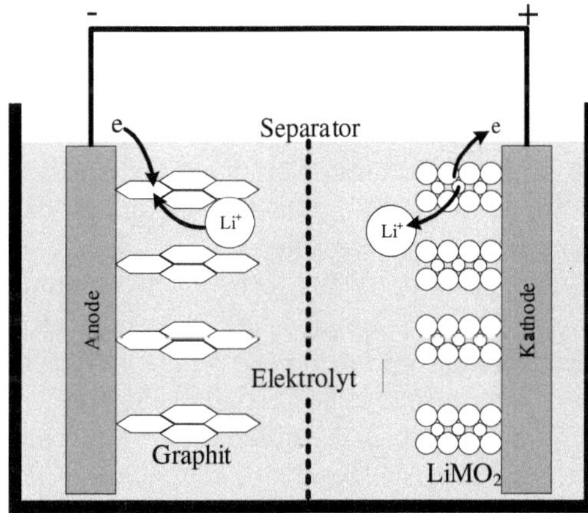

Bild 7.22 Aufbau einer Lithium-Ionen-Batteriezelle. Die Kathode ist mit einem Lithium-Metalloxid beschichtet, das während des Ladevorgangs Lithium-Ionen freisetzt. Die Anode ist mit einem Material beschichtet, das diese Ionen wieder absorbiert. In diesem Beispiel wird Graphit als Anodenmaterial verwendet. Anode und Kathode sind durch einen Separator voneinander getrennt.

Das Lithium-Ion diffundiert durch den Separator zur Anode, während das Elektron durch den Leiter zur Anode fließt. An der Anode verbindet sich das Lithium-Ion dann mit dem Elektron und verbleibt im Anodenmaterial:

$$C + xLi^+ + xe^- \rightleftharpoons Li_xC \tag{7.53}$$

Die Gesamtreaktion lautet:

$$LiMO_2 + C \rightleftharpoons Lix_C + Li_{1-x}MO_2 \tag{7.54}$$

Im Gegensatz zu einer Bleibatterie dient der Elektrolyt hier nur als Transportmedium. In einer Lithium-Ionen-Batterie finden alle Reaktionen im Anoden- und Kathodenmaterial statt. Im Grunde werden zwei Ladungsträger, die $x\text{Li}^+$-Ionen und die $x\text{e}^-$-Elektronen, nur voneinander getrennt, um sich auf der anderen Seite der Batterie wieder zu verbinden.

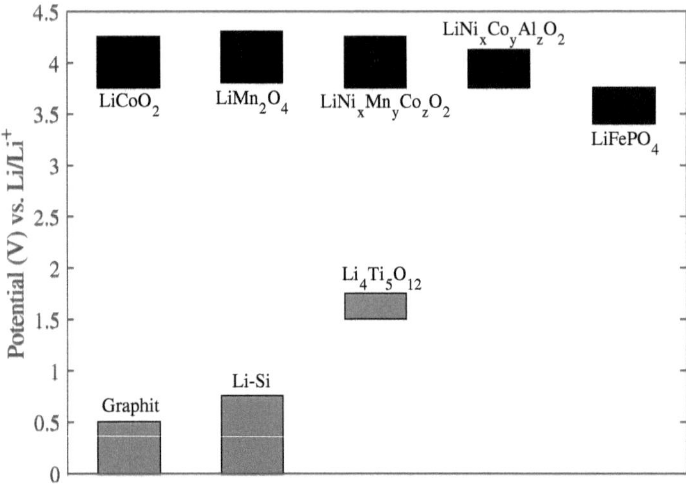

Bild 7.23 Kathoden- und Anodenmaterialien für Lithium-Ionen-Batterien

Für diese Reaktion können verschiedene Metalloxide und Kathodenmaterialien verwendet werden. Die verschiedenen Typen von Lithium-Ionen-Batteriezellen unterscheiden sich durch die Kombination von Metalloxid und Anodenmaterial. In Bild 7.23 sind einige Materialien und ihre elektrischen Potenziale dargestellt. Wir sehen, dass das Kathodenmaterial ein elektrisches Potenzial hat, das zwischen 3 V und 4,25 V liegt, d. h. um ein Lithium-Ion aus diesem Material freizusetzen, benötigen wir eine Spannung, die in diesem Bereich liegt. Diesen Potenzialwert müssen wir mit den Potenzialwerten des Anodenmaterials vergleichen. Das bei Weitem am häufigsten verwendete Material ist Graphit. Es hat ein Potenzial, das zwischen 0 V und 0,6 V liegt. Kombiniert man z. B. Lithium-Eisen-Phosphat $LiFePO_4$ mit Graphit C, erwartet man eine Zellspannung, die zwischen 2,8 V und 3,5 V liegt, wobei die genaue Form des Spannungsverlaufs als Funktion des Ladezustands aus diesem Diagramm nicht ersichtlich ist.

Der Be- und Entladevorgang einer Lithium-Ionen-Batteriezelle beruht auf dem Ionentransport. Im Gegensatz zu einer Bleibatterie, bei der die Reaktion an der Oberfläche der Elektroden stattfindet, werden die Ionen hier in das Innere des Kristalls absorbiert. Daher ist die Kristallstruktur des aktiven Materials wichtig für die Eigenschaften der Zellchemie. Beim Kathodenmaterial unterscheidet man zwischen drei Grundtypen von Materialien, die unterschiedliche Gitterstrukturen aufweisen. Bei Olivin-Gittern haben die Lithium-Ionen nur einen Freiheitsgrad für ihre Bewegung. Batterien mit Lithium-Eisen-Phosphat $LiFePO_4$ haben ein solches Kristallgitter. Durch den schichtweisen Aufbau des Kristalls ist eine zweidimensionale Bewegung möglich. Batterien mit einer $LiMO_2$-Verbindung gehören zu diesen Kathodenmaterialien. Als Metalloxid können Kobalt $LiCoO_2$, Nickel, Mangan $LiNi_xMn_yCo_zO_2$ oder Aluminium $LiNi_xCo_yAl_zO_2$ verwendet werden. Sogenannte Spinellgitter LiM_2 ermöglichen eine dreidimensionale Bewegung der Lithium-Ionen; hier werden Mangan oder Nickel eingesetzt.

Die Aufgabe des Kathodenmaterials ist es, das Lithium in sein Kristallgitter einzubetten. Während des Ladens und Entladens löst sich das Lithium-Ion aus dem Gitter und wandert durch den Separator zur Anode. Idealerweise würde man davon ausgehen, dass man im Prinzip das gesamte Lithium aus dem Lithium-Metalloxid herauslösen könnte. Aber das ist nicht der Fall. Wenn wir das tun, würden wir die Kristallstruktur des Kathodenmaterials auflösen, und aus einem stabilen $LiMO_2$ würde ein Lithiumoxid LiO_2 werden, das eine andere Kristallstruktur hat und chemisch stabiler ist. Damit eine Lithium-Ionen-Batteriezelle funktioniert, muss die Kristallstruktur des Kathodenmaterials erhalten bleiben. Daher kann nicht das gesamte Lithium aus dem Kathodenmaterial entfernt werden. Eine übermäßige Aufladung kann zu dauerhaften Schäden an der Zelle führen, da der Abbau irreversibel sein kann. So werden beispielsweise in $LiCoO_2$-Zellen nur 50 % und in $Li_{1-x}Ni_{0,33}Mn_{0,33}Co_{0,33}O_2$ 66 % der vorhandenen Lithium-Ionen genutzt.

Das Anodenmaterial ist ebenfalls in das Kristallgitter integriert. Das Absorptionsvermögen des Anodenmaterials begrenzt die Energiedichte. Beim Anodenmaterial dominiert Kohlenstoff. Wir hatten bereits in Kapitel 6 gesehen, dass Kohlenstoff eine extrem große Oberfläche pro Volumen hat, was für die Absorption von Lithium-Ionen von Vorteil ist. In Lithium-Ionen-Batteriezellen wird entweder natürlicher Kohlenstoff oder künstlich hergestellter Kohlenstoff verwendet. Künstlich hergestellter Kohlenstoff hat eine homogenere Kristallstruktur. Die Struktur von natürlichem Kohlenstoff ist amorph, d. h. es gibt Zonen oder Bereiche, in denen eine homogene Kristallstruktur zu erkennen ist, die aber immer wieder durchbrochen wird. Da die Absorptionsfähigkeit von Kohlenstoff begrenzt ist, werden auch andere Stoffe als Anodenmaterial verwendet. Es werden Mischungen aus Silizium und Kohlenstoff oder reines Silizium verwendet. Zellen mit Silizium können wesentlich mehr Lithium-Ionen in ihrem Gitter aufnehmen als Kohlenstoff. Allerdings verändert sich das Volumen des Anodenmaterials, was eine mechanische Belastung für das aktive Material darstellt.

Neben Kohlenstoff und Silizium wird Lithiumtitanoxid $Li_4Ti_5O_{12}$ als Anodenmaterial verwendet. Dieses Material hat den Vorteil, dass es beim Einlagern von Lithium-Ionen keine Volumenänderung erfährt. Daher ist die Zyklenstabilität von Batterien mit diesem Anodenmaterial im Vergleich zu Anoden aus Kohlenstoff oder Silizium deutlich höher. Zellen mit $Li_4Ti_5O_{12}$ als Anodenmaterial sind daher für Anwendungen mit hoher Ladeleistung geeignet. Allerdings ist die Energiedichte dieser Zellen nicht so hoch, weil der Potenzialunterschied zwischen Anoden- und Kathodenmaterial geringer ist.

7.4.2 Verhalten und Anforderungen – Vom Umgang mit Lithium-Ionen-Batterien

In diesem Abschnitt werden wir das Verhalten von Lithium-Ionen-Batterien betrachten und Anforderungen für ihre Verwendung ableiten. Die Lithium-Ionen-Batterien sind eine Familie von Zellchemien, die sich durch die Kombination von Anoden- und Kathodenmaterialien unterscheiden. Die Zellchemie bestimmt die Form der $U_{OCV}(\kappa)$-Kurve. Diese

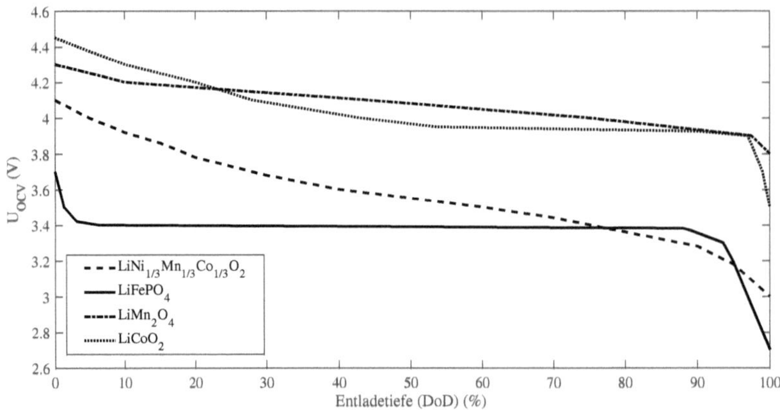

Bild 7.24 Leerlaufspannung U_{OCV} von verschiedenen Lithium-Ionen-Batterien in Abhängigkeit von der Entladetiefe (DoD). Das Anodenmaterial ist immer Graphit, während das Kathodenmaterial variiert.

ist charakteristisch für die jeweilige Kombination von Kathoden- und Anodenmaterial. Bild 7.24 zeigt Kurven für verschiedene Kathodenmaterialien, das Anodenmaterial ist immer Graphit. Die Kurve ist in Abhängigkeit von der Entladungstiefe dargestellt. Informationen über den Energiegehalt fehlen in dieser Darstellung. Zwei Dinge sind in diesem Diagramm bemerkenswert. Der Spannungsbereich, der mit Lithium-Ionen-Batteriezellen realisiert werden kann, liegt zwischen 2,6V und 4,6V. Das bedeutet, dass Lithium-Ionen-Batteriezellen einen Energiegehalt von 1,5V haben. Die Lithium-Ionen-Batteriezellen haben also einen höheren Spannungsbereich als Bleibatterien, deren Nennspannung 2V beträgt. Außerdem fällt auf, dass die Form der $U_{OCV}(\kappa)$-Kurven von der Wahl der Kombination aus Anoden- und Kathodenmaterial abhängt. Die Kurvenform einer Zelle mit $LiFePO_4$ unterscheidet sich erheblich von der von $LiCoO_2$. Die Kombination von Lithium-Eisen-Phosphat $LiFePO_2$ mit Graphit hat einen großen Bereich, in dem die Leerlaufspannung konstant ist und sich nicht ändert, obwohl die Batterie geladen oder entladen wird. Bei der Kombination von Lithium-Mangan-Oxid $LiMn_2O_4$ mit Graphit haben wir dagegen die Situation, dass jedem Ladezustand eine eigene Spannung zugeordnet werden kann. Aber auch hier gibt es Bereiche, in denen die Änderung der Leerlaufspannung in Abhängigkeit vom Ladungszustand mal stärker und mal sehr gering ist. Damit sind wir bei der ersten Anforderung an die Realisierung eines Speichersystems auf Basis von Lithium-Ionen-Batteriezellen angelangt: Während wir bei Bleibatterien anhand der Spannung und auch der Konzentration der Schwefelsäure immer Informationen über den Ladezustand der Batterie haben, sind diese bei einige Zellchemien nicht direkt zugänglich (**ECS-LIB** = „Electrochemical storage – Lithium ion battery“).

ECS-LIB 1: ALS Entwicklung MÖCHTE ICH einen Ladezustandsschätzer implementieren, der den Ladezustand ausreichend gut schätzt, SODASS ich den Ladezustand auch für Zellchemien mit einer flachen U_{OCV}-Kurve bestimmen kann.

In Abschnitt 7.2.2 haben wir bereits über die verschiedenen Methoden der Ladezustandsbestimmung gesprochen. Bei Lithium-Ionen-Batterien ist eine zuverlässige Abschätzung des Ladezustands noch wichtiger, da Lithium-Ionen-Batteriezellen weder tiefentladen noch überladen werden dürfen. Wir haben bereits erwähnt, dass nicht zu viele Lithium-Ionen aus dem Metalloxid herausgelöst werden dürfen. Das kann entweder dazu führen, dass Teile des Kathodenmaterials nicht mehr in der Lage sind, Lithium-Ionen wieder aufzunehmen, oder es führt dazu, dass das Kathodenmaterial chemisch instabil wird und sich zersetzt. Deshalb müssen wir eine Überladung vermeiden. Das ist etwas anderes als bei einer Bleibatterie. Hier kann eine Zelle durchaus überladen werden. Eine Überschreitung der **ECS-LA 1–ECS-LA 3**-Anforderungen kam zwar vor, konnte aber in Kauf genommen werden, wenn geeignete Maßnahmen zur Vermeidung der Auswirkungen von Nebenreaktionen getroffen wurden. Dies ist bei Lithium-Ionen-Batteriezellen nicht mehr möglich. Oberhalb einer Spannung von 4,3 V besteht die Gefahr, dass der Elektrolyt zu oxidieren beginnt. Eine solche Reaktion führt zu einer Kettenreaktion, die als thermisches Durchgehen oder „Thermal Runaway" bezeichnet wird.

Im Falle eines thermischen Durchgehens wird durch die Oxidation des Elektrolyten Wärme erzeugt. Steigt die Temperatur über 100 °C, wird an der Anode Lithium freigesetzt. Dabei entstehen Wärme und Kohlenwasserstoffverbindungen, die zu einer weiteren Zersetzung der Anode führen. Die zusätzliche Wärme, die dabei entsteht, sorgt dafür, dass auch an der Kathode verschiedene Reaktionen ablaufen. Es entsteht Sauerstoff, der die Oxidation an der Kathode verstärkt. Es bildet sich eine Reihe von Gasen, und es wird weitere Wärme freigesetzt. Diese sich selbst verstärkenden Reaktionen führen zu einem Zellenbrand.

Die Anforderung **B 6** verlangt für ein Speichersystem, dass dieses sicher sein muss. Daher werden aus **B 6** neue Anforderungen für Lithium-Ionen-Batteriezellen abgeleitet:

ECS-LIB 2: ALS Entwicklung MÖCHTE ICH sicherstellen, dass es zu keinem thermischen Durchgehen kommt, SODASS von meinem Energiespeichersystem keine Gefahr für Mensch und Maschine ausgeht.

ECS-LIB 3: ALS Entwicklung MÖCHTE ICH sicherstellen, dass im Falle eines thermischen Durchgehens Menschen vor den unmittelbaren Gefahren geschützt werden, SODASS Menschen sich aus dem Gefahrenbereich entfernen können und in Sicherheit sind.

ECS-LIB 2 und **ECS-LIB 3** lassen sich auch verbal wie folgt zusammenfassen: Es darf kein thermisches Durchgehen auftreten, und wenn dieser unwahrscheinliche Fall doch eintritt, darf niemand zu Schaden kommen. Die Einhaltung von **ECS-LIB 3** hängt von der Anwendung des Energiespeichersystems ab und ermöglicht unterschiedliche Ansätze. Bei mobilen Anwendungen wie z. B. Mobiltelefonen, Laptops oder elektrisch betriebenen Werkzeugen muss sichergestellt werden, dass das thermische Durchgehen nicht zu einer Explosion des Geräts führt, sondern langsam und sichtbar erfolgt. Dadurch wird sichergestellt, dass die Menschen die Gefahr erkennen und sich aus dem Gefahrenbereich entfernen. Bei Elektrofahrzeugen ist es ähnlich: Man muss sicherstellen, dass der Fahrer und die Passagiere genügend Zeit haben, das Fahrzeug zu verlassen. Bei stationären Klein- und Großspeichern ist die Umsetzung von **ECS-LIB 3** etwas schwieriger. Zum einen sind die Energiemengen wesentlich größer, zum anderen sind diese Speicher ortsfest. Hier reichen die Maßnahmen von aufwendiger Brandschutztechnik bis hin zu gekapselten Bereichen, die einfach abbrennen sollen.

ECS-LIB 3 beschäftigt sich mit der Frage: Was wäre, wenn? Natürlich müssen wir uns auch mit der Frage beschäftigen, wie ein thermisches Durchgehen überhaupt verhindert werden kann. Dies ist die Anforderung von **ECS-LIB 2**. **ECS-LIB 2** ist eine Anforderung, die verlangt, dass das System aktiv versucht, diesen gefährlichen Zustand zu vermeiden.

Um die Frage beantworten zu können, wie der Eintritt in diesen Zustand vermieden werden kann, betrachten wir die Frage, was ein thermisches Durchgehen in einer Lithium-Ionen-Batteriezelle verursachen kann. Die Antwort ist einfach: Wir wissen, dass eine elektrochemische Zelle sich in einem thermischen Ungleichgewicht befindet. Ist eine Zelle geladen, befinden sich Lithium-Ionen und Elektronen auf der Anodenseite, obwohl der optimale Zustand die Kathodenseite wäre. Durch einen internen oder Kurzschluss können die Ionen und die Elektronen diesen Zustand schlagartig erreichen, es fließt also ein hoher Strom, und die dabei freiwerdende Energie löst chemische Kettenreaktion und ein thermischen Durchgehen aus. Wir müssen daher einen internen oder externen Kurzschluss vermeiden.

Die Tatsache, dass ein interner oder externer Kurzschluss vermieden werden muss, gilt zwar auch für alle anderen elektrochemischen Zellen. Das Gefahrenpotenzial einer Lithium-Ionen-Batteriezelle ist jedoch wesentlich höher als das anderer Zellen. Die in einer Lithium-Ionen-Batteriezelle gespeicherte elektrochemische Energie ist dreimal so groß wie die Energiemenge, die elektrisch entnommen werden kann.

Das Risiko eines externen Kurzschlusses kann durch eine Reihe von technischen Maßnahmen verringert werden. Auf Systemebene sind die Batterien mit Schaltern an beiden elektrischen Polen ausgestattet, sodass eine elektrische Trennung vom Gesamtsystem zweifach möglich ist. Auf Zellebene werden weitere Maßnahmen in der Konstruktion umgesetzt. So wird beispielsweise ein PTC, ein Thermistor, an den Kontakten der Zelle eingesetzt. Ein PTC-Widerstand ist ein Thermistor, dessen Widerstandswert sich bei hohen Temperaturen erhöht. Wenn sich die Zelle erwärmt, erhöht sich der Widerstand und reduziert somit den Strom. Auf diese Weise soll eine zusätzliche Erwärmung durch einen zu hohen Strom verhindert werden.

Das zweite Element ist eine Schmelzsicherung. Wenn der PTC nicht ausreicht und der Stromfluss trotzdem zu hoch wird, soll diese Sicherung einen zusätzlichen Stromfluss verhindern. Die Hersteller haben hier verschiedene Lösungen entwickelt. Zum Beispiel kann die Sicherungsfunktion auf die Anschlussdrähte oder auf die Anschlussleiste (Stromschiene) übertragen werden. Letzteres ist eine Maßnahme, die dann bereits auf der Modul- oder Systemebene wirkt.

Alle diese Maßnahmen greifen im Falle eines externen Kurzschlusses ein. Schwieriger ist es jedoch, einen internen Kurzschluss zu vermeiden. Dieser tritt auf, wenn der Separator durchtrennt wird oder seine isolierenden Eigenschaften verliert. Dies kann durch mechanische Fehler geschehen, zum Beispiel wenn eine Batteriezelle durch äußere Gewalt beschädigt wird. Er kann aber auch chemisch verursacht werden. Wird eine Zelle beispielsweise tiefentladen oder überladen, kann in beiden Fällen ein Degradationsprozess stattfinden, der zu einem internen Kurzschluss führt. Aus diesem Grund muss beim Betrieb von Lithium-Ionen-Batteriezellen immer darauf geachtet werden, dass das angegebene Spannungsfenster nicht überschritten wird.

Eine weitere Ursache bzw. Auswirkung, die zu einer Degradation des aktiven Materials oder des Separators führen kann, ist eine übermäßige Erwärmung der Zelle.

Kommt es zu einem thermischen Durchgehen, beginnt eine Kaskade chemischer Reaktionen, die sich über einen Zeitraum von Minuten entfaltet. Der Prozess besteht aus drei Phasen. In der ersten Phase beginnt die Zelle, den Verbrennungsprozess selbst anzutreiben. Die Spannung fällt jedoch langsam ab, während sich die Zelle gleichzeitig langsam erwärmt. Zu diesem Zeitpunkt ist der Separator noch teilweise intakt. In der zweiten Phase fällt die Spannung sehr schnell ab, und die Zelle beginnt sich merklich und schnell zu erhitzen. In dieser Phase kollabiert der Separator. Sobald sich der Separator aufgelöst hat, beginnt die dritte Phase. Der Elektrolyt beginnt sich aufzulösen, und Flammen entstehen.

Um die Auswirkungen der dritten Phase zu verringern, sind Lithium-Ionen-Batteriezellen mit einem Überdruckventil ausgestattet. Dieses öffnet sich, sobald der Innendruck, der sich in den ersten beiden Phasen aufbaut, einen kritischen Wert überschreitet. Es lässt Elektrolyt und heiße Gase entweichen und soll eine Explosion der Zelle verhindern, die in einem aus vielen Zellen bestehenden Batteriesystem zu einer Kettenreaktion führen kann.

Neben den oben beschriebenen konstruktiven Maßnahmen gibt es eine weitere Maßnahme, die beim Betrieb von Lithium-Ionen-Batteriezellen beachtet werden muss:

ECS-LIB4: ALS Entwicklung MÖCHTE ICH sicherstellen, dass sich alle Zellen während des Betriebs immer innerhalb des zulässigen Spannungs- und Temperaturbereichs befinden, SODASS die Wahrscheinlichkeit eines internen Kurzschlusses verringert wird.

Bei **ECS-LIB 4** ist es wichtig zu verstehen, dass es sich sowohl um eine harte als auch um eine weiche Anforderung handelt. Hart ist sie, wenn die Grenzwerte zu weit überschritten werden. In diesem Fall kommt es in der Regel zu einem internen Kurzschluss. Aber diese Grenzen sind oft so klar und weit von den normalen Betriebspunkten entfernt, dass man diese harte Grenze nie erreicht. Etwas subtiler sind die weichen Grenzwerte. Für eine kurze Zeit ist es möglich, diese Grenzen zu überschreiten. Mit jeder Grenzüberschreitung steigt jedoch die Wahrscheinlichkeit, und es besteht möglicherweise kein zeitlicher Zusammenhang zwischen der Grenzüberschreitung und dem tatsächlichen Ereignis.

Zur Einhaltung von **ECS-LIB 4** werden Batteriesysteme mit Lithium-Ionen-Batteriezellen mit einem Überwachungssystem ausgestattet, das in der Regel in das Batteriemanagementsystem integriert ist. Spannung und Temperatur werden auf Zell-, Modul- und Systemebene überwacht.

In Abschnitt 7.2.2 wurde erwähnt, dass sowohl an der oberen als auch an der unteren Kapazitätsgrenze eine Sicherheitsspanne eingehalten wird, um eine harte Kontrolle zu vermeiden und die Sicherheit zu gewährleisten. Während dies bei Blei nur zur Verringerung von Alterungseffekten notwendig war, ist es für die Systemsicherheit und die Nutzbarkeit von Lithium-Ionen-Batteriesystemen unbedingt erforderlich. Das Gleiche gilt für die „Balancing"-Funktionalität. Ein unsymmetrisches Batteriesystem kann ein höchst unerwünschtes Verhalten zeigen. Angenommen, die Zellen eines Batteriesystems eines Elektrofahrzeugs sind nicht vollständig „balanciert", z. B. alle Zellen sind halb voll, aber eine Zelle ist fast leer: Die Ladezustandsanzeige zeigt dem Nutzer die Summe aller Ladezustände aller Zellen an. Da jede einzelne Zelle eine höhere Speicherkapazität hat, hat die einzelne fast leere Zelle keinen wesentlichen Einfluss auf den Wert des Ladezustands. Der Fahrer sieht also, dass er einen halbvollen „Tank" hat, und fährt los. Die eine fast leere Zelle wird nun aber genauso entladen wie alle anderen Zellen. Da diese Zelle nun bei einer weiteren Entladung aus dem zulässigen Spannungsbereich fallen würde, muss das Batteriemanagementsystem reagieren. Die einfachste Möglichkeit wäre, die Entladung der gesamten Batterie zu stoppen. In der Tat ist dies eine übliche Reaktion solcher Systeme. In dem hier beschriebenen Fall würde dies jedoch zum Abbremsen oder zumindest zum Ausrollen des Fahrzeugs führen, was den Fahrer zusätzlich gefährden könnte. Daher wird die Anforderung abgeleitet:

```
ECS-LIB5: ALS Entwicklung MÖCHTE ICH sicherstellen, dass bei Erreichen
der Spannungs- und Temperaturgrenzen einzelner Zellen das Gesamtsystem
noch beherrschbar ist, SODASS das Gesamtsystem nicht in einen unkontrol-
lierten und unsicheren Zustand gerät.
```

ECS-LIB 5 ist eine Anforderung, die auf der Ebene des Gesamtsystems erfüllt werden muss. Es sind Kenntnisse über das Gesamtsystem erforderlich, um zu beurteilen, was ein unkontrollierter oder unsicherer Zustand für ein Gesamtsystem ist. Da hier Kenntnisse über die spezifische Anwendung erforderlich sind, ist **ECS-LIB 5** am besten dem Energiemanagementsystem zuzuordnen.

Betrachten wir das Verhalten von Lithium-Ionen-Batteriezellen bei verschiedenen C-Raten. Aus **ECS-LIB 4** können wir bereits schließen, dass Lithium-Ionen-Batteriezellen nicht für sehr hohe C-Raten geeignet sind. Dies liegt daran, dass ein hoher Strom auch zu einem Anstieg der Temperatur führt, was zu Schäden innerhalb einer Zelle führen kann. Tatsächlich sind Lithium-Ionen-Batteriezellen für Ladeströme bis zu 2C und Entladeströme bis zu 4C geeignet, wobei die höheren C-Raten einen Einfluss auf die Alterung haben. In Bild 7.25 haben wir ein ähnliches Experiment wie in Bild 7.16 durchgeführt. Allerdings reichen die C-Raten von $0{,}2C$ bis $2{,}7C$. In diesem Experiment haben wir den Energiegehalt und nicht die Entladezeit gemessen. Das heißt, wir haben eine Lithium-Ionen-Batteriezelle zunächst vollständig aufgeladen und dann mit einem konstanten Strom entladen. Durch Messung der Leerlaufspannung und des Stroms konnten wir eine Kurve $U_{OVC}(\kappa)$ zeichnen. Das Diagramm entspricht dem in Bild 7.24, aber der Entladestrom wurde variiert, und die Zellchemie bleibt gleich. Wir tauschen die Zelle nicht aus. In diesem Experiment war es $LiCoO_2$ als Kathodenmaterial und C als Anodenmaterial [Red11].

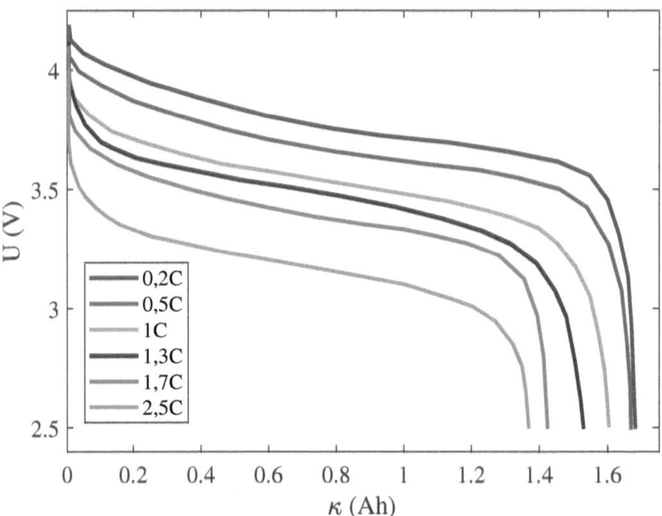

Bild 7.25 Entladekapazität einer Lithium-Ionen-Batteriezelle mit $LiCoO_2$ als Kathode und C als Anodenmaterial bei unterschiedlichen C-Raten [Red11]

Wir sehen, dass die Energiemenge, die wir aus einer Lithium-Ionen-Batteriezelle gewinnen können, von der Laderate abhängt. Je höher die Laderate ist, desto geringer ist die Energiemenge. Ab einer Laderate von $1C$ ist der Effekt sehr stark. Wie in Bild 7.25 zu sehen ist, ist der Kapazitätsunterschied zwischen 0,2*C* und 0,5*C* nicht sichtbar. Der Kapazitätsunterschied zwischen diesen Maximalwerten und einer Laderate von 1*C* beträgt 5 %. Der Kapazitätsunterschied zwischen 0,2*C* und 2,6*C* beträgt 20 %.

Diese Beobachtung unterscheidet sich von der der Bleibatterie. Dort konnten wir zwischen zwei Bereichen unterscheiden. Bei niedrigen Ladegeschwindigkeiten war die Energiemenge ungefähr gleich groß. Bei hohen Ladegeschwindigkeiten waren die Ladegeschwindigkeiten sehr unterschiedlich. Dabei waren die im Experiment in Bild 7.16 verwendeten Laderaten wesentlich höher waren als die hier verwendeten Laderaten.

Bei einer Bleibatterie war das begrenzende Element die Versorgung mit aktivem Material im Elektrolyten. Insbesondere musste sichergestellt werden, dass genügend Schwefelsäure mit den Elektroden in Kontakt kommen konnte. Die Lithium-Ionen-Batteriezellen verfügen nicht über ein solches Element. Wie in der Primärreaktion zu sehen ist, trennt sich ein Lithium-Ion vom aktiven Material an einer Elektrode und wandert zur anderen Elektrode, um sich mit dem anderen Material an der Elektrode zu verbinden. Begrenzende Faktoren können daher nur Transport oder Absorption sein. Wir haben jedoch keine Nebenreaktion erwähnt, die ein Lithium-Ion während des Transports bindet. Es kann sich also nur um einen Effekt während der Lagerung handeln. Und genau das ist der Grund für die unterschiedlichen Energiegehalte. Bei höheren Ladegeschwindigkeiten finden die Lithium-Ionen keinen Platz, um sich einzulagern, oder sie finden keinen Weg, um sich aus dem Material zu lösen. Wenn wir dem System dann mehr Energie zuführen, kommt es zu einer unerwünschten Erwärmung, die wir wegen **ECS-LIB 4** vermeiden wollen.

Zusammenfassend lässt sich sagen, dass Lithium-Ionen-Batteriezellen idealerweise nur bis zu einem Maximum von 1*C* verwendet werden. Es ist möglich, höhere C-Werte zu verwenden. Allerdings sollte man die Angaben des Herstellers überprüfen. 1*C* klingt zunächst nicht nach viel. Aber da die Spannung deutlich höher ist als bei Bleibatteriezellen, ist auch die entnehmbare Leistung höher. Gleichzeitig ist der Strom geringer, den wir zum Transport dieser Leistung aufbringen müssen.

In Bild 7.6 hatten wir bereits gesehen, dass die Anzahl der Zyklen, die aus Lithium-Ionen-Batteriezellen entladen werden können, von der Entladetiefe abhängt und deutlich höher sein kann als die von Bleibatteriezellen. Neben der Abhängigkeit von der Entladetiefe hängt die Anzahl der Zyklen auch von der Temperatur der Zellen ab.

In Bild 7.26 sehen wir das folgende Experiment: Wir nehmen eine Lithium-Ionen-Batteriezelle und zyklieren sie bei verschiedenen Temperaturen. Dabei zählen wir die Anzahl der Zyklen, die mit dieser Zelle möglich sind [WZG+16]. Die höchste Anzahl von Zyklen wird bei einer Temperatur von 25 °C und einer Entladungsrate von 1*C* erreicht. Wenn wir die Temperatur nicht ändern, aber die C-Rate auf 2*C* erhöhen, sehen wir, dass die Anzahl der Zyklen für diese Zelle deutlich reduziert wird. Dies ist auch bei allen anderen Temperaturpaaren zu beobachten. Die Zyklenlebensdauer hängt also nicht nur von der Entladetiefe, sondern deutlich von der Laderate ab. Allerdings erkennen wir bei dieser Messung einen weiteren Effekt: Bei 25 °C haben wir die längste Zyklenlebensdauer. Wenn wir die Temperatur auf 45 °C erhöhen, verringert sich die Lebensdauer, selbst wenn wir die Ladegeschwindigkeit bei 1*C* belassen. Aber wenn wir die Batteriezelle abkühlen, und in diesem Fall gehen wir mit der Temperatur auf 0 °C herunter, sehen wir, dass sich die Lebensdauer erheblich verkürzt. Nun sind 0 °C und 45 °C zwei extreme Temperaturunterschiede. Wir können uns fragen, ob das Verhältnis bei 13 °C oder 37 °C nicht ein wenig besser ist. In der Tat zeigen Experimente, dass die Lebenserwartung der Batteriezelle bei verschiedenen Temperatur-

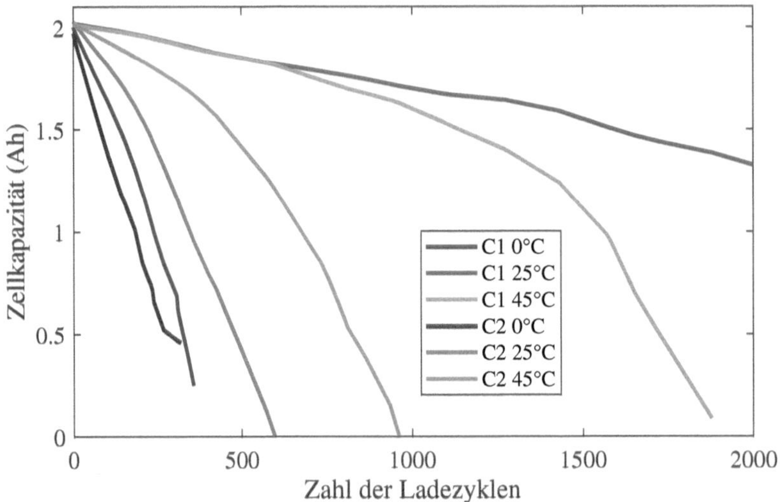

Bild 7.26 Anzahl der Zyklen, die von einer Lithium-Ionen-Batteriezelle bei verschiedenen Betriebstemperaturen genommen wurden. Die Entladungsrate betrug 1*C* bzw. 2*C* [WZG+16].

bereichen etwas besser ist. Tatsächlich zeigen Analysen, dass es für verschiedene Lithium-Ionen-Batteriezellen ein Temperaturoptimum gibt und dass dieser Wert von der Konstruktion der Zelle und ihrer Chemie abhängt. Das optimale Temperaturfenster für die meisten Lithium-Ionen-Batteriezellen liegt im Bereich von 20 °C bis 25 °C.

Bei der kalendarischen Alterung von Lithium-Ionen-Batteriezellen hatten wir bereits in Bild 7.7 gesehen, dass eine niedrigere Temperatur immer mit einer längeren Lebensdauer korreliert. Anders verhält es sich mit der Temperaturabhängigkeit der Zyklusalterung. Da sich aber beide Alterungseffekte überschneiden, müssen wir eine Anforderung an die Betriebstemperatur stellen, die beiden Beobachtungen Rechnung trägt:

ECS-LIB6: ALS Nutzer MÖCHTE ICH sicherstellen, dass die Zelltemperatur in einem Temperaturbereich von 20 °C bis 25 °C liegt, SODASS die kalendarische Alterung nicht zu sehr beschleunigt wird und die Zyklenlebensdauer hoch bleibt.

Die kalendarische Lebensdauer hängt nicht nur von der Temperatur, sondern auch von der Spannung ab. Bei Lithium-Ionen-Batteriezellen beobachten wir, dass eine hohe Zellspannung zu einer schnelleren Zersetzung des aktiven Materials führt. Dies lässt sich damit erklären, dass bei höheren Temperaturen oder höheren Spannungen mehr Wärmeenergie im aktiven Material vorhanden ist, was zu einer Beschleunigung der Zerfallsreaktionen führt. Zusammen mit der Beobachtung, dass die Zyklenlebensdauer von der Entladetiefe abhängt und größer ist, wenn die Entladetiefe geringer ist, ergibt sich daraus eine weitere Anforderung an das Betriebsmanagement von Lithium-Ionen-Batteriezellen:

ECS-LIB7: ALS Nutzer MÖCHTE ICH den mittleren Ladezustand der Batterie so niedrig wie möglich halten, SODASS der Einfluss des Ladezustands auf die kalendarische Alterung und die Zyklusalterung gering ist.

Diese Anforderung hat Auswirkungen auf die Systemauslegung und die Ladestrategie. Ist die Kapazität definiert, so versucht das Energiemanagementsystem durch geeignete Maßnahmen den durchschnittlichen Ladezustand niedrig zu halten. Allerdings gibt es hier einen Widerspruch, der für die jeweilige Anwendung gelöst werden muss. Soll der mittlere Ladezustand möglichst niedrig sein, muss die Kapazität der Batterie größer sein, als es für die Anwendung eigentlich notwendig wäre. Eine größere Kapazität erhöht aber auch die Kosten des Speichersystems. Wie dieser Konflikt in der Praxis aufgelöst wird, hängt von der Anwendung ab.

Bei der Handhabung von Lithium-Ionen-Batterien muss mehr auf die Sicherheit der Betriebsparameter geachtet werden als bei einer Bleibatterie. Auf der anderen Seite ist die Energiedichte und das Spannungsniveau von Lithium-Ionen-Batterien deutlich höher. Im Gegensatz zu Bleibatterien, die auch für kurze Zeit mit sehr hohen C-Werten entladen werden können, sind die C-Werte begrenzt. Dennoch werden Lithium-Ionen-Batterien immer häufiger eingesetzt. Im nächsten Abschnitt werden wir uns mit dem Aufbau einer solchen Anwendung auf Grundlage von Lithium-Ionen-Batterien befassen.

7.4.3 Anwendungsbeispiel – Solarstromspeichersystem für Wohngebäude

In diesem Abschnitt wollen wir ein Solarstromspeichersystem für Wohngebäude entwerfen, das Lithium-Ionen-Batteriezellen als Speichertechnologie verwendet. Ein Solarstromspeichersystem für Privathaushalte ist eine Kombination aus einer Solarstromanlage und einer Batterie. Die Grundidee ist, dass ein Überschuss an Solarleistung in einer Batterie zwischengespeichert wird, um die Verbraucher im Haushalt in Zeiten zu versorgen, in denen nicht genügend Solarstrom produziert wird. Auf diese Weise sollen die Energiekosten minimiert werden.

Auch hier haben wir Freiheiten bei der Realisierung des Systems. Die wichtigsten Komponenten sind die Solarstromanlage, die Verbraucher im Haushalt, die Batterie und das Netz. In Bild 7.27 haben wir drei gängige Realisierungen gezeigt. Die modularste Variante ist die erste Konfiguration. Hier sind alle Komponenten über einen AC-Bus miteinander verbunden. Das bedeutet, dass sowohl die Solarstromanlage als auch die Batterie mit einem Wechselrichter ausgestattet sind, der an das Hausstromnetz, den AC-Bus, angeschlossen ist. Der Vorteil dieser Architektur ist, dass die Solarstromanlage und das Batteriesystem unabhängige Komponenten sind. Die Leistung des Solarwechselrichters richtet sich nach der Größe der Solarstromanlage. Die Leistung des Batteriewechselrichters richtet sich nach der Ladeleistung der Batterie. Beide Komponenten können für sich allein optimiert werden. Der Nachteil ist, dass die Verluste bei der Speicherung von Solarstrom höher sind, da die Leistung zunächst in Wechselstrom, dann wieder in Gleichstrom und schließlich wieder in Wechselstrom umgewandelt werden muss. Die beiden anderen Systeme versuchen, diesen Nachteil auszugleichen. Bei beiden Systemen ist die Batterie über einen DC-Bus direkt an die Solarstromanlage angeschlossen. Im ersten Fall wird die Batterie über einen DC/DC-Wandler an den Gleichstrombus des Solarwechselrichters angeschlossen. Bei der zweiten Variante ist der DC/DC-Wandler zwischen der Solarstromanlage und dem Solarwechselrichter geschaltet. In beiden Fällen wird der Verlust für die Speicherung der Energie reduziert.

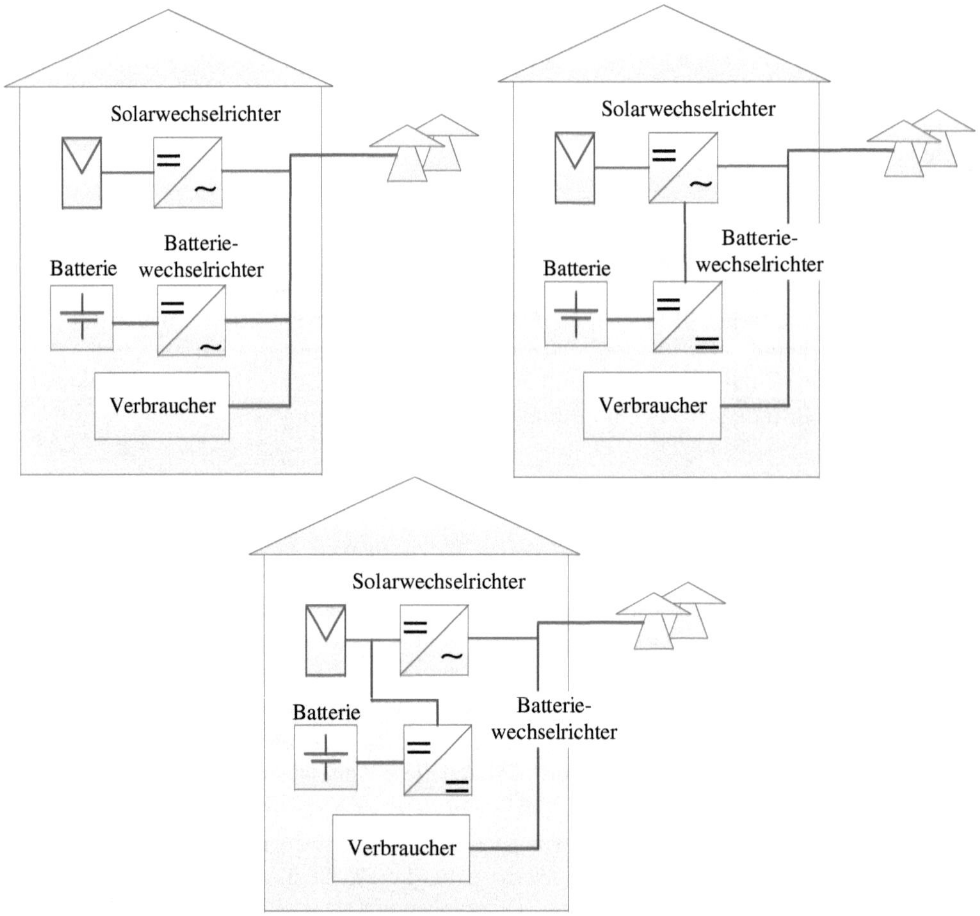

Bild 7.27 Topologien von Solarstromspeichersystemen für Wohngebäude: Es wird zwischen Systemen unterschieden, bei denen die Batterie über den AC-Bus oder direkt von der Solarstromanlage über den DC-Bus geladen wird

Übung 7.16 Verluste und Effizienzen eines Solarstromspeichersystems

Die in Bild 7.27 gezeigten Wechselrichter sind als Kombination aus einem DC/DC-Wandler und einem Wechselrichter zu verstehen (Bild 7.28). Im Solarwechselrichter ist der DC/DC-Wandler für das MPPT zuständig. Er sorgt dafür, dass in der Solarstromanlage Strom und Spannung so gewählt wird, dass die entnommene Leistung maximal ist, und gibt diese Leistung an den Zwischenkreis ab. Der Wechselrichter entnimmt die Leistung aus diesem Zwischenkreis und speist sie in das Wechselstromnetz ein. Im Batteriewechselrichter wird der DC/DC-Wandler eingesetzt, um die vom Ladezustand abhängige Batteriespannung auf die Zwischenkreisspannung zu übertragen. Der Wechselrichter nimmt hier die Leistung ab und gibt sie an das Wechselstromnetz ab.

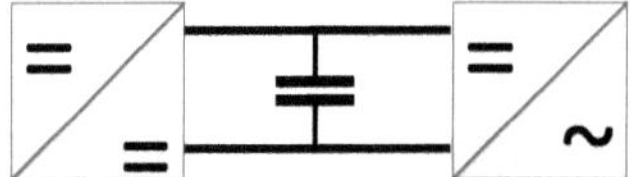

Bild 7.28 Ein Wechselrichter, wie in Bild 7.27 dargestellt, besteht aus einem DC/DC-Wandler und einem Wechselrichter.

.

Tabelle 7.9 Verlustkoeffizienten von Wechselrichter und DC/DC-Wandler

Komponente	a(W)	b(·)	$c(\frac{1}{W})$
DC/DC	100	0,01	10^{-8}
AC/DC	50	0,02	$1{,}5 \cdot 10^{-8}$

Der Einfachheit halber gehen wir davon aus, dass die Verlustkoeffizienten für DC/DC-Wandler und Wechselrichter gleich sind, unabhängig davon, für welche Komponente sie eingesetzt werden sollen. In Tabelle 7.9 haben wir die Koeffizienten dargestellt. Wir betrachten den Anwendungsfall, dass P = 3.500 W Solarleistung zunächst in die Batterie eingespeist und dann vollständig entladen wird. Wie viel Leistung kommt im Haushalt an und wie hoch ist der resultierende Wirkungsgrad? Dies soll für alle drei Systeme berechnet werden.

Lösung: Wir beginnen mit dem AC-System, dem ersten der drei Systeme. Übertragung von der Solarstromanlage zum DC-Bus:

$$P_{\text{DCbus}} = P - \left(a_{\text{DCDC}} + b_{\text{DCDC}}P + c_{\text{DCDC}}P^2\right) = 3.364\,\text{W}$$

Der Leistungstransfer zum AC-Bus:

$$P_{\text{DCAC}} = P_{\text{DCbus}} - \left(a_{\text{ACDC}} + b_{\text{ACDC}}P_{\text{DCbus}} + c_{\text{ACDC}}P_{\text{DCbus}}^2\right) = 3.247{,}5\,\text{W}$$

Leistungstransfer vom AC-Bus zum Zwischenkreis des Batteriewechselrichters:

$$P_{\text{DCbus}} = P_{\text{DCAC}} - \left(a_{\text{ACDC}} + b_{\text{ACDC}}P_{\text{DCAC}} + c_{\text{ACDC}}P_{\text{DCAC}}^2\right) = 3.132{,}3\,\text{W}$$

Leistungstransfer vom Zwischenkreis zur Batterie:

$$P_{\text{bat}} = P_{\text{DCbus}} - \left(a_{\text{DCDC}} + b_{\text{DCDC}}P_{\text{DCbus}} + c_{\text{DCDC}}P_{\text{DCbus}}^2\right) = 3.009\,\text{W}$$

Leistungstransfer von der Batterie zurück zum Zwischenkreis:

$$P_{\text{DCbus}} = P_{\text{bat}} - \left(a_{\text{DCDC}} + b_{\text{DCDC}}P_{\text{bat}} + c_{\text{DCDC}}P_{\text{bat}}^2\right) = 2.870\,\text{W}$$

Transfer vom Zwischenkreis zum AC-Bus, d. h. zur Last:

$$P_{\text{DCAC}} = P_{\text{DCbus}} - \left(a_{\text{ACDC}} + b_{\text{ACDC}}P_{\text{DCbus}} + c_{\text{ACDC}}P_{\text{DCbus}}^2\right) = 2.763\,\text{W}$$

Der Gesamtwirkungsgrad dieses Speichervorgangs beträgt

$$\eta_{\text{conf 1}} = \frac{2.763\,\text{W}}{3.500\,\text{W}} = 78{,}94\,\%$$

Nun führen wir die Berechnung für das zweite System durch. Hier wird die Leistung zunächst über den DC/DC-Wandler des Solarwechselrichters auf den Zwischenkreis übertragen. Danach erfolgt eine Übertragung über den DC/DC-Wandler des Batteriewechselrichters zur Batterie. Diese wird wieder für die Einspeisung genutzt, und anschließend erfolgt die Einspeisung über den Wechselrichter.

DC-Bus:

$$P_{\mathrm{DCbus}} = P - \left(a_{\mathrm{DCDC}} + b_{\mathrm{DCDC}} P + c_{\mathrm{DCDC}} P^2\right) = 3.364\,\mathrm{W}$$

Transfer vom Zwischenkreis zur Batterie:

$$P_{\mathrm{bat}} = P_{\mathrm{DCbus}} - \left(a_{\mathrm{DCDC}} + b_{\mathrm{DCDC}} P_{\mathrm{DCbus}} + c_{\mathrm{DCDC}} P_{\mathrm{DCbus}}^2\right) = 3.231\,\mathrm{W}$$

Transfer von der Batterie zurück zum Zwischenkreis:

$$P_{\mathrm{DCbus}} = P_{\mathrm{bat}} - \left(a_{\mathrm{DCDC}} + b_{\mathrm{DCDC}} P_{\mathrm{bat}} + c_{\mathrm{DCDC}} P_{\mathrm{bat}}^2\right) = 3.098\,\mathrm{W}$$

Transfer vom Zwischenkreis zum AC-Bus, d. h. zur Last:

$$P_{\mathrm{DCAC}} = P_{\mathrm{DCbus}} - \left(a_{\mathrm{ACDC}} + b_{\mathrm{ACDC}} P_{\mathrm{DCbus}} + c_{\mathrm{ACDC}} P_{\mathrm{DCbus}}^2\right) = 2.986\,\mathrm{W}$$

Der Gesamtwirkungsgrad dieses Speicherprozesses beträgt

$$\eta_{\mathrm{conf\,2}} = \frac{2.986\,\mathrm{W}}{3.500\,\mathrm{W}} = 85{,}33\,\%.$$

Durch das Weglassen von zwei Wandlerstufen steigt der Wirkungsgrad erwartungsgemäß. Es kommt mehr Leistung bei den Verbrauchern an.

Im dritten System wird die Anzahl der Transfers weiter reduziert; die Leistung wird zunächst über den DC/DC-Wandler direkt in der Batterie gespeichert. Beim Entladen kann der DC/DC-Wandler des Solarwechselrichters ebenfalls vernachlässigt werden, wenn die Ausgangsspannung des DC/DC-Wandlers die Spannung gleich der Zwischenkreisspannung setzt.

Übertragung vom Solarstromgenerator zur Batterie:

$$P_{\mathrm{bat}} = P - \left(a_{\mathrm{DCDC}} + b_{\mathrm{DCDC}} P + c_{\mathrm{DCDC}} P^2\right) = 3.364\,\mathrm{W}$$

Transfer von der Batterie auf den Zwischenkreis:

$$P_{\mathrm{DCbus}} = P_{\mathrm{bat}} - \left(a_{\mathrm{DCDC}} + b_{\mathrm{DCDC}} P_{\mathrm{bat}} + c_{\mathrm{DCDC}} P_{\mathrm{bat}}^2\right) = 3.231\,\mathrm{W}$$

Transfer vom Zwischenkreis zum AC-Bus, d. h. zur Last:

$$P_{\mathrm{DCAC}} = P_{\mathrm{DCbus}} - \left(a_{\mathrm{ACDC}} + b_{\mathrm{ACDC}} P_{\mathrm{DCbus}} + c_{\mathrm{ACDC}} P_{\mathrm{DCbus}}^2\right) = 3.116\,\mathrm{W}$$

Der Gesamtwirkungsgrad dieses Speicherprozesses ist

$$\eta_{\mathrm{conf\,3}} = \frac{3.116\,\mathrm{W}}{3.500\,\mathrm{W}} = 89{,}04\,\%$$

Wir sehen, dass die Systemkonfiguration 3 den höchsten Wirkungsgrad aufweist. ■

Betrachten wir zunächst die allgemeinen Anforderungen, die wir für die Auslegung berücksichtigen müssen. Natürlich gelten die Basisanforderungen **B 1–B 8** sowie die allgemeinen Anforderungen an elektrische Speichersysteme **ES 1–ES 5**. Da wir ein elektrochemisches Speichersystem mit Lithium-Ionen-Batteriezellen realisieren wollen, gelten die Anforderungen **ECS 1–ECS 5** und **ECS-LIB 1–ECS-LIB 8**.

Der zweite Schritt besteht darin, eine Sammlung von Benutzeranforderungen zu erstellen. Wir wollen uns hier auf einige wenige konzentrieren. Die erste Anforderung ergibt sich aus dem Ziel der Nutzung des Systems.

RSS 1: `ALS Nutzer MÖCHTE ICH, dass der Energiemix aus Solarleistung und Strom vom Energieversorger optimal gemischt ist, SODASS die Energiekosten meines Haushalts minimiert werden.`

Auf den ersten Blick scheint diese Anforderung offensichtlich. Aber es könnte auch andere Ziele geben. Zum Beispiel könnte es das Ziel sein, dass möglichst viel solar erzeugte Energie im Haushalt verbraucht wird. Dies könnte sinnvoll sein, wenn keine Einspeisevergütung vorhanden ist. Wenn jedoch die Einspeisevergütung und der Strompreis im Laufe der Zeit schwanken, könnte das private Solarstromspeichersystem aktiv am Energiemarkt teilnehmen. Zur Vereinfachung unseres Beispiels gehen wir jedoch davon aus, dass die Einspeisevergütung und der Strompreis nicht schwanken.

Eigenverbrauch und Autarkiegrad

Zwei Größe werden bei der Bewertung von Solarstromanlagen herangezogen: die Eigenverbrauchsrate und der Autarkiegrad. Die Eigenverbrauchsrate gibt an, wie hoch der Anteil der selbst verbrauchten Energie, verglichen mit der gesamten produzierten Energie einer Solarstromanlage bezogen auf ein Jahr ist. Wenn wir beispielsweise mit unserer Solarstromanlage im Jahr 12.500 kWh erzeugt und 5.400 kWh davon selber genutzt haben, dann haben wir eine Eigenverbrauchsrate von $\frac{5.400\,\text{kWh}}{12.500\,\text{kWh}} = 43{,}2\,\%$.

Der Autarkiegrad gibt hingegen an, wie viel der durch die Solarstromanlage erzeugte Energie für die Deckung des Stromverbrauchs im Jahresverlauf verwendet wurde. Wenn wir 5.400 kWh der selbst produzierten Energie selber verbraucht haben und einen Gesamtverbrauch von 8.400 kWh hatten, dann hatten wir einen Autarkiegrad von $\frac{5.400\,\text{kWh}}{8.400\,\text{kWh}} = 64{,}3\,\%$

Beide Größen betrachten unterschiedliche Aspekte bei der Auslegung eines Solarstromspeichers. Die Eigenverbrauchsrate ist relevant, wenn ich beispielsweise keinen Solarstrom verkaufen kann und daher nicht zu viel Solarstrom produzieren möchte. Der Autarkiegrad ist relevant, wenn ich meine Energiekosten minimieren will, denn ein hoher Autarkiegrad bedeutet, dass ich wenig Energie zukaufen muss. ■

Wir fügen eine weitere Benutzeranforderung hinzu, die das Speichersystem auffordert, die Einspeisung von hohen Leistungen zu verhindern(**RSS** = „Residental storage system"):

RSS 2: `ALS Netzbetreiber MÖCHTE ICH, dass die Einspeiseleistung am Netzanschlusspunkt immer weniger als 60% der installierten Leistung der Solarstromanlage beträgt, SODASS das Verteilnetz in der Mittagszeit, wenn die Solarstromproduktion ihr Maximum erreicht, entlastet wird.`

Solarstromanlagen werden durch ihre maximale Einspeiseleistung charakterisiert. Wird eine 8 kW_p-Anlage installiert, bedeutet dies, dass die Anlage eine maximale Einspeiseleistung von 8 kW erreicht. Um der **RSS 2** zu entsprechen, muss die maximale Einspeiseleistung weniger als $8\,kW_P \cdot 60\,\% = 4{,}8\,kW$ betragen. Mit dieser Anforderung soll die Einspeisespitze in der Mittagszeit reduziert werden, indem das Solarstromspeichersystem gezwungen wird, die Einspeisung der Leistung auf eine spätere Zeit zu verschieben. Studien haben gezeigt, dass es an sonnigen Tagen zu Spannungserhöhungen in den Verteilnetzen kommt, weil viele Solarkraftwerke gleichzeitig große Mengen an Solarstrom ins Netz einspeisen [Ste14, VASBS14]. Mit **RSS 2** wird dieser Effekt reduziert. Der Zweck dieser Anforderung ist die Stabilisierung des Verteilungsnetzes.

Die Reduzierung der maximalen Einspeiseleistung wird als Peak Shaving bezeichnet. Sie ist nicht nur eine Anforderung zur Stabilisierung des Netzes, auch der Nutzer kann ein Interesse daran haben, Peak Shaving durchzuführen. In einigen Ländern müssen Haushalte höhere Gebühren bezahlen, wenn sie mehr Leistung ins Netz einspeisen bzw. beziehen wollen. Durch die Anwendung von Peak Shaving besteht die Möglichkeit, dass man eine Solarstromanlage mit einer höheren Nennleistung installiert, ohne die Leistung des Netzanschlusses zu erhöhen.

In einigen Ländern wie Deutschland, Österreich und der Schweiz verfügen alle Haushalte über einen dreiphasigen Netzanschluss. Da es in Privathaushalten in der Regel nur wenige Verbraucher gibt, die alle drei Phasen gleichzeitig benötigen, kann es zu einem asymmetrischen Verbrauch kommen, d. h. auf einigen Phasen wird mehr Strom verbraucht, auf anderen weniger. Wenn die Einspeisung der Solarstromanlage oder des Speichers ebenfalls einphasig ist, kann das Spannungsniveau der drei Phasen asymmetrisch werden [ASB12]. Aus diesem Grund führen wir **RSS 3** als Anforderung für einphasige Stromspeichersysteme ein.

RSS 3: `ALS Netzbetreiber MÖCHTE ICH, dass die Spannungsungleichheit zwischen zwei Phasen unter 4,7kVA liegt, SODASS die Solarstromeinspeisung vieler benachbarter Anlagen nicht zu einer Spannungsungleichheit im Verteilnetz führt.`

Übung 7.17 Weitere Anforderungen an das Solarstromspeichersystem

In dieser Aufgabe sollen zu den Anforderungen **RSS 1** bis **RSS 4** zusätzliche Anforderungen abgeleitet werden. In diesem Fall sollen je drei Anforderungen vom Produktmanager und vom Installateur ermittelt werden. (Erster Hinweis: Es ist sinnvoll, sich die Rollenbeschreibung der Akteure aus Kapitel 3 noch einmal anzusehen. Zweiter Hinweis: Diese Aufgabe erfordert nur Phantasie. Wenn man eine dieser Rollen noch nicht eingenommen hat, kann man natürlich auch nicht wissen, welche Anforderungen an diese Rolle gestellt werden. Aber man kann sich vorstellen, was man brauchen könnte. Es gibt hier kein richtig oder falsch. Daher keine Angst vor dem leeren Blatt Papier!).

Lösung: Der Produktmanager verwaltet das Produktportfolio seiner Abteilung. Für ihn ist der Solarstromspeicher ein Produkt unter vielen, und er muss dafür sorgen, dass dieses Produkt in seine Strategie passt. Er ist an einer guten Vermarktung des Produkts interessiert. Da er weiß, dass jedes Land andere Netzanschlussbedingungen hat, möchte er die technische Eintrittsbarriere so niedrig wie möglich halten.

RSS 4: `ALS Produktmanager MÖCHTE ICH, dass die Einspeisecharakteristik des Solarstromspeichersystems mit wenig Aufwand angepasst werden kann, SODASS wir das Solarstromspeichersystem schnell in verschiedenen Ländern mit unterschiedlichen Netzanschlussbedingungen verkaufen können.`

Da sich die Netzanschlussbedingungen in einigen Ländern ähneln, bedeutet diese Aufgabe, dass die Entwickler die Gemeinsamkeiten erkennen, Varianten identifizieren und den Prozess der Qualifizierung optimieren müssen.

Als Nächstes befasst sich der Produktmanager mit den Lebensbedingungen in den verschiedenen Ländern. Diese hängen von vielen Faktoren ab: von der Kultur, der Geschichte, der Ernährung und dem Klima. Es ist klar, dass in Haushalten, in denen die Temperatur die meiste Zeit des Jahres über 30 °C liegt, der Stromverbrauch anders ist als in einem Land, in dem die Temperatur das ganze Jahr über zwischen 15 °C und 25 °C liegt. Auch die Erzeugung von Solarstrom ist anders. Der gesetzliche Rahmen ist anders, die Sonneneinstrahlung ist anders, der Verbrauch und die Netzanschlussbedingungen sind anders. Daher sieht sich der Produktmanager nicht in der Lage, eine einzige Systemgröße für alle Länder zu definieren, und fordert stattdessen:

RSS 5: `ALS Produktmanager MÖCHTE ICH, dass die maximale Leistung der Solarstromanlage und der Batterie skalierbar ist, SODASS ich mit geringem Aufwand eine Produktmodifikation für verschiedene Märkte herausbringen kann.`

Dieser Ansatz hat den Charme, sich schnell an die Bedürfnisse des Marktes anpassen zu können. Allerdings hat er, wie jede Modularität, den Nachteil, dass die Produktkosten steigen, weil die Schnittstellen komplexer werden.

Da ein Speichersystem nicht nur durch die maximale Leistung der verschiedenen Komponenten, sondern auch durch die Speicherkapazität definiert wird, erscheint es ratsam, auch hier eine gewisse Flexibilität zu fordern:

RSS 6: `ALS Produktmanager MÖCHTE ICH, dass die Batteriegröße zu einem späteren Zeitpunkt angepasst werden kann, SODASS Kunden auch nach dem Kauf des Systems ihren Speicher aufrüsten können.`

Die Einhaltung dieser Anforderung stellt sicher, dass die passende Speichergröße mit dem Kunden im Verkaufsgespräch festgelegt werden kann. Darüber hinaus kann ihm in Aussicht gestellt werden, dass er zu einem späteren Zeitpunkt zusätzlichen Speicher installieren kann.

Kommen wir nun zu den Anforderungen an den Installateur. Für den Installateur ist es wichtig, so viele Geräte wie möglich in kurzer Zeit zu installieren. Gleichzeitig möchte er den Einsatz von Personal auf ein Minimum beschränken: sei es, dass sein Installationsbetrieb nicht so viele Mitarbeiter hat oder dass er dann verschiedene Kunden parallel bedienen kann. Daher hat er zunächst eine sehr einfache Anforderung:

RSS 7: `ALS Installateur MÖCHTE ICH, dass die Geräte in Komponenten geliefert werden, die ein maximales Gewicht von 20 kg haben, SODASS eine einzelne Person in der Lage ist, die Komponenten zu tragen und zu installieren.`

Die zweite Anforderung des Installateurs bezieht sich auf die Anschlusstechnik. Auch hier möchte er den Aufwand und das erforderliche technische Know-how so gering wie möglich halten, weil er dann seine Mitarbeiter flexibel einsetzen kann und selbst nicht so viel Aufwand bei der Installation eines Gerätes hat. Daher formuliert er die Anforderung wie folgt:

RSS 8: `ALS Installateur MÖCHTE ICH, dass die Anschlüsse leicht zugänglich sind und sich nicht von der Anschlusstechnik einer Solarstromanlage unterscheiden, SODASS meine Mitarbeiter leicht verstehen, wie man das Gerät anschließt.`

Und weil alles so einfach ist, hat er noch eine letzte Anforderung, um seine Arbeit noch einfacher zu machen:

RSS9: ALS Installateur MÖCHTE ICH, dass das System über eine Diagnosefunktion verfügt, SODASS ich nach Abschluss der Installation auf Fehler aufmerksam gemacht werde.

Die Diagnosefunktion dient ihm auch zur Kundenabnahme. Er kann dem Kunden dann direkt zeigen, dass das System von sich aus meldet, dass die Installation erfolgreich war. ■

Nachdem wir die Anforderungen zusammengestellt haben, wenden wir uns dem Leistungsflussdiagramm zu. In allen Realisierungen in Bild 7.27, haben wir vier Leistungsknoten (Bild 7.29): die Solarstromanlage P, den Speicher S, die Verbraucher im Haushalt L und das Netz G.

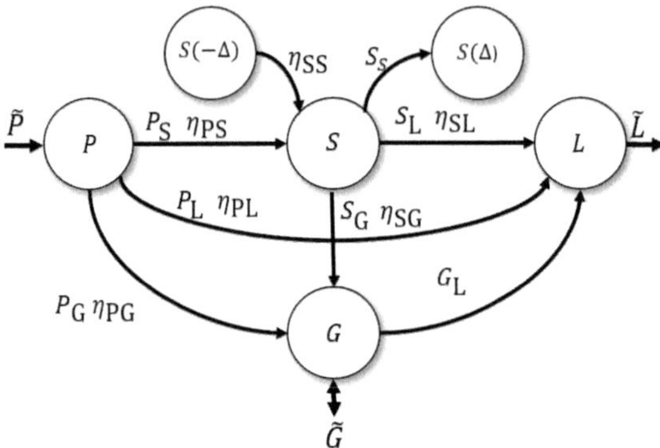

Bild 7.29 Leistungsflussdiagramm eines Solarstromspeichersystems

Wenn $\tilde{P}$ das Produktionsprofil der Solarstromanlage ist, lautet die Gleichung für die Solarstromanlage:

$$\tilde{P} \geq P_L + P_S + P_G \tag{7.55}$$

Die Menge an Solarstrom, die von der Anlage an das Netz P_G, zu den Verbrauchern P_L und in dem Speicher P_S übertragen wird, muss gleich oder kleiner sein als die verfügbare Solarleistung $\tilde{P}$. Hier haben wir den Vorteil, dass wir nicht die gesamte durch Einstrahlung verfügbare Leistung nutzen müssen. Das Licht trennt die Ladungsträger im p-n-Übergang. Wenn diese nicht aufgrund eines Stromflusses rekombinieren, rekombinieren sie aufgrund ihrer thermischen Diffusion. Daher ist jeder Solarwechselrichter in der Lage, die vom Generator entnommene Leistung zu reduzieren, indem er den Arbeitspunkt vom Maximum wegführt, ohne die Solarstromanlage zu schädigen.

Das Lastprofil wird als $\tilde{L}$ bezeichnet. Der Nutzer möchte die Lasten immer abgedeckt haben:

$$\tilde{L} = \eta_{SL} S_L + \eta_{GL} G_L + \eta_{PL} P_L \tag{7.56}$$

Die Last $\tilde{L}$ wird durch die Solarstromanlage P_L, den Speicher S_L und das Netz G_L gedeckt. Die Menge der Leistung aus der Solarstromanlage und dem Speicher kann begrenzt sein, aber in unserem Fall ist das Netz eine unbegrenzte Energiequelle. Daher können wir davon ausgehen, dass die Lasten immer abgedeckt sind. Dies ist möglicherweise nicht der

Fall, wenn wir diese Kombination von Komponenten für eine netzunabhängige Installation verwenden. In diesem Fall müssen wir die Gleichung in eine Ungleichung umwandeln.

Die Gleichung des Speicherknotens ergibt sich durch die zu- und abfließende Leistung:

$$0 = \eta_{PS} P_S + \eta_{SS} S_S(-\Delta) - (S_S + S_G + S_L) \tag{7.57}$$

Der Speicher kann über die Solarstromanlage mit der Leistung P_S geladen werden. Seine Leistung kann er ins Netz mit S_G einspeisen oder die Verbraucher im Haushalt mit S_L versorgen. $S_S(-\Delta)$ und S_S spiegeln die Eigenschaft jeder Speichertechnologie wider, Leistung aus der Vergangenheit in die Zukunft zu übertragen.

Der Speicher wird nicht aus dem Netz geladen. Nach Betrachtung der Einspeisevergütung, des Strompreises und den Übertragungsverlusten zeigt sich, dass dieser Leistungsfluss keinen wirtschaftlichen Wert hat.

Übung 7.18 Wann lohnt sich der Verkauf von gespeichertem Strom?

Angenommen, der Verkauf des gespeicherten Stroms wäre immer möglich, d. h. wir dürften den Speicher aus dem Netz laden und diese Energie später wieder verkaufen. Dann bleibt noch die Frage, ob dies auch wirtschaftlich sinnvoll ist. In dieser Übung gehen wir davon aus, dass die Einspeisevergütung fix ist.

Die Einspeisevergütung beträgt $c_{fi} = 12\frac{€ct}{kWh}$. Der Wirkungsgrad des Ladevorgangs aus dem Netz ist gleich $\eta_{GS} = 98\,\%$ und der Wirkungsgrad der Einspeisung gleich $\eta_{SG} = 98\,\%$. Die Selbstentladung des Speichers soll vernachlässigt werden. Wie hoch muss der Strompreis c_{gc} sein, damit sich der Weiterverkauf von Solarstrom lohnt?

Lösung: Damit die Ladung des Speichers über das Netz und der anschließende Verbrauch rentabel sind, muss die Preisdifferenz zwischen c_{fi} und c_{gc} groß genug sein, um die Lade- und Entladeverluste zu kompensieren.

$$c_{fi} \cdot \eta_{SG} \cdot \eta_{GS} - c_{gc} \geq 0$$

$$\Rightarrow c_{gc} \leq c_{fi} \cdot \eta_{SG} \cdot \eta_{GS} = 11{,}52\frac{€ct}{kWh}$$

In diesem Beispiel gehen wir von einem Strompreis von $24\frac{\$ct}{kWh}$ aus. Daher wird ein Leistungsfluss vom Speicher zum Netz gegen **RSS 1** verstoßen. ■

Die Gleichungen 7.55, 7.56 und 7.57 beschreiben die Leistungsflüsse, die in diesem System zu beobachten sind. Im nächsten Schritt formulieren wir die aus den Nutzeranforderungen abgeleiteten Randbedingungen.

RSS 2 wird durch die folgende Gleichung dargestellt:

$$-AC_{max} < \eta_{PG} P_G + \eta_{SG} S_G - G_L \leq 0{,}6 P_{max} \tag{7.58}$$

AC_{max} ist der maximale Leistungsfluss, der durch den Netzanschluss bereitgestellt wird, und P_{max} ist die maximale Einspeiseleistung des Solargenerators.

Die Anforderung **RSS 3** hängt von der Technologie des Solarstromspeichersystems ab. Der Leistungsfluss zwischen Solargenerator und Speicher ist im Falle eines DC-Systems nicht relevant. In diesem Fall muss die gesamte ins Netz fließende Leistung weniger als 4,6 kW betragen. Daher sind die Randbedingungen für ein DC-System gleich:

$$\eta_{PG} P_G + \eta_{PL} P_L + \eta_{SL} S_L + \eta_{SG} S_G \leq 4{,}6\,\text{kW} \tag{7.59}$$

Bei AC-Systemen ist der Leistungsfluss zwischen der Solarstromanlage und dem Speichersystem von Bedeutung. Bei AC-Systemen haben wir zwei Geräte, die Leistung in das Netz einspeisen können. Der Solargenerator und das Speichersystem agieren unabhängig voneinander und können auch Leistung auf verschiedenen Phasen in das Netz einspeisen. Daher sind zwei Randbedingungen erforderlich: eine für die Solarstromanlage und seinen Wechselrichter:

$$\eta_{\mathrm{PG}} P_{\mathrm{G}} + \eta_{\mathrm{PL}} P_{\mathrm{L}} + \eta_{\mathrm{PS}} P_{\mathrm{S}} \leq 4{,}6\,\mathrm{kW} \tag{7.60}$$

Und eine Gleichung für das Speichersystem:

$$\eta_{\mathrm{SG}} S_{\mathrm{G}} + \eta_{\mathrm{SL}} S_{\mathrm{L}} \leq 4{,}6\,\mathrm{kW} \tag{7.61}$$

Es ist zu beachten, dass in den Gleichungen 7.59 bis 7.61 der Leistungsfluss immer um den Wirkungsgrad reduziert wird, da dies die Menge an Leistung ist, die ins Netz übertragen wird.

In Tabelle 7.10 sind die Gleichungen für den Leistungsfluss und die Randbedingungen für Systeme mit AC-Bus oder DC-Bus nochmals dargestellt. Die verschiedenen technischen Realisierungen passen die Wirkungsgrade und die Wahl der Randbedingungen an.

Tabelle 7.10 Gleichungen zur Beschreibung des Diagramms des Leistungsflusses eines Solarstromspeichersystems

Leistungsflussgleichungen/Randbedingungen	Gleichungen
Solarstromanlage	$\tilde{P} \geq P_{\mathrm{L}} + P_{\mathrm{S}} + P_{\mathrm{G}}$
Verbrauch/Last	$\tilde{L} = \eta_{\mathrm{SL}} S_{\mathrm{L}} + \eta_{\mathrm{GL}} G_{\mathrm{L}} + \eta_{\mathrm{PL}} P_{\mathrm{L}}$
Speicher	$0 = \eta_{\mathrm{PS}} P_{\mathrm{S}} + \eta_{\mathrm{SS}} S_{\mathrm{S}}(-\Delta) - (S_{\mathrm{S}} + S_{\mathrm{G}} + S_{\mathrm{L}})$
Netz	$-AC_{\mathrm{max}} < \eta_{\mathrm{PG}} P_{\mathrm{G}} + \eta_{\mathrm{SG}} S_{\mathrm{G}} - G_{\mathrm{L}} \leq 0{,}6 P_{\mathrm{max}}$
Spannungssymmetrie DC-System	$\eta_{\mathrm{PG}} P_{\mathrm{G}} + \eta_{\mathrm{PL}} P_{\mathrm{L}} + \eta_{\mathrm{SL}} S_{\mathrm{L}} + \eta_{\mathrm{SG}} S_{\mathrm{G}} \leq 4{,}6\,\mathrm{kW}$
Spannungssymmetrie AC-System	$\eta_{\mathrm{PG}} P_{\mathrm{G}} + \eta_{\mathrm{PL}} P_{\mathrm{L}} + \eta_{\mathrm{PS}} P_{\mathrm{S}} \leq 4{,}6\,\mathrm{kW}$
	$\eta_{\mathrm{SG}} S_{\mathrm{G}} + \eta_{\mathrm{SL}} S_{\mathrm{L}} \leq 4{,}6\,\mathrm{kW}$

Der nächste Schritt besteht darin, die Größe des Speichers und die erforderliche Lade- und Entladeleistung zu bestimmen. Dazu müssen wir das Last- und Produktionsprofil analysieren. In Bild 7.30 ist das Lastprofil eines privaten Haushalts dargestellt. Schwankungen wurden durch Mittelwertbildung über die Zeit und die gleichen Tage entfernt. Um einen Mittelwert für Samstagabend 15:00 Uhr zu erhalten, haben wir über die Werte der beiden Samstage davor und danach sowie die Werte von 14:30 bis 15:30 Uhr gemittelt. Dieser Schritt ist notwendig, da die Lastprofile das Verhalten der Personen in diesem Haushalt widerspiegeln und dieses Verhalten an den gleichen Tagen ähnlich ist, sich aber an den verschiedenen Werktagen und natürlich am Wochenende unterscheiden kann.

Aus Bild 7.30 kann man ablesen, dass dieser Haushalt eine Grundlast von 400 W hat. Diese Leistung wird immer benötigt, unabhängig von der Tages- und Jahreszeit. Wir können auch sehen, dass der Verbrauch morgens um 8:00 Uhr und mittags nach 24:00 Uhr höher ist.

Die gemittelten Daten geben uns einige Informationen über die Lebensweise der Menschen in diesem Haushalt. Auffällig ist, dass ein erstes Verbrauchsmaximum zwischen 5:00 und 10:00 Uhr auftritt. Es scheint naheliegend, dies mit dem Frühstück in Verbindung zu

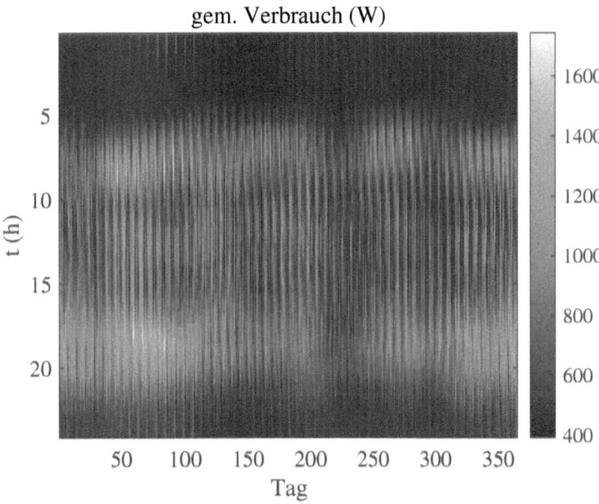

Bild 7.30 Lastprofil eines Haushalts. Jeder Punkt des Datensatzes wurde über denselben Tag und dieselbe Stunde gemittelt, um Schwankungen zu beseitigen.

bringen. Allerdings ist der Verbrauch in den Wintermonaten höher als in den Sommermonaten. Es ist anzunehmen, dass auch hier Warmwasser mit Strom erzeugt wird. Zur Mittagszeit gibt es ein weiteres Maximum, das aber nicht so stark ausgeprägt ist. Erst gegen 20:00 Uhr steigt der Verbrauch wieder an. Die Abhängigkeit von der Jahreszeit ist etwas größer, was wahrscheinlich auf den Bedarf an elektrischem Licht zurückzuführen ist. Außerdem ist zu erkennen, dass jeder 6. und 7. Tag einen höheren Verbrauch aufweist. Dies könnte auf das unterschiedliche Verhalten am Wochenende zurückzuführen sein.

Aufgrund der hohen Grundlast und des starken Verbrauchs in den Abend- und Morgenstunden ist dieser Haushalt sehr gut für den Einsatz eines Heimspeichersystems geeignet. In der Mittagszeit, wenn die Sonne am stärksten scheint, ist der Verbrauch relativ gering. Der Haushalt kann nur einen kleinen Teil des Solarstroms direkt nutzen. Die hohe Grundlast von ca. 400 W sorgt dafür, dass in den Abend- und Morgenstunden Verbrauch vorhanden ist. Wenden wir uns nun dem Produktionsprofil zu.

Die Produktion einer Solarstromanlage ist in Bild 7.31 dargestellt. Auch hier haben wir die Werte über Stunden und Tage gemittelt, um die Struktur besser erkennen zu können. Dieses Mal jedoch haben wir die zwei Tage davor und danach genommen, da das Wetter bis zu zwei Tage davor und danach ähnlich sein soll. Dieses Bild zeigt, dass das Maximum der Produktion um die Mittagszeit liegt und von Februar bis Oktober recht hoch ist.

Wenn wir Bild 7.30 und Bild 7.31 vergleichen, sehen wir, dass die Produktion nicht mit dem Verbrauch korreliert. Der Verbrauch ist morgens und abends am höchsten, während die Produktion zur Mittagszeit ihren Höhepunkt erreicht. In den kälteren und dunkleren Wintermonaten ist der Verbrauch hoch, aber die Sonne ist im Allgemeinen zu schwach, sodass die Produktion auch hier nicht hoch genug ist. Obwohl dieses Verhältnis zwischen der Überproduktion im Sommer und der Nachfrage im Winter besteht, werden Solarstromspeichersysteme für Privathaushalte nicht als saisonale Speicher verwendet. Sie werden also nicht so ausgelegt, dass die im Sommer gespeicherte Energie im Winter verbraucht

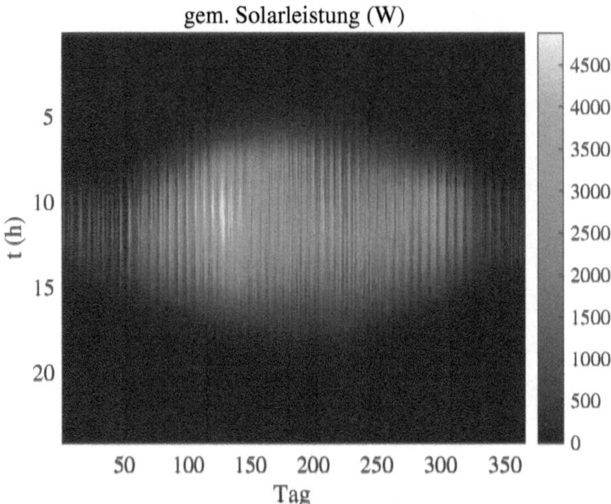

Bild 7.31 Produktionskurve einer Solarstromanlage eines Haushalts über ein ganzes Jahr. Jeder Punkt im Datensatz wurde über 2 Tage und eine Stunde gemittelt, um Schwankungen zu beseitigen.

wird. Ihr Einsatz beschränkt sich in der Regel darauf, eine Verschiebung von Erzeugung und Last an einem oder mehreren Tagen der Woche auszugleichen.

Aus **RSS 2** können wir bereits die kleinste maximale Ladeleistung abschätzen. Soll das Speichersystem immer dafür sorgen können, dass die eingespeiste Leistung P_S 60 % der PV-Leistung nicht überschreitet, so folgt daraus, dass die 40 % Überschussleistung in das Speichersystem geladen werden muss. Aus der Größe der Solarstromanlage lässt sich also bereits eine kleinste maximale Laderate für den Speicher ableiten:

$$P_S^{\max} \geq 40\,\% \cdot P_{\max} \cdot \frac{\eta_{PG}}{\eta_{PS}} \tag{7.62}$$

Diese Leistung ist notwendig, um **RSS 2** zu erfüllen, unter der Annahme, dass wir die Batterie immer mit ihrer maximalen Leistung aufladen können wollen.

Übung 7.19 Bestimmung der maximalen Ladeleistung der Batterie eines Solarstromspeichers

Die Solarstromanlage hat eine Spitzenleistung von 8 kW$_p$ mit einem Wirkungsgrad von η_{PG} = 85 %. Die Batterie und die verwendete Leistungselektronik haben einen kombinierten Wirkungsgrad von η_{PS} = 83 %. Wie hoch ist die maximal benötigte Ladeleistung der Batterie?

Lösung: Wir gehen davon aus, dass die Batterie in der Lage sein muss, die Spitzenleistung des Solargenerators zu speichern. Da der Solarwechselrichter und der Batterieladeregler jedoch bereits Übertragungsverluste aufweisen, entspricht die erforderliche Ladeleistung nicht der vollen Spitzenleistung des Generators, sondern kann um die Verluste korrigiert werden:

$$P_S^{\max} \geq 40\,\% \cdot \frac{0{,}85}{0{,}83} \cdot 8\,\mathrm{kW_p} = 3{,}28\,\mathrm{kW_p}$$

■

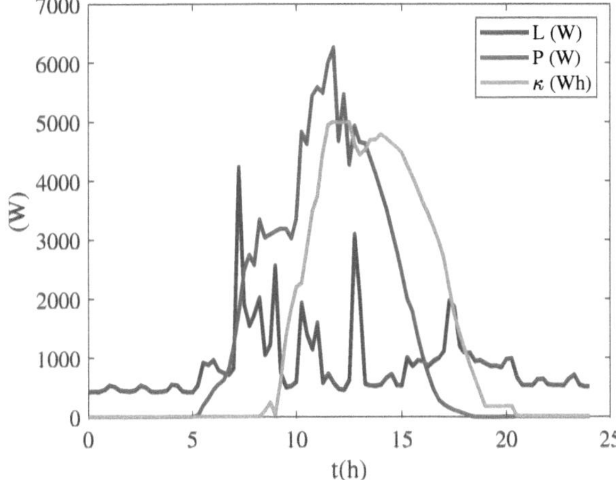

Bild 7.32 Leistungsflüsse und Speicherkapazität eines Solarstromspeichersystems: P entspricht der Produktionsleistung der Solarstromanlage, L beschreibt den Verbrauch des Haushaltes. Der Ladezustand wird als κ dargestellt.

Anstatt den gesamten Jahresverlauf von Last und Solarproduktion zu analysieren, wollen wir diese Größen durch die Analyse von Produktion und Last eines einzelnen Tages abschätzen. Für die Bestimmung der Entladeleistung und der Speicherkapazität sollte der typische Lastfluss eines privaten Solarstromspeichersystems betrachtet werden. Wie in Bild 7.32 zu sehen ist, wird der Speicher während des Tages geladen (κ in Bild 7.32). Die Entladung beginnt, sobald die Sonne untergegangen ist, und deckt zunächst die Lasten am Abend und dann die Grundlast in der Nacht, die immer vorhanden ist. Um das Speichersystem sinnvoll zu nutzen, sollte es daher mindestens so groß sein, dass es die Grundlast abdeckt.

Übung 7.20 Bestimmung der Kapazität der Batterie eines Solarstromspeichersystems

Wir wollen die benötigte Kapazität für die Batterie eines Solarstromspeichers auf Basis von Verbrauchsdaten eines Haushaltes schätzen. Dazu haben wir einige Messungen vorgenommen und diese in Tabelle 7.11 dargestellt. Aus diesen Daten wollen wir die benötigte Speicherkapazität ableiten.

Lösung: Um die Speicherkapazität zu bestimmen, gehen wir davon aus, dass die Leistungen zwischen den Messpunkten konstant sind, und integrieren über die Zeit:

$$\begin{aligned}\kappa &= \int_{t=18:00}^{t=6:00} L\,dt \\ &= 2\,\text{h} \cdot 0{,}5\,\text{kW} + 1\,\text{h} \cdot 0{,}4\,\text{kW} + 10\,\text{h} \cdot 0{,}3\,\text{kW} \\ &= 4{,}4\,\text{kWh}\end{aligned}$$

■

Tabelle 7.11 Stromverbrauch eines Haushalts nach Sonnenuntergang

Uhrzeit	18:00	20:00	21:00	23:00	6:00
Verbrauch	500 W	400 W	300 W	300 W	300 W

In diesem Beispiel betrachten wir eine Batterie mit zwei verschiedenen Kathodenmaterialien. Eine Zelle verwendet Lithium-Eisen-Phosphat (LFP). Die andere Zelle verwendet Nickel-Mangan-Kobalt NiMnCo oder kurz NMC. Beide Zellen sind als zylindrische Zellen im Format 21650 erhältlich, d. h. mit einem Durchmesser von 21 mm und einer Höhe von 650 mm. In Tabelle 7.12 sind einige technische Daten der Zellen angegeben.

Tabelle 7.12 Technische Daten der in diesem Anwendungsbeispiel verwendeten Lithium-Ionen-Batteriezellen

	LFP	NMC
Spannungsbereich	$[2{,}6\,V_{DC};3{,}65\,V_{DC}]$	$[3\,V_{DC};4{,}2\,V_{DC}]$
nominale Kapazität	3,3 Ah	4,4 Ah
maximaler Ladestrom	[0,5 C; 1 C]	[0,5 C; 1 C]

Anhand dieser technischen Daten kann nun die erforderliche Anzahl der Zellen bestimmt werden.

Übung 7.21 Bestimmung des Spannungsbereiches bei gegebener Kapazität

Über Nacht oder besser: während der Dunkelphase des Tages benötigt der Haushalt eine Kapazität von $\kappa = 4{,}4\,\text{kWh}$. Die durchschnittliche Entladungstiefe der Zellen sollte 80 % betragen. Welcher Spannungsbereich kann mit den in Tabelle 7.12 gezeigten Zellen erreicht werden?

Lösung: Der Energiegehalt der Zellen wird durch die mittlere Spannung und die Nennkapazität angenähert:

$$\kappa_{LFP} = \frac{2{,}6\,V_{DC} + 3{,}65\,V_{DC}}{2} \cdot 3{,}3\,\text{Ah} = 10{,}31\,\text{Wh}$$

$$\kappa_{NMC} = \frac{3\,V_{DC} + 4{,}2\,V_{DC}}{2} \cdot 4{,}4\,\text{Ah} = 15{,}8\,\text{Wh}$$

Daraus lässt sich die Anzahl der Zellen für jede Technologie berechnen, die benötigt wird, um diese Kapazität zu erreichen:

$$N_{LFP} = (4.400\,\text{Wh})/(10{,}31\,\text{Wh}) = 426{,}77 \approx 427$$

$$N_{NMC} = \frac{4.400\,\text{Wh}}{15{,}8\,\text{Wh}} = 278{,}48 \approx 279$$

In diesem Fall müssen wir aufrunden, um sicherzustellen, dass wir auch wirklich genug Kapazität haben.

Die mit dieser Anzahl von Zellen maximale Spannung ergibt sich, wenn die Zellen in Reihe schalten:

$$427s1p: U_{LFP} \in [N_{LFP} \cdot U_{LFP}^{min}; N_{LFP} \cdot U_{LFP}^{max}] = [1.110{,}2\,V_{DC}; 1.558{,}55\,V_{DC}]$$

$$279s1p: U_{NMC} \in [N_{NMC} \cdot U_{NMC}^{min}; N_{NMC} \cdot U_{NMC}^{max}] = [837\,V_{DC}; 1.172{,}8\,V_{DC}]$$

■

Das Speichersystem sollte so konzipiert sein, dass die Speicherkapazität aufgerüstet werden kann (**RSS 6**). Aus diesem Grund werden die Batteriezellen nicht einzeln, sondern in Modulen zusammengefasst. Dies ist der übliche Systemaufbau, den wir bereits von Bleibatterien kennen. Wir setzen die Spannung dieser Module auf ca. 48 V.

Übung 7.22 Auslegung der 48V-Module

Die Batteriemodule sollen aus zwei parallelen Strängen mit einer Nennspannung von $48\,V_{DC}$ bestehen. Wie hoch ist die Speicherkapazität der 48 V-Module, die diese Zellen verwenden?

Lösung: Die Größe 48 V bezieht sich auf die durchschnittliche Spannungshöhe. Um die Anzahl der Zellen zu berechnen, müssen wir nur diese Spannung durch die durchschnittliche Zellenspannung teilen. Wir müssen abrunden, um sicherzustellen, dass wir diese durchschnittliche Zielspannung nicht verletzen.

Das Ergebnis für die LFP-Module ist somit:

$$N_{LFP}^{module} = \frac{48\,V_{DC} \cdot 2}{3{,}65\,V_{DC} + 2{,}6\,V_{DC}} = 15{,}36 \approx 15 \Rightarrow 15s2p$$

$$\Rightarrow \kappa_{LFP}^{Modul} = 15 \cdot 2 \cdot 10{,}31\,Wh = 309\,Wh$$

$$\Rightarrow U_{LFP}^{Modul} = 15 \cdot [2{,}6\,V_{DC}; 3{,}65\,V_{DC}] = [39\,V_{DC}; 54{,}75\,V_{DC}]$$

Für die NMC-Module ergeben sich die folgenden Moduleigenschaften:

$$N_{NMC}^{Modul} = \frac{48\,V_{DC} \cdot 2}{4{,}2\,V_{DC} + 3\,V_{DC}} = 13{,}3 \approx 14 \Rightarrow 14s2p$$

$$\Rightarrow \kappa_{NMC}^{Modul} = 14 \cdot 2 \cdot 15{,}8\,Wh = 442{,}4\,Wh$$

$$\Rightarrow U_{NMC}^{Modul} = 14 \cdot [3\,V_{DC}; 4{,}2\,V_{DC}] = [42\,V_{DC}; 58{,}8\,V_{DC}]$$

Die 48V-Module mit NMC-Zellen haben eine höhere Kapazität als die Module mit LFP-Zellen. Die Spannung wird durch die Zellchemie bestimmt, die Kapazität durch die Menge des aktiven Materials. Wenn die Kapazität pro Zelle steigt, bleibt die Spannung gleich, aber der Energiegehalt steigt.

Um die Kosten für die Leistungselektronik zu verringern, wollen wir, dass die maximale Spannung des Batteriesystems unter $850\,V_{DC}$ bleibt. Diese Spannung ergibt sich aus dem maximalen Eingangsspannungsbereich des verwendeten Wechselrichters. Im unteren Bereich ist die Spannung frei wählbar, da ein DC/DC-Wandler verwendet wird. Das Wandlungsverhältnis sollte jedoch so gering wie möglich gehalten werden, um zusätzliche Verluste zu vermeiden.

Übung 7.23 Bestimmung der Modulkonfiguration

Das Speichersystem soll eine Kapazitätsreserve von 20 % haben. Das bedeutet, dass die Speicherkapazität 20 % höher als die benutzte Kapazität ist. Damit sollen Alterungseffekte reduziert werden können, da wir mit einer Entladungstiefe von 80 % arbeiten können. Die maximale Batteriespannung soll dabei weniger als $850\,V_{DC}$ betragen. Wie kann eine sinnvolle Batteriemodulkonfiguration aussehen?

Lösung: Es wird eine Kapazität von $\kappa = \frac{4{,}4\,kWh}{0{,}8} = 5{,}5\,kWh$ benötigt. Um die Anzahl der Module zu ermitteln, teilen wir diese Kapazität durch die Kapazität der einzelnen Module. Auch hier müssen wir aufrunden, da wir nicht weniger als die gewünschte

Anzahl von Modulen haben wollen.

$$N_{\mathrm{LFP}}^{\mathrm{module}} = \frac{5{,}5\,\mathrm{kWh}}{0{,}309\,\mathrm{kWh}} = 17{,}79 \approx 18$$

$$N_{\mathrm{NMC}}^{\mathrm{module}} = \frac{5{,}5\,\mathrm{kWh}}{0{,}442\,\mathrm{kWh}} = 12{,}4 \approx 13$$

Werden diese Batteriemodule in Reihe geschaltet, so ergeben sich die folgenden Spannungswerte:

$$18\mathrm{s}1\mathrm{p}:\ U_{\mathrm{LFP}} = 18 \cdot [39\,\mathrm{V_{DC}}; 54{,}75\,\mathrm{V_{DC}}] = [702\,\mathrm{V_{DC}}; 985{,}5\,\mathrm{V_{DC}}]$$

$$13\mathrm{s}1\mathrm{p}:\ U_{\mathrm{NMC}} = 13 \cdot [42\,\mathrm{V_{DC}}; 58{,}5\,\mathrm{V_{DC}}] = [546\,\mathrm{V_{DC}}; 760\,\mathrm{V_{DC}}]$$

Die Module mit NMC-Zellen können in einer 13s1p-Konfiguration verwendet werden, die Module mit LFP-Zellen nicht, da das Spannungsfenster die zulässige Höchstspannung überschreitet. Daher teilen wir den String in zwei Hälften und erhalten eine 9s2p-Konfiguration, die hier erforderlich ist. Daraus ergibt sich die Batteriesystemspannung:

$$9\mathrm{s}2\mathrm{p}:\ U_{\mathrm{LFP}} = 9 \cdot [39\,\mathrm{V_{DC}}; 54{,}75\,\mathrm{V_{DC}}] = [351\,\mathrm{V_{DC}}; 492{,}75\,\mathrm{V_{DC}}]$$

Damit sich der Solarstromspeicher für den Haushalt auch lohnt, sollte eine möglichst lange Lebensdauer der Batterie sichergestellt werden. Wir rechnen mit 230 vollen Zyklen pro Jahr, d. h. der Speicher wird an 230 Tagen im Jahr vollständig geladen und entladen. Diese Werte gelten natürlich nur für Speichersysteme, bei denen die Solarstromanlage auch groß genug ist, um genügend überschüssige Leistung zu erzeugen. Dies ist in der Regel der Fall, wenn der direkte Eigenverbrauch ohne Speichersystem bei 30 % liegt. Bei direkten Eigenverbrauchswerten über 50 % reduziert sich die Anzahl der jährlichen Zyklen, da nicht immer genügend überschüssige Leistung gespeichert werden kann.

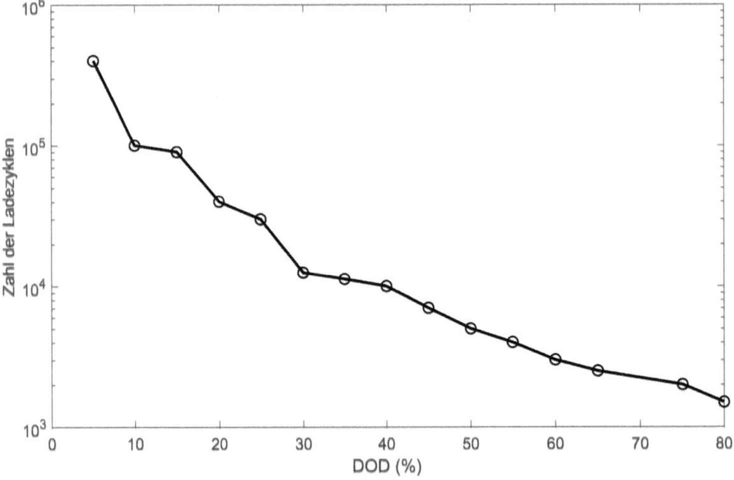

Bild 7.33 Zykluslebensdauer der beiden in diesem Beispiel verwendeten Zellen

Übung 7.24 Bestimmung der Zyklenlebensdauer der beiden Systeme

Wie viele Zyklen können die NMC- und LFP-Zellen unter der Annahme liefern, dass die in Bild 7.33 gezeigte Beziehung zwischen der Anzahl der Zyklen und der Entladungstiefe korrekt ist? (Zur Vereinfachung sollen beide Zellchemien etwa die gleiche Zyklenlebensdauer haben.)

Lösung: Um die Zykluslebensdauer beider Zellen zu bestimmen, müssen wir die durchschnittliche Entladungstiefe berechnen:

$$DoD_{LFP} = \frac{4{,}4\,\text{kWh}}{5{,}69\,\text{kWh}} = 77{,}3\,\% \Rightarrow 3.125 \text{ Zyklen}$$

$$DoD_{NMC} = \frac{4{,}4\,\text{kWh}}{5{,}2\,\text{kWh}} = 84{,}6\,\% \Rightarrow 2.900 \text{ Zyklen}$$

Bei 230 vollen Zyklen pro Jahr würde dies einer Lebensdauer von 13,58 Jahren für LFP-Zellen und 12,6 Jahren für NMC-Zellen entsprechen. ■

Neben der Zykluslebensdauer muss auch die kalendarische Lebensdauer berücksichtigt werden. Relativ wenig Informationen über die kalendarische Lebensdauer einer Zelle sind beim Hersteller oder in den Datenblättern verfügbar. Eine einfache Orientierung für die geschätzte Lebensdauer sind die Anwendungen der Zellen. Zellen, die für Elektrowerkzeuge oder in der Unterhaltungselektronik eingesetzt werden, sind für eine Systemlebensdauer von 3 bis 5 Jahren ausgelegt. Zellen, die in der Elektromobilität eingesetzt werden, haben eine Systemlebensdauer von 10 bis 15 Jahren.

Übung 7.25 Berechnung der kalendarischen Lebensdauer

Beide Zellen haben eine kalendarische Lebensdauer von 20 Jahren. Wie lange ist die zu erwartende Lebensdauer des Batteriesystems?

Lösung:

$$SOH_{LFP}: 1 - x_{EOL}\left(\frac{1}{20} + \frac{1}{13{,}58}\right) = 0 \Rightarrow x_{EOL} = \frac{1}{\left(\frac{1}{20} + \frac{1}{13{,}58}\right)} = 8{,}08 \text{ Jahre}$$

$$SOH_{NMC}: 1 - x_{EOL}\left(\frac{1}{20} + \frac{1}{12{,}6}\right) = 0 \Rightarrow x_{EOL} = \frac{1}{\left(\frac{1}{20} + \frac{1}{12{,}6}\right)} = 7{,}73 \text{ Jahre}$$

■

Zum Abschluss unserer Untersuchung des Solarstromspeichersystems für Wohngebäude werden wir die Komponenten und die Requirement Traceability Matrix für die Anforderungen betrachten. In Bild 7.34 sind die Komponenten dargestellt. Die Komponente `BatterieSystem` und der `BatterieLaderegler` sind mit dem Knoten Storage *S* des Leistungsflussdiagramms verbunden, `SolarWechselrichter` und die Komponenten des Solarkraftwerks der Produktion *P*. Der Haushalt wird durch die Komponente `Stromnetz` dargestellt.

Um das Diagramm etwas übersichtlicher zu halten, haben wir die Verbindungen der Anlagenkomponenten zu den Basiskomponenten nicht dargestellt. Zusätzlich haben wir die Komponenten, die für die Sicherheit verantwortlich sind, orange markiert. Da Lithium-Io-

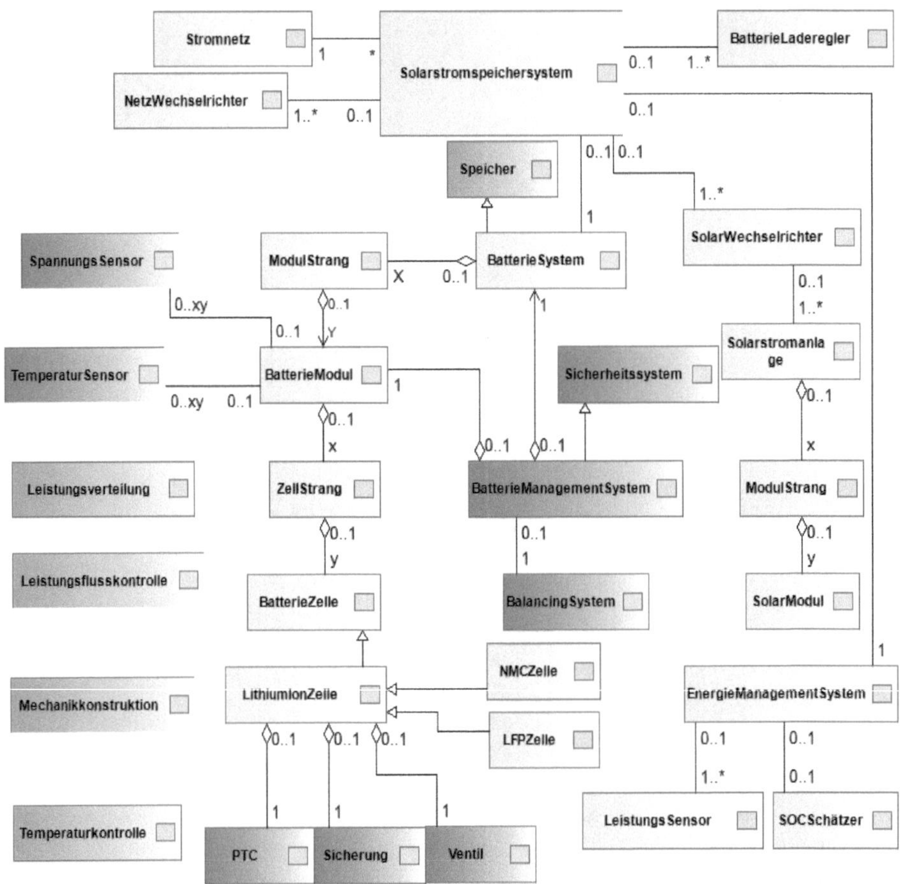

Bild 7.34 Komponenten des privaten Solarstromspeichersystems. Komponenten, die zum Sicherheitssystem gehören, sind orange markiert. Um die Übersichtlichkeit zu wahren, sind die Verbindungen zu den grundlegenden Komponenten nicht dargestellt.

nen-Batterien immer das Risiko eines thermischen Durchgehens in sich bergen, sind hier zusätzliche Komponenten integriert worden. Diese sind für die Anforderungen **ECS-LIB 2** und **ECS-LIB 3** verantwortlich. Das Sicherheitskonzept wirkt dabei auf allen drei Systemebenen des Batteriesystems: der Zellebene, der Modulebene und der Batteriesystemebene. Auf der Zellebene sind es die Komponenten `PTC`, `Sicherung` und `Ventil`. Auf der Modulebene ist es das `BatterieManagementSystem`, das die Daten des `SpannungsSensor` und des `TemperaturSensor` auswertet, um die Sicherheit zu gewährleisten. Das `BalancingSystem` als Teil des `BatterieManagementSystem` ist auch für die Sicherheit der Module verantwortlich.

Auf der Ebene des Batteriesystems tauchen das `BalancingSystem` und das `BatterieManagementSystem` wieder auf. Hier überwacht es den gesamten Modulstrang und aggregiert die Daten des Batteriemanagementsystems, das auf der Modulebene arbeitet.

Übung 7.26 Ableitung der Komponenten von den Basiskomponenten

Wir wissen, dass sich die Komponenten eines Speichersystems aus den Basiskomponenten ableiten lassen. In Bild 7.34 wurden diese Verbindungen nicht gezeigt. Welche Komponenten erfüllen Aufgaben der Basiskomponenten und leiten sich daher von ihnen ab?

Lösung:

- `Leistungsverteilung`: Zu dieser Basiskomponente gehören alle Komponenten, die Leistung verteilen. Wir führen hier nicht alle Kabel, Sicherungen usw. auf, sondern beschränken uns auf die übergeordneten Komponenten. Dazu gehören die Komponenten, die auch im Leistungsflussdiagramm dargestellt sind: Das `BatterieSystem`, der `SolarWechselrichter` und das `Stromnetz`. Man könnte auch alle Unterkomponenten der `Solarstromanlage` und des `BatterieSystems` hinzufügen.
- `Leistungsflusskontrolle`: Das `BatterieManagementSystem` und das `EnergieManagementSystem` übernehmen hier die Steuerung der Leistungsflüsse.
- `Mechanikkonstruktion`: Alle Komponenten, die einen mechanischen Aufbau haben, können hier aufgeführt werden. Es ist aber sinnvoll, sich auf die wichtigsten Komponenten zu konzentrieren: `BatterieSystem`, `Solarstromanlage`, `SolarWechselrichter` und `BatterieLaderegler`.
- `TemperaturKontrolle`: Die `TemperaturRegelung` erfolgt über das `BatterieManagementSystem` im `BatterieSystem`. Darüber hinaus verfügen die beiden leistungselektronischen Komponenten `SolarWechselrichter` und `BatterieLaderegler` ebenfalls über eine `Temperaturregelung`. ■

Da wir uns in Bild 7.34 nicht auf eine bestimmte Systemtopologie beschränken wollen, haben wir die Komponenten `SolarWechselrichter` und `BatterieLaderegler` als unabhängige Komponenten des `Solarstromspeichersystem` zugeordnet. Erst eine Systembeschreibung auf einer tieferen, detaillierteren Systemebene macht es dann notwendig, die Topologie zu definieren und die Beschreibung anzupassen.

Das `EnergieManagementSystem` verfügt neben dem `SOCSchätzer` auch über eine Reihe von `Leistungsmessung`. Diese dienen der Ermittlung der Leistungsflüsse im Haushalt. Oftmals ist ein `LeistungsSensor` bereits ausreichend. Dieser wird an den Netzanschlusspunkt des Haushalts angeschlossen und misst nur, ob Leistung ins Netz oder in den Haushalt fließt. Sollen jedoch Abrechnungsfunktionen realisiert werden oder ist das Haushaltsnetz komplexer aufgebaut, kann mehr als ein `LeistungsSensor` erforderlich sein.

Werfen wir nun einen Blick auf die Requirement Traceability Matrix. Hier betrachten wir nur die Anforderungen, die für Lithium-Ionen-Batterien und für die Anwendung relevant sind. Wir weisen jedoch darauf hin, dass auch die Anforderungen **B 1–B 8** sowie **ES 1–ES 5** und **ECS 1–ECS 5** überprüft werden müssen.

Tabelle 7.13 und Tabelle 7.14 zeigen die Requirement Traceability Matrix. Es fällt auf, dass nicht alle Komponenten aus Bild 7.34 hier zu finden sind. Der Übersichtlichkeit halber haben wir einige Subkomponenten ausgeblendet. Die Zuständigkeiten dieser Komponenten werden in Übung 7.27 behandelt.

ECS-LIB 1 befasst sich mit der Aufgabe, den Ladezustand abzuschätzen. Diese Aufgabe wird, wie in allen Batteriesystemen, einem `SOCSchätzer` zugewiesen. Hier haben wir den `SOCSchätzer` als eine Unterkomponente des `EnergieManagementSystem` definiert. Die Grundidee dieser Zuordnung ist, dass der `SOCSchätzer` auch Wissen über die Anwendung

Tabelle 7.13 Requirement Traceability Matrix – Anforderungen von der Lithium-Ionen-Batterietechnologie

	Lithium-Ionen-Batterie						
	ECS-LIB 1	ECS-LIB 2	ECS-LIB 3	ECS-LIB 4	ECS-LIB 5	ECS-LIB 6	ECS-LIB 7
`BatterieSystem`		X	X				
`BatterieManagementSystem`		X		X			
`EnergieManagementSystem`		X			X	X	X
`SOCSchätzer`	X						
`TemperaturRegelung`						X	
`Mechanikkonstruktion`			X				

Tabelle 7.14 Requirement Traceability Matrix – Anwendungsanforderungen

	Anwendungsanforderungen								
	RSS 1	RSS 2	RSS 3	RSS 4	RSS 5	RSS 6	RSS 7	RSS 8	RSS 9
`NetzWechselrichter`		X	X	X			X	X	
`Solarstromanlage`							X	X	
`Solarwechselrichter`					X		X	X	
`BatterieManagementSystem`					X			X	
`EnergieManagementSystem`						X		X	X
`BalancingSystem`						X			
`Mechanikkonstruktion`				X		X	X	X	

nutzen kann, um den Batteriezustand abzuschätzen. Da außerdem die Betriebsführung durch das `EnergieManagementSystem` realisiert wird und diese vom Ladezustand abhängt, ist eine Zuordnung des `SOCSchätzer` zum `EnergieManagementSystem` sinnvoll. Es gibt aber auch Systeme, in denen der `SOCSchätzer` dem `BatterieManagementSystem` zugeordnet ist. Dies ist dadurch gerechtfertigt, dass das `BatterieManagementSystem` das Wissen über seine Unterkomponenten hat und dieses Wissen für eine bessere Schätzung genutzt werden kann. An diesem Punkt sehen wir, dass es nicht immer eine eindeutige Lösung in der Systemarchitektur gibt und manchmal die Realisierung einen Einfluss darauf hat.

ECS-LIB 2 und **ECS-LIB 3** befassen sich mit der wichtigen Sicherheitsfunktion in Systemen mit Lithium-Ionen-Batterien. **ECS-LIB 2** befasst sich mit der Aufgabe, das Auftreten eines thermischen Durchgehens zu verhindern. Diese Aufgabe wird dem `BatterieSystem` und seinen Teilkomponenten sowie dem `BatterieManagementSystem` und dem `EnergieManagementSystem` zugewiesen. Wenn es zu einem thermischen Durchgehen kommt, kann der Schaden eigentlich nur durch die Konstruktion des `BatterieSystem` und der `Mechanikkonstruktion` reduziert werden. Daher sind diese beiden Komponenten für **ECS-LIB 3** verantwortlich. Um ein thermisches Durchgehen zu vermeiden, muss **ECS-**

LIB 4 eingehalten werden. Dies wird ebenfalls durch das `BatterieManagementSystem` überwacht.

Wir hatten bereits darüber gesprochen, dass die Arbeitsteilung zwischen dem `BatterieManagementSystem` und dem `EnergieManagementSystem` darin besteht, dass das `EnergieManagementSystem` sich auf die Anwendung konzentriert, die sich ständig ändert. Daher liegt es auch in der Verantwortung des `EnergieManagementSystem`, die **ECS-LIB 5** bis **ECS-LIB 7** einzuhalten, wobei das Temperaturmanagement auch teilweise in der Verantwortung der `TemperaturKontrolle` liegt.

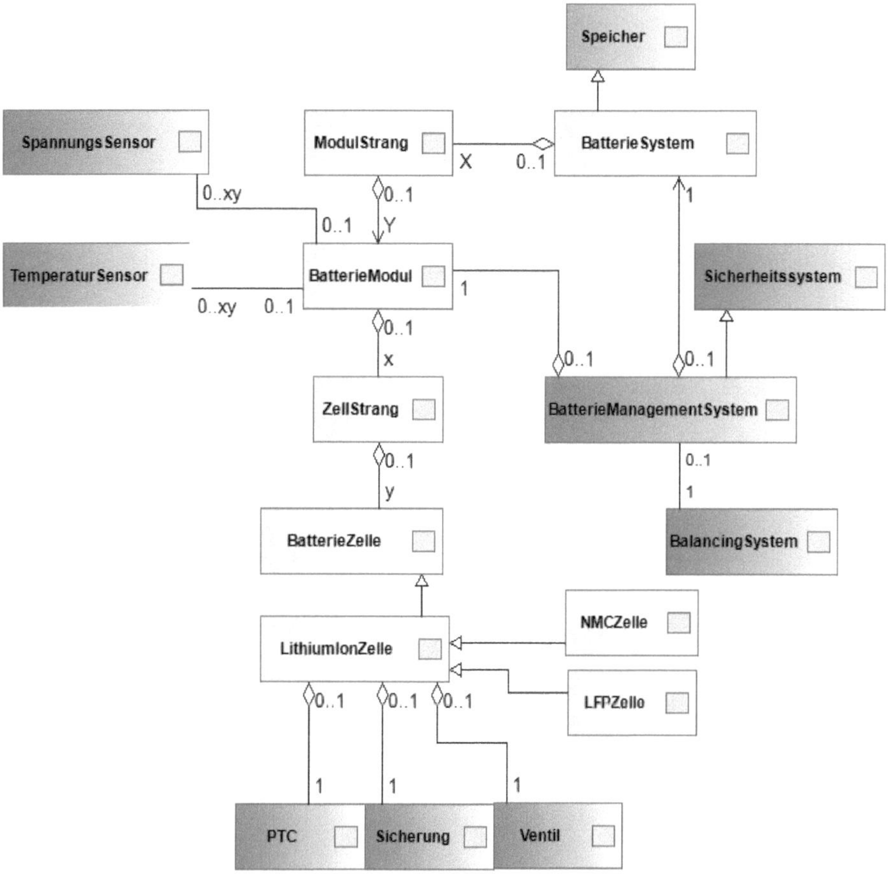

Bild 7.35 Teilkomponente des Solarstromspeichersystems

Übung 7.27 Erstellung der Requirement Traceability Matrix für die Batteriesubkomponenten

In Tabelle 7.13 und Tabelle 7.14 sind einige Unterkomponenten des Batteriesystems nicht dargestellt. Diese haben jedoch Zuständigkeiten für die Basisanforderungen **ECS-LIB 1–ECS-LIB 7**. Wie sieht die Requirement Traceability Matrix nur für die in Bild 7.35 dargestellten Komponenten aus?

Lösung: Wir hatten bereits festgestellt, dass eine eindeutige Zuordnung der Ladezustandsabschätzung nicht möglich ist, da es gute Gründe gibt, sie sowohl im `EnergieManagementSystem` als auch im `BatterieManagementSystem` anzusiedeln. Deshalb haben wir in unserer Musterlösung Tabelle 7.15 beide Möglichkeiten eingetragen.

Für die Anforderung **ECS-LIB 2**, das ein thermischen Durchgehens verhindert werden soll, sind eine Reihe von Komponenten verantwortlich. Die Hauptkomponente ist das `BatterieManagementSystem`, das den Batteriezustand auf Modul- und Systemebene überwacht, indem es Messungen des `SpannungsSensor` und des `TemperaturSensor` verwendet.

Wenn das `BatterieManagementSystem` einen möglichen thermischen Durchbruch nicht erkennt, können die Komponenten `PTC` und `Sicherung` auf Zellebene eingreifen. Für den unwahrscheinlichen Fall, dass doch ein Ereignis eintritt, versuchen das `Ventil` und andere konstruktive Maßnahmen in der `BatterieZelle`, eine Kettenreaktion zu vermeiden. Hier greift das `BatterieModul` ein, das so konstruiert sein muss, dass es zu keiner Kettenreaktion kommt.

Der `SpannungsSensor` und `TemperaturSensor` unterstützen das `BatterieManagementSystem` bei der Einhaltung von **ECS-LIB 4**. Es gibt unterschiedliche Implementierungen. In einigen Batteriesystemen wird jede einzelne Zelle überwacht. Andere Realisierungen überwachen nur Teilbereiche auf String- oder Modulebene.

ECS-LIB 5 und **ECS-LIB 7** sind der Anwendung zugeordnet und sollten in der Verantwortung des `EnergieManagementSystem` liegen.

ECS-LIB 6, die Einhaltung des Temperaturbereichs, ist natürlich dem Gesamtsystem zuzuordnen. `BatterieSystem` und `BatterieModul` tragen dieser Anforderung jedoch Rechnung, indem sie den internen mechanischen Aufbau und die interne Kühlung entsprechend gestalten. ■

Tabelle 7.15 Requirement Traceability Matrix für Teilkomponenten des Batteriesystems

	Lithium-Ionen-Batterie						
	ECS-LIB 1	ECS-LIB 2	ECS-LIB 3	ECS-LIB 4	ECS-LIB 5	ECS-LIB 6	ECS-LIB 7
`BatterieSystem`						X	
`BatterieModul`			X			X	
`BatterieZelle`			X				
`PTC`		X					
`Sicherung`		X					
`Ventil`			X				
`SpannungsSensor`		X		X			
`TemperaturSensor`		X		X			
`BatterieManagementSystem`	(X)	X		X			
`BalancingSystem`	(X)	X		X			
`EnergieManagementSystem`					X		X

Betrachten wir nun die Anwendungsanforderungen. Die Grundvoraussetzung für das private Solarstromspeichersystem **RSS 1** liegt in der Verantwortung des `EnergieManagementSystem`. Durch den `LeistungsSensor` und Informationen aus dem `SolarWechselrichter`, `NetzWechselrichter` und `BatterieManagementSystem` verfügt es über alle Informationen, um die Leistungsflüsse zu optimieren.

Der `NetzWechselrichter` ist für die Schnittstelle zum Verteilungsnetz und die Einhaltung der Netzanschlussbedingungen verantwortlich. Daher ist er auch für die Anforderungen **RSS 2** bis **RSS 4** zuständig. Für **RSS 4** spielt auch die `Mechanikkonstruktion` eine wichtige Rolle.

Für die Anforderungen an die Skalierbarkeit von Batterieleistung, Kapazität und Solarstromanlage, **RSS 5** und **RSS 6**, sind die betroffenen Komponenten `SolarWechselrichter` und `BatterieSystem` zuständig. Während **RSS 6** zusätzlich das `BalancingSystem`, das `EnergieManagementSystem` und das `BatterieManagementSystem` einbezieht, da eine Änderung der Batteriekonfiguration an diese Komponenten kommuniziert werden muss und diese ggf. auch ihr Verhalten ändern müssen. Es versteht sich von selbst, dass auch die `Mechanikkonstruktion` hier angepasst wird.

RSS 7 war eine Vorgabe für das maximale Gewicht der Komponenten. Daher sind auch hier die physisch greifbaren Komponenten zuständig.

RSS 8 fügt das `EnergieManagementSystem` hinzu, da es über den `LeistungsSensor` über die Leistungsflüsse informiert werden muss und mit den Hauptkomponenten verbunden ist.

Für **RSS 9**, die Forderung nach einem Diagnoseprogramm, sind die beiden Komponenten `BatterieManagementSystem` und `EnergieManagementSystem` zuständig, da sie das Wissen über die Teilkomponenten und deren Zusammenspiel haben und diese auch überprüfen können.

7.4.4 Zusammenfassung

In diesem Abschnitt haben wir etwas über die Chemie von Lithium-Ionen-Batteriezellen gelernt. Die grundlegende Reaktion besteht darin, dass ein Lithium-Metalloxid auf der Kathode Lithium-Ionen und Elektronen freisetzt. Das freigesetzte Elektron rekombiniert mit dem Lithium-Ion im Anodenmaterial. Anders als bei der Bleibatterie ist der Elektrolyt nicht direkt an der Reaktion beteiligt. Er hat eine Transportfunktion.

Da es eine Reihe verschiedener Anoden- und Kathodenmaterialien gibt, sind Lithium-Ionen-Batterien eine Familie von Zellchemien, die ähnliche Eigenschaften haben.

Eine der wichtigsten neuen Anforderungen an die Konstruktion eines Speichersystems mit Lithium-Ionen-Batteriezellen sind die Sicherheitsanforderungen. Da das Kathodenmaterial unter bestimmten Randbedingungen thermisch instabil wird, muss darauf geachtet werden, dass das Kathodenmaterial nicht beschädigt wird. Es muss darauf geachtet werden, dass sich die Zellen im sicheren Temperatur- und Spannungsbereich befinden. Hierfür sind zusätzliche Komponenten notwendig.

Der Vorteil der Lithium-Ionen-Batterie ist ihre höhere Energie- und Leistungsdichte. Im Vergleich zu Bleibatterien kann man grob von einem Faktor drei sprechen. Die Spannung dieser Zellen ist höher als die von Bleibatterien, was den Einsatz dieser Zellen mit höheren

Spannungen ermöglicht. Dadurch wird der benötigte Strom kleiner, was die Kosten und die Temperaturentwicklung senkt.

Im nächsten Abschnitt werden wir uns mit Hochtemperaturbatterien beschäftigen, insbesondere mit der Natrium-Schwefel-Batterie. Diese Batterie hat andere Eigenschaften als die Bleibatterie oder die hier vorgestellten Lithium-Ionen-Batterien und hat sich in stationären Anwendungen weitgehend durchgesetzt.

7.5 Hochtemperaturbatterien

Die bisher vorgestellten elektrochemischen Zellen, Bleibatterie und Lithium-Ionen-Batterien wurden bei Raumtemperatur betrieben. Um eine lange Lebensdauer zu erreichen, war es sogar erforderlich, dass die Temperatur der Batterie möglichst bei Raumtemperatur gehalten wurde. Auch ihr grundsätzlicher Aufbau war vergleichbar: Eine Anode und eine Kathode befinden sich in einem Elektrolyten. Dazwischen ist ein Separator angebracht, der den Austausch von Elektronen durch den Elektrolyten zwischen Anode und Kathode verhindert, aber den Transfer von Ionen ermöglicht.

In diesem Abschnitt lernen wir eine neue Art der elektrochemischen Zellen kennen, die Hochtemperaturbatterie. Hochtemperaturbatterien, wie die in diesem Abschnitt beschriebene Natrium-Schwefel-Batterie, unterscheiden sich durch ihren Betriebstemperaturbereich. Dieser ist so hoch, dass das Anoden- und Kathodenmaterial flüssig wird. Der Ladungsträgertransport kann also direkt über das Anoden- und Kathodenmaterial erfolgen. Ein Elektrolyt ist nicht mehr erforderlich.

7.5.1 Primärreaktion

Betrachtet man eine Natrium-Schwefel-Zelle bei Raumtemperatur, so stellt man fest, dass diese Zelle keine Flüssigkeiten enthält. Der klassische Aufbau einer Zelle, die aus zwei Leitern in einem Elektrolyten besteht, ist nicht zu erkennen. Die Zelle besteht aus zwei Bereichen, die durch eine Wand aus Aluminiumoxid Al_2O_3 getrennt sind. In Bild 7.36 ist dieser Aufbau dargestellt. Der innere Bereich ist mit Natrium Na gefüllt. Dies ist das Anodenmaterial. Der äußere Bereich ist mit Schwefel S gefüllt. Dies ist das Kathodenmaterial.

Wir erhitzen nun die Zelle. Bei einer Temperatur von 97,79 °C beginnt das Natrium zu schmelzen. Bei 115,12 °C schmilzt auch der Schwefel. Aber selbst bei dieser Temperatur passiert wenig, wenn wir eine Spannung anlegen. Erst bei einer Temperatur von 300 °C können wir die Zelle laden und entladen. Bei dieser Temperatur wird das Aluminiumoxid Al_2O_3 leitfähig für Ionen, und wir können den Ionentransport durch den Separator realisieren, während die Elektronen über die Anode und Kathode fließen müssen.

Die Natrium-Schwefel-Zelle funktioniert ähnlich wie eine Lithium-Ionen-Zelle. Während des Ladens und Entladens werden auf jeder Seite zwei Natriumatome ionisiert. Auf der Anodenseite werden zwei Elektronen aus zwei Natriumatomen entnommen, sodass zwei Natriumionen entstehen:

$$2\,\mathrm{Na} - 2\,\mathrm{e} \rightleftharpoons 2\,\mathrm{Na}^+ \tag{7.63}$$

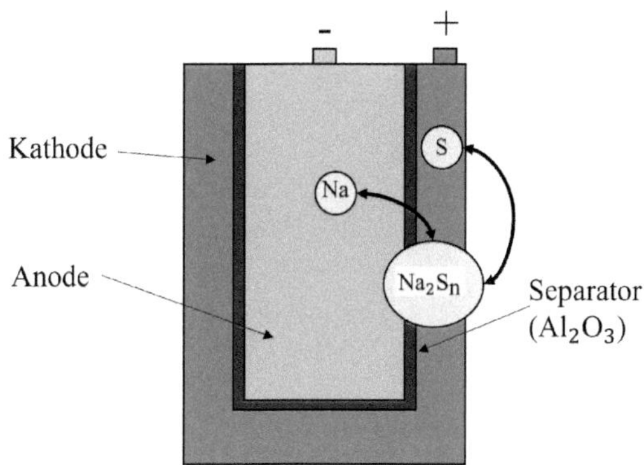

Bild 7.36 Aufbau einer Natrium-Schwefel-Batteriezelle. Anstelle von zwei Elektroden verwendet die Zelle ein Anoden- und ein Kathodenmaterial, die beide geschmolzen werden. In diesem Fall ist das Anodenmaterial Natrium und das Kathodenmaterial Schwefel. Eine Schicht aus Aluminiumoxid (Al_2O_3) wird als Separator verwendet. Sie lässt nur Ionen passieren, sodass die Elektronen über die Anschlüsse der Zelle wandern müssen.

Analog zur Lithium-Ionen-Zelle wandert das Elektron durch die elektrischen Leiter und die Natriumionen durch den Separator zur Kathodenseite. Dabei verbinden sich Schwefel und Natrium zu Natriumsulfid:

$$nS + 2Na^+ + 2e \rightleftharpoons Na_2S_n \tag{7.64}$$

Dabei kann $n = \{3, 4, 5\}$ sein. Die Gesamtreaktion ist:

$$2Na + nS \rightleftharpoons Na_2S_n \tag{7.65}$$

Bei dieser Reaktion entsteht eine Wärme von 300 °C bis 350 °C Celsius. Diese Wärme sorgt dafür, dass Natrium und Schwefel flüssig bleiben. Die Zelle muss also nur dann beheizt werden, wenn sie weder geladen noch entladen wird, d. h. wenn die Reaktion nicht stattfindet. Wir müssen der Zelle nur dann zusätzliche Energie zuführen, wenn keine Ladung oder Entladung stattfindet. Man könnte dies als eine Art Selbstentladung interpretieren. Diese Interpretation ist jedoch irreführend. Bei einer Selbstentladung nimmt auch die Menge der gespeicherten Energie ab. Dies ist hier nicht der Fall. Wenn die Zelle kalt wird, wird die gespeicherte Energie eingefroren. Die Energie ist nicht verloren gegangen.

Daraus ergibt sich eine Anforderung an den Betrieb einer Natrium-Schwefel-Zelle. Es muss sichergestellt werden, dass Natrium und Schwefel geschmolzen sind und dass das Aluminiumoxid ionenleitend ist (**ECA-NAS** = „Electrochemical storage – Natrium sulfur battery").

ECS-NAS 1: ALS Operator MÖCHTE ICH sicherstellen, dass die Temperatur der Zelle größer als 300 °C ist, SODASS Natrium und Schwefel verflüssigt sind und das Aluminiumoxid ionenleitend ist.

Bei dieser Formulierung geht es natürlich um die Nutzung von Abwärme und um die Erzeugung von Erhaltungswärme. Unabhängig davon, wie die Zelle mit Wärme versorgt wird, muss der Betreiber die Temperatur auf 300 °C halten, um **ECS-NAS 1** zu erfüllen.

Wir hatten in Gleichung 7.65 gesehen, dass eine unterschiedliche Anzahl von Schwefelatomen an der Reaktion $n = \{3, 4, 5\}$ beteiligt ist. Diese Anzahl hängt von der Zellspannung ab. Je höher diese ist, desto mehr Schwefelatome werden gebunden.

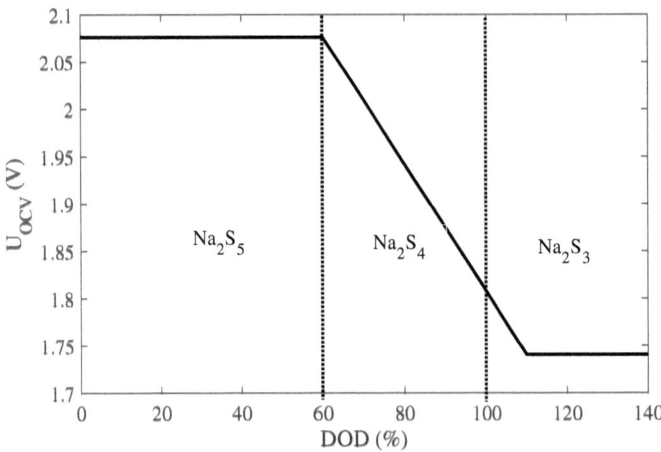

Bild 7.37 Leerlaufspannung einer Natrium-Schwefel-Zelle in Abhängigkeit von der Entladetiefe

In Bild 7.37 haben wir das folgende Experiment durchgeführt: Wir nehmen eine voll geladene Zelle, messen die Leerlaufspannung U_{OCV} und entladen sie für einen kurzen Moment. Dann messen wir die Leerlaufspannung U_{OCV} erneut.

Bei einer voll geladenen Zelle messen wir eine Spannung von 2,08 V_{DC}. Die Spannung ist also etwas höher als bei einer Bleibatteriezelle. Beim Entladen stellt man fest, dass Na_2S_5 zuerst abgebaut wird. Die Leerlaufspannung bleibt nahezu konstant. Bei einer Entladetiefe von 60 % beginnt die Spannung zu sinken. Wir stellen fest, dass wir jetzt hauptsächlich Na_2S_4 abbauen. Die Spannung sinkt. Wir können die Batterie jedoch immer noch entladen und erhalten mehr Energie als erwartet, da die Ladetiefe größer als 100 % ist. Der Spannungsabfall geht bis zu einer Spannung von 1,75 V_{DC}. Wenn wir diese Spannung erreichen, können wir die Zelle noch weiter entladen. Dabei verbrauchen wir jedoch Na_2S_3, und es bildet sich NaS_2. Wir können die Entladung fortsetzen, bis wir eine Entladetiefe von 140 % erreicht haben. Dabei erwärmt sich die Zelle, und der Innenwiderstand der Zelle steigt.

Wenn wir die Zelle so weit wie möglich entladen, müssen wir leider feststellen, dass wir sie anschließend nicht wieder aufladen können. Der Grund dafür ist, dass die Reaktion zur Bildung von Na_2S_2 keine reversible Reaktion ist. Wir haben also die Zelle durch die Tiefentladung beschädigt.

`ECS-NAS2`: `ALS Operator MÖCHTE ICH sicherstellen, dass keine Tiefentladung stattfindet, SODASS die Bildung von` Na_2S_2 `vermieden wird.`

Da bei einer Entladetiefe von 100 % noch etwas Na_2S_4 vorhanden sein sollte, besteht keine betriebliche Notwendigkeit, hier eine größere Sicherheitskapazität vorzusehen. Allerdings muss das Batteriemanagementsystem sicherstellen, dass keine einzelne Zelle tiefentladen wird. Diese würde dann eventuell dauerhaft geschädigt werden.

7.5.2 Anforderungen und Komponenten

Nachdem wir bereits zwei Anforderungen vorgestellt haben, die sich direkt aus der Zellchemie ergeben, gehen wir in diesem Abschnitt näher auf die Eigenschaften und die Komponenten ein, die für den Betrieb einer Natrium-Schwefel-Batterie erforderlich sind.

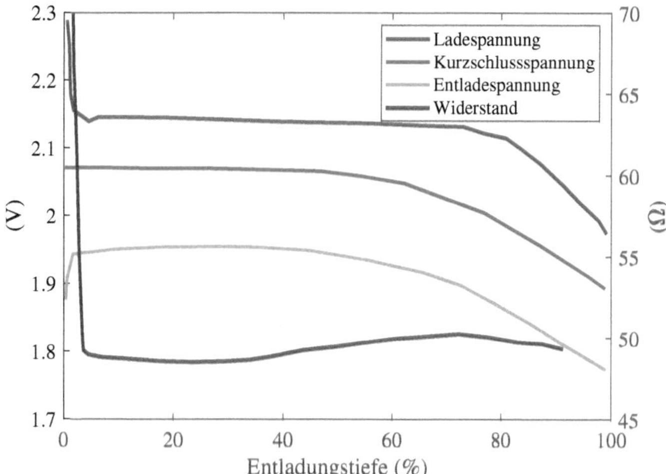

Bild 7.38 Lade- und Entladeverhalten einer Natrium-Schwefel-Zelle. Die Entladerate betrug $C\frac{1}{3}$, die Beladerate betrug $C\frac{1}{5}$ [Red11].

Wir betrachten das Verhalten einer Natrium-Schwefel-Batteriezelle beim Be- und Entladen [Red11]. In Bild 7.38 zeigen wir die Spannung der Zelle bei einer Entladerate von $C\frac{1}{3}$ und einer Laderate von $C\frac{1}{5}$. Beide Prozesse wurden also mit einem relativ geringen Strom durchgeführt.

Neben der Lade- und Entladespannung ist in Bild 7.38 auch die Leerlaufspannung dargestellt. Diese ist unabhängig davon, ob wir laden oder entladen, und wir können sehen, dass die Leerlaufspannung dem in Bild 7.37 gezeigten Verlauf folgt.

Schauen wir uns zunächst den Ladevorgang an. Aus der Formel

$$U_{Bat} = U_{OCV} + R_{Bat} I_{Bat}$$

sehen wir, dass die Ladespannung U_{Bat} während des Ladens höher sein muss als die Leerlaufspannung U_{OCV}. Der Spannungsanstieg ist abhängig vom Innenwiderstand der Batterie R_{Bat} und dem Ladestrom I_{Bat}. Dies ist auch in Bild 7.38 zu sehen. Wie zu erwarten, steigt die Spannung zunächst linear an, bis die Bildung von NA_2S_4 abgeschlossen ist, und die Bildung von NA_2S_5 beginnt. Der Übergang scheint während des Ladevorgangs bei 80 % zu beginnen, obwohl wir nach Bild 7.38 und bei Betrachtung der Leerlaufspannung erwarten, dass der Übergang bei 60 % beginnt. Der Grund dafür wird deutlich, wenn man sich den Verlauf des Innenwiderstands der Batterie R_{Bat} ansieht. Hier sehen wir, dass er leicht ansteigt, was zu einer Korrektur der Ladespannung führt.

Ab einer Entladetiefe von 60 % ist die Ladespannung unabhängig von der Entladetiefe. Wir haben hier eine ähnliche Situation wie zum Beispiel bei der Lithium-Ionen-Zelle mit $LiFePO_4$ als Kathodenmaterial.

Sobald wir die Batterie fast vollständig geladen haben, was einer Entladetiefe von 5 % entspricht, steigt die Ladespannung deutlich an und erreicht bei 0 % ihren Maximalwert von 2,3 V. Die Ursache ist ein steiler Anstieg des Innenwiderstands. Dies ist darauf zurückzuführen, dass bei einer fast vollständig geladenen Batterie nicht mehr genügend aktives Material zum Transport der Ladungsträger vorhanden ist. Dies ist ein deutlicher Unterschied zu früheren Zellchemien. Sowohl bei Bleibatterien als auch bei Lithium-Ionen-Batterien war auch bei voller Ladung noch genügend aktives Material vorhanden, um Ladungsträger zu transportieren, auch wenn dies auf Kosten der Lebensdauer der Batterie ging. Dies ist bei Natrium-Schwefel-Batterien nicht der Fall. Wenn eine einzelne Zelle fast vollständig geladen ist, steigt ihr Innenwiderstand deutlich an.

Übung 7.28 Verhalten von parallel verschalteten Zellen bei hohem Ladezustand

In einem kleinen Experiment wollen wir den Einfluss eines schnell ansteigenden Widerstands auf zwei parallele Zellen untersuchen. Wir haben zwei Zellen parallel geschaltet (Bild 7.39). Eine Zelle hat einen Ladungszustand von 95 %, die andere liegt gerade bei 50 %. Wir können den Ladezustand beider Zellen nicht wirklich durch Messung der Leerlaufspannung messen, da sich beide bereits in dem Zustand befinden, dass beim Laden nur Na_2S_5 gebildet wird, d. h. $U_1 = U_2 = 2{,}07\,V_{DC}$. Der Innenwiderstand der ersten Zelle beträgt jedoch bereits $R_1 = 70\,m\Omega$. Für die zweite Zelle beträgt er $R_2 = 35\,m\Omega$. Die zum Laden verwendete Spannungsquelle hat eine Ladespannung von $U_c = 2{,}08\,V$. Wie hoch ist der Ladestrom der beiden Zellen I_1 und I_2? Wie hoch ist der gesamte Ladestrom I_c?

Lösung: Die an jeder der beiden Zellen angelegte Spannung ist gleich der Spannung der Spannungsquelle.

$$U_c = U_1 + R_1 I_1$$
$$U_c = U_2 + R_2 I_2$$

Wir können beide Terme zu I_1 bzw. I_2 umordnen und erhalten so:

$$I_1 = \frac{U_c - U_1}{R_1} = \frac{2{,}08\,V_{DC} - 2{,}07\,V_{DC}}{70\,m\Omega} = 0{,}142\,A$$
$$I_2 = \frac{U_c - U_2}{R_2} = \frac{2{,}08\,V_{DC} - 2{,}07\,V_{DC}}{35\,m\Omega} = 0{,}285\,A$$

Der Ladestrom ist die Summe der beiden Einzelströme zu:

$$I_c = I_1 + I_2 = 0{,}428\,A$$

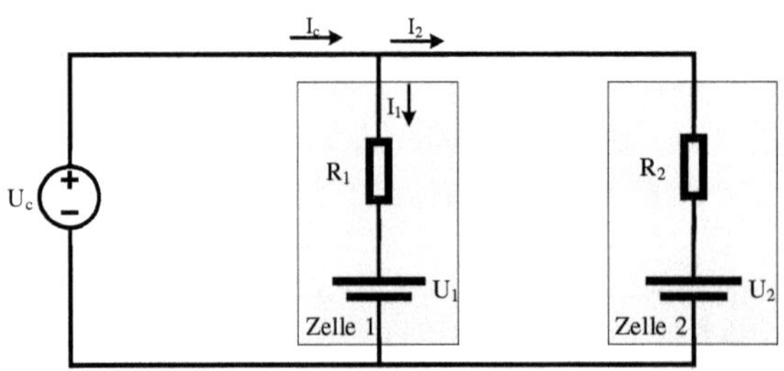

Bild 7.39 Laden von zwei parallel geschalteten NAS-Batteriezellen

Das Ergebnis aus Übung 7.28 zeigt, dass bei parallel geschalteten Natrium-Schwefel-Zellen der Ladestrom bei fast voller Ladung der Zellen proportional reduziert wird, sodass die noch nicht voll geladenen Zellen weiter geladen werden können. Dadurch wird der Aufwand für das Batteriemanagementsystem zur Überwachung des Ladevorgangs erheblich vereinfacht.

Schauen wir uns nun den Entladevorgang an. Hier beobachten wir, dass die Entladespannung niedriger wird als die Leerlaufspannung der Zelle. Wir kennen dieses Verhalten von anderen Zellchemien. Bis zu einer Entladetiefe von 5 % beobachten wir jedoch einen leichten Anstieg der Entladespannung. Dieser Effekt ist auf das Verhalten des Innenwiderstands zurückzuführen. Da der Innenwiderstand bei einer Entladetiefe von 5 % stark abfällt, steigt auch die Spannung an.

Da es in der Natrium-Schwefel-Batterie keine nennenswerten Nebenreaktionen gibt, haben Natrium-Schwefel-Batterien eine hohe kalendarische Lebensdauer. Wie wir gesehen haben, schützen sich diese Zellen selbst vor Überladung. Nur die Tiefentladung schädigt die Zelle dauerhaft, und es ist wahrscheinlich, dass die Bildung von Na_2S_2 ein Hauptgrund für die Verkürzung der Zykluslebensdauer ist.

Betrachten wir nun das Verhalten der Zellen bei wiederholtem Laden und Entladen. In Bild 7.40 wurde die Zelle wiederholt geladen und entladen [SS17]. In diesem Experiment wurden die Kapazität der Zelle und der Wirkungsgrad der Zelle nach mehreren Lade- und Entladezyklen gemessen. Der Wirkungsgrad wird hier aus dem Verhältnis zwischen der geladenen Energie und der entnommenen Energie gebildet. Die Energie, die wir für das Temperaturmanagement benötigen, wurde hier nicht berücksichtigt.

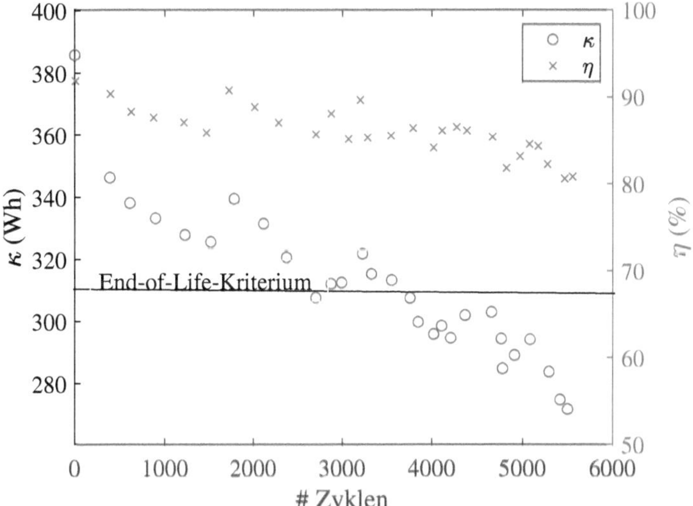

Bild 7.40 Wirkungsgrad und Speicherkapazität einer Natrium-Schwefel-Batterie in Abhängigkeit von den Lade- und Entladezyklen [SS17]

Es zeigt sich, dass die Kapazität annähernd linear abnimmt. Dasselbe gilt für den Wirkungsgrad, der zu Beginn bei etwa 92 % und nach 6.000 Zyklen bei knapp 91 % liegt.

Übung 7.29 Berechnung der Effizienz- und Kapazitätsverluste als Funktion der Zyklenzahl

Tabelle 7.16 zeigt einige Datenpunkte aus Bild 7.40. Wie hoch ist der mittlere Kapazitäts- und Effizienzverlust pro Lade- und Entladezyklus? Wie groß ist der Verlust pro Jahr, wenn wir von 250 Zyklen pro Jahr ausgehen? (Hinweis: Es ist sinnvoll, wenn diese Aufgabe mit einer Tabellenkalkulation oder einem kleinen Programm gelöst wird.)

Lösung: Bei dieser Aufgabe sind wir nur an der Veränderung interessiert. Es gibt eine Reihe von Techniken, um diese aus den Datenpunkten zu bestimmen. Wir wollen hier eine verkürzte Version eines robusten Schätzers verwenden, der eine leistungsfähige, aber selten verwendete Technik ist. Wir nehmen jeweils zwei Datenpunkte $\{x_1, y_1, x_2, y_2\}$ und bestimmen die Steigung

$$a_{1,2} = \frac{y_2 - y_1}{x_2 - x_1}$$

Wir tun dies mit allen möglichen Kombinationen von Datenpunkten und erhalten einen Satz $\{a_i\}$. Aus dieser Menge von Steigungswerten wird dann der Mittelwert gebildet, um eine Schätzung zu erhalten.

In Tabelle 7.17 wurden die Steigungen für verschiedene Punktpaare bestimmt. Der erste Datenpunkt war immer der Ausgangswert für den Wirkungsgrad und die Kapazität. Wir sehen, dass die Steigungen alle nahe beieinander liegen, wenn wir das Paar $a_{1,2}$ ausschließen.

Wir sehen, dass der Kapazitätsverlust $-0{,}02\frac{\text{Wh}}{\text{Zyklus}}$ beträgt. Wenn wir davon ausgehen, dass wir etwa 250 Zyklen pro Jahr haben und dies auf die Anfangskapazität von 385 Wh normieren, erhalten wir einen relativen jährlichen Kapazitätsverlust von:

$$\frac{\Delta \text{SOC}}{\text{a}} = -\frac{0{,}02\frac{\text{Wh}}{\text{Zyklus}}}{385\,\text{Wh}} \cdot \frac{250\,\text{Zyklus}}{\text{a}} = -\frac{1{,}3\,\%}{\text{a}}$$

Wir verlieren etwa 1 % der Kapazität pro Jahr. ■

Tabelle 7.16 Messdaten für Zyklen- und Effizienzexperimente

Zyklen	0	1.200	2.400	3.600	4.800	5.500
κ (Wh)	385	328	320	313	284	271
η (%)	92,50	87,38	87,38	85,81	82,27	81,09

Tabelle 7.17 Berechnungen der Steigung durch verschiedene Punktpaare und der daraus resultierende Mittelwert

	$a_{1,2}$	$a_{1,3}$	$a_{1,4}$	$a_{1,5}$	$a_{1,6}$	gemittelt
a_κ	−0,0475	−0,02708	−0,02	−0,02104	−0,02073	−0,02727
a_η	−0,00426	−0,00213	−0,00186	−0,00213	−0,00208	−0,00249

Betrachtet man die Daten aus Bild 7.40 und wendet ein End-of-Life-Kriterium von 80 % an, beträgt die Anzahl der möglichen Zyklen 3.000–4.000 Zyklen. Dies ist sonst nur mit Lithium-Ionen-Batteriezellen höherer Qualität erreichbar. Natrium-Schwefel-Zellen haben jedoch den Nachteil, dass die Ladeleistung auf nur $C\frac{1}{6}$ bis $C\frac{1}{5}$ begrenzt ist. Die Ladeleistung kann bis zu $C\frac{1}{3}$ betragen, was aber im Vergleich zur Bleibatterie, bei der wir bis zu C35 realisieren können, oder zu Lithium-Ionen-Zellen, bei denen C4 beim Entladen möglich ist, sehr gering ist. Natrium-Schwefel-Zellen eignen sich daher für Energieanwendungen, d. h. für Anwendungen mit niedrigen E-Raten.

Stellen wir uns nun die Frage, welche weiteren Voraussetzungen für den Einsatz von Natrium-Schwefel-Zellen zu beachten sind. Bei Natrium-Schwefel-Zellen sorgt die Primärreaktion für die Aufrechterhaltung der Betriebstemperatur, d. h. bei regelmäßiger Ladung oder Entladung der Zelle wird durch die Reaktion in Gleichung 7.65 genügend thermische Energie zur Aufrechterhaltung der Temperatur frei. Im Betrieb besteht die Aufgabe des Temperaturmanagements nun darin, Wärmeverluste zu verhindern. Dies kann durch Wärmedämmungsmaßnahmen erreicht werden. Auf diese Weise wird die Temperatur auch dann lange Zeit gehalten, wenn keine Ladung oder Entladung stattfindet. Nur in Phasen, in denen die Batterie nicht die entsprechende Temperatur hat, zum Beispiel in der Startphase, ist es notwendig, die Betriebstemperatur mit einer Heizung zu erreichen.

Diese Anforderung wird durch eine geeignete Betriebsführung realisiert. Ähnlich wie bei den bisherigen Konstruktionen werden im unteren SOC-Bereich ein Laderegler und geeignete Sicherheitsgrenzen eingesetzt. Natrium-Schwefel-Zellen haben die Eigenschaft, dass der Innenwiderstand bei einem Ladezustand von 100 %, d. h. sobald sich nur noch Na_2S_5 in der Zelle gebildet hat, stark ansteigt. Dies vereinfacht die Parallelschaltung von Natrium-Schwefel-Zellen. Die Zellen, die während des Ladevorgangs bereits voll geladen sind, haben einen größeren Widerstand als die noch nicht voll geladenen Zellen, sodass der Strom nur zum Laden dieser Zellen verwendet wird.

Die Natrium-Schwefel-Zelle funktioniert nur, wenn sowohl Natrium als auch Schwefel geschmolzen sind und der Separator eine Temperatur von 300 °C erreicht hat. Eine funktionsfähige Natrium-Schwefel-Batterie besteht also aus 300 °C heißem, flüssigem Material im Inneren. Dies muss natürlich vom Sicherheitssystem berücksichtigt werden. Wenn beispielsweise eine Zelle während des Betriebs beschädigt wird, kann das heiße, flüssige aktive Material entweichen und andere Zellen innerhalb des Moduls beschädigen. Da das aktive Material elektrisch leitfähig ist, kommt es zu einem internen Kurzschluss, der die Zellen weiter aufheizt. Es kommt zu einer Kettenreaktion, die die Batterie beschädigt und zu einem Brand führen kann. Deshalb gelten die Anforderungen:

ECS-NAS3: ALS Entwicklung MÖCHTE ICH die Zelle so konstruieren, dass kein heißes, aktives Material die Zelle verlassen kann, SODASS im Falle eines Ausfalls keine Gefahr für benachbarte Zellen besteht.

ECS-NAS4: ALS Entwicklung MÖCHTE ICH Maßnahmen ergreifen, um zu verhindern, dass im Falle des Austretens von flüssigem aktivem Material kein Kurzschluss entsteht, SODASS im unwahrscheinlichen Fall des Austretens von heißem aktivem Material keine Kettenreaktion entsteht.

Hier haben wir wieder zwei aufeinander aufbauende Sicherheitsanforderungen. Die erste befasst sich mit der Aufgabe, das Ereignis zu verhindern. Die zweite befasst sich mit der Aufgabe der Schadensbegrenzung für den Fall, dass das Ereignis dennoch eintritt.

Die Maßnahmen, die zur Erfüllung dieser Anforderungen getroffen werden, sind ähnlich wie bei Lithium-Ionen-Zellen: Zum einen werden in den Zellen geeignete Überdruck- bzw. Überlaufventile eingebaut, um eine kontrollierte Entladung des Materials zu ermöglichen. Zum anderen werden geeignete Sicherungen eingesetzt, um Kurzschlussströme zu verhindern.

Natrium-Schwefel-Zellen sind Energiezellen. Sie werden mit einer Ladekapazität von $C\frac{1}{6}$ bis $C\frac{1}{5}$ betrieben. Da damit das Verhältnis zwischen Kapazität und Leistung fünf oder sechs zu eins beträgt, sind Systeme mit Natrium-Schwefel-Batterien eher überdimensioniert. Ein weiterer Nachteil ist, dass in den Leerlaufzeiten, wenn die Batterie nicht geladen oder entladen wird, Heizelemente die Temperatur aufrechterhalten müssen. Wird die dafür erforderliche Energie der Batterie entnommen, beschleunigt sich die Selbstentladung.

7.5.3 Anwendungsbeispiel – Integration einer Natrium-Schwefel-Batterie in einen Windpark

Im folgenden Beispiel wird ein Natrium-Schwefel-Speichersystem eingesetzt, um die Nutzung eines Windparks auf einer Insel zu verbessern [RFG+14, HMA+13].

Das Konzept ist in Bild 7.41 dargestellt. Die Verbraucher wurden bisher von einem Kraftwerk und einem Windpark versorgt. Beide sind an das Verteilnetz angeschlossen. Das Kraftwerk hat die Aufgabe, die Grundlast zu decken und das Netz zu bilden, d. h. es erzeugt ein Wechselstromnetz, an das die Generatoren, der Windpark und die Verbraucher angeschlossen sind. Das Kraftwerk hat auch die Aufgabe, die Netzstabilität zu gewährleisten, damit die Netzanschlussbedingungen eingehalten werden: Die Frequenz und die Amplitude im Wechselstromnetz werden durch das Kraftwerk stabilisiert. Natürlich gelten die Netzanschlussbedingungen auch für den Windpark und die Batterie, aber sie sind von ihrer Leistung her noch zu klein, als dass sie das gesamte Netz aufbauen und vollständig für die Stabilisierung sorgen könnten. Beide unterliegen jedoch den Netzanschlussbedingungen des Netzbetreibers, der in seinem Grid Code festlegt, wie sich Windpark und Batterie im Falle einer Abweichung zu verhalten haben [Bru19].

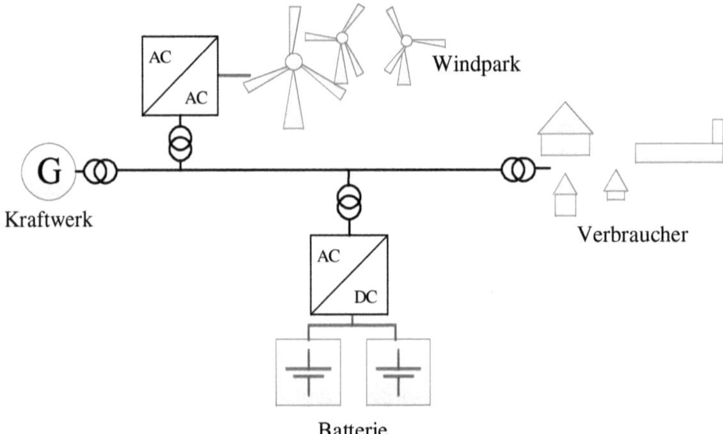

Bild 7.41 Illustration des Anwendungsbeispiels für Natrium-Schwefel-Batterien: Über ein Kraftwerk und einen Windpark werden die Verbraucher mit Strom versorgt. Die Batterie ist zwischengeschaltet und puffert Energie.

Betrachten wir zunächst die Produktionskurve der Windkraftanlage. In Bild 7.42 sind die Winddaten in zehn Metern Höhe während eines Jahres aufgenommen. Der Standort befin-

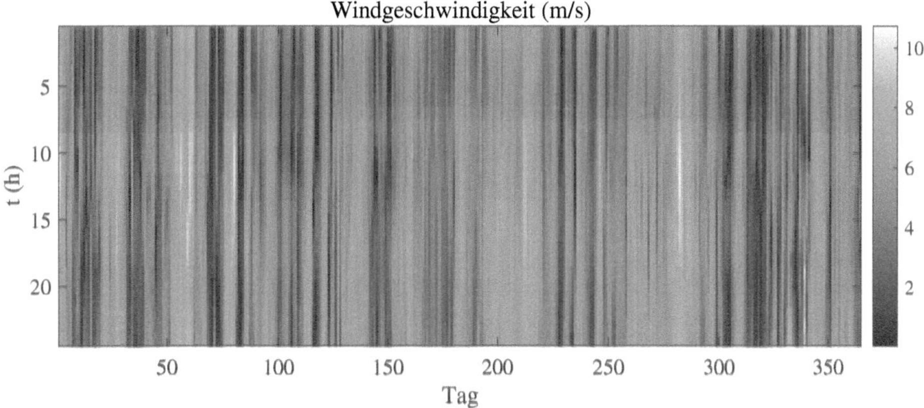

Bild 7.42 Windgeschwindigkeiten in 10 m Höhe während eines Jahres [Win]

det sich auf Hawaii [Win]. Man kann in diesen Daten eine Abhängigkeit der Windgeschwindigkeit von der Tageszeit erkennen. Die Windgeschwindigkeit ist zur Mittagszeit oder in der zweiten Tageshälfte tendenziell höher als am Morgen. Es ist zu erkennen, dass die Unterschiede zwischen den Tagen an diesem Standort größer sind. Eine jahreszeitliche Abhängigkeit, wie wir sie bei den Daten zur Solarleistung erkennen konnten – was natürlich auch auf die Standortwahl zurückzuführen ist –, ist in diesem Datensatz nicht erkennbar. Das ist gut, denn wir können davon ausgehen, dass wir über das Jahr hinweg eine zuverlässige Leistung erhalten. Die saisonalen Schwankungen sind weniger hoch.

Betrachten wir das Lastprofil einer Kleinstadt auf Hawaii, das in Bild 7.43 dargestellt ist. Dabei handelt es sich um aggregierte Daten, die dann auf einen einzelnen Haushalt normalisiert wurden. Bei der Aggregation wurde der Stromverbrauch vieler verschiedener Haushalte erfasst. Anschließend wurde der Gesamtverbrauch proportional zur Anzahl der Haushalte verteilt. Die Aggregation der Haushalte hat zur Folge, dass die Lastkurve glatter aussieht als in Bild 7.30. Schwankungen, die durch Verhaltensänderungen einzelner Personen verursacht werden, sind nicht mehr signifikant. Dennoch bleiben einige Aussagen bestehen,

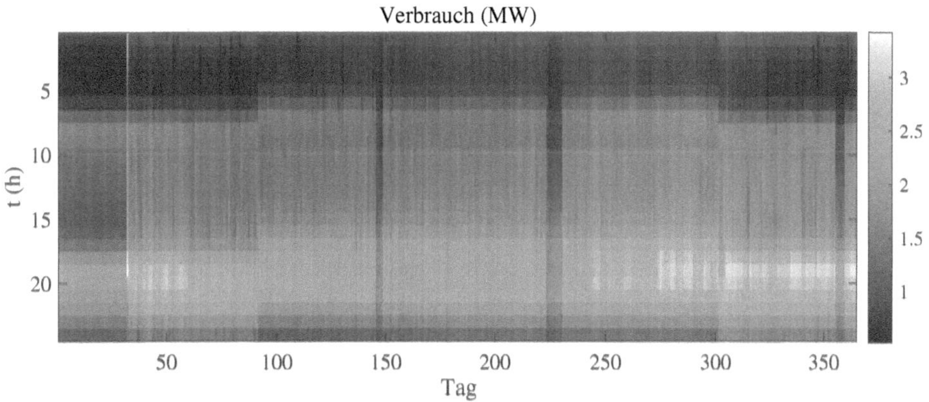

Bild 7.43 Lastprofil einer Kleinstadt auf Hawaii

die wir aus Bild 7.30 kennen. Wir sehen, dass der Verbrauch in den Abendstunden ansteigt. Das liegt daran, dass in den Abendstunden elektrisches Licht und vermutlich auch mehr Unterhaltungselektronik genutzt wird. Im Gegensatz zu unserem Solarstromspeicherbeispiel gibt es hier einen geringen Mehrverbrauch in den Mittagsstunden. Dafür steigt der Verbrauch gegen 8:00 Uhr morgens an. Wir sehen auch, dass es einen Unterschied im Verbrauch zwischen den Wochentagen und dem Wochenende gibt.

Vergleicht man die beiden Profile, so sieht man, dass der Wind auch dann weht, wenn es keine Verbraucher gibt, und umgekehrt, dass es Verbrauch gibt, wenn es keinen Wind gibt. Daraus ergibt sich bereits die erste Anforderung an dieses System (**NAS-WP** = „Natrium sulfur battery – Wind park"):

`NAS-WP 1:` `ALS Betreiber MÖCHTE ICH überschüssige Leistung aus dem Wind vorübergehend speichern, SODASS diese gespeicherte Energie zu einem späteren Zeitpunkt zur Versorgung genutzt werden kann.`

Da die Batterie es uns ermöglicht, die Leistung dann abzurufen, wenn wir sie brauchen, können wir das Zusammenspiel von Windpark, Kraftwerk und Batterie weiter optimieren. Zum Beispiel können wir mit dem Speicher kurzfristige Leistungsschwankungen reduzieren, sodass das Kraftwerk entlastet wird. Dies ist insbesondere dann notwendig, wenn die Leistung des Windparks stark schwankt.

`NAS-WP 2:` `ALS Betreiber MÖCHTE ICH den Speicher zum Ausgleich von Leistungsschwankungen nutzen, SODASS ich das Kraftwerk nicht für diesen Ausgleich einsetzen muss.`

Wir können **NAS-WP 1** als eine Energieanwendung interpretieren. Im Beispiel des Solarstromspeichers war dies auch der Fall. Wir hatten eine Energieanwendung, die auf einer Zeitskala von Minuten arbeitete. Plötzliche Schwankungen in der Erzeugung von Solarstrom konnten immer durch das Netz ausgeglichen werden – zumal die Leistung der Solarstromanlage und der Verbrauch des Haushalts im kW-Bereich liegen, während die Leistung des Kraftwerks im MW-Bereich liegt.

In unserem Beispiel haben wir es mit einer Inselnetzanwendung zu tun. Die Leistung des Kraftwerks, die Leistung des Windparks und der Verbrauch der Stadt liegen in der gleichen Größenordnung. Die Leistung des Windparks liegt bei 3 MW und der Verbrauch bei bis zu 1,5 MW, was bedeutet, dass das Kraftwerk ebenfalls eine Leistung von etwa 3 MW haben muss.

In einem solchen System muss die Koordinierung der Leistungsverteilung zwischen Quellen und Senken sehr viel präziser sein. Selbst eine kurzfristige Über- oder Unterversorgung mit Leistung kann innerhalb weniger Netzperioden (20 ms) zu einem Netzausfall führen. Dies führt zu **NAS-WP 3**:

`NAS-WP 3:` `ALS Netzbetreiber MÖCHTE ICH, dass Kraftwerk, Windpark und Batteriespeicher bereits auf der Zeitskala einer Netzperiode eine Über- oder Unterversorgung vermeiden, SODASS es nicht zu einem Netzausfall kommt.`

NAS-WP 2 und **NAS-WP 3** sind miteinander verbunden. Da Windkraftwerke keine kontinuierliche, sondern eine wetterabhängig schwankende Leistung erzeugen, bedeutet dies für das Netz Spannungsschwankungen. Wenn der Anteil der Windenergie nur einen kleinen Bruchteil der gesamten Leistung ausmacht, werden diese Schwankungen durch die trägen Massen des Kraftwerkes kompensiert. Spannungsschwankungen werden durch das Drehmoment des Generators im Kraftwerk aufgefangen. Steigt der Anteil der Windenergie, so steigt auch die Belastung des Generators im Kraftwerk, da er sich mit einer höheren Frequenz dreht. Um diese Belastung zu verringern, kann der Speicher genutzt werden, um diese Schwankungen vorübergehend auszugleichen.

Übung 7.30 Anforderungen an das Kraftwerkssystem

Nachdem wir die anwendungsspezifischen Anforderungen gesammelt haben, schauen wir uns noch einmal die Anforderungen der anderen Stakeholder an. In dieser Aufgabe sind jeweils zwei Anforderungen für den Energieversorger und dem Service Manager zu ermitteln. Der Service Manager ist die Person, die den Service aller drei Systeme koordinieren muss: Kraftwerk, Batterie und Windpark (auch hier ist es hilfreich, die Aufgaben und Ziele der Stakeholder zu kennen).

Lösung: Der Energieversorger hat die Aufgabe, die Versorgung der Kunden mit elektrischer Leistung sicherzustellen. Dabei ist es sein Ziel, die Stromgestehungskosten (Levelised Cost of Energy, LCOE) zu optimieren.

NAS-WP 4: ALS Energieversorger MÖCHTE ICH, dass die Betriebsführung bei der Bestimmung der optimalen Leistungsflusskombination sowohl Verluste als auch Betriebskosten bewertet, SODASS die Stromgestehungskosten optimiert werden.

Eine zweite Anforderung ergibt sich aus dem Versorgungsauftrag des Versorgungsunternehmens.

NAS-WP 5: ALS Energieversorger MÖCHTE ICH sicherstellen, dass die Verfügbarkeit elektrischer Leistung über 99,9% liegt, wobei das Einzelereignis $\frac{1}{2}$h nicht überschreiten darf, SODASS ich meinen gesetzlichen Auftrag erfülle.

Eine Verfügbarkeit von 99,9% klingt zunächst extrem hoch. Es bedeutet jedoch, dass 8,76h an Ausfällen pro Jahr zulässig sind. Teilt man dies durch die maximale Dauer, ergibt sich eine Zahl von 16 Ereignissen pro Jahr.

Der Service Manager hat die Aufgabe, bei einem Ausfall einer der drei Kraftwerkskomponenten die Versorgung innerhalb von $\frac{1}{2}$h wiederherzustellen. Wir konzentrieren uns bei dieser Aufgabe auf die Anforderungen, die er an die Batterie stellt.

NAS-WP 6: ALS Service Manager MÖCHTE ICH in der Lage sein, einzelne Teile der Batterie abzuschalten, SODASS ich Wartungsarbeiten an Teilbatterien durchführen kann und gleichzeitig andere Teile der Batterie noch eine Teilfunktion bereitstellen.

Bisherige Batteriespeichersysteme waren von der Speicherkapazität her relativ klein. Ihre Kapazität lag meist in einem Bereich von kW. Bezogen auf das Volumen könnte man von einem oder mehreren Kühlschränken sprechen. Hier liegt der Fall anders. Wir sprechen hier von einer Batteriekapazität von mehreren MW. Eine solche Batterie wird nicht monolithisch realisiert werden. Stattdessen wird die Batterie gemäß den Anforderungen des **NAS-WP 6** in kleinere, funktionale Blöcke unterteilt. Diese kleinen Blöcke werden dann auf die gewünschte Gesamtleistung skaliert.

Die nächste Anforderung zielt darauf ab, die Arbeitsbelastung des Dienstmanagers zu reduzieren und die Wahrscheinlichkeit kritischer Ereignisse zu verringern.

NAS-WP 7: ALS Service Manager MÖCHTE ICH in der Lage sein, die Betriebsdaten der einzelnen Module in den verschiedenen Batterieblöcken zu analysieren, SODASS ich eine vorbeugende Wartung planen kann.

Vorbeugende Wartung bedeutet, dass man eine Wartung durchführt, bevor der Fehler auftritt. Wir kennen das, wenn wir das Öl in unserem Auto wechseln. Normalerweise warten wir nicht, bis das Motoröl nicht mehr schmiert oder der Ölstand zu niedrig ist, sondern wir messen regelmäßig den Ölstand und führen einen Ölwechsel durch, auch wenn keine Fehler auftreten. Wir tun dies, weil wir wissen, dass ein Motorschaden zu einem längeren und teureren Ausfall führen wird. Ähnlich verhält es sich mit den Batteriesystemen. Da hier ein hoher Anspruch an die Verfügbarkeit des Netzes besteht, will der Service Manager die Störungen beheben, bevor sie auftreten.

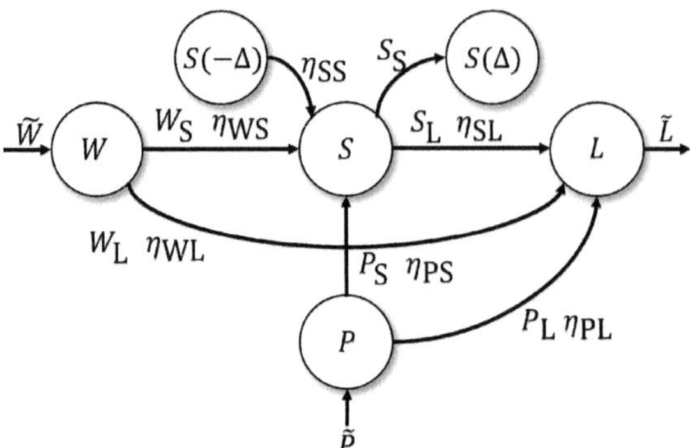

Bild 7.44 Leistungsflussdiagramm für die Integration eines Batteriespeichersystems in ein Inselnetz mit einer Windkraftanlage. Der Knoten *W* stellt die Leistung des Windparks dar. *L* steht für den Leistungsbedarf der Verbraucher. *S* entspricht dem Speicher. *P* ist hier das Kraftwerk.

Bild 7.44 zeigt das Leistungsflussdiagramm für unser Beispiel. Der Knoten W repräsentiert die Leistung des Windparks. Sein Erzeugungsprofil wird durch $\tilde{W}$ dargestellt. Die Gesamtheit aller Verbraucher auf der Insel wird durch L mit dem Lastprofil $\tilde{L}$ beschrieben. Wir gehen davon aus, dass die bereits auf der Insel vorhandenen dezentralen Energieerzeugungseinheiten so klein sind, dass $\tilde{L}$ immer positiv ist, d. h. es wird immer auch verbraucht, und es muss keine Leistung gespeichert werden. Alternativ kann man auch sagen, dass ein negativer Verbrauch vernachlässigt werden kann, da die Leistung nicht ins Netz eingespeist werden muss. Das Kraftwerk wird durch den Knoten P repräsentiert. $\tilde{P}$ stellt den Fahrplan oder Produktionsplan des Kraftwerks dar.

Auf den ersten Blick ähnelt das Leistungsflussdiagramm dem des Solarstromspeichersystems. Allerdings fehlt in diesem Flussdiagramm der Leistungspfad von der Windturbine und dem Speicher zum Kraftwerk. Im Falle des Solarstromspeichers haben wir das Netz als eine unendliche Leistungsquelle und -senke betrachtet. Jeder Überschuss wurde in den G-Knoten eingespeist oder im Fall einer Unterversorgung durch die Batterie und die Solarstromanlage diente das Netz als Stromquelle. Dies ist in unserem Beispiel nicht der Fall. Die einzige Komponente, die Leistung speichern kann, ist die Batterie. Die Windleistung muss entweder sofort verbraucht werden, was dem Leistungspfad W_L entspricht, oder gespeichert werden, was dem Pfad W_S entspricht.

Betrachten wir nun die einzelnen Gleichungen für den Leistungsfluss. Wir beginnen mit dem Knoten für den Windpark. Das Erzeugungsprofil $\tilde{W}$ stellt die mögliche Erzeugung dar. Diese Leistung kann auf den Speicher oder die Last verteilt werden. Ähnlich wie bei einem

Solarkraftwerk muss nicht die gesamte Leistung auch genutzt werden. Bei Windkraftanlagen gibt es mehrere Möglichkeiten, die bei Wind erzeugte Leistung zu reduzieren. Erstens kann eine Windkraftanlage aus dem Wind gedreht werden. Ähnlich wie bei einem Segelschiff, das seine Segel parallel zum Wind ausrichtet, sodass der Wind keine Kraft mehr auf die Segel ausüben kann, können die Rotorblätter und die Rotorgondel einer Windkraftanlage so gedreht werden, dass die Kraft des Windes nicht mehr zur Energieerzeugung genutzt wird. Darüber hinaus besteht bei einer Windkraftanlage auch die Möglichkeit, die ins Netz eingespeiste Leistung mithilfe von Leistungselektronik zu reduzieren. Die Leistungsflussgleichungen für die Windturbine lauten daher:

$$\tilde{W} \geq W_S + W_L \tag{7.66}$$

Betrachten wir nun den Leistungsknoten des Kraftwerks. Anders als beim Windkraftwerk muss die gesamte erzeugte Leistung $\tilde{P}$ abgeführt werden. Das liegt daran, dass in einem Kraftwerk fossile oder nukleare Brennstoffe Wärme erzeugen, die Wasser verdampft, um eine Turbine anzutreiben. Wenn die erzeugte kinetische Energie nicht abgeführt wird, dreht sich die Turbine immer schneller, bis sie mechanisch beschädigt wird. Bevor dies geschieht, tritt ein weiterer Effekt auf: Wird die erzeugte Leistung nicht abgenommen, erhöht sich die Frequenz der Netzspannung. Dies kann zu Schäden an den Geräten im Netz führen. Daher unterliegen Betreiber von Stromerzeugungsanlagen, die Strom in das Verteilungs- oder Übertragungsnetz einspeisen, den Netzanschlussbedingungen und Grid Codes, die festlegen, wie der Strom in das Netz einzuspeisen ist. Für den Erzeugungsknoten P gilt also Folgendes:

$$\tilde{P} = P_S + P_L \tag{7.67}$$

Für die Verbraucher sollte die aktuelle Last immer durch Windkraft, Speicher oder das Kraftwerk gedeckt werden:

$$\tilde{L} = \eta_{WL} W_L + \eta_{SL} S_L + \eta_{PL} P_L \tag{7.68}$$

In Gleichung 7.68 wird im Gegensatz zur Solarstromspeicherung der Leistungsfluss vom Netz zur Last mit einem Wirkungsgrad belegt. Aus Sicht des Energieversorgers ist diese Sichtweise gerechtfertigt. **NAS-WP 4** erfordert eine Optimierung der Stromgestehungskosten (Levelised cost of energy, LCOE). Das bedeutet, dass der Energieversorger ein Interesse daran hat, dass ineffiziente Übertragungswege in die Kostenberechnung einbezogen werden müssen. Im Fall der Speicherung von Solarstrom zahlt der Hausbesitzer nur für die Übertragungsverluste innerhalb des Hauses, die vernachlässigt werden können. Da hier die Übertragungsstrecken und damit auch die Übertragungsverluste höher sind, müssen diese berücksichtigt werden. Denn der Energieversorger zahlt für diese Verluste.

Die Leistungsflussgleichung für den Speicher ergibt sich aus der Summe der Zuflüsse und Abflüsse aus dem Speicher:

$$0 = \eta_{WS} W_S + \eta_{SS} S_S(-\Delta) + \eta_{PS} P_S - (S_L + S_S(\Delta)) \tag{7.69}$$

NAS-WP 2 verlangt den Ausgleich von Leistungsschwankungen. Darunter versteht man Schwankungen auf einer Zeitskala von wenigen Minuten, bei denen die Leistung stark ansteigt oder abfällt. Diese werden durch plötzliche Windböen oder unvorhergesehene

Verbrauchsspitzen und -senken verursacht. Diese Leistungsschwankungen müssen vom Kraftwerk über P_L ausgeglichen werden, wenn kein Speicher zur Pufferung vorhanden ist. Die Anforderung **NAS-WP 2** kann als Ausgleich der zeitlichen Schwankungen von P_L interpretiert werden. Wir haben zwei Möglichkeiten, dies mathematisch zu beschreiben.

Die erste Variante interpretiert Leistungsschwankungen als Abweichungen vom zeitlichen Mittelwert $\bar{P}_L$.

$$\Delta_{max} P_L \leq \| P_L - \bar{P}_L \| \tag{7.70}$$

Dabei ist $\bar{P}_L$ der gleitende Durchschnitt über den Zeitraum T:

$$\bar{P}_L = \frac{1}{T} \int_{\Delta t=-T}^{\Delta t=0} P_L \, d\Delta t$$

Die Beschreibung in Gleichung 7.70 erfordert, dass diese Abweichungen kleiner sind als ΔP_L. In der Implementierung bedeutet dies jedoch, dass wir bei der Berechnung der Leistungsflüsse den gleitenden Mittelwert einbeziehen müssen, und dieser beinhaltet Werte vergangener Leistungsflüsse. Ein weiterer Nachteil ist, dass diese Randbedingungen von dem Parameter T abhängen. Je kürzer T ist, desto empfindlicher reagiert Gleichung 7.70 auf Schwankungen in P_L.

Die zweite Variante betrachtet die Anforderung aus einer anderen Perspektive. Die Herausforderung liegt nicht in der Leistungsschwankung an sich. Ein Kraftwerk mit seinen großen rotierenden Massen verfügt über einen Puffer, der kleinere Leistungsschwankungen ausgleichen kann. Wir wollen hier ein kleines Gedankenexperiment machen. Nehmen wir an, wir haben eine konstante P_L. Das bedeutet, dass sich der Generator und die Turbine des Kraftwerks mit einer konstanten Drehzahl ω drehen. Das stromerzeugende Moment des Generators T_{Gen} ist gleich dem Antriebsmoment T_{Turb} der Turbine.

Nun steigt der Leistungsbedarf im Netz plötzlich an. Das leistungserzeugende Moment des Generators erhöht sich ebenfalls um ΔT_{Gen}. Wenn sich das Antriebsmoment der Turbine wieder anpassen kann, ist alles im Gleichgewicht. Ist dies aber nicht der Fall, muss diese zusätzliche Rotationsenergie irgendwoher kommen. In der rotierenden Masse des Generators und der Turbine steckt Energie, und diese Energie kann entnommen werden. Infolgedessen werden die Drehzahl und die elektrische Frequenz verringert. Dies geht jedoch mit einer erhöhten mechanischen Belastung der mechanischen Komponenten einher. Außerdem muss der Dampfkreislauf nun so gestaltet werden, dass das Antriebsmoment der Turbine erhöht wird. Dies belastet die thermischen Komponenten des Kraftwerks.

Führen wir nun das gleiche Experiment leicht modifiziert durch. In diesem Fall steigt der Leistungsbedarf um $\frac{1}{4}\Delta T_{Gen}$ in jeweils vier kleinen Schritten. Nun ist die Belastung für die Komponenten des Kraftwerks nicht mehr so groß. Der plötzliche Wegfall der Leistung führt zu einer geringeren Verringerung der Frequenz, weil die Änderung der Leistung kleiner ist. Die mechanische Belastung der mechanischen Komponenten ist geringer, und der Dampfkreislauf kann die Leistungserhöhung einfacher realisieren. In diesem Gedankenexperiment kann die Anforderung **NAS-WP 2** als eine Anforderung an die zeitliche Änderung von P_L betrachtet werden.

$$\frac{d}{dt} P_L \leq \Delta_{max} P_L \tag{7.71}$$

Wir können Gleichung 7.71 auch in der zeitdiskretisierten Form beschreiben. Dann lautet die Formulierung:

$$\frac{P_L(-\Delta) - P_L}{\Delta} \leq \Delta_{max} P_L \tag{7.72}$$

Diese zweite Formulierung benötigt nur Informationen aus dem vorherigen Zeitschritt ($P_L(-\Delta)$), was mit weniger Rechenaufwand gelöst werden kann.

Lassen Sie uns die Anforderung **NAS-WP 4** verwenden, um unsere Zielfunktion zu definieren. **NAS-WP 4** verlangt die Optimierung der Betriebskosten mit dem Ziel, die Levelised Cost of Energy zu reduzieren. Um die Betriebskosten zu berechnen, weisen wir dem Kraftwerk, dem Windpark und dem Speicher einen Tarif zu: c_P, c_W, c_S. Den Tarif können wir über die LCOE der einzelnen Kraftwerke ermitteln.

$$c_W = \frac{\sum_{t=0}^{t=T_{EOL}} (1+r)^{-t} (c_{grid} - c_{coW}) (W_S(t) + W_L(t))}{\sum_{t=0}^{t=T_{EOL}} W_S(t) + W_L(t)} \tag{7.73}$$

$$c_S = \frac{\sum_{t=0}^{t=T_{EOL}} (1+r)^{-t} (c_{grid} - c_{coS} (S_L(t))}{\sum_{t=0}^{t=T_{EOL}} S_L(t)} \tag{7.74}$$

$$c_P = \frac{\sum_{t=0}^{t=T_{EOL}} (1+r)^{-t} (c_{grid} - c_{coP}) (P_S(t) + P_L(t))}{\sum_{t=0}^{t=T_{EOL}} P_S(t) + P_L(t)} \tag{7.75}$$

r ist der Marktzins, den wir über die Lebensdauer der Kraftwerkskomponente T_{EOL} zu Vereinfachung festschreiben wollen. c_{grid} ist der durchschnittliche Strompreis, der durch den Verkauf von Strom an Kunden erzielt wird. Wir haben die Betriebskosten als mittlere Betriebskosten c_{coW}, c_{coS} und c_{coP} definiert, um die Formeln zu machen.

Auf den ersten Blick scheint die Optimierungsaufgabe von **NAS-WP 4** einfach zu implementieren. Wann immer wir die Leistungsflüsse anpassen, müssen wir nur darauf achten, die Gesamtkosten Y zu minimieren:

$$\min Y = c_W \cdot (W_S + W_L) + c_P \cdot (P_S + P_L) + c_S \cdot (S_S + S_L) \tag{7.76}$$

Die Betrachtung ist eine zeitlich lokale Betrachtung. Sie berücksichtigt immer nur den aktuellen Zeitpunkt. Liegt dagegen eine hinreichend genaue Produktions- und Verbrauchsprognose für einen Zeithorizont von $\tilde{T}$ vor, können zukünftige Ereignisse berücksichtigt werden.

$$\min Y = \sum_{t=0}^{t=T+\tilde{T}} Y(t) \tag{7.77}$$

Es zeigt sich, dass diese Art der Optimierung immer dann vorteilhaft ist, wenn die Prognose gut ist [SK14].

Führen Prognosen immer zu einer Verbesserung?

In der Praxis zeigt sich, dass die Prognose des Ertrags eines Windparks einen Fehler von $\approx 3\% - 10\%$rms aufweist [SB07, TAA+]. Ähnlich sieht es bei Solarparks aus [SSZ+17, MOSFM14]. Dabei ist die Vorhersage von kleinen Hausdachanlagen noch schwieriger. Hier liegt er zwischen 20 %rms und 40 %rms. Die Schätzung der Last eines Haushaltes hat eine Genauigkeit von 10 %rms und 30 %rms [IISFJ+15]. Bei großen Aggregationen von Verbrauchern ist die Genauigkeit deutlich höher [ZTL+15]. Nichtsdestotrotz ist zu fragen, welchen Vorteil es hat, eine Prognose in die Planung einzuarbeiten, wenn die Genauigkeit der verschiedenen Parameter gering ist. Riskiert man doch, dass der Vorhersagefehler zu einem suboptimalen Fahrplan führt.

Die Einarbeitung einer perfekten Prognose, d. h. Last- und Produktionsprofile entsprechen den realen, kann allerdings wichtige Hinweise zum Betrieb der Anlagen geben. Lösen wir das Optimierungsproblem so, dass wir das globale Optimum auch treffen, haben wir eine Aussage über die bestmögliche Betriebsführung. Alle anderen Betriebsführungen können sich an dieser perfekten Betriebsführung messen. Wir können also quantifizieren, wie gut ein von uns entwickelter Algorithmus das Problem löst.

Dies kann unter Umständen recht ernüchternd sein. Bei Solarstromspeichersystemen konnte gezeigt werden, dass der Unterschied nur wenige Euro bedeutet [SK13]. Ein Mehrertrag, für den sich der Aufwand, der für eine gute Prognose benötigt wird, betriebswirtschaftlich unter Umständen nicht lohnt. ■

Die für die Modellierung erforderlichen Gleichungen sind in Tabelle 7.18 nochmals zusammengefasst. Natürlich gibt es auch Randbedingungen für die Wertebereiche der Leistungsflüsse und der Kapazität sowie Werte für die Wirkungsgrade.

Tabelle 7.18 Gleichungen des Leistungsflussdiagramms für ein Inselnetz, das mit einem Windpark, einer Batterie und einem Kraftwerk ausgestattet ist.

Größe	Gleichung
Windpark	$\tilde{W} \geq W_S + W_L$
Kraftwerk	$\tilde{P} = P_S + P_L$
Speicher	$0 = \eta_{WS} W_S + \eta_{SS} S_S(-\Delta) + \eta_{PS} P_S - (S_L + S_S(\Delta))$
Gemittelte Leistungsschwankungen	$\Delta_{max} P_L \leq \lVert P_L - \bar{P}_L \rVert$
Gradient der Leistungsschwankungen (kontinuierlich)	$\frac{d}{dt} P_L \leq \Delta_{max} P_L$
Gradient der Leistungsschwankungen (diskret)	$\frac{P_L(-\Delta) - P_L}{\Delta} \leq \Delta_{max} P_L$
Betriebskosten der Komponenten	
Windpark	$c_W = \frac{\sum_{t=0}^{t=T_{EOL}} (1+r)^{-t} (c_{grid} - c_{coW}) (W_S(t) + W_L(t))}{\sum_{t=0}^{t=T_{EOL}} W_S(t) + W_L(t)}$
Speicher	$c_S = \frac{\sum_{t=0}^{t=T_{EOL}} (1+r)^{-t} (c_{grid} - c_{coS} (S_L(t))}{\sum_{t=0}^{t=T_{EOL}} S_L(t)}$
Kraftwerk	$c_P = \frac{\sum_{t=0}^{t=T_{EOL}} (1+r)^{-t} (c_{grid} - c_{coP}) (P_S(t) + P_L(t))}{\sum_{t=0}^{t=T_{EOL}} P_S(t) + P_L(t)}$
Gesamtkosten ohne Prognose	$\min Y = c_W \cdot (W_S + W_L) + c_P \cdot (P_S + P_L) + c_S \cdot (S_S + S_L)$
Gesamtkosten mit Prognose	$\min Y = \sum_{t=0}^{t=T+\tilde{T}} Y(t)$

Algorithmus 8 Einfache Betriebsführung für den Betrieb des Inselnetzes. Es wurde keine monetäre Bewertung durchgeführt. Die Effizienz wurde vernachlässigt und der Speicher als beliebig groß angenommen.

```
Einstellung von Grundlast auf P_0: P̃ ← P_0
S_S ← 0
Einstellung des Zeitinkrements in dieser Berechnung auf eine Minute: Δt ← 1/60
Einstellung der Anfangskapazität: κ = 0
while P̃ ≠ 0 OR L̃ ≠ 0 OR W̃ ≠ 0 do
  R ← W̃ − (L̃ + P_0)
  if R ≥ 0 then
    W_L ← L̃ − P_0
    W_S ← W̃ − W_L
    P_L ← P_0
    S_L ← 0
    P_S ← 0
  else
    W_L ← W̃
    if κ/Δt > −R then
      S_L ← κ/Δt − W_L
      P_L ← P_0
    else
      S_L ← κ/Δt
      P_L ← P_0 − (W_L + S_L)
    end if
  end if
  P̃ ← P_S + P_L
  S_S ← κ/Δt + W_S + P_S − S_L
  κ ← S_S · Δt
  P̃ ← P_S + P_L
end while
```

Um ein Gefühl für die benötigte Leistung und die benötigte Speicherkapazität zu bekommen, haben wir in Algorithmus 8 eine einfache Betriebsführung definiert. **NAS-WP 4** wurde vereinfacht gelöst, indem angenommen wird, dass c_W und c_S vernachlässigt werden können. Auch die Speicherkapazität wurde als beliebig groß angenommen. Der Einfluss der Effizienzen wurde vernachlässigt und **NAS-WP 2** nicht beachtet.

In Bild 7.45 haben wir als Beispiel die Leistungsflüsse für zwei Tage dargestellt. Die maximale Windleistung war 1,5 MWh, der maximale Verbrauch war 3,5 MWh, die maximale Erzeugung war 4,5 MWh und die Grundlastproduktion 0,5 MWh.

Zu Beginn des Tages deckt die Grundlast die Last. Die erzeugte Windleistung ist geringer als die Grundlast. Die Windenergie wird zwischengespeichert. Gegen 8:00 Uhr, wenn der Verbrauch höher ist als die Grundlast, wird der Speicher entladen. Gegen 10:00 Uhr muss das Kraftwerk jedoch seine Einspeiseleistung erhöhen, da hier der Speicher komplett entladen ist. Diese Erhöhung erfolgt schnell. Um den Algorithmus zu vereinfachen, vernachlässigen wir **NAS-WP 2** bei diesem Vorgang. Wollten wir diese Anforderung erfüllen, könnten wir das Kraftwerk seine Leistung etwas früher erhöhen lassen.

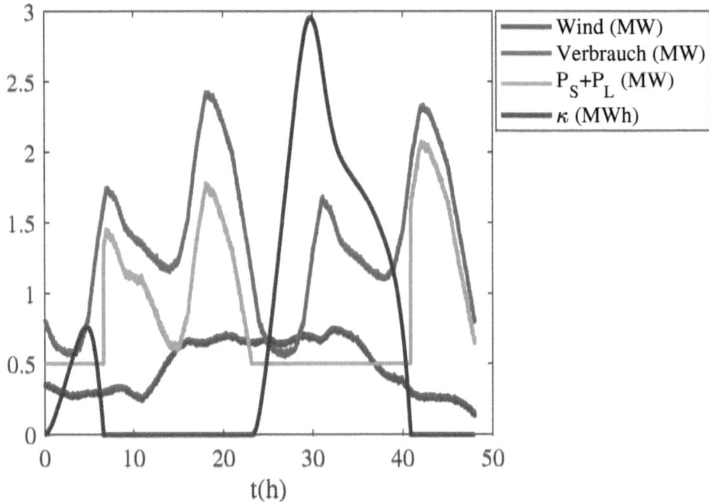

Bild 7.45 Windproduktion, Leistungsnachfrage sowie Kapazitätsverlauf (maximale Windkapazität 1,5 MWh, maximaler Verbrauch 3,5 MWh, maximale Produktion 4,5 MWh, Basisproduktion 0,5 MWh)

Ab 22:00 Uhr wird der Speicher intensiv geladen: einerseits vom Kraftwerk, da der Verbrauch ab 24:00 Uhr sinkt, dann aber auch tagsüber, wenn die Windproduktion steigt.

Wir sehen, dass die Batteriekapazität, die benötigt würde, um einen Überschuss zu speichern, etwa 3 MWh beträgt. Wir haben hier keine Kapazitätsobergrenze verwendet. Diese Einschränkung zur Vereinfachung ermöglicht es uns, die maximale Leistung und die maximale Speicherkapazität für verschiedene Systemkonfigurationen zu schätzen.

Um eine Vorstellung davon zu bekommen, welche Speicherkapazität sinnvoll ist, haben wir in Bild 7.46 die Verteilung der Ladezustände über ein Jahr dargestellt. In 97 % der Fälle hat die Batterie einen kleinen Ladezustand. Die Häufigkeit der höheren Ladezustände ist exponentiell verteilt. Ab 5 MWh ist dies sehr gering. Es macht also Sinn, die Speicherkapazität der Batterie auf 5 MWh festzulegen, wenn finanzielle oder technische Gründe keine Rolle spielen und man wirklich auf Nummer sicher gehen will.

In Bild 7.46 haben wir die Verteilung der Lade- und Entladeleistungen dargestellt. Es fällt zunächst auf, dass die Ladeleistungen eher niedrig sind und die Häufigkeit zu höheren Leistungen hin abnimmt. Sehr niedrige Ladeleistungen sind deutlich wahrscheinlicher. Dies hängt mit unserer Betriebsführung zusammen, bei der wir den direkten Verbrauch der Windleistung priorisieren und daher immer nur die Reste in der Batterie speichern. Bei der Entladeleistung beobachten wir eine breitere Verteilung. Die Häufigkeit der Leistung über 0,50 MW ist deutlich höher als beim Laden. Wollten wir die gesamte erforderliche Reichweite abdecken, bräuchten wir eine maximale Ladeleistung von 1,5 MW.

Übung 7.31 Bestimmung der erforderlichen Kapazität für die Natrium-Schwefel-Batterie

Wir gehen davon aus, dass die gleichen Zellen wie in Bild 7.38 verwendet werden. Diese erlauben eine maximale Entladerate von $\frac{1}{5}C$ und eine Laderate von $\frac{1}{3}C$. Wie hoch ist die erforderliche Kapazität, um die Anforderungen von Bild 7.46 zu erfüllen?

Lösung: Wir haben eine maximale Ladekapazität von 1 MW festgestellt. Daraus ergibt sich ein Kapazitätsbedarf κ_{charge} von:

$$\kappa_{\text{charge}} = 1\,\text{MW} \cdot 5 = 5\,\text{MWh}$$

Die Entladerate beträgt maximal 1,5 MW, der Kapazitätsbedarf liegt hier bei:

$$\kappa_{\text{discharge}} = 1{,}5\,\text{MW} \cdot 3 = 4{,}5\,\text{MWh}$$

Um die Anforderungen für das Laden und Entladen zu erfüllen, ist also eine Kapazität von 5 MWh ausreichend, was auch gut mit der nicht benötigten Kapazität aus Bild 7.46 übereinstimmt. ■

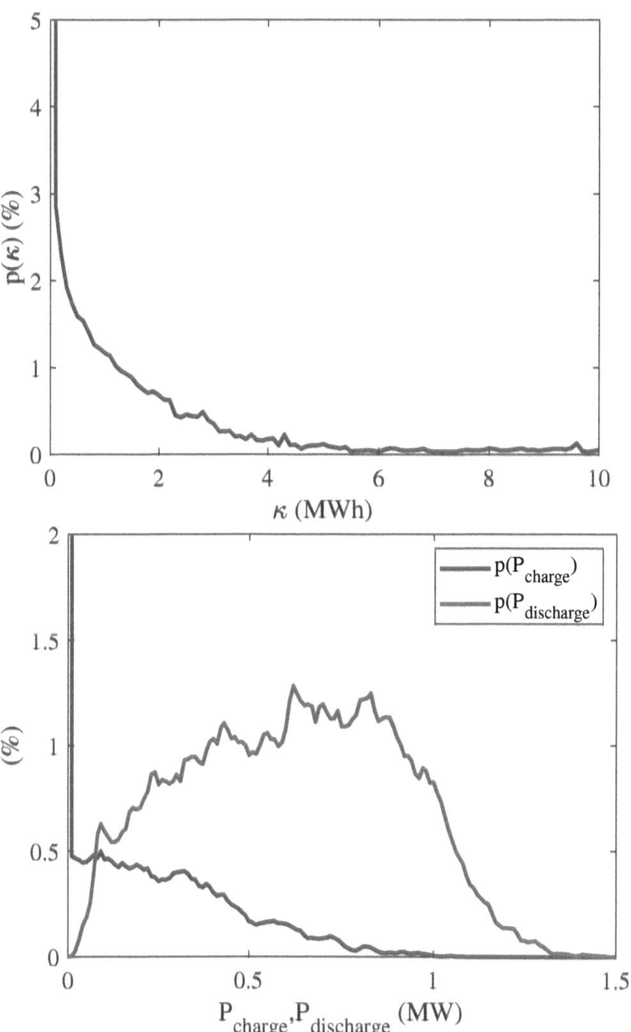

Bild 7.46 Verteilung der benötigten Speicherkapazität über das Jahr (oben) und Verteilung der Lade- und Entladeraten der Batterien über das Jahr (unten)

Für die Planung des Speichers haben wir jetzt alle wichtigen Daten, die wir brauchen. Wir wissen, welche Kapazität wir suchen und welche Leistung wir benötigen. Da die Zellchemie das Spannungsfenster bestimmt, wissen wir, dass die Leerlaufspannung zwischen $1{,}9\,V_{DC}$ und $2{,}05\,V_{DC}$ liegt.

Tabelle 7.19 zeigt die technischen Daten der beiden zur Auswahl stehenden Zellen. Für unsere Anwendung verwenden wir Module, die zu einem System zusammengeschaltet werden. Die beiden Module unterscheiden sich im Spannungsbereich, nicht aber in der bereitgestellten Leistung von 50 kW.

Tabelle 7.19 Technische Daten der Natrium-Schwefel-Zellen

Label	κ(Ah)	$I_{max,charge}$(A)	$I_{max,disch.}$(A)	$U(V_{DC})$
Typ 1	248	62	100	[1,9;2,05]
Typ 2	280	56	84	[1,9;2,05]

Übung 7.32 Auslegung der NAS-Module

Das Modul mit Zellen des Typs 1 soll eine Nennspannung von etwa $48\,V_{DC}$ haben. Das Modul mit Zellen des Typs 2 soll eine Nennspannung von etwa $24\,V_{DC}$ haben. Die nominale maximale Ladeleistung soll 50 kW betragen.

Wie müssen die Zellen des Typs 1 und des Typs 2 angeschlossen werden? Wie groß sind die Kapazität und der Spannungsbereich der Module?

Lösung: Zunächst wird die Anzahl der Zellen bestimmt, die für die beiden Module benötigt werden, die in Reihe geschaltet werden müssen.

$$y_{Typ\,1} = \frac{48\,V_{DC} \cdot 2}{1{,}9\,V_{DC} + 2{,}05\,V_{DC}} = 24{,}3 \approx 24$$

In diesem Fall können wir die Zahl abrunden, da wir die Anforderungen auch dann erfüllen, wenn wir knapp unterhalb der gewünschten Zielspannung liegen und so gleichzeitig aktives Material einsparen.

Wenn wir y kennen, können wir auch den Spannungsbereich des Moduls ermitteln:

$$U_{Typ\,1} = 24 \cdot [1{,}9;2{,}05]\,V_{DC} = [45{,}6;49{,}2]\,V_{DC}$$

Unsere Vermutung, dass wir mit 24 Zellen ebenfalls im Zielspannungsbereich liegen, ist somit bestätigt.

Für die Module des Typs 2:

$$y_{Typ\,2} = \frac{24\,V_{DC} \cdot 2}{1{,}9\,V_{DC} + 2{,}05\,V_{DC}} = 12{,}15 \approx 12$$

Das resultierende Spannungsfenster ist dann:

$$U_{Typ\,2} = 12 \cdot [1{,}9;2{,}05]\,V_{DC} = [22{,}8;24{,}6]\,V_{DC}$$

Als Nächstes bestimmen wir die Anzahl der parallelen Strings, die wir brauchen, um die gewünschte Leistung zu erzielen. Zunächst bestimmen wir die Nennleistung, die ein String erbringen kann:

$$P_{Typ\,1} = 62\,A \cdot 48\,V_{DC} = 2.976\,W$$
$$P_{Typ\,2} = 56\,A \cdot 24\,V_{DC} = 1.344\,W$$

Nun können wir die Anzahl der parallelen Stränge ermitteln. In diesem Fall runden wir auf, da wir die Nennleistung nicht unterschreiten wollen. Das Ergebnis ist dann:

$$x_{\text{Typ 1}} = \frac{50\,\text{kW}}{2.976\,\text{kW}} = 16{,}8 \approx 17$$

$$x_{\text{Typ 2}} = \frac{50\,\text{kW}}{1.344\,\text{kW}} = 37{,}2 \approx 38$$

Um die Kapazität der Module zu ermitteln, bestimmen wir die Kapazität der Zellen und multiplizieren sie mit der Anzahl der Zellen. Für die Kapazität des Moduls mit Zellen des Typs 1 gilt dann Folgendes:

$$\kappa_{\text{Typ 1}} = \frac{1{,}9 + 2{,}05}{2} V_{DC} \cdot 248\,\text{Ah} \cdot 17 \cdot 24 = 199{,}83\,\text{kWh}$$

Das Folgende gilt für das Modul mit Zellen des Typs 2:

$$\kappa_{\text{Typ 2}} = \frac{1{,}9 + 2{,}05}{2} V_{DC} \cdot 280\,\text{Ah} \cdot 38 \cdot 12 = 252{,}16\,\text{kWh}$$

■

Das Modul mit Zellen vom Typ 1 liefert mehr Leistung bei geringerer installierter Kapazität. Grob gesagt haben wir ein Verhältnis von 4 zu 1. Bei Modul 2 ist das Verhältnis 5 zu 1. Dies spiegelt sich auch in der Anzahl der Zellen wider. Das Modul mit Zellen des Typs 1 besteht aus 408 Zellen, während das Modul mit Zellen des Typs 2 aus 456 Zellen besteht. Die Anzahl der Zellen bzw. die Menge des aktiven Materials ist ein Indikator für den Preis des Moduls. Je mehr aktives Material, desto höher ist der Preis.

Um die passende Modulverschaltung für unser Kraftwerk zu ermitteln, müssen wir zwei Randbedingungen beachten. Erstens benötigen wir eine Ladeleistung von 10 MW. Zweitens müssen wir das Spannungsfenster festlegen. Bei einer Modulnennspannung von 48 V_{DC} oder 24 V_{DC} ist eine direkte Einspeisung in das Wechselstromnetz ohne DC/DC-Wandler nicht möglich. Da der Strom bei diesen niedrigen Spannungen auch sehr hoch sein müsste, sollte eine höhere Spannung gewählt werden. Wir wissen bereits, dass ein Wechselrichter normalerweise aus zwei Komponenten besteht: einem DC/DC-Wandler und dem Wechselrichter. Der DC/DC-Wandler sorgt dafür, dass die Zwischenkreisspannung hoch genug ist, damit der Wechselrichter immer ins Netz einspeisen oder Leistung aus dem Netz beziehen kann. Im Verteilungsnetz liegt diese erforderliche Spannung bei ca. 650 V_{DC}. Sie kann auch niedriger gewählt werden, aber man sollte genügend Regelreserven haben, um Spannungsschwankungen im Netz ausgleichen zu können.

Für die Auslegung der Batterie haben wir zwei Möglichkeiten: Wir können eine Spannung wählen, die einen DC/DC-Wandler erfordert, oder wir verschalten die Module so, dass wir eine Spannung haben, die eine Zwischenkreisspannung von mehr als 600 V_{DC} zulässt. Da die Natrium-Schwefel-Zelle ein relativ schmales Spannungsband hat, wollen wir diese Variante realisieren und die Kosten für den DC/DC-Wandler sparen.

Übung 7.33 Auslegung des NAS-Batteriesystems

Wie viele Module mit Zellen des Typs 1 und des Typs 2 müssen zusammengeschaltet werden, damit eine Ladeleistung von 1 MW und eine Mindestspannung von mehr als 600 V_{DC} erreicht wird?

Wie hoch ist die Gesamtkapazität dieser Batterien?

Lösung: Um die Ladeleistung zu erreichen, müssen wir in beiden Fällen Strings parallel schalten. Damit bleibt die Frage nach der Anzahl der Module. Da wir uns für eine Mindestspannung interessieren, müssen wir uns fragen, wie viele Module angeschlossen werden müssen, damit die Mindestspannung der Module über 600 V_{DC} liegt.

Für Modul 1 mit einer Mindestspannung von $U_{Typ\,1} = 45{,}6\,V_{DC}$ gilt:

$$Y_{Typ\,1} = \frac{600\,V_{DC}}{45{,}6\,V_{DC}} = 13{,}15 \approx 14$$

Wir müssen hier die Anzahl der Module aufrunden, um sicherzustellen, dass wir über der Spannungsgrenze liegen. Der Spannungsbereich der Batterie ist gleich:

$$U_{Bat\,1} = 14 \cdot [45{,}6; 49{,}2]\,V_{DC} = [638{,}4; 688{,}8]\,V_{DC}$$

Für Modul 2 mit einer Mindestspannung von 22,8 V_{DC} gilt dann:

$$Y_{Typ\,2} = \frac{600\,V_{DC}}{22{,}8\,V_{DC}} = 26{,}31 \approx 27$$

Die Batteriespannung ist dann:

$$U_{Bat\,2} = 27 \cdot [22{,}8; 24{,}6]\,V_{DC} = [615{,}6; 664{,}2]\,V_{DC}$$

Da beide Module eine Leistung von 50 kW haben, müssen wir $\frac{1.000\,kW}{50\,kW} = 20$ Module parallel schalten. Für die Kapazität der Batterie mit Zellen des Typs 1 gilt:

$$\kappa_{Bat\,1} = 20 \cdot 14 \cdot 199{,}83\,kWh = 55{,}82\,MWh$$

Und für die Batterie mit Zellen des Typs 2:

$$\kappa_{Bat\,2} = 20 \cdot 27 \cdot 252{,}16\,kWh = 136{,}17\,MWh$$

■

Wir haben nun komplette Batterieblöcke definiert, die die Anforderungen an Leistung und Spannung erfüllen. Diese unterscheiden sich deutlich in der Größe: Während die Batterie mit Zellen vom Typ 1 aus 280 Modulen besteht, besteht die Batterie mit Zellen vom Typ 2 aus 540 Modulen. Letztere ist also doppelt so groß. Wir sehen auch, dass die Forderung nach einer Batteriespannung von 600 V_{DC} uns zwingt, eine Überkapazität hinzuzufügen.

Übung 7.34 Auslegung des NAS-Batteriesystems anhand der Kapazitätsvorgaben

Wir wollen Überkapazitäten vermeiden. Wir wissen aus Übung 7.31, dass die niedrigen C-Raten uns zwingen, mit Überkapazität zu arbeiten. Wie groß wird das Spannungsfenster sein, das wir erreichen können, wenn wir nur die benötigte Kapazität akzeptieren?

Lösung: Für die Batterie des Typs 1 benötigen wir 5 MWh Kapazität. Daher ist die maximal zulässige Anzahl von Serienmodulen $N_{y,Bat\,1}$ gleich:

$$N_{y,Bat\,1} = \frac{\kappa_{Bat\,1}}{N_{x,Bat\,1} \cdot \kappa_{Bat\,1}} = \frac{5\,MWh}{20 \cdot 199{,}83\,kWh} = 1{,}25 \approx 2$$

Das resultierende Spannungsfenster ist gleich:

$$U_{Bat\,1} = 2 \cdot [45{,}6; 49{,}2]\,V_{DC} = [91{,}2; 98{,}4]\,V_{DC}$$

Wir berechnen auch die Anzahl der seriellen Module für die Batterie mit Zellen des Typs 2:

$$N_{y,\mathrm{Bat}\,2} = \frac{4{,}5\,\mathrm{MWh}}{20 \cdot 252{,}16\,\mathrm{kWh}} = 0{,}892 \approx 1$$

In diesem Fall ist die Spannung die gleiche wie bei der Batterie. Wir wissen jedoch, dass wir für die Erhöhung der DC-Leistung ein Verhältnis von über 1:4 haben sollten. Daher müssen wir die Gesamtzahl der Module erhöhen und mit einer Überkapazität leben. ■

Wir bleiben bei unserem Entwurf von Übung 7.33 und akzeptieren die Überkapazität. Es stellt sich nun die Frage, welche der beiden Batterien wir wählen sollen. Was die Anzahl der in Reihe geschalteten Zellen angeht, unterscheiden sich die Batterien nur sehr geringfügig. Die Unterschiede in der Kapazität sind relativ gering, sodass zu erwarten ist, dass die Kosten auf der Ebene des Gesamtsystems vergleichbar sind.

Betrachten wir das Gesamtsystem: Man würde es vermeiden wollen, diese riesigen Batterien mit einer Kapazität von 1,5 MW hart parallel zu schalten. Das Risiko von Ausgleichsströmen, die zwischen den Einheiten fließen, ist einfach zu hoch. Ein solcher monolithischer Batterieblock verstößt gegen **NAS-WP 6**. Wir könnten zwar einzelne Batterie-Subblöcke trennen, aber wenn die Leistungselektronik repariert werden soll, ist das je nach Art der Implementierung möglicherweise nicht mehr möglich.

Stellt man dagegen kleinere Einheiten aus Wechselrichter und Batterie zusammen, kann man einzelne Einheiten problemlos vom Netz nehmen. Es ist auch möglich, das Kraftwerk zu erweitern. Außerdem haben Studien gezeigt, dass solche modularen Speicherkraftwerke einen effizienteren Betrieb ermöglichen und somit der Wirkungsgrad des gesamten Systems optimiert werden kann [RSM20].

Allerdings braucht dann jede Batterie einen eigenen Wechselrichter, Kabel und Anschlusstechnik. Der Verkabelungs- und Wartungsaufwand ist also bei der Batterie mit Typ-1-Modulen höher als bei der Batterie mit Typ-2-Modulen.

Diese Designentscheidung wollen wir hier nicht treffen. Die Schritte dazu bestehen darin, die Investitions- und Betriebskosten mit den zu erwartenden Gewinnen zu verrechnen und die Levelised Cost of Energy für die verschiedenen Realisierungen zu berechnen. Stattdessen betrachten wir nun die beteiligten Komponenten und die Requirement Traceability Matrix dieses Systems.

In Bild 7.47 haben wir die Komponenten des Kraftwerksparks, bestehend aus Windkraftanlagen (`Windpark`), Kraftwerk (`Kraftwerk`) und Speicher (`NASSpeicher`), dargestellt. Diese drei Komponenten sind über das `Verteilnetz` miteinander verbunden. Alle drei Kraftwerke haben eine eigene `KraftwerksKontrolle`, deren Aufgabe es ist, das jeweilige Kraftwerk zu regeln und zu steuern. Damit die Kraftwerke im Netz gesteuert werden können, werden die `KraftwerksKontrolle` der Kraftwerke zu einer `VirtuelleKraftwerksKontrolle` aggregiert. Diese ist somit für die Anforderungen von **NAS-WP 3** und **NAS-WP 4** zuständig, wie man auch in Tabelle 7.20 sehen kann. `KraftwerksKontrolle` und `VirtuelleKraftwerksKontrolle` sind Realisierungen eines `EnergieManagementSystem`, jeweils mit einem anderen Schwerpunkt.

Der `NASSpeicher` stellt die Aggregation der Batterien dar. Unabhängig davon, welche der diskutierten Realisierungen gewählt wird, besteht diese Komponente aus einer Aggregati-

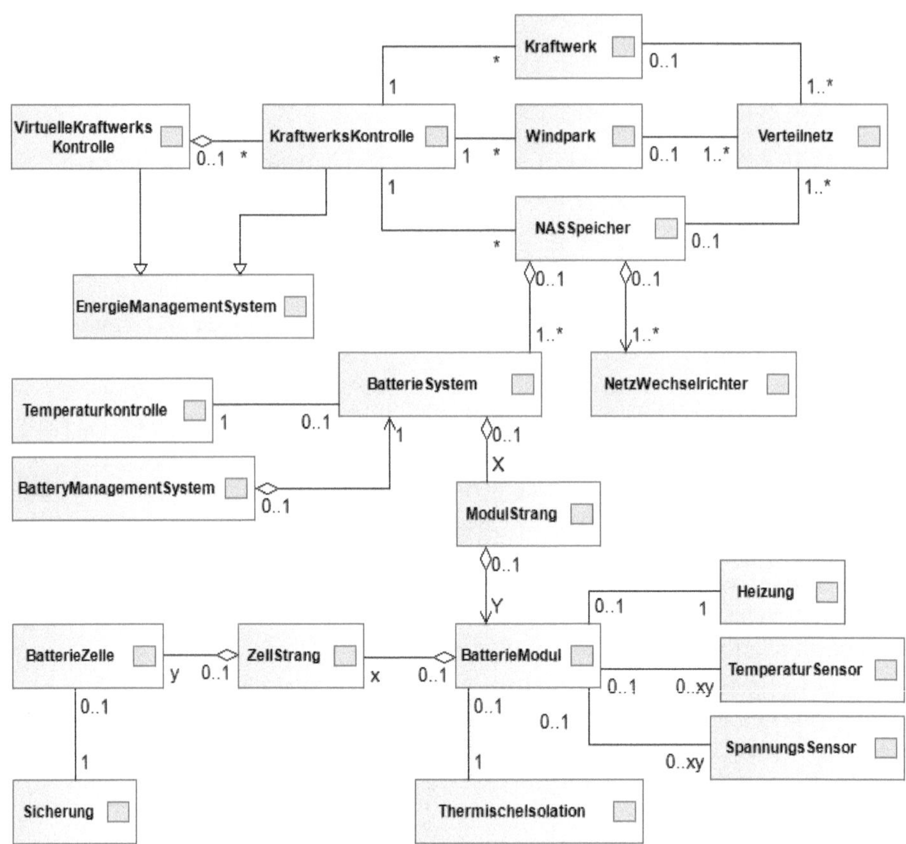

Bild 7.47 Komponenten eines Inselnetzes, das Wind und Natrium-Schwefel-Batterie nutzt, um den Verbrauch fossiler Brennstoffe im Kraftwerk zu reduzieren

on von `NetzWechselrichter` und `BatterieSystem`. Die Steuerung der Temperaturen der Module sowie die Überwachung der Ladezustände der Module obliegen der `TemperaturKontrolle` und dem `BatterieManagementSystem`. Beide sind dem `BatterieSystem` zugeordnet. Im Gegensatz zu einer Lithium-Ionen-Batterie ist für Module mit Natrium-Schwefel-Zellen kein `BatterieManagementSystem` auf Modulebene erforderlich. Die Einhaltung der Anforderung **ECS-NAS 2** kann auf Systemebene erreicht werden, wenn die Module mit einem `SpannungsSensor` und einem `TemperaturSensor` ausgestattet sind. Der `TemperaturSensor` hingegen überwacht die Einhaltung der **ECA-NAS 1**.

Der Aufbau der Module und die beteiligten Komponenten sind mit den bisherigen Komponenten vergleichbar. Im Vergleich zu einem Lithium-Ion-Batteriemodul gibt es weniger Komponenten, die für die Batteriesicherheit verantwortlich sind. Hier sind nur die `Sicherung`, die einen Kurzschluss verhindern soll und somit für **ECS-NAS 3** und **ECS-NAS 4** zuständig ist, und die `ThermischeIsolation` enthalten. Die `ThermischeIsolation` ist einerseits für **ECS-NAS 4**, aber auch für **ECS-NAS 1** zuständig. Durch eine gute thermische Isolierung wird die Aufrechterhaltung der Betriebstemperatur effizienter.

Tabelle 7.20 Requirement Traceability Matrix für das Inselsystem

	NAS-Batterie				Anwendungsanf.						
	ECS-NAS 1	ECS-NAS 2	ECS-NAS 3	ECS-NAS 4	WP 1	WP 2	WP 3	WP 4	WP 5	WP 6	WP 7
`VirtuelleKraftwerksKontrolle`							X	X			
`KraftwerksKontrolle`									X		
`Kraftwerk`									X		
`Windpark`									X		
`NASSpeicher`					X	X			X	X	X
`Verteilnetz`											
`NetzWechselrichter`										X	X
`BatterieSystem`										X	X
`BatterieManagementSystem`		X									
`TemperaturKontrolle`	X										
`TemperaturSensor`	X										X
`Heizung`	X										
`SpannungsSensor`		X									X
`Sicherung`				X							
`ThermischeIsolation`	X										
`Mechanikkonstruktion`			X	X							

Betrachten wir nun die Verantwortlichkeiten der verschiedenen Komponenten für die einzelnen Anforderungen. Im Gegensatz zu früheren Batterietechnologien, bei denen der Schwerpunkt auf der Wärmeabgabe der Batterie lag, gibt eine Hochtemperaturbatterie Wärme ab. **ECS-NAS 1** benötigt 300 °C, und die verantwortlichen Komponenten sind die `Heizung`, der `Temperatursensor`, die `ThermischeIsolation` und die `TemperaturKontrolle`. Um diese Anforderung zu erfüllen, sind vier Komponenten erforderlich. Tatsächlich haben sie unterschiedliche Aufgaben. Die Aufgabe der `ThermischeIsolation` ist es, dafür zu sorgen, dass die Wärme so lange wie möglich in den Zellen bleibt und nicht an die Umgebung abgegeben wird. Die `Heizung` liefert dem Modul die Wärme, die benötigt wird, um 300 °C zu erreichen. Die `TemperaturKontrolle` regelt den Prozess und verwendet die Informationen des `TemperaturSensor` zur Steuerung der `Heizung`. Diese Komponenten arbeiten auf der Modulebene.

Um eine Tiefentladung (**ECS-NAS 2**) zu verhindern, verwendet das `BatterieManagementSystem` den `SpannungsSensor`, um die Spannung der Zellen oder Strings zu steuern.

Die `Mechanikkonstruktion` hingegen muss sicherstellen, dass **ECS-NAS 3** und **ECS-NAS 4** eingehalten werden, wobei **ECS-NAS 4** auch eine `Sicherung` auf Zellebene unterstützt.

Betrachten wir nun die Anforderung, die sich aus der Anwendung ergibt. Während die bisherigen Anforderungen auf der Unterebene des `BatterieSystem` erfüllt wurden, werden die Anforderungen der Anwendung weitgehend durch andere, externe Komponenten erfüllt.

NAS-WP 1 und **NAS-WP 2** werden durch die Gesamtheit aller `BatterieSystem` und `NetzWechselrichter` erfüllt, die als `NASSpeicher` zusammengefasst sind. Dies folgt dem Grundgedanken, kleinere Einheiten zu einer größeren Einheit zusammenzufassen, die dann als Ganzes betrachtet werden kann.

NAS-WP 3 und **NAS-WP 4**, die Anforderungen an die Betriebssteuerung, werden durch `VirtuelleKraftwerksKontrolle` erfüllt. Diese stellt eine Aggregation der `KraftwerksKontrolle` von `Kraftwerk`, `Windpark` und `NASSpeicher` dar. Diese Teilkomponenten sind auch für die Einhaltung des **NAS-WP 5** verantwortlich, der die Verfügbarkeit des Stromnetzes sicherstellt.

Der Service Manager hatte zwei Anforderungen. In **NAS-WP 6** wird gefordert, dass einzelne Teilkomponenten der Batterie abgeschaltet werden können, um Wartungsarbeiten während des Betriebs durchzuführen. Dies ist zunächst eine Anforderung an die `NASSpeicher`, wird aber durch den `NetzWechselrichter` und das `BatterieSystem` erfüllt. Der `NetzWechselrichter` und seine Teilkomponenten stellen sicher, dass keine AC-Leistung aus dem Netz in die Abschaltbereiche geleitet wird, und das `BatterieSystem` stellt sicher, dass keine DC-Leistung unkontrolliert aus den Modulen abgegeben wird.

Der Bedarf an Sensordaten und Informationen für die vorbeugende Instandhaltung (**NAS-WP 7**) muss wiederum primär durch die Hauptkomponente `NASSpeicher` gedeckt werden. Es sind jedoch eine Reihe von Unterkomponenten beteiligt, und man könnte hier weitere hinzufügen.

7.5.4 Zusammenfassung

In diesem Abschnitt haben wir etwas über die Chemie von Natrium-Schwefel-Zellen gelernt. Im Gegensatz zur Bleisäurebatterie oder zur Lithium-Ionen-Batterie wird hier ein geschmolzenes aktives Material verwendet. Der bisher bekannte Aufbau aus Anode, Separator und Kathode wird hier durch ein geschmolzenes Anoden- und Kathodenmaterial realisiert, die durch einen Separator voneinander getrennt sind. Für diese Realisierung muss das Natrium und der Schwefel auf 300 °C erhitzt werden. Das ist ein Nachteil für verschiedene Anwendungen.

Natrium-Schwefel-Zellen sind Energiezellen. Die E-Rate, mit der sie betrieben werden können, liegt unter 1/3. Wir haben jedoch in unserem Anwendungsbeispiel gesehen, dass es Anwendungsfälle gibt, bei denen diese Einschränkung kein Problem darstellt.

Im nächsten Abschnitt werden wir eine Batterietechnologie kennenlernen, bei der flüssiges Anoden- und Kathodenmaterial bereits bei normalen Temperaturen verwendet wird. Bei Redox-Flow-Zellen wird flüssiges Aktivmaterial verwendet. Wir werden sehen, dass diese Technologie weitere Freiheitsgrade bei der Realisierung von Speichersystemen ermöglicht und diese Technologie dann auf das hier vorgestellte Beispiel anwenden.

7.6 Redox-Flow-Batterien

Der klassische Aufbau einer elektrochemischen Zelle besteht darin, dass man zwei Elektroden in einen Behälter mit einem Elektrolyten einbringt. Die beiden Elektroden bestehen aus einem aktiven Material, das für die Reaktion benötigt wird, oder sind damit beschichtet. Um einen Kurzschluss zu vermeiden, wird zwischen den beiden Elektroden ein Separator eingefügt, der für Ionen, nicht aber für Elektronen passierbar ist. Diese Struktur führt zu einem Designwiderspruch bei der Auslegung einer elektrochemischen Zelle, den wir bei der Entwicklung einer Batteriezelle lösen müssen.

Um eine Batteriezelle mit einem hohen Energiegehalt zu realisieren, müssen wir die Menge des aktiven Materials erhöhen. Die Speicherkapazität einer Lithium-Ionen-Zelle hängt von den verfügbaren mobilen Lithium-Ionen ab. Je mehr Lithium-Ionen reversibel im Kathoden- und Anodenmaterial gespeichert werden können, desto größer ist die Kapazität der Zelle.

Will man dagegen eine Batteriezelle realisieren, die eine hohe Lade- und Entladeleistung ermöglicht, muss man die Oberfläche des aktiven Materials vergrößern. Denn nachdem sich die Ladungsträger im aktiven Material getrennt haben, müssen sie über die Oberfläche des Materials in den Elektrolyten austreten, durch den Separator auf die andere Seite wandern und über die Oberfläche wieder in das aktive Material eintreten. Um eine Batteriezelle zu realisieren, die eine hohe C-Rate ermöglicht, müssen wir also die Oberfläche des aktiven Materials vergrößern. Dies kann z. B. durch eine Verringerung der Dicke des auf die Elektroden aufgetragenen aktiven Materials oder durch eine Vergrößerung der Oberfläche der Elektrode erreicht werden. Dadurch können die Ladungsträger schneller von der Oberfläche entweichen, und die durch den elektrischen Strom erzeugte Wärme wird besser abgeleitet.

Beim Entwurf einer elektrochemischen Zelle müssen wir zwischen der Menge an aktivem Material, das wir verwenden wollen, und der Größe der Oberfläche abwägen. Diese Entscheidung sowie die Einflüsse der Elektrochemie selbst sorgen dafür, dass verschiedene Zellchemien unterschiedliche C-Raten ermöglichen.

Mit der Redox-Flow-Zelle können wir dieses Problem lösen. Ähnlich wie bei der Natrium-Schwefel-Batterie verwenden wir flüssiges aktives Material. Es ist nicht mehr an die Oberfläche einer Elektrode gebunden. Dadurch können wir die Verbindung zwischen Volumen- und Oberflächenbeschränkung umgehen. Wir transportieren das aktive Material an eine Oberfläche, die groß genug für die erforderliche Leistung ist, und wir lagern das aktive Material in einem Volumen, das groß genug für die erforderliche Kapazität ist.

7.6.1 Hauptreaktionen

Die grundlegende Struktur einer Redox-Flow-Batterie ist in Bild 7.48 dargestellt. Eine Redox-Flow-Batterie besteht aus zwei Tanks und einer Reaktionszelle, in der die Reaktion abläuft. Ein System aus Rohren und Pumpen sorgt dafür, dass das aktive Material von den Tanks zur Zelle transportiert wird.

Der Aufbau der Reaktionszelle entspricht dem Aufbau einer elektrochemischen Zelle. Wir haben zwei Elektroden, eine Anode und eine Kathode, die durch einen Separator vonein-

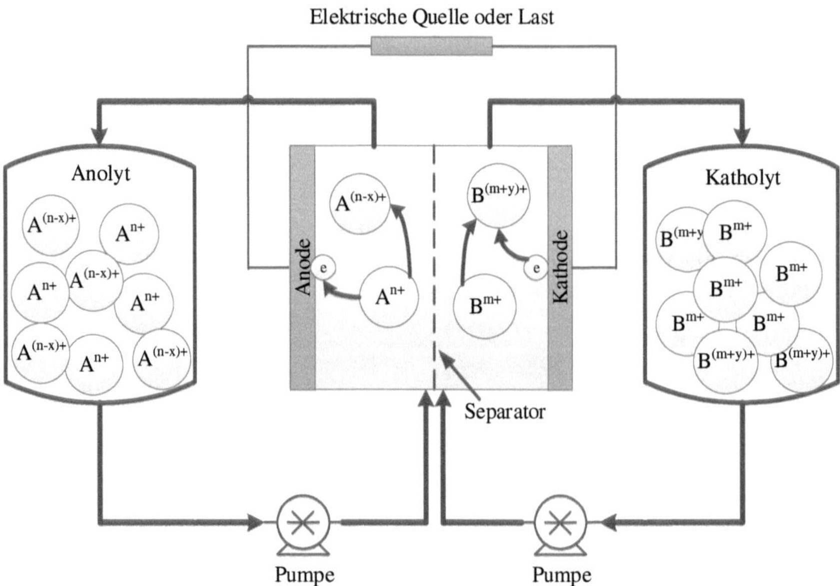

Bild 7.48 Aufbau einer Redox-Flow-Batterie: Die elektrochemische Zelle arbeitet mit flüssigem aktivem Material, dem Anolyten und dem Katholyten. Beide Materialien werden in Tanks gelagert. Pumpen transportieren das aktive Material in die Reaktionszelle, wo die Redoxreaktion stattfindet.

ander getrennt sind. Das flüssige, aktive Material, Anolyt und Katholyt genannt, wird in die aktive Zelle gepumpt, wo die Redoxreaktion stattfindet. Dabei trennt der Separator, analog zur elektrochemischen Zelle, die Elektronen voneinander, die Ionen können jedoch den Separator passieren.

Wir sehen, dass in beiden Tanks das aktive Material in zwei Formen vorliegt, A^{n+} und $A^{(n-x)+}$. Der Tank mit dem Katholyten enthält B^{m+} und $B^{(m+y)+}$. Es handelt sich also um verschiedene Ionen des gleichen Materials.

Betrachten wir den Ladevorgang. Anolyt und Katholyt werden auf beiden Seiten zwischen Anode und Kathode gepumpt. An der Anode findet nun folgende Reaktion statt:

$$A^{n+} + x\mathrm{e} \rightleftharpoons A^{(n-x)+} \tag{7.78}$$

Das A^{n+}-Ion gibt x Elektronen an die Anode ab und wird zu einem $A^{(n-x)+}$-Ion. Es ist $n > x$. Nach der Reaktion werden die $A^{(n-x)+}$-Ionen zurück in den Tank transportiert. Über den Stromkreis gelangen die Elektronen zur Kathode und reagieren dort mit dem Katholyten:

$$B^{m+} - y\mathrm{e} \rightleftharpoons B^{(m+y)+} \tag{7.79}$$

Das Reaktionsprodukt wird nach der Reaktion ebenfalls in den Tank zurücktransportiert. Sowohl Anolyt als auch Katholyt liegen in den Tanks als Gemisch aus A^{n+},$A^{(n-x)+}$ bzw. B^{m+},$B^{(m+y)+}$ vor.

Es gibt eine Reihe von Substanzen, die für eine Redox-Flow-Zelle verwendet werden können. In Tabelle 7.21 sind einige bekannte Reaktionen aufgeführt [WMM+11, SS17]. Von

Tabelle 7.21 Gesamtreaktionen verschiedener Redox-Flow-Batteriechemien

Name	Reaktion	Spannung
Vanadiumoxid	$V^{2+} + VO_2^{+} + 2H^{+} \rightleftharpoons V^{2+} + VO^{2+} + H_2O$	1,26 V
Eisen-Chrom	$Cr^{2+} + Fe^{3+} \rightleftharpoons Cr^{3+} + Fe^{2+}$	1,20 V
Polysulfid-Bromid	$S_4^{2-} + Br_2 \rightleftharpoons 2S_2^{2-} + 2Br$	1,36 V
Zink-Cerium	$Zn + 2Ce^{4+} \rightleftharpoons Zn^{2+} + 2Ce^{3+}$	2,60 V
Zink-Chlor	$Zn + Cl_2 \rightleftharpoons ZnCl_2$	2,12 V
Vanadium-Brom	$ClBr_2^{2} + Vcl_2 + 2Cl^{-} \rightleftharpoons Cl^{-} + 2Br_2^{-} + 2VCl_3$	1,10 V

diesen Substanzen ist die Vanadium-Redox-Flow-Batterie die am weitesten verbreitete. Ihr großer Vorteil besteht darin, dass sowohl im Anolyten als auch im Katholyten die gleichen Stoffe verwendet werden. Das bedeutet, dass es kein Problem mit der Kreuzkontamination des aktiven Materials über den Separator gibt [TBSK14].

7.6.2 Anforderungen und Verhalten von Redox-Flow-Batterien

Durch die Trennung des aktiven Materials von der elektrischen Reaktionszelle wird die Speicherkapazität allein durch die Größe des Tanks bestimmt. Wir können den Tank so groß machen, wie es die Anforderungen an die Speicherkapazität erfordern. Aber wir müssen uns auch mit der Frage beschäftigen, wie wir sicherstellen, dass genügend aktives Material zur Reaktionszelle transportiert wird.

ECS-RF1: ALS Entwicklung MÖCHTE ICH die Tanks und das Transportsystem auf die erforderliche Kapazität und den Leistungsbedarf auslegen, SODASS genügend aktives Material gelagert und zur Reaktionszelle transportiert werden kann, um die Leistung zu liefern.

Um die erforderliche Ladeleistung zu erreichen, müssen wir sowohl den Flüssigkeitstransport als auch die Elektrochemie berücksichtigen.

Bei beiden Reaktionen 7.78 und 7.79 findet ein Elektronenaustausch statt. Die Spannung an der Elektrode setzt sich aus drei Einflussgrößen zusammen:

$$U = U_a + R_c \cdot I + U_{con} \tag{7.80}$$

Der erste Term der Spannung in der Gleichung 7.80 ist die Aktivierungsspannung U_a. Dies ist die Mindestspannung, die vorhanden sein muss, damit eine Reaktion abläuft. Der zweite Term ergibt sich aus dem Innenwiderstand der Reaktionszelle R_c und dem Strom I. Der letzte Term U_{con} ergibt sich aus der Menge des aktiven Materials auf der Oberfläche der Elektrode. Je nachdem, ob wir laden oder entladen, steigt oder fällt die Spannung stark an. Wenn c_S die Konzentration des aktiven Materials an der Oberfläche und c_B die Konzentration fern von der Oberfläche darstellt, dann ist die Spannung U_{con} gegeben durch

$$U_{con} = \frac{RT}{nF} \ln \frac{c_S}{c_B} \tag{7.81}$$

Ist die Konzentration des benötigten Materials an der Oberfläche größer als im Inneren der Zelle, so ist U_{con} positiv; ist an der Oberfläche weniger Material vorhanden als im Inneren der Zelle, so ist U_{con} negativ. Um dieses Konzentrationspotenzial besser zu verstehen, wollen wir ein einfaches Gedankenexperiment durchführen:

In Bild 7.49 haben wir dreimal die Anodenseite einer Redox-Flow-Zelle dargestellt. In den drei Abbildungen fließt das aktive Material mit unterschiedlichen Geschwindigkeiten. Die Batterie sei vollständig entladen und soll nun aufgeladen werden. Wenn wir das aktive Material mit einer sehr langsamen Geschwindigkeit durch die Zelle pumpen wie in der ersten Abbildung, kann sich alles A^{n+} während des Transports durch die Zelle in $A^{(n-x)+}$ umwandeln. Bei einer sehr langsamen Transportgeschwindigkeit geschieht dies jedoch viel zu schnell. Die Konzentration von $A^{(n-x)+}$ ist überall in der Zelle gleich, d. h. $U_{con} \approx 0$.

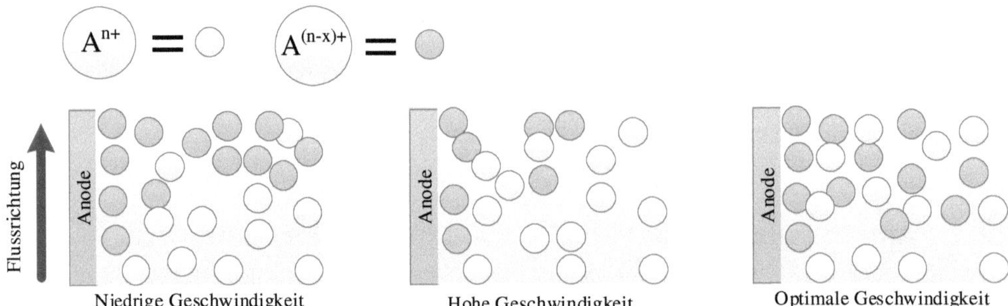

Bild 7.49 Einfluss der Strömungsgeschwindigkeit auf die Menge des aktiven Materials, das in der Reaktionszelle reagiert

Wenn aber U_{con} klein ist, dann wirken keine elektrischen Kräfte auf die Ionen. Die restlichen A^{n+} können die Elektrode nur durch Diffusion erreichen. Wir sind also in der Leistung der Aufladung begrenzt.

Nehmen wir nun den mittleren Fall, bei dem die Strömungsgeschwindigkeit viel höher ist, so sehen wir, dass nicht genügend Zeit bleibt, um genügend A^{n+} in $A^{(n-x)+}$ umzuwandeln. Die Konzentration von A^{n+} ist an der Oberfläche höher als im Inneren der Zelle, sodass die Spannung größer als Null ist: $U_{con} > 0$.

Im dritten Fall haben wir die Strömungsgeschwindigkeit optimiert. Es findet ein Austausch von Ladungsträgern über den gesamten Verlauf des Transports statt. Die Konzentration ist nun auch am Ausgang der Zelle ausgeglichen, sodass immer noch Kräfte auf das noch verfügbare aktive Material wirken.

Um sicherzustellen, dass immer genügend aktives Material in der Zelle vorhanden ist, sollte man mit einer hohen Flussrate arbeiten. Dies bedeutet jedoch, dass die Pumprate und damit die Pumpverluste hoch sind. Dadurch wird der Gesamtwirkungsgrad der Batterie verringert. Andererseits brauchen wir diese hohe Durchflussrate nur, wenn die Batterie sehr voll oder fast leer ist. Denn in diesen beiden Fällen ist die Menge des aktiven Materials unausgewogen. Bei einer Vielzahl von Anwendungen ist die Konzentration des aktiven Materials gleichmäßiger verteilt, und wir können mit einer geringeren Durchflussrate arbeiten. Daraus ergibt sich die zweite Anforderung an Redox-Flow-Zellen:

ECS-RF 2: ALS Entwicklung MÖCHTE ICH die Pumpleistung so wählen, dass das aktive Material am Sollwert die Ladungsträger in ausreichender Menge an der Elektrode austauschen kann, SODASS die Lade- und Entladeanforderungen am Sollwert erfüllt werden.

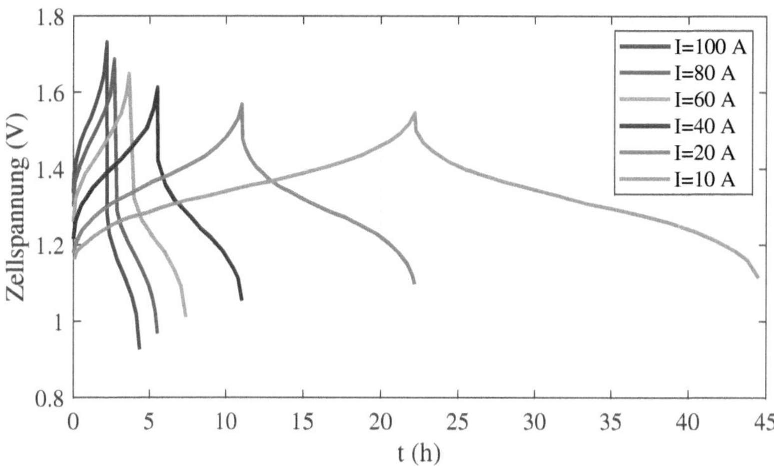

Bild 7.50 Lade- und Entladespannung in einer Redox-Flow-Zelle. Es wurde eine Vanadium-Redox-Flow-Zelle verwendet, die mit unterschiedlichen Lade- und Entladeströmen geladen wird [BR10].

In Bild 7.50 sind verschiedene Lade- und Entladevorgänge bei einer Vanadium-Redox-Flow-Zelle dargestellt. Dabei wurden jeweils die Lade- und Entladeströme variiert.

Übung 7.35 Bestimmung der gespeicherten Energie in einer Redox-Flow-Zelle

Aus früheren Untersuchungen mit elektrochemischen Speichern wissen wir, dass die Speicherkapazität zum Teil auch vom Ladestrom abhängt. Anhand der Daten aus Bild 7.50 wollen wir die gespeicherte Energie für I = 10 A und I = 100 A bestimmen. Wie hoch ist diese in Ah?

Lösung Um die Kapazität zu bestimmen, müssen wir ermitteln, wie viel Strom in welchem Zeitintervall in die Zelle fließt und aus ihr entnommen wird. Bei I = 100 A dauert der Ladevorgang etwa 2,2 h. Die Kapazität beträgt also:

$$\kappa = 2{,}2\,\text{h} \cdot 100\,\text{A} = 220\,\text{Ah}$$

Bei I = 10 A dauert der Ladevorgang etwa 22,2 h. Die Kapazität beträgt also:

$$\kappa = 22{,}2\,\text{h} \cdot 10\,\text{A} = 222\,\text{Ah}$$

■

Die Ergebnisse der Übung 7.35 zeigen, dass die Kapazität unabhängig vom Lade- und Entladestrom ist. Darin unterscheidet sich die Redox-Flow-Zelle von anderen Zellchemien. Dieses Verhalten lässt sich leicht erklären. Der begrenzende Faktor bei allen bisherigen Zellchemien war, dass das aktive Material bei hohen Strömen erst an die Oberfläche der Zelle gelangen musste. Wenn die Pumpleistung einer Redox-Flow-Zelle richtig eingestellt ist, tritt dieses Problem nicht mehr auf. Unabhängig vom gewünschten Lade- oder Entladestrom ist immer genügend aktives Material vorhanden.

Was jedoch in Bild 7.50 auffällt, ist der Verlauf des Spannungsfensters bei unterschiedlichen Ladeströmen. Wie wir bereits bei der Natrium-Schwefel-Batterie gesehen haben, ist die Zellspannung beim Laden aufgrund des Innenwiderstands höher als beim Entladen.

Das bedeutet, dass die Klemmenspannung in Abhängigkeit vom Ladestrom linear ansteigt. Verdoppelt man den Ladestrom, verdoppelt sich der Anteil des Innenwiderstands an der Klemmenspannung (die Klemmenspannung ist die Spannung, die wir direkt an den Kontakten der Batterie messen).

In der Redox-Zelle ist jedoch kein linearer Anstieg zu beobachten. Stattdessen können wir in Bild 7.50 sehen, dass die Spannungsspitzen parabolisch ansteigen. Dabei hat U_{con} noch einen verstärkenden Effekt auf die Zellspannung [WMM⁺11, PW15]. Dies ist darauf zurückzuführen, dass in einer Redox-Flow-Zelle durch den Transport des aktiven Materials beim Laden und Entladen zusätzliche Spannung erzeugt wird, weil nicht genügend oder zu viele Ladungsträger an der Elektrode vorhanden sind. Wie wir sehen können, erhöht dieser Effekt die Klemmenspannung von 1,5 V_{DC} auf 1,7 V_{DC}. Das hört sich für eine einzelne Zelle nicht nach viel an, entspricht aber einer Spannungserhöhung von etwa 13 %. Schließt man mehrere Zellen an ein Hochspannungssystem an, kann dieser Effekt zu Schäden an den Bauteilen durch Überspannung führen. Daraus ergibt sich die Forderung

ECS-RF3: `ALS Entwicklung MÖCHTE ICH die Zufuhr des aktiven Materials und den Lade- und Entladestrom so regeln, dass der Konzentrationsunterschied nicht zu einer Überspannung führt, SODASS die Bauteile nicht beschädigt werden.`

Wir haben besprochen, dass es drei physikalische Mechanismen gibt, die einen Einfluss auf die Leistung der Zelle haben: der Transportmechanismus, der dafür sorgt, dass das aktive Material mit der Elektrode in Kontakt kommt; der Transport von Ladungsträgern sowie die elektrochemische Wechselwirkung zwischen Substanzen mit unterschiedlichem Potenzial. Diese drei Effekte dominieren die Verluste der Zelle in Abhängigkeit vom Ladezustand.

Betrachtet man den Verlauf der Kurve in Bild 7.51, so kann man sie in drei Bereiche unterteilen [S⁺11]. Der erste Bereich der Kurve ist der, der durch die Aktivierungsverluste des ak-

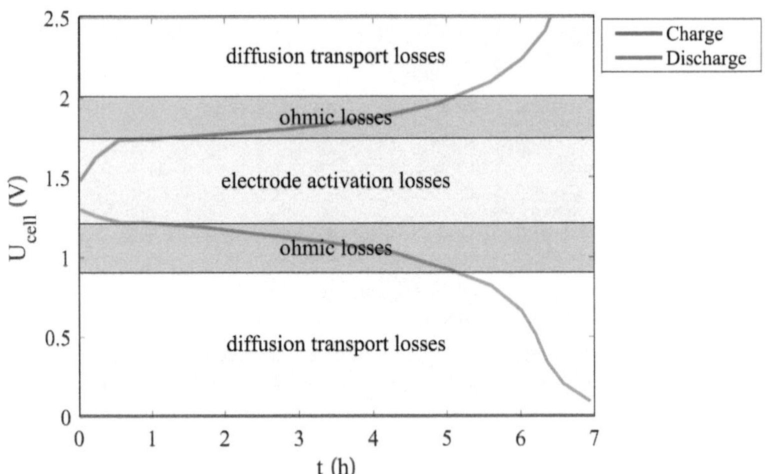

Bild 7.51 Verteilung der verschiedenen Verluste während des Lade- und Entladevorgangs. Die Verluste werden durch den dominierenden physikalischen Prozess in jeder spezifischen Phase bestimmt [BR10].

tiven Materials entsteht. Diesen Bereich kennen wir bereits von den anderen Zellchemien. Daran schließt sich der Bereich an, in dem die Verluste durch den elektrischen Widerstand der Komponenten bestimmt werden. In dieser Ladephase halten sich der Transport von Ladungsträgern und der Transport des aktiven Materials die Waage. Gegen Ende des Ladevorgangs ist immer weniger aktives Material verfügbar. Dadurch gewinnt U_{con} an Einfluss, und das wenige noch vorhandene aktive Material muss seinen Weg zur Elektrode finden. Hier dominieren die Verluste durch den Diffusionsprozess. In der Darstellung in Bild 7.51 sehen wir, dass die Spannung bei dieser Zelle weit über 2 V_{DC} ansteigt. Selbst bei einer Redox-Flow-Zelle können wir die Zelle überladen. In diesem Fall wird U_{con} weiter ansteigen, da das aktive Material vollständig verbraucht ist, was zu Schäden an der Zelle und dem aktiven Material führt.

ECS-RF4: `ALS Nutzer MÖCHTE ICH sicherstellen, dass es während des Ladevorgangs nicht zu einer Überladung der Batterie kommt, SODASS der Spannungsanstieg von` U_{con} `das aktive Material oder die Zelle nicht beschädigt.`

Während wir bei der Speicherkapazität die gewünschte Kapazität sehr leicht durch Skalierung der Tanks erreichen können, ist die Leistungsabgabe schwieriger. Sie hängt, wie wir gesehen haben, vom Transport des aktiven Materials ab. Wir können die Leistung nur in begrenztem Maße erhöhen, indem wir das aktive Material schneller durch die Zelle pumpen. Stattdessen müssen wir die Oberfläche vergrößern. Wir könnten dies tun, indem wir die Höhe der einzelnen Reaktionszelle vergrößern. Aber dann steigt die erforderliche Pumpleistung, weil die Flüssigkeit einen längeren Weg durch die Zelle hat. Alternativ dazu können wir mehrere Zellen mit der optimalen Geometrie parallel schalten. Dies ist in Bild 7.52 dargestellt. Das aktive Material wird durch mehrere parallel geschaltete Zellen gepumpt, was eine höhere Leistung ermöglicht.

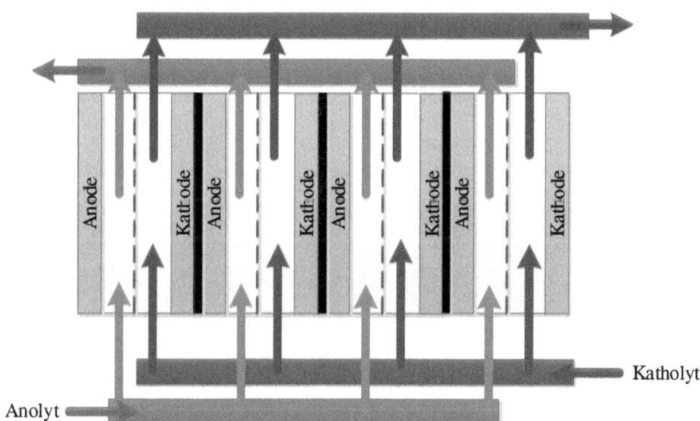

Bild 7.52 Darstellung eines Stacks von Redox-Flow-Zellen. Parallele Reaktionszellen können zur Skalierung der Ladeleistung einer Redox-Flow-Batterie verwendet werden.

Die Zellen sind hintereinander aufgereiht. Anstatt Kathode, Isolator und Anode als drei einzelne Systemkomponenten zu realisieren, verwenden wir eine bipolare Platte, d. h. eine Metallplatte, die auf beiden Oberflächen leitend, aber auf der Innenseite isolierend ist. Auf diese Weise kombinieren wir drei Komponenten mit einer Komponente.

Außerdem schalten wir die Zellen elektrisch in Serie, sodass wir eine durchschnittliche Stackspannung von 24 V_{DC} oder 48 V_{DC} erreichen. Diese Größe entspricht in ihrer Spannung der von Batteriemodulen, die dann wiederum zu Batteriesystemen zusammengeschaltet werden können.

Um den Ladezustand einer Redox-Flow-Batterie zu bestimmen, haben wir drei Möglichkeiten. Erstens können wir den Ladezustand wie bei jeder anderen Speichertechnologie durch Coulomb Counting bestimmen. Da diese Messmethode mit Fehlern behaftet ist, wäre die zweite Möglichkeit, den Ladezustand über die Klemmenspannung zu schätzen. Bei dieser Art der Messung steht man jedoch vor dem Problem, den Einfluss von U_{con} zu bestimmen. Im Gegensatz zum Innenwiderstand, den wir einmalig bestimmen müssen und der unabhängig vom Zustand der Zelle und der Tanks ist, hängt U_{con} von der Konzentration des aktiven Materials und seiner Temperatur innerhalb der Zelle ab. Beide werden durch den Ladestrom und die Leistung der Pumpe beeinflusst.

Die dritte Möglichkeit ist die direkte Messung der Konzentration von A^{n+}, $A^{(n-x)+}$ auf der Anodenseite und B^{m+} und $B^{(m+y)+}$ auf der Kathodenseite. Das Verhältnis der beiden Stoffe in den jeweiligen Tanks stellt den Ladungszustand des Systems sehr gut dar und kann jederzeit gemessen werden.

Betrachten wir nun das Alterungsverhalten von Redox-Flow-Batterien. Die Zyklusalterung, die wir bei bisherigen Zelltechnologien beobachten, hat einen vernachlässigbaren Anteil an der Alterung. Das aktive Material durchläuft eine reversible Reaktion, bei der Ladungsträger ausgetauscht werden. Eine chemische Reaktion mit möglichen Nebenreaktionen findet nicht statt. Durch die permanente Bewegung des aktiven Materials werden räumliche Anisotropien – räumliche Konzentrationsunterschiede an der Elektrode oder im aktiven Material – verhindert.

Anders verhält es sich bei der Kalenderalterung. Auch hier wird das aktive Material kaum beeinflusst. Allerdings sind die Stoffe im Anolyt und Katholyt gelöst und können sich mit der Zeit wieder auslagern. Da eine Redox-Flow-Batterie auch bewegliche Teile enthält, sind diese dem Verschleiß unterworfen. Pumpen und Ventile zum Beispiel müssen regelmäßig gewartet und ausgetauscht werden. Es können Lecks auftreten, die zu einem Verlust an aktivem Material führen. All dies begrenzt die Lebensdauer des Systems und erhöht die Wartungskosten.

Im Gegensatz zu früheren Technologien können wir jedoch das aktive Material jederzeit austauschen, und das gilt auch für die mechanisch beanspruchten Teile. Das heißt, es besteht immer die Möglichkeit, die Lebensdauer der Redox-Flow-Batterie langfristig zu verlängern. Diese Möglichkeit haben wir bei den anderen Technologien nicht. Da das aktive Material fest in die Batterie eingebettet ist, bedeutet ein Austausch immer auch einen Austausch der Batterie.

Lassen Sie uns die Systemkomponenten einer Redox-Flow-Batterie zusammenfassen. In Bild 7.53 sind die Systemkomponenten dargestellt. Eine `RedoxFlowBatterie` hat mindestens zwei `Tanks`, in denen der `Elektrolyt`, entweder der `Anolyt` oder der `Katholyt`, gelagert wird. Da diese Chemikalien nicht in die Umwelt gelangen sollen, sind die Tanks mit einem `Sicherheitsbecken` ausgestattet. Im Falle eines Lecks wird die ausgelaufene Flüssigkeit dort aufgefangen, bevor sie in die Umwelt gelangen kann.

Bei den bisherigen Batteriezellen hatten wir ein Konstruktionsprinzip, das sich immer wiederholte. y-Zellen wurden in Reihe geschaltet, um einen Strang zu bilden. x Strings wurden

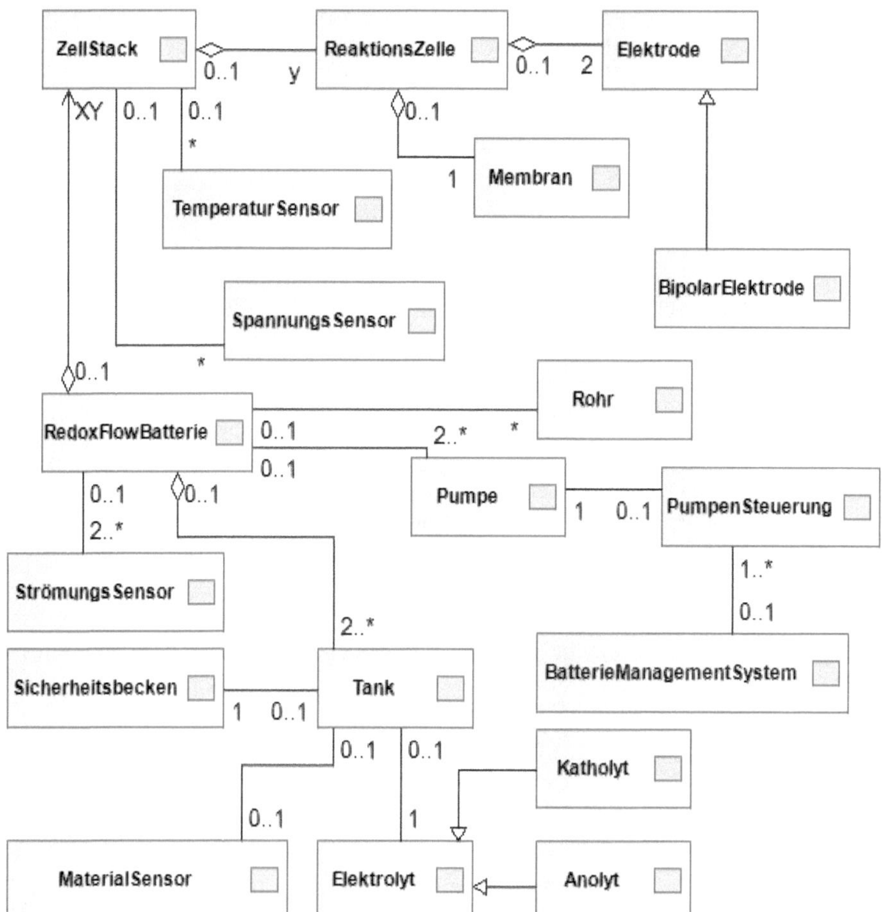

Bild 7.53 Überblick über die Systemkomponenten einer Redox-Flow-Batterie

parallel geschaltet, um ein Modul zu bilden. Auf diese Weise konnten die Spannung und der maximale Strom einer Zelle eingestellt werden. Hier ist das Schaltungsprinzip ein wenig anders. Wir haben bereits gesehen, dass innerhalb eines Stapels die *y* `ReaktionsZelle` in Reihe geschaltet werden, das aktive Material fließt dann parallel durch die Zellen. Innerhalb eines Stapels wird die Leistung jedoch durch die Größe der `ReaktionsZelle`-Fläche bestimmt. In einem `ZellStack` findet also keine zusätzliche Parallelschaltung der Zellen statt. Bei der `RedoxFlowBattery` werden die `ZellStack` dann parallel und in Reihe geschaltet, je nachdem welche Strom- und Spannungswerte erreicht werden sollen.

Das `BatterieManagementSystem` überwacht auch in diesem System die Funktionen der gesamten Batterie. Die Spannungsüberwachung erfolgt für jeden Zellstapel, bei dem das `BatterieManagementSystem` die Spannung der Zelle mithilfe eines `SpannungsSensors` misst. Ein `TemperaturSensor` misst die Zelltemperatur. Zur Bestimmung des Ladezustands wird ein `MaterialSensor` in die Tanks eingesetzt, der die Konzentration des Anolyts und des Katholyts misst.

7.6.3 Anwendungsbeispiel – Integration einer Redox-Flow-Batterie in einen Windpark in einem Inselnetz

Wir wollen nun das in Abschnitt 7.5.3 vorgestellte Anwendungsbeispiel mit einer Redox-Flow-Batterie umsetzen. Die Betriebsführung und die Gleichungen ändern sich nicht.

Bei einer Redox-Flow-Batterie können wir Leistung und Kapazität separat konfigurieren. Daher bestimmen wir zunächst die Größe der Tanks, die wir für ein Redox-Flow-System mit Vanadium als aktivem Material benötigen. Die Energiedichte von Redox-Flow-Zellen liegt je nach Technologie zwischen 25 und 75 Wh/l. Im Vergleich zu fossilen Brennstoffen mit ca. 10 kWh/l oder anderen elektrochemischen Speichertechnologien, z. B. Lithium-Ionen-Batterien mit ca. 1 kWh/l, ist dies eine geringere Energiedichte. Dies wird im Volumenbedarf deutlich.

Übung 7.36 Bestimmung der Größe der Tanks

Für unser Inselsystem benötigen wir eine Speicherkapazität von 5 MWh. Wie groß ist das Volumen des aktiven Anolyten und Katholyten, wenn die Energiedichte 50 Wh/l beträgt? Wie hoch müsste ein Tank sein, wenn er einen Durchmesser von 4 m hätte?

Lösung: Das Volumen ist gegeben durch:

$$V = \frac{5\,\text{MWh}}{50\,\text{Wh/l}} = \frac{5.000\,\text{kWh}}{50\,\text{kWh/m}^3} = 100\,\text{m}^3$$

Da Anolyt und Katholyt in gleichen Mengen verwendet werden und in einer Vanadium-Redox-Flow-Zelle Anolyt und Katholyt aus demselben Material bestehen, benötigen wir insgesamt 200 m³ Volumen.

Die erforderliche Höhe des Tanks wird wie folgt berechnet:

$$\begin{aligned} 2\pi r^2 h &= 100\,\text{m}^3 \\ h &= \frac{100\,\text{m}^3}{2\pi r^2} \\ &= \frac{100\,\text{m}^3}{2\pi 2^2\,\text{m}^2} \\ &= 3{,}97\,\text{m} \end{aligned}$$

■

Wir sehen, dass aufgrund der geringen Energiedichte eines Redox-Flow-Systems möglicherweise große Tanksysteme und Transportsysteme benötigt werden. Dennoch wollen wir das Design weiter verfolgen und den Zellstack auslegen. In unserem Beispiel gehen wir davon aus, dass der Zellstack eine Spannung von 48 V erzeugen soll. Die Zellen sind so gebaut, dass sie einen maximalen Strom von 100 A führen können.

Übung 7.37 Auslegung der Verschaltung der Zellstacks

Wie wir aus Bild 7.50 wissen, beträgt die durchschnittliche Spannung einer Redox-Flow-Zelle 1,5 V_{DC}. Wie viele Reaktionszellen müssen zusammengeschaltet werden, um eine Nennspannung von 48 V_{DC} zu erhalten? Welche Leistung könnte diese Zelle bei einem maximalen Strom von 100 A erreichen? Wie hoch wäre die maximale und minimale Spannung, wenn die Betriebsführung darauf achtet, immer nur im Bereich der ohmschen Verluste zu bleiben?

Für unsere Anwendung ist eine Leistung von 150 MW erforderlich. Wie viele Stacks werden benötigt?

Lösung: Die Anzahl der Zellen ist gegeben durch:

$$N = \frac{48\,V_{DC}}{1{,}5\,V_{DC}} = 32$$

Nach Bild 7.51 treten die Diffusionstransportverluste bei etwa $2\,V_{DC}$ auf. Daher ist die maximale Spannung des Stapels:

$$U_{max} = 32 \cdot 2\,V_{DC} = 64\,V_{DC}$$

Beim Entladen beträgt die Spannung $1\,V_{DC}$. Die Mindestspannung beträgt also:

$$U_{min} = 32 \cdot 1\,V_{DC} = 32\,V_{DC}$$

Die Nennleistung, die wir mit dem Stack bei einer Spannung von $1{,}5\,V_{DC}$ erreichen können, ist gegeben durch:

$$P = 48\,V_{DC} \cdot 100\,A = 4{,}8\,kW$$

Die Anzahl der benötigten Stacks ist daher

$$N_{stacks} = \frac{150\,kW}{4{,}8\,kW} = 31{,}25 \approx 32$$

■

Die Leistung der Stacks ist mit 4,8 kW im Vergleich zu anderen Technologien recht hoch. So würden bereits 32 Stacks vollkommen ausreichen, um die erforderliche Leistung zu erbringen. Der Grund dafür ist, dass das flüssige aktive Material nach der Reaktion entfernt und neues Material hinzugefügt wird. Um die geforderte Leistung zu erbringen, brauchen wir nur eine ausreichende Elektrodenoberfläche und genügend aktives Material.

Um das Kraftwerk zu bauen, können wir im Grunde die gleichen Überlegungen anstellen wie bei der Hochtemperaturbatterie. Neu ist hier, dass wir auf den Transport des aktiven Materials achten müssen. Da das Rohr- und Pumpensystem gewartet werden muss, ist es sinnvoller, die Speicher in kleinere, separate Gruppen aufzuteilen.

7.6.4 Zusammenfassung

Redox-Flow-Batterien erweitern die Idee der Hochtemperaturbatterie, die anstelle eines festen aktiven Materials ein flüssiges Material verwenden. Allerdings wird hier das aktive Material von der Reaktionszelle getrennt und bei Bedarf zur Reaktionszelle gepumpt. Es ist also nicht mehr ein fester Bestandteil der Elektrode oder des Elektrolyten. Dies hat den Vorteil, dass Kapazität und Leistung bei der Konzeption eines Speichersystems getrennt betrachtet werden können. Die geringere Energiedichte der Materialien, die in einem Redox-Flow-System verwendet werden können, ist jedoch ein Nachteil und schränkt die Anwendungsmöglichkeiten ein.

Bei der Auslegung und dem Betrieb einer Redox-Flow-Batterie ist zu beachten, dass der Transport des aktiven Materials einen Einfluss auf die Lade- und Entladeleistung und die Spannung der Reaktionszelle hat. Wir hatten bereits bei der Bleibatterie gesehen, dass ein hoher Ladestrom dazu führen kann, dass aktives Material nicht schnell genug an der Elektrode verfügbar ist. Bei einer Redox-Flow-Batterie ist dieser Effekt stärker ausgeprägt und kann zu Schäden an der Elektronik führen.

7.7 Zusammenfassung

In diesem Kapitel haben wir verschiedene Arten von elektrochemischen Speichertechnologien kennengelernt: die Bleisäurebatterie, die Lithium-Ionen-Batterie, die Natrium-Schwefel-Batterie und die Redox-Flow-Batterie. Obwohl sich die einzelnen Technologien in ihren Eigenschaften unterscheiden, sind der grundlegende Mechanismus und eine Reihe von Anforderungen identisch. Es findet eine Reaktion statt, die die Anzahl der Elektronen in einer Substanz verringert, und eine zweite Reaktion, die diese Elektronen gleichzeitig zurückgewinnt. Wenn diese Reaktionen reversibel sind, haben wir eine Sekundärbatterie, die wir laden und entladen können.

Im nächsten Kapitel wenden wir uns der letzten großen Gruppe von Speichertechnologien zu: den chemischen Speichern. Während bei den elektrochemischen Speichern im Grunde nur Elektronen ausgetauscht werden, wird bei den chemischen Speichern Energie durch die Umwandlung von Stoffen gespeichert.

8 Chemische Speichersysteme

8.1 Einleitung

In diesem Kapitel werden wir uns mit Technologien befassen, die chemische Umwandlungen zur Energiespeicherung nutzen. Diese Art der Energiespeicherung ist uns sehr vertraut. Pflanzen nutzen das Sonnenlicht, um Kohlendioxid und Wasser in Sauerstoff und Zucker umzuwandeln und diese in Form von Biomasse zu speichern. Die Pflanzen nutzen dies, um zu wachsen. Wir ernten die Pflanzen, lagern sie und nutzen die gespeicherte Energie zu einem späteren Zeitpunkt. Auch der menschliche Körper ist ein chemischer Speicher. Wir frühstücken morgens, um Energie für den Weg zur Schule oder zur Arbeit zu haben. Dort angekommen, entladen wir unseren Körper, indem wir arbeiten oder lernen. Wir werden hungrig, wenn unsere Speicher leer zu werden drohen.

Bei elektrischen Speichersystemen haben wir Energie gespeichert, indem wir die Verteilung der Ladungsträger verändert oder Ladungsträger dauerhaft in Bewegung gesetzt haben. Bei elektrochemischen Speichern wurden die Ladungsträger im aktiven Material ausgetauscht. Die chemischen Reaktionen, die die Haupt- und Nebenreaktionen begleiteten, dienten in der Regel dazu, den Austausch von Ladungsträgern zu ermöglichen. Bei chemischen Speichertechnologien nutzen wir chemische Reaktionen, um die zugeführte Energie speichern zu können. Dabei finden chemische Umwandlungsprozesse statt. Diese sind in der Regel nicht reversibel, d. h. der Prozess, mit dem wir Energie speichern, ist nicht der Prozess, mit dem wir Energie gewinnen. Nehmen wir als Beispiel fossile Brennstoffe. In einem komplizierten Prozess wurde aus Biomasse über einen sehr langen Zeitraum hinweg Öl und Kohle. Diese Energie wird durch Verbrennung zurückgewonnen. Die Wärme wird genutzt, um Bewegungsenergie zu erzeugen, und die Bewegungsenergie wird genutzt, um elektrische Energie zu erzeugen. Am Beispiel der fossilen Brennstoffe sehen wir auch, dass die chemische Speicherung es uns ermöglicht, Speicherung und Verbrauch auf einer viel größeren Raum- und Zeitskala zu trennen.

Bei der chemischen Speicherung werden die drei Elemente Wasserstoff H_2, Sauerstoff O_2 und Kohlenstoff C verwendet. Die verschiedenen Technologien, die bei der chemischen Speicherung zum Einsatz kommen, lassen sich in einem CHO-Dreiecksdiagramm [DT09, CT64, SS17] darstellen und miteinander in Beziehung setzen. Die drei Seiten des Diagramms stellen die Konzentration der Stoffe C, H und O dar. Die reinen Substanzen befinden sich an den Spitzen des Dreiecks in Bild 8.1. Die Linien zeigen den relativen molaren Anteil der Stoffe an. Nehmen wir zum Beispiel Wasser H_2O. Wasser besteht zu einem

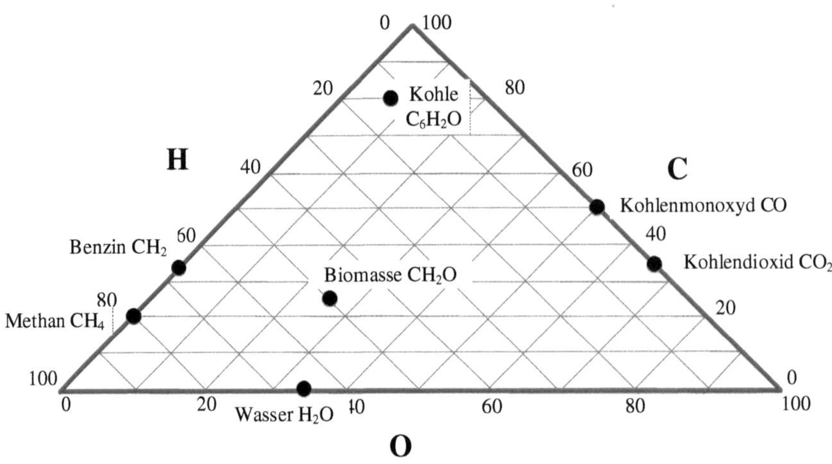

Bild 8.1 Die verschiedenen Technologien, die bei der chemischen Speicherung zum Einsatz kommen, können in einem CHO-Dreiecksdiagramm dargestellt werden.

Drittel aus Sauerstoff O und zu zwei Dritteln aus Wasserstoff H_2. Kohlenstoff ist überhaupt nicht vorhanden. Daher tragen wir Wasser auf der Basisseite des Dreiecks ein, da diese Linie alle Stoffe beschreibt, die keinen Kohlenstoff enthalten. Die Basisseite beschreibt den Sauerstoffgehalt, der bei Wasser 1/3 beträgt. Wir lesen den Wasserstoffgehalt ab, indem wir diagonal zur Wasserstoffachse gehen und ablesen, wie viel Prozent wir dort haben. Wir sollten bei 2/3 sein, also 66 %, was auch der Fall ist.

Betrachten wir nun Methan CH_4. Da Methan keinen Sauerstoff enthält, befindet sich Methan auf der linken Seite des Dreiecks. Methan besteht zu 80 % aus Wasserstoff und zu 20 % aus Kohlenstoff. Wir können den Wasserstoffgehalt direkt an der linken Seite des Dreiecks ablesen. Den Kohlenstoffgehalt erhalten wir, indem wir entlang einer Linie parallel zur Basisseite zur Kohlenstoffachse, der rechten Seite des Dreiecks, wandern, wo wir wie erwartet 20 % erhalten.

In diesem Diagramm haben wir die wichtigsten Stoffe für die chemische Speicherung eingezeichnet: Methan CH_4CH_2, Kohle C_6H_2O, Biomasse CH_2O, Wasser H_2O, Kohlenmonoxid CO und Kohlendioxid CO_2. Wir können nun die wichtigsten chemischen Speichertechniken als Schritte innerhalb des Diagramms beschreiben.

Bei der Beschreibung der verschiedenen Prozesse zur chemischen Speicherung wollen wir mit der Wasserstofftechnologie beginnen. Hier wird Wasser H_2O in Sauerstoff O und Wasserstoff H_2 gespalten. Dies entspricht einem Wechsel von dem Punkt, der dem Wasser entspricht, zum rechten Eckpunkt des Dreiecks.

Betrachten wir nun die Nutzung fossiler Brennstoffe. Am Anfang steht die Biomasse CH_2O. Diese wird durch Photosynthese aus $CO_2 + H_2O$ erzeugt. Die Biomasse wird durch einen Verkohlungsprozess zu Kohle C_6H_2O. Wenn wir die Kohle verbrennen, entsteht wieder $CO_2 + H_2O$. Wir haben hier tatsächlich einen Kreislaufprozess. Da der Prozess der Umwandlung von Biomasse in Kohle jedoch sehr lange dauert, verwenden wir Energie, die seit Millionen von Jahren gespeichert ist.

Der Prozess der Herstellung von Biokraftstoffen oder fossilem Öl ist ähnlich. In diesem Fall wird aus $CO_2 + H_2O$ Biomasse, die dann durch einen Verölungsprozess zu CH_2 wird. Bei der Verbrennung wird dann wieder $CO_2 + H_2O$ freigesetzt.

Ein weiteres Verfahren ist die Methanisierung. Hier wird aus $CO_2 + H_2O$ Methan hergestellt, das dann durch Verbrennung genutzt wird. Methan wird in Biogasanlagen oder in Methanisierungsanlagen erzeugt, die mit Sonnen- oder Windenergie betrieben werden. Auch dieser Prozess ist ein Kreislaufprozess, da Methan nach seiner Verbrennung wieder in CO_2 und H_2O zerfällt.

Wir haben hier sehr komplizierte Prozesse und Stoffzusammensetzungen stark vereinfacht. Biomasse besteht aus vielen verschiedenen Stoffen (z. B. Stärke $(C_6H_{10}O_5)_n$ oder Glykose $C_6H_{12}O_6$). Kraftstoffe enthalten unterschiedliche Kohlenwasserstoffketten. Benzin besteht z. B. aus leicht entzündlichen Kohlenwasserstoffen (Pentan C_5H_{12}, Hexan C_6H_{14} und Heptan C_7H_{16}), Biokraftstoff aus Bioethanol C_2H_6O. Mithilfe des CHO-Dreiecksdiagramms konnten wir uns einen Überblick über die verschiedenen chemischen Speichertechnologien verschaffen. Im nächsten Abschnitt werden wir uns mit den allgemeinen Anforderungen an chemische Speicher befassen. Anschließend werden wir uns zwei wichtige Speichertechnologien genauer ansehen. Dies sind zunächst die Wasserstofftechnologie und die Methanisierung. Wir werden auch die Brennstoffzelle kennenlernen. Das ist eine Technologie, mit der man direkt aus Wasserstoff Strom erzeugen kann.

8.2 Allgemeine Funktion und Anforderungen

Im Gegensatz zur elektrochemischen Speicherung findet bei der chemischen Speicherung keine Trennung der Ladungsträger statt. Es fließt kein elektrischer Strom. Die Grundidee eines chemischen Speichers besteht darin, mechanische oder elektrische Leistung zu nutzen, um einen chemischen Prozess anzutreiben. Bei diesem Prozess findet eine Reaktion statt, deren Produkte stabil genug sind, um später verwendet zu werden. Zum Beispiel können wir elektrische Leistung nutzen, um Wasser in seine Bestandteile Wasserstoff H_2 und Sauerstoff O zu spalten. Wir können die in diesem Prozess gespeicherte Energie nutzen, indem wir den Wasserstoff mit Sauerstoff verbrennen, wodurch später wieder Wasser H_2O entsteht.

Ähnlich wie in Kapitel 7 beschrieben, können wir die Grundgleichung der chemischen Speicherung wie folgt beschreiben:

$$\mathrm{aA + bB \rightleftharpoons cC + dD} \tag{8.1}$$

a Teile der Substanz A und *b* Teile der Substanz B werden in *c* Teile der Substanz C und *d* Teile der Substanz D umgewandelt. Bei dieser Reaktion beobachten wir zwei Effekte. Die Stoffe verbinden sich miteinander. Dieser Vorgang verbraucht Energie, die durch die Reaktionsenthalpie ΔH_R beschrieben wird. ΔH_R stellt also die Energie dar, die in der Substanz im Speicherprozess von aA + bB zu cC + dD gespeichert ist.

Wir stellen jedoch auch fest, dass bei der Reaktion 8.1 entweder Wärme benötigt wird, damit die Reaktion überhaupt stattfinden kann oder Wärme freigesetzt wird. Dies ist die Reaktionswärme $T\Delta S$. Dabei ist T die Reaktionstemperatur und ΔS die Änderung der Entropie des Systems aus Aa, bB, cC und dD. Wenn die Reaktionswärme gleich Null ist, steht die gesamte gespeicherte Energie zur Wiederverwendung zur Verfügung. Damit eine Reaktion für die Speicherung geeignet ist, sollte der Wärmeeintrag $T\Delta S$ für die Reaktion so gering wie möglich sein.

$$\Delta G_R = \Delta H_R - T\Delta S \tag{8.2}$$

Der Term $T\Delta S$ ist für die Effizienz des Speichervorgangs verantwortlich. Der Term ΔH_R steht für die Energiemenge, die gespeichert wird. Wenn $\Delta G_R = \Delta H_R$, hätten wir eine ideale Reaktion.

Nicht jede Kombination von Stoffen ist geeignet. Eine Voraussetzung ist, dass wir den Speichervorgang und die Energieentnahme kontrollieren können (**CS** = „Chemical storage").

CS 1: ALS Nutzer MÖCHTE ICH für den chemischen Speicherprozess eine industriell steuerbare Reaktion, SODASS ich den Speicher im industriellen Maßstab sicher laden und entladen kann.

Die Anforderung **CS 1** bedeutet, dass wir keine Reaktionen verwenden wollen, die nur im Labormaßstab Energie speichert. Unser Ziel ist es, Energie in großem, industriellem Maßstab speichern zu können. Chemische Speicher werden zur Speicherung von Energie im Megawattstunden-Maßstab eingesetzt. Das liegt daran, dass chemische Speicher in ihrem Aufbau komplex sind. Es ist wichtig, dass die Reaktion reproduzierbar, kostengünstig und kontrolliert durchgeführt werden kann.

Die Anwendung der chemischen Speicherung sieht so aus, dass elektrische Energie und gegebenenfalls thermische Energie genutzt werden, um eine chemische Reaktion in Gang zu setzen. Das Reaktionsprodukt wird dann physikalisch gespeichert. Da die Reaktionsprodukte in der Regel gasförmig oder flüssig bzw. verflüssigt sind, können die Stoffe in Tanks gelagert und transportiert oder in ein Rohrsystem gepumpt werden, wo sie dann zu verschiedenen Lagerorten oder direkt zum Verbraucher transportiert werden.

Die Entladung erfolgt durch physikalische Entnahme des Reaktionsprodukts, zum Beispiel durch Betankung (eines Fahrzeugs) oder durch Entnahme aus einem Transportsystem, z. B. einer Erdgasleitung. Daraus ergibt sich die Anforderung, dass das Reaktionsprodukt nicht kurzlebig sein darf, d. h. sich nach einer bestimmten Zeit einfach zersetzt und auflöst. Es sollte möglich sein, das Reaktionsprodukt in einen Behälter abzufüllen und später wieder zu entnehmen. Zusammengefasst muss Folgendes gelten:

CS 2: ALS Nutzer MÖCHTE ICH ein chemisch stabiles Reaktionsprodukt haben, SODASS ich es über einen langen Zeitraum lagern kann.

Es reicht nicht aus, dass **CS 1** und **CS 2** erfüllt sind. Es gibt eine Reihe von chemischen Prozessen, die industriell durchführbar sind und deren Endprodukte ebenfalls gelagert werden können. Was hier als Reaktionsprodukt entsteht, sollte auch nutzbar sein, d. h. man sollte mithilfe des Reaktionsproduktes Energie erzeugen können.

CS 3: ALS Nutzer MÖCHTE ICH ein Reaktionsprodukt verwenden, aus dem ich gespeicherte Energie gewinnen kann, SODASS ich nicht nur Energie speichern kann.

Wie wir in Bild 8.2 gesehen haben, erfüllt im Grunde alles, was kontrolliert verbrannt werden kann, **CS 3**. Die in Biomasse, Benzin, Kohle und Wasserstoff gespeicherte Energie wird

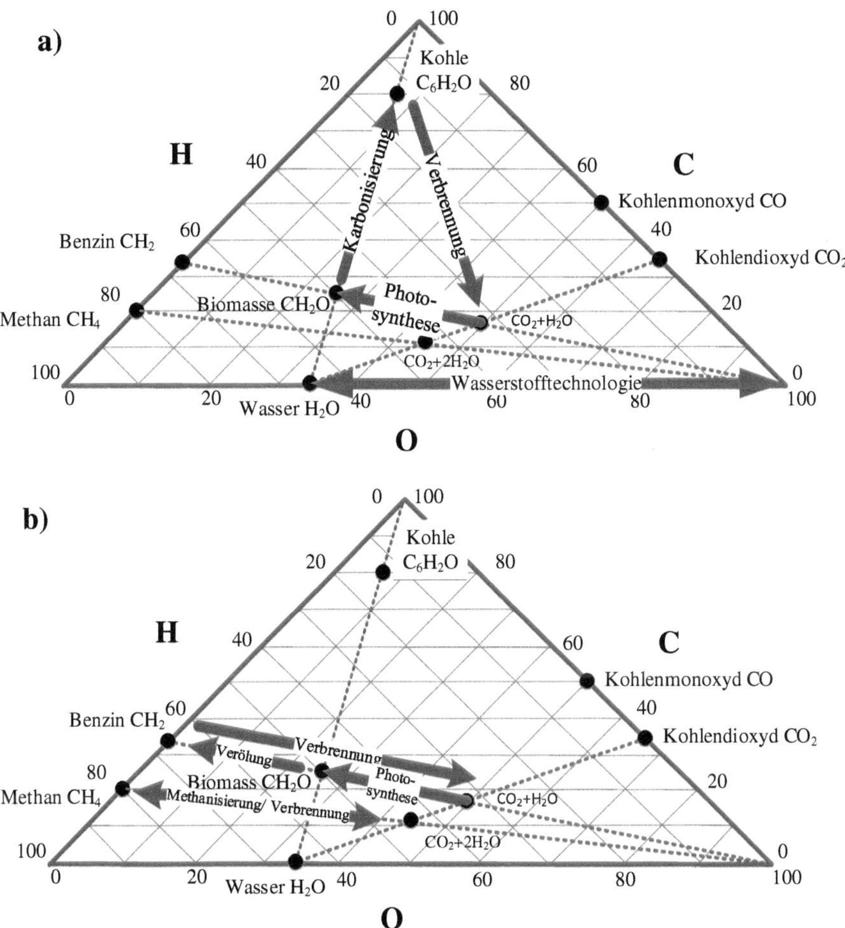

Bild 8.2 Die wichtigsten chemischen Speichertechnologien können als Schritte innerhalb des CHO-Dreiecksdiagramms dargestellt werden: a) Wasserstofftechnologie und Karbonisierung, b) Fossiles Öl oder Bioöl und Methanisierung.

normalerweise durch Verbrennung zurückgewonnen. Die zurückgewonnene thermische Energie wird dann in kinetische Energie und anschließend in elektrische Energie umgewandelt. Der Wirkungsgrad dieses Prozesses ist nicht hoch. Von den 10 kWh an Energie, die in einem Liter Kraftstoff gespeichert sind, werden in einem Verbrennungsmotor gerade einmal 3–4 Wh genutzt. Der Vorteil chemischer Speicher liegt jedoch darin, dass sie hohe Energiedichte aufweisen. So enthält ein Liter Lithium-Ionen-Batterie etwa eine halbe Kilowattstunde und eine Redox-Flow-Batterie nur 25–75 Wh. Ein weiterer Vorteil ist, dass die Produkte des chemischen Speicherprozesses leicht transportiert werden können. Es dauert drei bis vier Minuten, um ein Auto mit einem 50-Liter-Tank aufzutanken.

Wir können den Wirkungsgrad etwas erhöhen, indem wir auch die Wärmeenergie nutzen, die bei der Verbrennung freigesetzt wird. Das geschieht in Kraft-Wärme-Kopplungsanlagen. Hier wird einerseits die kinetische Energie in elektrische Energie umgewandelt und die Wärme zusätzlich in einen Wärmekreislauf eingespeist. Und es gibt auch Anwendungen, bei denen die Verbrennungsgase direkt in ein Gewächshaus geleitet werden, wo sie die Bildung neuer Biomasse unterstützen.

Eine weitere Alternative ist die Brennstoffzelle, die wir im Abschnitt Brennstoffzellentechnologie kennenlernen werden. Hier erfolgt die Rückgewinnung der gespeicherten Energie über einen anderen Oxidationsprozess.

8.3 Wasserstoff als Speichertechnologie

Wir beginnen unsere Überlegungen zur chemischen Speicherung mit der Wasserstofftechnologie. Die Grundgleichung lautet:

$$2H_2O \rightleftharpoons 2H_2 + O_2 \tag{8.3}$$

Wir speichern Energie, indem wir Wasser in seine Bestandteile Wasserstoff und Sauerstoff aufspalten. Die umgekehrte Reaktion, die durch Verbrennung stattfindet, setzt Energie frei und entspricht dem Endladungsprozess. Diese Reaktion haben wir bereits in Bild 8.2 kennengelernt. Bei der Bleibatterie in Abschnitt 7.3 trat die Reaktion 8.3 als Nebenreaktion auf. Sobald die Batterie vollständig geladen war, konnte das Wasser im Elektrolyten durch einen Dauerladestrom gespalten werden.

Für die Anwendung hat der Entladevorgang über die Verbrennung von Wasserstoff einen großen Vorteil. Da die Atmosphäre zu 21 % aus Sauerstoff besteht, müssen wir nur den Wasserstoff transportiert. Den Sauerstoff können wir aus der Atmosphäre nehmen. Um jedoch mehr Wasserstoff transportieren zu können, wird er in komprimierter oder in flüssiger Form transportieren.

Betrachtet man den Energiegehalt von flüssigem Wasserstoff im Verhältnis zu seinem Gewicht, so stellt man fest, dass er eine Energiedichte von $33{,}3\,\frac{\text{kWh}}{\text{kg}}$ hat, was dreimal so hoch ist wie Benzin ($11{,}1\,\frac{\text{kWh}}{\text{kg}} - 12{,}1\,\frac{\text{kWh}}{\text{kg}}$) oder Diesel ($11{,}8\,\frac{\text{kWh}}{\text{kg}} - 11{,}9\,\frac{\text{kWh}}{\text{kg}}$) und eine 300-mal höhere Energiedichte als eine Lithium-Ionen-Batterie ($0{,}1\,\frac{\text{kWh}}{\text{kg}}$) hat.

Letzteres ist nicht so überraschend, denn wir wissen, dass in einer Lithium-Ionen-Batterie die Energie in dem aktiven Material auf der Oberfläche der Elektroden gespeichert wird. Elektrolyt, Elektrode und Separator tragen zum Gewicht bei, auch wenn sie keine Energie enthalten. Bei Benzin und Diesel ist die Energie hingegen chemisch in langen Kohlenwasserstoffketten gespeichert. Beim Wasserstoff hingegen wird die Energie im Trennungsprozess gespeichert.

Bezogen auf das Volumen ist das Verhältnis jedoch leider umgekehrt. Flüssiger Wasserstoff hat eine Energiedichte von ($2{,}1\,\frac{\text{kWh}}{\text{l}} - 2{,}4\,\frac{\text{kWh}}{\text{l}}$). Hier haben Benzin ($8{,}2\,\frac{\text{kWh}}{\text{l}} - 8{,}8\,\frac{\text{kWh}}{\text{l}}$) und Diesel ($\approx 9{,}8\,\frac{\text{kWh}}{\text{l}}$) eine deutlich höhere Energiedichte. Verglichen mit der Energiedichte einer Lithium-Ionen-Batterie ($0{,}25\,\frac{\text{kWh}}{\text{l}} - 0{,}67\,\frac{\text{kWh}}{\text{l}}$) hat Wasserstoff aber wieder eine höhere volumetrische Energiedichte.

Bei der Verwendung von Wasserstoff ist die Frage der Sicherheit zu berücksichtigen. Der Sauerstoff in der Atmosphäre und der Wasserstoff bilden zusammen das hoch entzündliche Knallgas. Um die allgemeine Anforderung **G 5** zu erfüllen, müssen wir daher zwei zusätzliche Anforderungen ableiten (**CS-H** = „Chemical storage – hydrogen"):

CS-H1: `ALS Entwicklung MÖCHTE ICH sicherstellen, dass der Lagertank keine Risse bildet, SODASS kein Wasserstoff austreten und Knallgas bilden kann.`

Da eine Verletzung von **CS-H 1** gefährlich ist, ist es sinnvoll, auch für den unwahrscheinlichen Fall eines Austretens von Gas eine Sicherheitsanforderung zu formulieren:

CS-H2: `ALS Entwicklung MÖCHTE ICH Maßnahmen implementieren, die einen Bruch oder ein Austreten von Wasserstoff erkennen, SODASS ich entsprechende Gegenmaßnahmen einleiten kann.`

Es gibt drei mögliche Methoden zur Speicherung von Wasserstoff. Die einfachste und naheliegendste Methode besteht darin, das Gas in einem Behälter zu komprimieren. Dabei erhöht man die Dichte des Gases $\rho = \frac{\text{kg}}{\text{V}}$ durch Verringerung des Volumens. Aus Abschnitt 5.4 wissen wir, dass es für ein Gas eine Beziehung zwischen Druck, Volumen und Temperatur gibt. Unter der Annahme, dass wir isotherm komprimieren (d. h. sicherstellen, dass die Temperatur des Gases konstant bleibt), ist der Druck nach der Kompression gegeben durch:

$$p_2 = \frac{p_1 \cdot V_1}{V_2} \tag{8.4}$$

Dabei sind p_1, V_1 der Druck und das Volumen vor der Kompression und p_2, V_2 der Druck und das Volumen nach der Kompression. Wir sehen, dass eine Verringerung des Volumens $V_1 > V_2$ zu einer Erhöhung des Drucks führt.

Übung 8.1 Volumen eines Wasserstofftanks in einem Wasserstofffahrzeug

Wir wollen den Benzintank aus unserem Auto entfernen und von fossilen Brennstoffen auf Wasserstoff umsteigen. Wie viel muss das Volumen von gasförmigem Wasserstoff ($\rho_{H,V} = 0{,}082658\,\frac{\text{kg}}{\text{m}^3}$) theoretisch komprimiert werden, um die gleiche Energiedichte wie bei Benzin zu erreichen ($\rho_{B,V} = 8{,}5\,\frac{\text{kWh}}{\text{l}}$)? Die Energiedichte von Wasserstoff beträgt $33{,}3\,\frac{\text{kWh}}{\text{kg}}$.

Lösung: Wir müssen zunächst die volumetrische Energiedichte $\rho_{H,V}$ von gasförmigem Wasserstoff bestimmen.

$$\begin{aligned} \rho_{H,V} &= \frac{0{,}082658}{33{,}3}\,\frac{\text{kg}}{\text{m}^3}\,\frac{\text{kWh}}{\text{kg}} \\ &= 2{,}48 \cdot 10^{-3}\,\frac{\text{kWh}}{\text{m}^3} \\ &= 2{,}48\,\frac{\text{kWh}}{\text{l}} \end{aligned}$$

Wir sehen, dass die volumetrische Energiedichte im gasförmigen Zustand bei normalen Druck- und Temperaturbedingungen viel schlechter ist. Dies ist nicht überraschend, da wir die Energiedichte eines Gases mit der einer Flüssigkeit vergleichen. Um rein rechnerisch die gleiche Energiedichte zu erreichen, müssen wir das Verhältnis zwischen der volumetrischen Energiedichte von Benzin und der volumetrischen Energiedichte von Wasserstoffgas bestimmen:

$$N = \frac{8{,}5\,\frac{\text{kWh}}{\text{l}}}{2{,}48\,\frac{\text{kWh}}{\text{l}}} = 3{,}427$$

Um die gleiche Energiemenge in einem Wasserstofftank mit einem Volumen von 1 Liter speichern zu können, müssen wir 3,427 l Wasserstoff komprimieren! ■

Die Überlegungen aus der Übung 8.1 zeigen, dass die Speicherung von Wasserstoff durch Komprimierung sicherlich eine Verbesserung darstellt, aber wir kommen nicht an die Energiedichte heran, die fossile Brennstoffe bieten. Dies ist natürlich nicht überraschend, da fossile Brennstoffe aus komplexen Kohlenwasserstoffketten bestehen, die eine hohe chemische Bindungsenergie aufweisen. Wasserstoff hingegen besteht nur aus einem Proton. Da wir aber mit sehr hohen Drücken arbeiten müssen, sind auch die Näherungen des idealen Gasgesetzes nicht mehr anwendbar. Wir müssen daher mit einem etwas präziseren Gesetz, dem Van-der-Waals-Modell, arbeiten, um die Beziehung zwischen Druck und Volumen zu bestimmen.

Das Van-der-Waals-Gasgesetz lautet [BB10]:

$$\left(p + a\left(\frac{n}{V}\right)^2\right)(V - nb) = n\,R\,T \tag{8.5}$$

Hier steht a für die zusätzliche Abstoßungskraft zwischen den Gasteilchen und b für das Volumen, das von n mol Gasteilchen. Für Wasserstoff gilt $a = 2{,}476 \cdot 10^{-2}\,\mathrm{m^6\,Pa\,mol^{-1}}$ und $b = 2{,}661 \cdot 10^{-5}\,\mathrm{m^3\,mol^{-1}}$ [Züt04].

Durch Umformung von 8.5 erhalten wir einen Ausdruck für den Druck:

$$p = \frac{n\,R\,T}{V - nb} - a\left(\frac{n}{V}\right)^2 \tag{8.6}$$

Der erste Term ist proportional zu $\frac{1}{V}$, und sein Verlauf entspricht dem des idealen Gasgesetzes. Der zweite Term geht jedoch mit $\frac{1}{V^2}$ einher. Dies wird vor allem bei starken Verdichtungen relevant. Wir wollen nun ein Kilogramm gasförmigen Wasserstoff komprimieren. Die Temperatur des Gases soll bei $T = 273\,\mathrm{K}$ bleiben, und für den Druck gelten normale Bedingungen, d. h. $p_1 = 101{,}325\,\mathrm{Pa}$. Unter diesen allgemeinen Bedingungen nimmt ein Kilogramm ein Volumen von $22{,}4\,\mathrm{m^3}$ ein. Wir nehmen nun an, dass wir diese Menge Schritt für Schritt komprimieren und dabei den Druck messen. In Bild 8.3 ist die Druckkurve dargestellt. Hochdruckbehälter können einem Druck von 20 MPa standhalten. In Bild 8.3 ist diese Grenze als horizontale Linie eingezeichnet. Diese Grenze wird bei einem Volumen von etwa $0{,}15\,\mathrm{m^3}$ erreicht. Wir hätten also eine Energiedichte von $22{,}2\,\frac{\mathrm{kWh}}{\mathrm{m^3}}$. Verringert man das Volumen weiter, stellt man fest, dass der Druck immer schneller ansteigt, bis man einen Wert von etwa $0{,}027\,\mathrm{m^3}$ erreicht. Nun beginnt sich der Wasserstoff zu verflüssigen. Dabei erreichen wir eine Dichte von $36\,\frac{\mathrm{kg}}{\mathrm{m^3}}$. Dies entspricht der maximalen Dichte von gasförmigem Wasserstoff bei $T = 273\,\mathrm{K}$.

Übung 8.2 Theoretisch erreichbare volumetrische Energiedichte von Wasserstoff

Die maximale Dichte von gasförmigem Wasserstoff bei $T = 273\,\mathrm{K}$ beträgt $36\,\frac{\mathrm{kg}}{\mathrm{m^3}}$. Wie hoch ist also die theoretisch erreichbare volumetrische Energiedichte?

Lösung: Wir wissen, dass die gravimetrische Energiedichte von Wasserstoff $33{,}3\,\frac{\mathrm{kWh}}{\mathrm{kg}}$ beträgt. Die volumetrische Energiedichte ist also gegeben durch:

$$\rho_{\mathrm{H,V}} = 36\,\frac{\mathrm{kg}}{\mathrm{m^3}} \cdot 33{,}3\,\frac{\mathrm{kWh}}{\mathrm{kg}} = 1.198{,}8\,\frac{\mathrm{kWh}}{\mathrm{m^3}} \approx 1{,}2\,\frac{\mathrm{kWh}}{\mathrm{l}}$$

■

Wir sehen, dass wir selbst in der Nähe des Phasenübergangs die Energiedichte von gasförmigem Wasserstoff nur auf knapp ein Achtel der Volumendichte von Benzin bringen kön-

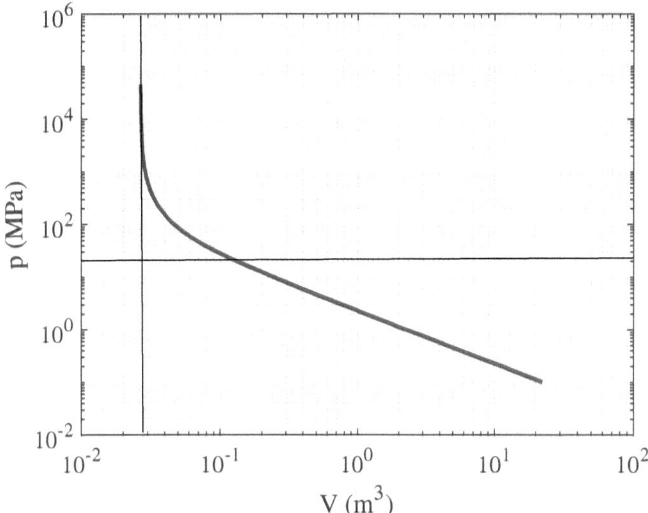

Bild 8.3 Druck des Wasserstoffs in Abhängigkeit vom Volumen. In diesem Fall wird Wasserstoff als Van-der-Waals-Gas beschrieben, mit $a = 2{,}476 \cdot 10^{-2}\,\mathrm{m^6\,Pa\,mol^{-1}}$ und $b = 2{,}661 \cdot 10^{-5}\,\mathrm{m^3\,mol^{-1}}$ [Züt04].

nen. Allein durch das Zusammendrücken von Wasserstoff in einen Behälter kann Wasserstoff, bezogen auf die Volumendichte, nicht an Benzin herankommen, was bedeutet, dass ein mit Wasserstoff betriebenes Verbrennerfahrzeug bei gleicher Tankgröße stets auch eine kürzere Reichweite hat.

Leider kommt es noch schlimmer. Denn wir müssen aber auch berücksichtigen, dass bei der Verdichtung Arbeit geleistet wird. Die Arbeit, die bei einem isothermen Verdichtungsprozess verrichtet werden muss, berechnet sich für das Van-der-Waals-Gas wie folgt:

$$W = R\,T\,\ln\frac{V_2 - b}{V_1 - b} + a\left(\frac{1}{V_2} - \frac{1}{V_1}\right) \tag{8.7}$$

Übung 8.3 Energieaufwand bei einer Kompression von Wasserstoff

Da unser Druckbehälter nur einem Druck von 20 MPa standhalten kann, können wir die $22{,}4\,\mathrm{m^3}$ nur auf $0{,}15\,\mathrm{m^3}$ komprimieren. Wir halten die Temperatur während des Kompressionsprozesses konstant. Wie viel Energie kostet uns dieser Kompressionsprozess?

Lösung: Wir verwenden die Formel 8.3 und setzen sowohl das Anfangs- als auch das Endvolumen ein:

$$\begin{aligned} W &= R\,T\,\ln\frac{V_2 - b}{V_1 - b} + a\left(\frac{1}{V_2} - \frac{1}{V_1}\right) \\ &= R\,T\,\ln\frac{0{,}15\,\mathrm{m^3} - b}{22{,}4\,\mathrm{m^3} - b} + a\left(\frac{1}{0{,}15\,\mathrm{m^3}} - \frac{1}{22{,}4\,\mathrm{m^3}}\right) \\ &= -3{,}156\,\mathrm{kWh} \end{aligned}$$

Das negative Vorzeichen zeigt, dass wir hier Energie aufwenden müssen. Sie entspricht etwa 30 % der Energie, die wir speichern wollen. ■

Der Transport von Wasserstoff in Gasbehältern ist eine etablierte Technologie. Mit Druckbehältern aus Kohlenstofffasern können Drücke von 35 MPa bis 70 MPa erreicht werden. Bei diesem Speichervorgang und der Lagerung müssen Sicherheitsmaßnahmen getroffen werden; sollte es zu einem Bruch kommen, muss sichergestellt werden, dass sich der Behälter „nur“ öffnet und nicht zerreißt. Da auch der Verdichtungsprozess selbst Energie kostet, sollte er effizient gestaltet werden.

Betrachten wir nun die zweite Möglichkeit der Wasserstoffspeicherung. Anstatt ihn „nur“ zu komprimieren, können wir den Wasserstoff verflüssigen. Wir vollziehen den Phasenübergang und erhoffen uns dadurch eine deutlich höhere volumetrische Energiedichte. Die Siedetemperatur von Wasserstoff, d. h. die Temperatur, bei der flüssiger Wasserstoff gasförmig wird, liegt bei etwa 20 K unter Normaldruck 101,3 kPa.

Betrachtet man den Verdampfungsprozess genauer, so stellt man fest, dass ein Teil des Wasserstoffs bei 20,39 K verdampft und ein anderer Teil des Wasserstoffs bei 20,26 K verdampft. Die beiden Wasserstoffsorten unterscheiden sich durch den Gesamtspin des Kerns. Im ersten Fall ist der Spin der Fermionen antiparallel – man spricht daher von Para-Wasserstoff. Im zweiten Fall ist der Spin der Fermionen parallel – man spricht daher von Ortho-Wasserstoff. Abgesehen von den unterschiedlichen Siedetemperaturen haben beide Arten von Wasserstoff unterschiedliche physikalische Eigenschaften. Bei Raumtemperatur sind etwa 25 % des Wasserstoffs Para-Wasserstoff und 75 % Ortho-Wasserstoff. Bei der Umwandlung von Ortho-Wasserstoff in Para-Wasserstoff wird Energie freigesetzt. Dies hat zur Folge, dass sich das Gas beim Abkühlen durch die Umwandlung von Ortho-Wasserstoff in Para-Wasserstoff wieder erwärmt. Um dies zu verhindern, wird der Anteil des Ortho-Wasserstoffs im zu verflüssigenden Gas durch geeignete Katalysatoren, die diese Umwandlung beschleunigen, gezielt reduziert.

Für die Verflüssigung wird ausgenutzt, dass Gase bei der Expansion abkühlen. Dazu wird das Verfahren von Linde verwendet. Um ein Gas zu verflüssigen, wird es zunächst komprimiert und dann expandiert. Die Temperatur sinkt dabei von T_1 auf T_2. Dieser Prozess ist in Bild 8.4 dargestellt. Der Prozess wird durch einen Kolben angetrieben. Das Gas mit seiner Anfangstemperatur T_1 wird zunächst in eine Kühlkammer eingeleitet. Das Gas wird dann vom Druck p_1 auf den Druck p_2 komprimiert und anschließend durch eine adiabatische

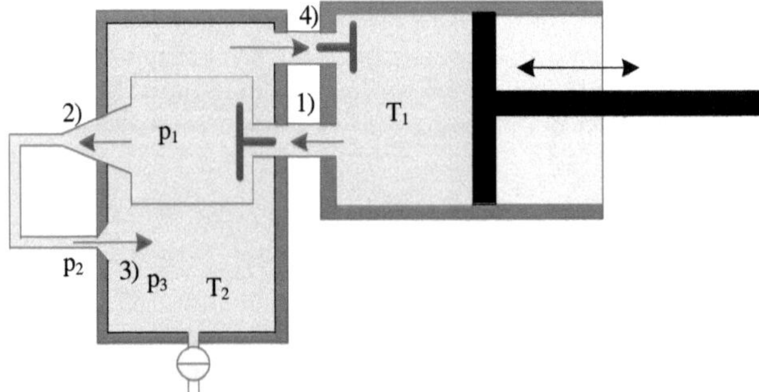

Bild 8.4 Verflüssigung eines Gases nach dem Linde-Verfahren. Ein Kolben drückt das zu kühlende Gas in eine Kammer 1). Dort wird es zunächst mit dem Druck p_1 2) auf den Druck p_2 komprimiert und dann in eine zweite Kammer 3) entspannt. Dabei sinkt der Druck auf p_3, und auch die Temperatur wird reduziert. Das abgekühlte Gas kehrt in den Kolbenraum zurück.

Expansion auf p_3 gebracht. Dabei kühlt das Gas auf T_2 ab. Die Kühlkammer ist von dem abgekühlten Gas umgeben, und bereits hier findet eine Vorkühlung statt. Das nun kältere Gas wird wieder in den Kolben gesaugt, und der Vorgang wiederholt sich. Sobald die Siedetemperatur erreicht ist, beginnt sich das Gas zu verflüssigen und sammelt sich am Boden der Kühlkammer. Um das Verfahren für Wasserstoff anwenden zu können, wird der Wasserstoff zunächst auf unter 203 K vorgekühlt.

Für den gasförmigen Wasserstoff hatten wir eine maximale Dichte von $36\,\frac{\text{kg}}{\text{m}^3}$ ermittelt. Durch die Verflüssigung erhöht sich diese Dichte auf $71\,\frac{\text{kg}}{\text{m}^3}$.

Übung 8.4 Bestimmung der volumetrischen Energiedichte von flüssigem Wasserstoff

Wir haben die Hoffnung noch nicht aufgegeben und wollen einen Tank mit flüssigem Wasserstoff in unser Fahrzeug einbauen. Der bisherige Tank enthielt 70 l Diesel ($\rho_{D,V} = 9{,}7\,\frac{\text{kWh}}{\text{l}}$). Wie groß müsste der Tank mit flüssigem Wasserstoff sein, wenn die Dichte von Wasserstoff $\rho_H = 71\,\frac{\text{kg}}{\text{m}^3}$ ist und der Energiegehalt $\rho_{H,G} = 33{,}3\,\frac{\text{kWh}}{\text{kg}}$ ist?

Lösung: Wir berechnen zunächst die volumetrische Energiedichte von Wasserstoff:

$$\rho_V = \rho \cdot \rho_{H,G} = 71\,\frac{\text{kg}}{\text{m}^3} \cdot 33{,}3\,\frac{\text{kWh}}{\text{kg}} = 2.364\,\frac{\text{kWh}}{\text{m}^3} = 2{,}365\,\frac{\text{kWh}}{\text{l}}$$

Wir sehen, dass die volumetrische Energiedichte von flüssigem Wasserstoff ebenfalls geringer ist als die von Diesel.

$$N = \frac{\rho_{D,V}}{\rho_{H,V}} = \frac{9{,}7\,\frac{\text{kWh}}{\text{l}}}{2{,}365\,\frac{\text{kWh}}{\text{l}}} = 4{,}101$$

Um die gleiche Energie zu transportieren, müssen wir einen Wasserstofftank in das Fahrzeug einbauen, der eine Größe von $4.101 \cdot 70\,\text{l} = 287{,}01\,\text{l}$ hat. ■

Wie wir in Übung 8.4 gesehen haben, ist die Energiedichte für flüssigen Wasserstoff noch nicht hoch genug. Wir brauchen immer noch das vierfache Volumen, um die gleiche Energiemenge in Form von fossilen Brennstoffen zu transportieren. Aber das ist nicht die relevante Größe für unsere Anwendung! Entscheidend ist, wie viel nutzbare Energie wir aus einem Speicherprozess herausholen können. Wir wissen, dass ein Verbrennungsmotor einen Wirkungsgrad von etwa 30 %–40 % hat. Der Faktor vier im Volumen ist nur relevant, wenn wir den Wasserstoff auch verbrennen. In Abschnitt 8.3.2 werden wir jedoch eine Technologie kennenlernen, mit der wir Wasserstoff viel effizienter nutzen können.

Die dritte Möglichkeit zur Wasserstoffspeicherung besteht darin, ihn chemisch oder physikalisch an ein anderes Material zu binden. Hier wird häufig Kohlenstoff verwendet, weil er im Verhältnis zu seiner Masse eine große Oberfläche hat. Eine andere Variante sind Metalle, die bei Zugabe von Wasserstoff Metallhybride bilden.

Das Grundprinzip bei dieser Art der Speicherung ist, dass der Wasserstoff über die Oberfläche des Speichermaterials strömt. Da wir an einer hohen Energiedichte interessiert sind, handelt es sich um ein poröses Material, durch das das Gas strömt. Das Gas kann durch zwei Mechanismen an die Oberfläche des Metalls gebunden werden. Es kann eine chemische Reaktion stattfinden:

$$\text{M} + \text{xH}_2 \rightleftharpoons \text{MH}_x + \text{Wärme} \tag{8.8}$$

Dabei steht *M* für das verwendete Metall und *x* für die Anzahl der gebundenen Atome pro Metallverbindung. Bei dieser Methode wird Wärme entweder bei der Aufladung oder bei der Entladung benötigt.

Die zweite Variante ist eine elektrochemische Reaktion, bei der zusätzliche Ladungsträger verwendet werden, um die Reaktion zu starten:

$$M + xH_2O + xe^- \rightleftharpoons MH_x + xOH^- \tag{8.9}$$

Während wir bei Druckbehältern und bei flüssigem Wasserstoff das Problem hatten, dass Wasserstoff entweichen konnte, ist diese Art der Speicherung sicher. Der Wasserstoff ist gebunden, und solange dem Metallhybridspeicher keine Energie zugeführt wird, kommt es zu keiner Ablösung des Wasserstoffs.

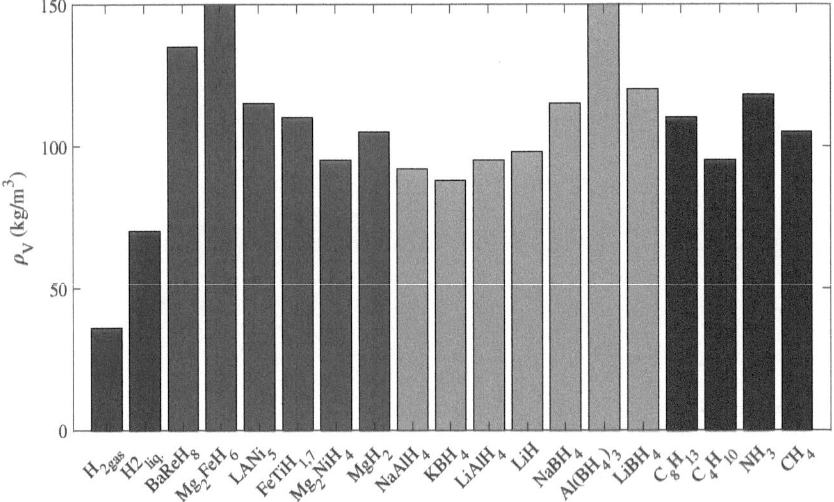

Bild 8.5 Volumetrische Dichte verschiedener Hybridmaterialien, die für die Speicherung von Wasserstoff geeignet sind [IEA06]

Bild 8.5 zeigt verschiedene Metallhybride, die sich für die Speicherung von [IEA06, Züt04] eignen. Die größte gravimetrische Dichte, die bisher mit diesen Technologien erreicht wurde, beträgt 150 $\frac{\text{kg}}{\text{m}^3}$. Dies entspricht einer Verdoppelung der Dichte im Vergleich zur Verflüssigung.

Übung 8.5 Berechnung der benötigten volumetrische Energiedichte von Wasserstoff

Wir sind noch auf der Suche nach einer Speichermöglichkeit, die es uns erlaubt, das gleiche Tankvolumen für unser Verbrennungsauto mit Wasserstoff zu nutzen. Unabhängig davon, welche Speichermethode wir verwenden, bleibt die Energiedichte von Wasserstoff $\rho_{H,G} = 33{,}3\,\frac{\text{kWh}}{\text{kg}}$. Auf welche gravimetrische Dichte müsste man Wasserstoff komprimieren, um die volumetrische Dichte von Benzin ($\rho_{B,V} = 8{,}5\,\frac{\text{kWh}}{\text{l}}$ oder Diesel $\rho_{D,V} = 9{,}7\,\frac{\text{kWh}}{\text{l}}$ zu erreichen?

Lösung: Aus Übung 8.4 wissen wir, dass die gravimetrische Energiedichte das Produkt aus Dichte und volumetrischer Energiedichte ist:

$$\rho_V = \rho \cdot \rho_{H,G}$$

Um die erforderliche Dichte zu ermitteln, müssen wir nur die volumetrische Energiedichte des Benzins ersetzen und die erforderliche Dichte ermitteln:

$$\begin{aligned}\rho \cdot \rho_{H,V} &= \rho_{B,V}\\ \rho &= \frac{8{,}5\,\frac{\text{kWh}}{\text{l}}}{\rho_{H,V}}\\ &= \frac{8.500\,\frac{\text{kWh}}{\text{m}^3}}{33{,}3\,\frac{\text{kWh}}{\text{kg}}}\\ &= 255{,}25\,\frac{\text{kg}}{\text{m}^3}\end{aligned}$$

Für Dieselkraftstoff ist die angestrebte Dichte:

$$\begin{aligned}\rho \cdot \rho_{H,V} &= \rho_{B,V}\\ \rho &= \frac{9{,}7\,\frac{\text{kWh}}{\text{l}}}{\rho_{H,V}}\\ &= \frac{9.700\,\frac{\text{kWh}}{\text{m}^3}}{33{,}3\,\frac{\text{kWh}}{\text{kg}}}\\ &= 291{,}29\,\frac{\text{kg}}{\text{m}^3}\end{aligned}$$

■

Die Energiedichte von gespeichertem Wasserstoff ist im Vergleich zu fossilen Brennstoffen zwar gering, aber immer noch sehr hoch im Vergleich zu den bisher vorgestellten Speichertechnologien. Wir werden sehen, dass durch den Einsatz einer Brennstoffzelle die geringere volumetrische Energiedichte kompensiert werden kann. Im nächsten Abschnitt werden wir uns jedoch zunächst mit der Erzeugung von Wasserstoff befassen.

8.3.1 Die Gewinnung von Wasserstoff

Wasserstoff kommt in der Natur nur in einer chemisch gebundenen Form vor. Wenn wir Wasserstoff nutzen wollen, müssen wir ihn zunächst herstellen, indem wir ihn aus seiner chemisch gebundenen Form herauslösen. Hier gibt es drei Quellen: Wir können ihn aus organischen Kohlenwasserstoffverbindungen durch Reformierung gewinnen. Eine andere Methode ist die partielle Oxidation von Kohlenwasserstoffketten. Alternativ kann man ihn auch durch die Spaltung von Wasser gewinnen. Alle Verfahren sind industriell umsetzbar, d. h. wir können Wasserstoff in großen Mengen an einem Ort produzieren, um ihn an einem anderen Ort bzw. zu einer anderen Zeit zu nutzen.

Bei der Dampfreformierung wird unter Zufuhr von Wärme und Dampf eine Kohlenwasserstoffkette erzeugt, die Wasserstoff und Kohlenmonoxid produziert:

$$\mathrm{C}_n\mathrm{H}_m + n\mathrm{H_2O} \longrightarrow \frac{\mathrm{n}+\mathrm{m}}{2}\mathrm{H_2} + \mathrm{nCO} \tag{8.10}$$

Die Dampfreformierung von Methan ist eine Sonderform:

$$CH_4 + H_2O \longrightarrow CO + 3\,H_2 \tag{8.11}$$

Diese Reaktion erfordert eine Enthalpie von $\Delta H^0 = 206\,\frac{\text{kJ}}{\text{mol}} = 57{,}2\,\frac{\text{Wh}}{\text{mol}}$. Diese Art der Reformierung wird in großen Industrieanlagen durchgeführt. Die Reaktionstemperatur beträgt $T = 800\,°\text{C}–900\,°\text{C}$ und wird bei einem Druck von 20 bar–40 bar durchgeführt. Bei dieser Reaktion werden sowohl Kohlenmonoxid als auch Wasserstoff freigesetzt. Dieser kann in einem weiteren Schritt verwendet werden, um zusätzlichen Wasserstoff zu erzeugen:

$$CO + H_2O \longrightarrow CO_2 + H_2 \tag{8.12}$$

Bei dieser Reaktion ist die Reaktionsenthalpie negativ, sie beträgt $\Delta H^0 = -41{,}2\frac{\text{kJ}}{\text{mol}} = 11{,}14\frac{\text{Wh}}{\text{mol}}$, d. h. bei dieser Reaktion wird Energie frei. Die Reaktionstemperatur beträgt $T = 250\,°\text{C}–450\,°\text{C}$.

Damit dieser Prozess stattfinden kann, müssen Methan CH_4 und Wasser H_2O vorhanden sein. Methan hat eine gravimetrische Energiedichte von $19{,}3\,\frac{\text{kWh}}{\text{kg}}$ und eine volumetrische Energiedichte von $5{,}9\,\frac{\text{kWh}}{\text{l}}$. Die gravimetrische Energiedichte ist also geringer, aber die volumetrische Energiedichte ist doppelt so hoch wie die von Wasserstoff. Die Erzeugung von Wasserstoff durch Methan ist daher nur in Anwendungen sinnvoll, in denen die höhere Energiedichte von Wasserstoff benötigt wird.

Das Methan kann z. B. aus einer Biogasanlage stammen oder als Erdgas aus dem Gasnetz entnommen werden – was aber im letzteren Fall bedeutet, dass wir einen fossilen Brennstoff für die Erzeugung von Wasserstoff verwenden.

Im Gegensatz zu elektrochemischen oder elektrischen Speichern ist die Reformation nicht geeignet, um kurzfristige Energieüberschüsse aus dem Netz oder von einer Windanlage zur Erzeugung von Wasserstoff zu nutzen. Zwar ließe sich die Zufuhr von Bio-, Erdgas und Wasser regeln, aber die Temperatur- und Druckanforderungen erfordern eine kontinuierliche Zufuhr von Energie und Reaktionsmaterial.

Das Gleiche gilt für die partielle Oxidation. Die allgemeine Formel lautet:

$$C_nH_m + \frac{n}{2}O_2 \longrightarrow \frac{m}{2}H_2 + nCO \tag{8.13}$$

Wenn wir Öl verwenden, ist die Reaktion:

$$C_{12}H_{26} + 6\,O_2 \longrightarrow 13\,H_2 + 12\,CO \tag{8.14}$$

Das freigesetzte Kohlenmonoxid kann zusätzlich zur Reaktion 8.12 umgewandelt werden. Aber auch hier stellt sich die Frage, warum ein bereits vorhandener Energieträger mit großem Aufwand in einen anderen Energieträger umgewandelt werden soll.

Die beiden bisherigen Methoden benötigten neben einem Stoff, von dem Wasserstoff abgetrennt werden sollte, auch Wärmeenergie für die Reaktion. Im Grunde speichern wir chemische Bindungsenergie, indem wir Wärmeenergie in eine neue Form der chemischen Bindungsenergie einbringen. Der Einsatz von elektrischer Energie ist uns noch nicht begegnet. Diese entsteht bei der Aufspaltung von Wasser durch Elektrolyse.

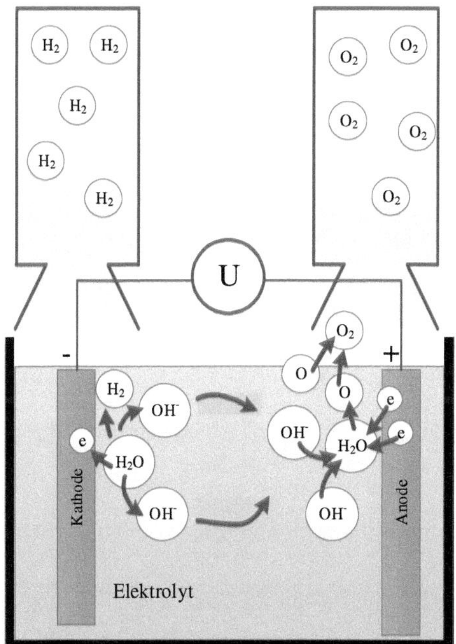

Bild 8.6 Aufbau eines Elektrolyseurs zur Wasserspaltung. Zwei Elektroden werden in einen Elektrolyten aus Wasser und Salz getaucht. Auf der Kathodenseite wird Wasser gespalten, wobei Wasserstoff entsteht, der in einem Behälter aufgefangen wird. Auf der Anodenseite wird der freigewordene Sauerstoff in einem Behälter aufgefangen.

Der Aufbau ist in Bild 8.6 dargestellt. Im Grunde ähnelt er den elektrochemischen Zellen, die wir bereits in Kapitel 7 beschrieben haben. Auch hier haben wir zwei Leiter, die in einen Elektrolyten eingetaucht sind. Der Elektrolyt ist Wasser, und um die Reaktion zu beschleunigen, werden dem Wasser Salze zugesetzt. An die beiden Elektroden wird eine Spannung angelegt. An der Kathode beobachten wir die folgende Reaktion:

$$2\,H_2O + 2\,e^- \longrightarrow H_2 + 2\,OH^- \tag{8.15}$$

Der Wasserstoff steigt an der Kathode auf und kann abgefangen werden. Das Hydroxid OH^- wandert zur Anode, wo die folgende Reaktion abläuft:

$$2\,OH^- \longrightarrow \frac{1}{2}O_2 + H_2O + 2\,e^- \tag{8.16}$$

Durch die Zugabe von Elektronen wird das Hydroxid gespalten, wobei ein Sauerstoffatom freigesetzt wird, während das andere mit zwei Wasserstoffatomen zu Wasser gebunden wird. Der Sauerstoff steigt an der Anode auf und kann ebenfalls eingefangen werden. Mit dieser Methode gelingt es uns also, das Wasser zu spalten.

Wenn wir die beiden Reaktionen 8.15 und 8.16 zusammen betrachten, so ergibt sich eine Reaktionsenthalpie von $\Delta H = 285{,}83\frac{\text{kJ}}{\text{mol}} = 0{,}079\frac{\text{kWh}}{\text{mol}}$. Dies ist die Gesamtenergiemenge, die wir benötigen, um diese Reaktion auszuführen. Die freie Energie beträgt nur $\Delta G = 237{,}13\frac{\text{kJ}}{\text{mol}} = 0{,}065\frac{\text{kWh}}{\text{mol}}$.

Übung 8.6 Der Wirkungsgrad der Elektrolyse

Die freie Energie ist die Menge an Energie, die allein für die Reaktion aufgewendet werden muss. Die Reaktionsenthalpie ist die Menge an Energie, die wir für die Elektrolyse benötigen. Wie hoch sind die Wärmeverluste? Und welcher Wirkungsgrad ist damit theoretisch für die Elektrolyse erreichbar?

Lösung: Wir berechnen die Differenz zwischen der Reaktionsenthalpie und der freien Energie und erhalten so die thermischen Verluste:

$$T\Delta S = \Delta H - \Delta G = 285{,}83\frac{\text{kJ}}{\text{mol}} - 237{,}13\frac{\text{kJ}}{\text{mol}} = 48{,}7\frac{\text{kJ}}{\text{mol}} = 0{,}13\frac{\text{kWh}}{\text{mol}}$$

Der Wirkungsgrad ergibt sich aus dem Verhältnis zwischen der Reaktionsenthalpie und der freien Energie:

$$\eta = \frac{\Delta G}{\Delta H} = \frac{237{,}13\frac{\text{kJ}}{\text{mol}}}{285{,}83\frac{\text{kJ}}{\text{mol}}} = 82{,}96\,\%$$

Die für die Spaltung des Wassers benötigte Spannung ist gegeben durch:

$$U_{\text{rev}} = \frac{\Delta H}{n\,z\,F} \tag{8.17}$$

Damit sich das Wasser spaltet, muss zwischen den beiden Elektroden eine Spannung erzeugt werden, die größer ist als $1{,}48\,\text{V}_{\text{DC}}$. Durch die Variation des Stroms hat die Elektrolyse grundsätzlich die Möglichkeit, auf variable Ströme zu reagieren. Wir könnten also mit einem Elektrolyseur zeitlich schwankende Überschüsse einer Solaranlage oder einer Windkraftanlage zur Erzeugung von Wasserstoff nutzen. Der so erzeugte Wasserstoff kann dann gespeichert und bei Bedarf genutzt werden. Anders als bei einer Batterie können wir hier aber keine schnellen Lade- und Entladezyklen fahren. Es handelt sich um eine Anwendung, die nur Energie speichert.

Leider ist bei hohen Stromschwankungen die chemische Belastung der Elektroden hoch. Dies beeinträchtigt die Lebensdauer eines solchen Elektrolyseurs. Es gibt aber noch ein anderes Verfahren, das Wasser mithilfe von elektrischer Energie spalten kann. Die Protonenaustauschmembran-Elektrolyse oder kurz PEMEL. Tabelle 8.1 zeigt die Betriebsparameter einer solchen Zelle.

Tabelle 8.1 Betriebsparameter einer PEMEL-Zelle

Betriebsparameter	Wertebereich
Betriebstemperatur	20 °C–100 °C
Druck	30 bar–50 bar
Anodenreaktion	$H_2O \longrightarrow 2H^+ + \frac{1}{2}O_2 + 2e^-$
Kathodenreaktion	$2H^+ + 2e^- \longrightarrow H_2$
Effizienz	67 %–82 %
Zellfläche	$10\,\text{cm}^2$–$750\,\text{cm}^2$
Stromdichte	$< 2{,}5\frac{\text{A}}{\text{cm}^2}$
Zellspannung	$2{,}2\,\text{V}_{\text{DC}}$
Zellen pro Stack	< 120
Leistung	0,5 kW–160 kW

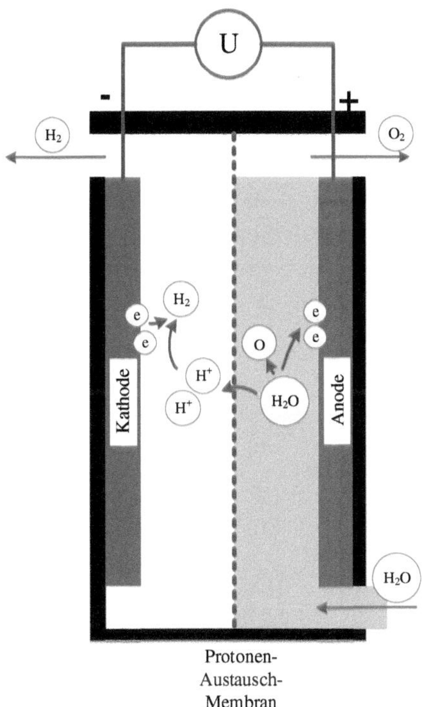

Bild 8.7 Aufbau einer PEMEL-Zelle für die Spaltung von Wasser. Der Aufbau ist ähnlich wie bei einer elektrochemischen Zelle. Wasser wird in die Zelle gepumpt. Die Spannung zwingt das Wasser, sich in Wasserstoff H^+ und Sauerstoff O zu spalten. Der Wasserstoff passiert den Separator und erreicht die Kathodenseite, während der Sauerstoff auf der Anodenseite bleibt.

Bild 8.7 zeigt den Aufbau einer PEMEL-Zelle. Die Zelle hat einen Einlass für Wasser. Wasserstoff und Sauerstoff treten an zwei weiteren Öffnungen auf verschiedenen Seiten aus. Im Inneren der Zelle befindet sich eine Reaktionskammer. Die Elektroden sind an der Wandseite angebracht. Das Wasser, das durch die untere Öffnung in die Reaktionskammer gelangt, bleibt auf der Anodenseite. Eine Membran trennt diesen Bereich der Reaktionszelle vom Bereich der Kathode ab. Ähnlich wie der Separator in einer elektrochemischen Zelle lässt die Membran nur Protonen passieren.

Zwischen der Anode und der Kathode wird eine Spannung angelegt. Auf der Anodenseite bewirkt die angelegte Spannung, dass sich das Wasser spaltet:

$$H_2O \longrightarrow 2H^+ + \frac{1}{2}O_2 + 2e^- \tag{8.18}$$

Der Sauerstoff bildet O_2-Moleküle. Aufgrund des elektrischen Feldes zwischen Anode und Kathode diffundieren die Wasserstoffionen zur Kathodenseite, wo dann der Wasserstoff gebildet wird:

$$2H^+ + 2e^- \longrightarrow H_2 \tag{8.19}$$

Die beiden Gase steigen in den oberen Teil der Zelle auf und werden dort getrennt.

Der Vorteil der PEMEL-Zelle ist, dass sie einen hohen Wirkungsgrad hat und Leistungsschwankungen besser ausgleichen kann. Da die Reaktion elektrisch angetrieben wird, fällt nur wenig Abwärme an. Durch den Einsatz von Katalysatoren kann die Reaktion in der Reaktionskammer noch beschleunigt werden.

Übung 8.7 Auslegung eines PEMEL-Elektrolyseurs für eine Windkraftanlage

Für eine Windkraftanlage mit einer Leistung von 2 MW soll ein PEMEL-Elektrolyseur entwickelt werden, der 10 % der Spitzenleistung nutzt. Es werden Stacks verwendet, die eine aktive Zellfläche von $A = 750\,\text{cm}^2$ haben. Die Spannung beträgt $U = 2\,V_{DC}$. Die maximale Stromdichte einer Reaktionszelle ist $\rho_A = 2{,}5\,\frac{\text{A}}{\text{cm}^2}$. Wie viele Stacks werden benötigt?

Lösung: Wir bestimmen zunächst die Leistung, die wir insgesamt aufnehmen müssen:

$$P = 2.000\,\text{kW} \cdot 0{,}1 = 200\,\text{kW}$$

Nun bestimmen wir die maximale Leistung, die eine Zelle erbringen kann. Dazu bestimmen wir zunächst den maximalen Zellenstrom:

$$I_{max} = A \cdot \rho_A = 750\,\text{cm}^2 \cdot 2{,}5\,\frac{\text{A}}{\text{cm}^2} = 1.875\,\text{A}$$

Die maximale Leistung einer Zelle ist dann gegeben durch:

$$P_{max} = U \cdot I_{max} = 2\,V_{DC} \cdot 1.875\,\text{A} = 3.750\,\text{W}$$

Auf diese Weise lässt sich ermitteln, wie viele Stacks für die Leistungsaufnahme benötigt werden:

$$N = \frac{P}{P_{max}} = \frac{200\,\text{kW}}{3{,}75\,\text{kW}} = 53{,}3 \approx 54$$

Photolytische Verfahren sind eine weitere Form der Wasserstofferzeugung: Eine Möglichkeit ist der Einsatz von Mikroorganismen, die Wasser mithilfe von Sonnenlicht spalten. Eine andere Variante ist die Photokatalyse, bei der Sonnenlicht in einem Halbleiter einen Ladungsträger erzeugt, der dann direkt zur Wasserspaltung genutzt wird. Diese Verfahren werden noch nicht in industriellem Maßstab eingesetzt.

8.3.2 Die Brennstoffzelle – Wie wir aus gespeichertem Wasserstoff Strom gewinnen

Mit den hier vorgestellten Verfahren ist die Herstellung und Speicherung von Wasserstoff machbar. Wir haben gesehen, dass Wasserstoff durch Zufuhr von elektrischer oder thermischer Energie gespeichert werden kann. Bislang wurde jedoch nur die Verbrennung als Methode zur Rückgewinnung von Energie aus gespeichertem Wasserstoff beschrieben. Die Verbrennung von Wasserstoff zu Wasser ist eine natürliche Anwendung der gespeicherten Energie. Sie nutzt jedoch nur 17 % davon, da ein Teil der verfügbaren Energie zur Erzeugung der Reaktionswärme verwendet wird. Die Erzeugung von elektrischer Leistung durch Verbrennung in einem Verbrennungsmotor mit nachgeschaltetem Stromgenerator würde den Wirkungsgrad weiter verringern.

Eine ideale Verwendung von Wasserstoff wäre die Verbindung von Wasserstoff und Sauerstoff zu Wasser mit der Freisetzung von Elektrizität ohne die Umwege der Verbrennung, die einen Mechanismus antreibt, der einen Generator antreibt. Im Grunde haben wir gerade von einer solchen Möglichkeit erfahren. Betrachten wir die PEMEL-Zelle in Bild 8.7. Bei der Elektrolyse wird eine Spannung angelegt, Wasser wird in die Zelle eingeleitet, und Sauerstoff sowie Wasserstoff fließen aus der Zelle heraus. Wenn wir diesen Prozess umkehren könnten, würden Sauerstoff und Wasserstoff in die Zelle einströmen und Wasser ausströmen. Während wir vorher elektrische Energie verbraucht haben, würde jetzt elektrische Energie freigesetzt.

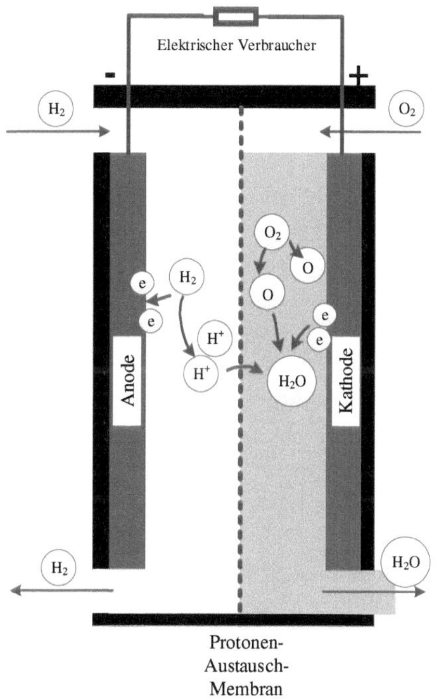

Bild 8.8 Aufbau einer PEMEL-Brennstoffzelle. Wasserstoff H_2 tritt auf der Anodenseite der Zelle ein, während Sauerstoff O_2 auf der Kathodenseite in die Zelle gelangt. Der Wasserstoff passiert den Separator und bildet zusammen mit dem Sauerstoff Wasser H_2O.

Eine PEMEL-Brennstoffzelle ermöglicht diesen Ansatz. Bild 8.8 zeigt ihre Grundstruktur. Der Aufbau und die Reaktion sind denen einer PEMEL-Zelle (Bild 8.7) sehr ähnlich. Der Hauptunterschied besteht in der Richtung, in der die Reaktion abläuft. In einer PEMEL-Zelle wird Wasser gespalten, um Sauerstoff und Wasserstoff zu erhalten. In einer Brennstoffzelle findet die umgekehrte Reaktion statt. Sowohl auf der Anoden- als auch auf der Kathodenseite wird das aktive Material eingeführt. Auf der Anodenseite wird der Brennstoff in der Brennstoffzelle ionisiert.

$$H_2 \longrightarrow 2H^+ + 2e \qquad (8.20)$$

Die Ionen gelangen über den Elektrolyten auf die Kathodenseite, während die Elektronen die Elektroden als Transportweg nutzen. Dort verbinden sich das Elektron und das Ion mit dem zugesetzten Sauerstoff zu Wasser.

$$O_2 + 4H^+ + 4e \longrightarrow 2H_2O \tag{8.21}$$

Die Reaktion stellt eine Umkehrung der in Gleichung 8.3 beschriebenen Grundreaktion zur Wasserspaltung dar. Dementsprechend hoch ist der Wirkungsgrad dieser Technologie.

Tabelle 8.2 Beispiele für verschiedene Reaktionen, die für eine Brennstoffzelle geeignet sind. η ist der Wirkungsgrad der Reaktion.

Brennstoff	Reaktion	$\Delta H_0 \left(\frac{kJ}{mol}\right)$	$\eta(\%)$
	$H_2 + \frac{1}{2}O_2 \longrightarrow H_2O$	286,0	82,97
Wasserstoff	$H_2 + Cl_2 \longrightarrow 2HCl$	335,5	78,33
	$H_2 + Br \longrightarrow 2HBr$	242	85,01
Methan	$CH_4 + 2O_2 \longrightarrow CO_2 + 2H_2O$	890,8	91,87
Propan	$C_3H_8 + 5O_2 \longrightarrow 3CO_2 + 4H_{20}$	2,221,1	94,96
Dekan	$C_{10}H_{22} + 15{,}5O_2 \longrightarrow 10CO_2 + 11H_2O$	6,832,9	96,45
Kohlenmonoxyd	$CO + \frac{1}{2}O_2 \longrightarrow CO_2$	283,1	90,86

Die Brennstoffzellentechnologie kann auch für andere Stoffe eingesetzt werden. Tabelle 8.2 zeigt einige von ihnen mit ihren Reaktionen und thermischen Wirkungsgraden. Auch Methan, das in sogenannten Power-to-Gas-Konzepten erzeugt wird, kann in einer Brennstoffzelle genutzt werden. Die Wirkungsgrade in Tabelle 8.2 aufgeführten Wirkungsgrade stellen die Maximalwerte dar. Allerdings gibt es weitere Verluste bei der Nutzung der Brennstoffzelle. Zum einen sind dies die rein ohmschen Verluste, die durch Kontaktierungs- und Leitungsverluste entstehen. Außerdem gibt es bei niedrigen Strömen Verluste durch die Elektrodenaktivierung. Bei sehr hohen Strömen kommt die Trägheit der Ionen hinzu. Diese Ionendiffusionsverluste überwiegen bei hohen Strömen. Daher liegt die optimale Leistung einer Brennstoffzelle, d. h. der bevorzugte Betriebspunkt, bei 60–80 % des maximalen Stroms.

Wenn wir den Aufbau der Brennstoffzelle mit dem Aufbau einer Redox-Flow-Zelle vergleichen, stellen wir Ähnlichkeiten fest. In beiden Fällen haben wir ein flüssiges oder gasförmiges aktives Material, das in eine Reaktionskammer geleitet wird, um dort zu reagieren. Die physikalischen Effekte, die wir bei der Redox-Flow-Zelle beobachtet haben, sind auch hier zu erwarten. In einer Brennstoffzelle müssen wir zum Beispiel sicherstellen, dass genügend Sauerstoff und Wasserstoff vorhanden sind, um der Zelle genügend Leistung zu entziehen. Die Spannung der Zelle hängt der Konzentration des aktiven Materials, der Diffusion der Ionen von der Anode zur Kathodenseite und von der Zeitskala der Reaktionsdynamik und des Ladungsträgertransports ab. Im Allgemeinen gilt für die Spannung einer Brennstoffzelle Folgendes:

$$U = U_0 - b\log\frac{I}{I_0} - RI - me^{nI} \tag{8.22}$$

Dabei ist U_0 das elektrische Potenzial und I_0 der erwartete Strom von Gleichungen 8.18 und 8.19. R ist der Innenwiderstand der Brennstoffzelle. me^{nI} beschreibt den Spannungsabfall bei hohen Strömen aufgrund von Diffusionsprozessen und Gegenpotenzial [Sri06]. m, n sind Parameter, die von der Chemie und der Realisierung der Zelle abhängen.

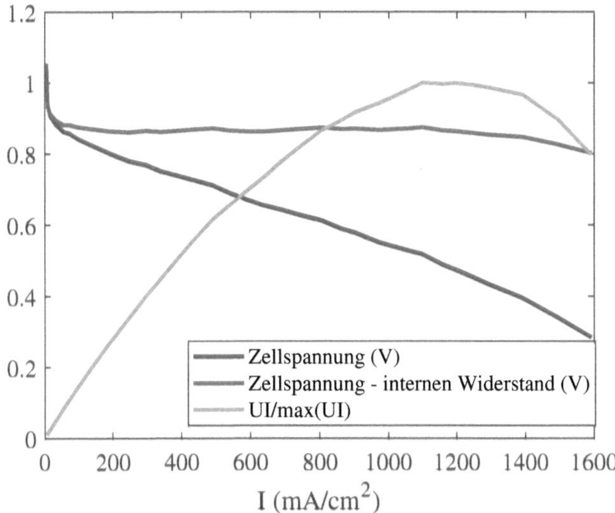

Bild 8.9 Zellspannung einer Brennstoffzelle in Abhängigkeit von der Stromdichte [SWSJMR20]

Betrachten wir den Verlauf der Zellspannung in Abhängigkeit von der Stromdichte. Dazu führen wir das folgende Experiment durch. Wir nehmen eine Brennstoffzelle und sorgen für einen konstanten Massenstrom von Sauerstoff und Wasserstoff. Dann schließen wir den Stromkreis und variieren den Strom, der zwischen der Anode und der Kathode fließt. Dabei messen wir die beobachtete Zellspannung. In Bild 8.9 ist dieses Experiment [Sri06, SWSJMR20] dargestellt. Es wird nicht nur die Zellspannung angezeigt, sondern auch der Innenwiderstand. Wir können hier die drei Bereiche erkennen, die wir bereits von der Redox-Flow-Zelle kennen. Bei sehr niedrigen Spannungen dominieren die Potenzialdifferenzen, die aus Konzentrationsunterschieden des aktiven Materials resultieren. Diese nehmen exponentiell ab, sodass wir bereits bei einer Stromdichte von einigen Milliampere in den Bereich kommen, in dem die ohmschen Widerstände die Spannung dominieren. Wenn die Stromdichte zu groß wird, machen sich Diffusionseffekte immer stärker bemerkbar. Wir entfernen Ladungsträger schneller aus dem System, als sie erneuert werden können.

Bild 8.9 zeigt auch die entnommene Leistung, normiert auf die maximal erreichbare Leistung. Bei niedrigen Stromdichten ist die entnommene Leistung proportional zur Stromdichte. Solange wir uns noch im ohmschen Bereich befinden, gilt dies noch. Erst wenn die Diffusionseffekte zum Tragen kommen, sinkt die entnehmbare Leistung, da nun nicht mehr genügend Ladungsträger zur Verfügung stehen.

Im Vergleich zur Verbrennung ist die Brennstoffzelle die wesentlich bessere Wahl. Der Wirkungsgrad ist höher und die Energiedichte des gespeicherten Wasserstoffs wesentlich höher als die von elektrochemischen Speichertechnologien. Allerdings ist die elektrische Spannung einer Brennstoffzelle mit $1{,}23\,V_{DC}$ niedrig, was die Integration von leistungselektronischen Komponenten in das Gesamtsystem erforderlich macht und auch die Leistung begrenzt. Darüber hinaus sind Brennstoffzellen nicht rekuperationsfähig. Im nächsten Abschnitt werden wir uns mit der Frage beschäftigen, wie wir einen LKW mit einer Kombination aus Brennstoffzelle und Lithium-Ionen-Batterie konzipieren können.

Wir schließen unsere Betrachtung der Brennstoffzelle mit einem Diagramm der beteiligten Komponenten ab. In Bild 8.10 sind die Komponenten dargestellt. Das `Brennstoffzellen-System` besteht (ähnlich dem, was wir bereits über elektrochemische Speicher gelernt haben) aus einer $xpys$-Verbindung von x parallel geschalteten `BrennstoffzellenStack`, die aus y in Reihe geschalteten `BrennstoffZelle` bestehen. Jeder `BrennstoffzellenStack` ist mit einem `StromSensor` und einem `SpannungsSensor` ausgestattet, die sowohl von der `Leistungsverteilungssteuerung` als auch vom `SicherheitsSystem` verwendet werden.

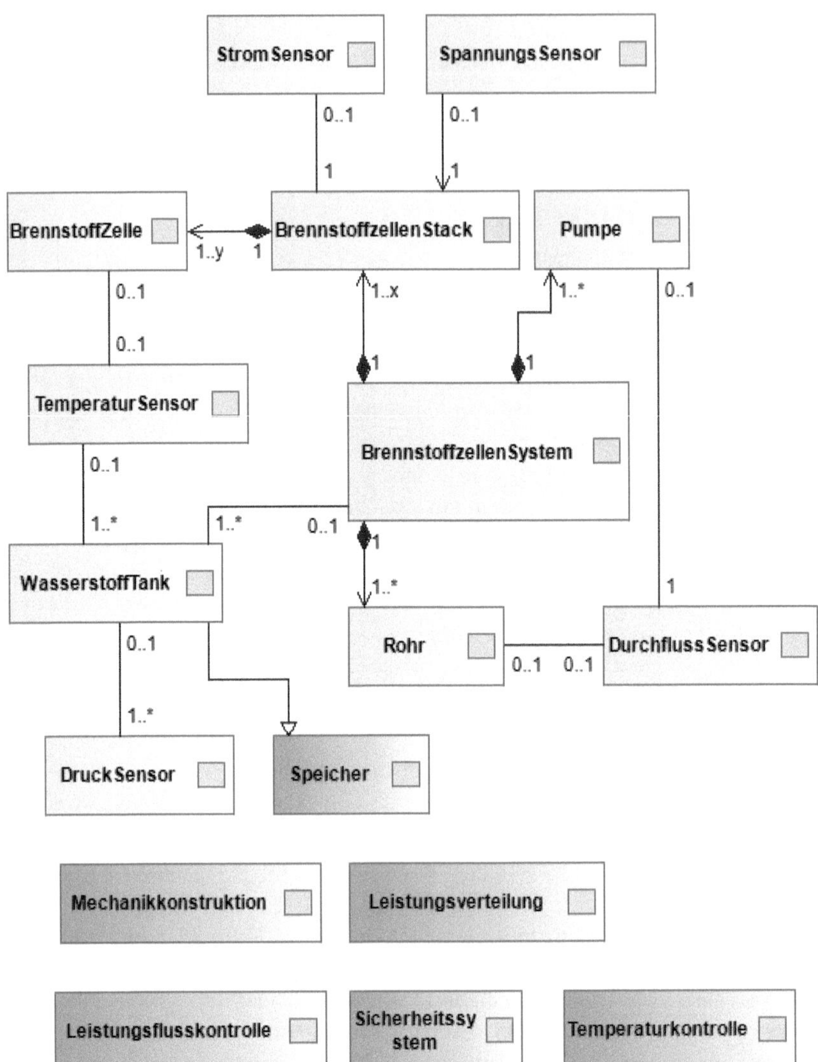

Bild 8.10 Komponenten einer Brennstoffzelle

Der eigentliche Speicher ist der `WasserstoffTank`, der mit mindestens einem `TemperaturSensor` und mindestens einem `DruckSensor` ausgestattet ist. Beide werden von der `LeistungsflussKontrolle` und dem `SicherheitsSystem` verwendet.

Da wir Wasserstoff innerhalb des Systems transportieren müssen, ist das `BrennstoffzellenSystem` auch mit mindestens einer `Pumpe` und einer Reihe von `Rohren` ausgestattet. Für die `LeistungsflussKontrolle` und das `SicherheitsSystem` sind diese Komponenten auch mit `DurchflussSensor` ausgestattet, die den Durchfluss bestimmen, sodass eine Überwachung des Massentransports möglich ist.

Wir sehen, dass eine Brennstoffzelle im Vergleich zu einem elektrochemischen Speichersystem einen ähnlich hohen Grad an Systemtechnik aufweist wie die Redox-Flow-Zelle. Das liegt daran, dass wir nicht nur die elektrische Leistung, sondern auch den Stofftransport durchführen und überwachen müssen. Denn Wasserstoff ist auch ein Gefahrstoff, da er mit der Umgebungsluft zu Knallgas wird. Es müssen zusätzliche Sicherheitsmaßnahmen erfüllt werden.

8.3.3 Anwendungsbeispiel – Auslegung eines mit Brennstoffzellen und Batterie betriebenen Nutzfahrzeugs

In diesem Abschnitt geht es um die Konstruktion eines Antriebsstrangs für ein Nutzfahrzeug, und zwar einen LKW, der mit einer Brennstoffzelle und einer Lithium-Ionen-Batterie ausgestattet ist. Wir wollen dabei zwei Varianten betrachten. Zunächst dient die Lithium-Ionen-Batterie allein der Rekuperation, und die Brennstoffzelle arbeitet als Hauptantrieb. Danach wird der Motor primär durch die Lithium-Ionen-Batterie betrieben, und die Brennstoffzelle dient als Range-Extender, d. h. sie lädt die Batterie während der Fahrt auf. Doch bevor wir mit der Frage nach der technischen Umsetzung und den Anforderungen beginnen, werden wir uns zunächst mit der Frage beschäftigen, welche Konfiguration für ein solches Fahrzeug sinnvoll ist.

Wie in anderen Anwendungsbeispielen betrachten wir zunächst das Lastprofil. Dazu betrachten wir die Geschwindigkeitsdaten eines Langstreckentransporters im Verlauf einer Fahrt. Es ist klar, dass dieses Beispiel in der Praxis nicht ausreichen wird, um technische und wirtschaftliche Entscheidungen zu treffen.

Die Verwendung von Fahrprofilen bei mobilen Anwendungen

Nicht nur bei der Betrachtung von stationären Anwendungen, sondern auch bei mobilen Anwendungen ist man dazu übergegangen, eine datenbasierte Analyse anhand von Fahrprofilen durchzuführen. Neben den Standardtestzyklen, die auch in Labortests verwendet werden, gibt es verschiedene Quellen, um Feldtestdaten zu erhalten. Das National Renewable Energy Laboratory liefert hier eine Reihe von Daten [NRE].

Auch hier gilt, dass man sich darüber im Klaren sein muss, dass jedes Fahrprofil eine individuelle Fahrt darstellt.

Um allgemeine Aussagen treffen zu können, müssen wir auf die Zusammensetzung unserer Daten achten. So sind Fahrprofile von Fahrten in europäischen Großstädten anders zu bewerten als Fahrten in asiatischen Metropolen – was an der Zusammensetzung des Individualverkehrs und dem Verkehrsaufkommen liegt. Überlandfahrten hängen von der Topografie und den klimatischen Bedingungen ab.

Um Kosten und Aufwand zu sparen, versucht man, diese Vielzahl an Möglichkeiten durch die Erzeugung von synthetischen Fahrprofilen abzubilden. Dabei wird die Strecke einmal aufgenommen und danach mit einer Fahrzeugsimulation abgefahren. Das Fahrverhalten und die Fahrzeugeigenschaften können auf diese Weise ebenfalls variiert werden. ■

Für die Auslegung eines Antriebsstrangs ist es notwendig, Daten von einer sehr großen Anzahl von Fahrten in verschiedenen Ländern zu sammeln und daraus geeignete Fahrzeugklassen zu ermitteln. Hier wollen wir uns nur die Daten einer Fahrt über 10 Stunden ansehen. Uns interessiert nicht so sehr die Geschwindigkeit des Fahrzeugs, sondern die Leistung, die vom Antriebsstrang abgerufen wird. In Bild 8.11 haben wir die Geschwindigkeitsdaten [NRE] dargestellt.

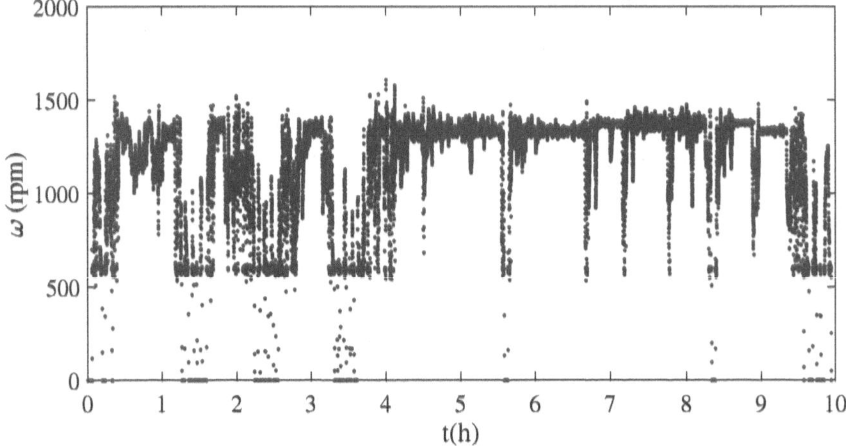

Bild 8.11 Geschwindigkeit eines Langstreckentransporters während einer 10-stündigen Tour

Geschwindigkeitsdaten allein reichen für die Auslegung des Antriebsstrangs nicht aus, wenn keine Fahrzeugdaten zur Verfügung stehen. Viel entscheidender als die Fahrzeuggeschwindigkeit sind Informationen über die Drehzahl des Motors ω und das Drehmoment T, das der Motor abgibt. Auch diese Daten hängen vom Fahrzeug und dem verwendeten Getriebe ab. Wenn wir einen Antriebsstrang im Allgemeinen entwerfen wollen, müssten wir die gesamte Wirkungskette vom Motor über das Getriebe, die Achse und das Rad analysieren. In diesem Beispiel beschränken wir uns darauf, den vorhandenen Antriebsmotor durch einen Elektromotor zu ersetzen.

Die Leistung ist gegeben durch:

$$P_{\text{rot}} = \omega \cdot T$$

Wir müssen also das Produkt aus ω und T an jedem Datenpunkt finden. In Bild 8.12 sind diese Paare für das in Bild 8.11 gezeigte Geschwindigkeitsprofil dargestellt. ω ist immer positiv, d. h. der Motor dreht sich immer nur in eine Richtung. Das Drehmoment hingegen variiert und gibt Auskunft darüber, ob ein Bremsvorgang oder ein Beschleunigungsvorgang stattfindet. Mithilfe dieser Daten können wir ein Histogramm der beobachteten

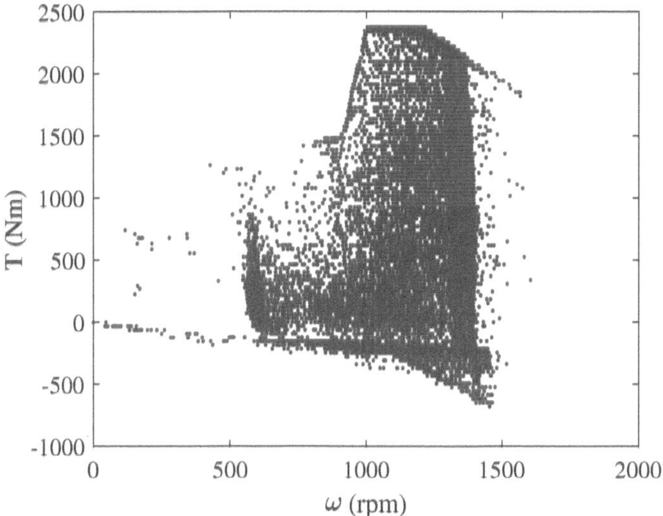

Bild 8.12 Drehmoment- und Drehzahlsollwerte während der 10-Stunden-Fahrt

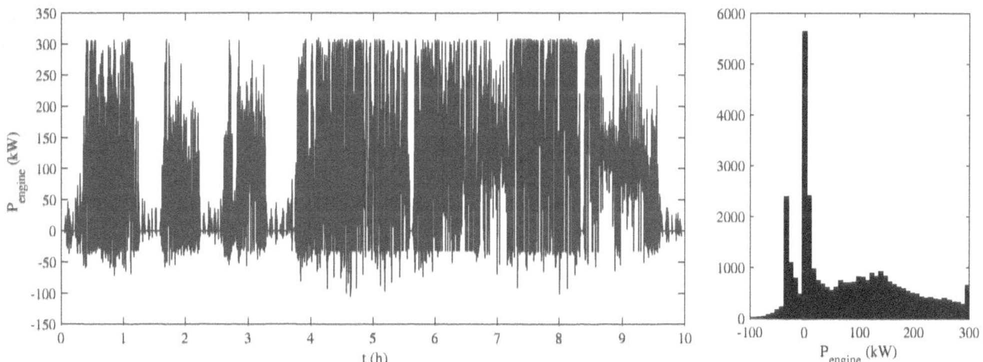

Bild 8.13 Histogramm der Motorleistung. Die Daten wurden anhand der in Bild 8.12 gezeigten Daten ermittelt. Negative Daten entsprechen einer Abbremsung, positive Daten der Beschleunigung.

Motorleistung ermitteln. Ein Bremsvorgang hat dann eine negative Leistung und ein Beschleunigungsvorgang eine positive Leistung. In Bild 8.13 sind diese Daten dargestellt.

Wir sehen, dass die für einen Beschleunigungsvorgang erforderliche Leistung bis zu 300 kW beträgt. Die maximale Leistung beim Bremsen beträgt 100 kW. Größere Bremsleistungen werden nicht abgerufen, was darauf zurückzuführen ist, dass die mechanische Bremse eher bei Bremsmanövern eingesetzt wird, die eine höhere Leistung erfordern. Daraus lassen sich zwei Anforderungen ableiten (**FCT** = „Fuelcelltruck"):

`**FCT1:**` `ALS Hersteller MÖCHTE ICH, dass mein Antriebsstrang eine Motorleistung von mindestens 300kW hat, SODASS der Fahrer keinen Leistungsverlust durch den neuen Antriebsstrang verspürt.`

FCT 2: ALS Hersteller MÖCHTE ICH, dass mein Speicher eine Bremsleistung von mindestens 100 kW aufnehmen kann, SODASS mein Speicher auch die Bremsleistung während der Rekuperation aufnehmen kann.

Dies sind Anforderungen an die Lade- und Entladekapazität des Speichers. Wir brauchen aber auch Anforderungen an die Größe des Speichers. Anhand der Daten aus Bild 8.13 können wir abschätzen, wie viel Energie das Fahrzeug insgesamt für die gemessenen Fahrten benötigt. Es zeigt sich, dass insgesamt 913 kWh für die Beschleunigung benötigt werden. Aus den aufgezeichneten Bremsvorgängen kann eine Energie von 42 kWh gewonnen werden. Der Gesamtenergiebedarf beträgt also 871 kWh. Anhand dieser Daten lässt sich eine Vorgabe für die Größe des Speichers machen.

FCT 3: ALS Hersteller MÖCHTE ICH, dass mein Antriebsstrang eine Speicherkapazität von mindestens 871 kWh hat, SODASS die Reichweite des Fahrzeugs vergleichbar zum bisherigen bleibt.

Die Anforderung **FCT 3** ist jedoch nicht ausreichend, weil die 871 kWh auf der Annahme beruhen, dass wir auch Rekuperationsenergie nutzen können. Wenn wir nur eine Brennstoffzelle verwenden würden, wäre dies nicht der Fall, da Brennstoffzellen keinen bidirektionalen Leistungsfluss erlauben. Wir müssen also noch ausdrücklich darauf hinweisen, dass die Rekuperationsenergie gespeichert werden muss.

FCT 4: ALS Nutzer MÖCHTE ICH die beim Abbremsen freigesetzte Energie in Form von elektrischer Energie vorübergehend speichern, SODASS ich diese Energie zum Beschleunigen verwenden kann.

Daraus ergibt sich eine Anforderung für die Realisierung des Hybridantriebsstrangs. Wir sehen, dass wir viel gespeicherte Energie mitführen müssen, um die geforderte Reichweite zu erreichen. Dies spricht für den Einsatz einer Brennstoffzelle, da Wasserstoff eine höhere Energiedichte aufweist als elektrochemische Speichertechnologien. Allerdings können wir die Brennstoffzelle nicht durch Umkehrung der Spannung in einen Elektrolyseur verwandeln. D. h. wir brauchen für die Rekuperation eine zusätzliche Technologie, die diesen bidirektionalen Energiefluss ermöglicht. Dies wollen wir mithilfe einer Lithium-Ionen-Batterie realisieren.

FCT 5: ALS Entwicklung MÖCHTE ICH eine Brennstoffzellentechnologie mit einer Lithium-Ionen-Batterie kombinieren, SODASS ich die Reichweitenanforderung erfüllen kann und gleichzeitig rekuperationsfähig bin.

Übung 8.8 Anforderungen an den Brennstoffzellen-LKW

Neben den technischen Anforderungen gibt es weitere Anforderungen, die von den verschiedenen Interessengruppen gestellt werden. In dieser Aufgabe sollen vier Anforderungen aus Sicht des Produktmanagers erstellt werden.

Lösung: Da der Produktmanager sein Produktportfolio im Auge behalten muss, wird er daran interessiert sein, dass der Hybridantrieb für verschiedene Fahrzeuge eingesetzt werden kann. Er weiß, dass der bisherige Entwurf auf der Auswertung einer Zeitreihe beruht. Vor diesem Hintergrund fordert er Skalierbarkeit in der Leistung und Skalierbarkeit im Energiegehalt.

FCT 6: ALS Produktmanager MÖCHTE ICH die Brennstoffzellenleistung und die Batterieleistung skalieren können, SODASS ich auch Fahrzeuge ausstatten kann, die einen höheren oder niedrigeren Leistungsbedarf haben.

FCT7: ALS Produktmanager MÖCHTE ICH, dass die Batterie skalierbar in das Gesamtsystem integriert werden kann, SODASS ich auch Anwendungen realisieren kann, die einen höheren Batterieanteil benötigen.

Wobei die **FCT7**-Anforderung auch die Realisierung eines vollelektrischen Fahrzeugs ermöglicht.

Durch die Kombination von zwei Energiequellen stellt sich die Frage, auf welcher Basis der Mix aus Brennstoffzellen- und Batterieenergie bestimmt werden kann. Hier fordert der Produktmanager:

FCT8: ALS Produktmanager MÖCHTE ICH, dass der Mix aus Brennstoffzellen- und Batterieenergie durch effizienzgesteuerten Betrieb bestimmt wird, SODASS die Reichweite des Fahrzeugs optimiert werden kann.

Es wäre auch möglich, den Mix nach wirtschaftlichen Gesichtspunkten zu bestimmen. Dazu müsste allerdings ein geeignetes ökonomisches Modell zur Verfügung stehen. Da wir den Strom nicht ins Netz einspeisen und damit verkaufen können, fehlt uns ein Gewinn.

Als letzte Anforderung fordert der Produktmanager, dass das gesamte System in ein bestehendes Fahrzeug integriert werden kann.

FCT9: ALS Produktmanager MÖCHTE ICH, dass der Bauraum des Antriebsstrangs mit dem Bauraum des bisherigen Antriebsstrangs vergleichbar ist SODASS bestehende Fahrzeuge umgerüstet werden können.

So verständlich diese Forderung aus Sicht des Produktmanagers auch ist, so schwierig wird es sein, diese Forderung **FCT9** vollständig zu erfüllen. Wir wissen, dass die Energiedichte von Wasserstoff nicht so hoch ist wie die von fossilen Brennstoffen. Das Gleiche gilt für die Lithium-Ionen-Batterie. Der höhere Wirkungsgrad eines Elektroantriebs und einer Brennstoffzelle kann hier sicherlich helfen, denn wir benutzen anteilig mehr von der mitgeführten gespeicherten Energie. ■

Nachdem wir die Anforderungen zusammengetragen haben, wollen wir uns die technische Umsetzung und das Leistungsflussdiagramm ansehen. In Bild 8.14 haben wir eine denkbare Realisierung gezeigt. Wir arbeiten hier mit einem Gleichspannungszwischenkreis, der von der Batterie und der Brennstoffzelle gespeist wird. Der Antriebsumrichter entnimmt aus diesem Zwischenkreis die benötigte Leistung für den Antriebsmotor. Wenn wir rekuperieren, speist der Antriebsumrichter Leistung in den Zwischenkreis ein, und der Batteriewandler lädt die Batterie.

Übung 8.9 Alternative Systemtopologien

Die in Bild 8.14 gezeigte Konstruktion stellt nur eine von mehreren Alternativen dar. Welche anderen Möglichkeiten gäbe es noch? Was sind ihre Vor- und Nachteile?

Lösung: Wir stellen hier drei alternative Entwürfe vor. In Bild 8.15 haben wir diese Varianten dargestellt.

a) Das in Bild 8.14 gezeigte Design verwendet einen Motor, der sowohl für den Motor als auch für den Generator verwendet wird. Alternativ können wir einen zweiten Motor in das System einführen, der zum Bremsen, d. h. für den regenerativen Betrieb, ver-

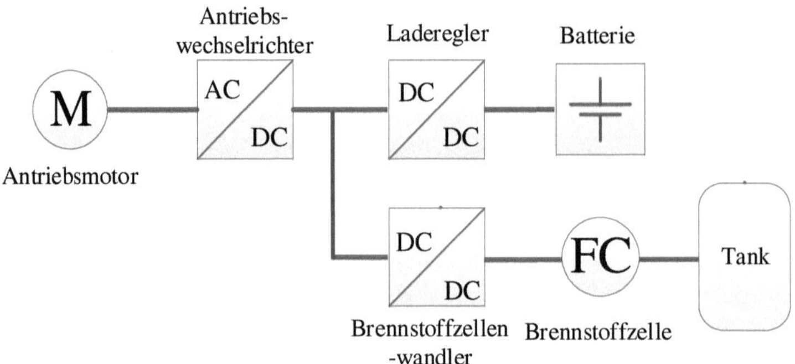

Bild 8.14 Leistungselektronische Komponenten eines Hybridantriebsstrangs mit einer Brennstoffzelle und einer Batterie als Energiequelle

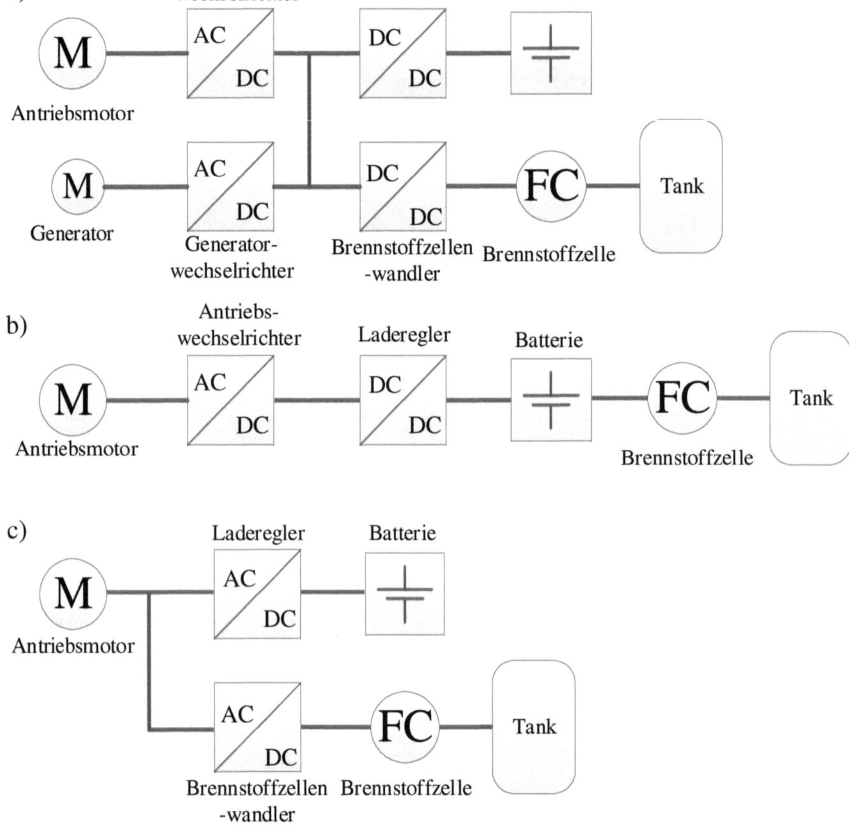

Bild 8.15 Drei alternative Entwürfe für die Realisierung eines Hybrid-LKW

wendet wird. Da wir wissen, dass die Rekuperationsleistung wesentlich geringer ist als die Antriebsleistung, würde dieser Motor kleiner ausfallen. Wenn der Generatorwechselrichter und der Generator gut aufeinander abgestimmt sind, könnten die Verluste beider für die zu erwartenden Betriebspunkte optimiert werden.

Der Nachteil dieser Konstruktion ist, dass wir einen zusätzlichen Motor und eine weitere leistungselektronische Komponente im System haben. Da beide Antriebskomponenten einen Einfluss auf das Fahrverhalten des Fahrzeugs haben, muss die Regelung auf beide Komponenten abgestimmt werden.

b) In der ursprünglichen Auslegung speist die Brennstoffzelle ihre Leistung über den DC/DC-Regler in den Zwischenkreis ein. Wenn der Motor diese Leistung nicht anfordert, speichert der Batteriewandler diese Leistung in der Batterie. Für diesen Pfad wurden zwei leistungselektronische Komponenten verwendet. Alternativ könnte man auch die Brennstoffzelle direkt zum Laden der Batterie verwenden.

Der Vorteil ist eine Steigerung des Wirkungsgrades und eine Reduzierung der Kosten. Der Nachteil ist, dass dadurch die Spannungsebenen der Brennstoffzelle und der Batterie miteinander verbunden sind. Die Batteriezellen müssen genau richtig verdrahtet werden und die Brennstoffzellen ebenfalls.

c) Bei dieser Version verwenden wir keinen Gleichstrombus. Batterie und Brennstoffzelle speisen den Wechselstrom direkt in den Motor ein und regeln ihn gemeinsam. Der Vorteil ist hier eine kompakte Implementierung. Der Nachteil ist, dass eine solche geteilte Motorsteuerung komplex ist. Sie kann jedoch mit einem Master-Follower-Konzept realisiert werden. ■

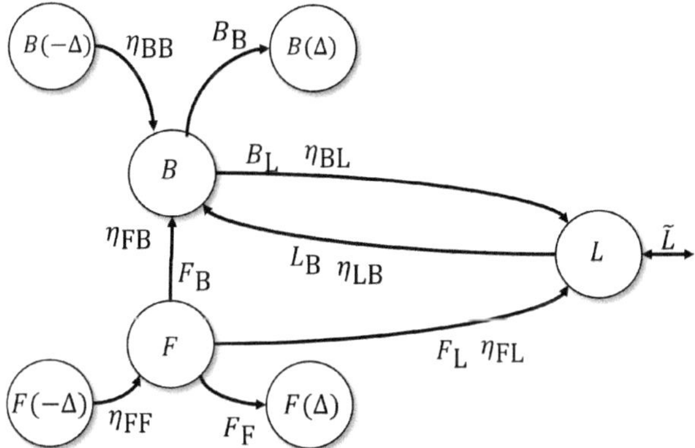

Bild 8.16 Leistungsflussdiagramm für ein Fahrzeug mit Hybrid-Antriebsstrang. Der Leistungsknoten *B* repräsentiert die Lithium-Ionen-Batterie, der Leistungsknoten *F* die Brennstoffzelle. Die Verbraucher werden durch *L* mit dem Lastprofil $\tilde{L}$ dargestellt.

In Bild 8.16 ist das Leistungsflussdiagramm des Fahrzeugs dargestellt. Es besteht aus zwei Speicherknoten, der Brennstoffzelle F und der Batterie B, die die Last L versorgen. Wir sehen, dass die möglichen technischen Realisierungen aus Übung 8.9 in demselben Leistungsflussdiagramm zu finden sind. Der Leistungsbedarf des Fahrzeuges wird über ein Lastprofil $\tilde{L}$ abgebildet, welches für jeden Zeitpunkt definiert, wie viel Leistung der Antrieb benötigt.

Wir beginnen mit der Formulierung der Gleichungen für den Brennstoffzellenknoten. Er umfasst den Wasserstofftank und den Brennstoffzellenstapel. Die Brennstoffzelle kann nur unidirektional betrieben werden, die Ausnahme sind zeitliche Verschiebungen der Leistung. Die Brennstoffzelle kann zur direkten Deckung der Last F_L oder zum Laden der Lithium-Ionen-Batterie F_B verwendet werden. Der Betankungsvorgang wird hier nicht beschrieben. Da die Brennstoffzelle nur entladen werden kann, genügt es, für die Berechnung eine Tankgröße und einen Anfangswert für den Tankinhalt anzugeben. Damit ergibt sich die Bilanzgleichung zu:

$$0 = \eta_{FF} F_F(-\Delta) - (F_B + F_L + F_F) \tag{8.23}$$

Die Lithium-Ionen-Batterie ermöglicht einen bidirektionalen Leistungsfluss. Sie kann von der Brennstoffzelle, aber auch von der Last im Falle der Rekuperation geladen werden. Die Gleichungen lauten:

$$0 = \eta_{FB} F_B + \eta_{LB} L_B + \eta_{BB} B_B(-\Delta) - (B_B + B_L + B_B(\Delta)) \tag{8.24}$$

Die Last wird sowohl von der Batterie als auch von der Brennstoffzelle versorgt und kann Überschüsse an die Batterie liefern. Daraus ergibt sich die Gleichung für den Leistungsfluss zu:

$$\tilde{L} = \eta_{BL} B_L + \eta_{FL} F_L - L_B \tag{8.25}$$

Übung 8.10 Auslegung der Lithium-Ionen-Batterie

Aus **FCT 2** wissen wir, dass $L_B <= 100\,\text{kW}$. Wir haben die Wahl zwischen den in Tabelle 8.3 dargestellten Zellen. Da wir einen DC/DC-Wandler für die Batteriespannung verwenden, können wir das Spannungsfenster frei wählen. Die maximale Spannung darf $800\,V_{DC}$ nicht überschreiten. Welche Zellen sollen wir mit welcher Konfiguration wählen, wenn nur die Anzahl der Zellen und die Einhaltung der Randbedingungen relevant sind?

Lösung: Wir wählen die maximal mögliche Spannung von $U_{max} = 800\,V_{DC}$. Für eine solche Spannung benötigen wir für die LFP-Zelle insgesamt

$$N_y = \frac{800\,V_{DC}}{3{,}65\,V_{DC}} = 219{,}17 \approx 219$$

LFP Zellen.

Wenn diese 219 Zellen entladen sind, beträgt ihre Spannung $219 \cdot 2{,}8\,V_{DC} = 613{,}2\,V_{DC}$. Wir müssen nun berechnen, welchen Strom wir in diesem Fall benötigen, um die maximale Leistung zum Laden der Batterie zu nutzen. Es gilt:

$$I = \frac{P}{U} = \frac{100.000\,\text{W}}{613{,}2\,V_{DC}} = 163{,}08\,\text{A}$$

Der maximale Strom, mit dem wir die LFP-Zellen laden dürfen, beträgt 6,6 A, also müssen wir mehrere Strings parallel schalten. Die Anzahl ist dann gegeben durch:

$$N_x = \frac{163{,}08\,\text{A}}{6{,}6\,\text{A}} = 24{,}709 \approx 25$$

Für die LFP-Variante benötigen wir also einen 25p219s-Stromkreis. Insgesamt sind das 5.475 Batteriezellen.

Wir führen nun die gleiche Berechnung für NMC-Zellen durch. Zunächst die Anzahl der Zellen in einem String:

$$N_y = \frac{800\,V_{DC}}{4{,}2\,V_{DC}} = 190{,}47 \approx 190$$

Bei voller Ladung hat ein solcher String eine Spannung von $190 \cdot 3{,}65\,V_{DC} = 693{,}5\,V_{DC}$. Der maximale Strom, der für die Rekuperation erforderlich ist, beträgt dann:

$$I = \frac{P}{U} = \frac{100.000\,W}{693{,}5\,V_{DC}} = 144{,}19\,A$$

Die NMC-Zellen können einen maximalen Strom von 4,4 A liefern, auch hier müssen wir mehrere Strings parallel schalten. Die Zahl wird dann berechnet als:

$$N_x = \frac{144{,}19\,A}{4{,}4\,A} = 32{,}77 \approx 33$$

Für die NMC-Zellen benötigen wir also eine 33p190s-Schaltung. Insgesamt sind das dann 6.270 Zellen.

■

Tabelle 8.3 Technische Daten der in diesem Anwendungsbeispiel verwendeten Lithium-Ionen-Batteriezellen

	LFP	NMC
Spannungsbereich	$[2{,}6\,V_{DC}; 3{,}65\,V_{DC}]$	$[3\,V_{DC}; 4{,}2\,V_{DC}]$
nominelle Kapazität	3,3 Ah	4,4 Ah
maximale Ladeleistung	2 C	1 C

Mit 5.475 oder 6.270 Lithium-Ionen-Zellen haben wir eine sehr große Batterie. Die Größe kommt daher, dass wir auch die volle Bremsleistung rekuperieren und die maximale Spannung von $800\,V_{DC}$ unterschreiten wollen. Würden wir auf diese Anforderung verzichten oder die Batterien nicht im vollen Spannungsfenster nutzen wollen, könnten wir die Anzahl der Zellen reduzieren. Alternativ können wir auch die Speicherkapazität der Zellen nutzen.

Übung 8.11 Berechnung der Speicherkapazität

Wir haben in Übung 8.10 gesehen, dass wir für LFP eine 25p219s- und für NMC eine 33p190s-Verschaltung benötigen. Wie groß ist bezogen auf die nominelle Spannung die verwendete Speicherkapazität?

Lösung: Wir berechnen zunächst die Speicherkapazität der einzelnen Zellen. Für LFP gilt:

$$\kappa_{LFP,Zelle} = 33\,Ah \frac{2{,}6 + 3{,}65}{2}\,V_{DC} = 10{,}31\,Wh$$

und für NMC:

$$\kappa_{NMC,Zelle} = 4{,}4\,Ah \frac{3 + 4{,}2}{2}\,V_{DC} = 15{,}84\,Wh$$

Um die Speicherkapazität zu ermitteln, müssen wir nun lediglich die Kapazitäten der einzelnen Zellen mit der Gesamtzahl multiplizieren. Für LFP gilt:

$$\kappa_{LFP,sum} = 25 \cdot 219 \cdot 10{,}31\,Wh = 56.447{,}25\,Wh \approx 56{,}4\,kWh$$

und für NMC:

$$\kappa_{NMC,sum} = 33 \cdot 190 \cdot 15{,}84\,Wh = 99.316{,}8\,Wh \approx 99{,}3\,kWh$$

■

Die Auslegung der Brennstoffzelle erfolgt analog zur Redox-Flow-Zelle, indem Speicherkapazität und Leistungsbereitstellung voneinander getrennt werden. Für die Leistungsbereitstellung sind die physikalischen Randbedingungen der Stacks entscheidend. Wir müssen also sehen, wie viele Stacks wir maximal in Reihe schalten können und wie viele Stacks wir dann parallel schalten wollen, um die notwendige Leistung bereitzustellen.

Übung 8.12 Auslegung des Brennstoffzellensystems

Aus Bild 8.9 wissen wir, dass die Zellspannung aufgrund des Innenwiderstands zwischen 0,5 und 1 V_{DC} liegt. Im optimalen Betriebspunkt liegt die Stromdichte bei $1{,}2\,\frac{A}{cm^2}$, und die Spannung beträgt $0{,}5\,V_{DC}$. Unser Stack hat eine Oberfläche von $10 \times 20\,cm^2$. Wie viele Stacks müssen parallel und in Reihe geschaltet werden, um die Leistung von 300 kW zu erbringen? Es dürfen nicht mehr als 150 Stacks in Reihe geschaltet werden.

Lösung: Wir berechnen zunächst, wie viel Strom ein solcher Stapel führen kann.

$$I = 1{,}2\,\frac{A}{cm^2} \cdot 10 \times 20\,cm^2 = 240\,A$$

Die Spannung, die wir bei 150 Stacks erreichen, beträgt:

$$U = 150 \cdot 0{,}5\,V_{DC} = 75\,V_{DC}$$

Ein einzelner Stapel liefert somit eine Leistung von

$$P = UI = 240\,A\; 75\,V_{DC} = 18.000\,W = 18\,kW$$

Um die angestrebte Leistung von 300 kW zu erreichen, müssen wir also

$$N_x = \frac{300\,kW}{18\,kW} = 16{,}6 \approx 17$$

Stacks parallel schalten. ■

Die bisherige Herleitung basierte darauf, dass wir den Ansatz verfolgten, einen bestehenden Antriebsstrang durch die Brennstoffzelle und die Lithium-Ionen-Batterie zu ersetzen. Da wir auch die gesamte Bremsleistung rekuperieren wollten, haben wir eine relativ große Batterie ausgelegt. Jetzt wollen wir einen anderen Ansatz wählen. Denn es gibt noch einen weiteren Grund, eine Brennstoffzelle mit einer Lithium-Ionen-Batterie zu verbinden. Im Gegensatz zur Lithium-Ionen-Batterie sind Brennstoffzellen nicht in der Lage, auf hohe oder schnelle Leistungsschwankungen zu reagieren [PC14]. Der Grund ist darin zu sehen, dass für den Betrieb einer Brennstoffzelle an der Membran ein Gleichgewicht zwischen Reaktanten und Ladungsträgern benötigt wird. Wie wir bereits bei der Redox-Flow-Zelle gesehen haben, ist bei starken oder schnellen Leistungsschwankungen dieses Gleichgewicht gestört. Dies kann zum einen zu einem Überschuss an Wasser (Flooding) oder eine Unterversorgung an Wasserstoff (Dehydration) führen. Dieser Effekt ist umso stärker, je mehr Stacks in Serie durchströmt werden [WHL10]. Ist zu viel Wasser im Stack, kann kein Austausch über die Membranwand durchgeführt werden, da Wasserstoff und Sauerstoff nicht mehr durch die Membran reagieren können. Fehlt Wasserstoff, reduziert sich die Reaktionsrate, was zu einer erhöhten Polarisation führt, die die Membran schädigt, da der Sauerstoff nun mit dem Material der Membran reagiert. Eine geeignete Strategie besteht darin, mit der Brennstoffzelle die Batterie kontinuierlich zu laden, sodass die Entladeleistung der Brennstoffzelle keinen starken Fluktuationen unterliegt.

`FCT 10: ALS Entwicklung MÖCHTE ICH die Kapazität der Lithium-Ionen-Batterie groß genug auslegen, SODASS Leistungsschwankungen von der Lithium-Ionen-Batterie gedämpft werden und die Leistungsabgabe der Brennstoffzelle geringen Schwankungen unterliegt.`

Neben den Gleichungen für die Leistungsflüsse (8.23, 8.23 und 8.25) müssen wir nun noch weitere Randbedingungen hinzufügen. Zum einen gilt, dass die Gesamtleistung der Brennstoffzelle auf F_{max} begrenzt ist. Die Summe aus der zur Batterie übertragenen Leistung F_{B} und der zur Last übertragenen Leistung F_{L} muss also in Summe kleiner als die maximale Leistung F_{max} sein:

$$F_{\mathrm{B}} + F_{\mathrm{L}} \leq F_{\mathrm{max}} \tag{8.26}$$

Auch die Antriebsleistung ist auf L_{max} begrenzt. Batterie und Brennstoffzelle zusammen können nicht mehr als diese Leistung bereitstellen. Dabei betrachten wir nicht die von der Brennstoffzelle und der Batterie übertragene Leistung, sondern nur jene Leistung, die nach Abzug der Verluste an der Last „ankommt".

$$\eta_{\mathrm{FL}} F_{\mathrm{L}} + \eta_{\mathrm{BL}} B_{\mathrm{L}} \leq L_{\mathrm{max}} \tag{8.27}$$

Weiterhin darf die maximale Ladeleistung der Batterie $B_{\mathrm{max}}^{\mathrm{charge}}$ nicht überschritten werden.

$$\eta_{\mathrm{FB}} F_{\mathrm{B}} + \eta_{\mathrm{LB}} L_{\mathrm{B}} \leq B_{\mathrm{max}}^{\mathrm{charge}} \tag{8.28}$$

Auch hier wird die Höhe der übertragenen Leistung durch die Übertragungsverluste korrigiert. Wir wollen die Leistungsschwankungen, die auf die Brennstoffzelle wirken, limitieren. Dies bilden wir dadurch ab, dass wir die Differenz zwischen der Entladeleistung von vorherigen Zeitpunkt $-\Delta$ mit der Entladeleistung des aktuellen Zeitpunktes auf ΔF_{max} limitieren:

$$|(F_{\mathrm{B}}(-\Delta) + F_{\mathrm{L}}(-\Delta)) - (F_{\mathrm{B}} + F_{\mathrm{L}})| \leq \Delta F_{\mathrm{max}} \tag{8.29}$$

Dadurch, dass wir die Änderung der Leistung der Brennstoffzelle limitieren, ist der Antrieb darauf angewiesen, dass immer genug Leistung durch die Batterie bereitgestellt wird. Daher ist sicherzustellen, dass der Ladezustand der Batterie nicht unterhalb einer bestimmten Schwelle fällt. Dies drücken wir durch die folgende Relation aus:

$$B_{\mathrm{B}} \geq \frac{\kappa}{\Delta t} c_{\mathrm{b}} \tag{8.30}$$

Wobei $c_{\mathrm{b}} \in [0,1]$ den Anteil der Speicherkapazität beschreibt, der mindestens vorhanden sein soll.

Die bisher beschriebenen Gleichungen stellen ein Ungleichungssystem dar. Ein solches System können wir als Optimierungsproblem ansehen. Um dies zu lösen, benötigen wir eine Zielfunktion, d. h. ein Maß, das es uns ermöglicht, eine gute Lösung von einer schlechten Lösung zu unterscheiden. In unserem Fall fokussieren wir uns auf die Aufgabe, die Verluste zu minimieren.

$$\min Y : \left(1 - \eta_{\mathrm{BL}}\right) B_{\mathrm{L}} + \left(1 - \eta_{\mathrm{LB}}\right) L_{\mathrm{B}} + \left(1 - \eta_{\mathrm{FB}}\right) F_{\mathrm{B}} + \left(1 - \eta_{\mathrm{FL}}\right) F_{\mathrm{L}} \tag{8.31}$$

In der Definition von Y haben wir darauf verzichtet, die Verluste durch Selbstentladung mit zu berücksichtigen. Bei beiden Speichermedien sind diese bezogen auf einen Tag gering. Mit diesen Gleichungen sind die Leistungsflüsse des Systems beschrieben. Im nächsten Schritt muss die Systemkonfiguration festgelegt werden. Wir müssen festlegen, welche Randbedingungen sich aus der Technologie heraus ergeben.

Wie wir bereits in Kapitel 2 beschrieben haben, lassen sich die Verluste durch drei Verlustkoeffizienten beschreiben. Wenn wir einen Transfer von A nach B, also A_B, haben, kommt lediglich die Leistungsmenge A'_B an:

$$A'_\mathrm{B} = A_\mathrm{B} - \left(a_\mathrm{AB} + b_\mathrm{AB} A_\mathrm{B} + c_\mathrm{AB} A_\mathrm{B}^2\right) \tag{8.32}$$

Dabei sind a_AB, b_AB und c_AB Verlustkoeffizienten, die durch die jeweilige technologische Realisierung festgelegt sind. Die Effizienz ergibt sich dann zu:

$$\eta_\mathrm{AB} = 1 - \left(\frac{a_\mathrm{AB}}{A_\mathrm{B}} + b_\mathrm{AB} + c_\mathrm{AB} A_\mathrm{B}\right) \tag{8.33}$$

Für die Ermittlung der Koeffizienten legen wir die Effizienz an drei Punkten fest:

1. Wo liegt die maximale Effizienz?
2. Wie hoch ist die maximale Effizienz?
3. Wie hoch ist die Effizienz bei Maximalleistung?

In Tabelle 8.4 sind diese Angaben für die verschiedenen leistungselektronischen Komponenten angegeben. Wir beziehen diese Angaben immer auf die Maximalleistung der Komponenten, d. h. wir gehen davon aus, dass die Effizienzkurve entsprechend der Maximalleistung skaliert. Die sich aus diesem Ansatz ergebenden Effizienzkurven der vier leistungselektronischen Komponenten sind in Bild 8.17 abgebildet.

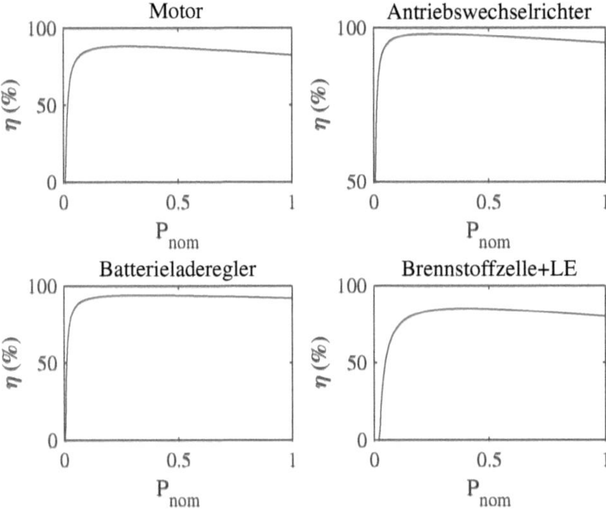

Bild 8.17 Verwendete Effizienzen der Einzelkomponenten. Bei der Brennstoffzelle wurden die Verluste von Brennstoffzelle und Fuel Cell Converter zusammen betrachtet.

Tabelle 8.4 Definition der Effizienzen der vier leistungselektronischen Komponenten des Brennstoffzellen-LKWs

Komponente	P_{max}	$\eta(P_{max})$	P_{opt}	$\eta(P_{opt})$
Motor	300 kW	75 %	40 % P_{max}	85 %
Antriebsumrichter	300 kW	98 %	25 % P_{max}	95 %
Batterieladeregler	100 kW	94 %	35 % P_{max}	92 %
Brennstoffzelle (+Wechselrichter)	300 kW	80 %	40 % P_{max}	85 %

Übung 8.13 Bestimmung der Verlustkoeffizienten anhand vorgegebener Werte

Wenn wir die in Tabelle 8.4 dargestellten Randbedingungen verwenden, wie sehen dann die Verlustkoeffizienten für a_{AB}, b_{AB} und c_{AB} für den Motor aus?

Lösung: Wir haben drei Unbekannte und die drei Gleichungen:

$$\eta(P_{max}) = 1 - \left(\frac{a_{AB}}{P_{max}} + b_{AB} + c_{AB}P_{max}\right)$$

$$\eta(P_{opt}) = 1 - \left(\frac{a_{AB}}{P_{opt}} + b_{AB} + c_{AB}P_{opt}\right)$$

$$0 = -\frac{a_{AB}}{P_{opt}^2} + c_{AB}$$

Wir lösen das Gleichungssystem zunächst für den Motor:

$$0{,}75 = 1 - \left(\frac{a_{AB}}{300\,\text{kW}} + b_{AB} + c_{AB}300\,\text{kW}\right)$$

$$0{,}85 = 1 - \left(\frac{a_{AB}}{120\,\text{kW}} + b_{AB} + c_{AB}120\,\text{kW}\right)$$

$$0 = -\frac{a_{AB}}{14.400\,\text{kW}^2} + c_{AB}$$

Für a_{AB} gilt dann:

$$a_{AB} = c_{AB}14.400\,\text{kW}^2$$

Somit lautet das Gleichungssystem:

$$0{,}75 = 1 - \left(\frac{c_{AB}14.400\,\text{kW}^2}{300\,\text{kW}} + b_{AB} + c_{AB}300\,\text{kW}\right)$$

$$0{,}85 = 1 - (c_{AB}120\,\text{kW} + b_{AB} + c_{AB}120\,\text{kW}) = 1 - (c_{AB}240\,\text{kW} + b_{AB})$$

$$a_{AB} = c_{AB}14.400\,\text{kW}^2$$

Als Nächstes lösen wir eine der beiden Gleichungen nach b_{AB} auf:

$$0{,}85 = 1 - (c_{AB}240\,\text{kW} + b_{AB})$$

$$b_{AB} = 0{,}15 - c_{AB}240\,\text{kW}$$

Somit lautet das Gleichungssystem:

$$0{,}75 = 1 - (c_{AB}48\,\text{kW} + 0{,}15 - c_{AB}240\,\text{kW} + c_{AB}300\,\text{kW})$$

$$b_{AB} = 0{,}15 - c_{AB}240\,\text{kW}$$

$$a_{AB} = c_{AB}120\,\text{kW}^2$$

Nun lösen wir das Ganze auch für c_{AB} auf:

$$0{,}75 = 1 - (c_{AB}48\,\text{kW} + 0{,}15 - c_{AB}240\,\text{kW} + c_{AB}300\,\text{kW})$$

$$0{,}75 = 0{,}85 - c_{AB}\,(48\,\text{kW} - 60\,\text{kW})$$

$$c_{AB} = \frac{0.1}{108\,\text{kW}} = 9{,}259 \cdot 10^{-4}\,\frac{1}{\text{kW}}$$

Wir erhalten so die gesuchten Koeffizienten:

$$c_{AB} = 9{,}259 \cdot 10^{-4}\,\frac{1}{\text{kW}}$$

$$b_{AB} = 0{,}15 - \left(9{,}259 \cdot 10^{-4}\,\frac{1}{\text{kW}} 240\,\text{kW}\right) = -0{,}072$$

$$a_{AB} = 9{,}259 \cdot 10^{-4}\,\frac{1}{\text{kW}} 120\,\text{kW}^2 = 13{,}33\,\text{kW}$$

■

Die Effizienzen der leistungselektronischen Komponenten entsprechen noch nicht den Effizienzen des Leistungstransfers von einem Knoten zum anderen. Hierzu müssen die verschiedenen Stufen kombiniert betrachtet werden. So müssen bei einem Leistungstransfer von der Brennstoffzelle zum Antrieb zunächst die Verluste des Wechselrichters der Brennstoffzelle, dann des Antriebsumrichters und danach des Motors ermittelt werden. Diese verschiedenen Schritte können dann zu einer Effizienzkurve zusammengefasst werden. In Bild 8.18 sind die Effizienzkurven für Batterie und Brennstoffzelle zur Last dargestellt. Man erkennt, dass die resultierende Effizienz für einen Leistungstransfer niedriger ist als die Effizienz der einzelnen Komponente. Dies ist zu erwarten, so würde bei einem Leistungstransfer von der Brennstoffzelle zur Batterie die Leistung zunächst durch die Brennstoffzelle, dann durch den Brennstoffzellenwandler und den Laderegler übertragen werden. Alle drei Komponenten reduzieren durch ihre Verluste die Gesamteffizienz.

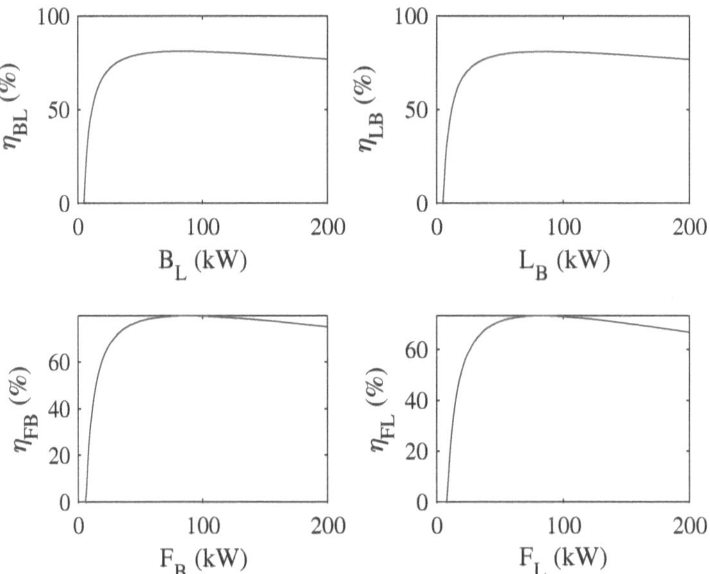

Bild 8.18 Effizienzkurven der vier Leistungstransfers zwischen der Brennstoffzelle *F*, der Batterie *B* und der Last *L*

Die Frage, wie die Brennstoffzelle genutzt wird, hängt von der Fragestellung ab, wie hoch die erlaubten Leistungsgradienten sind, die der Brennstoffzelle erlaubt werden, soll. Betrachten wird zunächst den Fall eines kleinen maximalen Leistungsgradienten von $\Delta F_{\max} = 0{,}05\,\frac{\text{kW}}{\text{s}}$. Hier wäre das Ziel, die Brennstoffzelle möglich dauerhaft zu betreiben. Daher wird $c_{\text{B}} = 50\,\%$ gewählt, d. h. sobald die Batteriekapazität unterhalb von 50 % fällt, fängt die Brennstoffzelle an zu laden. Bild 8.19 zeigt die Leistungsflüsse für eine Fahrt von zwei Stunden. In der ersten halben Stunde speist allein die Batterie den Motor. Ab da versorgt die Brennstoffzelle kurzzeitig auch die Last. Da zu diesem Zeitpunkt auch die Batterie an Kapazität verloren hat, beginnt der Leistungsfluss in die Batterie F_B langsam zu steigen. In Bild 8.19 ist deutlich zu erkennen, wie die Entladung der Brennstoffzelle langsam ansteigt. Dieser Anstieg ist jedoch nicht schnell genug, sodass die Batterie für einen kurzen Moment komplett entladen ist.

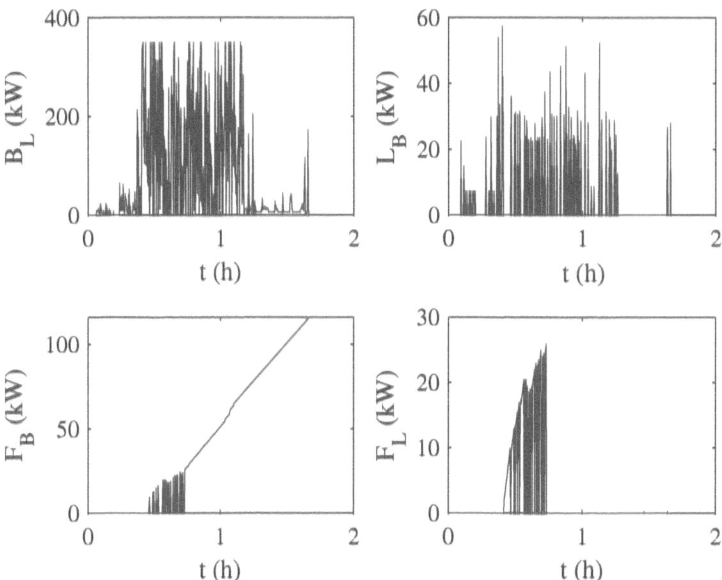

Bild 8.19 Leistungsflüsse für einen Antriebsstrang mit kleinen Gradienten. Der Schwellwert für das Laden der Batterie liegt bei 50 %.

Bei einem großen Gradienten sehen wir, dass keine Leistung in die Batterie übertragen wird. Stattdessen wird die Brennstoffzelle zusammen mit der Batterie für die Deckung der Last genutzt. Da beim Laden der Batterie höhere Verluste entstehen, als wenn die Last direkt gedeckt werden würde, macht diese Aufteilung Sinn.

Wir wollen nun versuchen, mithilfe geeigneter Messgrößen eine optimale Konfiguration zu ermitteln. Dabei betrachten wir vier Größen, die sich aus vier Anforderungen ableiten. Wir wollen sicherstellen, dass die Last stets versorgt ist. Mithilfe der Missing Load Ratio M beschreiben wir dabei den Anteil der Leistungspunkte im Lastprofil $\tilde{L}$, die in dem Zeitlauf nicht abgedeckt werden:

$$M = \frac{\tilde{L} - (\eta_{\text{FL}} F_{\text{L}} + \eta_{\text{BL}} B_{\text{L}})}{\tilde{L}} \tag{8.34}$$

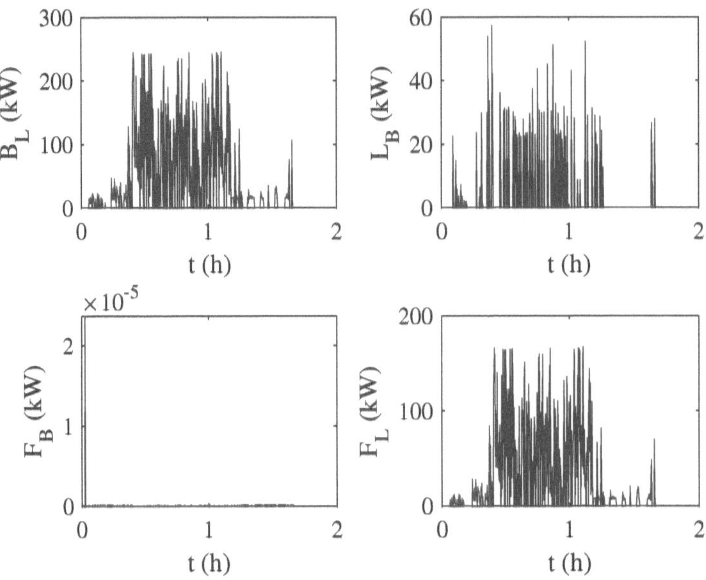

Bild 8.20 Leistungsflüsse für einen Antriebsstrang mit großem Gradienten. Der Schwellwert für das Laden der Batterie liegt bei 5 %.

In unserer Simulation haben wir keine Rückkopplung zwischen dem Fahrer und dem Lastprofil, d. h. eine Unterdeckung der Last hat keine Auswirkungen auf den weiteren Fahrverlauf. Dies vereinfacht den Rechenaufwand, damit die Ergebnisse trotzdem sinnvoll sind, sollte M nicht zu groß sein.

Als weitere Größe betrachten wir die Gesamteffizienz η des Leistungsflusses:

$$\eta = 1 - \frac{\sum_{t=0}^{t=T_{\text{End}}} Y}{\sum_{t=0}^{t=T_{\text{End}}} B_{\text{L}} + L_{\text{B}} + F_{\text{B}} + F_{\text{L}}} \tag{8.35}$$

η ist hier das Verhältnis der Verluste, bezogen auf die gesamte übertragene Leistung.

Um die Lebensdauer der Brennstoffzelle zu verlängern, haben wir die Beschränkung des Leistungsgradienten eingeführt. Als weitere Maßzahl betrachten wir den mittleren Leistungsgradienten ΔF_{rms}. Dieser gibt an, welcher Gradient im Mittel für die gesamte Fahrt beobachtet wird.

$$\Delta F_{\text{rms}} = \frac{1}{T_{\text{End}}} \sqrt{\sum_{t=0}^{t=T_{\text{End}}} (\Delta F)^2} \tag{8.36}$$

Die letzte Kennzahl ist der Gesamtenergieverbrauch κ, der für das Durchfahren des Lastprofils benötigt wird. Wir gehen davon aus, dass der Wasserstofftank sehr groß ist. Das Fahrzeug führt immer genug Energie mit sich, um seine Tour zu beenden. Aus der Füllmenge, die am Ende im Tank noch verblieben ist, können wir somit den Verbrauch ermitteln.

Im Folgenden betrachten wir den Einfluss von ΔF_{max} auf diese vier Größen. Dabei arbeiten wir mit einer Batteriekapazität von 100 kWh. Die Lithium-Ionen-Batterie kann mit einer maximalen Entladeleistung von 4C genutzt werden. Dies ist bei modernen Zellen für

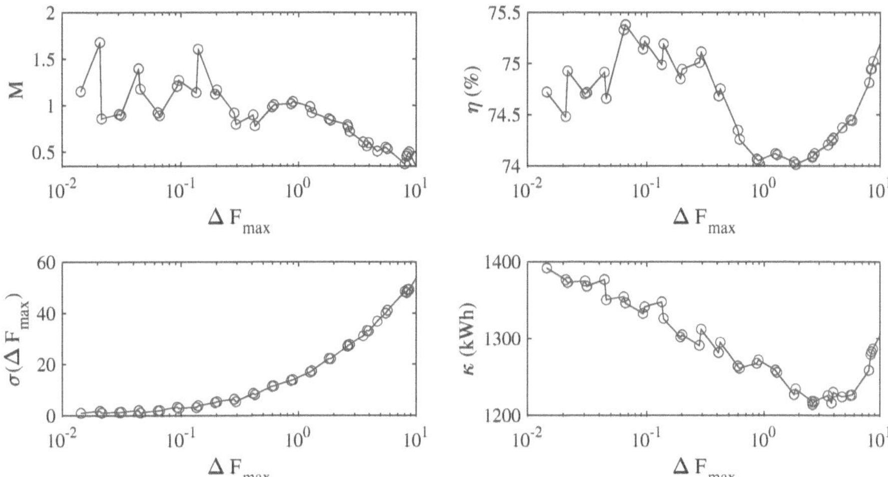

Bild 8.21 Auswertung der Fahrten mit unterschiedlichem maximalem Gradienten ΔF_{max} bei einer Batteriekapazität von 100 kWh

kürzere Zeitpunkte möglich. Wir variieren ΔF_{max} über einen Wertebereich von 0,01 $\frac{kW}{s}$ bis 10 $\frac{kW}{s}$ und betrachten die beschriebenen Größen. In Bild 8.21 ist das Ergebnis dieses Experimentes dargestellt. Aufgrund des großen Wertebereiches wählen wir eine logarithmische x-Achse.

Die Missing Load Ratio M zeigt, dass bereits bei einem sehr kleinen Wert für ΔF_{max} lediglich 1–1,5 % der Lastwerte nicht erfüllt sind. Da wir mit einem sehr großen Wasserstofftank arbeiten, sind diese Verluste allein auf die Trägheit der Brennstoffzelle zurückzuführen. Also auf jene Fälle, wo die Brennstoffzelle noch nicht genug Leistung beisteuert. Dieser „Trägheitseffekt" hält bis zu einem Wert von ca. 1 $\frac{kW}{s}$ an. Von da an fällt M ab.

Der Wirkungsgrad η variiert im gesamten Wertebereich des Experimentes zwischen 74 % und 75,5 %. Auffällig ist der Abfall ab ca. 0,4 $\frac{kW}{s}$. In diesem Bereich arbeitet die Brennstoffzelle als Range Extender deutlich besser, wie wir aus den Betrachtungen zu M wissen, d. h. die eingespeiste Leistung entspricht dem Bedarf der Batterie besser als bei einer trägen Einstellung. Dies hat zur Folge, dass die von der Brennstoffzelle bereitgestellte Leistung über eine zusätzliche Wandlungsstufe in die Batterie übertragen wird, was den Gesamtwirkungsgrad reduziert. Reduzieren wir die Trägheit der Brennstoffzelle, indem wir ΔF_{max} weiter erhöhen, kommt es zu einem Übergang, bei dem die Brennstoffzelle nicht mehr als Range Extender, sondern als Leistungsquelle für die Last dient. In diesem Fall wird die von der Brennstoffzelle bereitgestellte Leistung effizienter genutzt, was wir durch den Anstieg der beobachteten Effizienz beobachten können.

Der Anstieg der Effizienz macht sich auch im Verbrauch κ bemerkbar. Bei einer trägen Brennstoffzelle ist der Verbrauch mit 1.400 kWh im Vergleich zu einer Konfiguration mit einem hohen ΔF_{max} 16 % höher. Bei einem Wert von $\Delta F_{max} \approx 2 \frac{kW}{s}$ erreicht dieser sein Maximum. Überraschenderweise steigt der Verbrauch bei einem noch höheren Wert wieder an. Dies liegt daran, dass dann auch der Anteil der Brennstoffzelle bei der Versorgung der Last sich erhöht und dadurch die Verluste der Brennstoffzelle steigen.

Akzeptieren wir den Unterschied in der Effizienz, so wäre ein Gradient von $\Delta F_{max} = 0{,}2\,\frac{kW}{s}$ bezogen auf die benötigte Energiemenge die optimale Konfiguration. Allerdings müssen wir zuvor prüfen, ob die Brennstoffzelle für diesen höheren Gradienten geeignet ist.

Wir wollen diesen Abschnitt mit einer Betrachtung der Komponenten und der Anforderungsrückverfolgbarkeitsmatrix abschließen. In Bild 8.22 sind die Komponenten des Antriebsstrangs dargestellt. Der `Antriebsstrang` besteht aus mindestens einem `ElektroMotor`, der über einen `DC/AC` verfügt. Dadurch wird sichergestellt, dass der `ElektroMotor` in der Lage ist, die elektrische Energie in kinetische Energie umzuwandeln. Wir gehen davon aus, dass jedem `ElektroMotor` genau ein `DC/AC` zugeordnet ist, obwohl es theoretisch auch möglich wäre, dass ein `DC/AC` mehrere Motoren antreibt.

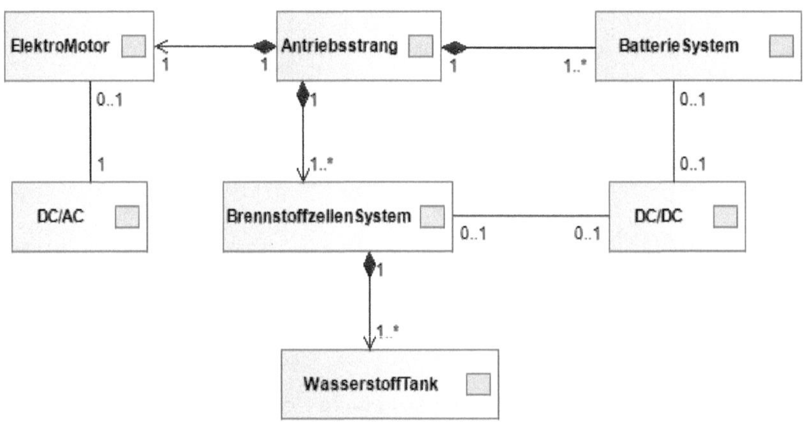

Bild 8.22 Komponenten des Antriebsstrangs für ein Hybrid-Nutzfahrzeug

Der `Antriebsstrang` benötigt die beiden Energiequellen, das `BatterieSystem` und das `BrennstoffzellenSystem`. Beide Komponenten können an einen `DC/DC` angeschlossen werden, der das notwendige Spannungsniveau einstellt. Während das `BatterieSystem` die Energie in seinen elektrochemischen Zellen speichert, benötigt das `BrennstoffzellenSystem` einen externen Speicher, den `HydrogenTank`.

In Tabelle 8.5 ist die Requirement Traceability Matrix dargestellt. Wir beziehen uns hier nur auf die Anforderungen **FCT 1** bis **FCT 10** und gehen davon aus, dass die allgemeinen und technologiespezifischen Anforderungen von den Komponenten `BatterieSystem` und `BrennstoffzellenSystem` erfüllt werden. **FCT 1** befasste sich mit den Leistungsanforderungen des Antriebsstrangs. Hier müssen alle Komponenten beteiligt sein, die am Leistungstransport und dessen Erzeugung beteiligt sind, d. h. der Elektromotor und sein DC/AC müssen die Motorleistung umwandeln können, die Energiequellen Batteriesystem und Brennstoffzellenstapel müssen die Energie bereitstellen können.

FCT 2 befasste sich mit dem Rekuperationssystem. Unsere Analyse ergab, dass die ursprünglich angegebene Leistung zu hoch war bzw. sehr hohe Kosten bei geringem Nutzen bedeutet hätte. Deshalb haben wir die Leistung auf 52 kW reduziert. Die dafür erforderlichen Komponenten sind das `BatterieSystem` und der `DC/DC`.

Tabelle 8.5 Requirement Traceability Matrix für die Komponenten des Antriebsstrangs des Hybrid-Nutzfahrzeugs.

	Anwendungsanforderungen									
	WP 1	WP 2	WP 3	WP 4	WP 5	WP 6	WP 7	WP 8	WP 9	WP 10
`ElektroMotor`	X									
`DC/DC`	X			X						X
`BrennstoffzellenSystem`	X				X	X				X
`BatterieSystem`	X	X		X	X	X	X			X
`DC/AC`	X	X		X	X	X	X			X
`LeistungsflussKontrolle`								X		X
`Mechanikkonstruktion`									X	

FCT 3 ist eine klare Anforderung an den `Wasserstofftank`. Hier ist die Verantwortung klar definiert. **FCT 4**, die Rekuperationsfunktion, erfordert vier Komponenten: den `ElectroMotor`, den `DC/AC` sowie das `BatterieSystem` und den `DC/DC`. Denn alle vier Komponenten sind auch an dem Leistungsfluss beteiligt, der während der Rekuperation auftritt.

FCT 5 wird vom `BrennstoffzellenSystem`, dem `BatterieSystem` und dem `DC/DC` erfüllt. Dabei ist jedoch zu beachten, dass die Komponente `DC/DC` in zwei Varianten auftreten kann: einmal zum Anschluss des `BatterieSystem` an den DC-Bus und einmal zum Anschluss des `BrennstoffzellenSystem` an den DC-Bus.

FCT 6 ist eine direkte Anforderung an das Brennstoffzellensystem, das Batteriesystem und den DC/DC-Bus. Denn die Anforderung ist hier, dass alle drei Komponenten skalierbar kombiniert werden können. Die spezifischere Anforderung **FCT 7** bezieht sich nur auf das `BatterieSystem` und dessen `DC/DC`.

Bisher gab es nur Anforderungen an die spezifischen Komponenten. **FCT 8** ist eine allgemeine Anforderung an die Art der Betriebssteuerung, die von der `LeistungsflussKontrolle` implementiert wird. Ebenso ist **FCT 9** eine Anforderung für die allgemeine Komponente `Mechanikkonstruktion`.

FCT 10, die Anforderung nach einer Reduzierung des Gradienten bzw. der Leistungsfluktuationen, ist eine Anforderung, die durch das Zusammenspiel von `LeistungsflussKontrolle`, `BatterieSystem` und `BrennstoffzellenSystem` realisiert werden muss.

8.3.4 Zusammenfassung

In diesem Beispiel haben wir einen Hybridantriebsstrang für ein Fahrzeug entworfen. Diese Überlegungen können erheblich vertieft werden, denn die Aspekte, die für die Auslegung und Konstruktion eines Hybridantriebsstrangs gelten, sind relativ komplex. Insbesondere dann, wenn auch die Fahrdynamik und die Anforderungen im Detail betrachtet werden. Für die Auslegung des Systems müssen zwei Speichersysteme ausgelegt werden. Wir haben zunächst die Batterie anhand einer Zielleistung von 100 kW ausgelegt. Danach haben wir uns mit der Frage beschäftigt, wie die technische Anforderung, dass Leistungsschwankungen auf der Brennstoffzelle vermieden werden, in den Leistungsflussgleichungen formuliert und gelöst werden. Wir konnten ermitteln, wie die Höhe der erlaubten Fluktuationen das Gesamtsystem und seine Leistungsflüsse beeinflussen.

Im nächsten Abschnitt untersuchen wir eine weitere chemische Speichertechnologie: die Methanisierung.

8.4 Methanisierung – „Power to Gas" oder „Power to Liquid"

Wir haben gesehen, wie wir elektrische Energie nutzen können, um Wasser zu spalten und Wasserstoff als Energieträger zu gewinnen. Wir haben somit einen Prozess, der es uns ermöglicht, Energie zu speichern, z. B. regenerativ erzeugte Energie für eine lange Zeit und wieder durch direkte Verbrennung oder durch eine Brennstoffzelle zu nutzen. Allerdings mussten wir auch erkennen, dass die volumetrische Energiedichte von Wasserstoff im Vergleich zu fossilen Brennstoffen geringer ist. Dies kann durch die Art und Weise, wie wir Wasserstoff nutzen, teilweise kompensiert werden, ist aber ein Nachteil, insbesondere bei Verkehrsanwendungen. Ein weiterer Nachteil ist, dass der weltweite Energieverbrauch und die Energieinfrastruktur auf die Verbrennung fossiler Brennstoffe ausgelegt sind. Sowohl im Mobilitätssektor als auch im Wohnungs- und Energiesektor ist die Infrastruktur für den Transport, die Lagerung und die Verbrennung fossiler Brennstoffe bereits vorhanden. Teile können bei einer Umstellung auf Wasserstoff übernommen werden, andere Teile müssten ersetzt werden.

Wenn wir eine Technologie hätten, um elektrische Energie in Methan umzuwandeln, hätten wir eine Lösung gefunden. Methan ist der Hauptbestandteil von Erdgas, das seit vielen Jahrzehnten im Haushalts- und Energiesektor, aber auch in der Mobilität eingesetzt wird. Mit Methan hätten wir ein Speichermedium, für das wir bereits eine Transport-, Speicher- und Nutzungsinfrastruktur haben.

Mit der Methanisierung steht uns eine solche Technologie zur Verfügung. Sie wird als „Power to Gas" oder „Power to Liquid" bezeichnet [GLM+16]. Elektrische Energie wird genutzt, um Methan zu erzeugen. Dieses wird dann gespeichert und später genutzt. Machen wir uns zunächst mit der Grundreaktion vertraut, um dann zu sehen, wie wir das in Abschnitt 7.5.3 beschriebene Inselnetz um eine Methanisierungsanlage ergänzen können.

8.4.1 Die Grundreaktion für Leistung zu Gas

Methan CH_4 besteht aus einem Teil Wasserstoff und vier Teilen Kohlenstoff. Zur Herstellung von Methan benötigen wir daher eine Wasserstoff- und eine Kohlenstoffquelle. Den Wasserstoff können wir durch die Spaltung von Wasser gewinnen. Wir haben die Technologien bereits kennengelernt, und sie machen einen großen Teil des Strombedarfs für die Methanisierung aus. Als Kohlenstoffquelle kann uns Kohlendioxid aus der Atmosphäre dienen.

Im ersten Schritt zersetzen wir das Kohlendioxid und bilden aus Wasserstoff und Kohlendioxid Kohlenmonoxid und Wasser:

$$H_2 + CO_2 \longrightarrow CO + H_2O \tag{8.37}$$

Diese Reaktion benötigt $41\frac{\text{kJ}}{\text{mol}}$ Energie.

Im zweiten Schritt wird dem Kohlenmonoxid weiterer Wasserstoff zugesetzt, und es entstehen Methan und Wasser:

$$3H_2 + CO \longrightarrow CH_4 + H_2O \tag{8.38}$$

Diese Reaktion ist exotherm und setzt $206\frac{\text{kJ}}{\text{mol}}$ frei.

Beide Gesamtreaktionen können in einer Reaktionsgleichung zusammengefasst werden:

$$4H_2 + CO_2 \longrightarrow CH_4 + 2H_2O \tag{8.39}$$

Die Reaktion findet bei einer Temperatur von (250–300 °C) und einem Druck von 20–30 bar statt und ist exotherm. Wir müssen also nur die geeigneten Umgebungsbedingungen für die Reaktion schaffen und können die freigesetzte Wärmeenergie nutzen, um die Reaktion aufrechtzuerhalten.

Sowohl in Reaktion 8.37 als auch in Reaktion 8.38 wird Wasser freigesetzt. Dieses Wasser können wir einem Elektrolyseur zuführen, um dort zusätzlich Wasserstoff zu gewinnen. In Bild 8.23 ist der gesamte Prozess dargestellt. Wasser und Kohlendioxid werden in die Methanisierungsanlage eingespeist. Die Reaktionsprodukte sind Wasser und Methan. Bei der Methanisierung werden acht Wasserstoffatome in einen Teil Methan, der vier Wasserstoffatome bindet, und zwei Teile Wasser, das die anderen vier Wasserstoffatome bindet, umgewandelt. Das gebildete Wasser wird in den Elektrolyseur zurückgeführt, damit die Wasserstoffatome wieder vom Sauerstoff getrennt und dem Methanisierungsprozess zugeführt werden können. Wir können also davon ausgehen, dass der Wirkungsgrad eines Methanisierungsschritts bei etwa 50 % liegt, da nur die Hälfte des Wasserstoffs zum angestrebten

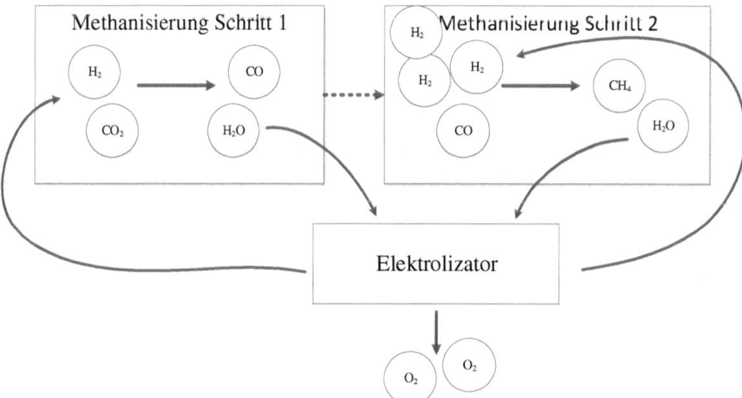

Bild 8.23 Veranschaulichung des Methanisierungsprozesses. Die Methanisierung erfolgt in zwei separaten Schritten, die beide Wasserstoff benötigen, der in einem Elektrolyseur erzeugt wird.

Endprodukt wird. Kombiniert man dies mit dem 80-prozentigen Wirkungsgrad eines Elektrolyseurs, so ergibt sich ein Wirkungsgrad von nur 40 % [GBF18, GLM⁺16].

Im Vergleich zu anderen Speichertechnologien hat die Methanisierung einen geringen Wirkungsgrad. Allerdings hat die Methanisierung auch Vorteile. Wir können große Mengen an Methan über einen sehr langen Zeitraum in einer bestehenden Infrastruktur speichern. Die Energiedichte ist hoch, was ein Vorteil für mobile Anwendungen ist. Methan kann nicht nur zur Energiegewinnung genutzt werden, sondern dient auch als Rohstofflieferant in der chemischen Industrie.

Neben der Herstellung von Methan über den in Bild 8.23 beschriebenen industriellen Prozess ist es auch möglich, den Wasserstoff zusammen mit dem Kohlendioxid in einen Bioreaktor einzuspeisen, wo die Reaktion in einem biologischen Prozess abläuft. Bei diesem Prozess wird Biomasse zersetzt. Es entstehen Methan und Kohlendioxid, das wiederum in Wasser und Methan umgewandelt wird.

Die hohen Temperaturen, die bei der katalytischen Methanisierung entstehen, können für eine zusätzliche Vernetzung der Sektoren genutzt werden: Zusammen mit Kohlendioxid, das der Atmosphäre oder einer Biogasanlage entnommen wird, entsteht Wärme und Methan. Die Wärme wird in das Wärmenetz eingespeist, das Methan wird zur späteren Nutzung gespeichert. Dabei kann das Methan entweder durch Verbrennung genutzt oder in geeigneten Brennstoffzellen zur Erzeugung elektrischer Leistung eingesetzt werden. Das Power-to-Gas-Verfahren hat also zwei Vorteile: Wir nutzen eine bereits vorhandene Infrastruktur, und wir kombinieren drei Sektoren: den Stromsektor, den Mobilitätssektor und den Wärmesektor unseres Energiesystems. Im nächsten Abschnitt untersuchen wir Power to Gas etwas genauer, beschränken uns dabei aber nur auf den Stromsektor.

8.4.2 Anwendungsbeispiel – Integration von „Power to Gas“ in das Inselnetz

In Abschnitt 7.5.3 hatten wir ein Inselnetz mit einer Windturbine und einer Hochtemperaturbatterie ausgestattet. Außerdem wurde das Inselnetz mit einem gasbefeuerten Kraftwerk ausgestattet, das fossile Brennstoffe zur Stromerzeugung nutzt. In diesem Beispiel wollen wir das System um ein Power-to-Gas-Kraftwerk erweitern. Bild 8.24 zeigt den Aufbau. Das Power-to-Gas-System besteht aus einem bidirektionalen Wechselrichter. Dieser ermöglicht es uns, Leistung aus dem Netz zu entnehmen oder ins Netz einzuspeisen. Die elektrische Energie, die wir aus dem Netz entnehmen, wird in einen elektrischen Generator eingespeist, der Wasserstoff erzeugt. Dieser Wasserstoff wird zwischengespeichert. Mit einer Brennstoffzelle können wir diesen Wasserstoff in elektrische Energie umwandeln und ins Netz einspeisen. Alternativ wandeln wir ihn in einem Methanisierungsprozess in Methan um. Das Methan wird in einem Tank zwischengespeichert und in das Gasnetz eingespeist.

Um das Leistungsflussdiagramm zu erstellen, müssen wir zwei Leistungsknoten zu dem in Bild 7.44 gezeigten Diagramm hinzufügen. Zum einen haben wir den Knoten H, der den Wasserstofftank darstellt, und den Knoten M, der den Methantank darstellt. Würden wir alle Leistungspfade und die beiden neuen Knoten in Bild 7.44 integrieren, bekämen wir ein unübersichtliches Bild. Daher beschränken wir uns auf die Betrachtung der Leistungsflüs-

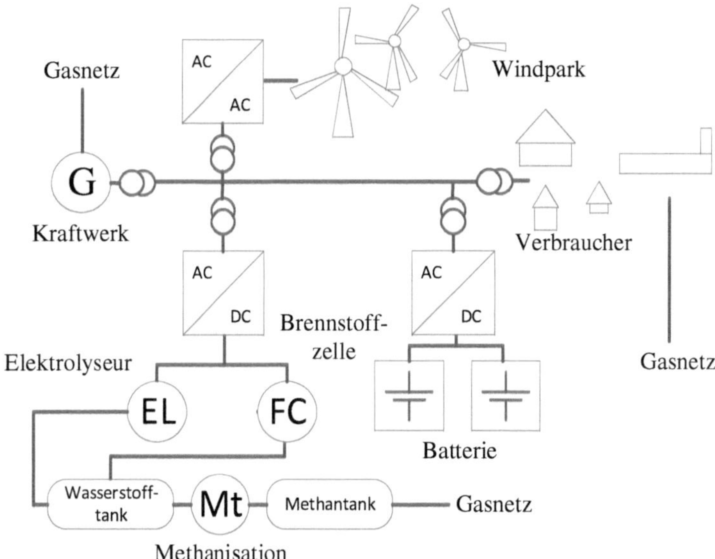

Bild 8.24 Autonom versorgtes Inselnetz. Ein Windpark und ein mit Erdgas betriebenes Kraftwerk dienen als Hauptenergiequelle. In das System sind zwei Speichereinheiten integriert, eine Batterie und ein „Power to Gas“-Kraftwerk. Das erzeugte Methan wird gespeichert und in das Gasnetz eingespeist.

se der neuen Knoten und ergänzen die Darstellung von Bild 7.44 um zusätzliche Zu- und Abflüsse.

Der Wasserstofftank erhält seine Leistung über das Windkraftwerk W, das Kraftwerk G, das Solarkraftwerk P oder aus dem Speicher S. Die Leistung wird entweder an die Last L, den Speicher S oder die Methanisierungsanlage M abgegeben.

Der Methantank hat nur einen Zufluss, und zwar vom Wasserstofftank. Andererseits kann er seine Leistung an das Kraftwerk G abgeben. Da wir bisher nur Haushalte als elektrische Verbraucher betrachtet haben und wir davon ausgehen, dass die Verbraucher im Haushalt keine eigenen Generatoren haben, die Strom aus fossilen Brennstoffen erzeugen, können wir in unserer aktuellen Darstellung die Verbraucher nicht direkt über den Methantank versorgen. Alternativ besteht die Möglichkeit, den Gasbedarf der Haushalte als eigenes Lastprofil $\tilde{L}_G$ zu beschreiben, dann existiert hier ein weiterer Knoten L_G.

In Bild 8.25 sind die neuen Teile des Leistungsflussdiagramms dargestellt. Wir haben die zusätzlichen Leistungsflüsse in das Leistungsflussdiagramm aus Bild 7.44 eingetragen. Außerdem haben wir die Leistungsknoten H und M mit ihren Zu- und Abflüssen separat dargestellt.

Wir wollen nun die Leistungsflussgleichung für H und M aufstellen. Wir beginnen mit dem Wasserstofftank H.

$$0 = \eta_{WH} W_H + \eta_{SH} S_H + \eta_{PH} P_H + \eta_{HH} H_H(-\Delta) - (H_H(\Delta) + H_L + H_M + H_S) \tag{8.40}$$

Der Wasserstofftank bezieht seine Leistung aus dem Windpark W_H, dem Speicher S_H und dem Kraftwerk P_H. Er kann seine Leistung an den Verbraucher, den Methantank mit sei-

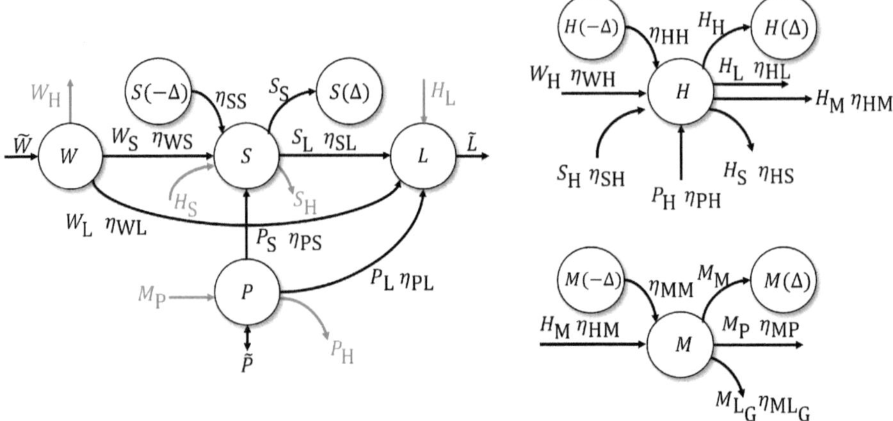

Bild 8.25 Erweitertes Leistungsflussdiagramm für ein autarkes Inselnetz, das mit einem Windpark und einer Batterie sowie einer Power-to-Gas-Anlage ausgestattet ist. Zur besseren Übersicht sind die beiden zusätzlichen Leistungsknoten *H* und *M* mit ihren Zu- und Abflüssen separat dargestellt. In der Gesamtübersicht sind die neuen Leistungsflüsse in grau eingetragen.

ner Methanisierungseinrichtung und den Speicher übertragen. Wenn wir davon sprechen, dass der Wasserstofftank eine Leistung bezieht, ist damit der Leistungstransfer gemeint, der für die Erzeugung und Speicherung von Wasserstoff benötigt wird. Analog ist die Leistungsentnahme als der Prozess anzusehen, der Leistung aus der Verbrennung von Wasserstoff aus dem Tank entnimmt.

Als Nächstes sehen wir uns den Methantank an. Hier lautet die Flussgleichung:

$$0 = H_M\eta_{HM} + M_M(-\Delta)\eta_{MM} - \left(M_M(\Delta) + M_P + M_{L_G}\right) \tag{8.41}$$

Hier verwenden wir den Leistungsfluss M_{L_G} nur, wenn wir auch ein Lastprofil $\tilde{L}_G$ haben, das den Gasbedarf des Haushalts beschreibt. In diesem Fall gibt es eine zusätzliche Gleichung für den Leistungsfluss zu berücksichtigen:

$$\tilde{L}_G = M_{L_G}\eta_{ML_G} + \tilde{G}_C \tag{8.42}$$

Wir mussten in Gl. 8.42 die Menge $\tilde{G}_C$ einführen, die den Leistungsbedarf des fossilen Gases beschreibt, der nicht durch die Methanisierungsanlage gedeckt werden kann. Auf diese Weise haben wir die Möglichkeit, die Dimensionierung der Methanisierungsanlage anzupassen und die Mengen zu variieren.

Übung 8.14 Erweiterung der Leistungsflussgleichungen um die Methananlage

Wir haben die Gleichungen für den Wasserstofftank und den Methantank in 8.40 und 8.41 formuliert. Wir müssen uns die Leistungsflussgleichungen für die Windturbine *W*, die Batterie *S*, das Gaskraftwerk *P* und die Lasten *L* ansehen. Wie lauten die erweiterten Leistungsflussgleichungen für diese Knoten? (Hinweis: Um sie zu berechnen, müssen wir die Gleichungen aus Abschnitt 7.5.3 erweitern.)

Lösung: Wir beginnen mit den Gleichungen für den Leistungsfluss im Windpark. Wie in Bild 8.25 zu sehen ist, erhält dieser einen zusätzlichen Leistungsabfluss W_H, d. h. ein Teil der Leistung wird zur Erzeugung von Wasserstoff verwendet. Die Gleichung lautet also:

$$\tilde{W} \geq W_S + W_L + W_H$$

Die Batterie kann über die Brennstoffzelle Leistung aus dem Wasserstofftank beziehen. Sie hat einen zusätzlichen Zufluss H_S. Umgekehrt kann sie aber auch Leistung abgeben, um den Wasserstofftank zu füllen. Es gibt also noch einen Leistungsfluss S_H

$$0 = \eta_{WS} W_S + \eta_{SS} S_S(\Delta) + \eta_{PS} P_S + \eta_{HS} H_S - (S_L + S_S(\Delta) + S_H)$$

Das Gaskraftwerk kann zusätzliche Leistung aus dem Methantank beziehen. Wir haben einen zusätzlichen Leistungsfluss M_P. Aber wir können die Leistung des Kraftwerks nutzen, um den Elektrolyseur mit Strom zu versorgen und den Wasserstofftank zu füllen. Wir haben immer noch einen zusätzlichen Leistungsabfluss P_H.

$$0 = \eta_{MP} M_P + \tilde{P} - (P_S + P_L + P_H)$$

Diese Formulierung unterscheidet sich leicht von der in Abschnitt 7.5.3 vorgestellten. Wenn wir $\tilde{P}$ als Lastprofil bzw. Verbrauchsprofil interpretieren, dann ist klar, warum wir $\tilde{P}$ hier als Leistungszufluss angeben. $\tilde{P}$ entspricht in der Größe dem um den Leistungszufluss aus dem Methantank korrigierten Leistungsbedarf von Batterie und Verbraucher.

Der Verbrauchsknoten L, der nur die elektrischen Verbraucher beschreibt, erhält nun einen zusätzlichen Zufluss über den Wasserstofftank H_L. Die Gleichung für den Leistungsfluss lautet somit:

$$\tilde{L} = \eta_{WL} W_L + \eta_{SL} S_L + \eta_{PL} P_L + \eta_{HL} H_L$$

■

Unter Verwendung der Gleichungen 8.40, 8.41, 8.42 sowie der erweiterten Gleichungen aus der Übung 8.14 haben wir die Gleichungen für den Leistungsfluss zusammengestellt. Die Erweiterung erhöht die Komplexität des Gesamtsystems erheblich. Wir müssen insgesamt zehn zusätzliche Leistungsflüsse in der Betriebsführung angeben und die Einhaltung zusätzlicher Randbedingungen und Bilanzgleichungen beachten.

Durch die Einführung des Wasserstoff- und Methantanks haben wir die Möglichkeit geschaffen, einen saisonalen Speicher einzuführen. Die Selbstentladung der beiden Speicher ist gering. Wir können Methan über Monate und Jahre speichern, und dasselbe gilt für Wasserstoff, wobei hier Verluste messbar sein werden, da Wasserstoff ein flüchtiges Gas ist. Dies stellt uns vor das zusätzliche Problem, wie wir das Energiesystem sinnvoll betreiben können. Die in Abschnitt 7.5.3 vorgestellte Betriebsführung funktionierte ohne Vorhersage. Das heißt, um einen Leistungsfluss zum Zeitpunkt t zu bestimmen, wurden alle Informationen vom Zeitpunkt $t - \Delta t$ gesammelt und mit den Informationen zum Zeitpunkt t kombiniert. Die Entscheidung, welche Leistungen wie zu bewerten sind, hing von diesen Informationen ab. Dieser Ansatz gilt nicht für die saisonale Speicherung, da die Information, dass in einigen Tagen oder Monaten ein Leistungsfluss benötigt wird, der nicht durch Wind oder die Batterie gedeckt werden kann, nicht verfügbar ist und in den bisherigen Leistungsflussgleichungen nicht berücksichtigt wurde. Es gibt verschiedene Ansätze, dieses Problem zu lösen.

Für den Wasserstofftank und den Methantank wird ein Mindestfüllstand $\kappa_{H,min}$, $\kappa_{M,min}$ als Randbedingung vorgegeben. Dieser Füllstand kann zeitabhängig sein. Diese Randbedingung fügt den bestehenden Gleichungen eine saisonale Komponente hinzu. Wenn wir beispielsweise das Reservoir in den Sommer- und Herbstmonaten füllen wollen, damit die Entladung in den Winter- und Frühlingsmonaten stattfinden kann, können wir diesen Füllvorgang durch diese Randbedingung festlegen.

Das Be- und Entladen der Wasserstoff- und Methantanks belohnen oder bestrafen wir mit einem zeitabhängigen Tarif. Da die Wirkungsgrade der Leistungen aus dem Wasserstoff- und Methantank im Vergleich zu den anderen Leistungen deutlich geringer sind – wir erinnern uns, dass die Methanisierung einen Wirkungsgrad von 50 % hatte –, können wir die Leistungen durch finanzielle Mittel erhöhen. Wir können saisonale Effekte in die Tarife einbeziehen. In diesem Fall würden wir die Erlösfunktion anpassen, die die Kosten für das gesamte System berücksichtigt.

Die ersten beiden Ansätze haben den Nachteil, dass wir sozusagen Spezifikationen „von außen" in das System einführen. Ein solcher Ansatz birgt immer die Gefahr, dass derjenige, der die Vorgaben macht, auch das Verhalten des Systems bestimmt. Bei der Analyse der Lösung stellt sich immer die Frage, ob eine optimale Systemkonfiguration mit einem optimalen Systemverhalten wirklich eine optimale Lösung ist oder ob es bessere Lösungen gibt. Eine andere Möglichkeit ist, dass die Betriebsführung die Leistungsflüsse nicht mehr nur für einen Zeitpunkt, sondern für mehrere Zeitpunkte gleichzeitig bestimmt. Dies entspricht einer Lösung mit einer perfekten Prognose. In einem solchen Fall müssen wir keine Annahmen über Tarife oder Mindestkapazitäten treffen. Solche Berechnungen sind anspruchsvoll, aber technisch lösbar.

8.5 Zusammenfassung

In diesem Kapitel haben wir uns mit chemischen Speichertechnologien beschäftigt. Dabei handelt es sich im Wesentlichen um die Erzeugung von Wasserstoff und Methan. Beide Speichermedien haben den Vorteil, dass sie eine hohe Energiedichte haben und Energie über einen sehr langen Zeitraum speichern können. Wenn bei der Speicherung entsprechende Maßnahmen getroffen werden, ist die Selbstentladung im Vergleich zu anderen Speichertechnologien vernachlässigbar. Beide Speichermedien können auf zwei Arten genutzt werden. Zum einen durch die Verbrennung des Speichermediums. Sowohl Methan als auch Wasserstoff können in modifizierten Verbrennungsmotoren verwendet werden. Im Haushalt können beide Medien mit geeigneten Geräten verbrannt werden, um Wärme oder Strom zu erzeugen. Alternativ können beide Medien durch kalte Verbrennung genutzt werden, die in einer Brennstoffzelle stattfindet. Hier findet eine chemische Reaktion statt, bei der Strom und Abwärme erzeugt werden. Der Wirkungsgrad ist wesentlich höher als der eines Verbrennungsmotors, weshalb sich mit Wasserstoff betriebene Brennstoffzellen in der Mobilität immer mehr durchsetzen.

Der größte Nachteil dieser Technologien ist ihr geringerer Wirkungsgrad im Vergleich zu anderen Speichertechnologien. Dies gilt vor allem für die Methanisierung, die prozessbedingt nur einen Wirkungsgrad von 50 % erreichen kann. Rechnet man die leistungselektronischen Umwandlungsstufen hinzu, werden Wirkungsgrade von 30–40 % erreicht. Auf der anderen Seite verfügen viele Länder bereits über eine Gasinfrastruktur, die fossiles Gas nutzt. Diese Infrastruktur für Speicherung, Transport und Verbrauch kann dann direkt genutzt werden.

Tabellenverzeichnis

Literatur

[AHC[+]13] AKHIL, Abbas A. ; HUFF, Georgianne ; CURRIER, Aileen B. ; KAUN, Benjamin C. ; RASTLER, Dan M. ; CHEN, Stella B. ; COTTER, Andrew L. ; BRADSHAW, Dale T. ; GAUNTLETT, William D.: *DOE/EPRI 2013 electricity storage handbook in collaboration with NRECA.* Bd. 1. Sandia National Laboratories Albuquerque, NM, 2013

[App18] APPEN, Jan von: *Sizing and operation of residential photovoltaic systems in combination with battery storage systems and heat pumps.* Bd. 5. Kassel University Press GmbH, 2018

[APTM13] ARDITO, Luca ; PROCACCIANTI, Giuseppe ; TORCHIANO, Marco ; MIGLIORE, Giuseppe: Profiling power consumption on mobile devices. In: *Energy* (2013), S. 101–106

[ARP[+]15] ACONE, Mariano ; ROMANO, Roberto ; PICCOLO, Antonio ; SIANO, Pierluigi ; LOIA, Francesca ; IPPOLITO, Mariano G. ; ZIZZO, Gaetano: Designing an Energy Management System for smart houses. In: *2015 IEEE 15th International Conference on Environment and Electrical Engineering (EEEIC)* IEEE, 2015, S. 1677–1682

[ASB12] APPEN, J von ; SCHMIEGEL, A ; BRAUN, M: Impact of pv storage systems on low voltage grids: A study on the influence of pv storage systems on the voltage symmetry of the grid. In: *27th European Photovoltaic Solar Energy Conference,* 2012

[ASR[+]09] ARMSTRONG, Marianne M. ; SWINTON, Mike C. ; RIBBERINK, Hajo ; BEAUSOLEIL-MORRISON, Ian ; MILLETTE, Jocelyn: Synthetically derived profiles for representing occupant-driven electric loads in Canadian housing. In: *Journal of Building Performance Simulation* 2 (2009), Nr. 1, S. 15–30

[Bad07] BADESCU, Viorel: Optimal control of flow in solar collectors for maximum exergy extraction. In: *International journal of heat and mass transfer* 50 (2007), Nr. 21-22, S. 4311–4322

[Bau19] BAUER, Michaela: *System Design and Power Flow of Stationary Energy Storage Systems,* ETH Zurich, Diss., 2019

[BB10] BLUNDELL, Stephen J. ; BLUNDELL, Katherine M.: *Concepts in thermal physics.* Oxford University Press on Demand, 2010

[BG04] BOUFFARD, François ; GALIANA, Francisco D.: An electricity market with a probabilistic spinning reserve criterion. In: *IEEE Transactions on Power Systems* 19 (2004), Nr. 1, S. 300–307

[BGH+09] BREYER, Ch ; GERLACH, A ; HLUSIAK, M ; PETERS, C ; ADELMANN, P ; WINIECKI, J ; SCHÜTZEICHEL, H ; TSEGAYE, S ; GASHIE, W: Electrifying the poor: Highly economic off-grid PV systems in Ethiopia–A basis for sustainable rural development. In: *Proceedings 24th European Photovoltaic Solar Energy Conference, Hamburg*, 2009, S. 21–25

[BGSS10] BREYER, Christian ; GERLACH, Alexander ; SCHÄFER, Daniel ; SCHMID, Jürgen: Fuel-parity: new very large and sustainable market segments for PV systems. In: *2010 IEEE International Energy Conference* IEEE, 2010, S. 406–411

[BJ89] BRANSDEN, Brian H. ; JOACHAIN, Charles J.: Introduction to quantum mechanics. (1989)

[BN16] BOLDEA, Ion ; NASAR, Syed A.: *Electric drives.* CRC press, 2016

[BR10] BLANC, Christian ; RUFER, Alfred: Understanding the vanadium redox flow batteries. In: *Paths to Sustainable Energy* 18 (2010), Nr. 2, S. 334–336

[Bru19] BRUNDLINGER, R: Grid Codes in Europe-Overview on the current requirements in European codes and national interconnection standards. In: *NEDO/IEA PVPS Task* 14 (2019)

[BWS13] BLUM, Nicola U. ; WAKELING, Ratri S. ; SCHMIDT, Tobias S.: Rural electrification through village grids—Assessing the cost competitiveness of isolated renewable energy technologies in Indonesia. In: *Renewable and Sustainable Energy Reviews* 22 (2013), S. 482–496

[CA13] CAMACHO, Eduardo F. ; ALBA, Carlos B.: *Model predictive control.* Springer science & business media, 2013

[CAG+15] CHOWDHURY, Shahriar A. ; AZIZ, Shakila ; GROH, Sebastian ; KIRCHHOFF, Hannes ; LEAL FILHO, Walter: Off-grid rural area electrification through solar-diesel hybrid minigrids in Bangladesh: resource-efficient design principles in practice. In: *Journal of cleaner production* 95 (2015), S. 194–202

[CH+10] CARROLL, Aaron ; HEISER, Gernot u. a.: An analysis of power consumption in a smartphone. In: *USENIX annual technical conference* Bd. 14 Boston, MA, 2010, S. 21–21

[CP10] CHANG, Byoung-Yong ; PARK, Su-Moon: Electrochemical impedance spectroscopy. In: *Annual Review of Analytical Chemistry* 3 (2010), S. 207–229

[CPV17] CIRRINCIONE, Maurizio ; PUCCI, Marcello ; VITALE, Gianpaolo: *Power converters and AC electrical drives with linear neural networks.* CRC Press, 2017

[CT64] CAIRNS, EJ ; TEVEBAUGH, AD: CHO Gas Phase Compositions in Equilibrium with Carbon, and Carbon Deposition Boundaries at One Atmosphere. In: *Journal of Chemical & Engineering Data* 9 (1964), Nr. 3, S. 453–462

[CTDL07] COHEN-TANNOUDJI, C. ; DIU, B. ; LALOË, F.: *Quantenmechanik.* De Gruyter, 2007 (Quantenmechanik Bd. 1). *https://books.google.de/books?id=E5j5whaJ3qgC.* – ISBN 9783110193244

[DDPV20] DE DONCKER, Rik W. ; PULLE, Duco W. ; VELTMAN, André: Modern Electrical Drives: An Overview. In: *Advanced Electrical Drives* (2020), S. 1–16

[Del13] DELLIGATTI, Lenny: *SysML distilled: A brief guide to the systems modeling language.* Addison-Wesley, 2013

[DKCD12] DUJIC, Drazen ; KIEFERNDORF, Frederick ; CANALES, Francisco ; DROFENIK, Uwe: Power electronic traction transformer technology. In: *Proceedings of The 7th International Power Electronics and Motion Control Conference* Bd. 1, 2012, S. 636–642

[DOVDBVM11] DAOWD, Mohamed ; OMAR, Noshin ; VAN DEN BOSSCHE, Peter ; VAN MIERLO, Joeri: Passive and active battery balancing comparison based on MATLAB simulation. In: *2011 IEEE Vehicle Power and Propulsion Conference* IEEE, 2011, S. 1–7

[DT09] DAMIANI, Lorenzo ; TRUCCO, Angela: Biomass gasification modelling: an equilibrium model, modified to reproduce the operation of actual reactors. In: *Turbo Expo: Power for Land, Sea, and Air* Bd. 48821, 2009, S. 493–502

[Eck99] ECKROAD, S: Flywheels for electric utility energy storage / Technical Report. Electric Power Research Institute, Palo Alto, CA, EPRI. 1999. – Forschungsbericht

[Erd14] ERDINC, Ozan: Economic impacts of small-scale own generating and storage units, and electric vehicles under different demand response strategies for smart households. In: *Applied Energy* 126 (2014), S. 142–150

[FH17] FROST, Damien F. ; HOWEY, David A.: Completely decentralized active balancing battery management system. In: *IEEE Transactions on Power Electronics* 33 (2017), Nr. 1, S. 729–738

[FLS65] FEYNMAN, Richard P. ; LEIGHTON, Robert B. ; SANDS, Matthew: The feynman lectures on physics; vol. i. In: *American Journal of Physics* 33 (1965), Nr. 9, S. 750–752

[FMA10] FALCONES, Sixifo ; MAO, Xiaolin ; AYYANAR, Raja: Topology comparison for solid state transformer implementation. In: *IEEE PES general meeting* IEEE, 2010, S. 1–8

[FMS14] FRIEDENTHAL, Sanford ; MOORE, Alan ; STEINER, Rick: *A practical guide to SysML: the systems modeling language.* Morgan Kaufmann, 2014

[Fow04] FOWLER, Martin: *UML distilled: a brief guide to the standard object modeling language.* Addison-Wesley Professional, 2004

[FS04] FOSSHEIM, Kristian ; SUDBØ, Asle: *Superconductivity: physics and applications.* John Wiley & Sons, 2004

[FSK+20] FIGGENER, Jan ; STENZEL, Peter ; KAIRIES, Kai-Philipp ; LINSSEN, Jochen ; HABERSCHUSZ, David ; WESSELS, Oliver ; ANGENENDT, Georg ; ROBINIUS, Martin ; STOLTEN, Detlef ; SAUER, Dirk U.: The development of stationary battery storage systems in Germany–A market review. In: *Journal of energy storage* 29 (2020), S. 101153

[GBF18] GHAIB, Karim ; BEN-FARES, Fatima-Zahrae: Power-to-Methane: A state-of-the-art review. In: *Renewable and Sustainable Energy Reviews* 81 (2018), S. 433–446

[GGML04] GONZALEZ, Adolfo ; GALLACHÓIR, BÓ ; MCKEOGH, Eamon ; LYNCH, Kevin: Study of Electricity Technologies and their Potentials to Address Wind Energy Intermittency in Ireland. In: *Sustainable Energy Research Group, Department of Civil and Environmental Engineering, University College Cork, Cork* (2004)

[GLM+16] GÖTZ, Manuel ; LEFEBVRE, Jonathan ; MÖRS, Friedemann ; MCDANIEL KOCH, Amy ; GRAF, Frank ; BAJOHR, Siegfried ; REIMERT, Rainer ; KOLB, Thomas: Renewable Power-to-Gas: A technological and economic review. In: *Renewable energy* 85 (2016), S. 1371–1390

[Gov17] GOVINDARAJAN, Jaykanth: *Adaptive Online Estimation of State of Charge and Parameters of Li-ion Batteries.* 2017

[Häb07] HÄBERLIN, Heinrich: Photovoltaik. In: *Strom aus Sonnenlicht für Verbundnetz und Inselanlagen* 1 (2007)

[HAB11] HONG, GW ; ABE, N ; BACLAY, M: Else an eventual return to conventional energy: Impacts and fate of an off-grid rural electrification project in the Philippines. In: *Proc. 26th European Photovoltaic Solar Energy Conf., Hamburg, Germany*, 2011, S. 4052–4056

[HE06] HALPER, Marin S. ; ELLENBOGEN, James C.: Supercapacitors: A brief overview. In: *The MITRE Corporation, McLean, Virginia, USA* 1 (2006)

[HGW+13] HE, Zhiwei ; GAO, Mingyu ; WANG, Caisheng ; WANG, Leyi ; LIU, Yuanyuan: Adaptive state of charge estimation for Li-ion batteries based on an unscented Kalman filter with an enhanced battery model. In: *Energies* 6 (2013), Nr. 8, S. 4134–4151

[HHR89] HOROWITZ, Paul ; HILL, Winfield ; ROBINSON, Ian: *The art of electronics.* Bd. 2. Cambridge university press Cambridge, 1989

[HMA+13] HAESSIG, Pierre ; MULTON, Bernard ; AHMED, Hamid B. ; LASCAUD, Stéphane ; JAMY, Lionel: Aging-aware NaS battery model in a stochastic wind-storage simulation framework. In: *2013 IEEE Grenoble Conference* IEEE, 2013, S. 1–6

[HN11] HALKA, Monica ; NORDSTROM, Brian: *Metals and Metalloids.* Facts On File, 2011

[HSKJ17] HESSE, Holger C. ; SCHIMPE, Michael ; KUCEVIC, Daniel ; JOSSEN, Andreas: Lithium-ion battery storage for the grid—A review of stationary battery storage system design tailored for applications in modern power grids. In: *Energies* 10 (2017), Nr. 12, S. 2107

[I+13] IMMONEN, Paula u. a.: Energy Efficiency of a Diesel-Electric MobileWorking Machine. (2013)

[IEA06] IEA, Hydrogen: Production and storage-R&D priorities and gaps. In: *2006 available on: http://www. iea. org/textbase/papers/2006/hydrogen. pdf* (2006)

[IISFJ+15] IWAFUNE, Yumiko ; IKEGAMI, Takashi ; SILVA FONSECA JR, Joao G. ; OOZEKI, Takashi ; OGIMOTO, Kazuhiko: Cooperative home energy management using batteries for a photovoltaic system considering the diversity of households. In: *Energy conversion and management* 96 (2015), S. 322–329

[IKT05] ISE, Toshifumi ; KITA, Masanori ; TAGUCHI, Akira: A hybrid energy storage with a SMES and secondary battery. In: *IEEE Transactions on Applied Superconductivity* 15 (2005), Nr. 2, S. 1915–1918

[ILRP09] IMMONEN, Paula ; LAURILA, Lasse ; RILLA, Marko ; PYRHONEN, Juha: Modelling and simulation of a parallel hybrid drive system for mobile work machines. In: *IEEE EUROCON 2009* IEEE, 2009, S. 867–872

[IPÅ+16] IMMONEN, Paula ; PONOMAREV, Pavel ; ÅMAN, Rafael ; AHOLA, Ville ; UUSI-HEIKKILÄ, Janne ; LAURILA, Lasse ; HANDROOS, Heikki ; NIEMELÄ, Markku ; PYRHÖNEN, Juha ; HUHTALA, Kalevi: Energy saving in working hydraulics of long booms in heavy working vehicles. In: *Automation in construction* 65 (2016), S. 125–132

[Jac09] JACKSON, John D.: Classical electrodynamics. In: *American Institute of Physics* 15 (2009), Nr. 11, S. 62–62

[JM17] JABBOUR, Nikolaos ; MADEMLIS, Christos: Supercapacitor-based energy recovery system with improved power control and energy management for elevator applications. In: *IEEE Transactions on Power Electronics* 32 (2017), Nr. 12, S. 9389–9399

[K+08] KONDEPUDI, Dilip K. u. a.: *Introduction to modern thermodynamics*. Bd. 666. Wiley Chichester, 2008

[Kai17] KAIRIES, Kai-Philipp: Battery storage technology improvements and cost reductions to 2030: A Deep Dive. In: *Int. Renew. Energy Agency Work* 2017 (2017)

[KB15] KEMPENER, Ruud ; BORDEN, Eric: Battery storage for renewables: Market status and technology outlook. In: *International Renewable Energy Agency, Abu Dhabi* (2015), S. 32

[KD18] KURZWEIL, Peter ; DIETLMEIER, Otto K.: *Elektrochemische Speicher: Superkondensatoren, Batterien, Elektrolyse-Wasserstoff, Rechtliche Rahmenbedingungen*. Springer-Verlag, 2018

[Kim17] KIM, Sang-Hoon: *Electric motor control: DC, AC, and BLDC motors*. Elsevier, 2017

[Kle11] KLEUKER, Stephan: Grundkurs Software-Engineering mit UML: Der pragmatische Weg zu erfolgreichen Softwareprojekten [Basic course software engineering with UML. The pragmatic way to successful software projects], ser. In: *Studium. Wiesbaden: Vieweg+ Teubner* (2011)

[KM14] KUMAR, U S. ; MANOHARAN, PS: Stand alone Wind/PV/Diesel Hybrid system for telephone transceiver Station in TamilNadu Rural areas. In:

International Journal of Applied Engineering Research 9 (2014), Nr. 24, S. 8437–8445

[Koo06] KOOT, Michael Wilhelmus T.: Energy management for vehicular electric power systems. (2006)

[Kru21] KRUCHININ, Sergei: *Modern aspects of superconductivity: theory of superconductivity.* World Scientific, 2021

[KUT17] KUBADE, Priyanka ; UMATHE, SK ; TUTAKNE, Dr D.: Regenerative Braking in an Elevator Using Supercapacitor. In: *International Research Journal of Advanced Engineering and Science* 2 (2017), Nr. 2, S. 62–65

[KV13] KUSAKANA, Kanzumba ; VERMAAK, Herman J.: Hybrid renewable power systems for mobile telephony base stations in developing countries. In: *Renewable Energy* 51 (2013), S. 419–425

[Leo13] LEONHARD, Werner: *Regelung elektrischer Antriebe.* Springer-Verlag, 2013

[LMP+10] LOISEL, Rodica ; MERCIER, Arnaud ; PETRIC, Hrvoje ; GATZEN, Christoph ; ELMS, Nick: Key elements to valuate large-scale electricity storage. (2010)

[LPW08] LIN, Xiao ; PAN, Shuang-xia ; WANG, Dong-yun: Dynamic simulation and optimal control strategy for a parallel hybrid hydraulic excavator. In: *Journal of Zhejiang University-SCIENCE A* 9 (2008), Nr. 5, S. 624–632

[LYR+17] LI, Jianwei ; YANG, Qingqing ; ROBINSON, Francis ; LIANG, Fei ; ZHANG, Min ; YUAN, Weijia: Design and test of a new droop control algorithm for a SMES/battery hybrid energy storage system. In: *Energy* 118 (2017), S. 1110–1122

[LZZ+15] LI, Jianwei ; ZHANG, Min ; ZHU, Jiahui ; YANG, Qingqing ; ZHANG, Zhenyu ; YUAN, Weijia: Analysis of superconducting magnetic energy storage used in a submarine HVAC cable based offshore wind system. In: *Energy Procedia* 75 (2015), S. 691–696

[MA18] MESSENGER, Roger A. ; ABTAHI, Amir: *Photovoltaic systems engineering.* CRC press, 2018

[Mac14] MACK, Steffen: *Entwicklung eines Frequenzumrichters auf Basis der Raumzeigermodulation: Graphische Programmierung des digitalen Signalprozessors' TMS320F2812'mit Matlab/Simulink® unter Anwendung des Hardware-In-The-Loop-Verfahrens.* diplom. de, 2014

[MB19] MAIHÖFER, Matthias ; BLANDOW, Volker: Funktionale und elektrische Sicherheit. In: *Elektrifizierung des Antriebsstrangs: Grundlagen-vom Mikro-Hybrid zum vollelektrischen Antrieb* (2019), S. 375–393

[MBS07] MACLAY, James D. ; BROUWER, Jacob ; SAMUELSEN, G S.: Dynamic modeling of hybrid energy storage systems coupled to photovoltaic generation in residential applications. In: *Journal of Power Sources* 163 (2007), Nr. 2, S. 916–925

[Mer22] MERTENS, Konrad: *Photovoltaik: Lehrbuch zu Grundlagen, Technologie und Praxis.* Carl Hanser Verlag GmbH Co KG, 2022

[ML12] MENGHAL, PM ; LAXMI, A J.: Artificial intelligence based dynamic simulation of induction motor drives. In: *IOSR Journal of Electrical and Electronics Engineering (IOSR-JEEE)* 3 (2012), Nr. 5, S. 37–45

[MOSFM14] MASUTA, Taisuke ; OOZEKI, Takashi ; SILVA FONSECA, Joao G. ; MURATA, Akinobu: Impact of forecast error of photovoltaic power output on demand and supply operation in power systems. In: *2014 Power Systems Computation Conference* IEEE, 2014, S. 1–7

[MS+06] MOKRIAN, Pedram ; STEPHEN, Moff u. a.: A stochastic programming framework for the valuation of electricity storage. In: *26th USAEE/IAEE North American Conference* Citeseer, 2006, S. 24–27

[MSB+10] MAGNOR, D ; SOLTAU, N ; BRAGARD, Michael ; SCHMIEGEL, A ; DE DONCKER, RW ; SAUER, DU: Analysis of the model dynamics for the battery and battery converter in a grid-connected 5kW photovoltaic system. In: *Proceedings of the 25th European Photovoltaic Solar Energy Conference (PVSEC), Valencia, Spain*, 2010, S. 6–10

[MSB17a] MUNZKE, Nina ; SCHWARZ, Bernhard ; BARRY, James: The Impact of Control Strategies on the Performance and Profitability of Li-Ion Home Storage Systems. In: *Energy Procedia* 135 (2017), S. 472–481

[MSB17b] MUNZKE, Nina ; SCHWARZ, Bernhard ; BARRY, James: Performance Evaluation of Household Li-Ion Battery Storage Systems. In: *The 27th International Ocean and Polar Engineering Conference* OnePetro, 2017

[MV04] MAHESRI, Aqeel ; VARDHAN, Vibhore: Power consumption breakdown on a modern laptop. In: *International Workshop on Power-Aware Computer Systems* Springer, 2004, S. 165–180

[MYXF20] MA, Hongbin ; YAN, Liping ; XIA, Yuanqing ; FU, Mengyin: *Kalman Filtering and Information Fusion.* Springer, 2020

[NMSN10] NGE, CL ; MIDTGÅRD, OM ; SÆTRE, TO ; NORUM, L: Energy management for grid-connected PV system with storage battery. In: *Proceedings of the 25th European Photovoltaic and Solar Energy Conference, Valencia, Spain*, 2010

[NN18] NEAPOLITAN, Richard E. ; NAM, Kwang H.: *AC motor control and electrical vehicle applications.* CRC press, 2018

[NRE] *NREL DriveCAT - Chassis Dynamometer Drive Cycles. (2022). National Renewable Energy Laboratory. http://www.nrel.gov/transportation/drive-cycle-tool*

[NRW10] NÖRENBERG, Ralf ; REISSING, Ralf ; WEBER, Jörg: ISO 26262 conformant verification plan. In: *INFORMATIK 2010. Service Science–Neue Perspektiven für die Informatik. Band 2* (2010)

[OAM15] OGUNJUYIGBE, ASO ; AYODELE, TR ; MONYEI, CG: An intelligent load manager for PV powered off-grid residential houses. In: *Energy for sustainable development* 26 (2015), S. 34–42

[OKI08] OOKUBO, Kenji ; KOUSAKA, Masaaki ; IKEDA, Kenji: Recent power transformer technology. In: *Fuji Electr. Rev* 45 (2008), S. 90–95

[PC14] PEI, Pucheng ; CHEN, Huicui: Main factors affecting the lifetime of Proton Exchange Membrane fuel cells in vehicle applications: A review. In: *Applied Energy* 125 (2014), S. 60–75

[PMAL15] PONOMAREV, Pavel ; MINAV, Tatiana ; AMAN, Rafael ; LUOSTARINEN, Lauri: Integrated Electro-Hydraulic Machine with Self-Cooling Possibilities for Non-Road Mobile Machinery. In: *Strojniski Vestnik/Journal of Mechanical Engineering* 61 (2015), Nr. 3

[PW15] PAN, Feng ; WANG, Qing: Redox species of redox flow batteries: A review. In: *Molecules* 20 (2015), Nr. 11, S. 20499–20517

[Red11] REDDY, Thomas B.: *Linden's handbook of batteries.* McGraw-Hill Education, 2011

[RFG+14] RODRIGUES, EMG ; FERNANDES, CAS ; GODINA, R ; BIZUAYEHU, AW ; CATALÃO, JPS: NaS battery storage system modeling and sizing for extending wind farms performance in Crete. In: *2014 Australasian Universities Power Engineering Conference (AUPEC)* IEEE, 2014, S. 1–6

[Rie13] RIEFENSTAHL, Ulrich: *Elektrische Antriebstechnik.* Springer-Verlag, 2013

[RSM20] RIED, Sabrina ; SCHMIEGEL, Armin U. ; MUNZKE, Nina: Efficient Operation of Modular Grid-Connected Battery Inverters for RES Integration. In: *Advances in Energy System Optimization* (2020), S. 165

[S+11] SHIGEMATSU, Toshio u. a.: Redox flow battery for energy storage. In: *SEI technical review* 73 (2011), Nr. 7, S. 13

[Sal17] SALOMAA, Ville: *Efficiency study of an electro-hydraulic excavator,* Diplomarbeit, 2017

[SAN+15] STETZ, Thomas ; APPEN, Jan von ; NIEDERMEYER, Fabian ; SCHEIBNER, Gunter ; SIKORA, Roman ; BRAUN, Martin: Twilight of the grids: The impact of distributed solar on germany? s energy transition. In: *IEEE power and energy magazine* 13 (2015), Nr. 2, S. 50–61

[SB07] SALECK, Nadja ; BREMEN, Lueder von: Wind power forecast error smoothing within a wind farm. In: *Journal of Physics: Conference Series* Bd. 75 IOP Publishing, 2007, S. 012051

[SB21a] SCHRÖDER, Dierk ; BÖCKER, Joachim: Asynchronmaschine. In: *Elektrische Antriebe–Regelung von Antriebssystemen* (2021), S. 403–586

[SB21b] SCHRÖDER, Dierk ; BÖCKER, Joachim: Stromregelung von Drehstrommaschinen mit pulsweitenmodulierten Stromrichtern. In: *Elektrische Antriebe–Regelung von Antriebssystemen* (2021), S. 587–828

[SBL+18] SCHIMPE, Michael ; BECKER, Nick ; LAHLOU, Taha ; HESSE, Holger C. ; HERZOG, Hans-Georg ; JOSSEN, Andreas: Energy efficiency evaluation of grid connection scenarios for stationary battery energy storage systems. In: *Energy procedia* 155 (2018), S. 77–101

[Sch94] SCHRÖDER, Dierk: *Elektrische Antriebe: Grundlagen.* Bd. 2. Springer, 1994

[Sch07] SCHWABL, Franz: *Quantenmechanik (QM I): Eine Einführung.* Springer-Verlag, 2007

[Sch14] SCHMIEGEL, Armin U.: Die Leiden des Alters. In: *pv magazine* (2014)

[SHB13] SHE, Xu ; HUANG, Alex Q. ; BURGOS, Rolando: Review of Solid-State Transformer Technologies and Their Application in Power Distribution Systems. In: *IEEE Journal of Emerging and Selected Topics in Power*

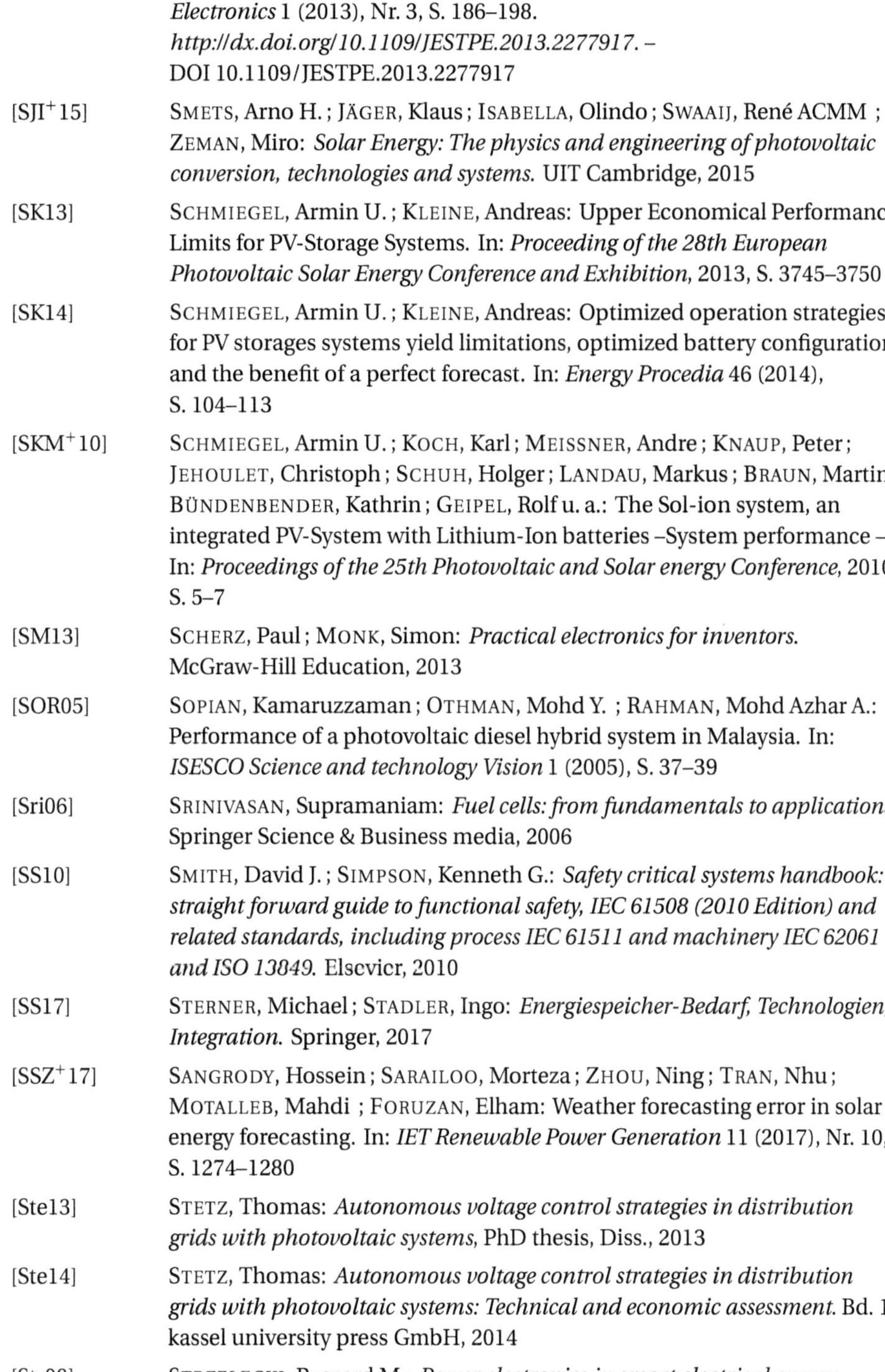

Electronics 1 (2013), Nr. 3, S. 186–198. *http://dx.doi.org/10.1109/JESTPE.2013.2277917.* – DOI 10.1109/JESTPE.2013.2277917

[SJI+15] Smets, Arno H. ; Jäger, Klaus ; Isabella, Olindo ; Swaaij, René ACMM ; Zeman, Miro: *Solar Energy: The physics and engineering of photovoltaic conversion, technologies and systems.* UIT Cambridge, 2015

[SK13] Schmiegel, Armin U. ; Kleine, Andreas: Upper Economical Performance Limits for PV-Storage Systems. In: *Proceeding of the 28th European Photovoltaic Solar Energy Conference and Exhibition*, 2013, S. 3745–3750

[SK14] Schmiegel, Armin U. ; Kleine, Andreas: Optimized operation strategies for PV storages systems yield limitations, optimized battery configuration and the benefit of a perfect forecast. In: *Energy Procedia* 46 (2014), S. 104–113

[SKM+10] Schmiegel, Armin U. ; Koch, Karl ; Meissner, Andre ; Knaup, Peter ; Jehoulet, Christoph ; Schuh, Holger ; Landau, Markus ; Braun, Martin ; Bündenbender, Kathrin ; Geipel, Rolf u. a.: The Sol-ion system, an integrated PV-System with Lithium-Ion batteries –System performance –. In: *Proceedings of the 25th Photovoltaic and Solar energy Conference*, 2010, S. 5–7

[SM13] Scherz, Paul ; Monk, Simon: *Practical electronics for inventors.* McGraw-Hill Education, 2013

[SOR05] Sopian, Kamaruzzaman ; Othman, Mohd Y. ; Rahman, Mohd Azhar A.: Performance of a photovoltaic diesel hybrid system in Malaysia. In: *ISESCO Science and technology Vision* 1 (2005), S. 37–39

[Sri06] Srinivasan, Supramaniam: *Fuel cells: from fundamentals to applications.* Springer Science & Business media, 2006

[SS10] Smith, David J. ; Simpson, Kenneth G.: *Safety critical systems handbook: a straight forward guide to functional safety, IEC 61508 (2010 Edition) and related standards, including process IEC 61511 and machinery IEC 62061 and ISO 13849.* Elsevier, 2010

[SS17] Sterner, Michael ; Stadler, Ingo: *Energiespeicher-Bedarf, Technologien, Integration.* Springer, 2017

[SSZ+17] Sangrody, Hossein ; Sarailoo, Morteza ; Zhou, Ning ; Tran, Nhu ; Motalleb, Mahdi ; Foruzan, Elham: Weather forecasting error in solar energy forecasting. In: *IET Renewable Power Generation* 11 (2017), Nr. 10, S. 1274–1280

[Ste13] Stetz, Thomas: *Autonomous voltage control strategies in distribution grids with photovoltaic systems*, PhD thesis, Diss., 2013

[Ste14] Stetz, Thomas: *Autonomous voltage control strategies in distribution grids with photovoltaic systems: Technical and economic assessment.* Bd. 1. kassel university press GmbH, 2014

[Str08] Strzelecki, Ryszard M.: *Power electronics in smart electrical energy networks.* Springer Science & Business Media, 2008

[SWSJMR20] SAZALI, Norazlianie ; WAN SALLEH, Wan N. ; JAMALUDIN, Ahmad S. ; MHD RAZALI, Mohd N.: New perspectives on fuel cell technology: A brief review. In: *Membranes* 10 (2020), Nr. 5, S. 99

[SXZ14] SETLHAOLO, Ditiro ; XIA, Xiaohua ; ZHANG, Jiangfeng: Optimal scheduling of household appliances for demand response. In: *Electric Power Systems Research* 116 (2014), S. 24–28

[SYW+21] SUN, Daoming ; YU, Xiaoli ; WANG, Chongming ; ZHANG, Cheng ; HUANG, Rui ; ZHOU, Quan ; AMIETSZAJEW, Taz ; BHAGAT, Rohit: State of charge estimation for lithium-ion battery based on an Intelligent Adaptive Extended Kalman Filter with improved noise estimator. In: *Energy* 214 (2021), S. 119025

[TAA+] TOOM, Kaupo ; ANNUK, Andres ; ALLIK, Alo ; UIGA, Jaanus ; KABANEN, Toivo: EVALUATION OF WIND PARKS OUTPUT POWER FORECAST ERROR AND WAYS TO DECREASE IT.

[TBSK14] TANG, Ao ; BAO, Jie ; SKYLLAS-KAZACOS, Maria: Studies on pressure losses and flow rate optimization in vanadium redox flow battery. In: *Journal of power sources* 248 (2014), S. 154–162

[TE+16] TAWALBEH, Mohammad ; EARDLEY, Alan u. a.: Studying the energy consumption in mobile devices. In: *Procedia Computer Science* 94 (2016), S. 183–189

[TSS+09] THIAUX, Yaël ; SCHMERBER, Louis ; SEIGNEURBIEUX, Julien ; MULTON, Bernard ; AHMED, Hamid B.: Comparison between lead-acid and Li-ion accumulators in stand-alone photovoltaic system using the gross energy requirement criteria. In: *24th European Photovoltaic Solar Energy Conference*, 2009, S. 3982 – 3990

[Ulr03] ULRICH, Karl T.: *Product design and development*. Tata McGraw-Hill Education, 2003

[VAA08] VANEK, Francis ; ALBRIGHT, Louis ; ANGENENT, Largus: *Energy systems engineering*. McGraw-Hill Professional Publishing, 2008

[VASBS14] VON APPEN, Jan ; STETZ, Thomas ; BRAUN, Martin ; SCHMIEGEL, Armin: Local voltage control strategies for PV storage systems in distribution grids. In: *IEEE Transactions on Smart Grid* 5 (2014), Nr. 2, S. 1002–1009

[Vog13] VOGT, Michael: Funktionale Sicherheit von Fahrzeugen. In: *Handbuch Lithium-Ionen-Batterien* (2013), S. 307–320

[VSBS14] VON APPEN, J. ; STETZ, T. ; BRAUN, M. ; SCHMIEGEL, Armin U.: Local voltage control strategies for PV storage systems in distribution grids. In: *IEEE Transactions on Smart Grid* 5 (2014), Nr. 2. *http://dx.doi.org/10.1109/TSG.2013.2291116*. – DOI 10.1109/TSG.2013.2291116. – ISSN 19493053

[WHL10] WENG, Fang-Bor ; HSU, Chun-Ying ; LI, Chun-Wei: Experimental investigation of PEM fuel cell aging under current cycling using segmented fuel cell. In: *international journal of hydrogen energy* 35 (2010), Nr. 8, S. 3664–3675

[Win] *Power Data access viewer. https://power.larc.nasa.gov/data-access-viewer/*

[WMM+11] WEBER, Adam Z. ; MENCH, Matthew M. ; MEYERS, Jeremy P. ; ROSS, Philip N. ; GOSTICK, Jeffrey T. ; LIU, Qinghua: Redox flow batteries: a review. In: *Journal of applied electrochemistry* 41 (2011), Nr. 10, S. 1137–1164

[WRP+03] WILLIAMSON, Ian ; RUTH, K ; PHILIP, TD ; DAVID, R ; STATHIS, TD ; ARISTOMENIS, ND: Intelligent load control strategies utilising communication capabilities to improve the power quality of inverter based renewable island power systems. In: *International Conference RES for Island, Tourism & Water*, 2003

[WTBQ16] WENIGER, Johannes ; TJADEN, Tjarko ; BERGNER, Joseph ; QUASCHNING, Volker: Sizing of Battery Converters for Residential PV Storage Systems: How Much Rated Power is Sufficient? In: *10th International Renewable Energy Storage Conference and Energy Storage, Düsseldorf*, 2016

[WTW+16] WEI, Zhongbao ; TSENG, King J. ; WAI, Nyunt ; LIM, Tuti M. ; SKYLLAS-KAZACOS, Maria: Adaptive estimation of state of charge and capacity with online identified battery model for vanadium redox flow battery. In: *Journal of Power Sources* 332 (2016), S. 389–398

[WVS02] WANG, M. ; VANDERMAAR, A.J. ; SRIVASTAVA, K.D.: Review of condition assessment of power transformers in service. In: *IEEE Electrical Insulation Magazine* 18 (2002), Nr. 6, S. 12–25. *http://dx.doi.org/10.1109/MEI.2002.1161455*. – DOI 10.1109/MEI.2002.1161455

[WWH17] WANG, Hongmei ; WANG, Qingfeng ; HU, Baozan: A review of developments in energy storage systems for hybrid excavators. In: *Automation in Construction* 80 (2017), S. 1–10

[WZG+16] WANG, Chao-Yang ; ZHANG, Guangsheng ; GE, Shanhai ; XU, Terrence ; JI, Yan ; YANG, Xiao-Guang ; LENG, Yongjun: Lithium-ion battery structure that self-heats at low temperatures. In: *Nature* 529 (2016), Nr. 7587, S. 515–518

[XSM14] XI, Xiaomin ; SIOSHANSI, Ramteen ; MARANO, Vincenzo: A stochastic dynamic programming model for co-optimization of distributed energy storage. In: *Energy Systems* 5 (2014), Nr. 3, S. 475–505

[YPA+12] YOO, Jaeyeong ; PARK, Byungsung ; AN, Kyungsung ; AL-AMMAR, Essam A. ; KHAN, Yasin ; HUR, Kyeon ; KIM, Jong H.: Look-ahead energy management of a grid-connected residential PV system with energy storage under time-based rate programs. In: *Energies* 5 (2012), Nr. 4, S. 1116–1134

[ZHGQ19] ZHANG, Xiaogang ; HUANG, Weinan ; GE, Lei ; QUAN, Long: Research on Response Characteristics and Energy Efficiency of Power Unit Used for Electric Driving Mobile Machine. In: *IEEE Access* 7 (2019), S. 125747–125753

[ZTL+15] ZHANG, Lu ; TANG, Wei ; LIANG, Jun ; CONG, Pengwei ; CAI, Yongxiang: Coordinated day-ahead reactive power dispatch in distribution network based on real power forecast errors. In: *IEEE Transactions on Power Systems* 31 (2015), Nr. 3, S. 2472–2480

[Züt04] ZÜTTEL, Andreas: Hydrogen storage methods. In: *Naturwissenschaften* 91 (2004), Nr. 4, S. 157–172

Stichwortverzeichnis

N

O

P

R

S